广东土木工程

关键技术实

（2019-2022）

广东省土木建筑学会　编

中国建筑工业出版社

编辑委员会

主编单位：广东省土木建筑学会

主　　编：何炳泉

副 主 编：徐天平　汤序霖

编　　委：（按姓氏笔画排序）

卜继斌　王　创　王成武　丘秉达　朱东烽　刘继强

麦国文　苏建华　李建友　李海强　杨卫平　吴如军

吴碧桥　张建基　陈志龙　林　谷　柯梅丽　洪冬明

袁卫国　莫　莉　高　亮　董晓刚　谢彦辉　雷雄武

协作单位：广州建筑股份有限公司

广州机施建设集团有限公司

中建三局集团有限公司

中国建筑第五工程局有限公司

中国建筑第八工程局有限公司

中铁南方投资集团有限公司

广东省建筑工程集团有限公司

江苏省华建建设股份有限公司

上海宝冶集团有限公司

上海隧道工程有限公司

广东水电二局股份有限公司

广东省第一建筑工程有限公司

广东省建筑工程机械施工有限公司

广东省六建集团有限公司

深圳市建设（集团）有限公司

广州市第三建筑工程有限公司

广州市第一市政工程有限公司

广州建筑产业开发有限公司

珠海大横琴股份有限公司

广州珠江建设发展有限公司

广州珠江装修工程有限公司

中建三局第一建设工程有限责任公司

中建五局华南公司

中建八局第一建设有限公司

上海宝冶集团有限公司广州分公司

广州市胜特建筑科技开发有限公司

广东筠诚建筑科技有限公司

序

　　建筑是写在大地上的艺术，建造师挥舞彩笔的巨手，将一座座凝固的艺术雕刻在大地上。高楼耸立、桥隧贯通，一楼一宇、一桥一路，无不凝聚着建造师们不忘初心、砥砺奋进的拼搏精神。

　　广东既是国家深化改革的先行地，更是探索科学技术发展的前沿地，建设规模与技术水平一直居于领先地位，涌现了一大批技术先进、闻名遐迩的工程项目，有闻名世界的港珠澳大桥和中国散裂中子源工程，也有巧夺天工的超高层建筑；有环保节能的白云国际机场和电厂电站工程，也有装配率高的市政与环保驿站工程……这些项目都是行业的典范，也体现了广东建造技术敢为人先的时代精神。

　　学会的宗旨是服务会员、服务社会，传承与创新先进技术是学会的使命。今年正值广东省土木建筑学会成立七十周年，为了活跃学术气氛，总结与交流，学会与工程施工专业委员会共同编辑出版本书，供广大会员学习与交流。

　　广东正迎来建设粤港澳大湾区、中国特色社会主义先行示范区、横琴和前海两个合作区、百县千镇万村高质量发展工程等重大历史机遇，正成为建筑业创新发展的沃土，广大土木工程科技工作者要积极把握发展契机，坚持科技创新面向世界科技前沿、面向经济主战场、面向国家重大需求、面向人民生命健康，继续发扬传承与创新的使命，为贯彻新发展理念，构建新发展格局，持续谱写土木建筑行业科技创新新篇章。

　　展望未来，当我们站在经过岁月冲刷却依然屹立不倒的建筑面前，建造者的智慧仿佛穿越时空，向后辈们诉说着精湛的建筑艺术语言，在这本施工实例的字里行间也能读懂那些巧夺天工的建造技艺，让他们得以启迪、传承，继而发展，这就是我们编辑出版这本书的意义所在。

广东省土木建筑学会理事长：

2023 年 8 月

前　　言

君子曰：学不可以已。广东省土木建筑学会出版这本《广东土木工程施工关键技术实例（2019-2022）》，实属不易，意义非凡。

2020年初突如其来的一场新冠疫情，整整持续了3年，广东虽不是受灾最早的省份，但却是疫情最复杂、持续时间最长、影响最严重的省份，也是坚持到最后、并为全国抗疫胜利作出重大贡献的省份。疫情不仅对人民群众的日常生活形成了极大的冲击，对广东建筑业的发展也产生了不可估量的影响，可以说，2019—2022年，是极不平凡的4年，是令人难忘的4年；它不仅有广东人民坚持抗疫的一段历程，也是广东土木建筑业从高速发展到平稳发展的4年，更是装配式建筑、绿色建筑快速发展的4年。

这4年，第六届工程施工专业委员会始终不忘初心、牢记使命，坚持为社会服务、为会员服务的宗旨，以及为广东土木建筑业的技术进步而贡献力量的初心，在积极参与抗疫的同时，一直坚持召开每年的施工经验交流会，和施工现场观摩会，为全省同行打造交流的平台，创造学习的机会，也为广东经济（特别是土木建筑业）的健康发展作出了应有的贡献。

不积跬步，无以至千里；不积小流，无以成江海。通过不断总结前人的经验，为广大工程技术人员提供更多学习资料，进而为广东省乃至大湾区土木建筑业总体技术水平的提升，尽一些微薄之力，一直是施工专委会孜孜以求的目标。未来几年，是广东经济从高速发展向高质量发展转变的关键时期，加上方兴未艾的大湾区建设，广东土木建筑业必将迎来前所未有的新发展机遇。作为改革开放的先行地、科技进步的试验区，广东土木建筑业发展潜力巨大。为使更多的会员分享这4年广东土木建筑业技术发展的成果，了解广东土木建筑业科技进步的现状，学习先进的施工技术、工艺，掌握先进施工设备的使用方法，第七届施工专委会决定延续第五、第六届施工专委会的做法，编写这本《广东土木工程施工关键技术实例（2019-2022）》。

《广东土木工程施工关键技术实例（2019-2022）》，选取了21项广东省内规模较大（其中造价40亿元以上的项目有5项，造价最高的达276亿元）且极具代表性的工程实例作介绍。项目范围广泛：涵盖了工业与民用建筑、道路、桥梁、口岸、隧道、轨道交通、水电站、环保驿站、美丽乡村及其相关配套工程等专业。实例中获鲁班奖的有6项，中国土木工程詹天佑奖的有6项，国家优质工程奖的有4项，获华夏奖、中国钢结构金奖、中国建筑装饰奖的共7项（含1个项目获多个奖项）。

本《实例》的顺利出版，得到了各相关企业，各会员单位以及相关专家学者的大力支持，在此特别致谢！借此机会，也要向长期鼎力支持施工专委会工作的广东省住房和城乡建设厅、广州市住房和城乡建设局、省内其他各市住房和城乡建设局及下属单位、各建筑学会，以及全体会员和广大工程技术人员表示由衷的感谢！

广东省土木建筑学会工程施工专业委员会名誉主任：

2022年8月

目　录

珠海十字门中央商务区会展商务组团一期工程

杨卫平　靳　峰　庞洪海　唐文革　贝宝荣　马星桥　于金良　南　锐　庄道龙

第一部分　实例基本情况表

工程名称	珠海十字门中央商务区会展商务组团一期工程		
工程地点	广东省珠海市香洲区湾仔街道		
开工时间	2010 年 6 月 28 日	竣工时间	2017 年 12 月 28 日
工程造价	75 亿元		
建筑规模	71 万 m²		
建筑类型	公共建筑		
工程建设单位	珠海十字门中央商务区建设控股有限公司		
工程设计单位	广州市设计院、广州容柏生建筑结构设计事务所		
工程监理单位	上海市建设工程监理咨询有限公司		
工程施工单位	上海宝冶集团有限公司		
项目获奖、知识产权情况			
工程类奖： 1. 中国建设工程鲁班奖； 2. 中国土木工程詹天佑奖；			

3. 国家优质工程奖；

4. 中国钢结构金奖；

5. 中国建筑工程装饰奖；

6. 广东省建设工程金匠奖；

7. 广东省建设工程优质奖；

8. 上海市优质安装工程"申安杯"奖；

9. 全国冶金行业优质工程奖；

10. 广东省 AA 级安全文明标准化工地；

11. 广东省房屋市政工程安全生产文明施工示范工地；

12. 部级建筑新技术应用示范工程；

13. 上海土木工程工程奖一等奖；

14. 美国 LEED 金级认证；

15. 二星级绿色建筑设计标识；

16. 珠海市建筑节能和绿色建筑示范工程；

17. 全国建筑业绿色施工示范工程。

科学技术奖：

1. 中冶集团科学技术奖科技进步奖一等奖；

2. 广东省土木建筑学会科学技术奖一等奖；

3. 中国施工企业管理协会科学技术奖二等奖；

4. 中国建设工程 BIM 大赛卓越工程项目奖一等奖；

5. 首届 BIM 技术应用大赛民用工程组一等奖。

知识产权（含工法）：

发明专利：

1. 夹含多层漂移类岩石的软弱土层成孔装置及成孔方法；

2. 一种用于液压提升设备更换的荷载转换方法；

3. 高层建筑施工塔式起重机的组合式支撑平台；

4. 高层建筑液压爬模施工的可旋转附墙装置；

5. 高层建筑施工用可调式分区卸料平台、一种高层建筑施工监测系统。

实用新型专利：

1. 一种用于液压提升施工的悬臂钢柱背张拉装置；

2. 用于型钢梁安装的简易吊笼；

3. 用于圆管钢柱精确对焊的内衬管；

4. 一种用于液压提升设备更换的荷载转换装置；

5. 用于钢结构现场可拆除重复利用的安全立桩；

6. 一种用于建筑钢结构工程的切割卸载装置；

7. 高层建筑施工塔式起重机的组合式支撑平台；

8. 高层结构顶部测量设备的安装固定架；

9. 高层建筑施工的可调式分区卸料平台；

10. 高层建筑液压爬模施工的可旋转附墙装置；

11. 管道空间冷弯成型装置。

省部级工法：

1. 临海复杂地质条件下特大超深基坑施工工法；

2. 超高层水平楼板后施工钢筋预埋技术工法；

3. 超高层建筑液压爬模施工工法；

4. 大跨度组合钢桁架液压同步提升施工工法。

第二部分　关键创新技术名称

1. 地下室超大深地下空间工程施工关键技术

2. 混凝土框架＋大跨度双曲屋面管桁架设计—施工技术

3. 大跨度转换钢桁架设计—施工技术

4. 标志性塔楼带伸臂桁架的弧形斜墙核心筒设计—施工技术

5. 超高层建筑主体结构施工关键技术

6. 超高层绿色施工关键技术

7. 大型城市综合智能建造技术

第三部分 实 例 介 绍

1 工程概况

珠海十字门中央商务区会展商务组团一期工程集展览、会议、办公、酒店和商业为一体，外观新颖、功能丰富、绿色科技，是国内一次性建成且拥有最大规模地下空间的临海会展商务城市综合体，是粤港澳大湾区合作重要平台和澳门产业多元化服务基地。

项目占地面积 23.3 万 m^2，总建筑面积 70 万 m^2。其中，地下 2 层、面积 41 万 m^2，主要为辅助用房和 4600 个地下停车位。上部建筑有：混凝土框架和大跨度空间钢桁架组合结构的展览中心（图 1），包含 3 个 1 万 m^2 的标准展厅；框架剪力墙结构的会议中心（图 3），包含 1200 个座位的剧院厅（图 2）、800 个座位的音乐厅和 42 个会议室；框支剪力墙结构的公寓式酒店，有 460 间客房；框支剪力墙＋局部钢骨混凝土结构的喜来登酒店（图 4），有 550 间客房；330m 高，由国际标准甲级写字楼和白金瑞吉五星级酒店组成的标志性塔楼（图 5、图 6），为半腰桁架＋伸臂桁架的型钢混凝土框架—钢筋混凝土核心筒结构；2km 长的城市绸带商业（图 7、图 8）为框架—剪力墙、局部大跨度空间钢桁架结构。工程由 6 个单体组成。

图 1 展览中心

图 2 歌剧院

图 3 会议中心

图 4 喜来登酒店大堂

图 5　公寓式酒店

图 6　标志性塔楼

图 7　城市绸带南立面

图 8　城市绸带北立面

2　工程重点与难点

2.1　地质条件复杂

基坑开挖深度 13～24m，一侧边线距离海岸边仅 40m 且低于海平面；地质条件复杂，存在大面积深厚淤泥夹层，最厚达到 25m，该场地属于人工填海造地，存在大面积、数量和层次较多的孤石和抛石区，另外还有部分浅基岩层。

2.2　超大面积地下室

组团整体地下室长 580m，宽 480m，地下室、底板及外墙不留设永久性变形缝，混凝土裂缝控制难度大。

2.3　超高混凝土泵送

标志性塔楼核心筒剪力墙及筒外钢管柱混凝土 207.75m 以下为 C60 高强混凝土，207.75m 以上混凝土强度等级 C50，混凝土泵送最大高度达 327.2m，高强混凝土及高强自密实混凝土一次泵送到顶施工难度大

2.4 核心筒高度高、体形复杂，施工及安全防护难度大

标志性塔楼核心筒结构高度达到 327.2m，有三条边为弧形墙，37～40 层部分墙体为倾斜角 82°的斜墙，沿高度方向有 3 次体形变化，墙体内暗埋钢柱及伸臂桁架等劲性钢结构，超高空脚手架模板体系选择以及立体施工、安全防护难度大。

2.5 机电安装管线繁多，管线综合施工难度大

工程机电专业多，制冷机房、水泵房等设备间设备安装集中，通道内管线密集，空间有限。拟在有限的空间内将各种介质管道、桥架进行统筹布置，综合使用同一支架（吊架）困难。

2.6 大跨度双曲面钢结构屋盖制作安装难度大

项目钢结构形式复杂多样，结构预拼装要求高。应用 BIM 建模及三维扫描预拼装新技术，减少了实体预拼装的工作量，提高了拼装精度。

3 技术创新点

3.1 混凝土框架＋大跨度双曲屋面管桁架设计—施工技术

工艺原理：展览中心为高大空间，超大屋盖双曲面造型，传统混凝土结构无法满足屋面造型设计。研发设计三跨双曲变截面屋盖管桁架结构。

技术优点：利用混凝土框架＋格构立柱为竖向受力和抗侧力构件；实现 3 万 m^2 无柱式高大空间展厅和独特造型屋面，用钢量 110kg/m^2。该结构已广泛应用于展厅、机场等。99m 跨钢桁架整体液压同步提升施工技术，提升单元面积 1 万 m^2，提升质量 1800t，开发出结构悬臂柱自平衡单侧液压提升施工技术，保证了钢屋盖在复杂条件下的安全整体提升。

专利情况：发明专利 1 项：一种用于液压提升设备更换的荷载转换方法；实用新型专利 6 项：用于圆管钢柱精确对焊的内衬管、一种用于液压提升施工的悬臂钢柱背张拉装置、一种用于液压提升设备更换的荷载转换装置、用于型钢梁安装的简易吊笼、用于钢结构现场可拆除重复利用的安全立桩。

3.2 大跨度转换钢桁架设计—施工技术

工艺原理：酒店大堂设计 38m 跨 9.9m 的弧形空间转换钢桁架，将上部 14 层建筑荷载传递到两翼剪力墙。桁架与剪力墙之间的连接点采用钢骨劲性节点，满足竖向荷载和抗侧力要求，施工过程采用仿真模拟分析倒序法。

技术优点：解决了大型地下室特大型工程设备进出难题。所有钢结构先在底板阶段施工。

专利情况及工法情况：实用新型专利 1 项：钢结构现场焊接焊缝的挡雨装置；企业工法 1 项：复杂混合结构倒序法施工工法。

3.3 带伸臂桁架的弧形斜墙核心筒设计—施工技术

工艺原理：标志性塔楼核心筒平面在 37～40 层需要内收过渡，在 18.8m 高度范围内，墙内收2.6m，斜率约 1:7.2，并根据整体刚度需要在 35～36 层设置伸臂桁架层，二者配合使用减小了塔楼竖向刚度突变，解决了空间转换受力问题。核心筒采用"内外全爬"的创新工法。针对弧形斜墙核心筒，开发出液压爬模施工的可旋转附墙装置。

技术优点：解决了弧形斜墙爬架附墙系统无法实施的难题，保证了安全和进度。

专利情况及工法情况：发明专利 2 项：高层建筑液压爬模施工的可旋转附墙装置、高层建筑施工用可调式分区卸料平台；实用新型专利 1 项：高层结构顶部测量设备的安装固定架；部级工法 1 项：超高层水平楼板后施工钢筋预埋技术。

3.4 超高层建筑主体结构施工关键技术

工艺原理：标志性塔楼结构高度 328.8m，采用钢管混凝土框架＋钢筋混凝土核心筒结构＋钢（伸臂桁架），钢—混凝土组合梁。结构形式复杂，研发了适用于同类超高层建筑主体结构的施工一体化技术。核心筒外侧为渐变结构，塔式起重机无法附着，只能采用内爬形式，采用增设拉杆、制作型钢支座等整套技术，解决内爬式塔式起重机支撑钢梁支脚设计及安装困难问题，保证了支撑梁与主体结构之间非垂直夹角情况下的支脚受力问题。塔楼钢管混凝土施工前，通过制作 1:1 试验钢柱验证多隔板钢管混凝土高抛密实＋辅助振捣施工关键技术，以及 330m 超高层一泵到顶模拟。

技术优点：在超高层异形复杂液压模架技术，超高层施工过程智能化安全监测等方面取得了创新性成果。克服了以往采用顶升工艺存在的混凝土不密实，结构钢柱容易爆裂等弊端。

专利情况及工法情况：发明专利 1 项：高层建筑施工塔式起重机的组合式支撑平台；实用新型专利 3 项：高层建筑施工塔式起重机的组合式支撑平台、高层建筑施工的可调式分区卸料平台、高层建筑液压爬模施工的可旋转附墙装置；部级工法 1 项：超高层建筑液压爬模施工工法。

3.5 地下室超大深地下空间工程施工关键技术

工艺原理：综合体地下室面积大，单层 16 万 m^2，深度 13m，最深 24m，距离海岸线 40m。基坑设计采用大直径三轴搅拌桩止水帷幕、灌注桩＋带扩大头锚索支护体系和单轴搅拌桩坑底加固，研发临海复杂地质条件下特大超深基坑施工技术。

技术优点：成功解决超深三轴搅拌桩、灌注桩和长预应力锚索遇深厚淤泥层及孤石等难题。

专利情况及工法情况：发明专利 1 项：夹含多层漂移类岩石的软弱土层成孔装置及成孔方法；实用新型专利 2 项：锚索张力精确标定装置、软弱地层内锚索扩孔装置；省级工法 1 项：临海复杂地质条件下特大超深基坑施工工法。

3.6 大型城市综合智能建造技术

工艺原理：大型城市综合体工程机电专业多，通道内管线密集，拟在有限的空间内将各种介质管道、桥架进行统筹布置，综合使用同一吊、支架困难。针对利用 BIM 技术的可视化、协调性、模拟性、可统计性、可出图性等特点，加以宝冶云平台的相关模块，对爬模、钢结构、机电等施工过程进行优化设计。

技术优点：实现工程项目信息化及精细化管理，解决工程难点，保证施工质量及工期要求，为后续同类项目提供借鉴及技术支撑。

专利情况：获得"中国建设工程 BIM 大赛"一等奖、"中冶集团首届 BIM 技术应用大赛"一等奖；开发出 9 种计算机软件。

4 工程主要关键技术

4.1 临海复杂地质条件下超大地下空间建造技术

4.1.1 概述

项目占地面积 22.4 万 m^2，基坑边长 2.4km，深 13.3m，最深 24m，离海岸边 40m 且低于海平面；深厚淤泥（40m）、孤石、岩石、抛石、浅基岩层及流砂等复杂地质（图 9）。地下 2 层（局部 1 层、3 层），单层面积 21.6 万 m^2 的地下室上部共有 6 个高度不一、大小不同、体形各异的建筑：即 330m 高的标志性塔楼，101m 高的公寓式酒店，86m 高的喜来登酒店，长 350m、宽 150m 大空间的展览中心，37m 高的会议中心，超长廊桥结构的城市绸带和 2 处下沉式广场，造成荷载分布极不均匀。

4.1.2 基础差异沉降控制设计技术

创新提出基于刚度调平理论的"建筑全寿命周期差异沉降控制"，即通过建立地基基础—上部结构共同作用模型，对超大筏板上不同跨度、不同高度、不同体量的建筑及其地基基础进行精确模拟，计算不同区域的沉降分布（图 10）。考虑混凝土材料收缩—徐变研究基础沉降其随时间推移的变化规律，从而实现对不同区域的基础变形的科学预测。通过现场原位静载试验，对地勘参数进行验证，并沉降计算模型进行过程修正。结构设计中，通过调整桩基础布置、筏板厚度、桩基础入岩深度等指标对不同区域的基础刚度进行动态分析和主动控制，将最终差异沉降控制在 1mm 以内，实现大底板在全寿命周期内满足不开裂的性能要求。

图9　基坑开挖卫星地图

图10　超大筏板整体施工

4.1.3　特大超深基坑支护技术

4.1.3.1　灌注桩＋预应力锚索＋三轴搅拌桩止水帷幕支护体系设计

支护创新设计"灌注桩＋预应力锚索＋三轴搅拌桩止水帷幕＋坑底搅拌桩加固"支护防水体系，三轴搅拌桩采用850mm大直径超深止水搅拌桩，桩深约37.5m（图11）。遇孤石及抛石区域，采用双排三管旋喷桩补充；支护桩采用φ1200mm@1350mm灌注桩；工程锚索设计为3～6索，设计长度30～45m。取消原660口深井降水井，减少投资约660×1.9＝1254万（元）。

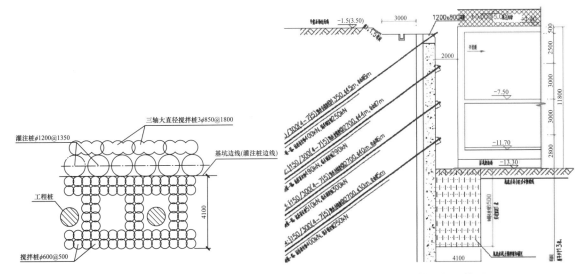

图11　灌注桩＋预应力锚索＋三轴搅拌桩止水帷幕＋坑底搅拌桩加固体系

4.1.3.2　临海复杂地质条件下特大超深基坑施工技术

基坑施工创新多种技术配合应用：三管旋喷桩与三轴止水搅拌桩配合应用，成功解决了在孤石及抛石区内超深止水桩施工的难题；通过在不同地质条件下钻孔成孔工艺、旋挖成孔工艺与冲孔成孔工艺的组合应用，成功解决了不同条件下的成桩难题；通过全套管钻进、扩孔钻进、岩石中冲击锤成孔、夹含多层漂移类岩石的软弱土层中双套管＋大孔径偏心冲击锤的成孔等技术的综合应用，成功解决了复杂条件下的锚索成孔难题，技术成果达国内领先水平（图12～图14）。通过以上综合技术的应用，成功解决了无内支撑情况下超大型基坑的难题，并通过理论计算与实测结果对比分析，为类似工程提供了宝贵数据。

研讨 7 种保护方案，解决深厚淤泥中开挖 PHC 桩保护问题，无一根桩破坏。

形成的"复杂地质条件下特大超深基坑施工技术"经鉴定达到国内领先水平。

图 12　临海基坑支护

图 13　锚索全套管成孔施工

图 14　水下爆破成孔施工技术

4.1.4　超大超深地下室结构连续施工技术

不规则形地下室 580m×480m，深 13～24m，地下室 21.6 万 m² 底板及 2.4km 外墙不设缝；结构基础采用 PHC 桩与灌注桩两种桩型，抗浮锚杆。

根据"抗放结合"理论，采用后浇带与跳仓技术，分析地下室渗漏最主要发生的部位为底板、侧墙、顶板、伸缩缝、施工缝、预留洞口处等部位，采用优化设计构造、疏堵结合的设计理念，优化混凝土配合比、严控原材料、超长缓凝、长墙缩小分段及带模养护等综合控制手段，结合坍落度测试、入模温度测试、总体温度测试的情报法精准温控施工，做到超大超深临海地下室连续施工无渗漏（图15～图18）。

4.2　高大空间复杂结构建造技术

4.2.1　大跨度双曲屋面管桁架体系设计技术

国际展览中心设计三跨 145～180m（最大跨 99m）双曲变截面管桁架结构，利用多层混凝土框架＋幕墙格构立柱承重，展厅部分屋面桁架标高由 32m 逐渐变化到 14m。整个展览中心屋盖双曲面大跨钢桁架纵向最大长度 330m，宽度 150m，大规模使用圆管桁架，利用圆管截面稳定系数高、径厚比要求低的特点，大幅节省了钢材用量，实现 3 万 m² 无柱式大展厅和独特造型屋面，每平方米用钢量仅 110kg。

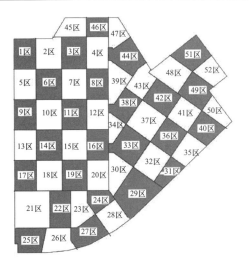

图 15 跳仓分区示意图

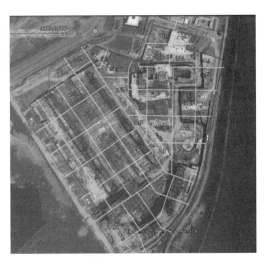

图 16 底板分仓施工

图 17 地下室底板分区域施工

图 18 地下室建成效果

屋盖在长达 300m 的纵向没有分缝，通过合理的结构刚度设计来消除温度应力，保证了建筑的外观效果（图 19～图 21）。

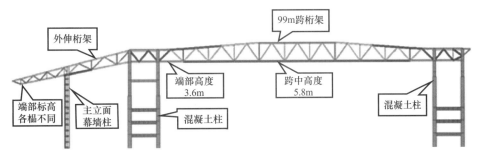

图 19 展览中心剖面简图

4.2.2 双曲大跨屋盖结构施工技术

国际展览中心屋盖经多方案对比，最终选用"楼面整体拼装，整体液压提升"的方式进行安装。同时，提升结构地面拼装过程中汽车式起重机需要在楼面上行走，楼面承载力能否满足其产生的等效荷载效应的要求；屋面桁架提升前，两侧条带矩形钢管柱如何安装，也成为结构施工成功实施需要解决的重要问题。为此进行了一系列的研究，并且形成了一整套的施工工艺：复杂条件下大跨度组合钢桁架拼装提升工艺、混凝土楼面起重机行走及吊装工艺、超大型开口箱形混凝土组合梁施工工艺等。通过对大跨度桁架式结构组装与提升关键技术应用减少了大型起重机使用量，解决了较短时间内完成大片钢结构安装困难，大大加快了施工进度，取得直接经济效益 1072 万元。

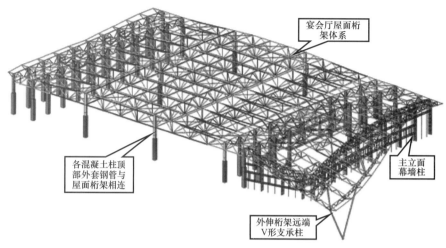

图 20　展览中心结构体系

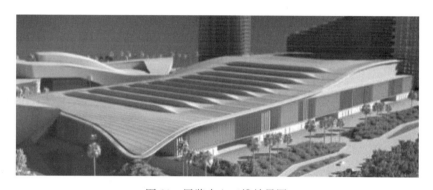

图 21　展览中心三维效果图

4.2.2.1　数控圆管空间冷弯技术

构建冷弯工艺力学分析模型，研究冷弯残余应力应变状态、几何参数与整体成型设计参数的关系。提出了整体成型参数的计算方法与成型精度控制思路，考虑回弹变形，利用分段塑性曲线替代设计弧线的几何形状，通过控制分段控制点在设计曲线上来保证成型精度，实现了空间弯管的连续精准成型；设计了由空间加载反力架、空间四瓣抱紧式成型弧形板、大吨位加载千斤顶和辅助小吨位千斤顶及液压系统等组成的国内最大直径空间圆管冷弯成型装置，确定关键工艺参数，实现双向冷弯成型（图 22）。

图 22　弧形圆管构件压弯成型装备

4.2.2.2　超规范"四类多管相贯节点"试验研究

研制了国内最大、外径为 8m 的通用球形反力架，单点加载最大 3000t，可适用于任意空间相贯节点或球形节点的加载；发明了一种大吨位构件空间滑移提升装置，采用四个千斤顶实现球形反力架上半球的提升、滑移，改变了传统用行车或起重机吊装的模式，大大降低了反力架的使用难度，节省了试验成本（图23）。

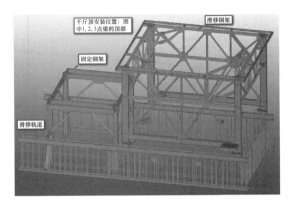

图 23　大吨位滑移提升装置示意图

圆管结构复杂节点承载力设计方法，解决了项目大量存在规范中没有的复杂钢管节点的难题，完成了4类超规范节点的有限元分析和节点试验，承载力分析计算和对比研究；分析推导了KT形圆管搭接节点的相贯线方程，得出了相贯线长度的简化计算公式，给出了KT形搭接节点隐蔽焊缝的计算方法及隐蔽焊缝的焊接基本原则（图24、图25）。上述成果整体达到了国际先进水平。

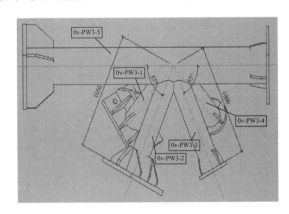

图 24　K形节点设计　　　　　　　图 25　空间K形搭接节点试验

4.2.2.3　大跨度钢结构整体提升关键技术

展览中心长350m×宽150m，屋面分为5个提升单元，60个提升吊点设在两侧结构柱柱顶。其中，宴会厅区域用于固定提升支架的5根箱形混凝土柱悬臂高度达30多米，桁架提升过程中，结构处于非设计状态，其稳定性的保证、构件受力状态的分析、液压提升同步性控制、悬臂钢柱垂直度控制与其承载能力校核以及桁架端头加固措施的处理等问题，是液压提升施工的难点（图26）。

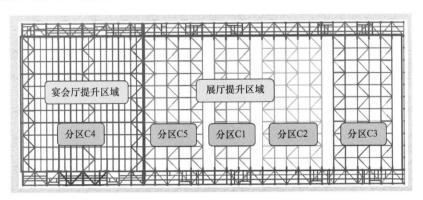

图 26　屋面桁架分区提升示意

宴会厅区在桁架端头设 18 个提升点，提升质量约 1600t。采用预张紧自平衡技术解决提升过程中边柱受较大弯矩造成的不平衡问题，即在提升支撑柱顶设置等力臂 T 形支架，支架两端分别安置提升用提升器和平衡用提升器（图 27~图 30）。该技术大大减少了高空作业量，降低了质量安全风险，加快了施工进度，达到国际先进水平。

图 27　独立柱背拉装置

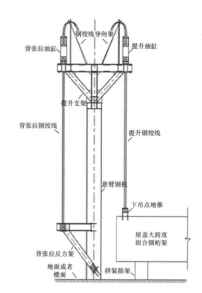

图 28　独立柱背拉装置示意图

图 29　钢桁架整体液压提升实状

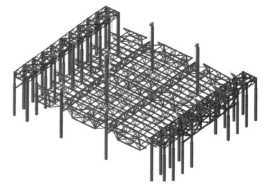

图 30　钢桁架整体液压提升模型

4.3　重载大跨度结构技术

4.3.1　重载大跨度钢—混凝土新型组合梁技术

展览中心二层多功能厅楼面 X 向跨度 45m，Y 向跨度 36m，楼面使用活荷载要求为每平方米 1t，而梁高仅能做到 3.5m，其下仅有 9 根 1200mm×1200mm 钢骨柱作为支承构件。设计中沿 Y 向设置了 3 道 3.5m 高主梁（跨高比 10），X 向布置 2.5m 高单向次梁，主次梁均采用了创新性的开口内灌混凝土组合箱梁（图 31）。

多隔板箱形截面钢—混凝土组合梁施工时，箱梁加工顶板先开口，箱梁内设三道 1.2m 高钢筋笼，第一层钢筋笼→浇筑混凝土→初凝→第二层钢筋笼→浇筑混凝土→……浇筑完最上层混凝土，焊接箱梁顶板（图 32）。

施工过程中充分利用了钢箱组合梁在施工阶段的承载力，具有钢梁和混凝土梁的双重承重力且能共同工作，避免了大跨楼面振动和侧向失稳问题。开口箱梁分段较短的钢箱梁选用单台汽车式起重机吊装，考虑箱梁的抗扭刚度不足及自身重量，分段较长的开口箱梁采用双机抬吊的方式安装（图 33）。钢—混凝土组合框架结构具有截面小、承载力大、整体刚度大、抗震性能好等特点，施工快速方便，无须模板及支撑。获得实用新型专利 2 件（图 34）。

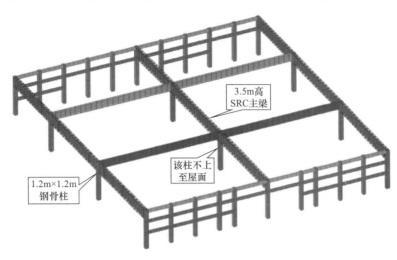

图 31 多功能厅主梁框架简图

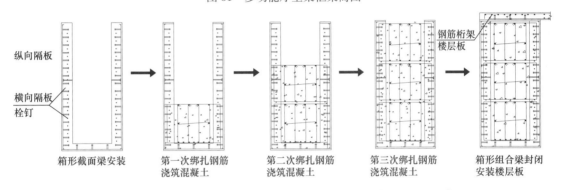

图 32 多隔板箱形截面钢—混凝土组合梁＋钢筋桁架楼承板施工示意图

图 33 组合箱梁双机抬吊安装

图 34 钢—混凝土组合框架实景

4.3.2 重载大跨度空间转换钢桁架技术

喜来登酒店大堂 40m 宽，上有 14 层客房，需要设计一种高效转换体系来承托上部 14 层客房荷载，实现大堂 40m 大空间。中庭设计 38m 跨 9.9m 高位空间弧形转换钢桁架，将上部 14 层建筑荷载传递到建筑物两翼的剪力墙上（图 35）。钢桁架由主受力桁架和次平衡桁架组成，桁架与剪力墙之间的连接点采用钢骨劲性节点，同时满足抗竖向荷载和抗侧力要求（图 36）。

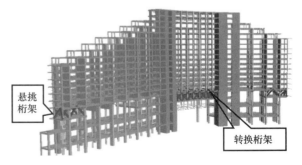

图 35 喜来登框架简图

钢结构桁架总用钢量约 3200t，单榀桁架重约 330t，最重吊装桁架梁约 65t（主梁的一半，含节点），

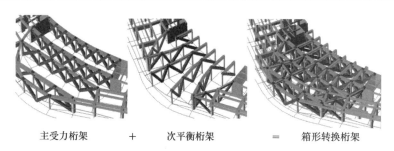

主受力桁架　　＋　　次平衡桁架　　＝　　箱形转换桁架

图 36　转换层桁架分解示意

主要由 4 榀单片箱形桁架组成，分别由箱形主梁和箱形交叉撑组成，最重吊装箱形梁为 65t，通过仿真模拟、半逆作法施工，采用了重载特大跨空间转换钢桁架数字建造技术，缩短工期 2 个月（图 37、图 38）。

通过仿真模拟建造技术，主材损耗率均降低了约 30%。

图 37　转换桁架模拟施工　　　　　　　　图 38　转换桁架施工实景

4.4　超高层建造技术

4.4.1　超高层带伸臂桁架的弧形斜墙核心筒设计和施工

330m 高标志性塔楼地上 65 层（含夹层共 74 层），地下 2 层，主要结构形式为：半腰桁架＋伸臂桁架的型钢混凝土框架—钢筋混凝土核心筒结构。36 层以下为办公区，37 层以上为酒店区，在 36～38 层设弧形斜墙过渡，在 18.8m 高度范围内，斜墙内收 2.6m，斜率约 1：7.2，并根据整体刚度需要在 35～36 层设置伸臂桁架层，二者配合使用减小了塔楼竖向刚度突变，解决了空间转换受力问题。斜墙为复杂空间曲面，在 18.8m 高度内收 2.6m，实现了竖向荷载的平滑过渡。标志性塔楼按国际绿色建筑 LEED 标准设计，采用多项新技术、新材料等措施，经专家评审，达到国际同期同类型项目的先进水平（图 39）。

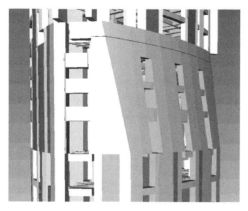

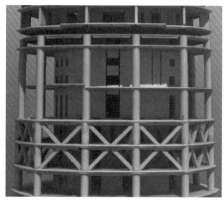

图 39　塔楼施工模型

塔楼核筒呈对称六边弧形布置，且结构随高度三次变换体形；采用"内外全爬、一爬到顶"新工法，针对弧形斜墙开发出液压爬模可旋转附墙装置，保证爬模"一爬到顶"，加快了施工进度，保证了安全（图 40、图 41）。通过对超高层建筑主体结构关键技术的研究与应用，项目应用模块化安全防护平台、可旋转模架工艺，节省了材料及时间，缩短了工期；高强、高性能混凝土 1∶1 模拟泵送试验减少了高空检测试验费；通过信息化进行高空大型设备检测：共节省造价 2787 万元。

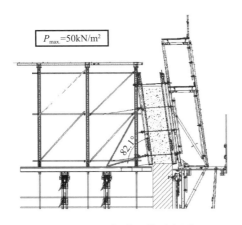

图 40　弧形斜墙爬模示意图

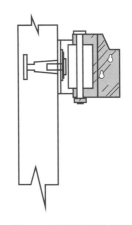

图 41　爬模装置示意图

4.4.2　多隔板钢管混凝土高抛自密实＋辅助振捣施工关键技术

施工前对钢管混凝土结构进行了 1∶1 模拟试验，研发多隔板钢管混凝土高抛自密实＋辅助振捣施工关键技术。钢管混凝土性能要求特殊，主要包括防止钢管混凝土浇筑过程中离析、多隔板钢管混凝土的密实性及实体混凝土强度的保证，工程中采用了钢管自密实混凝土辅助振捣技术、超高层混凝土泵送技术、混凝土原材料的控制与管理，优化确定了高抛自密实＋辅助振捣混凝土的配合比，从而实现了钢管混凝土高抛自密实＋辅助振捣施工关键技术，解决了以往采用顶升混凝土存在的诸多弊端。高抛自密实混凝土施工对隔板、钢结构构件影响小，降低了超高层钢管混凝土施工时变形甚至破坏的风险，保证了多隔板钢管混凝土的密实性，保障了钢管混凝土施工的顺利进行（图 42~图 45）。

图 42　试验柱安装

图 43　混凝土坍落度检测

图 44　抽芯检测

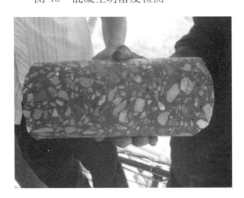

图 45　柱芯式样

4.5　弯折状廊式特殊形态建筑结构技术

4.5.1　概述

绸带商业区属于十字门中央商务区会展商务组团一期工程内的商业配套部分，为大跨廊桥桁架结构，造型蜿蜒起伏。绸带商业区在地面以上分为 A、B、C 三区，其中 A 区为商业入口及餐饮部分（结构高度 25m），B 区为弯桥办公部分（结构高度 30m），C 区为影院部分（结构高度 20～30m）（图 46）。

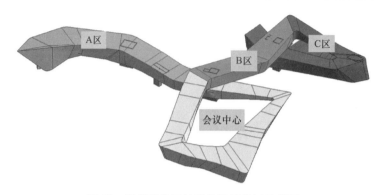

图 46　绸带商业区外形构造及分区示意图

4.5.2　仿生学＋拓扑学结构设计

绸带商业区 A 区设计 80m 跨钢桁架办公廊桥，桁架两个前落脚点相差 6.5m，最大倾覆力臂达到 18m，为非平衡体系，创新采用仿生学＋拓扑学实现特殊形态结构设计，采用钢管混凝土桁架＋配重墙，巧妙解决非平衡体抗倾覆难题（图 47、图 48）。

图 47　A 区入口结构体系的布置灵感来自霸王龙的骨骼构成

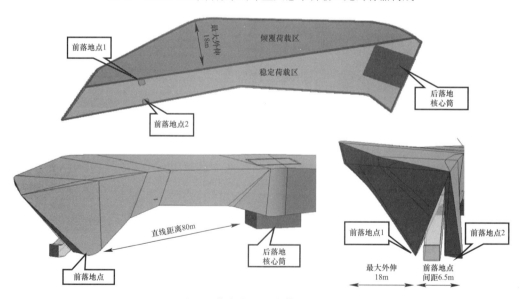

图 48　落脚点不平衡体系示意图

4.5.3　空间异形曲面幕墙施工技术

绸带商业区采用空间非数学曲面体形建筑金属幕墙设计，对幕墙加工、定位和安装均带来很大难度。施工中通过单元化、模块化的形式,将所有的连接件于工厂加工,且能实现相邻面板间角度可调、面板与龙骨间距离可调、龙骨与主结构间三维全向可调,具有安装快捷方便、精准度高,并能够大幅减少工期、成本等优点,取得《空间非数学曲面体形建筑金属幕墙设计和安装技术》成果一项,经评价达到国内领先水平(图49)。

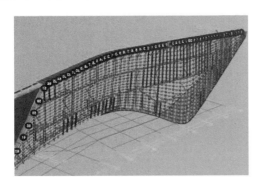 

图49 空间非数学曲面体形建筑金属幕墙模型及实施

建筑包装材料如幕墙板块货架、砌块托板等建立回收台账,达到100%回收。

4.6 智能建造技术

大型中央商务区机电专业多,通道内管线密集,拟在有限的空间内将各种介质管道、桥架进行统筹布置,综合使用同一支架(吊架)困难。针对利用BIM技术的可视化、协调性、模拟性、可统计性、可出图性等特点,对爬模、钢结构、机电等施工过程进行优化设计,实现工程项目信息化及精细化管理,解决工程难点,保证施工质量及工期要求,为后续同类项目提供借鉴及技术支撑(图50、图51)。

图50 钢结构模型　　　　　　　　图51 机电管道模型

采用BIM技术对管线、砌体进行深化设计,充分利用标准规格,非标准接头、板块现场集中加工,避免随意裁切。通过以上措施,主材损耗率均降低了40%。

4.7 绿色科技建造技术

项目积极寻求高效利用资源的建造模式,大幅降低能源、水、土地的消耗强度;大力发展循环经济,促进施工过程的资源优化,构建科技含量高、资源消耗低、环境污染少的施工生产方式。

工程根据绿色体系标准和创新思路来实践绿色施工的具体措施:VRV空调系统,在保证空气质量的同时能大幅减少送风风机的动力耗能,降低现场噪声。当全年空调负荷率为60%时,它可节约风机动力耗能78%。采用BIM技术优化施工方案,减少建筑垃圾产生。创新设计超高层垃圾封闭式排渣管。现场设置分类垃圾场和垃圾桶,便于回收利用。电池、墨盒等有毒有害废物分类、回收率达到100%。科学布置污水排放,标志性塔楼项目采用多卡TOP50大模板体系,实际周转次数达45次(图52、图53)。

图 52　大模板应用

图 53　爬模系统

图 54　污水回收沉淀池

图 55　污水回收利用系统

废水、雨水收集回收系统的水源来自地面雨水收集和冲洗车辆污水回收，经收集池和沉淀池，供冲洗使用（图 54）。实施废水回收利用系统，水源来自洗泵洗管废水，经三级沉淀池，一路供喷淋喷雾降尘，一路供厕所高位水箱，用作厕所冲洗（图 55）。混凝土试块采用喷雾式养护，楼板采用薄膜养护，剪力墙采用养护剂，减少水资源的浪费。

在节能措施上，生活区宿舍、办公区用房均坐北朝南，最大限度地利用日照及自然风。办公、生活区房间内均采用吊顶，空调采用节能产品。生活区采用太阳能热水器，配备太阳能路灯，房间采用节能灯具。现场临时照明采用时控开关。电焊机内部使用逆变式气体保护焊机，厚钢板采用电加热施工。现场全部选用变频电梯（图 56）、变频塔式起重机、变频水泵（图 57）。

图 56　变频超大非标电梯

图 57　临时消防变频水泵

针对标志性塔楼的超高层施工特点，根据楼层平面随高度变化，共设计加工了 3 层临边防坠物钢平台，每施工6层提升一次，降低了高空坠物风险（图58）。

超高层施工中，对应2处内爬塔式起重机筒下方设计制作了2套防坠物钢平台，保障筒内平台作业人员安全，采用电动同步提升，每4层提升一次（图59）；设计制作了12套适用于圆形框柱和12套适用于矩形框柱的定型易拆装操作平台，保证框柱焊接和浇筑人员安全（图60）。

图 58　外立面防坠物提升钢平台

图 59　井筒内防坠物平台　　　　　　　　图 60　框柱施工操作平台

5　社会和经济效益

5.1　社会效益

作为珠海市重点工程，工程在施工过程中获得社会广泛关注与支持，《建筑时报》《南方日报》《珠海特区报》《东莞日报》等皆有报道，社会效益明显。

通过大型城市会展商务综合体结构设计—施工关键技术研究与应用，解决了大型会展商务综合体项目设计、施工中关键技术难题，形成的新施工技术对建筑业施工水平的提高起到一定的推动作用，对同类项目具有重要的指导和借鉴意义。使公司在大型城市会展商务综合体建设项目施工技术方面更上一步新台阶，节约了成本、缩短了工期、节省了资源、保护了环境、拓宽了经营业绩和增强了市场竞争力，使企业整体形象得到了很大提升。

5.2　经济效益

通过"大跨度桁架式结构组装与提升关键技术"取得直接经济效益1072万元；通过"超高层建筑主体结构关键技术"的应用，创造了直接经济价值2787万元；通过对复杂地质条件下超大深基坑施工综合技术的研发，减少投资约1254万元；通过新技术应用，节省了材料成本、劳动力成本和管理成本，产生施工科技进步效益约2919.3万元（包含我方及建设单位节省费用）；通过绿色施工技术实施"四节一环保"控制措施，产生效益829.87万元。

6　工程图片（图61～图66）

图61　项目全景

图62　展览中心屋面

图63　公寓式酒店

图64　喜来登酒店

图65　标志性塔楼

图66　国际会议中心及绸带商业区

广州无限极广场

陈守辉　龙思丰　朱哲锋　吴奕君　段伟宁　郝　瑾　龙文洲　陈威羽　陈炜珲

第一部分　实例基本情况表

工程名称	广州无限极广场		
工程地点	广东省广州市白云区云城南一路 1 号		
开工时间	2017 年 9 月 18 日	竣工时间	2021 年 6 月 23 日
工程造价	11.2 亿元		
建筑规模	185642.5m²		
建筑类型	商业、办公公共建筑		
工程建设单位	广东无限极物业发展有限公司		
工程设计单位	扎哈·哈迪德建筑事务所（建筑方案）、广东省建筑设计研究院有限公司		
工程监理单位	广州珠江工程建设监理有限公司		
工程施工单位	广东省第一建筑工程有限公司		

项目获奖、知识产权情况
工程类奖： 1. 2022年12月获得2022—2023年度第一批中国建设工程鲁班奖（国家优质工程）； 2. 2022年6月获得2022年度广东省建设工程金匠奖； 3. 2021年12月获得2021年第十三届广东钢结构金奖"粤钢奖"（施工类）； 4. 2022年7月获得第十四届广东省土木工程詹天佑故乡杯奖； 5. 2022年7月被评为2022年广东省建筑业新技术应用示范工程； 6. 2022年6月被评为2022年广东省建筑业绿色施工示范工程。 科学技术奖： 1. 广东省建筑业协会科学技术进步奖一等奖； 2. 广东省工程勘察设计行业协会科学技术奖一等奖； 3. 广东省土木建筑学会科学技术奖一等奖； 4. 广东省土木建筑学会科学技术奖一等奖； 5. 广东省土木建筑学会科学技术奖二等奖； 6. 广东省土木建筑学会科学技术奖二等奖； 7. 广东省土木建筑学会科学技术奖二等奖； 8. 广东省土木建筑学会科学技术奖三等奖； 9. 第九届"龙图杯"全国BIM大赛综合组一等奖； 10. 2022年第五届"优路杯"全国BIM技术大赛金奖。 知识产权（含工法）： 省级工法： 1. 高密度岩溶发育地区全套筒灌注桩施工工法； 2. 双向曲扭错层立面建筑施工的脚手架； 3. 角钢法兰连接矩形风管机械化制作工法； 4. 双扭曲建筑施工中创新精密测量施工工法； 5. 浅埋运营地铁上盖大跨度大吨位异形斜交钢连廊整体提升技术研发； 6. GRG异形仿源生态装饰面层施工方法； 7. 外挂变曲面幕墙系统施工工法； 8. 碳汇视角下的屋顶绿化生态景观营建工法。 发明专利： 1. 复合型屋面连续高低咬合变形缝构造； 2. 防锁死单向滑移支座； 3. 海绵城市节水型园林水池； 4. 任意曲面幕墙无焊接精准可调挂接系统。

第二部分　关键创新技术名称

1. 岩溶发育地区紧邻地铁浅隧的深基坑施工技术
2. 浅埋地铁上盖超大跨度弧形斜交连体钢连廊整体提升施工技术
3. 外挂变曲面幕墙系统施工关键技术
4. 多向曲面建筑施工中高精度测量控制技术
5. 大型悬空多曲镂空双曲面GRG特征板施工技术

第三部分　实　例　介　绍

1　工程概况

广州无限极广场项目，位于广州白云新城核心地块，总建筑面积约18.5万 m²，地上7层（局部8

层）、地下 2 层，建筑高度 35m。建筑物由 A、B 两座塔楼组成，塔楼之间地下有地铁 2 号线穿越，两塔楼之间在 3 层及 6～7 层设有大跨度斜交钢结构连廊，最大跨度 86.4m，将两座塔楼连接成"无限之环"的建筑形态。

建筑使用功能：A、B 座地下二层均为车库、设备用房，A 座地上八层为办公、研发、培训用房，B 座一—三层为商业用房，四—八层为办公用房。

基础及结构：基础采用钻孔灌注桩，主体结构为框剪结构，超大跨度钢连廊采用钢桁架结构。

建筑装饰主要特点：特征钢网架＋特征铝板幕墙，造型奇特、复杂，其网架呈螺旋状，36000 多块特征铝板尺寸、形状各异，制作安装精度要求高；中庭大型镂空 GRG 造型装饰墙面为多向曲面，弧线多。

机电设备：设备系统多，功能齐全。

广州无限极广场由著名建筑师扎哈·哈迪德建筑事务所和广东省建筑设计研究院有限公司设计，设计外形以空间曲面—数学无限循环的符号"∞"交叉叠加，富有特色，是一座集生态环保、健康时尚、科技智能于一体的"智慧生态型"建筑。该项目由广东省第一建筑工程有限公司总承包施工，于 2017 年 9 月 18 日开工，2021 年 6 月 23 日竣工验收备案。

项目推广应用了"建筑业 10 项新技术（2017 版）"中的 9 大项 39 子项，其他创新技术 13 项，整体处于国内领先水平。获科技创新类奖 13 项、省级工法 8 项、发明专利 4 项、实用新型专利 15 项，获第九届"龙图杯"全国 BIM 大赛综合组一等奖等各类成果奖项。

项目在节能、节水、节材和室内环境控制方面，运用了多项新技术和新材料，以实现智能化系统应用，一体化管理大楼雨水回收及可再生能源等多项绿色设计成果，获得了国家三星级绿色建筑设计标识。

综上所述，本项目总体设计合理，施工难度大，立面造型奇特、新颖，采用诸多新技术、新材料打造一座环境优美舒适、绿色低碳环保的高品质建筑，成为又一处城市地标性建筑（图 1）。

图 1　项目俯视图

2　工程重点与难点

2.1　溶洞地质复杂，紧邻地铁隧道，基坑变形控制要求高

项目地处高密度岩溶强烈发育地区，地质勘察遇洞率为 86.76％，水文、地质条件复杂。A、B 两塔楼地下室的开挖深度约 10.6m，且塔楼之间下方穿过的超浅埋地铁 2 号线隧道，其结构外边线与基坑

支护结构的最小水平净距仅 10m，隧道上方覆土厚度约 1.8～2.5m，隧道底面标高略高于基坑底。基坑支护结构和土方开挖施工极易引起地铁隧道沉降，影响地铁运营安全。

2.2　大跨度斜交钢连廊拼装场地受限，安装提升难度大

两塔楼之间在三层及六～七层设有斜交钢结构连廊，最大跨度为 86.4m，是当时国内连廊跨度最大的连体超限结构；因受到连廊下方地铁隧道安全和荷载限制，采用原位拼装、整体吊装等常规方式无法满足此限载要求。其中，六、七层连廊为弧形连体钢连廊，由两道主桁架及钢梁组成的空间桁架结构体系，桁架高度约 8.4m，整体质量约 1450t，其安装高度更高，难度更大。

2.3　变曲面幕墙造型复杂，空间定位及安装精度控制高

建筑物外立面以铝板幕墙为主、玻璃幕墙为辅，其中铝板幕墙 5 万多平方米，玻璃幕墙 3 万多平方米。铝板幕墙采用钢管网骨架＋特征铝板形式，立面外轮廓呈双向弧形曲面，3.6 万多块特征铝板尺寸、形状、穿孔数各异，均需个性化设计和定制，钢网架局部立面呈螺旋曲面，标高控制的繁杂，加之相邻楼层结构立面轮廓错落布局，钢网架及特征铝板安装、钢网架对接难度大，精度要求高，国内外无类似项目可供参考。

2.4　曲面建筑结构造型多变，轴网布设及测控手段要求多

建筑楼层结构轮廓线曲率变化，结构边缘立面错落布局，建筑外立面造型曲面多变，钢连廊构件拼装、多角度斜型圆柱施工、幕墙异性钢网架安装及特征铝板拼接等定位测量工作量大且复杂，轴网布设及测量精确控制要求高。

2.5　大型曲面 GRG 特征板造型考究，空间安装要求精细

室内中庭悬挂有六块大型曲面 GRG 特征造型，均为手绘木纹饰面，具有"镂空网孔、双曲面、弧形、流线交圈"的特征。所有区域 GRG 装饰墙造型要确保其弧度、色泽及线条对接等的曲滑顺畅，对放线测量、分块制模、施工安装及拼缝处理等方面都要求极为精细。

3　技术创新点

3.1　岩溶发育地区紧邻地铁浅隧的深基坑施工技术

工艺原理：综合采用基于 BIM 的岩土勘察模型技术、基于 5G 的智能基坑监测技术、地铁隧道两侧保护桩隔离施工技术、溶洞区域无预处理的全套筒灌注桩施工技术、浅埋地铁隧道下注浆及地下水回灌沉降控制技术，解决了岩溶地区紧邻地铁浅隧的深基坑开挖和桩基施工过程中，地铁保护的诸多技术难题。

（1）采用基于 BIM 的岩土勘察模型模拟技术，利用管波＋跨孔 CT 成像等先进的物探手段，建立场地土层、溶（土）洞及桩的三维模型，有针对性地优化施工方案，实现桩基施工的精细化控制，提高施工过程的安全性。

（2）创新提出双门架式隔离桩＋对拉预应力钢绞线组成的栈桥式隧道支护隔离体系，有效阻隔两侧桩基和基坑施工过程对其间土体和地铁隧道的扰动；钢连廊采用胎架卧拼＋整体滑移＋整体对称竖转提升的施工方法，利用设置于地铁两侧支护结构上的滑轨将钢桁架的自重荷载分散至地铁隧道两侧，将地铁轨道上方的施工荷载控制在限载要求内。

（3）利用自动化控制的全套筒钻机施工，减小桩基施工对周围土体的扰动和对周围环境的影响。同时，针对溶洞灌注成桩，采用"怠速回转"的钻孔控制技术，实现岩溶地区无预处理的灌注桩成桩工艺，通过保持套管低速旋转、自动上下，提高岩溶地区的成桩质量和施工效率。

（4）岩溶地区桩基施工可能因溶洞内承压水的涌水流失而造成地下水位显著下降，引发周边软弱土层土体的固结沉降和地铁隧道结构的变形、开裂、渗水等问题，项目在桩基施工和基坑开挖过程中设置回灌井，采用地下水位智能监测系统联合浅层＋深层地下水连续回灌技术确保场地区域和地铁隧道下方地下水位稳定，以控制隧道区土体沉降。在此基础上，进一步采用隧道两侧垂直钻孔注浆＋隧道底斜向钻孔注浆技术，结合地铁隧道变形和基坑支护变形监控反馈数据，合理控制注浆压力和注浆量，利用袖阀管工艺实现少量多次、反复注浆，起到较好的土体加固和止水效果。

（5）本项目基坑开挖采用中心岛法，开挖过程中地铁两侧的基坑角撑对称施工，并利用早强剂提高混凝土支撑的早期强度，缩短基槽开挖后的无支撑暴露时间，使土压力均匀且逐步释放。角撑范围内地下室侧壁基坑采用 C20 混凝土浇筑填充，增加该区域基坑回填材料的弹性模量，减少换撑过程中回填材料和周围土体的变形，采用"由外向内、先次后主"的拆撑顺序，保证换撑过程平稳过渡。

技术优点：本技术适用于邻近地铁隧道的各类工业与民用建筑的深基坑和桩基施工。特别适用于岩溶发育不良地质条件下，浅埋式地铁隧道两侧同时进行深基坑施工，且基坑紧邻隧道、地铁保护要求高的深基坑工程施工。

鉴定情况及专利情况：鉴定为国际先进水平，获

（1）实用新型：一种地铁隧道两侧保护桩隔离结构（已授权）。

（2）实用新型：一种预应力支护结构（已授权）。

（3）发明专利：一种高密度岩溶强烈发育地区全套管灌注桩施工方法（审查中）。

3.2　浅埋地铁上盖超大跨度弧形斜交连体钢连廊整体提升施工技术

工艺原理：

（1）地铁上方大吨位钢桁架支撑平台施工技术：该钢连廊横跨广州地铁 2 号线飞翔公园至白云公园区间，地铁隧道浅埋于原土面下约 1.8～2.5m，地面限载 $20kN/m^2$，在隧道两侧设置支护桩加强体系，满足 100t 履带式起重机行走及格构式提升井字架（可承载 1500t）安装的承载力要求，完成连廊主受力桁架的卧拼和提升，有效解决了地铁上盖限载的问题；同时，建立基于荷载—结构—地基弹簧法的三维有限元模型进行隧道结构沉降量复核计算，保证连廊施工期间地铁结构的安全。

（2）钢桁架液压顶推及滑移的自动化控制和位移传感监测技术：为配合钢桁架竖转，研发了由滑移轨道、智能液压爬行器、滑靴组成的桁架竖转顶推器，采用先进的行程、位移传感监测和计算机同步控制系统，通过数据反馈和控制指令传递，全自动实现同步动作、负载均衡、姿态矫正、受力控制、操作闭锁、过程显示和故障报警等功能，实现了整个安装过程的安全、质量可控。

（3）钢桁架整体提升技术：研发出一种竖转提升系统，由两个液压提升器和提升塔架构成，提升塔架采用六个塔架主肢等连杆连接，对钢桁架等钢构件的附加荷载很小，保证受力均匀；同时，通过液压提升器锚具的逆向运动自锁性和液压提升系统的自动溢流卸载功能，保证提升过程中钢构件的竖转平衡稳定以及承载可靠性。该装置安装、拆除方便，可重复利用。

（4）超限结构的施工全过程综合智能监控技术：采用 BIM 三维仿真、有限元分析、计算机同步控制、反拉纠正、变形控制与监测等综合智能技术，对连廊结构进行内力分析，精准控制其变形及刚度，保证连廊整个竖转提升、安装过程的顺利。

技术优点：通过研发使用竖转顶推器以及提升装置（竖转顶推器包括液压爬行器、液压油缸、滑移轨道以及滑靴，提升装置包括两个液压提升器以及提升塔架），使得竖转及提升对异形钢桁架等钢构件的附加荷载很小，保证受力均匀，从而保证异形钢构件的竖转稳定性。通过在地铁周边设置灌注桩支护体系＋溶洞注浆＋预应力对拉锚索等综合方案，保护地铁及周边建筑的结构安全，使得进行钢连廊的安装和提升中，地铁区间的荷载控制安全可靠。

鉴定情况及专利情况：鉴定为国际先进水平，获

（1）实用型专利：一种用于钢构件的竖转顶推器（已授权）。

（2）实用型专利：一种用于钢构件的提升装置（已授权）。

（3）发明专利：防锁死单向滑移支座（已授权）。

（4）发明专利：一种用于钢构件的竖转提升系统（审查中）。

3.3　外挂变曲面幕墙系统施工关键技术

工艺原理：

（1）基于机器人自动定位的外挂变曲面钢网架与 X 型单元式幕墙系统施工关键技术概述，具体包括：幕墙系统工程项目技术分析；幕墙系统工程重点分析；幕墙系统工程难点分析。

（2）基于机器人自动定位的外挂变曲面钢管网架高精度制作技术研究，具体包括：外挂变曲面钢管网架的工程区域分布；外挂变曲面钢管网架的分布；基于机器人自动定位的外挂变曲面钢网架加工制作工艺；变曲面网架的质量控制技术。

（3）任意曲面幕墙无焊接精准可调 X 型挂接装置研究，发明一种采用任意曲面幕墙无焊接精准可调挂接系统，避免现场焊接，施工操作简便，有效提高曲面幕墙的施工安装进度；保证曲面幕墙的施工安装精度。

（4）外挂变曲面钢管网架与 X 型特征铝板幕墙现场安装技术研究，具体包括：外挂变曲面钢网架及 X 型特征铝板幕墙安装工艺流程、工艺模拟；吊装设备选型分析；外挂变曲面钢网架安装控制技术；X 型特征铝板幕墙安装控制技术；铝板的质量控制技术。

技术优点：针对外挂变曲面幕墙系统施工关键技术进行研究，提出了基于机器人自动空间定位的网架节点控制方法及工厂化制作工艺等，提高了变曲面钢网架制作的精度与效率；研发了一种任意曲面幕墙无焊接可调 X 型挂接装置，可调节角度范围大、开模数量少、定位精准，提高了单元式幕墙系统整体安装的质量及效率。

鉴定情况及专利情况：鉴定为国际先进水平，获

（1）发明专利：任意曲面幕墙无焊接精准可调挂接系统（已授权）。

（2）发明专利：一种能控制变形的空间结构节点的焊接工艺（审查中）。

（3）发明专利：一种复杂空间网架结构的现场智能化定位装置（审查中）。

（4）发明专利：一种复杂空间网架结构的现场智能化施工工艺（审查中）。

3.4 多向曲面建筑施工中高精度测量控制技术

工艺原理：采用 GPS 定位、三维激光扫描、无线数据传输融合等多种智能测量技术，精确定位连廊桁架卧拼时采用的胎架，避免因胎架定位不准导致桁架受力不均，影响地铁的安全性；采用 BIM 模型呈现斜柱的立体数据，对柱模板进行定位及校核，保证精度要求；外立面铝板幕墙采用 3D 激光扫描技术进行校核调整，中庭采光顶膜结构采用自动测量机器人进行实时跟踪定位，利用工业三坐标测量软件纠偏、校正控制点，提高测量精度。

技术优点：异形结构的测量施工一直是建筑工程界的一大难题，多向曲面弧形较复杂，轴线精确控制较难，稍有偏移，将造成结构弧形段连接不流畅，影响到整体建筑外轮廓的美观性。此技术成功解决了常规技术在异形建筑施工中测量精度难以保证的难题：如地铁上盖大跨度弧形斜交钢连廊测量精度控制、多角度斜型圆柱测量精度控制、外立面铝板幕墙测量控制、三维异形钢网架龙骨测量控制、中庭采光顶膜结构测量控制，提高了测量精度，节约了工料费和人工费，并提高了施工效率，能够最大限度地保证施工质量，易于实现科学程序施工；其社会效益非常巨大，在城市建设和异形结构施工领域正在发挥越来越大的作用。

鉴定情况及专利情况：鉴定为国际先进水平，获

（1）实用新型：双向曲扭错层立面的外脚手架（已授权）。

（2）实用新型：一种双向曲扭错层立面的外脚手架（已授权）。

（3）发明专利：双扭曲建筑施工中创新精密测量方法（审查中）。

3.5 大型悬空多曲镂空双曲面 GRG 特征板施工技术

工艺原理：

（1）BIM 模型深化加工和插接结构连接技术：GRG 装饰面板面积大且为双曲面、局部四曲面造型，面板中间设计有大量装饰孔，6 个造型合计约 7000 个孔洞，每块面板、每根异形钢骨架皆不相同，结合图纸节点进行 BIM 模型深化，将钢骨架及面板独立加工，再扫描后与模型进行对比复核，确保加工精度；同时，采用插接结构实现 GRG 各单元块的快速连接，保证了 GRG 造型的整体稳固性和施工简便性。

（2）五轴雕刻机制模技术：GRG 钢架为空间双曲面，每根方钢管两面的弧长及拱高都不同，同时

由于方钢管弯曲后的回弹及焊接时的热胀冷缩，难以保证钢构精度。将模型样式输入电脑，用大型五轴雕刻机雕刻出每根钢构的定位模板，加工过程中及时进行校对，既能检测弯管角度是否达标及矫正，又能控制焊接过程中的变形，保证了 GRG 造型板的弧度衔接曲滑顺畅。

（3）三维放线及扫描技术：因中庭整体空间较高，GRG 墙钢骨架为空间双曲面，拟采用三维放线技术，使脚手架跨度、悬挑适应现场施工；对现场钢骨架进行三维扫描，将设计模型匹配到现场点云模型中，进行模拟安装、碰撞试验，确定装饰完成面的定位位置。

（4）"造船"式 GRG 钢骨架竖转提升技术：钢骨架提升高度最高 32m，跨度最大 36m，采用地面脚手架异形钢骨架拼装＋滑轨式整体竖转、提升及吊装，骨架竖转、吊装根据空间网架受力进行验算，确保安全可靠。

（5）优化 GRG 板涂刷比例及方法：采用定制优质玻璃纤维，掺合同材质石膏粉，根据现场温度、湿度优化比例，搅拌均匀之后，分层涂刷，在每两块 GRG 产品的背面折边处用玻璃纤维和 β 天然半水石膏粉调成石膏浆体进行钨绑处理，钨绑到角码部位，确保角码焊接后 GRG 的表面接缝平整、顺滑。

技术优点：本项目采用 BIM 和 3D 扫描技术，得到结构的真实坐标，提高 GRG 特征板的加工和安装精度；利用 BIM 技术和 Rhino 三维建模软件中的参数化设计插件，对复杂空间双曲面钢网架的杆件进行优化设计，减少需要双向弯曲的杆件数量，提高加工效率；对于高空悬挂安装的跨楼层大型双曲面钢网架，采用地面拼装后整体提升的施工方案并通过有限元软件对提升过程中的各种工况进行模拟，确定合适的提升方案和加强措施；采用 CNC 数控雕模机床全自动化加工和二次翻模工艺进行人工精修制作生产模具，提高 GRG 材料的制造精度。

鉴定情况及专利情况：鉴定为国际先进水平，获

（1）实用新型：一种插接结构的 GRG 造型（已授权）。

（2）实用新型：一种模块化 GRG 设计单元式集成结构（已授权）。

（3）实用新型：一种用于矩形插件的插接单元及矩形插件（已授权）。

4 工程主要关键技术

4.1 岩溶发育地区紧邻地铁浅隧的深基坑施工技术

4.1.1 概述

项目由 A、B 两座独立的塔楼组成，两塔楼间在 3 层和 6、7 层由两道超大跨度斜交钢连廊相连组成连体结构。灌注桩基础设计持力层为微风化石灰岩，入岩深度 1～4m，桩径 1～1.5m，桩长约 6～44m，基坑开挖深度约 10.6m，属于深基坑工程。运营中的广州地铁 2 号线浅埋箱形地铁隧道从项目场地中部穿过，隧道两侧均紧邻本项目的深基坑，隧道结构外边线与基坑支护桩的最小水平净距仅 10m，且明挖施工的地铁隧道上方覆土厚度仅 1.8～2.5m，隧道底面标高略高于基坑底，属于浅埋隧道，上部荷载以及桩基和基坑施工对隧道影响显著。勘察显示场地土层主要为素填土、洪积层粉质黏土、残积层粉质黏土和微风化石灰岩。其中，粉质黏土层较厚，压缩性大，下方微风化石灰岩层，岩面起伏大，存在强烈发育溶洞且部分连通，岩层富水性和透水性好，具承压水特征、涌水量大，进一步增加了桩基施工和地铁保护的难度。如何在整个施工过程中保证运营中的地铁隧道结构安全，是本项目面临的巨大挑战。

4.1.2 关键技术

（1）选择合适的建模平台，研究基于 BIM 的岩土三维可视化信息模型的建立方法。本项目采用 AutoDesk Revit 平台，研究了利用软件提供的场地命令，结合超前钻、管波、跨孔 CT 等地质勘察成果数据，建立场地下串珠状溶（土）洞三维可视化模型的方法，并在此基础上，建立基于溶洞—桩基—地铁隧道相互关系的信息化模型。探索了岩土勘察 BIM 模型在施工中的应用，主要是利用模型进行施工过程模拟，提前确定施工中的风险因素，从而在施工中采取相应的措施，有效保障施工安全。同时，在灌注桩施工时利用 BIM 模型提供地质条件和钻孔深度数据，保证岩溶地区桩基施工质量。

（2）研究全过程智能化基坑及地铁隧道监测技术的应用，利用 5G 技术实现关键数据的全天候远程监测，结合已有软件平台进行智能监控和预警。优化监测方案和测点布置，提高监测精度和可靠性。

（3）针对两侧同时进行深基坑施工的地铁隧道保护，创新提出双门架式隔离桩＋对拉预应力钢绞线组成的栈桥式隧道保护隔离体系。研究该栈桥式隧道保护隔离体系的施工工艺流程，确定对拉预应力钢绞线的张拉控制措施。

（4）考虑后期主体结构施工中，钢连廊现场吊装时的施工荷载限制条件，研究以本项目提出的栈桥式隧道保护隔离体系为基础的零堆载钢结构拼装平台施工技术，保证地铁隧道上方荷载不超过 $20kN/m^2$ 的限载要求。

（5）研究全套筒灌注桩施工技术在岩溶地区的应用，主要是针对钻孔穿溶洞的钻进和浇筑工艺进行优化改进，提出钻孔遇斜岩面及溶洞的处理措施，提出穿溶洞桩的混凝土浇筑方法，从而免去或减少施工前对溶洞进行预处理的工作。

（6）研究浅层＋深层地下水回灌技术的应用，包括浅层和深层地下水回灌井点的布置、回灌设备及回灌速度控制等，保证岩溶地区桩基施工过程中地下水位的稳定可控。另外，研究地铁隧道两侧垂直钻孔注浆＋隧道底斜向钻孔注浆技术在加强隧道周围土体，控制隧道结构沉降中的应用。确定合理的注浆方法和注浆压力，在隧道结构因邻近基坑施工产生沉降时，实现可控的沉降补偿。

4.1.2.1　施工总体部署或施工工艺流程

本项目的实施主要包括基于 BIM 的岩土勘察模型技术、基于 5G 的智能基坑监测技术、地铁隧道两侧保护桩隔离施工技术、溶洞区域无预处理的全套筒灌注桩施工技术、浅埋地铁隧道下注浆及地下水回灌沉降控制技术 5 项技术的创新和综合应用。

4.1.2.2　工艺或方案

1. 基于 BIM 的岩土勘察模型

1）管波法联合跨孔 CT 法勘探成果

施工前对每根工程桩进行超前钻，并结合管波＋跨孔 CT 的先进物探技术对场地内尤其是地铁两侧的溶、土洞分布情况进行了全面摸查（图 2）。

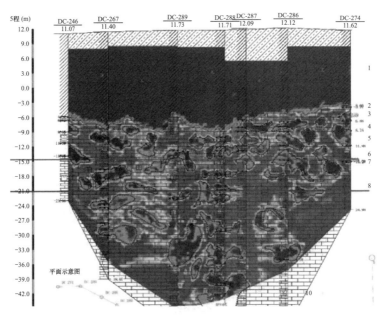

图 2　跨孔弹性波反演波速影像及地质解释剖面图

2）建立溶洞三维模型

利用 Revit 软件的场地命令，以超前钻数据中溶洞顶高程和溶洞底高程分别建立两个同一原点的地表模型，完成后将两个模型链接，得到溶洞在地下空间分布的三维模型。具体步骤为：

（1）处理超前钻数据。将超前钻钻孔数据按溶洞顶高程和溶洞底高程分成两个表格，对于一个钻孔探出多个溶洞的，先假设其为单个溶洞，仅保留最顶溶洞顶高程和最底溶洞底高程，并计算所有溶洞的平均高程，形成包含坐标和高程的数据文件。

（2）利用 Revit 软件的场地命令，导入前一步得到的溶洞上下表面高程，分别绘制溶洞上下表面模型。无溶洞钻孔则以溶洞平均高程为输入值，使最终的三维模型更贴近真实形态。

（3）以 Revit 软件中原点对原点的方式链接两个模型，形成溶洞模型（图3）。

将得到的溶洞模型和桩基、地下室底板及地铁隧道模型整合，得到桩—溶洞—隧道复合信息化模型，如图4～图6所示。

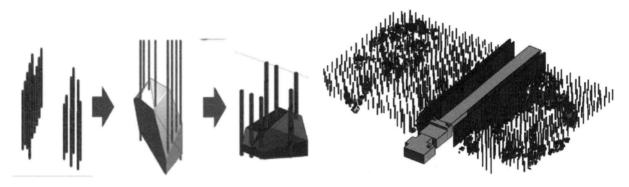

图 3　溶洞三维模型生成示意图　　　　　　　　图 4　桩—溶洞—隧道结构三维模型

图 5　桩—溶洞—地下室底板三维模型

3）BIM 岩土勘察模型在施工中的应用

（1）本项目场地下方溶洞体量大、埋深浅，串珠状溶洞互相连通，考虑到溶洞内可能存在承压潜水，显著增加了桩基施工和地铁保护的难度。利用三维可视化岩土勘察模型，可直观地看到溶洞的分布特征和大小，从而有针对性地制订施工和地铁保护方案。识别浅层溶洞，并对其采取注浆填充等预处理措施，保证施工机械行走时的安全。

（2）针对基坑支护桩和工程桩施工，可利用 BIM 模型确定钻孔深度，避免少钻和超钻，实现桩基施工的精细化控制。

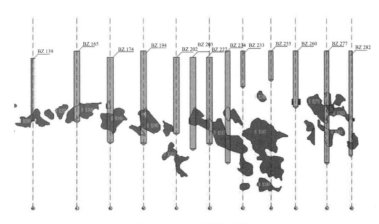

图 6　桩—溶洞模型剖面

（3）利用基于BIM的施工过程模拟，提前对整个施工方案进行预判和优化，发现潜在的安全隐患，及时调整施工方案并做好应急措施。特别是针对桩基施工遇溶洞时的处理，可预先进行施工工艺优化和改进，提高成桩质量。

2. 基于5G的深基坑智能监测技术

本项目深基坑施工全过程应用信息化施工监测技术，由第三方监测单位对基坑及周边建（构）筑物进行监控布点，从围护结构施工开始至角撑拆除，全过程对监控点实施动态监测，根据汇集的量化信息进行深基坑的施工组织和管理，确保施工阶段的生产安全。具体监控项目及布置点数如表1所示。

深基坑监测项目信息表 　　　　　　　　　　表1

序号	监测项目	监测对象	测试元件及仪器设备	监测点数量
1	支护结构水平位移	围护结构顶	全站仪	53
2	支护结构垂直位移	围护结构顶	水准仪	53
3	立柱沉降	立柱顶部	水准仪	16
4	支护结构侧向变形	围护结构桩体	测斜管、测斜仪	53
5	土体侧向位移	基坑周边土体	测斜管、测斜仪	9
6	支撑轴力	支撑	振弦式钢筋计	8
7	地下水位	基坑周边地下水位	水位管、振弦式渗压计	30
8	基坑周边沉降	基坑周围	水准仪	37
9	锚索应力	锚索	振弦式钢筋计	19
10	土压力	基坑周边土体	振弦式钢筋计	7
11	桩身内力	围护结构桩体	振弦式钢筋计	7
12	周边建（构）筑物沉降	建（构）筑物	水准仪	6
13	管线沉降	管线	水准仪	—

1）主要监测方法

（1）周边建（构）筑物、地面、立柱、管线沉降、围护结构顶部竖向位移

分别埋设沉降观测的基点和监测点，具体监测方法为：①建立假定高程系。②进行初始观测，将各基准点组网联测，联测次数不小于3次，取其高程平均值作为各基准点的初始高程值。以后观测时，先将沉降监测基准点组成水准基准网联测，检定基准网稳定性。建网初期每月进行1次检核，点位稳定后，检核周期可适当延长，若发现异常情况则随时对基准网进行校核。③在各沉降点与监测基准点间布设水准观测的闭合、附合路线或结点网。初始观测时，观测次数不少于2次，取其高程平均值作为各监测点的初始值。在第一次观测时，宜用皮尺量测各测站前后视距，并做好标记，以便以后每次观测时测站位置相同。以后各次观测中应保持观测线路、测站位置、观测仪器、观测时间、观测人员的一致性，尽量保持固定，以减弱各次观测的系统性误差。④根据最小二乘原理对基准点检核网数据及监测点观测数据进行平差计算，求出各监测点的高程，并计算出各监测点的变化量及累计变化量。

（2）支护结构顶部水平位移监测

水平位移监测项目主要是监测明挖基坑围护结构顶部的变形。主要由基准点、工作基准点、监测点和断面监测点组成，其中：

① 水平位移基准点布设于2～4倍基坑开挖深度范围外，成组埋设，选择合适位置钻孔埋设直径20mm的钢筋，深度300mm左右，顶部刻十字丝。

② 工作基准点直接布设在基坑围护结构体上，在基坑拐角处（或基坑外适当位置）冠梁上钻孔浇筑尺寸为250mm×250mm×1200mm的观测墩，墩顶部埋设强制对中器，墩中间埋设加强钢筋。

③ 水平位移监测点布设在围护结构顶部，在基坑冠梁上钻孔浇筑尺寸为150mm×150mm×300mm的小型观测墩，墩顶部埋设强制对中器，墩中间埋设加强钢筋。

④ 基坑各边埋设断面监测点，其埋设方法一般采用在基坑拐角处埋设断面点。断面点采用钻直径10mm孔，埋设带丝头的监测点，监测时直接安装L形小棱镜。

主要检测方法是，建立任意坐标系，采用极坐标法进行各监测点坐标观测，并计算监测点各期累计变化量，将该累计变化量分解到平行基坑和垂直基坑两个方向上。

（3）桩体、土体深层侧向位移监测

侧向位移监测简称测斜，采用测斜管和测斜仪进行。测斜管埋设方式有绑扎埋设和钻孔埋设两种。在围护结构桩体内埋设测斜管以绑扎方式埋设为主，当绑扎方式埋设的测斜管破坏需补充埋设测斜管时，用钻孔方式。土体测斜管的埋设采用钻孔方式。

将测头插入测斜管，使滚轮卡在导槽上，缓导下至孔底，测量自孔底开始，自下而上沿导槽全长每隔一定距离测读一次，每次测量时，应将测头稳定在某一位置上。测量完毕后，将测头旋转180°插入同一对导槽，按以上方法重复测量。当被测土体、桩体、墙体产生变形时，测斜管轴线产生挠度，用测斜仪确定测斜管轴线各段的倾角，便可计算出土体（桩体、墙体）的水平位移。

测斜监测的初始值应是基坑开挖之前连续3次测量无明显差异读数的平均值，或取开挖前最后一次的测量值作为初始值。观测时应先将测斜探头放至管底，放置约5～10min，待探头温度与测斜管内温度一致时才开始观测。观测时宜按照每0.5m间距测读一次。

（4）地下水位监测

地下水位监测主要是利用振弦式渗压计（图7）测量水压，由液体压强公式计算出液面高度。

① 水位孔位置：地下水位监测的目的在于检验基坑止水帷幕的实际效果，以避免基坑施工对相邻环境的不利影响。所以测点要设置在止水帷幕以外，且参照搅拌桩施工搭接、相邻房屋与地下管线相对密集位置布设。

② 水位孔钻孔埋设：在确定水位孔位置处，钻直径90mm的水位孔，深度一般与支护结构深度相同（一般应穿透砂层），清洗钻孔，并埋设直径50mm水位管，在水位管与孔壁间用干净细砂填实；再用清水冲洗孔底，将管内泥砂清洗干净；在管口埋设水位孔保护墩，墩口宜高出地面约200mm，上面加盖，以防雨水进入；最后在墩身标注水位孔号。

（5）深层地下水位监测

深层地下水位监测的目的在于监测基岩水位的变化，以避免地铁两侧工程桩基施工导致基岩水流失，对后期基坑施工和周边环境造成影响。水位孔应尽量靠近隧道布置，本项目水位孔埋设在地铁隧道两侧，距离地铁隧道边线约10m，每个深层水位孔纵向间隔约20m。

（6）支撑轴力、锚索应力、土压力监测

支撑、桩身和锚索的内力监测，是在构件中埋设振弦式钢筋计，通过振弦频率的变化值根据仪器的标定数据得到监测点处的应变值，从而计算监测点处的截面受力（图8）。

图7　渗压计

图8　预应力钢绞线应力监测

土压力计埋设时，有方向和角度要求，特别是垂直埋设面的修整既要保证接触面平整，又需保证不破坏土体的压实密度；另外，角度的控制需要准确。土压力计安装于设定位置（按招标图纸位置）采用人工回填方式夯实，需注意夯实密度且用力均匀。回填的土料应与周围土料相同（去除石料），土压力计及电缆上压实的填土厚度超过1m，方可用重型碾压机施工。

图9 智能无线数据采集终端

2）智能监测预警系统

项目深基坑监测采用基于5G的智能无线数据采集终端和具有远程数据传输功能的全站仪及电子水准仪等，实现监测数据的远程实时记录，减少了大量记录和录入数据的人工作业。结合软件预警平台，实现了远程智能化监测，提高了深基坑监测的准确性和及时性（图9、表2）。

本项目根据广州市城乡建设委员会文件《关于启用地下工程及深基坑安全监测信息管理系统的通知》（穗建质〔2013〕601号）的要求，运行地下工程和深基坑安全监测预警系统（下称"监测预警系统"），以便实现监测数据的信息化反馈，确保监测数据可靠、准确（图10）。并将已纳入该系统内的监测数据作为施工安全监管的依据。

监测项目报警值表			表2
序号	监测项目	报警值	控制值
1	支护结构顶部水平位移	24mm	30mm
2	支护结构顶部竖向位移	24mm	30mm
3	支护结构侧向位移	24mm	30mm
4	土体侧向位移	24mm	30mm
5	支撑轴力	80%控制值	80%设计最大承载力
6	地下水位	1600mm，地铁两侧为800mm	2000mm，地铁两侧为1000mm
7	锚索应力	80%控制值	最大设计拉力
8	周边建（构）筑物沉降	16mm	20mm
9	道路沉降	24mm	30mm
10	管线沉降	16mm	20mm

图10 地下工程和深基坑安全监测预警系统

该监测预警系统对数据传输及时性要求高，每次监测开始前需申请项目实施编号，在申请项目编号后3h内要完成监测工作并将监测数据上传；该监测预警系统对监测数据的安全性要求高，所有数据上传需要通过安监站指定单位开发的数据传输端口来实现监测数据的安全性。项目完工后需要按政府相关管理部门的要求，在地下工程和深基坑安全监测预警系统完成归档。

3．地铁隧道两侧保护桩隔离施工技术

1）栈桥式隧道保护隔离体系

项目采用双门架式隔离桩＋对拉预应力钢绞线组成的栈桥式隧道支护隔离体系，有效阻隔两侧桩基和基坑施工过程对其间土体和地铁隧道的扰动。基坑邻近地铁两侧中部采用φ1000mm@1300mm双排灌注桩＋对拉预应力钢绞线支护，在双排灌注桩之间采用三轴搅拌桩形成止水帷幕，四个角部位采用φ1000mm@1300mm支护桩＋角撑支护（图11～图13）。

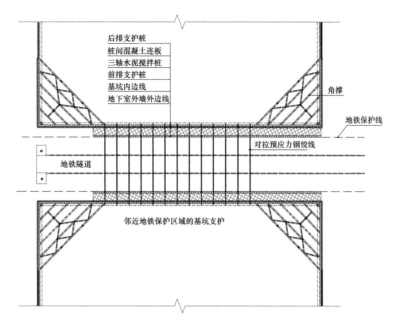

图 11 栈桥式隧道保护隔离体系平面图

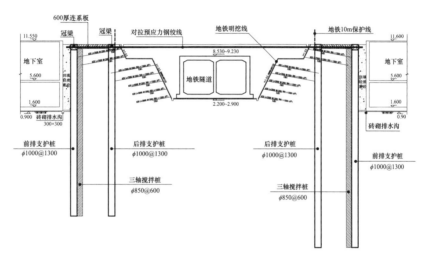

图 12 栈桥式隧道保护隔离体系剖面图

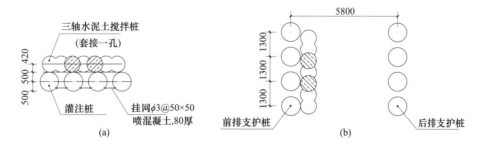

图 13 灌注桩和搅拌桩布置大样图
（a）灌注桩与搅拌桩搭接大样；（b）双排桩平面布置图

2）三轴搅拌桩止水帷幕施工

本项目基坑围护结构先施工搅拌桩，后施工支护桩，通过搅拌桩施工后截断地下岩溶过水通道，尽量降低支护桩施工对地铁隧道结构的影响。地铁两侧及角撑部位采用 $\phi850mm@600mm$ 三轴水泥土深层搅拌桩，桩长 21～29m，且要求入岩。采用"二喷二搅"工艺和套接一孔法进行施工。桩体固化剂采用 42.5 级普通硅酸盐水泥，单桩水泥掺入量不小于 200kg/m，水泥置换率 22％，且水泥用量不少于

$360kg/m^3$。水泥浆的水灰比控制在 1.5～1.8。

（1）搅拌桩机械布置及行走路线

现场按 3 个片区布置：东片区，西片区，地铁保护片区。布置水泥搅拌桩机 3 台，三轴搅拌桩机 2 台，在隧道两侧同时对称施工。

（2）岩溶地区搅拌桩施工工艺优化

深层搅拌桩的施工质量，直接影响到基坑止水帷幕的阻水效果。而软弱夹层、破碎带、土洞、溶洞等位置由于空隙比较大，在喷浆过程中浆液流出较多等原因，容易导致不成桩。主要采用以下措施，对搅拌桩施工工艺进行优化：

① 利用 BIM 溶洞模型，提前预判，及时处理。

② 优化施工工艺，搅拌机叶片上增加一组钻头，在原来 2×2＝4 片的基础上再增加 2 片，增加搅拌效率，以提高搅拌均匀性。

③ 优化施工参数：不良地质段施工时，减小搅拌速度、增加注浆压力，保证喷浆管口压力在 0.5MPa 以上。

④ 对于大量漏浆的溶洞，停止施工，回填孔位。按照溶洞处理方式泵入砂浆（混凝土），填充至溶洞上方 1m 处，待其初凝后重新钻进。

⑤ 做好漏浆坍孔事故预防及处理预案。准备片石＋黏土等应急用辅料；准备加大的泥浆池及充足水源并确保泥浆具有较好的黏性及胶体率；接近、进入溶洞层后要密切注意孔内泥浆位变化，一旦漏浆则须迅速补浆并提钻向孔内抛填所备好的辅料。

3）双排灌注桩施工

支护桩直径分别为 1000、800mm 两种，考虑到地铁保护要求，采用旋挖成孔工艺。钻孔顺序采用"跳三钻一"，分三序进行。支护桩施工跟随搅拌桩流水作业，布置旋挖钻机 6 台。支护桩施工的技术要点包括：

（1）溶洞区域支护桩钻进施工前，为预防桩孔孔壁坍塌或者坍孔，采取大幅度提高泥浆的密度来增大液柱压力，并通过多次投入由黏土与膨润土组成的填料，形成稳固的人工孔壁。钻进时泥浆的密度应该控制在 $1.3kg/m^3$ 左右。

（2）对于大量漏浆的溶洞，停止施工，回填孔位。按照溶洞处理方式可以向溶洞内泵入砂浆，填充至溶洞上方 1m 处，待其初凝后重新钻进。

（3）增加钻筒高度。条件允许时尽可能增加钻筒高度，高度不低于桩直径的 1.5 倍。护筒顶端应高于地面不小于 0.3m，用黏土填筑在护筒的四周，逐层进行夯实。

（4）增设排浆孔的数量。于筒壁处增设排浆孔数量，便于漏浆孔内的液面降低时依旧能够迅速进行补浆。

（5）采用地雷型钻头施工。地雷型的钻头中部为圆柱形，上部与下部均为圆台形，其用途为挤压造壁以及捣实溶洞的部分填料。

4）对拉预应力钢绞线施工

（1）连系板基坑及钢绞线沟槽开挖

根据测量放样位置，使用挖机或人工开挖钢绞线沟槽及联系板基坑，开挖深度低于设计高程 5cm。连系板基坑全断面开挖，同时浇筑砂浆垫层；钢绞线沟槽开挖底部宽度 0.3m，边坡采用 1∶1 坡面，基底人工整平后沟槽内对应钢绞线位置铺设细砂垫层，钢绞线沟槽回填细砂。

（2）PVC 套管安装与固定

钢绞线外包直径 150mm PVC 管，PVC 管安装前精确放样，并在两端支护桩上标记。PVC 管道按照测量标记挂线分节组装，管道安装长度超出冠梁表面 10cm。管道安装完成后进行整体线型检查，并在管道每节段的中间位置采用砂浆临时固定钢绞线位置。管道上方 30cm 内使用细砂回填，其余可采用素土回填。

（3）钢绞线制作和安装

下料钢绞线，并进行钢绞线编束，编束时每隔 2m 用 16 号细镀锌钢丝绑扎两道，钢绞线表面抹一层黄油。钢绞线穿索采用人工推送，穿索时要保持索体平顺，避免 PVC 管受损。

（4）冠梁与连系板施工

钢绞线安装完成后，施工双排桩顶的冠梁和其间的钢筋混凝土连系板。施工时应注意对钢绞线及 PVC 管道的保护，避免钢绞线与 PVC 管道受损，如有损坏则应进行更换。

（5）预应力钢绞线张拉和锁定

① 冠梁及连系板混凝土强度达到设计要求后开始张拉预应力钢绞线。张拉设备配套使用，并通过有关认证机构的标定，绘制压力表读数—张拉力关系曲线，以正式文件提交给监理工程师。经拆卸、检修或经受强烈撞击的压力表都必须重新进行标定。

② 预应力钢绞线张拉采用单根预紧后再分级整体张拉的施工方法。为确保钢绞线顺直且受力均匀，正式张拉前应按设计荷载的 10％ 进行单根钢绞线预紧。正式张拉采用整体张拉，按 300、500、800kN 三个荷载等级施工。荷载施加均匀，加载速率每分钟不超过设计应力的 10％，每一级张拉后持荷稳定 5min，量测钢绞线伸长值并做好记录。若实际伸长值大于理论伸长值的 10％ 或小于 5％ 时，应停止张拉，查明原因并采取补救措施后方可继续张拉。达到设计荷载的 100％ 后稳压 10～20min 进行锁定。

③ 张拉过程实时监测桩顶水平位移，如位移过大则停止张拉并锁定。基坑开挖施工过程中应定期监测锁定力，如锁定力出现消散需及时补张拉至原锁定值，确保支护桩顶部约束可靠。

④ 土方开挖过程中，根据监测资料，对预应力损失及时进行补张拉（图 14）。

图 14 预应力钢绞线张拉照片

5）零堆载钢结构拼装平台

因本项目对地铁隧道影响程度较大，根据广州地铁交通设施保护办公室的要求，地铁上方堆载不得超过 $20kN/m^2$。因此，在基坑支护方案设计时就考虑到后期施工中场地堆载限制的影响，制订相应的技术措施，特别是针对项目中大跨度斜交钢连廊的现场拼装和提升，提出利用双门架式隔离桩＋对拉预应力钢绞线组成的栈桥式隧道支护隔离体系作为传力结构，将钢桁架拼装时的自重荷载分散至地铁隧道下方。

为满足现场施工荷载要求，每榀卧拼桁架（F6-HJ1 和 F6-HJ2）下方铺设足够的路基箱，路基箱主要由上、下面钢板＋中间密钢肋组成，单个路基箱截面尺寸为 7000mm×2000mm×400mm，骨架采用 [10 槽钢，外包 10mm 厚钢板。经验算，采用该施工平台进行拼装的实际施工荷载为 $7.5kN/m^2$，满足地铁限载要求（图 15）。

采用有限元软件模拟分析地铁隧道在施工全过程的应力和变形情况，建立基于荷载—结构—地基弹簧法的三维有限元模型进行隧道结构沉降量计算（图 16、图 17）。

利用该施工平台，成功实现了在地铁上方异形曲面钢桁架的拼装，监测结果显示，钢连廊施工期间地铁沉降满足设计和规范要求。

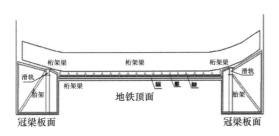

图 15　零堆载钢结构拼装平台示意图

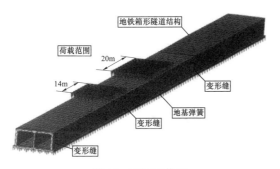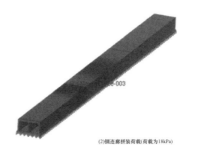

图 16　有限元模型　　　　　　　　　图 17　地铁隧道竖向位移云图

4. 溶洞区域无预处理的全套筒灌注桩施工技术

本项目采用全套筒全回转钻机、旋挖桩、冲孔桩成孔，拟建场地在勘探范围内的地层有填土层、冲洪积层，下伏基岩为石炭系石灰岩。场区内地质处于岩溶发育区，地下溶洞多且成串珠状。通过 BIM 技术对施工方案进行模拟，提前对整个施工方案进行预判，发现所存在的隐患，及时更正施工方案，或提前做好相应的措施（图 18）。

1）遇斜岩的处理方法

通过 BIM 技术对施工方案进行模拟，当遇到斜岩时出现偏桩现象，采用钻头慢磨的方法修正，使用 C20 混凝土回灌至岩面上 1m，当再次出现偏桩，并伴有掏渣不干净的现象时，用 C35 混凝土填充至岩面上 1m 位置（图 19）。

2）遇溶洞的处理方法

将已建好的精细化溶洞模型与现场地质模型关联，可直观地看到桩与溶洞之间的关系，当遇到溶洞时采用

图 18　基于 BIM 的施工模拟示意图

垂直导管灌注混凝土至溶洞顶 1m 以上。溶洞回填后继续下钻，成孔后采用反向清孔法进行清孔。通过施工模拟，直观地看到施工时的地下情况，并对现场技术人员进行可视化交底（图 20）。

图 19　BIM 模拟钻孔遇斜岩面的钻进工艺　　　　　图 20　BIM 模拟钻孔遇溶洞时的处理措施

3）全套筒灌注桩施工流程（图 21）

（1）安放路基板

测放桩中心点后，在其周边挖出深 30cm 左右的基坑，再将路基板埋置其中，确保路基板的中心与桩的中心重合。路基板的主要功能包括：①定点导向作用，保证桩基施工时钢套管的位置准确；②提高路基的强度，其是各类桩基础施工所需的特殊操作平台（图 22）。

（2）全套筒钻机就位

① 全套筒钻机采用履带式起重机吊装移位，对应桩心定位点平稳缓慢放下，钻机就位后，调整其水平度并保证 4 个支腿油缸均匀受力（图 23、图 24）。

② 安置套管：钻机采用新型楔形夹紧装置，履带式起重机起吊第一节套管平稳缓慢地放入。与传统夹紧机构相比，无论在什么位置都能夹紧套管，并使套管保持高的垂直精度，而且拉拔阻力越大，夹紧力也越大。夹紧后立即采用经纬仪或测锤测定垂直度，根据测量情况微量调整，确保第一节套管垂直（图 25）。

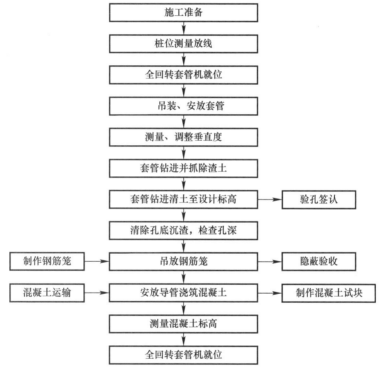

图 21　全套筒灌注桩施工流程

图 22　路基板照片

图 23　套管钻机就位

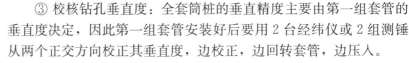

图 24　基座水平校核

③ 校核钻孔垂直度：全套筒桩的垂直精度主要由第一组套管的垂直度决定，因此第一组套管安装好后要用 2 台经纬仪或 2 组测锤从两个正交方向校正其垂直度，边校正，边回转套管，边压入。

（3）取土成孔

钻机回转钻进的同时观察扭矩、压力及垂直精度的情况，并做好记录。当钻进 3m 时，用抓斗取土，取土前套管上吊装保护套管接头的套管帽；回转钻进的同时进行取土作业，并监测取土深度，不能超挖，管底留有 2 倍桩直径厚度的土。钻机平台上有 1m 的套管没有钻进时，测量取土深度，处理套管接口，准备接套管。管口要进行防锈处理，涂抹油脂，并加一层保鲜膜，以便于拆装。吊装 6m 的套管进行连接，保养过的连接螺栓要对称均匀加力并紧固，连接套管后继续钻进。

（4）吊放钢筋笼

图 25　套管垂直度校核

吊装钢筋笼可采用三点或四点吊装法，操作安全灵活，钢筋笼不易变形、弯曲，保证其顺直度；桩长度较长时，钢筋笼应分节制作、安装，采用焊接连接。

（5）浇筑混凝土

放入混凝土浇筑导管，采用气举反循环施工工艺，进行第二次清渣，将沉渣从导管内排出，再次测定孔底沉渣厚度，满足要求后进行混凝土浇筑。本项目桩身混凝土设计强度等级为 C35，采用导管法灌注施工：安设导管→悬挂隔水塞→灌入首批混凝土→剪断悬挂隔水塞的钢丝→连续灌注混凝土，慢慢同步提拔导管和套管→灌注结束。

首批混凝土埋管深度为 1～2m，灌注混凝土必须连续进行。设专人负责测量孔内混凝土面的高度，导管和套管在混凝土的埋深应保证在 2～4m 的范围内。每次提拔导管和套管的高度不宜大于 500mm，直至混凝土浇筑至有效桩顶，套管全部拔出。

4）技术要点

（1）刀头荷载自动控制系统

套管钻机采用刀头载荷自动控制系统，在切削硬岩时，通过电脑的自动控制，智能控制套管靴刀头载荷和回转扭矩，使之不随套管重量和地层阻力的变化而变化，能够很好地保护刀头及有效地提高切削效率。

（2）溶洞地层"怠速回转"钻进

溶洞地层采用"怠速回转"的钻孔控制技术，针对溶洞灌注成桩，特有负荷敏感"怠速钻进"功能，保持套管低速旋转、自动上下，避免注浆超方、断桩。

（3）大陡坡岩面施工纠偏措施

①根据钻探及 BIM 溶洞模型初步确认岩面标高。②套管下放至拟定标高时，降低套管钻进速度，提高垂直度及钻机扭矩等数据的观察频率，若发现垂直度偏差过大或扭矩增大情况，则说明套管底部已钻入岩层面。③钻入岩面时，充分利用钻机自身垂直精度控制装置，采用减压慢磨方式，低速钻入岩层面。

（4）桩基础遇（土）溶洞处理措施

① 遇土洞处理措施：当管底达到土洞顶部位置时，回填土方，并用桩机将套管在该部位上下移动，配合冲锤适当密实，基本充填后继续钻进。

② 遇溶洞处理措施：全充填或空洞高度小于桩直径的溶洞，可不采取特殊措施，按常规成孔流程施工。部分充填，且空洞高度大于桩径、小于3m的溶洞，可采用钢筋笼外包波纹钢丝网＋防水土工布＋平钢丝网，待孔成后将包扎有钢丝网及防水土工布的钢筋笼下至桩孔内，钢丝网需穿过空洞及其上下至少各1m范围，最后灌注提套管至成孔。外包钢丝网及防水土工布的施工工艺及材料规格应进行工艺试验，试验成功后方可使用。

（5）克服钢筋笼上浮的措施

采用吊装加套等方法顶住钢筋笼上口，混凝土面接近笼底时要控制好灌注速度，减少混凝土从导管底口出来后对钢筋笼的冲击力。混凝土接近笼底时控制导管底口出来后对钢筋笼的冲击力。混凝土接近笼底时控制导管深在 1.5～2m，每灌注一斗混凝土，检查一次埋深，勤测深、勤拆管，直到钢筋笼埋牢固后恢复正常埋置深度，导管钩挂钢筋笼时下降转动导管后上提。

5. 浅埋地铁隧道下注浆及地下水回灌沉降控制技术

1）地下水回灌

为防止灌注桩施工过程中和土方开挖后由于地下水水位大幅度下降导致地面下沉或导致基坑沉降位移等不良后果，在浅层溶洞处理施工完成后进行回灌井施工，土方开挖后根据水位观测井观察地下水水位情况，根据地下水水位情况进行回灌，保证基坑周围及地铁保护区范围土体的稳定性。

（1）回灌井施工（图26）

①测量放线：用全站仪测放桩位，井位中心插一钢筋，四周各打一根控制桩来控制桩位中心，并经复核合格后，进入下道工序。②成孔：钻机就位后，采用回转取芯钻机成孔至设计深度，为保证地铁隧道安全，禁止采用三角叶钻头冲洗钻进，回次进尺不宜超过2.5m。③下管：下一条直径30mm的PVC回灌管至孔底，在回灌管用清水洗孔，孔口返清水即可。④填石：边注水边在孔口回填瓜米石，同时适

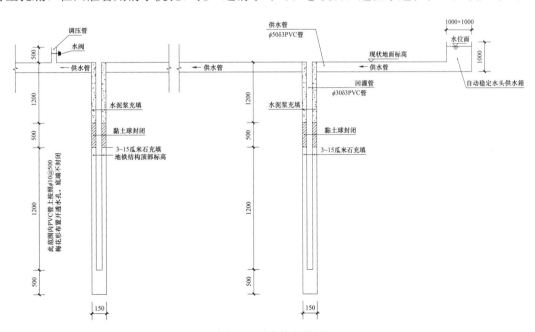

图26 回灌井大样图

当上下抽动 PVC 管，瓜米石回填高度约 3m，将回灌 PVC 管提升 0.5m 后固定。⑤封填黏土：在填入瓜米石至地铁结构顶标高处后，将回灌 PVC 管提升 0.5m 固定后，抛填黏土球封闭 0.5m。⑥注浆：再下另一条 PVC 注浆管，在注浆管中注入纯水泥浆（水灰比 0.4～0.5），直至孔口返水泥浆，边注边提升，保证孔口返浆，拔出注浆管封孔。⑦回灌：将回灌管与地表供水管相连，及时、准确地记录观测井水位；地下水位较低时，应进行回灌，以满足地基土体的稳定性。

（2）回灌井运行和管理

基坑挖土阶段对基坑外环境进行跟踪监测，一旦基坑外沉降比较大或沉降加速变化比较大以及基坑外承压水水位变化超过 1m 时，立即启动回灌措施（图 27）。

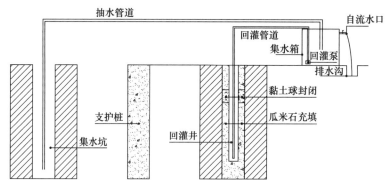

图 27　回灌系统示意图

回灌水源主要以基坑内集水井的地下水作为回灌水，也可采用自来水作为回灌水源。回灌量初定为 3～5m³/h。为避免影响回灌井周边地层结构，回灌压力不宜过大，控制在 0.05MPa 左右。回灌过程中对基坑内集水井和基坑外观测井水位密切监控，结合监测反馈的数据进行回灌速率的调整。

2）地铁隧道周围土体注浆

本项目隧道为筏板基础，地基未采用复合桩基等加固措施，且下方粉质黏土层埋深变化较大，易产生不均匀沉降。因此，采用双液注浆工艺对隧道两侧及下方土体进行止水、加固。

（1）注浆孔成孔施工

注浆孔采用 MXL-135D 锚杆钻机施工，带直径 100mm 全面破碎钻头，泥浆护壁跟管钻进。孔位放样的同时放出孔位定位辅助"十字线"，确定钻孔平面位置，通过垂线复核垂直角度。钻机定位后，先在孔口下套管，调整套管角度至设计角度后，再开钻。成孔施工至灰岩表面，依据设计孔深和钻机斜孔钻进钻杆扭动幅度较大且进尺小时，判定是否钻进灰岩表面，钻孔底端头不越过隧道剖面中心线，即 65°斜孔长度不超过 31m，71°斜孔长度不超过 41m。如遇地铁隧道明挖基坑支护土钉，钻杆跳动明显，采用锚杆钻机全套筒空气潜孔锤钻进，冲击破碎水泥浆固结体，保证成孔质量（图 28）。

（2）注浆管安装

双液注浆需要安装两根直径 20mm 镀锌注浆管，镀锌管采用套丝连接，逐节孔口对接，直至注浆管下至孔底，管头宜高出地面 30cm。注浆管出浆口位于孔底 4m 范围，每隔 50cm 布置花眼，孔底封闭。确保双液浆在孔底混合后压入土层中。

（3）注浆材料及参数控制

① 注浆材料：水泥浆采用 42.5R 级水泥，水灰比定为 1，水泥浆搅拌 10min。水玻璃浆液采用 42 波美度水玻璃，水：水玻璃＝7：1；双液浆混合初凝时间控制在 2min。在同一条件下，水泥中硅酸三钙越多、水泥浆水灰比越低、水玻璃溶液浓度越低、水玻璃溶液与水泥浆的比例越小，浆液胶凝时间越短。

② 注浆压力：垂直孔注浆时，注浆压力为 0.3～0.6MPa，采用低压力、多次反复注浆。斜向孔注浆时，注浆压力不得大于孔底主应力，暂定注浆压力不大于 0.4MPa，以免注浆压力过大造成反作用。根据注浆时隧道结构监测情况及时调整注浆压力。

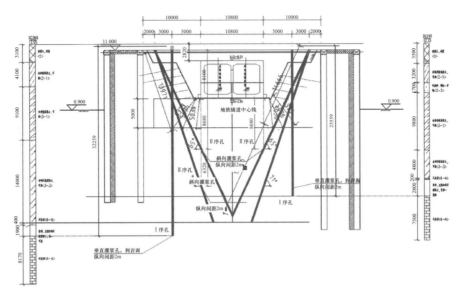

图 28　注浆孔布置图

③ 注浆控制：注浆施工开始后，地铁隧道自动监测也要同时进行，对于注浆区域每 30min 监测一次，当发现注浆使隧道抬升后，应马上通知注浆施工单位，控制好注浆压力及注浆量，随时做好停止注浆的准备（图 29）。

④ 灌注速度：注浆流量原则上不大于 10～30L/min，具体流量根据注浆压力及地层吸浆量确定。

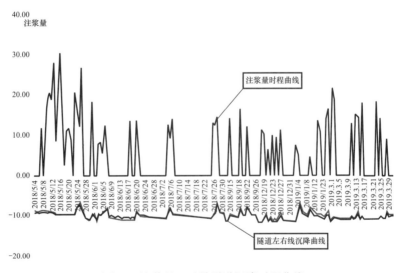

图 29　注浆量—地铁隧道沉降时程曲线

4.2　浅埋地铁上盖超大跨度弧形斜交连体钢连廊整体提升施工技术

4.2.1　概述

主体结构分 A、B 两座塔楼，在两塔楼相距的空间，设置三层斜交连廊（跨度 77.9m，宽度 17m）和六、七层斜交连廊（跨度 86.4m，宽度 20.5m），钢连廊横跨广州地铁 2 号线飞翔公园至白云公园区间，施工区段内地铁隧道浅埋于原土面下约 1.8～2.5m，地面限载 20kN/m²。

4.2.2　关键技术

（1）钢桁架液压顶推及滑移的自动化控制和位移传感监测技术：为配合钢桁架竖转，研发了由滑移轨道、智能液压爬行器、滑靴组成的桁架竖转顶推器，采用先进的行程、位移传感监测和计算机同步控制系统，通过数据反馈和控制指令传递，全自动实现同步动作、负载均衡、姿态矫正、受力控制、操作闭锁、过程显示和故障报警等功能，实现了整个安装过程的安全、质量可控。

（2）钢桁架整体提升技术：研发出一种竖转提升系统，由两个液压提升器和提升塔架构成，提升塔架采用六个塔架主肢等连杆连接，对钢桁架等钢构件的附加荷载很小，保证受力均匀，同时通过液压提升器锚具的逆向运动自锁性和液压提升系统的自动溢流卸载功能，保证提升过程中钢构件的竖转平衡稳定以及承载可靠性，该装置安装拆除方便，可重复利用。

（3）超限结构的施工全过程综合智能监控技术：采用 BIM 三维仿真、有限元分析、计算机同步控制、反拉纠正、变形控制与监测等综合智能技术，对连廊结构进行内力分析，精准控制其变形及刚度，保证连廊整个竖转提升、安装过程的顺利。

4.2.2.1　施工总体部署或施工工艺流程（图 30）

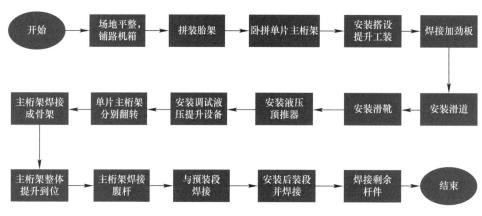

图 30　工艺流程

4.2.2.2　工艺或方案

1. 钢桁架液压顶推及滑移的自动化控制和位移传感监测技术

室外钢连廊属连桥超限结构，跨度大，结构复杂，重量大，其中三层连廊质量约 1000t，六～七层斜交连廊质量约 1450t。室外钢连廊结构外形复杂，南侧外轮廓线是直线段，北侧外轮廓线侧面是弧形，给连廊竖转、同步提升、提升过程姿态调整的精度提出了很高的要求。该连廊侧面弧形桁架竖转工艺方法属于国内首创。

为配合钢桁架竖转，本工程设计竖转顶推器及可重复利用提升装置，包括滑移轨道、智能液压爬行器、滑靴。实施动作过程中加速度极小，对被提升构件及提升框架结构的附加动荷载很小，保证受力均匀，从而保证钢构件的竖转稳定性。

1）液压顶推流程（图 31）

每榀钢桁架在支护桩范围内设置两条滑移轨道，底部锚固在支护桩上。100t 的液压爬行器设备体积小、自重轻、承载能力大，特别适宜于在狭小空间进行大吨位构件提升，利用 TLC-1.3 型计算机同步控制系统及 TL-HPS-60 型液压泵源系统自动通过液压回路驱动（图 32）。

2）位移传感监测和计算机控制

提升、竖转过程中利用计算机进行自动化同步控制，提高施工安全性。

（1）计算机同步控制

通过 TL-CS11.2 数字系统进行同步提升控制，采用行程及位移传感监测和计算机控制，通过数据反馈和控制指令传递，可全自动实现同步动作、负载均衡、姿态矫正、受力控制、操作闭锁、过程显示和故障报警等多种功能。

操作人员可在中央控制室通过液压同步计算机控制系统人机界面进行液压提升过程及相关数据的观察和（或）控制指令的发布。

（2）液压提升力的控制

先通过计算机仿真分析计算得到钢结构整体同步提升工况各个吊点的反力数值，再进行不同步最不利工况分析得出安全范围内的最大吊点反力值。在液压同步提升系统中，依据计算数据对每台液压提升器的最大提升力进行相应设定。

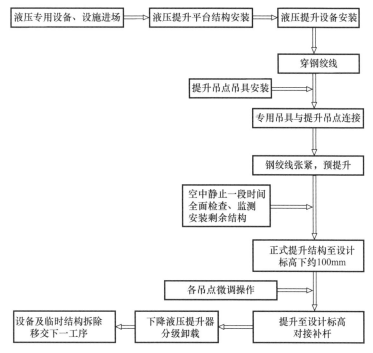

图 31　液压顶推流程

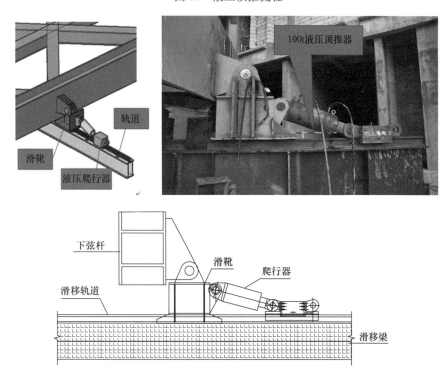

图 32　广州无限极广场钢连廊竖转顶推装配图

当遇到某吊点实际提升力有超出设定值趋势时,液压提升系统自动采取溢流卸载,使得该吊点提升反力控制在设定值之内,以防出现各吊点提升反力分布严重不均,造成对永久结构及临时设施的破坏(图33~图38)。

(3)双侧向主钢桁架协同提升竖转

通过三次换支撑,让异形钢桁架竖转,借助100t的顶推器顶推和穿芯式结构液压提升器提升,通过位移传感器的监测和计算机监控,缓慢分级加载,在0°~80°协同工作,让钢结构连廊同步竖转。在

80°～90°，增加2道反方向斜拉的手动铰链，对弧形钢桁架进行姿态纠正，防止钢桁架碰撞提升台架。将计算机同步控制系统由自动模式切换成手动模式。微动调整即点动调整精度可以达到毫米级。直到钢桁架竖转到设计角度（图39）。

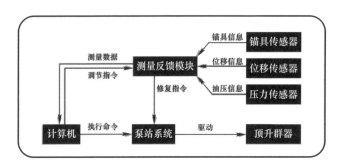

图33　闭环控制计算机控制原理图

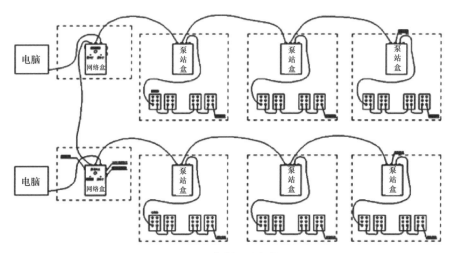

图34　控制系统架构

图35　液压提升控制室

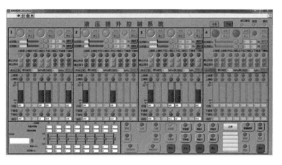

图36　计算机控制界面

图37　计算机控制4台60kW的液压变频泵

图38　计算机控制顶推滑移器

图 39　协同提升竖转

连廊桁架翻转时，每榀桁架在支护桩范围内设置两条滑移轨道，滑道与桁架垂直。滑移轨道下方设置有 1.5m 直径的灌注桩作为受力基础，保证滑移过程中，整体滑移构件受力均匀，精确度高，安全可靠（图 40）。在滑移过程不同步超过 10mm 时，系统自动停止，查找原因，及时调整，防止钢结构变形，通过调节该顶推点对应泵站的流量改变该顶推点的滑移速度。

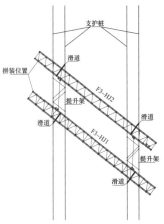

图 40　滑道安装

2. 钢桁架整体提升技术

1) 桁架竖转流程简述

步骤 1：桁架卧拼焊接完成，复核各项数据无误；

步骤 2：在桁架正下方，且垂直于桁架方向安装轨道，轨道高度同胎架高度平齐；

步骤 3：安装滑道及顶推滑靴，并在轨道上安装顶推爬行器；

步骤 4：提升器、爬行器试运行，试运行正常无误后由中间往两端开始拆除胎架；

步骤 5：提升器竖直提升，爬行器水平推移，将桁架缓慢竖转；

步骤 6：继续竖转，直至桁架竖转至 90°，竖转作业完成（图 41）。

包括两个液压提升器以及提升塔架，提升塔架包括六个塔架主肢等连杆连接，对钢桁架等钢构件的附加荷载很小，保证受力均匀，从而保证钢构件的竖转稳定性；且能够保证钢构件提升过程中的承载可靠性，安装拆除方便，可重复利用。

2) 提升前操作要点

（1）施工前，利用 3D3S、SAP2000、Midas 等软件进行整体

图 41　主桁架竖转示意图

提升施工模拟分析，运用 Midas gen 进行六、七层连廊组合型格构式井架模拟计算分析，运用 SAP2000 进行主桁架拼装液压提升器翻身吊装验算，运用 Midas gen 进行连廊施工模拟计算分析。

（2）组织专家论证，对钢连廊提升及竖转方案进行分析。

3）提升过程中的操作要点

塔楼连廊端部弦杆与混凝土结构通过弹簧支座铰接连接，连廊预装段不满足提升结构受力要求，故需另外设计合理、安全的连廊提升工装，提升工装有比较大的刚度、强度，单榀提升架体支撑平台可满足 1000t 的结构承载力要求（本次施工采用两榀提升架体）。

（1）提升架体变形及平衡控制：

① 采用行程及位移传感监测和计算机控制，通过数据反馈和控制指令传递，可全自动实现同步动作、负载均衡、姿态矫正、受力控制、操作闭锁、过程显示和故障报警等多种功能。操作人员可在中央控制室通过液压同步计算机控制系统人机界面进行液压提升过程及相关数据的观察和（或）控制指令的发布（图 42～图 45）。

图 42　多功能位移传感监测和计算机控制

图 43　自动化泵源液压系统控制

图 44　液压泵源控制器

图 45　传感监测

② 采用液压提升器作为提升机具，柔性钢绞线作为承重索具。液压提升器为穿芯式结构，以钢绞线作为提升索具，通过液压回路驱动，动作过程中加速度极小，对被提升构件及提升框架结构的附加动荷载很小。有着安全、可靠、承重件自身重量轻、运输安装方便、中间不必镶接等一系列独特优点。

当遇到某吊点实际提升力有超出设定值趋势时，液压提升系统自动采取溢流卸载，使得该吊点提升反力控制在设定值之内，以防出现各吊点提升反力分布严重不均，造成对永久结构及临时设施的破坏（图 46）。

③ 液压提升器锚具具有逆向运动自锁性，使提升过程十分安全，并且构件可以在提升过程中的任意位置长期可靠锁定，保证提升过程中，不会因提升架体破坏失稳或提升器钢绞线断裂导致钢连廊从空中掉落至地铁上。液压提升器两端的楔形锚具具有单向自锁作用。当锚具工作（紧）时，会自动锁紧钢绞线；锚具不工作（松）时，放开钢绞线，钢绞线可上下活动，一个流程为液压提升器一个行程。当液压提升器周期重复动作时，被提升重物则一步步向前移动（图 47、图 48）。

图 46　柔性穿芯式结构

④ 超高精度微调控制：由于 3D3S、SAP2000、Tekla 等软件均无法计算出弧形桁架竖转过程中的重心，即无法计算出空中姿态的临界值，即竖转施工前，无法保证钢连廊竖转过程中不碰撞到提升装置，因此使用此提升装置的超高精度微调控制。

在微调开始前，将计算机同步控制系统由自动模式切换成手动模式。根据需要，对整个液压提升系统中各个吊点的液压提升器进行同步微动（上升或下降），或者对单台液压提升器进行微动调整。微动即点动调整精度可以达到毫米级，完全满足钢结构单元提升竖转安装的精度需要（图 49、图 50）。

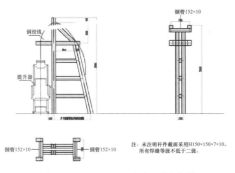

图 47　TLJ-4500 型液压提升器　　　　图 48　液压提升器现场图片

图 49　竖转 80°钢连廊与提升架碰撞最小距离 3mm　　图 50　经过高微调后成功竖转到 90°

（2）整体液压提升装置体积小、自重轻、承载能力大，特别适宜于在狭小空间或室内进行大吨位构件提升。并且可周转，重复使用（图 51）。

（3）提升吊点设置：桁架上弦位置利用液压提升器向上提升（提升点、提升设备及提升临时措施与连廊整体提升共用），桁架下弦位置利用液压顶推爬行器沿水平方向在轨道上滑移。桁架与轨道不接触，桁架通过销轴和耳板与提升吊具、滑靴连接。待提升的连廊钢结构主要承重体系为两榀主桁架，主桁架端部通过滑移支座与主楼结构连接；故依据结构受力，每次提升时选取两榀主桁架与两侧主楼连接的端部布置提升吊点（提升吊点布置桁架结构上弦杆），即每次提升每侧设置 2 个吊点，共 4 个吊点进行连廊结构的整体提升，可将绝大部分杆件整体提升到位（图 52、图 53）。

图 51　提升架体拆装方便快捷，可重复利用

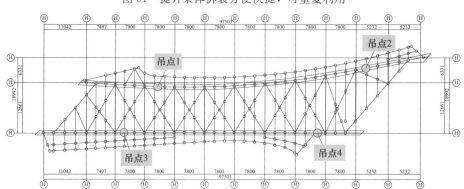

图 52　提升吊点示意图

图 53　提升吊点设置

3. 超限结构的施工全过程综合智能监控技术

1）主钢桁架的变形控制与监测

经过理论计算，6层钢结构连廊满载时挠度为230mm，为了控制变形，在钢结构连廊加工时进行预起拱，并提前对顶升过程中应力较大的节点和变形较大的焊缝位置进行加固，焊接了焊缝补强板。在顶升前，埋设应变计，在顶升过程中进行实时监测。实际检测结果变形少，恒载加到70％，观测结果是6层钢连廊弯弧段最大累计挠度173mm，直线段最大累计挠度92mm，控制在容许范围内。

邀请第三方监测单位华南理工大学对室外连廊进行全过程的结构变形监测、应力应变监测。变形监测是反映结构性态的主要参数之一，通过对施工过程中结构关键测点的位移监控，并依据变形量的大小和变化趋势，可有效反映实际结构和构件的刚度、边界条件、连接节点性能等。应力应变是反映结构和构件受力状态最直接的参数，施工过程和运营使用阶段中通过对构件进行应力应变监测，可了解其实际内力状态。若发现应力应变数据异常或超限，可采取措施确保施工质量和结构安全（图54、图55）。

图54　变形监测数据采集

图55　应力应变监测

2）BIM三维仿真技术的应用

全过程采用BIM三维模拟仿真建模（Tekla Structures（Xsteel）软件建模），精确度控制在毫米级别（图56）。

图 56　BIM 三维仿真技术

3）反拉纠正技术

利用反拉纠正钢桁架竖转角度，调整重心，使得不规则桁架顺利竖转至 90°。竖转过程中因卧拼桁架吨位过大，又是不规则桁架，重心无法找到（我们在此期间用了 3D3S、SAP2000、Tekla 等软件均未找到桁架的重心位置），所以竖转的过程给我们增加了不少困难。弧形桁架当竖转到 80°时已达到临界状态，若提升油缸继续提升，在滑移轨道上的助推器就失去作用，若提升油缸继续固定助推器向前推，桁架就直接撞提升工装。在这样的状态下我们现场采取应急措施，经过计算桁架此时的水平力只有 20tf，采用 4 个 20tf 的捯链和四个 5tf 的捯链在桁架的上弦给桁架一个水平反力。然后滑移轨道上的助推器继续向前推，每次推进距离为 50mm，然后捯链收紧，提升油缸提升 20mm，就这样反复操作数次后弧形桁架顺利竖转为 90°。直形桁架因形态较规则，竖转过程中因两侧的牛腿与悬挑梁重量不均匀，所以桁架竖转后也没能达到 90°，经计算直形桁架的水平力只有 3tf，采取的措施为在桁架下弦用两个 5tf 的反拉调整为 90°（图 57）。

图 57　反拉纠正现场图片

4）钢结构连廊分段制作与安装

为了满足浅埋（埋深2.5～3m）运行地铁区间结构上部的制作与安装要求，因建筑物弧形结构外挑长度立面变化大，为解决连廊吊装空间不足的困难，钢结构连廊分为两个预装段、一个提升段和多个后补段分段安装（图58、图59）。

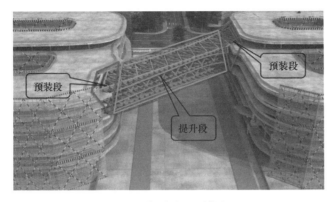 

图58 提升段和预装段　　　　　　　　　　图59 后补段

4.3 外挂变曲面幕墙系统施工关键技术

4.3.1 概述

铝板幕墙采用钢管网骨架＋特征铝板的形式，曲线多，网骨架呈异形曲面，3.6万多块特征铝板尺寸、形状、穿孔数各异，每一块铝板需个性化设计和定制，国内外无可参考的类似项目，其设计方案及技术质量要求挑战行业的极限。其空间测量定位、网架及铝板设计、制作、安装精度要求极高，网骨架100mm钢管构件在三轴方向允许偏差±3mm，铝板平整度允许偏差±1mm，质量控制高于国家标准要求。

4.3.2 关键技术

（1）提出了基于复杂城市广场建筑外挂变曲面钢管网架的剖口焊接节点连接形式、基于机器人自动空间定位的网架节点控制方法及一整套工厂化制作工艺，提高了各榀变曲面钢网架制作的精度与效率。

（2）发明了一种任意曲面幕墙无焊接可调X形挂接装置，该装置可调节角度范围大、开模数量少、定位精准且外观效果佳，实现了幕墙单元的简便安装与拆卸，能够缩短工期并增强可维护性能。

（3）创新采用外挂变曲面钢网架工厂化高精度制作、无焊接可调X形挂接装置及单元式幕墙系统现场安装方法等技术，形成了一整套成熟的基于机器人自动定位的外挂变曲面钢网架与X形单元式幕墙系统施工工艺，提高了单元式幕墙系统整体安装的质量及效率。

4.3.2.1 施工总体部署或施工工艺流程

1. 钢网架工厂制作组装流程

设计提取数据并将数据导入数控设备—设备固定十字码后行至相应定位位置—十字码支撑胎架固定—设备松开十字码进行下一个点定位—圆管点焊，圆管满焊—3D扫描—焊接位置底漆中间漆处理—钢网架脱离支撑胎架—场内运输至安装位置。

2. 特征铝板工厂制作流程

BIM建立模型—采用十六轴滚筒机器人压平—采用智能雕刻机加工铣孔—采用数控折弯机进行飞翼造型的折弯—采用焊接机器人自动进行二氧化碳气体保护焊。

3. 钢网架及特征铝板现场安装流程

3D扫描预埋件检查纠偏—支座安装、测量—管网吊装、测量—铝板连接件安装，3D扫描测量—铝板安装，3D扫描测量—3D扫描复核。

4.3.2.2 工艺或方案

1. 采用BIM＋3D扫描技术进行深化设计，并提取数字工艺图

对钢网架及特征铝板进行建模分析、核算，保证钢网架设计满足加工、安装要求，通过建立精准的1:1三维实体模型，对不同类型铝板进行数据统计、分析及拆解，生产工艺图（图60、图61）。

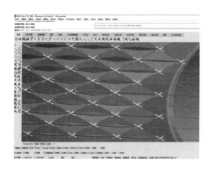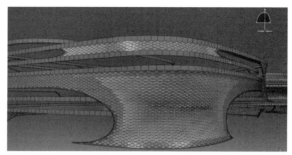

图 60　BIM 建模

外立面铝板几何数据输出　　　　　　　　边部收口弧形铝板几何数据输出

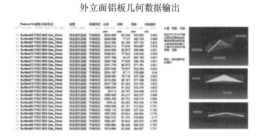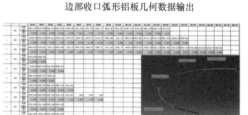

图 61　根据工艺图，输出各部位铝板的几何数据，作为铝板厂内加工的依据

2. 复杂空间双曲面幕墙精密加工技术

1）三维异形钢网架龙骨工厂智能化测量控制

双曲面多孔铝板幕墙龙骨采用三维异形钢网架，空间构造复杂、体量大，局部为双曲钢管，在钢网架加工时通过补偿措施抵消竖向变形，消除测量定位误差；空间安装采用组装圆管十字码＋六轴桁架机器人设备进行测量和智能定位，全站仪实时监测，扫描仪校核，保证圆管精度达到要求（图 62～图 65）。

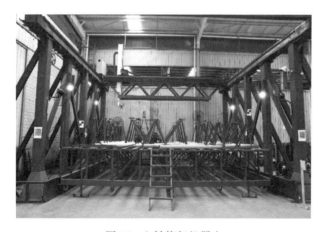

图 62　六轴桁架机器人　　　　　　　　　图 63　3D 扫描仪

2）外幕墙飞翼造型穿孔特征铝板精密加工技术

因每块特征铝板形状不一，多为双曲面，铝板加工采用软件单独建模，激光切割开料，机器人加工铣孔（图 66），端部铝芯焊接（图 67），侧边阳角堆焊，用数控折弯机折弯（图 68），输入折弯角度及折边高度参数，启动液压伺服折弯成型等工艺对铝板进行精密加工，确保折弯角度及折边高度准确，保证了特征铝板曲面连接顺畅、曲率一致、接缝顺滑、表面无瑕疵。该生产工艺为国内首次采用，取得了良好的综合效益。

3. 复杂空间双曲面多孔特征铝板幕墙造型施工安装

1）任意曲面幕墙无焊接精准可调挂接系统安装

钢结构与特征铝板间的连接件不仅需要承受特征铝板的自重，也要消化钢网架安装带来的施工误差。

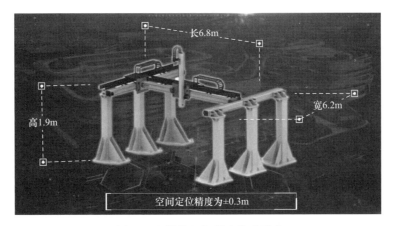

图 64　六轴桁架机器人构造示意

图 65　五轴激光切割设备

图 66　机器人加工铣孔　　　　　　　图 67　角部铝芯焊接

图 68　折弯机折弯

因特征铝板整体立面效果为弧面，面板角度多变，连接件设计需容纳位移偏差和角度，且钢网架与特征铝板间连接件的安装精度直接影响特征铝板的安装精度，特创新了任意曲面幕墙无焊接精准可调挂接系统安装技术。

通过挂接系统底座上的球形螺栓进行杆件中心点的定位，杆件可通过螺牙连接长度调节进出位，球形中心杆件可实现空间任意角度的摆动，以达到叶片的空间角度控制；球心控制的角度偏差控制在 2°，进出位偏差控制在 3mm（图 69）。

2）复杂空间双曲面多孔铝板幕墙造型施工安装

现场采用智能测量机器人进行定位安装，解决了现场超高精度定位安装问题（图 70～图 73）。

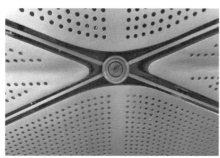

图 69　连接件可调节示意

图 70　BIM 预拼装

图 71　智能测量机器人

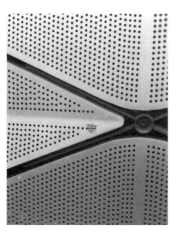

图 72　铝板孔上贴上反射片

图 73　扫描结果与模型对比

4.4　多向曲面建筑施工中高精度测量控制技术

4.4.1　概述

鉴于本项目建筑多向曲面弧形较复杂，单层面积大，轴线系统多，且每层外立面造型复杂多变，结构边线均不在同一投影面上。轴线精确控制较难，稍有偏移，将造成结构弧形段连接不流畅，影响到整体建筑外轮廓的美观性，且设计、业主对异形建筑外轮廓的造型精度要求较高。标高的控制、建筑物的结构边线控制、测量定位的控制是本工程的难点之一。

4.4.2　关键技术

（1）地铁上盖大跨度弧形斜交钢连廊测量精度控制：采用全站仪、GPS定位、三维激光扫描、无线数据传输融合等多种智能测量技术，精确定位连廊桁架卧拼时采用的胎架，避免因胎架定位不准导致桁架受力不均，影响地铁的安全性；同时采用多源信息融合技术反映钢连廊的施工状态和空间位置信息，解决特异形大跨径钢连廊结构测量速度、精度和变形等技术难题。

（2）多角度斜形圆柱测量精度控制：本项目的斜柱倾斜角度均不同，同一斜柱每层斜度也不同，采用BIM模型呈现斜柱的立体数据，运用全站仪弹出斜柱的水平控制线和投影位置线，同时配合吊线坠采用内外业相结合的方式对模板进行定位及校核，斜柱定位达到精确要求，保证了整体结构的构造精度。

（3）外立面铝板幕墙测量控制：该铝板幕墙轮廓线为双曲面不规则形，根据侧挂铝板表面距挂座中心的距离与设计模型一致来找准每个挂座的定位点，采用全站仪定位；考虑空间幕墙曲面受外部环境（如风荷载、温度、测量的空间角度）影响较大，在铝板安装完后采用3D激光扫描技术进行校核调整，确保测量定位精度。

（4）三维异形钢网架龙骨测量控制：双曲面多孔铝板幕墙龙骨采用三维异形钢网架，空间构造复杂、体量大，局部为双曲钢管，在钢网架加工时通过补偿措施抵消竖向变形，消除测量定位误差；空间安装采用组装圆管十字码＋六轴桁架机器人设备进行测量和智能定位，全站仪实时监测，扫描仪校核，保证圆管精度达到要求。

（5）中庭采光顶膜结构测量控制：膜结构基座钢圆管跨度大，钢架滑移轨道定位难，采用自动测量机器人进行实时跟踪定位，利用工业三坐标测量软件纠偏、校正控制点，实现钢结构快速精准安装。

4.4.2.1　施工总体部署或施工工艺流程

对室外钢连廊、楼层斜柱、幕墙、钢网架等复杂异形结构精准测量定位。

4.4.2.2　工艺或方案

1. 地铁上盖大跨度弧形斜交钢连廊测量精度控制

（1）室外六、七层钢连廊及三层钢连廊作为本项目的主要亮点之一，就好比是联系A塔与B塔的两道彩虹，使得隔着地铁2号线的两座主塔天堑变通途（图74～图76）。由于大跨度超限原因，室外连廊采用的材料要求非常高；同时，出于抗震考虑，本项目采用了广东省建筑设计研究院独创的超大吨位防锁死单向滑移弹簧支座（图77），所以，对支座的测量精度要求高，支座的测量运用GPS定位、全站仪、3D扫描仪、辅助放样、复核，使用土建的建筑总平面图及坐标控制网和水准控制点测设钢结构连廊钢结构构件拼装测控平面相对坐标，精度满足要求时对其进行加密联测导线，建立首级场区控制网；并作为低级控制网建立和复核的依据。

（2）跨地铁施工，地铁区域允许的施工荷载不超过 $20kN/m^2$，连廊无法按正常方式拼装；连廊跨度大，六、七层连廊跨度86.4m，总质量约1450t，常规吊装设备无法满足要求；受力状态复杂，因此连廊桁架需在地铁上方地面上进行卧拼。为保护地铁隧道顶盖安全，保证地铁正常运行，连廊桁架卧拼时垫铺的胎架需精确定位。一是保证不规则曲线桁架的拼装准确，减少桁架整体提升时因拼装不精准而导致提升架的轴心受力构件整体失稳；二是整体桁架约1450t，在地铁上盖拼装时，若胎架定位不准确，将导致桁架的受力不均，影响到地铁的安全性。期间采用全站仪、电子水准仪、GPS全球定位系统、三维激光扫描仪、物联网、无线数据传输融合多种智能测量技术，解决特异形大跨径钢结构工程中传统测

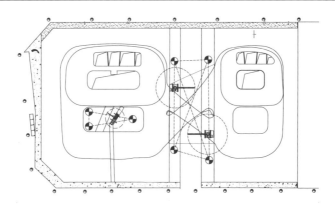

图 74 室外三层连廊支座测量定位图

图 75 室外三层连廊支座测量图

图 76 室外六～七层连廊端部先安装部分钢结构测量图

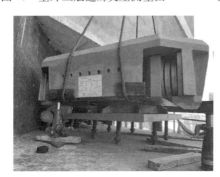

图 77 超大吨位防锁死单向滑移弹簧支座测量

量方法难以解决的测量速度、精度、变形等技术难题，实现对钢结构安装精度、质量与安全、工程进度的有效控制（图78～图80）。可以明确钢连廊安装后的总体效果，明确监测数据的累计结果，与设计值进行对比，与规范质量验收标准相对比。

2.多角度斜形圆柱测量精度控制

本工程 A、B 栋塔楼外边较多斜柱，斜柱的放线定位关系整体结构的构造精度，在安装斜柱模板时，斜柱的底部模板测量难、精度低，顶部也是如此。因此，如果测量精度不高，将导致保护层厚度难

图 78　智能全站仪的自动化监测系统、GPS 全球定位系统、应力应变监测等技术

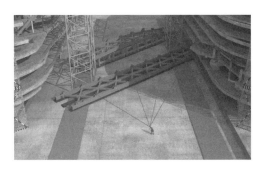

图 79　室外六～七层连廊下弦地面测量拼装过程图　　　图 80　地铁上盖连廊桁架卧拼

以控制，巩固模板尺寸难以确立。

为了精确定位斜柱，本项目使用了 BIM 模型辅助放样，三维呈现斜柱的立体数据。具体措施如下：

（1）将柱子底面和顶面的中心位置用同一个面投影出来，然后计算出两圆心的距离。

（2）分割出每个楼层的斜柱，以楼层为施工区域（以 $H+1.000\mathrm{m}$ 为分界线），按照设计图纸找出各自的倾斜角度。

（3）使用 BIM 按倾斜角度推算出每一施工区段两个标高点的三维位置，然后将尺寸标注于模型上，作为施工中模板安装及校核的依据（表 3）。

在本项目的现场施工中，对斜柱进行定位和校核至少采用两个控制点，并运用拓普康全站仪在楼面上进行测量设置，弹出斜形圆柱的水平控制线和投影位置线。在模板安装过程中运用拓普康全站仪与吊线坠相结合，外业与内业相结合的方式，对模板加以定位及校核（图 81）。

3. 双曲面多孔铝板幕墙测量精度控制

本工程测量放线工作量大且精度要求高，工程平面四边均为弧形，部分夹角角度较多。立面全部有露台，特征网架部分立面呈螺旋上升趋势，标高控制点较多且复杂，另外由于本工程曲线面较多，受外部环境（如施工过程中的风荷载、温度变形、楼层之间的变形）影响较大，特征网架及铝板的曲面控制、内控点传递等难度较大，需根据侧挂铝板表面距挂座中心的距离与设计模型一致来找准每个挂座的定位点，采用全站仪定位；考虑空间幕墙曲面受外部环境（如风荷载、温度、测量的空间角度）影响较大，在铝板安装完后采用 3D 激光扫描技术进行校核调整，确保测量定位精度。精准测量流程如图 82 所示。

1）建立空间模型坐标系

建立初步模型，通过对模型的分析，找出测量放线的重难点并建立施工方案（图 83）。

2）提取控制点数据

建立精准的 1∶1 三维实体模型，从模型中提取并输出控制点坐标（图 84、图 85，表 4）。

A、B 栋斜柱构造表　　　　　　　　　　　　　　　　　　　　　　　　　表 3

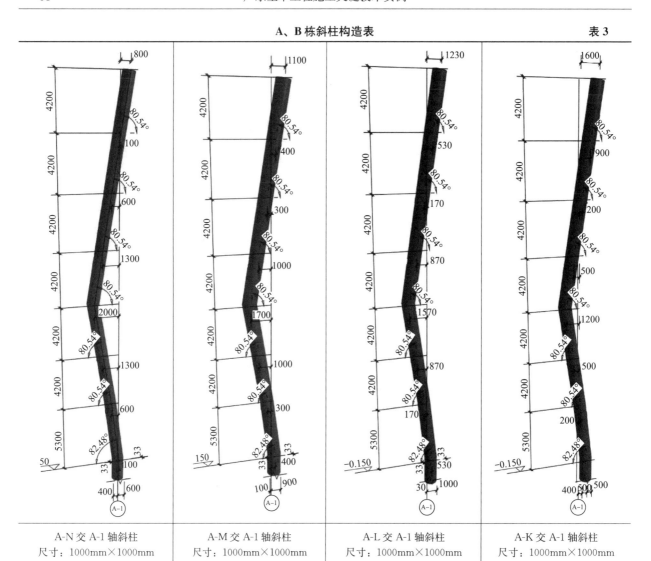

A-N 交 A-1 轴斜柱	A-M 交 A-1 轴斜柱	A-L 交 A-1 轴斜柱	A-K 交 A-1 轴斜柱
尺寸：1000mm×1000mm	尺寸：1000mm×1000mm	尺寸：1000mm×1000mm	尺寸：1000mm×1000mm

图 81　斜柱浇筑完成后

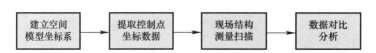

图 82　精准测量流程

3）现场结构测量扫描

幕墙实施测量前对主体结构、主体钢结构进行测量扫描，采集数据。

图 83 初步模型

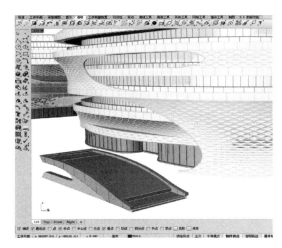

图 84 广州无限极广场模型建立

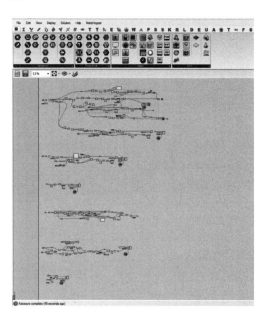

图 85 广州无限极广场模型坐标点数据提取

广州无限极广场控制点坐标数据　　　　　　表 4

N13-02	2658.3	2888.7	8119.9	M01-02	8530.6	791.7	2659.9
N14-01	676.3	3094.2	8139.9	M02-01	6505.6	422	2679.9
N14-02	674.9	3084.3	8119.9	M02-02	6507	412.1	2659.9
N15-01	−1280	3466.2	8139.9	M03-01	4458.2	212.3	2679.9
N15-02	−1282	3456.5	8119.9	M03-02	4458.8	202.3	2659.9
N16-01	3655.5	2790.3	8559.9	M04-01	9494.3	1169.7	3099.9
N16-02	3655.6	2780.3	8539.9	M04-02	9497	1160.1	3079.9
N17-01	1657.1	2886.6	8559.9	M05-01	7498.8	708.6	3099.9
N17-02	1656.2	2876.6	8539.9	M05-02	7500.7	698.7	3079.9
N18-01	−323	3167.8	8559.9	M06-01	5471.9	415.2	3099.9
N18-02	−324.9	3157.9	8539.9	M06-02	5472.9	405.2	3079.9
N19-01	−2277	3601.4	8559.9	M07-01	8476.3	1026.6	3519.9
N19-02	−2280	3591.8	8539.9	M07-02	8478.6	1016.9	3499.9
N20-01	4661.5	2713.3	8979.9	M08-01	6472.5	650.7	3519.9
N20-02	4662	2703.3	8959.9	M08-02	6473.9	640.8	3499.9
N21-01	2650.2	2702.5	8979.9	M09-01	9437.6	1375.4	3939.9

（1）施工控制网的布设

首先对施工控制网进行踏勘，充分考虑通视、覆盖、测站距离、建筑物拐角、测量精度等情况，选择合适的测量控制点的位置。然后将测量专用的木方和带有十字丝的测量钉固定在控制点的位置，并将该测量钉作为测量控制点（图86）。

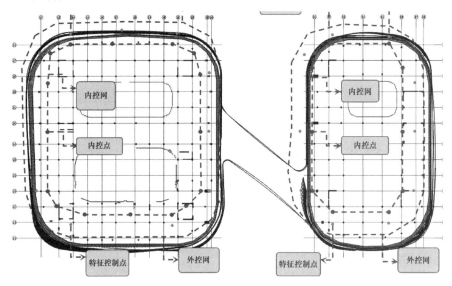

图86　施工控制网

（2）测量标志点布设

根据前期现场踏勘的情况，合理布置扫描仪的具体扫描站点，并在扫描仪的各个站点布设用于联测扫描坐标系和施工坐标系的棋盘靶和球形标靶（图87）。

（3）三维激光扫描仪外业扫描

根据前期勘察设置好的站点，详细扫描待检测区域。扫描过程中，合理设置三维激光扫描仪的数据分辨率和质量以保证数据的可靠性。在扫描过程中需注意，用于坐标联测的球形标靶或平面标靶要能够清晰地识别（图88）。

图87　工程实景图一　　　　　　　　　　　图88　工程实景图二

（4）全站仪坐标联测

采用高精度全站仪测量上述布设的平面标靶和球形标靶，留作后期坐标系统配准使用（图89）。

图89　工程实景图三

（5）测量数据与模型数据对比分析

将经过处理的外业扫描数据与原始设计模型进行对比分析，出具全面的检测报告（图90）。

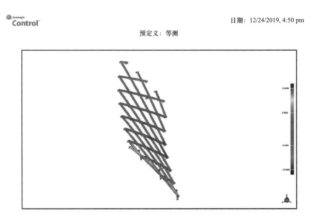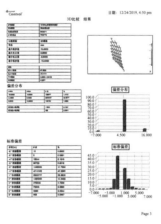

图90　对比分析报告

（6）基础点云数据与完成面深化数据碰撞分析

扫描得到的现场实际点云数据与完成面设计模型的碰撞分析（表5，图91、图92）。

工程数据分析示意　　　　　　　　　　　　　　　　　　表5

序号	钢网架编号	状态		扫描包装待发货	单榀总结	报告生成时间	目前状态
1	001	−15～−6区间百分比	0.8233		出厂前达到90%合格，本榀属于异形网架，且网架偏大，所以数据较低，标准网架数据会有所提高	2019年12月24日	安装完成
		−6～6区间百分比	91.2169				
		6～15区间百分比	7.8501				

序号	钢网架编号	状态		扫描包装待发货	单榀总结	报告生成时间	目前状态
2	002	−15～−6 区间百分比	1.4112		出厂前达到 90% 合格，本榀属于异形网架，且网架偏大，所以数据较低，标准网架数据会有所提高	2019 年 12 月 24 日	安装完成
		−6～6 区间百分比	90.8377				
		6～15 区间百分比	7.6303				
3	003	−15～−6 区间百分比	1.3013		出厂前达到 90% 合格，本榀属于异形网架，且网架偏大，所以数据较低，标准网架数据会有所提高	2019 年 4 月 5 日	安装完成
		−6～6 区间百分比	90.8903				
		6～15 区间百分比	7.7703				
4	004	−15～−6 区间百分比	2.0553		出厂前达到 90% 合格，本榀属于异形网架，且网架有弯弧边，所以数据较低，标准网架数据会有所提高	2019 年 4 月 5 日	安装完成
		−6～6 区间百分比	91.6984				
		6～15 区间百分比	6.1435				

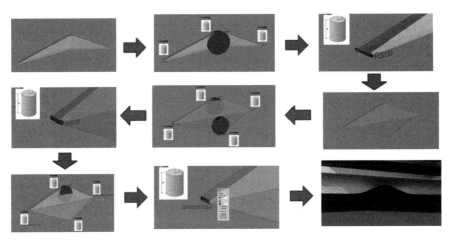

图 91　Rhino 对不规则多孔菱形铝板的模型进行深化的流程

图 92　现场测量不规则多孔菱形铝板是否符合模型设定

根据激光扫描仪扫描得到的数据，二次建模，建立实际施工完成的主体结构的三维模型，建模过程中严格控制模型精度，最大限度地还原结构现状。若误差在安装可消化的范围内，则通过支座调整模型，并按模型数据进行幕墙构件的安装；若误差过大，则与相关单位进行方案探讨，采取何种方案进行构件加工、安装（图93）。

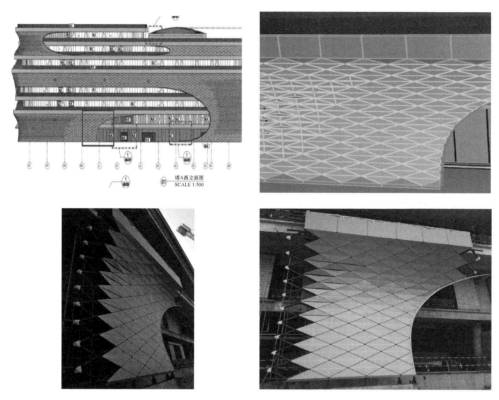

图93 工程实景图四

4. 三维异形钢网架龙骨测量控制

三维异形钢网架龙骨测量控制：双曲面多孔铝板幕墙龙骨采用三维异形钢网架，空间构造复杂、体量大，局部为双曲钢管，在钢网架加工时通过补偿措施抵消竖向变形，消除测量定位误差；空间安装采用组装圆管十字码＋六轴桁架机器人设备进行测量和智能定位，全站仪实时监测，扫描仪校核，保证圆管精度达到要求。

钢网架安装过程中会产生自重变形及弯曲变形，需消除测量定位误差，使变形达到允许范围：

（1）根据所建立的模型对每个控制点进行编号，提取控制点坐标，并输出点坐标数据（图94）。

（2）钢网架临时固定后进行控制点测量，测量无误后方可进行固化、焊接（图95、图96）。

（3）钢网架安装完成后对其控制点进行复测与纠偏（图97）。

5. 中庭采光顶膜结构测量控制

中庭采光顶采用ETFE膜结构，膜结构基座钢圆管跨度大，钢架滑移轨道定位难，采用自动测量机器人进行实时跟踪定位（图98、图99）。工艺流程：

测量放线—后补埋件安装—滑移轨道安装—钢网架安装—自动测量机器人定位—连接件安装—钢构防腐处理—膜结构钢铝龙骨安装—膜结构安装—铝合金盖板安装。

（1）复核现有建筑平面上的轴线及钢结构基准线控制点的精度。

（2）用仪器从平面基准线（点）测量出各个钢构件的平面定位轴线，并在各个钢构件安装位置附近处用红油漆做好标记。钢构件定位纵、横轴线允许误差1mm。

（3）利用测量基准线，用钢尺量测钢柱的 X 轴、Y 轴线。测量数据应加上温度校正。

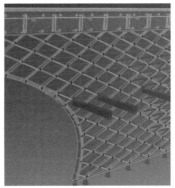

图 94　建立模型

通过模型，对每个连接件进行坐标测量，辅助连接件的现场施工安装。

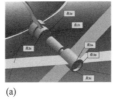

通过模型，对每个连接件X叶片角度进行测量，辅助连接件的加工及现场施工安装。

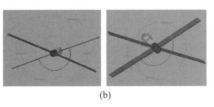

(a)　　　　　　　　　　　　　　　　(b)

图 95　连接示意图
（a）连接件 BIM 定位示意图；（b）连接件 X 叶片角度测量示意图

图 96　测量无误后方可进行固化、焊接

现场钢网架复测数据对比

自编号	设计坐标			复测坐标			差值		
	X	Y	Z	X	Y	Z	X	Y	Z
1	304032	165217	22072	304034	165219	22051	2	2	-21
2	304035	165214	20951	304029	165217	20930	-6	3	-21
3	303571	168963	20785	303571	168956	20765	0	-7	-20
4	301587	173901	19400	301596	173902	19375	9	1	-25
5	301049	174701	18921	301058	174699	18895	9	-2	-26
6	300012	175982	17859	300012	175974	17835	0	-8	-24
7	299061	176844	13329	299056	176835	13311	-5	-9	-18
8	301340	173982	10682	301337	173973	10663	-3	-9	-19
9	302834	169709	9891	302843	169702	9869	9	-7	-22
10	303242	163994	9645	303255	163990	9641	13	-4	-4
11	299120	178467	9622	299131	178469	9617	11	2	-5
12	295988	181619	9622	295992	181607	9610	4	-12	-12
13	286177	186038	9622	286182	186024	9616	5	-14	-6
14	274044	188396	9622	274061	188403	9628	17	7	6
15	274163	187756	12072	274194	187756	12076	31	0	4
16	275155	187640	12496	275178	187635	12499	23	-5	3
17	276041	187537	12966	276063	187528	12966	22	-9	0
18	278059	187340	14638	278086	187320	14636	27	-20	-2
19	279602	187433	17389	279626	187400	17375	24	-33	-14
20	278102	187859	18862	278115	187855	18841	13	-4	-21
21	285467	187695	22072	285492	187680	22051	25	-15	-21
备注	X代表进出，正为出，负为进，Y代表从室外往室内看左右偏差，左为负，右为正。Z代表高低，高为正低为负。								

复测点位置图

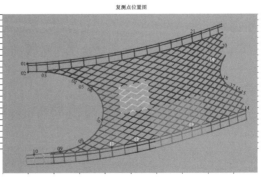

图 97　钢网架安装完成后对其控制点进行复测与纠偏

4.5　大型悬空多曲镂空双曲面 GRG 特征板施工技术

4.5.1　概述

设计方案中，在 A 座中庭拦河位置悬挂安装 6 块大型双层镂空曲面 GRG 特征板构成空间整体造

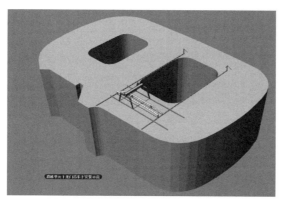

图 98　钢架同步滑移轨道定位

图 99　中庭采光顶膜结构实景图

型，其中最大的特征板整体投影尺寸达 36m×28.8m，悬挂高度达 26.3m。在室内作业空间有限的条件下，如何高效、高精度地完成异形曲面钢龙骨和 GRG 板材的高空悬挂安装，是本工程施工的难点之一。此外，GRG 特征板设计造型复杂，其主体部分为空间双曲面，曲面上有贯通两层 GRG 板，呈非线性分布，且大小、方向各异的四边形镂空孔洞，其余部分局部造型还使用了空间扭曲的拟合曲面，生产和安装难度大，如何保证最终施工效果曲面顺滑、过渡自然、与设计方案吻合，也是本项目需要解决的重点问题。

4.5.2　关键技术

（1）BIM 模型深化加工和插接结构连接技术：GRG 装饰面板面积大且为双曲面、局部四曲面造型，面板中间设计有大量装饰孔，6 个造型合计约 7000 个孔洞，每块面板、每根异形钢骨架皆不相同，结合图纸节点进行 BIM 模型深化，将钢骨架及面板独立加工，再扫描后与模型进行对比复核，确保加工精度；同时，采用插接结构实现 GRG 各单元块的快速连接，保证了 GRG 造型的整体稳固性和施工简便性。

（2）五轴雕刻机制模技术：GRG 钢架为空间双曲面，每根方钢管两面的弧长及拱高都不同，同时由于方钢管弯曲后的回弹及焊接时的热胀冷缩，难以保证钢构精度。根据模型样式输入电脑，用大型五轴雕刻机雕刻出每根钢构的定位模板，加工过程中及时进行校对，既能检测弯管角度是否达标及矫正，又能控制焊接过程中的变形，保证了 GRG 造型板的弧度衔接曲滑顺畅。

（3）三维放线及扫描技术：因中庭整体空间较高，GRG 墙钢骨架为空间双曲面，拟采用三维放线技术，使脚手架跨度、悬挑适应现场施工；对现场钢骨架进行三维扫描，将设计模型匹配到现场点云模型中，进行模拟安装、碰撞试验，确定装饰完成面的定位位置。

（4）"造船"式 GRG 钢骨架竖转提升技术：钢骨架提升高度最高 32m，跨度最大 36m，采用地面脚手架异形钢骨架拼装＋滑轨式整体竖转、提升及吊装，骨架竖转、吊装根据空间网架受力进行验算，确保安全可靠。

（5）优化 GRG 板涂刷比例及方法：采用定制优质玻璃纤维，掺合同材质石膏粉，根据现场温度、湿度优化比例，搅拌均匀之后，分层涂刷，在每两块 GRG 产品的背面折边处用玻璃纤维和 β 天然半水石膏粉调成石膏浆体进行钨绑处理，钨绑到角码部位，确保角码焊接后 GRG 的表面接缝平整、顺滑。

4.5.2.1 施工总体部署或施工工艺流程

本项目施工的总体流程如图 100 所示，主要可以分为钢龙骨施工、GRG 板材制作、GRG 拦河安装、验收和质量控制四个阶段，以下分别具体介绍每部分的工艺流程和操作要点。

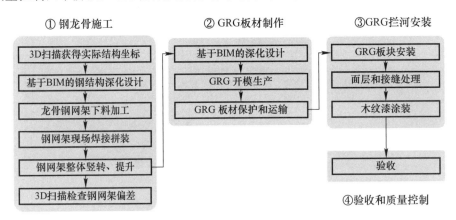

图 100　GRG 特征板施工总体流程图

4.5.2.2　工艺或方案

1. 钢龙骨施工

1）三维扫描和基于 BIM 的深化设计

利用 3D 扫描技术，获得土建结构的实际坐标，并与设计方案进行对比，以此为依据开展钢网架的深化设计（图 101）。

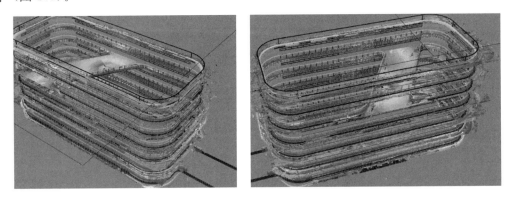

图 101　三维扫描结果

结合图纸节点，采用 BIM 和 Rhino 三维建模软件对钢结构杆件尺寸进行优化设计，将难以实现的基层龙骨钢网架设计为可加工、易拼装的形式，同时对杆件进行编号，确保加工要求、尺寸、数量在施工全过程可追溯，确保钢构件的加工质量并提高效率（图 102）。

将深化设计结果与工厂对接，进行钢构件的生产加工。由于钢网架整体造型是空间双曲面，因此杆件均需要单向或双向弯曲，采用机械和人工调模相结合的方式进行钢管拉弯，弯曲精度达 ±1°。

2）龙骨钢网架拼装

（1）现场预拼装

为了保证现场的施工和安装精度，构件出厂后必须进行预拼装，拼装顺序为：纬向管装配→经向管装配→分段整体连接→检验→附件的拼装→分段接口检验。

（2）施工脚手架搭设

本项目大型双曲面钢网架创新地采用"造船式"卧拼，需要在地面搭设脚手架进行装配和焊接。脚手架搭设时采用三维放线技术，保证工作平面的节点位置贴合曲面形状。脚手架搭设时，设置交叉支撑，上部满铺脚手片，脚手架承载能力不小于 $2.5kN/m^2$。最高处不超过 2m，并设有周边围护，以确保安装人员在操作过程中的安全（图 103）。

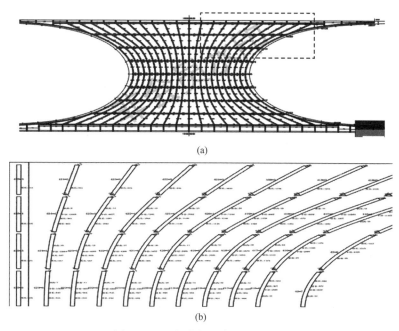

图 102 A4 板块钢网架深化设计图

（a）A4 板块钢骨架深化加工图；（b）□60mm×90mm×5mm 钢管加工尺寸图（A4 板块局部放大）

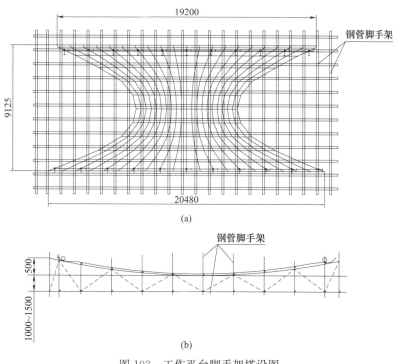

图 103 工作平台脚手架搭设图

（a）平面图；（b）剖面图

（3）钢网架拼装

运至现场的钢结构杆件在钢管脚手架工作面上按照编号和坐标进行拼装和焊接，拼装顺序与预拼装保持一致，质量应符合相关标准的规定。

3）钢网架整体竖转、提升

（1）轴线、标高复核

结构安装前应对基础轴线和标高再次进行检查，其混凝土大梁应满足：①标高符合要求；②强度符合要求；③后置锚栓的标高、强度达到设计要求；④基础顶面预埋钢板作为滑轨钢管的支承面，支承面的允许偏差应符合规范要求。

（2）提升装置

利用主体结构设置 4 根钢管作为提升滑轨，能保证钢网架提升过程中受力均匀，避免与主体结构发生碰撞，同时还能减小钢网架在吊装过程中的变形（图 104、图 105）。

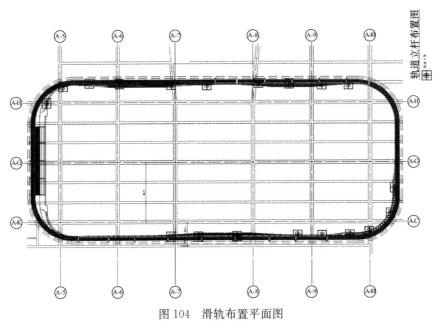

图 104　滑轨布置平面图

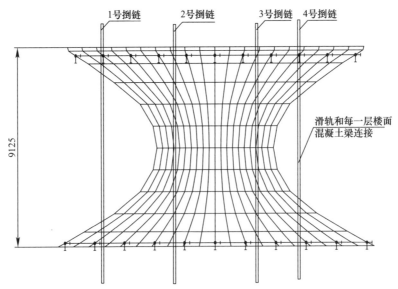

图 105　滑轨提升过程示意图

滑轨采用 ϕ159mm×10mm 圆钢管，上下两根钢管用套接的形式相连。滑轨钢管底部焊接在主体结构的预埋钢板上，且在每个楼层标高处通过化学锚栓和10号槽钢固定于主体结构的封口梁，以减小压杆计算长度，保证滑轨在提升过程中的稳定性。在钢管顶部开口处焊接一圈A8的钢筋加固，避免钢管局部屈曲。提升作业采用4台起重量为5t的捯链，分别安置于滑轨的顶部。滑轨装置及与楼层处的连接构造如图106所示，所有钢材均为Q235B级，焊材选用E4303型焊条。

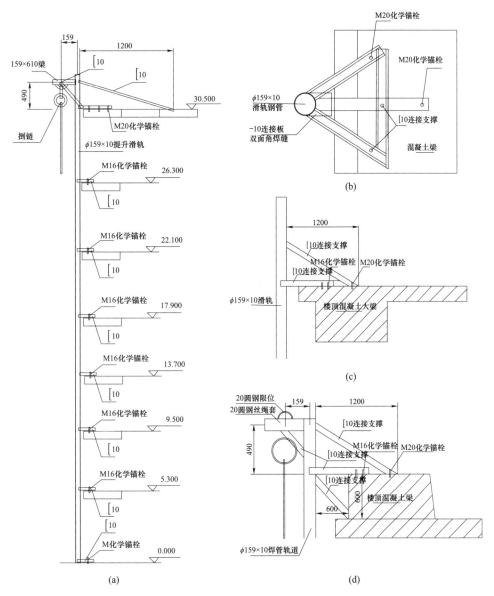

图106　滑轨装置及连接部位做法
（a）滑轨装置施工图；（b）楼层处连接大样图；（c）七层钢管顶部连接大样图；（d）八层钢管顶部连接大样图

钢网架整体提升前需要先竖转90°，因此需要在地面设置水平拉结装置，该装置将4个起重量为5t的捯链用化学锚栓固定于地下室顶板的梁上，网架竖转提升前应确认四条钢丝绳均已拉紧且受力一致（图107）。

（3）钢网架及提升装置验算

考虑到吊装过程中，钢网架在自身重力作用下将产生变形，对于异形构件需要对局部薄弱区域进行临时加固和保护。为确认钢网架吊装过程中的变形均匀可控，以及验算提升装置的承载力、变形和稳定性，对整个体系进行合理简化，建立如图108所示的空间杆系结构分析模型。

考虑翻转0°（即刚开始翻转时）、15°、30°、45°及垂直提升等施工阶段，计算得到不同工况下提升装置的内力，并根据相关规范验算吊装导轨、钢丝绳、导轨顶部的固定结构、底部水平拉结装置、化学螺栓以及焊缝的强度；计算钢网架及吊装导轨的变形和整体稳定性。分析和验算结果表明，结构能够满足承载力计算要求，应力比最大值为 0.25，施工过程中各部分变形均匀可控，钢网架不会出现局部发生较大变形的问题，整体稳定满足要求。各阶段变形如图 109 所示。

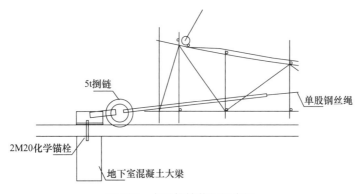

图 107　水平拉结装置示意图

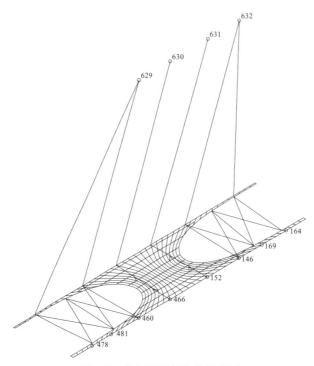

图 108　空间杆系结构分析模型

（4）钢网架竖转提升施工

桁架吊装时应两点对称绑扎（吊装水平桁架）或不对称绑扎（吊装斜支撑桁架）。吊钩垂线对准桁架的重心，起吊后桁架保持水平状态。在桁架的两端设溜绳控制，以防碰撞。对位时应缓慢降钩，将桁架两端吊装准线与混凝土大梁上的预埋件连接点对准。吊装过程中保持桁架的稳定性，严禁快速吊装。捯链吊装到位后，再使用捯链进行微调，确保底座与网架 159 圆管框架焊接精确。

在双曲面钢网架空当处增加刚性连接杆靠口，在刚性连接杆之间增加柔性只拉单元，保证钢网架在翻转和提升过程中的结构不发生明显的塑性变形。上下刚性连接杆选用 □90×60×5 的钢箱梁，刚性连接杆之间的柔性拉结使用直径 20mm 的镀锌钢丝绳。

竖转吊装的主要施工过程如图 110 所示，控制要点包括：①起吊前需全面检查拔杆的焊接处，必须全部满焊；重型起重装置的锁链紧锁（抱死）装置在突然停电状态下是否可靠；起重装置电源需单独设置，并安排值班电工蹲守电源处，确保电源安全；起重装置电源需单独设置，并安排值班电工蹲守电源处，确保电源安全。②起吊至30°处时，停机悬停 10min，确保起吊安全。③起吊至垂直于地面并离开胎架 10cm 时，停机悬停 20min，验证在最大起重量时，有无安全风险，确保安全。④整体升高至设计高度后，调整前后左右方向，并与底座满焊。

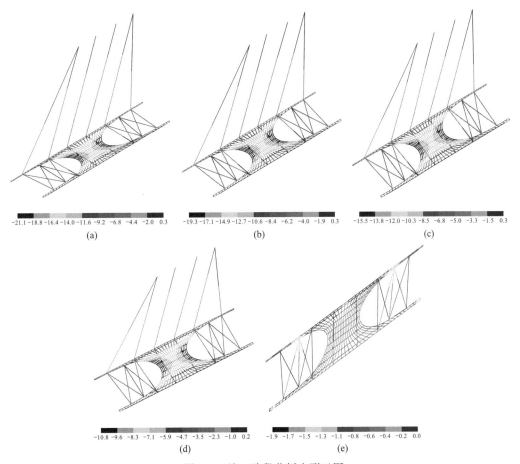

图 109　施工阶段分析变形云图

（a）翻转 0°；（b）翻转 15°；（c）翻转 30°；（d）翻转 45°；（e）竖直提升阶段

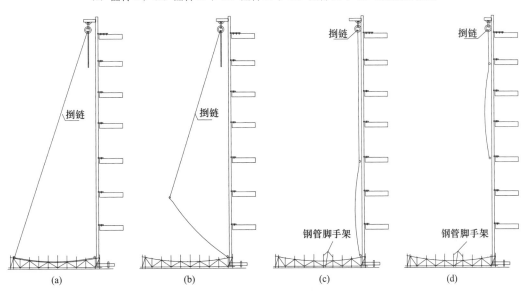

图 110　吊装过程示意图

（a）起步；（b）翻转；（c）翻转完成；（d）就位

吊装就位后从上部节点开始施焊，上部节点焊接完毕进行下部节点焊接，最后利用挂篮完成需要仰焊的焊缝。焊接作业全部完成后可拆除轨道和捯链装置，并对整个钢架进行补漆作业。

4）三维扫描与偏差分析

所有钢网架吊装焊接完成后，利用 BIM 和 3D 扫描技术得到钢网架的点云模型，并与设计方案进行对比分析，这里以 A6 钢网架为例展示比对的过程和结果（图 111）。

主要以俯视角度，从上到下分析横向钢架，检查横杆两端和中间区域与模型的偏差情况，主要观察弧度是否与模型贴合，如图 112 所示。再以立面视角（图 113），检查横杆的高度位置。分析结果显示整个钢架两端均向主体结构方向靠近，最大位置偏差约 30mm，对主体结构受力影响不大，且可通过调整 GRG 特征板制作方案保证设计效果，不影响最终造型，满足设计要求。

2. GRG 板材制作

（1）项目中的 GRG 产品使用高品质的 α 半水石膏粉制作，制成品有较高的密实度和强度，并且粉末细腻，使产品完成面更光滑平顺，可充分表现本工程多曲面的特性。

（2）产品的模具采用目前较为先进的电脑数控自动铣床机（CNC）刨铣制模，相比人工制模，CNC 工艺精度高，能加工任意形状的曲面。适用于复杂曲面模具的生产。模具完成后，采用二次翻模工艺，对模具进行人工精修，确保最终成品的造型满足设计要求。

图 111　A6 钢网架三维扫描和设计模型对比图

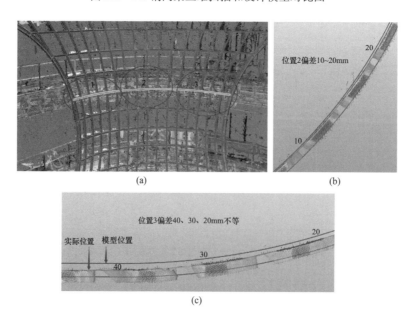

(a)　　　　　　　　　　　　　　　(b)

(c)

图 112　A6 钢网架俯视对比结果

（a）横杆位置示意图；（b）位置 2 对比结果；（c）位置 3 对比结果

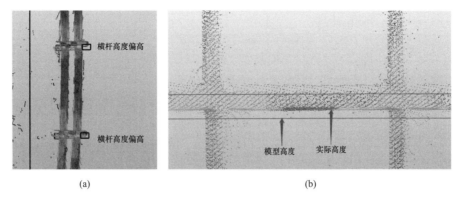

图 113　A6 钢网架立面视角对比结果

（a）侧立面对比结果（局部）；（b）正立面对比结果

（3）模具制作完成后进行 GRG 产品的制作，其主要流程为：第一层 α 石膏浆灌置→第一层玻璃纤维板置放→安放预埋金属吊件（尺寸检查）→第二层 α 石膏浆灌置→第二层玻璃纤维板置放→第三层 α 石膏浆灌置→第三层玻璃纤维板置放（此阶段结构的石膏板厚约 5～7mm）→第四层 α 石膏浆灌置→第四层玻璃纤维板置放→背衬石膏浆灌置（最厚处约 40mm）→GRG 板养护（约 7d）→脱模→品质检查（包括尺寸、外观、配件等检查）→编号及数量登记→装箱。

GRG 板成品的运输及保护：GRG 板成品的运输及保护措施主要包括：工厂运输板材立放，加保护层避免碰伤；采用箱形车辆，避免雨淋；运输或搬运中，板材损伤小于 3cm 时，可在安装前用原材料修补；板材严重损坏时，需报废并在工厂重新生产加工同一规格的产品；板材到达现场，由监理和现场施工人员验收；板材在现场应放至指定位置，并由专人负责保管；板材应竖立放置且不可堆放，加保护层以避免潮湿及其他施工队破坏。

3. GRG 拦河安装

1）GRG 板块与龙骨钢网架采用角钢焊接连接，如图 114 所示。在 GRG 制品生产过程中，严格按照横向钢网架尺寸设置产品预埋件，误差不允许超过 5mm。安装过程中需确保连接角铁直于钢骨架，此外在 GRG 特征板与钢网架龙骨之间设置木条垫层，垫层木条选用防火、防虫、防腐的多层板。

2）当 GRG 板块几何尺寸小于 600mm 且每米自重小于 0.25kN 时，每片 GRG 制品预埋件数量不少于 4 个；当 GRG 板块几何尺寸大于 600mm 或每米重量大于 0.25kN 时，每片 GRG 制品预埋件数量不少于 6 个。

3）GRG 板块安装完成后，必须对焊接连接部位作防腐处理。

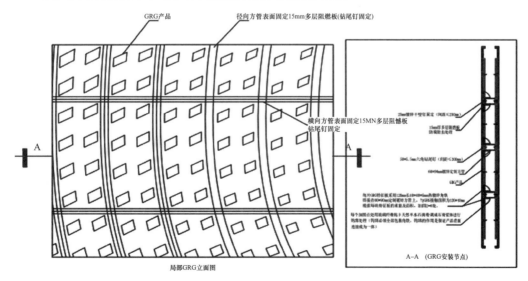

图 114　GRG 板块与钢网架连接示意图

4）GRG 安装施工工艺流程。

施工顺序：①第一排产品安装以 X 轴与 Y 轴的交点为定位点向左右同时进行安装；②以区域内的中线向两边扩散安装，第一排安装完成后再安装第二排，以此类推。

GRG 板块侧抬至安装部位，找出 GRG 板块 4 个角点的标高，调整连接二次转换层和 GRG 产品的预埋件，保证 GRG 板块 4 个角点的坐标与设计标高点一致；安装完成后检查 GRG 产品的位置是否与定位和标高线吻合。

GRG 板材与钢龙骨之间通过角钢焊接连接，可根据设计图纸对完成面的要求进行适当调整，位置合适后进行满焊并对焊接区域作防腐处理；利用二次转换机构调整板材定位，达到设计要求后，用 M8×75 的对拉螺栓将相邻两块 GRG 板的折边处打孔连接，两块板之间的连接距离控制在 400～500mm；对拉螺栓打孔位置放置 40mm×60mm×9mm 的小木块作为垫块，保证后期不会在板块间产生裂缝。

每个区域安装完成后，在每两块 GRG 板的背面折边处用玻璃纤维和 β 半水石膏粉调成石膏浆体进行接缝处的钨绑处理，保证产品背面连接成为一体。

5）细节处理。

接缝处理：

（1）GRG 板材在制模和生产加工时，就考虑到板块间拼接处的施工方案，预留低于产品完成面 5mm 的补缝工艺槽。

（2）每个区域安装完成后，在每两块 GRG 板的背面折边处用玻璃纤维和 β 半水石膏粉调成石膏浆体进行接缝处的钨绑处理，如图 115 所示，保证产品背面连接成为一体；具体做法是：在预留补缝工艺槽处涂刷石膏粉浆一次，再贴专用工业玻璃纤维绷带，反复两至三次；再用 GRG 专用补缝粉将预留补缝工艺槽补平、批顺；不得一次性补平，以防止接缝部位高出完成面。

（3）完成整个 GRG 造型的所有接缝处理后，安排人员对整个完成面进行仔细检查，不顺滑的地方再用专用石膏或腻子批平处理。

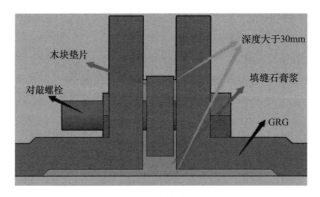

图 115　接缝处理示意图

5　社会和经济效益

本项目于 2021 年举行了广东建工集团质量观摩活动、广东省土木建筑工程新技术交流及现场观摩会。项目突破创新的设计、精湛的施工质量，获得社会各界高度评价，工程现已成为广州市地标性建筑。

本工程荣获 2022—2023 年度第一批中国建设工程"鲁班奖"。工程设计经广东省工程勘察设计行业协会评审，达到"国际先进水平"。积极推广应用"建筑业十项新技术"中的九大项 39 子项，自主创新技术 13 项，获得广东省建筑业新技术应用示范工程，广东省建筑业绿色施工示范工程，获科技创新类奖 13 项、省级工法 8 项、发明专利 4 项、实用新型专利 15 项，第九届"龙图杯"全国 BIM 竞赛一等奖等 9 项 BIM 应用奖项。2023 年计划申报詹天佑大奖、华夏建设科学技术奖、广东省科学技术奖等。节约工程成本 3000 万元左右，取得良好的经济效益和社会效益。

6 工程图片（图 116～图 120）

图 116 地铁隧道两侧栈桥式支护体系和角撑

图 117 中庭 GRG 镂空曲面装饰墙弧线流畅，手工木纹漆纹路自然，整体美观大方

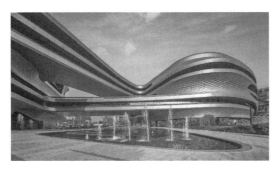

图 118 双层超大跨度连廊铝板幕墙与塔楼幕墙过渡圆润自然，线条圆润流畅，光影变化奇特

图 119 建筑造型独特，36000 多块特征铝板加工精密，安装定位精准，曲面圆润流畅，色彩亮丽，造型优美

图 120 铝板幕墙钢网架安装精细，焊缝饱满美观，涂层色泽均匀，线条流畅

港珠澳大桥珠海口岸工程

董晓刚 曹 洲 吴 彪 莫坚华 张 恩

第一部分 实例基本情况表

工程名称	港珠澳大桥珠海口岸工程		
工程地点	港珠澳大桥珠澳口岸人工岛珠海口岸管理区		
开工时间	2015 年 2 月 6 日	竣工时间	2018 年 4 月 25 日
工程造价	16.3 亿元		
建筑规模	用地面积 115 万 m²，建筑面积 48.11 万 m²		
建筑类型	公共建筑		
工程建设单位	珠海格力港珠澳大桥珠海口岸建设管理有限公司		
工程设计单位	华东建筑设计研究院有限公司		
工程监理单位	广东华工工程建设监理有限公司 广东建浩工程项目管理有限公司		
工程施工单位	中建三局集团有限公司 广西建工集团第五建筑工程有限责任公司 广东耀南建筑工程有限公司 南通四建集团有限公司		

项目获奖、知识产权情况

工程类奖:

1. 2018—2019 年度中国建设工程鲁班奖(国家优质工程);

2. 2019 年广东省建设工程金匠奖;

3. 2016 年广东省房屋市政工程安全生产文明施工示范工地;

4. 2019 年上海市优秀设计奖;

5. 2017 年广东省建设工程优质结构奖;

6. 2019 年广东省建设工程优质奖;

7. 2018 年广东省建筑业新技术应用示范工程;

8. 2018 年广东省建筑业绿色施工示范工程;

9. 2016 年广东省 AA 级安全文明标准化工地;

10. 2017 年全国 AAA 级安全文明标准化工地;

11. 2020 年第十二届广东省土木工程詹天佑故乡杯奖。

科学技术奖:

1. 2016 年中建协 BIM 大赛卓越奖二等奖;

2. 2016 年广东省首届 BIM 应用大赛二等奖。

知识产权(含工法):

发明专利:

1. 加气块砌体涂抹专用腻子基混合料的施工方法;

2. 加气块砌体专用腻子基混合料的配方及其制作方法。

实用新型专利:

1. 物料提升机的门锁制动装置;

2. 一种防台风临时围墙;

3. 一种用于四角锥网架拼装的新型操作平台;

4. 一种可调节式圆管支撑胎架;

5. 可伸缩套管;

6. 万能支撑组合架支撑单元及万能支撑组合架;

7. 一种钢管混凝土柱变截面折线形钢牛腿;

8. 一种钢管混凝土柱与梁主筋连接节点。

省级工法:

1. RC 梁与钢管柱梁柱节点牛腿变标高变截面钢筋连接施工工法;

2. 刚性限位支腿"7 字"形大角度内倾斜高空滑移操作平台施工工法;

3. 清水混凝土墙外脚手架连墙件施工工法;

4. 异形空间钢结构逆向深化预起拱施工工法;

5. 可回收、可变径预埋套管施工方法;

6. 专用腻子基混合料节能墙体施工工法;

7. 双曲面四角锥网架结构液压整体提升施工工法。

第二部分 关键创新技术名称

1. 双曲面四角锥网架结构液压整体提升施工技术

2. RC 梁与钢管柱梁柱节点牛腿变标高变截面钢筋连接施工技术

3. 刚性限位支腿"7 字"形大角度内倾斜高空滑移操作平台施工技术

4. 可回收、可变径预埋套管施工方法

5. 清水混凝土墙外脚手架连墙件施工工法

6. 异形空间钢结构逆向深化预起拱施工技术

第三部分 实 例 介 绍

1 工程概况

港珠澳大桥珠海口岸工程位于港珠澳大桥珠澳口岸人工岛珠海口岸管理区,总建筑面积 48.11 万 m²,

由旅检区、交通中心、非现场办公区、货检区组成，是"世纪工程"港珠澳大桥的重要配套项目，唯一同时连接香港和澳门的口岸，国家级大型公建工程，项目建成后将作为港、珠、澳三地经济发展与文化交流的重要枢纽。

旅检楼 A 区地下 1 层，地上 3 层，建筑高度 50.78m，旅检楼 B 区地上 3 层，建筑高度 29.5m。钢筋混凝土框架结构，钢结构屋盖。建筑造型宛如一柄晶莹剔透的翡翠"如意"，寓意"一地三通，如意牵手"。交通中心包括长途汽车站、旅游集散中心、公交出租车换乘岛、旅客配套服务用房、长途巴士站以及上部景观平台和旅客服务设施组成的综合体建筑。非现场办公区包括地下 1 层，地上 7～9 层，建筑最高度 49.64m，主要为现场办公。货检区包括出境货检区、入境货检区、室外道路工程及场地三部分，建筑层数 1～7 层（图 1）。

图 1　项目实景图

2　工程重点与难点

（1）社会影响大，质量要求高。

本工程作为"世纪工程"港珠澳大桥的重要组成部分，受社会各界关注度高，对工程质量要求高，开工伊始，就确立了创鲁班奖的质量目标。

（2）地理位置特殊，交通组织困难。

工程地处人工岛，人员、材料、设备运输均需经过珠海市九州大道、情侣南路等繁华路段，再经施工便桥到达人工岛上，交通管制多，协调难度大。

（3）结构设计复杂，设计要求严。

一是屋盖结构设计造型呈流线型，超长，刚度有差异，结构有变化；二是对预应力管桩、混凝土结构、钢结构提出了高耐久性要求；三是由于地处海边，抗风要求等级提高，增加了施工难度。

（4）工程占地面积广，体量大，多标段、多单位、多专业、多工序交叉施工，工期紧，任务重，施工组织及整体管控难度大。

3　技术创新点

3.1　双曲面四角锥网架结构液压整体提升施工技术

（1）工艺原理：双曲面四角锥网架结构采用"四角锥单元地面一次拼装、双曲面四角锥网架楼板二次拼装、双曲面四角锥网架结构液压整体提升、高空散件嵌补"的方法进行安装。

（2）技术优点：通过应用二次拼装技术，先拼装两种小单元，再在楼板进行整体拼装，降低了拼装措施投入，保证了施工安全并提高了拼装效率；通过一种新型的可调节式圆管支撑胎架的设计，实现了双曲面四角锥网架结构拼装胎架的快速设置，且降低了拼装胎架的损耗与投入；通过一种更为轻便、简单的四角锥网架拼装的新型平台的设计，很好地解决了这样的问题。

（3）鉴定情况及专利情况："双曲面四角锥网架结构液压整体提升施工技术研究与应用"（科学技术成果鉴定证书编号：粤建协鉴字〔2017〕455号），经广东省建筑业协会鉴定达到国内领先水平；技术经总结出实用新型专利2项："一种用于四角锥网架拼装的新型操作平台"（专利号 ZL 2016 2 0863450.8），"一种可调节式圆管支撑胎架"（专利号 ZL 2016 2 1376990.X）；2019年广东省工法1项："双曲面四角锥网架结构液压整体提升施工工法"。

3.2 RC梁与钢管柱梁柱节点牛腿变标高变截面钢筋连接施工技术

（1）工艺原理：利用软件进行三维模型分析，将钢管柱、变截面折线形牛腿以及梁钢筋等构件进行预排布，根据节点梁钢筋设置特点设计钢牛腿截面尺寸及其弯折次数。

（2）技术优点：利用软件进行三维模型分析，将钢管柱、变截面折线形牛腿以及梁钢筋等构件进行预排布。根据节点梁钢筋设置特点设计钢牛腿截面尺寸及其弯折次数。通过运用本施工工法，RC梁—钢管混凝土柱组合结构梁柱节点梁钢筋锚固质量显著提高，充分保证了梁筋焊接的操作空间，焊缝尺寸达到要求，焊接质量得到有效控制，保证了所有梁筋得到有效锚固，彻底解决了梁钢筋重叠时部分钢筋无法进行焊接锚固的问题；通过改变钢牛腿截面大小，解决梁柱节点处混凝土粗骨料难以下落、难以振捣、易产生蜂窝空洞等质量通病，通过折线形钢牛腿的设计，保证振动棒有足够的放置空间，加强节点混凝土振捣，保证混凝土浇筑质量；在钢管免开孔状态下，可实现多层梁纵筋有效而简便地焊接至钢牛腿上。

（3）技术经总结出实用新型专利2项："一种钢管混凝土柱与梁主筋连接节点"（专利号 ZL 2017 2 1655378.0），"一种钢管混凝土柱变截面折线形钢牛腿"（专利号 ZL 2016 2 0919835.1）。

（4）鉴定情况及专利情况："RC梁与钢管柱梁柱节点牛腿变标高截面钢筋连接施工技术"（科学技术成果鉴定证书编号：粤建协鉴字〔2017〕424号），经广东省建筑业协会鉴定达到国内先进水平。2017年广东省工法："RC梁与钢管柱梁柱节点牛腿变标高变截面钢筋连接施工工法"。

3.3 刚性限位支腿"7字"形大角度内倾斜高空滑移操作平台施工技术

（1）工艺原理：刚性限位支腿"7字"形大角度内倾斜高空滑移操作平台由两部分结构组成，在檐口倾斜面部分为立面平台结构，在上檐口水平龙骨部分则为水平桁架体系，上部桁架与下部平台结构焊接为一个整体刚性结构，整体呈倾斜"7字"形，上部水平桁架端部设置刚性限位支腿深入天沟内部，支腿紧靠在天沟侧面，牛腿钩住天沟侧壁确保平台不会向外滑动，限制了平台外移，防止平台倾翻。操作平台水平桁架底采用型钢焊接于其下，作为滑移平台在上檐口的滑移轨道，在上檐口水平龙骨上滑动，滑轨两端微微上翘，避免滑移过程中与水平龙骨碰撞。整体操作平台依靠捯链沿着滑轨水平移动至需要安装檐口铝板的部位。下部平台体系的下端和中部分别设置两个吊点，作为平台施工时的稳定拉结点。每个吊点利用直径不小于14mm的钢丝绳作为平台施工时的主要受力点拉结到网架或者龙骨上面。本工法极其适用于面积超大、长度超长的檐口施工，大大提高了施工效率，加快了施工进度。

（2）技术优点：运用可滑动装置，施工简便快捷；运用倾斜平台装置，提高挑檐板安装质量；经济、环保。

（3）鉴定情况及专利情况："刚性限位支腿'7字'形大角度内倾斜高空滑移操作平台施工工法"（科学技术成果鉴定证书编号：粤建协鉴字〔2017〕423号），经广东省建筑业协会鉴定达到国内领先水平。2017年广东省工法："刚性限位支腿'7字'形大角度内倾斜高空滑移操作平台施工工法"。

3.4 可回收、可变径预埋套管施工方法

（1）工艺原理：借鉴剪式千斤顶原理，基于等腰三角形两腰（U形链接杆）不变，缩短底边（丝杆）距离会提升高线的几何原理制作而来。通过丝杆和螺母来调节左右两个等腰三角形的底边（丝杆）来进行提升和下降高度，套管直径的大小即随之变大和缩小。就像平常生活中的工具梯，当梯子两臂的夹角越小梯子就越高，同理梯子两臂的夹角越大梯子就越低。

（2）技术优点：可调节套管直径大小，使用范围大，减小施工误差，提高施工质量；可重复回收利用，施工过程环保无害；施工操作简单，速度快。

（3）鉴定情况及专利情况："可回收、可变径预埋套管施工方法"，经广东省建筑业协会鉴定达到国内领先水平。

3.5　清水混凝土墙外脚手架连墙件施工技术

（1）工艺原理：利用钢板连接钢管和螺栓组合形成连墙件，风荷载施加给架体的水平荷载通过短钢管传递给钢板，再由钢板传递给可调螺栓，最后传至结构主体。是一种能受拉又能受压的工具式连墙件，能可靠地传递脚手架水平荷载，使脚手架和主体结构形成可靠的连接，并增强脚手架的整体性、稳定性。该技术节约材料，圆台螺母孔眼与清水墙模板的对拉螺栓孔眼二者合一，同时连墙件（除预埋螺杆外）循环利用，有效地做到节材、节能，降低成本。

（2）技术优势：本方法是为在保证清水混凝土墙外观质量的同时保证外脚手架的安全性。研制本方法前我们的设想是想办法把清水混凝土墙的装饰孔与脚手架连墙件的孔眼合二为一，既能保证清水混凝土墙的外观质量，又能减少清水混凝土墙的后期修补工作。本方法在施工现场应用以后有效解决了清水混凝土墙的外观质量问题，同时保证了外脚手架的安全性，达到了预期目标。

（3）鉴定情况及专利情况："清水混凝土墙外脚手架连墙件施工工法"（科学技术成果鉴定证书编号：粤建协鉴字〔2017〕421号），经广东省建筑业协会鉴定达到国内领先水平。2017年广东省工法："清水混凝土墙外脚手架连墙件施工工法"。

3.6　异形空间钢结构逆向深化预起拱施工技术

（1）工艺原理：预配置高精度三维测量系统Leica TC2003全站仪结合应力传感器进行钢结构安装后的监控，监测结构位移，记录每次测量的空间坐标，用坐标增量判定结构是否移位变形；由测量点插值或拟合出曲面的网格样条曲线，再利用把Revit数据导入到Naviswork里系统提供的偏置、放样、混合、扫掠和四边界曲面等曲面重构功能进行分块的曲面模型重建，最后通过偏置、延伸、求交、过渡、裁剪等操作，将各曲面片光滑拼接或缝合成整体的复合曲面模型；大范围网架结构提升（吊装）过程及临时支撑撤除后由于其自重原因，特别是分块中部区域会产生一定的下挠，需在网架逆向深化过程中采取适当的预起拱设计，具体起拱点位及起拱值需通过网架施工分块监测、仿真模拟计算，对实际测量数据进行分析与调整，将设计三维坐标系中各特征点坐标转换到相对坐标系中，并通过拼凑、平移、拟合等方法对钢结构进行逆向设计，得出钢结构的实际预起拱设置情况模型。

（2）技术优势：本方法是为有效地解决大跨度异形空间钢结构精度控制问题而研制。研制本方法之前我们的设想是改善各种大跨度、复杂空间形状钢结构建筑各种新型、局部受力复杂、制作难度大的钢构件施工精度难以控制的现状。本方法在施工现场应用以后有效解决了在异形空间钢结构精度无法有效控制等问题，达到了预期目标。

（3）鉴定情况及专利情况："异形空间钢结构逆向深化预起拱施工工法"（科学技术成果鉴定证书编号：粤建协鉴字〔2017〕419号），经广东省建筑业协会鉴定达到国内先进水平。技术经总结出实用新型专利1项："万能支撑组合架支撑单元及万能支撑组合架"（专利号ZL 2016 2 0188875.3）。2017年广东省工法："异形空间钢结构逆向深化预起拱施工工法"。

4　工程主要关键技术

4.1　双曲面四角锥网架结构液压整体提升施工技术

港珠澳大桥珠海口岸钢结构工程旅检大楼A区采用双曲面四角锥网架结构，包含7个空间立体天窗，曲面最高标高50.945m，最低标高31.225m，网架最长约329m，最宽约237m，投影面积约6.9万 m^2。网架结构由四角锥焊接球网架拟合成双向弯曲的屋盖结构，上下弦焊接球之间间距根据网架曲度，在4～8m之间。该类双曲面四角锥焊接球网架结构具有自重大、曲度大、投影面积大、附属天窗结构复杂等特点，施工中易出现拼装措施周转率低、结构变形大、多提升点位不同步等问题。

为此，创新了双曲面四角锥网架结构液压整体提升施工技术，包括双曲面四角锥网架结构液压整体提升分区、快速拼装、可调节圆管支撑、新型操作平台、提升模拟计算、提升局部加固、提升平台、同步监测及协调等技术，双曲面四角锥网架结构采用"四角锥单元地面一次拼装＋双曲面四角锥网架楼板二次拼装＋双曲面四角锥网架结构液压整体提升＋高空散件嵌补"的方法进行安装。

首先，通过合理划分网架提升区，解决了网架拼装受底部混凝土作业面高差影响的问题（图2）。

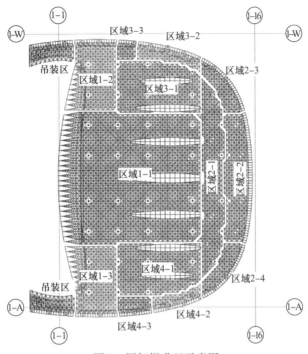

图2　网架提升区示意图

采用四角锥单元快速拼装和可调节圆管支撑技术，减少拼装辅助设施，提高了双曲面四角锥的拼装效率。用34个液压提升点位布置和4类特有提升平台设计，通过计算机控制系统，解决2.6万 m²、3200t双曲面四角锥焊接球网架同步提升控制难题（图3）。

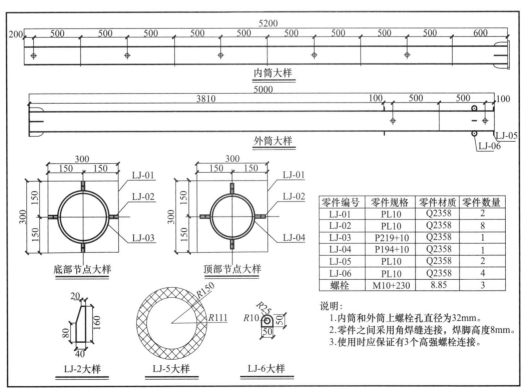

图3　可调节圆管支撑图

本项技术丰富了大跨度钢结构施工及卸载的施工思路及工艺，简化了钢结构施工过程的相关操作，促进了钢结构施工工艺多元化，在保证安全的前提下使相关的钢结构施工更加简便、经济，有利于大跨度钢结构的施工发展，拓宽了钢结构建筑实现功能和造型的渠道，满足了社会对建筑审美和功能方面越来越高的要求，并为钢结构行业的技术进步作出了应有的贡献（图4～图6）。

图 4 双曲面四角锥网架结构液压整体提升施工（一）

图 5 双曲面四角锥网架结构液压整体提升施工（二）

图 6 双曲面四角锥网架结构液压整体提升施工（三）

4.2 RC梁与钢管柱梁柱节点牛腿变标高变截面钢筋连接施工技术

由于钢筋混凝土梁与钢管混凝土柱连接涉及两种不同结构间的连接，其节点构造处理一直存在很大的技术难题。梁筋、柱筋、牛腿、加劲板等交错汇集，节点钢筋绑扎焊接、混凝土浇筑等施工空间狭窄，造成钢筋锚固质量、混凝土浇筑密实度均难以控制。

利用软件进行三维模型分析，将钢管柱、变截面折线形牛腿以及梁钢筋等构件进行预排布。根据节点梁钢筋设置特点设计钢牛腿截面尺寸及其弯折次数。通过运用本施工工法，RC梁—钢管混凝土柱组合结构梁柱节点梁钢筋锚固质量显著提高，充分保证了梁筋焊接的操作空间，焊缝尺寸达到要求，焊接质量得到有效控制，保证了所有梁筋得到有效锚固，彻底解决了梁钢筋重叠时部分钢筋无法进行焊接锚固的问题；通过改变钢牛腿截面大小，解决了梁柱节点处混凝土粗骨料难以下落、难以振捣、易产生蜂窝空洞等质量通病，通过折线形钢牛腿的设计，保证振动棒有足够放置空间，加强节点混凝土振捣，保证了混凝土浇筑质量；在钢管免开孔状态下，可实现多层梁纵筋有效而简便地焊接至钢牛腿上。

本方法是为有效地解决RC梁与钢管混凝土柱连接质量问题而研制。研制本方法之前我们的设想是改善梁筋、柱筋、牛腿、加劲板等交错汇集，节点钢筋绑扎焊接、混凝土浇筑等施工空间狭窄，造成钢筋锚固质量、混凝土浇筑密实度难以控制的施工现状。本方法在施工现场应用以后有效解决了在钢管柱上开孔削弱柱的强度，钢筋焊接空间不足，混凝土难以下落等问题，达到了预期目标（图7～图9）。

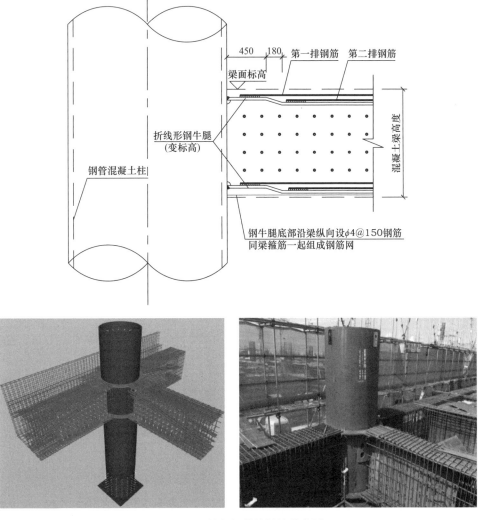

图7　RC梁与钢管柱梁柱节点图

图 8　RC 梁与钢管柱梁柱节点牛腿变标高变截面钢筋连接施工（一）

图 9　RC 梁与钢管柱梁柱节点牛腿变标高变截面钢筋连接施工（二）

在施工工艺上，操作工序简单，有利于缩短工期，钢牛腿单独在工厂生产制作完成，现场只需要将牛腿与加强环拼接，然后将梁纵筋分层焊接于钢牛腿上即可。减少了大量的现场施工作业量，提高了施工速度。对结构承载力与稳定性影响上，变截面折线形牛腿钢筋连接技术避免了在钢管柱上开孔而造成其截面积损失，削弱钢管柱承载能力和抗变形能力。与此同时，有效地解决了原有工艺因操作空间不足而导致部分钢筋得不到有效锚固、混凝土振捣不密实等问题，保证了节点施工质量。在质量控制上，线形钢牛腿可使梁纵筋分层焊接于钢牛腿翼缘板面上，让梁筋有足够的焊接操作空间，和良好的焊接操作环境，给钢筋锚固质量创造了良好的外在环境条件。钢牛腿变截面翼缘板设计可使节点处混凝土粗骨料易于下落及振捣，使混凝土浇筑质量密实可靠，最主要的是混凝土通过牛腿下翼板底的距离变短，减少牛腿地面混凝土蜂窝麻面和不密实。因为钢筋焊全为平焊，节省了工时；浇筑混凝土密实，表观质量好，避免了返修。

4.3　刚性限位支腿"7 字"形大角度内倾斜高空滑移操作平台施工技术

刚性限位支腿"7 字"形大角度内倾斜高空滑移操作平台由两部分结构组成，在檐口倾斜面部分为立面平台结构，在上檐口水平龙骨部分则为水平桁架体系，上部桁架与下部平台结构焊接为一个整体刚性结构，整体呈倾斜"7 字"形，上部水平桁架端部设置刚性限位支腿深入天沟内部，支腿紧靠在天沟侧面，牛腿钩住天沟侧壁确保平台不会向外滑动，限制了平台外移，防止平台倾翻。操作平台水平桁架底采用型钢焊接于其下，作为滑移平台在上檐口的滑移轨道，在上檐口水平龙骨上滑动，滑轨两端微微上翘，避免滑移过程中与水平龙骨碰撞。整体操作平台依靠捯链沿着滑轨水平移动至需要安装檐口铝板的部位。下部平台体系的下端和中部分别设置两个吊点，作为平台施工时的稳定拉结点。每个吊点利用直径不小于 14mm 的钢丝绳作为平台施工时的主要受力点拉结到网架或者龙骨上面。本技术极其适用于面积超大、长度超长的檐口施工，大大提高了施工效率，加快了施工进度。

通过三维建模软件的应用，将问题直观、全面地展现出来，在施工之前解决问题，大大降低了施工难度，减少了施工可能出现的错误，避免了返工；同时，施工效率提高，整体工期更短，减少现场工程20％～30％的工作量；所采用的原材料降低了大型设备使用，降低了造价，产生了良好的经济效益。作为一种先进的自带滑轨式大角度内倾斜高空操作平台安装技术，具有安装精度高，施工过程质量可控，安全，节能环保，节约施工时间、空间，省工，经济实用，科技含量高等特点，为我国建筑工程提供了一条新路子，具有广泛的可推广性（图10～图12）。

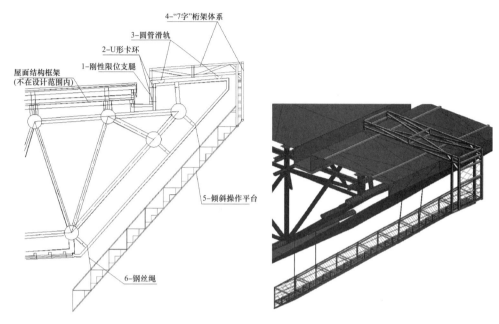

图 10　RC 高空滑移操作平台示意图

图 11　刚性限位支腿 "7字" 形大角度
内倾斜高空滑移操作平台施工（一）

图 12　刚性限位支腿 "7字" 形大角度
内倾斜高空滑移操作平台施工（二）

4.4　可回收、可变径预埋套管施工技术

套管预埋在施工中都会遇到很多问题，返工量极大，造成严重的人力、物力等资源的浪费。同时对环境也造成了极大的污染。可回收、可变径预埋套管施工技术借鉴剪式千斤顶原理，通过丝杆和螺母来调节左右两个等腰三角形的底边以进行提升和下降高度，套管直径的大小即随之变大和缩小。不同直径的套管可通过该技术来调节其直径大小，以达到各安装套管所需的尺寸，实现一种产品、多种规格套管的预埋。适用于各种直径套管的安装、预埋。

可回收、可变径预埋套管施工技术体现出了套管安装精度高、施工过程质量可控、安全、节能环保、省工、省时、经济实用等综合优势，达到国内领先水平；可回收、可变径预埋套管预埋安装比常规安装方法的实用性、适应性更强，适合各种直径、各种类型的水电套管预埋；在同等施工环境下，所采用的原材料来自工厂，与现代建筑产业化相结合，可按照计算要求进行加工，达到节约材料的目的，绿色施工；使用计算机计算构件分解加工，计算预安装，较多应用科技新技术，有创新性。

施工效率提高，整体工期更短，减少现场工程工作量。所采用的原材料工厂化加工程度高，大大减少了施工对环境的污染影响，同时，其降低大型设备使用，降低造价，产生了良好的经济效益（图13、图14）。

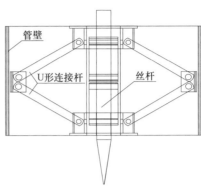

图 13　可回收、可变径预埋套管图

图 14　可回收、可变径预埋套管现场施工图

4.5　清水混凝土墙外脚手架连墙件施工技术

随着清水混凝土墙及构件施工的发展，建筑施工中清水的做法越来越多。如何保证清水构件的外观质量，便成了亟需解决的问题。清水混凝土墙等构件的施工过程中离不开外脚手架，为保证外脚手架的安全，搭设过程中需要设置连墙件。连墙件的设置势必会影响清水混凝土墙等构件的外观效果。所以，为更好地保证清水混凝土墙等构件的外观效果，又不影响外架的安全，我公司通过多次深化设计、技术攻关、实践改进，最终自主研发了一种新型的清水混凝土墙外脚手架连墙件施工方法。

适用于安装在混凝土墙体、清水混凝土墙、清水栏板上，用钢板连接钢管和螺栓组成连墙件，与墙体形成锚固，不影响上一层墙体模板的支设与钢筋、混凝土工程的施工；适用于安装在主体边梁上，螺栓预埋入建筑物边梁，与建筑物主体形成刚性拉结，不影响外墙体的砌筑施工；适用于边梁、剪力墙、清水墙、清水栏板位置的外架连墙件设置。适用范围广，并且由于混凝土与预埋螺杆的锚合作用，不会因留有脚手眼而发生漏水的情况。利用 M18 以上螺栓为锚固端，可以很好地保证连墙件的刚度，有效地保证外架体系的安全。

本工艺利用钢板连接钢管和螺栓组合形成连墙件，风荷载施加给架体的水平荷载通过短钢管传递给钢板，再由钢板传递给可调螺栓，最后传至结构主体。其是一种能受拉又能受压的工具式连墙件，能可靠地传递脚手架水平荷载，使脚手架和主体结构形成可靠的连接，并增强脚手架的整体性、稳定性。

本方法是为在保证清水混凝土墙外观质量的同时保证外脚手架的安全性。研制本方法前我们的设想是想办法把清水混凝土墙的装饰孔与脚手架连墙件的孔眼合二为一，既能保证清水混凝土墙的外观质量，又能减少清水混凝土墙的后期修补工作。本方法在施工现场应用以后有效解决了清水混凝土墙的外观质量问题，同时保证了外脚手架的安全性，达到预期目标。

在施工工艺上，连墙件预埋螺杆留下的圆台螺母孔眼与清水墙模板的对拉螺栓孔眼合为一体，无须对清水墙进行大面积修补工作，减少施工工序，节约施工工期。

对脚手架稳定性的影响上，提高安全性，通过厚钢板连接钢管和螺栓组成连墙件，有效地保证了外架连墙件的刚度和外架体系的安全。同时，钢管与厚板焊接在地面进行，不在脚手架体上进行焊接作业，消除了相应的火灾隐患。

在质量控制上，无穿墙洞，减少外墙渗漏的风险；外架拆除时，对于外墙装饰的修补工作可直接涂刷保护液，不需要进行大量的孔洞修补工作，施工方便快捷，并且没有孔洞，有效地防止了外墙渗漏隐患，避免返修；因为使用的是预制杆件，预先焊接好后才安装，节省工时（图15）。

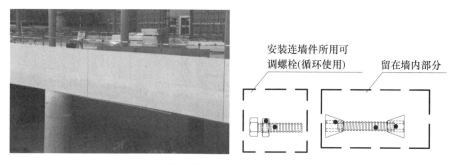

图 15　清水混凝土墙外脚手架连墙件图

4.6　异形空间钢结构逆向深化预起拱施工技术

本工艺利用设置钢结构精度监测系统，对安装好的钢结构网架进行变形监测，获得监测数据后，利用 BIM 建模软件进行受力数据分析，并通过确定下一步安装网架的预起拱角度及高度，使得钢网架整体的安装焊接平衡，变形量控制在理想范围内。

安装变形监测系统使得钢结构数据的获得、结构力学的计算和预起拱实施都处于一个动态平衡的过程，是相互关联的系统，加快了拼装进度，有利于钢结构安装精度控制。提高安全性，运用逆向深化技术预起拱使得操作的每一个步骤都在可控的范围内，大量工作可提前安排并在安装前完成，减少了高空作业的工作量，降低了工程安全管理的难度。逆向深化设计预起拱技术是在对已安装的钢结构进行变形偏位监测后，通过利用反馈数据深化设计，计算预起拱角度及幅度，使得整体网架结构达到平衡的状态（图16、图17）。

5　社会和经济效益

5.1　社会效益

港珠澳大桥珠海口岸是国内首个连接粤港澳三地的公路口岸，社会影响力极大，获得 2019 年中国建设工程鲁班奖。在建设过程中，通过一系列技术的创新及应用，在进度上极大地推动了项目的建设，是项目按时保质交付、使用、通车的重要基础，助力粤港澳大湾区高质量发展。2018 年 10 月 23 日，在港珠澳大桥珠海口岸旅检大楼出境大厅举行港珠澳大桥开通仪式，由国家主席习近平宣布："港珠澳大桥正式开通！"

5.2　经济效益

港珠澳大桥珠海口岸钢结构工程旅检大楼 A 区采用了"双曲面四角锥网架结构液压整体提升施工技术研究与应用"中的拼装与液压整体提升技术，节省了大量支撑措施的投入，减少了吊装设备的使用台班，降低了调车设备的规格，减少了施工过程中的人工投入，提高了施工效率与精度并保证了施工安全。共计节省费用 815.4 万元。

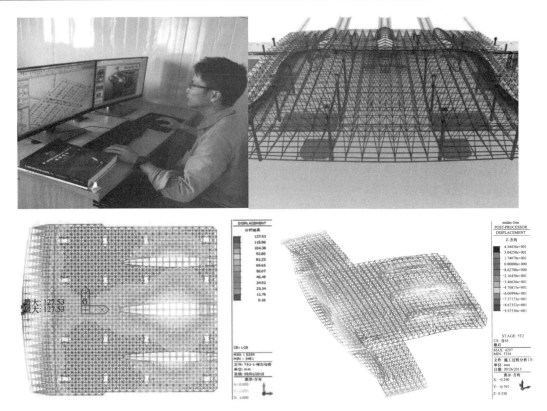

图 16　逆向深化钢结构预起拱受力分析图

图 17　钢结构预起拱现场测量

采用了"刚性限位支腿'7字'形大角度内倾斜高空滑移操作平台施工技术"进行施工,施工过程进展顺利,实施效果良好,施工安全,质量优良。提前 30d 完成屋面挑檐板安装的施工任务,最少可节省机械台班费 21 万元,节省材料费 26 万元,节省施工管理费 10.79 万元。综合比较,采用本施工技术可节约成本至少 57.79 万元。

采用了"RC 梁与钢管柱梁柱节点牛腿变标高变截面钢筋连接施工技术",施工过程进展顺利,实施效果良好,施工安全,质量优良。提前 25d 完成 RC 梁与钢管混凝土柱梁柱节点安装的施工任务,最少可节省机械台班费 28 万元,节省材料费 39 万元,节省施工管理费 17.28 万元。综合比较,采用本施工技术可节约成本至少 84.28 万元。

货检区办公楼内墙面积约 71655m² 采用腻子基混合料技术,有效地减少了墙面空鼓、开裂等质量通病，降低了后期维修成本，节约了人工、材料等费用，提高了施工效率。共计节省费用 87.4 万元。

施工中推广应用了住建部颁发的建筑业 10 项新技术，创造效益 3218.9 万元。

6 工程图片（图 18～图 22）

图 18 项目完工实景图（一）

图 19 项目完工实景图（二）

图 20 项目完工实景图（三）

图 21 项目完工实景图（四）

图 22 项目完工实景图（五）

中国散裂中子源一期工程

袁 斌　李宏亮　莫承礼　黄秋筠　谢明鸣　钟 生

第一部分　实例基本情况表

工程名称	中国散裂中子源一期工程		
工程地点	广东省东莞市大朗镇		
开工时间	2021 年 4 月	竣工时间	2017 年 9 月
工程造价	7.45 亿元		
建筑规模	建筑面积 69648m²		
建筑类型	房屋建筑		
工程建设单位	中国科学院高能物理研究所		
工程设计单位	广东省建筑设计研究院		
工程监理单位	中咨工程建设监理公司		
工程施工单位	广东省建筑工程集团有限公司/广东省建筑工程机械施工有限公司（参建）		
项目获奖、知识产权情况			

工程类奖：
1. 中国建设工程鲁班奖（国家优质工程）；
2. 中国土木工程詹天佑奖；

3. 国家优质投资项目奖。

科学技术奖：

1. 中国施工企业管理协会工程建设科学技术进步奖一等奖（1项）；

2. 中国质量协会质量技术奖优秀奖（1项）；

3. 华夏建设科学技术奖二等奖（1项）；

4. 广东省土木建筑学会科学技术奖一等奖（8项）；

5. 广东省建筑业协会科学技术进步奖一等奖（4项）。

知识产权（含工法）：

1. 国家发明专利（14项）；

2. 实用新型专利（14项）；

3. 广东省省级工法（18项）；

4. 核心期刊上发表论文（10篇）；

5. 出版专著（1本）。

第二部分　关键创新技术名称

1. 防中子辐射重质混凝土的研制及施工技术

2. 防辐射屏蔽结构高精度施工关键技术

3. 设备底座和管线高精度安装关键技术

4. 涉放大体积混凝土地下复杂结构施工关键技术

5. 高标准基底沉降控制技术

第三部分　实例介绍

1　工程概况

中国散裂中子源是国家"十一五"期间重点建设的十二大科学装置之首，是目前中国最大的大科学装置之一，作为一台"超级显微镜"，是中国为全人类研究物质微观结构贡献的"国之重器"。项目位于东莞，对优化国家大科学装置的整体布局，带动整个粤港澳大湾区的高质量发展，具有重要意义。

中子不易获得，此前此设备只有英、美、日各有一台，且无法获得建造技术。目前国内的其他射线装置运行的都是电子，本项目运行的是质子，而质子束流运行时的辐射剂量要远大于电子束流，产生的中子穿透力极强，因而辐射屏蔽要求更严，建造技术标准更高。

项目建筑面积69648m²，分为主装置区、辅助设备区。核心区主装置区由深14～18m、长680m的地下隧道结构及与之相连的6座地面建筑组成；辅助设备区由辐射防护实验室、冷冻站等组成（图1）。

2　工程重点与难点

项目的重点和难点主要体现在以下几方面。

2.1　防中子辐射重质混凝土的研制及施工

中国散裂中子源是我国首台脉冲型散裂中子源，装置运行时质子打靶会产生中子辐射。中子穿透力极强，防辐射难度远高于原子核γ射线和X射线等，国内此前尚无类似工程实例。项目采用重质混凝土作为防中子辐射的屏蔽结构，其参数要求为：重质混凝土密度需达3600kg/m³以上，混凝土内防中子辐射效果较好的保留结晶水需达110kg/m³以上。防中子辐射重质混凝土工艺特殊且复杂，需满足防辐射、抗渗漏、低收缩、高密度、高均匀性等特殊要求，如何配制防中子辐射重质混凝土，是本项目研究的重点之一（图 2）。

图 1　中国散裂中子源项目览图

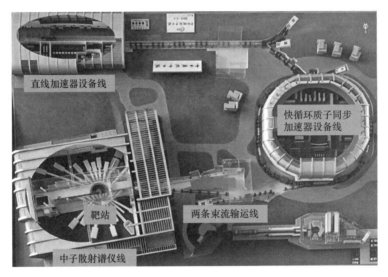

图 2　主装置区展示模型

中国散裂中子源的核心部位——靶站靶心和热室及延迟罐，是整个工程辐射最大的部位，也是防辐射的重点部位。考虑防中子辐射的特殊屏蔽要求，在靶站密封筒外设高 9.8m、直径 9.6m、壁厚 1.2～4m 的重质混凝土屏蔽体，另在靶站热室及延迟罐设壁厚 1～1.2m 的重质混凝土屏蔽体，混凝土强度等级为 C30。盖板均采用 1～1.1m 厚预制 C30 防中子辐射重质混凝土，如何实现大体积防中子辐射重质混凝土的高质量施工，是本项目研究的重点之一。

2.2　防辐射屏蔽结构的高精度施工

中国散裂中子源项目隧道屏蔽铁结构位于质子束流末端，与靶心相连，为本工程防辐射的重点部位，施工精度要求高。屏蔽铁结构由左侧屏蔽层、右侧屏蔽层和屏蔽顶层组合而成，左侧屏蔽层和右侧屏蔽层分别位于质子束流的左右两侧，屏蔽顶层位于左侧屏蔽层和右侧屏蔽层的顶部。最重、最长屏蔽块尺寸为 9598mm×9295mm，质量约 21.2t，质量大于 20t 的有 5 块，质量大于 15t 小于 20t 的有 30块。为保证隧道内各种设备有足够的安装空间及满足高精度的定位要求，屏蔽铁结构隧道中心轴线偏差不大于 5mm，净宽误差允许值为 0～20mm，屏蔽铁结构的内表面大面不平度需小于 10mm；相邻两立块顶部端面高度公差需小于 3mm，全部立块顶部端面高度公差 ±5mm。如何能使如此大型的防辐射屏蔽铁结构达到高精度的安装定位要求，是重点研究的内容之一。

废束站的具体功能为收集不再加速的质子束流，进行辐射屏蔽处理，防止其对外产生辐射。收集废弃束流过程中，废束站屏蔽铁块的温度将会升高，为防止屏蔽铁块由于温度升高产生膨胀对外围混凝土造成破坏，以及温度传导至外围混凝土可能造成裂缝，必须在屏蔽铁块与外围混凝土之间留置一定空间，但同时要严格控制空间大小，避免产生大量不利于装置运行的加热气体。如何有效地保证屏蔽铁块与四周墙体（顶板）狭窄均匀的热效空间、防止外混凝土的开裂、减小钢板焊接变形和确保地下水的隔离，是重点研究的另一主要内容。

根据工艺要求，在直线隧道末端内设置内置可起吊型屏蔽铁盒的废束站，该废束站必须具备屏蔽性能、屏蔽铁盒可吊离性能及满足高精度定位的要求。需要根据内置可吊离型屏蔽铁盒和外包混凝土结构组成的废束站特点，围绕工艺上要求的屏蔽性能、内置屏蔽铁盒可吊离、高精度定位需要展开一系列技术的研发。

靶站密封筒外侧为重混凝土墙，内侧为靶站内部屏蔽体组件。筒体需要在装置现场拼焊各分块，且需要避免靶站重混凝土屏蔽体浇筑时可能会对靶站屏蔽体密封钢筒、中子通道穿墙管等的几何形状和空间定位产生的不利影响。高精度、高效率地完成密封筒的拼装、开孔及支撑是一技术难题。

热室壳体是散裂中子源靶站的重要组成部分，高光洁度的壳体，可以保证辐射污染物的完全收集，完整的密封性，可以保证辐射污染物不向外界扩散。热室壳体内部尺寸为 18000mm×4650mm×4000mm（长×宽×高），整体总质量约 35t，近百种各类工艺管线必须精确定位，保证壳体各面墙体组装后垂直度公差小于 2mm/m 是本工程要解决的技术难点。

2.3 设备底座和管线的高精度安装

靶站靶心是整个工程辐射量最大的部位，是防辐射的重点部位。靶心结构由 7m 厚混凝土靶心基础、靶心基础底板、靶站密封筒、侧壁及顶部盖板组成，其中基础底板是靶站设备安装和定位的基础，为 12.2t 重的 Q245R 实心圆板。为避免辐射泄漏，达到最佳的防水效果，在混凝土靶心基础设置防水钢筒，采用槽钢为骨架，密铺 5mm 厚钢板做成。靶心墙身结构外侧为 1.2m 厚重质混凝土，内置直径为 9.6m 的密封筒。密封筒由钢板在施工现场分块焊接而成，总高 9800mm，其底座锚杆共 72 个。筒体是靶站密封筒的主体部分，其外侧为重混凝土墙，内侧为靶站内部屏蔽体组件。筒体上设置有质子输运线通道开口、氦容器排污管开口等二十多个开口。在安装好靶站密封筒及地面以下的钢屏蔽体等部件后，在筒体外侧浇筑 1m 厚及 1.2m 厚重混凝土屏蔽墙，并在靶站各设备安装完成后，在其顶部盖上 1m 厚重混凝土材质的盖板并用薄膜密封以达到密封效果。因此，靶心基础底板高精度施工和密封筒的高精度安装是重点研究的内容之一。

RCS 隧道内埋设大量质子加速器基座的基础预埋基板为钢板，由锚板和锚筋组成，施工中保证预埋基板的平面位置和高程的精确度尤为关键，直接关系到束流装置的安装质量，影响后期各种结构、各种设备的安装工作。如何保证数量多、形式多样、重量较大预埋件的预埋精度，是重点研究的另一主要内容。

散裂中子源项目设备复杂，供电、监控接口多，功率大，考虑安装难度及后期的维修，要求安装高度在 3~5m 范围。项目对辐射剂量限制要求严格，各涉放区域具有放射性的空气通过涉放风管集中排至排风中心进行复杂处理，因此，对涉放风管有 50 年寿命内不发生泄漏的高质量要求。如何保证大量线型复杂的综合管线及涉放风管的高精度安装，是重点研究的另一主要内容。

2.4 涉放大体积混凝土地下复杂结构的施工

本工程加速器隧道长度较长，必须设置多道诱导缝以控制隧道钢筋混凝土结构的裂缝能诱导性开展，避免无规则开裂甚至产生通缝造成辐射外泄。诱导缝断面平行于隧道截面，沿隧道底板、侧壁及顶板同一位置断开。诱导缝的设置及后浇带的应用，虽然可解决长隧道结构的伸缩变形问题，但是在诱导缝处亦形成了容易渗漏及辐射外泄的薄弱位置，如处理不好，将造成渗漏及辐射超标。需研发一种新型防水可变形抗辐射诱导缝结构，并形成相应的综合施工技术，以达到控制开裂从而保证隧道钢筋混凝土结构的防水及抗辐射效果。

地下结构是辐射最大的位置，若该位置出现渗漏现象，很可能对周边水源造成污染。因此，为避免辐射通过水源外涉，隧道的防水要求非常高。尽管采用新型防水抗辐射诱导缝结构以及抗辐射混凝土施工的防水措施基本可以防止混凝土的开裂，但仍需采用有效的保障措施，确保隧道不出现渗漏现象。项目选用水泥基渗透结晶型防水材料 XYPEX 作为地下隧道的防水保障，需研究水泥基渗透结晶型防水材料 XYPEX 在超深地下抗辐射复杂混凝土结构中的施工工艺。

环形加速隧道（RCS）管沟层位于地下 18.2m 处，层高 3.45m，占地面积约 6000m²，筏板厚度为 0.9m 和 1.2m，剪力墙结构墙厚为 300～1800mm，剪力墙侧壁密集、连续分隔成不同大小的单元间，侧壁曲折、弧形墙体众多，封闭的单元间采取砂及 C15 混凝土回填。大体积钢筋混凝土结构施工以及防水、防裂和不均匀沉降控制要求十分高，地面年沉降量小于 1mm，不均匀沉降小于 0.3mm，施工难度大。解决超深地下抗辐射复杂混凝土结构的施工难题是另一重点研究内容。

2.5　高标准的基底沉降控制

中国散裂中子源项目共设置了 27 个准直永久点，按分布部位的不同，可分为园区永久点、装置永久点、园区矮点、园区高点。园区永久点在主体结构施工中用于精确定位放线，装置永久点用于设备的高精度安装和定期复测。准直永久点施工的重点难点主要体现在准直桩防干涉隔离、深井结构防水以及准直点预埋件的高精度预埋。

中国散裂中子源项目主装置区直线设备楼、LRBT 设备楼、RCS 设备楼、RTBT 设备楼、靶站设备楼及相应隧道工程基坑占地面积约为 20843m²，基坑周边长度约 1503m。基坑底面标高为 -10.100～-22.050m，平面、立面不规则且地质变化复杂，采用钻孔灌注桩、搅拌桩、喷锚、土钉、放坡相结合的支护方式。由于基坑界面多，基底沉降控制要求非常高，须采取相应技术措施，确保基坑开挖安全和减少对基底岩层的扰动。

3　技术创新点

3.1　防中子辐射重质混凝土的研制及施工技术

工艺原理：①利用结晶水对中子的显著慢化作用，经半年全国各地的选矿以及 2 年 400 多次的试验配制，研发出世界首例密度高（3600kg/m³ 以上）且保留结晶水高（110kg/m³ 以上）的防中子辐射重质混凝土，满足防辐射、抗渗漏、低收缩、高密度、高均匀性等特殊要求；②通过一系列的模拟件浇筑试验，研制出整套与普通混凝土差别很大的参数与施工方法，解决了重质混凝土结构形式多变、边界约束多、预埋件密集的施工难题。同时，设置特殊的内外模体系，采用分层分块浇筑技术，成功实现了大体积重质混凝土一次成型。

技术优点：国内外尚无密度不小于 3600kg/m³、混凝土内保留结晶水不小于 110kg/m³ 的防中子辐射重质混凝土及施工技术，为首创技术。

鉴定情况及专利情况：经广东省土木建筑学会鉴定委员会鉴定，该技术达到了国际领先水平；获得发明专利 2 项。

3.2　防辐射屏蔽结构高精度施工关键技术

工艺原理：①防辐射屏蔽铁隧道由 248 块屏蔽铁组成，施工时通过计算机模拟拼装、优化排列顺序，研制出大刚度精确限位支架，精准设立支撑面及中央定位凸台，实现了屏蔽铁隧道三维尺寸的毫米级安装；②项目共有 3 个固定型废束站和 1 个可移动型废束站，施工时采取模拟拼装、预组装、等高模板、预设、微调等技术措施，保证了屏蔽体引流孔与束流线空间各方向误差均小于 3mm 的高精度要求，收集废弃束流时屏蔽体会急剧升温，因此研发出带龙骨钢板、钢筋混凝土预制板组成的大刚度模板体系，确保了全包封的铁块与包封混凝土壁间 5～10mm 的热效空间，避免产生有安全隐患的大量高热气体；③热室由壳体和外包混凝土组成，是亚洲最大的热室，施工时采用分片制作、精准定位开孔、分段拼装，设置特殊内支撑、可调节装置等措施，形成超大型不锈钢壳体制作、运输、安装技术，解决了密布近百个预埋构件及迷宫管道的大型薄壳结构施工难题，并通过设置可调节、有保护的内支撑，采用特殊的重质混凝土施工工艺，解决了有密集预埋件的薄壳壳体外包混凝土的施工难题。

技术优点：对比国外三大中子源，本项目对屏蔽铁本身精度要求低，节约成本，为领先技术；废束站位于地下，需解决防水和地下水活化技术难题，移动型废束站满足屏蔽、可吊离及高精度定位要求，为首创技术；本项目热室是亚洲最大的热室。

鉴定情况及专利情况：经广东省土木建筑学会鉴定委员会鉴定，该技术中的"大型高精度防辐射隧道屏蔽铁结构的施工技术""废束站施工关键技术研究""超大型热室不锈钢壳体高精度施工控制技术"均达到了国际领先水平；获得发明专利 5 项、实用新型专利 3 项。

3.3 设备底座和管线高精度安装关键技术

工艺原理：①针对部件质量大（基板 12.2t，密封筒 40t）、锚杆孔精确度高（中心位置度公差不大于 ϕ10mm，高度误差不大于 ±5mm，垂直度偏差不大于 2/1000），研制出由环形钢板和花篮调节装置、下定位板等组成的定型套架，结合高精度安装技术，确保了基板及密封筒密集群锚的空间定位及部件的精准安装；②通过建立二级测量控制网、合理分区、设置定位支架与可微调支撑平台，保证了 282 块质子加速器基座在浇筑混凝土后整体累积误差小于 3mm；③研制出综合可调节支撑装置，解决了内外层不锈钢管与碳钢管的隔离难题，形成独创的涉放双层发泡管制作、安装技术，满足涉放排风的高标准工艺要求。

技术优点：对比国外三大中子源，靶站大型基板和双层发泡涉放风管安装技术为首创技术；本项目锚杆精度要求更高：位置度公差 ϕ10mm，垂直度偏差 2/1000，技术更先进；基板相应误差不大于 1mm和误差不大于 3mm，精度要求更高，施工技术更先进。

鉴定情况及专利情况：经广东省土木建筑学会鉴定委员会鉴定，该技术中的"靶站大型基板安装及二次灌浆技术""新型涉放复杂线型双层发泡管现场制作及安装技术"达到了国际先进水平，"超长线型密集预埋板精度控制技术""靶站密封筒高精度群锚的预埋施工技术"达到了国内领先水平；获得发明专利 7 项、实用新型专利 2 项。

3.4 涉放大体积混凝土地下复杂结构施工关键技术

工艺原理：涉放大体积混凝土地下结构复杂，有线形结构和环形迷宫结构。施工时研发出防水防辐射可变形内外双缝型钢诱导缝结构，确保了长线形隧道抗裂抗变形、防辐射、防水功能；通过水化热分析，优化设置施工缝及跳仓施工方案，优化纤维混凝土配合比，设计精准弧形模板体系，解决了侧壁密集、曲折的环形迷宫隧道防裂、防水和防辐射的施工难题。

技术优点：为首创技术。

鉴定情况及专利情况：经广东省土木建筑学会鉴定委员会鉴定，该技术中的"新型防水抗辐射诱导缝的综合施工技术""涉放大体积混凝土地下结构建造技术"达到了国际先进水平，"RCS 地下圆形迷宫结构施工技术"达到了国内领先水平；获实用新型专利 7 项。

3.5 高标准基底沉降控制技术

工艺原理：①准直桩施工时，运用独创的三钢筒结构、地下微小空间防水技术及高精度预埋件预埋技术，首创了整套无干扰准直桩系统，为装置结构及加速器设备的精准定位（0.016mm）提供了精准度极高的控制基准网：各永久控制点空间相对位移不大于 0.3mm，年不均匀沉降不大于 0.2mm，浇筑顶板埋设水平度不大于 1mm；②地下结构基底综合运用多种爆破技术及"考古式"清基、无沉渣桩基、地基改良等技术，确保了地质情况多变的总面积达 1.3 万 m^2 的地下结构底板整体丝米级沉降要求（沉降量不大于 0.1mm）。

技术优点：永久准直桩施工技术为首创技术，基底沉降控制更先进。

鉴定情况及专利情况：经广东省土木建筑学会鉴定委员会鉴定，该技术中的"无干涉准直桩施工技术""多边界地质条件下基底零沉降控制技术"达到了国内领先水平；获实用新型专利 2 项。

由中国工程院周福霖院士担任组长的科技成果鉴定委员会认为：该工程的综合技术"中国散裂中子源工程建造关键技术研究"在中国散裂中子源项目一期工程项目中得到成功应用，取得了显著的经济效益和社会效益，成果达到了国际领先水平。

4　工程主要关键技术

4.1　防中子辐射重质混凝土的研制及施工技术

4.1.1　概述

中国散裂中子源是我国首台脉冲型散裂中子源，装置运行时质子打靶会产生中子辐射。中子穿透力极强，防辐射难度远高于原子核的 γ 射线和 X 射线等，国内此前尚无类似工程实例。项目采用重质混凝土作为防中子辐射的屏蔽结构，研制出一种密度达 3600kg/m³ 以上、防中子辐射效果较好的保留结晶水达 110kg/m³ 以上的重质混凝土，形成了相应的大体积混凝土拌合、运输、温控、浇筑及养护等系列施工技术，为该混凝土运用于靶站靶心、热室及延迟罐等核心部位的中子辐射屏蔽体提供了保障。

4.1.2　关键技术

4.1.2.1　防中子辐射重质混凝土研制

经半年全国各地的选矿以及 400 多次的试验配制，研究了防中子辐射重质混凝土的原材料要求、配合比设计方法等关键技术，研发出世界首例密度达 3600kg/m³ 以上、混凝土内保留结晶水达 110kg/m³ 以上的防中子辐射重质混凝土（图3、图4），通过中科院验算确认和美国相关机构检测，满足防辐射、抗渗漏、低收缩、高密度、高均匀性等特殊要求，为该混凝土运用于靶站靶心、热室及延迟罐等核心部位的中子辐射屏蔽体提供了保障。

图 3　重质混凝土原材料　　　　　　　　　　图 4　重质混凝土芯样

4.1.2.2　防中子辐射重质混凝土施工

（1）针对重质混凝土各材料种类多且密度差异极大、施工性能较差、浇筑过程中极易产生分层离析等特点，进行了混凝土的生产工艺以及小型预捣件、大型矩形墙体预捣件和大型弧形墙体预捣件的系列模拟施工试验（图5），确定了搅拌、运输、振捣、养护等各工序的技术措施。

图 5　模拟施工试件

通过重点控制振捣时间、振捣间距（图6），解决了重质混凝土内骨料密度相差悬殊的振捣难题；设定严格的重质混凝土温控指标、测温时间和频率，优化测温点布置，根据温度变化曲线采取合理的养护措施（图7），形成了防中子辐射重质混凝土的拌合、运输、振捣和养护技术，保证了防中子辐射重质混凝土浇筑质量。

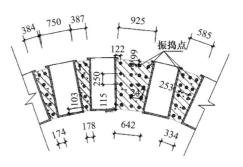

图6 振捣点布置示意

（2）针对有内部边界约束的靶心重质混凝土屏蔽墙体（筒体），所有水平及竖向施工缝都设置为阶梯形或凹凸槽形，水平缝采用三层钢丝网重叠并固定在墙中钢筋上，形成台阶状；竖向缝采用三层钢丝网重叠做成台阶状并固定在墙端支撑短钢筋上，相当于墙体的端模。进行模拟计算，对墙体（筒体）分层分块浇筑（图8），设计特殊的内模支撑体系与小件拼装外模体系（图9），分次施工、一次成型浇筑大体积重质混凝土，墙体整体均匀完整，无任何裂缝。形成了大体积防中子辐射重质混凝土防裂分块分缝技术。

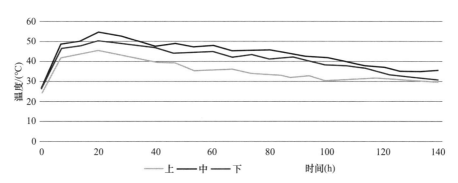

图7 靶心重质混凝土温度变化曲线图

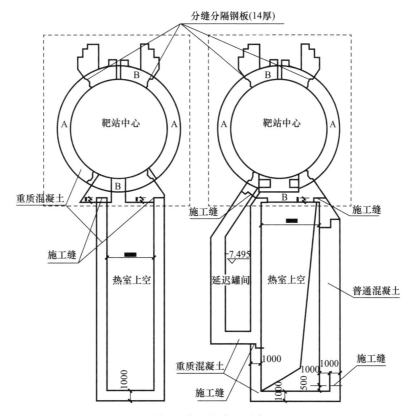

图8 施工缝布置示意

（3）靶站靶心、热室、延迟罐间顶部盖板为重质混凝土异形预制盖板。盖板单块质量大，最大质量

图 9　模板支撑体系

为 27t；形状多达 9 种，相邻盖板各 8 个面、8 条线的精度要求严格，平整度要求为 ±3mm，相邻两块之间缝隙为 10mm。采用高精度预埋角钢护边有效地保护盖板各面、各角点的精度（图 10），吊环接驳器焊接到固定在底部钢筋上侧的定位钢筋上保证接驳器位置精确，通过计算机模拟拼装、预制场的现场预拼装，保证正反 T 形嵌合式的盖板一次安装到位（图 11），形成了重质混凝土异形预制盖板的高精度制作技术。

4.2　防辐射屏蔽结构高精度施工关键技术

4.2.1　概述

研制了相应的高精度控制支架和精度安装控制技术，形成了 24m 屏蔽铁隧道、400t 级钢屏蔽体废束站及大型热室壳体等防辐射屏蔽结构的高精度施工技术，实现了大型的防辐射屏蔽铁结构达到高精度的安装定位要求，有效地保证了屏蔽铁块与四周墙体（顶板）狭窄均匀的热效空间，防止了外混凝土的开裂，减小了钢板焊接变形和确保了地下水的隔离，保证了靶站热室壳体各面墙体组装后垂直度公差小于 2mm/m。

图 10　预埋角钢护边施工

图 11　现场吊装完成

4.2.2　关键技术

4.2.2.1　大型防辐射隧道屏蔽铁结构高精度施工技术

隧道屏蔽铁结构是工程防辐射的重点部位，由左侧屏蔽层、右侧屏蔽层和屏蔽顶层组合而成（图 12），最重、最长屏蔽块尺寸为 9598mm×9295mm，质量约 21.2t，质量大于 20t 的有 5 块。精度要求高：屏蔽铁隧道中心轴线偏差不大于 5mm，净宽误差允许值为 0～20mm，屏蔽铁结构的内表面大面不平度需小于 10mm，相邻两立块顶部端面高度公差需小于 3mm，全部立块顶部端面高度公差 ±5mm。针对国内市场屏蔽铁尺寸精度不高、表面较粗糙的实际情况，进行了计算机的模拟拼装（图 13），优化出误差最小、安装效率最快的排列顺序，确定需进行精密打磨的铁块；研制了高精度限位大刚度控制支架，精确设立底部支撑面及中央定位凸台（图 14），实现了屏蔽铁隧道的高精度安装（图 15）。

4.2.2.2　废束站施工关键技术研究

废束站的功能为收集不再加速的质子束流，进行辐射屏蔽处理。本项目共 4 个废束站，其中 3 个固定型废束站、1 个可移动型废束站。

（1）收集废弃束流，废束站屏蔽铁块的温度会升高，为防止屏蔽铁块产生膨胀对外围混凝土造成破坏以及温度传导至外围混凝土可能造成的裂缝，必须在屏蔽铁块与外围混凝土之间留置狭窄均匀的热效空间。要严格控制空间大小，避免存留大量不利于装置运行的热气体。安装带龙骨的钢板作为屏蔽铁块外侧隧道墙体的内模，钢筋混凝土预制板作为顶板底模（图 16），确保了铁块与混凝土壁间狭窄均匀的

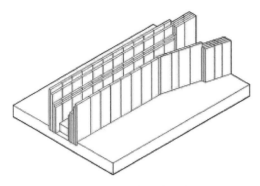

图 12　隧道屏蔽铁结构模型

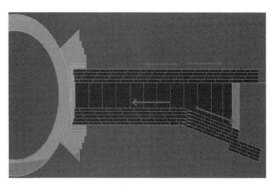

图 13　计算机的模拟拼装

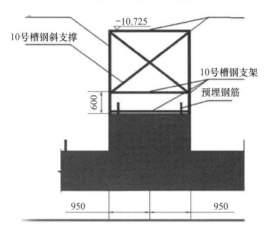

图 14　限位系统

图 15　屏蔽铁结构实况

热效空间 5~10mm 的指标参数。

（2）束流通道在屏蔽体内部由若干块带孔的钢板装配而成，精度要求：各钢板孔中心与束流中心水平方向偏差不大于±3mm，垂直方向偏差 0~6mm。进行计算机的模拟拼装，优化安装顺序和安装工艺，研制了高精度限位支架，通过限制偏差、预组装、联测、三维测量、预调低标高、等高模板、插入钢板微调等技术措施（图 17），保证了七十余块钢板拼装而成的重达 400 多吨钢屏蔽体的高精度安装（图 18）。

（3）隧道顶板内预埋设二次结构钢筋接口和止水钢板，解决了切割已完成隧道顶板吊离可移动型废束站屏蔽铁盒后二次结构的封闭和防水难题。

图 16　防热效的模板

4.2.2.3　超大型热室不锈钢壳体高精度施工控制技术

热室用于对含有放射性的设备部件进行日常维护和转运，热室壳体内部尺寸为 1.8m×4.7m×4m，整体总质量约 35t，是亚洲最大的热室。针对保证焊接展开面积 250m² 的壳体大型不锈钢覆面板各面垂直度公差不大于 2mm/m 及近百种类型工艺管线精确定位的技术难题。

（1）壳体分两段在工厂分散拼装，先在平面上加工好各面墙体龙骨（图 19），再进行不锈钢包衬焊接施工（图 20），最后进行壳体的拼装及墙面体系加工，保证了近百根管线的精确定位放线、开孔。

（2）优化焊接工艺和顺序，设置壳体的内部临时支撑和热室底部的可调节装置，现场实时监控和调控，实现了大型壳体精确安装。

4.3　设备底座和管线高精度安装关键技术

4.3.1　概述

研制了定型钢套架和高精度锚杆类型套架，形成了高精度大型基板、靶站基板、密封筒和质子束流

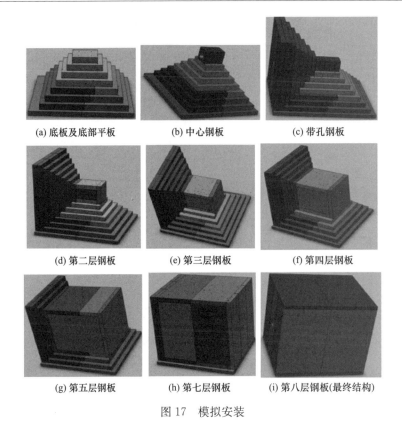

(a) 底板及底部平板　　　(b) 中心钢板　　　(c) 带孔钢板

(d) 第二层钢板　　　(e) 第三层钢板　　　(f) 第四层钢板

(g) 第五层钢板　　　(h) 第七层钢板　　　(i) 第八层钢板(最终结构)

图 17　模拟安装

图 18　安装实况

加速器预埋基板的高精度安装技术，解决了靶心基础底板高精度施工和密封筒的高精度安装难题；研制了综合支架，实现了密闭狭窄空间内密集管线的高精度安装。

4.3.2　关键技术

4.3.2.1　靶站大型基板高精度安装技术

为靶站内的设备及部件安装、固定提供稳定可靠性的基础基板为实心圆板，质量约 12.2t、直径 5m、厚度 80mm，由 12 个 M42 地脚螺栓固定，承重 1500t。针对该基板安装精度要求高，因受力和屏蔽原因基板螺杆不能采用后埋法等特点，研制了高精度定型套架（图 21），设置了调平装置，采用了二次灌浆技术，安装后保证 12 根锚杆的精准定位，混凝土浇筑过程中锚杆不会出现移位和歪斜，实现了基板的高精度安装：

（1）靶站基板上表面相对标高 −13.000m，误差不大于 3mm；

（2）基板全面积内水平度误差不大于 3mm；

（3）基板中心的位置度误差不大于 5mm；

（4）基板上 0°、90°和 180°刻线与射线相对角度偏差不大于 0.1°。

通过多次现场灌浆模拟试验，优化灌浆料配合比和灌浆工艺，实现了靶站大型基板下部预留灌浆层的高质量二次灌浆（图 22），保证基板底座均匀地承受设备荷载，形成了大型基板底部和细部结构防中子辐射重质混凝土浇筑技术。

4.3.2.2　大型密封筒高精度安装技术

密封筒直径 9.6m，高度 9.8m，总质量约 40t，筒体由环靶心呈双层均匀分布于直径 6～8m 位置的 72 根锚杆与混凝土地基连接。针对密封筒重量大、单根锚杆长度达 2080mm、底座锚杆孔精度要求

图 19　墙体龙骨

图 20　不锈钢包衬焊接

图 21　高精度定型套架

图 22　基板灌浆实况

高等特点，研制了套架的上部和下部定位系统分别由定位环形钢板和带花篮钢筋、下定位板和固定角钢组成的高精度锚杆定型套架（图 23、图 24）。采用高精度多重定位技术：精确控制环板的轴线和水平偏差、下部角钢的定位；利用锚杆上位于环板上下的螺母以及设置在环板上的切径向带花篮钢筋微调锚杆的标高及水平位置，实现了长锚杆的精确定位：中心位置度公差不大于 ϕ10mm，高度误差不大于±5mm，垂直度偏差不大于 2/1000。

4.3.2.3　质子束流加速器预埋基板高精度施工技术

230m 的环形加速器（RCS）隧道内共 282 块质子加速器基座（图 25），针对基座预埋基板的平面位置和高程精度要求高等特点，在整体一级控制网基础上加设半永久性控制点，建立二级独立测量控制网，缩小作业面到控制点之间的距离，保证控制网的精度及将来设备定位和结构施工结束后整体变形监测的需要。

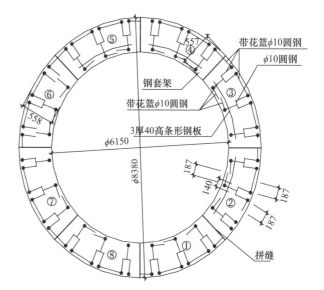

图 23　高精度控制系统示意图

隧道分区，控制各区直线、环线位置，减少设备安装前预埋基板的调整量；预埋基板与设置的支撑平台点焊后安装预埋基板定位支架，保证浇筑混凝土后预埋基板的精度（图 26）：水平度、绝对高程及相邻钢板绝对高程误差不大于 1mm，整体高程累积误差不大于 3mm。

图 24　高精度控制系统

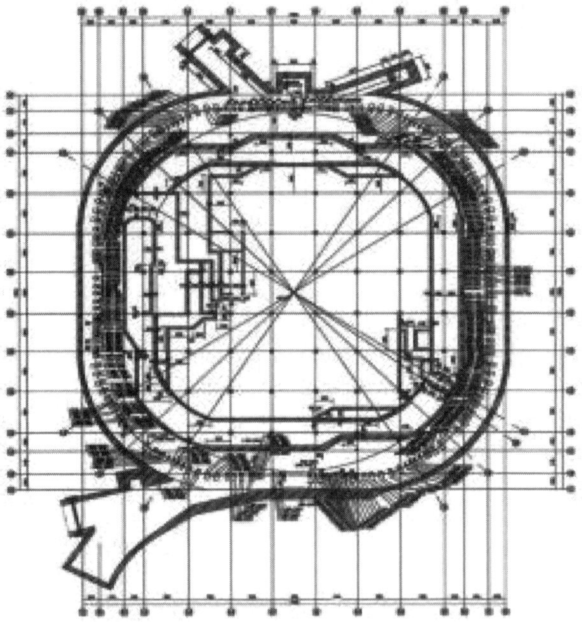

图 25　RCS 隧道基座

图 26　基板精度控制系统

4.3.2.4　管线高精度安装关键技术

针对 RCS 管沟层空间密闭狭窄、不规则，综合管线类型多、线型复杂等特点，进行综合管线的三维建模及碰撞检测（图 27），优化安装方案，提高施工效率。

深埋地下涉放双层发泡排放管施工时，研制综合可调节支撑机构（图 28），避免不锈钢管与碳钢管直接接触，导致双金属腐蚀，保证了涉放双层发泡管质量。

4.4　涉放大体积混凝土地下复杂结构施工关键技术

4.4.1　概述

研发出新型防水、可变形、抗辐射的内外缝双缝型钢诱导缝结构，采用了压型钢板和外浇混凝土墙组合结构以及新型防水和聚氨酯防水材料防水工艺，解决了涉放大体积混凝土地下复杂结构防裂、防水和防辐射难题。

4.4.2　关键技术

4.4.2.1　涉放大体积混凝土地下复杂结构防裂、防水关键技术

地下结构长度较长，通过合理设置诱导缝解决长隧道结构的伸缩变形，针对诱导缝处容易渗漏及辐

射外泄的薄弱位置，研发出新型防水、可变形、抗辐射的内外缝双缝型钢诱导缝结构（图29），缝框采用型钢，缝内满焊两道沿底板、侧壁及顶板闭合的弧形止水钢板环，缝外焊接止水钢板环，诱导缝处底板、侧壁、顶板混凝土结构断开，采用混凝土环＋卷材防水层外包，避免隧道混凝土结构裂缝的出现，保证防辐射、结构伸缩及防水的功能。

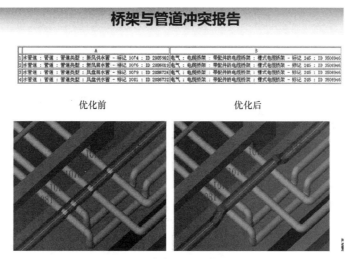

图 27　建模及碰撞检测

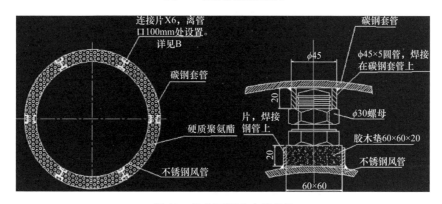

图 28　综合可调节支撑机构

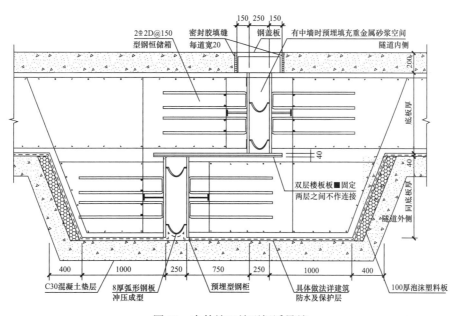

图 29　内外缝双缝型钢诱导缝

　　为保证弧形止水钢板防水效果，采用压制成型技术，根据 U 型钢和弧形板形状尺寸分别开发压制成型模具，保证弧形止水钢板的制作质量；采取工厂内整体试拼装、分上下节运输和现场安装、设置上下节定位装置、安装定位架等措施，实现了型钢诱导缝的高精度、高质量安装（图 30）。选用遇水后有自愈修复能力的水泥基渗透结晶型防水材料 XYPEX，保障整个辐射屏蔽体的防水功能满足使用要求。

4.4.2.2　环形加速隧道圆形迷宫结构施工技术

　　环形加速隧道位于地下 18.2m 处，筏板厚 0.9m 和 1.2m，剪力墙墙厚 0.3～1.8m，侧壁密集、曲折，弧形墙体多，防水、防裂和不均匀沉降控制要求高。采用轴向竖向引测、极坐标法，结合圆弧等分放线法控制弧形模板的精度，工厂定制钢管固定模板，安装现场高精度定位模板（图 31）。

　　进行大体积混凝土的有限元水化热施工模拟（图 32），合理设置施工缝和跳仓施工的顺序（图 33），通过试验优化防辐射、抗渗漏、低收缩、高密度、高均匀性的纤维混凝土配合比，实现了防裂、防水和防辐射涉放大体积混凝土地下复杂结构施工。

　　采用多级放坡大跨度滑槽回填砂施工技术（图 34），解决了自上往下回填砂的运输难题。

图 30　诱导缝安装　　　　　　　　　　　图 31　定位模板

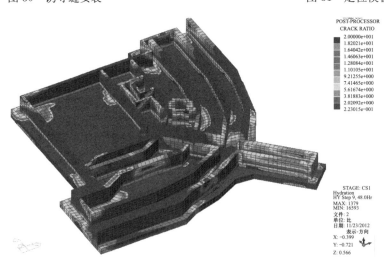

图 32　有限元水化热施工模拟

4.5　高标准基底沉降控制技术

4.5.1　概述

　　研发出一种新型防水、防干扰的永久准直桩，确保各永久控制点空间相对位移不大于 0.3mm，年不均匀沉降不大于 0.2mm，浇筑顶板埋设水平度不大于 1mm，保障了涉放结构的沉降测量和设备安装精度；综合应用多种技术措施，确保了地质情况多变、总面积达 1.3 万 m^2 的地下结构底板整体丝米级沉降要求（沉降量不大于 0.1mm）。

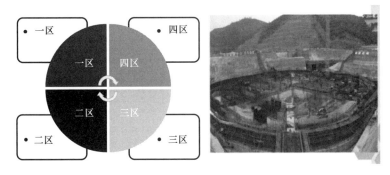

图 33 跳仓施工

图 34 滑槽

4.5.2 关键技术

4.5.2.1 沉降测量精度保障技术

在对现有的准直点结构形式的研究过程中发现，现有的准直点结构构造形式难于防止深孔底部地下水的渗透，无法实现本工程要求的防水、防干扰隔离目标。经反复研究，研发了新型深井结构防水、防干涉隔离技术，采用大孔径冲孔桩、钢护筒沉放焊接、人工凿岩、深井圆柱结构、深井底部复杂防水结构、高精度预埋件预埋等技术施工无干扰永久准直桩（图35），实现了周边无干扰隔离，为射线装置的精准定位提供了可靠的控制基准网。

独创的三钢筒结构（图36）解决了地下狭窄空间作业及微小空间防水难题；准直桩和钢套筒间通过聚合物防水砂浆、遇水膨胀止水条等多种防水材料的综合应用，保证了两者间的防水性能。

应用数控机床加工、现场二次灌浆及微调等技术（图37），实现了准直桩在地下水位30m以下的防水效果及安装精度：各永久控制点空间相对位移不大于0.3mm，年不均匀沉降不大于0.3mm，浇筑顶板埋设水平度不大于1mm。

4.5.2.2 高标准基底沉降控制技术

根据基坑多边界的特点，在不同的位置分别采用小药量光面爆破、浅孔台阶爆破、机械劈裂施工法、"考古式"清底法等方法（图38），避免对基底的扰动；对于冲孔灌注桩处理的区域，采用正反循环组合清孔法结合桩底注浆法，清除了桩底沉渣，为基底"零沉降"提供保证。

基底遇破碎带时，采用钢筋混凝土板带跨越和钻孔注浆加固、微型钢管桩加固以及混凝土换填处理等方法，保证了基底承载力，实现了束流线运行平面整体丝米级沉降要求（图39）。

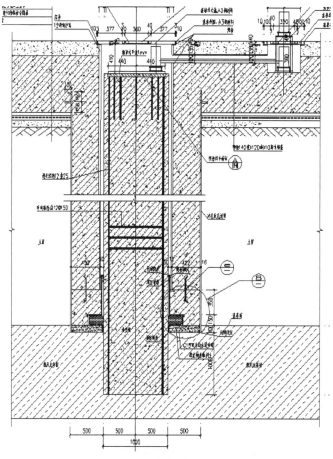

图 35　永久准直桩构造

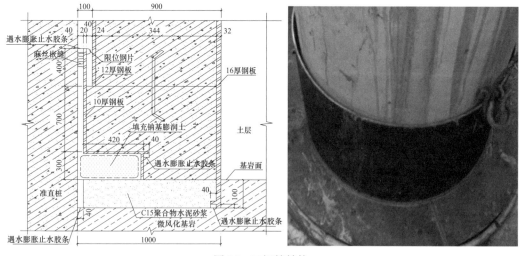

图 36　三钢筒结构

5　社会和经济效益

5.1　社会效益

本项目的研究成果涉及防中子辐射大科学装置的多个重要工序，促进了基建工程及整个行业施工精度和施工质量的提高。多个分项技术为首创技术，填补了国内脉冲中子应用领域建造技术的空白，打破了国外的技术垄断，使我国在防中子辐射大科学装置建造领域实现了重大跨越，技术和综合性能进入国际同类装置先进行列。

图 37 微调技术

图 38 基坑开挖作业

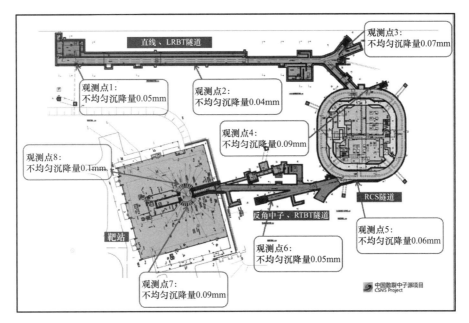

图 39 竣工后检测结果

技术成功应用于中国散裂中子源工程,经中国科学院高能物理所辐射防护组验算,满足防辐射精度要求,使得后面的精密工艺设备安装一次到位。国家验收委员会评价,中子源高质量完成全部建设任务,国内外科技界对装置建设给予高度评价。2017 年 8 月,中国散裂中子源首次打靶即捕获中子,最高中子效率超过国外的散裂中子源。本装置于 2019 年 2 月完成首轮运行,取得涵盖物理学、纳米科学、生命科学、化学、材料科学、环境科学和医药学等众学科领域的多项重要成果。

施工过程多个行业单位、国内外科技界专家、学者到现场参观交流学习,中央电视台、广东电视台等多家权威媒体多次进行报道。业主单位发来多封感谢信,工程施工受到各方一致好评!

5.2 经济效益

技术成功应用于中国散裂中子源项目一期工程,经中国科学院高能物理所辐射防护组验算,满足防辐射精度要求,使得后面的精密工艺设备安装一次到位。国家验收委员会评价,中子源高质量完成全部建设任务,国内外科技界对装置建设给予高度评价。根据中国科学院高能物理所提供的数据,对比英国散裂中子源,本项目缩短施工周期 241d,节约成本 2096 万元,具有良好的经济效益。

得益于"中国散裂中子源工程建造关键技术研究",中国科学院院士、中国散裂中子源工程指挥部总指挥陈和生 2017 年在接受《南方都市报》记者采访时表示:"美国散裂中子源用了 14 亿美元,日本散裂中子源用了 18 亿美元,我们用 18 亿元人民币建成了先进的散裂中子源,是我国单项投资规模最大的科学工程。它有一系列创新的技术,它的主要性能超过英国的散裂中子源"。

作为一台体积庞大的"超级显微镜"，散裂中子源是中国为全人类研究物质微观结构贡献的"国之重器"！散裂中子源会对我国工业技术、国防技术的发展起到有力的促进作用，也必将带动和提升众多相关产业的技术进步，产生巨大的经济效益。

6　工程图片（图40～图44）

图 40　全景图

图 41　靶站外立面

图 42　综合实验楼阅览室

图 43　直线隧道发射及加速装置

图 44　靶站热室机械手

潮州大桥工程

关荣财　王如恒　王海波　王明义　魏洪图

第一部分　实例基本情况表

工程名称	潮州大桥工程		
工程地点	潮州大桥位于广东省潮州市，以潮州大道与南较西路交叉口为起点，跨南堤路、韩江西溪、沙洲岛、韩江东溪、宝塔路，连接潮州东大道		
开工时间	2013 年 10 月	竣工时间	2018 年 1 月
工程造价	合同金额 5.12 亿元		
建筑规模	本工程由主桥、引桥、南堤路匝道桥、沙洲岛匝道桥以及人行系统组成，主线全长 2420m，匝道桥长 798.7m。主桥为独塔双索面预应力混凝土斜拉桥，跨径组合 180m＋100m＋50m，塔高 105m。主桥上部为前支点挂篮悬浇箱梁，引桥及匝道桥为满堂支架、移动模架、悬浇挂篮现浇箱梁；下部为钻孔灌注桩基础，圆形或矩形承台，矩形板式墩、圆柱形墩、花瓶形板式墩、双柱墩		
建筑类型	市政桥梁		
工程建设单位	潮州市政府项目建设中心		
工程设计单位	广州市市政工程设计研究总院		
工程监理单位	广州市穗高工程监理有限公司		
工程施工单位	深圳市建设（集团）有限公司 龙建路桥股份有限公司		

项目获奖、知识产权情况
工程类奖： 1. 2018-2019 年度中国建设工程鲁班奖（国家优质工程）； 2. 黑龙江省"龙江杯"； 3. 广东省"勘察设计奖"； 4. 广东省"安全生产标准化及文明施工示范工地"； 5. 黑龙江省"新技术应用示范金奖"； 6. 全国"绿色施工示范工程"； 7. 保护韩江水源，成效显著，助力韩江荣获二〇一七年度"全国最美家乡河"。 科学技术奖： 2017 年度中国施工企业管理协会科学技术进步奖一等奖。 知识产权（含工法）： 实用新型专利 5 项，省部级工法 7 项。

第二部分　关键创新技术名称

1. 31m 宽斜腹式箱梁斜拉桥前支点挂篮施工技术
2. 双幅现浇箱梁移动模架施工支架整体横移施工技术
3. 旋挖钻大直径、超长桩密实卵石砾砂层成孔施工技术
4. 中上塔柱弧形装饰板与圆弧形塔肢同步施工技术
5. 斜拉桥塔梁固结段施工质量及结构尺寸控制技术

第三部分　实例介绍

1　工程概况

本工程由主桥、引桥、南堤路匝道桥、沙洲岛匝道桥以及人行系统组成，主线全长 2420m，匝道桥长 798.7m（图 1）。

图 1　潮州大桥全貌效果图

主桥为独塔双索面预应力混凝土斜拉桥，跨径组合 180m＋100m＋50m，塔高 105m（图 2）。

主桥上部为前支点挂篮悬浇箱梁，引桥及匝道桥为满堂支架、移动模架、悬浇挂篮现浇箱梁（图 3）。

下部为钻孔灌注桩基础，圆形或矩形承台，矩形板式墩、圆柱形墩、花瓶形板式墩、双柱墩（图 4）。

图 2　主桥尺寸标注图

图 3　潮州大桥主桥箱梁实拍图

图 4　潮州大桥下部基础实拍图

2　工程重点与难点

2.1　施工工艺复杂

本工程涉及斜拉桥、连续刚构、移动模架逐孔现浇箱梁、满堂支架逐孔现浇箱梁、满堂支架跨堤段整体现浇箱梁等多种作业模式，施工技术难度较大，难点较多。

2.2 涉水施工难度大

其涉水长度 1300m，共计有深水承台 18 座，降水水深 8～14m，其中主墩承台围堰尺寸为 40m×14m，钢材用量 1620t。水下清淤的平整度控制、钢护筒周围淤泥清理、3m 厚封底混凝土厚度水下灌注平整度控制较难。

2.3 主塔造型独特

本桥 105m 高主塔"正面门字形、侧面人字形"突破了现有国内斜拉桥的造型模式，侧面分布 7 个弧形装饰。大半径曲线的塔柱较直线型塔柱施工难度有所增加。主塔由四个独立塔肢、横向连系梁、纵向连系梁及纵向连系梁之间的弧形装饰板组成，大半径曲线的塔肢较直线型塔肢施工有难度，纵向连系梁及椭圆装饰板与曲线塔肢的施工配合是中上塔柱的施工难点。

2.4 立交匝道多

南堤路立交设置两条匝道，A 匝道桥长 135m，B 匝道桥长 168m，共计 303m；沙洲岛立交设置四条菱形匝道，A、B 匝道桥长均为 120m，C、D 匝道桥长均为 100m，共计 440m。东立交设置四条匝道，A 匝道桥长 443m，B 匝道桥长 397m，C 匝道桥长 383m，D 匝道桥长 411m，共计 1634m；所有匝道均涉及与韩江防洪堤坝顺接，增设防洪补救工程对施工过程中对堤坝的破坏进行恢复、加固。

2.5 大体积混凝土一次性浇筑

单个主墩承台混凝土结构尺寸为 37m×11m×5m，混凝土 2035m³，根据设计文件要求一次性浇筑完成，施工接缝及混凝土裂缝控制较难。

2.6 主塔支架稳定性控制

主塔上横梁位于 70m 高空，长 25.5m，宽 3m，高 4～7m，采取在 0 号节段上搭设钢管支架，与塔柱上的预埋牛腿组合，为上横梁施工提供支撑，支架搭设的垂直度、稳定性较难控制。

2.7 高温对施工定位影响大

潮州市年平均气温 21.4℃，极端最高气温 39.6℃，对混凝土现浇结构、斜拉索导管等钢构件安装定位的监控困难。

3 技术创新点

3.1 带钻渣打捞装置的大直径钻孔的技术

工艺原理：一种带钻渣打捞装置的大直径钻孔钻头，解决钻渣堵塞钻杆及无法排出的技术问题，钻头结构为：套筒和钻头齿牙构成的钻头部分，在套筒下端设有钻头齿牙，套筒的下端内壁设有一组长度小于套筒半径、钻渣单向进入的弹性杆和三角锥形钻头齿牙支撑架，钻杆连接法兰与套筒上端固定。

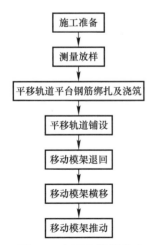

图 5 双幅现浇箱梁移动模架施工支架整体横移施工技术工艺原理

技术优点：结构简单，卵石和漂石由钻头套筒存储后，随钻头提升打捞出孔底，钻孔和卵石、漂石清除一次完成，特别适用于具有较大卵石和漂石夹层的复杂地质环境钻孔。同时解决较大卵石和漂石排出造成的孔壁扩孔和坍塌问题。

鉴定情况及专利情况：实用新型专利——钻孔施工中大块钻渣捞取装置专利。

3.2 双幅现浇箱梁移动模架施工支架整体横移施工技术

工艺原理：通过在钢筋混凝土横梁上铺设轨道组成平移轨道梁，带动主梁移动完成平移工作。平移准备工作完成后，移动模架开始向另一幅平移，平移至指定位置后，安装前后导梁（图 5）。

对移动模架进行横移的场地进行平整，按照箱梁纵坡进行场地平整，保证移动模架安装时的纵向坡度。并用压路机对场地进行碾压，保证起重机和大型运输设备不下沉。平整后的场地经"动力触探"检测，地基土承载力特征值应达到平移移动模架需要的地基承载力。根据移动模架的相关数据，合理安排行走轨道梁的位置及尺寸，并测量定位平移轨道梁的位置，用于绑扎轨道梁、浇筑混凝土、安装轨道，确保工作的顺利进行。查阅移动模架结构行走机构、自重及相关技术参数，合理设计钢筋结构并选用合适的钢筋以及混凝土浇筑轨道梁平台，使混凝土平台与牛腿托架顶部标高相同。混凝土平台主要用于承载移动模架的整体重量，并为移动模架横向移动提供铺设平移轨道的平台。平台浇筑完成后注意洒水养护，待混凝土强度达到设计值后在已浇筑完成的平移轨道梁平台上铺设平移轨道，要求平移轨道与移动模架横梁高度相同并相接。移动模架左（右）幅箱梁现浇施工完成后，将移动模架退回至已浇筑箱梁的外侧，移动模架退回后拆除前后导梁。对移动模架整体采取措施进行加固，保证移动模架整体横移时的稳定性。利用移动模架的横移小车配合液压千斤顶将移动模架进行横向移动，使移动模架从左（右）幅移动到右（左）幅相应位置，开始另一幅箱梁的施工。移动模架横移到位后，安装前后导梁，利用推进小车将移动模架推进至左幅箱梁的施工位置，横移移动模架使其与墩柱抱死，开始左幅箱梁的施工。

技术优点：在大跨度桥梁连续浇筑的施工过程中，移动模架平移技术具备良好的经济性和安全性并具有良好的经济效益，技术风险性小，同时降低了工程总体成本，节约了施工工期，适用性高，成为移动模架施工技术的一大推进性动力。

鉴定情况及专利情况：获黑龙江省省级工法。

3.3　旋挖钻大直径、超长桩密实卵石砾砂层成孔施工技术

工艺原理：利用旋挖钻机机械化程度高，履带行走，成孔率高，成孔速度快的特点，采用"清水＋纯碱＋丙烯酰胺（PHP）造浆液"进行泥浆护壁，实现在密实卵石砾砂地质层中快速成孔。

技术优点：工程质量可靠，桩基检测Ⅰ类桩合格率高，既降低了工程成本又节约了工期，其技术成熟可靠。该技术桩基成孔速度快，适应性强，工期短。尽管一次投入费用较大，但成孔费用消耗等经济技术指标比其他方法成孔费用低，成孔时间较循环钻机成孔提高约9倍，在高速率成孔的同时还大大节约了工程排污费用。减少了泥浆用量，仅为钻孔体积的2倍左右，且钻孔泥浆易于回收利用，在施工过程中减少了泥浆排放量，取得了良好的环保效益。

鉴定情况及专利情况：国内领先，获黑龙江省省级工法。

3.4　水中塔式起重机基础施工技术

工艺原理：塔式起重机基础是在水中插打钢管桩，在钢管桩上用工字钢制作出平台，然后浇筑承台混凝土，然后制作塔式起重机地脚进行塔式起重机安装，塔式起重机即可投入使用（图6）。

技术优点：加大了塔式起重机回转范围内对工作面的覆盖面积，减少了塔式起重机的覆盖盲区，提高了塔式起重机的工作效率。在钢管桩穿过基础底板的位置加设了止水环，增强了底板防水能力，并使塔基受力自成体系，减小了对结构基础底板受力和防水的不利影响。钢管桩水中塔式起重机基础整体处于稳定状态，提高了塔式起重机的刚度和安全度。塔式起重机基础采用钢管混凝土桩基，可适用于软土、较厚填土层、较高地下承压水位等不良地质条件下的塔式起重机布置。传统的施工方法为筑岛承台施工，采用水中塔式起重机基础施工在经济性、安全性和适用性上均体现了很大的优越性。

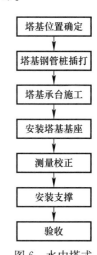

图6　水中塔式起重机基础施工流程

鉴定情况及专利情况：技术达省内领先，获黑龙江省省级工法。

3.5　31m宽箱梁斜拉桥前支点挂篮施工技术

工艺原理：将挂篮后端锚固在已浇筑梁段上，并将待浇段的斜拉索锚固在挂篮前端，它能充分发挥斜拉索的效用，由于拉索和已浇段共同承担待浇节段混凝土重力，待混凝土达到设计要求的强度后，拆除斜拉索与挂篮的连接，使节段重力转换到斜拉索上，再前移挂篮。

技术优点：前支点挂篮的优越性在于它使普通挂篮中的悬臂梁受力变为简支梁受力，使节段悬浇长度及承重能力均大为提高，加快了施工进度。

鉴定情况及专利情况：国内领先，获黑龙江省省级工法。

4 工程主要关键技术

4.1 超长单层拉森钢板桩围堰施工技术

4.1.1 概述

涉水长度1200m，最大水深12m，40座水中承台采用18~21m超长钢板桩围堰施工技术、支撑体系转换技术及深基坑监测技术。通过BIM技术模拟围檩、支撑、护筒、结构物占用空间，按照工序解决支撑体系转换空间交叉难题，保证了施工安全、稳定、快捷。主桥主墩基础由2个分离承台组成，承台平面尺寸为37m×11m，高5m；边墩及辅助墩，承台平面尺寸为8.6m×8.6m，高3m；东溪引桥采用圆形承台，承台直径为8.2、10.4m两种型号；其余结构形式均为矩形承台。

4.1.2 关键技术

4.1.2.1 施工总体部署或施工工艺流程（图7）

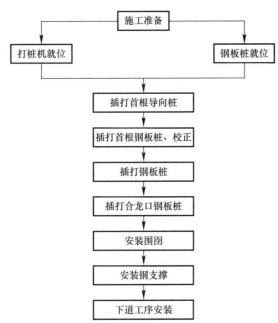

图7 超长单层拉森钢板桩围堰施工流程

4.1.2.2 工艺或方案

1. 准备工作

1）技术准备：主要是钢板桩围堰的设计计算工作。在设计上要综合考虑水位、流速、冲刷、施工工艺等多种因素。

2）材料准备：主要是钢板桩的备选工作，钢板桩采用租赁形式。一是进行整体检查：钢板桩不能发生弯曲、扭转等现象；二是进行锁口检查：锁口必须为同一规格型号，每个锁口都必须在标准模具上进行一次性通过检查，如发生障碍则立即修整，修整方法主要包括除锈、除渣、低热矫正、替换残口等。

3）导桩、导向架的制作：

导桩：导桩采用直径420mm、壁厚10mm的钢管，具有足够的刚度。导桩打入时要严格控制其平面位置和垂直度，平面偏差控制在3cm之内，垂直度偏差控制在±0.5%之内，不符合标准时拔出重打。导桩沉入后在导桩上同一水平位置焊接钢牛腿用于安放导架。

导向架：导向架属于固定导架，是采用双Ⅰ36型钢焊接成的框架结构。为保证足够的抗弯强度和压杆稳定性，该结构所有构件均由闭合构件焊接而成。导向架在钢板桩打入后兼作顶层围图。

4）在导向架顶面上用红线划分桩位，紧靠导向架将钢板桩打入。

5）检查振动桩锤、起重机等设备，以供配套使用。

6）桩的平面轴线控制：

（1）采用导桩、导向架控制钢板桩整体轴线。

钢板桩整体施工轴线定位分两步：首先，在导桩沉桩时进行初定位；其次，在导桩牛腿上精确放出导架的安装线，在安装导架后与牛腿焊接固定。经过以上措施钢板桩沉桩定位基本符合要求。

（2）在沉桩过程中加强桩的垂直度控制。

在钢板桩沉桩过程中，用经纬仪监测钢板桩的垂直情况，随时调整。

2. 首根钢板桩的打入方法

首根桩和闭合桩的打入是整个钢板桩施工中的关键环节。由于钢板桩之间采用锁口相连，下根桩的平面位置及垂直度将受制于上根桩，所以必须严格控制首根桩的平面位置及垂直度。首根钢板桩施工中应注意以下几点：

（1）在首根钢板桩上焊接连接板：为保证钢板桩顺直，防止钢板桩打入过程中出现弯曲，需在钢板桩内全长焊接连接板，使钢板桩成为一根闭合的箱形结构，达到压杆稳定的目的，同时连接板也起到抵抗拉力作用。连接板采用 380mm×12mm 的钢板，在钢板桩的两端加强采用 380mm×500mm×20mm 的钢板作连接板。

（2）我项目部决定选择上游中心作为首根钢板桩向两边施打。

为控制首根桩的垂直方向偏位，在导架上焊接 20mm 钢板进行轴线方向限位，限位钢板边缘距钢板桩 1cm。

首根钢板桩打入完成后要和导向架焊接。

3. 其他钢板桩的吊运及插打

安插钢板桩是使用起重机上的两个吊钩，将钢板桩从运输船上吊起，然后运用两个吊钩起吊和放下，使钢板桩成垂直状态插入土中，用起重机起吊振动桩锤夹住钢板桩顶端，插入已就位的钢板桩锁口中。吊起前，锁口内填嵌黄油沥青混合料，混合料在使用前要进行适配试验，根据施工情况确定材料配比、加热方式和冷凝时间。

安插钢板桩自上游中心钢板桩开始，两侧对称向下游依次插入，到下游角部合龙。为防止冲刷，每天测量冲刷情况，及时在钢板桩上游抛砂袋围护。

钢板桩沉桩过程中，经常发现钢板桩会发生上口偏向外侧的"扇形变形"。主要是由于钢板桩沉桩中，桩上口由于导架限位作用而直线前进，下口被土压力作用而弯曲，多根桩积累就形成扇形变形。另外，由于钢板桩相连的锁口之间存在一定的间隙，在沉桩过程中，由于土压力的作用使相连锁口上口间隙被缩小，下口间隙被放大形成扇形变形；扇形变形具有积累性，下一根桩由于沉桩时偏心受压，扇形偏差也更大。扇形变形积累到一定程度时，沉桩就无法进行，所以发生扇形偏差时要及时纠偏。纠偏采用两种方法：第一，制作异形桩，可制作一端小一端大的楔形钢板桩。根据经验，钢板桩单根调节不要超过 80mm，即一端收缩 40mm，另一端放大 40mm，否则将影响钢板桩的沉桩。这里应注意楔形钢板桩应一次沉桩到位，否则第二次送桩较为困难。第二，进行屏风式施打，先插后打，由振动锤沉桩至一定深度（以不影响下根桩插桩时套锁口为准），然后插第二根、第三根，待一循环导架的桩全部插满后从前面往后振动沉桩，沉下一定深度，移动桩锤击第三、二根桩，再回头击第一根桩，如此往复沉桩到标高。由于后插的钢板桩受前面钢板桩的影响较小，偏差相对较小，在沉前面的桩时由于后插桩的限位作用，所以偏差明显改善，经过几根桩施工后，扇形变形可基本消除。

4. 闭合桩的打入

闭合桩施打时必须同时把两侧锁口都套住，因而增加了沉桩难度。沉闭合桩前必须做好以下工作：①闭合桩应选择在地下障碍物较少，较容易沉桩的地方。②应使围堰内外保持水流畅通，以防止沉桩后围堰内外水压差过大而破坏围堰结构。③闭合桩两侧的钢板桩应保持垂直，并在同一轴线上，两桩的间距应恰好等于或接近钢板桩的宽度。④在离闭合桩两侧各八片时就要计算闭合桩的尺寸，同时逐片用捯链调整钢板桩锁口轴线，逐渐使锁口轴线都垂直或相互平行，若经计算尺寸无法满足标准桩宽度要求，可用两种方法处理：一是按闭合尺寸制作一块异形板作闭合桩，二是在合龙段十七片钢板桩范围内化直线闭合为弧线闭合，以增加一片桩的方式使闭合桩达到标准宽度要求。我部计划采用异形闭合桩。⑤在沉闭合桩时，如发生沉桩困难可暂停沉闭合桩，可将相邻的两根桩拔出，但不要提离沉好桩的锁口，间隔沉这三根桩，直至设计标高。总之沉闭合桩时，如沉桩困难，千万不可强行沉桩，以防造成锁口撕开。

5. 围图及支撑梁施工

钢板桩施工完毕后，将导向桩连接起来作为顶层围图，沿围堰内侧边缘环形布设，围图四角设加强斜撑。在围图内设支撑梁。支撑梁采用直径 630mm 钢管，壁厚 8mm。第一道内支撑完成后，进行围堰内清淤，河床高程为 5.250m，清淤至 0.000m 处，进行封底混凝土浇筑；封底完成后，降水至高程 7.200m，安装第二道支撑梁，第二道支撑梁采用直径 630mm 钢管，壁厚 8mm；第二道支撑梁安装完成后，降水至高程 4.000m，安装第三道围图，第三道围图采用 I56 和 I36 组合断面制作；降水至封底混凝土，进行承台施工。沿承台短边方向避开护筒位置布设，支撑梁两端焊接于围图上，为分散局部压力、减少压杆长度和减小围囹弯矩，支撑梁和围囹结合部增设斜支撑。

6. 封底混凝土

1）在钢板桩围堰内支撑系统施工完毕后，向围堰内注水至韩江水面高程。用测锤成网格状测量围堰内河床标高，并绘出围堰内河床标高示意图。然后立即开展清淤工作，采用泥浆泵第一次清除淤泥到0.000m 标高后，采用钢丝刷、高压水枪等工具清理钢板桩内侧边缘及钢护筒周边淤泥，清理干净后，视基底情况，若还有淤泥，则进行抛石挤淤，完成后，进行二次清淤。清淤完成后，在围堰内铺筑3mm 厚、间距 100mm、孔眼直径 50mm 的钢板（护筒除外），确保在浇筑封底混凝土时不产生淤泥推挤隆起现象，以保证封底混凝土的厚度和封底效果。

2）灌注封底混凝土。

封底混凝土 2.5m 深度一次性完成，封底混凝土采用 C30。

在钢板桩围堰顶部布置混凝土浇筑点，纵桥向每排布设 4 根导管，用于灌注水下混凝土；灌注顺序"顶水压、逆水封"，从下游向上游，浇筑厚度为 2m。施工时，布置 12 根导管，逐步向上游循环使用。

每根导管的下端用塑料布密封，防止水进入导管内。灌注开始后，先灌注上游侧的 4 根导管，当这 4 根导管处的混凝土灌注至设计高度时，高流动的水下混凝土自流到第二排导管处并把第二排导管埋住，即可进行第二排导管的混凝土灌注。按上述顺序依次从上游侧向下游侧灌注封底混凝土。在灌注过程中，随时用测锤测量混凝土的灌注高度。

在灌注过程中，派测量人员 2 人，1 人紧盯混凝土向前流动的位置及基底是否有隆起现象，若有隆起现象，立即在隆起位置设置导管，灌注混凝土压制隆起；另 1 人在后面测量封底混凝土标高。

在灌注过程中，向围堰内注水，以保证箱内水位高于箱外 30cm 以上，防止压差流。

当封底混凝土强度达到 75% 时，开始抽水，在抽水过程中如发现混凝土有部分漏水现象，采用如下两种方法处理：

（1）在承台位置处漏水，可在漏水处插入钢管引流。

（2）若在钢板桩根部漏水，在不影响标高的情况下，可在周边进行二次封底。若在钢板桩侧面漏水，可在漏水处外面投入锯末等材料止水；对少量漏水，可集中后由水泵排出。

当把水位抽到第二道围囹位置时，及时安装第二道围囹及支撑梁。

4.2 塔梁墩固结段施工技术

4.2.1 概述

塔梁墩固结段由四个变截面塔肢、两个哑铃形下横梁、两个拱形纵横梁、主梁零号段、挑梁五部分固结一体，空间结构复杂。利用承台上钢立柱、大跨径贝雷梁组成底层支架，基础无沉降；上层满堂支架调整线形，支拆安全便捷；建立空间有限元计算模型，在零号段顶板负弯矩区施加临时预应力，提前拆支架安挂篮，解决设计工序与工期间的矛盾。应用软件进行结构应力分析，确定浇筑工序，布设监测传感器，有效解决结构裂缝问题。

4.2.2 关键技术

4.2.2.1 施工总体部署或施工工艺流程

主塔下横梁及 0 号块采用支架现浇法施工，0 号块混凝土量总计1633m³，长 38.4m，宽 31m。主塔承台和下塔柱施工完毕后，进行主塔下横梁及主梁 0 号块支架的搭设。为利于支架的拆除并满足 0 号块结构尺寸要求，采用钢管脚手架与贝雷桁片组合的搭设方式（图 8）。

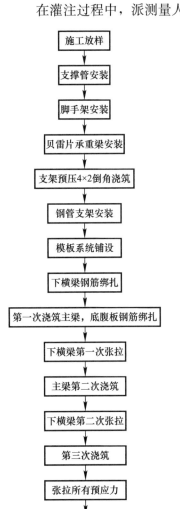

施工放样

支撑管安装

脚手架安装

贝雷片承重梁安装

支架预压4×2倒角浇筑

钢管支架安装

模板系统铺设

下横梁钢筋绑扎

第一次浇筑主梁，底腹板钢筋绑扎

下横梁第一次张拉

主梁第二次浇筑

下横梁第二次张拉

第三次浇筑

张拉所有预应力

支架拆除

图 8　塔梁墩固结段施工流程

4.2.2.2 工艺或方案

1. 支撑钢管的安装

主塔承台施工完毕后，即可进行0号块支架的搭设，主塔下横梁及0号块支架采用直径63cm的钢管，上、下两端采用1cm厚的钢板焊接封头。精确测量主塔承台支撑钢管支架的位置，根据支架的位置安放钢管，直接落在承台上的相应位置。在钢管下游侧的承台上做条形基础，钢管根部用Ⅰ14支顶在条形基础上。塔座上游的钢管，在钢管根部用Ⅰ14直接支顶在塔座上，来抵消水流对钢管的水平推力。为保证支撑钢管根部的稳定性，又能确保钢管的拆除顺畅，在承台以上30cm处用槽钢进行连接，每三根钢管作为一组（图9），增加钢管根部联系。在标高11.500m以上横桥向、纵桥向设置平连与斜连。靠近主塔塔柱进行连接，保证整个支撑体系为稳定的几何不变体系。支撑钢管顶面顺桥向铺设2Ⅰ630工字钢，在钢管壁上焊接槽钢作加劲支撑（图10、图11）。

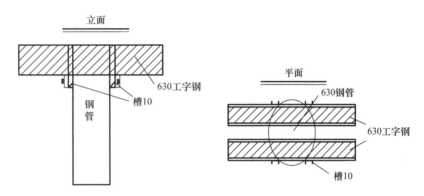

图9 钢管与630工字钢连接大样图

2. 承重梁的安装

主梁下承重梁采用贝雷桁片，贝雷桁片之间采用精制销轴连接，上下加装弦杆，采用螺栓连接，下横梁下用双层贝雷桁片，上下采用螺栓连接，两组贝雷桁片之间采用支撑架天窗进行连接，间隔布置。主梁以下布设单层桁片，桁片上下加弦杆，横桥向布设，间距为90cm。主梁塔柱内区域的中间有横隔梁，为荷载密集区，在此部位下桁片加密，间距为45cm。

3. 钢管支架的安装

贝雷桁片安装后，在桁片上铺设钢管脚手架，钢管脚手架顶端设Ⅰ14作分配梁，脚手架上下用可调底座及

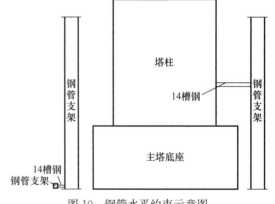

图10 钢管水平约束示意图

可调顶托撑，斜支撑和扫地杆采用钢管扣件式脚手架搭设。支架所用材料必须符合相关规范规定。

按施工设计图测量放样纵桥向中轴线，以中轴线用钢尺量出各钢管脚手架底托位置，标准间距都为90cm，在中隔板、横隔板及渐变段处呈梅花状加密，间距为45cm。钢管脚手架立杆布置原则，横杆沿高度方向标准步距为0.6m。设置扫地杆，由底到顶设置竖向剪刀撑，剪刀撑在纵、横桥方向，上、下三个方向均为全高全长全平面布置，剪刀撑采用扣件式钢管脚手架，在竖向剪刀撑顶部、底部交点平面应设置连续水平剪刀撑（图12）。

4.3 弧形曲面、异形塔柱施工技术

4.3.1 概况

主塔"正面门字形、侧面双载形"由四个独立塔肢、横向连系梁、纵向连系梁及十二个不同内径弧形装饰板组成，70cm薄壁塔身空间狭小。通过BIM三维模拟劲性骨架、索导管、环形预应力筋场地预拼装，塔上整体吊装定位；三面液压爬模每节5m自动转向，一面预拼装弧形装饰模板精确对接，内模分次立支，保证了混凝土浇筑质量及弧形曲面的直线、弧线、倒棱衔接顺畅。

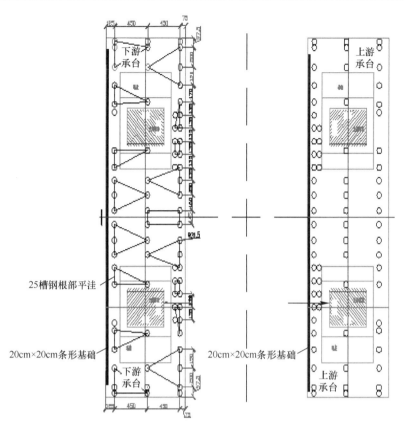

图 11　主桥 0 号钢管支架平面布置图

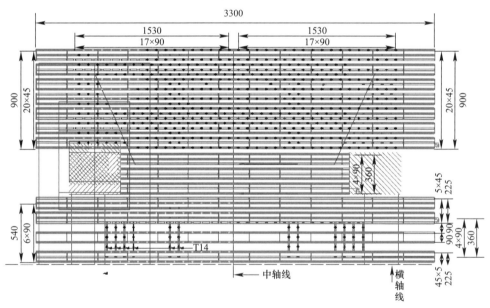

图 12　主塔 0 号支架钢管平面布置图

4.3.2　关键技术

4.3.2.1　施工总体部署或施工工艺流程（图 13）

4.3.2.2　工艺或方案

1. 索塔浇筑分层

根据索塔的结构特点，并结合塔梁模板安装施工工艺需要，分若干个单元分层、分段上升，劲性骨架分段接长，钢筋分段接长，混凝土分段浇筑。中上塔柱共计 84m，划分 17 个阶段，第 14、第 17 阶段高度为 4.5m，其他阶段高度都为 5m。

2. 模板设计与施工

塔身的圆弧半径为 32739.25cm，塔柱的外模板分 A 类和 B 类，用两面的 B 类模板夹 A 类模板。B 类模板竖直上升，A 类模板随塔柱的上升改变仰角角度，来保证塔柱的线形。

0 号块施工结束后，在主梁上先施工 5m 高塔柱，在施工这段时，预埋液压爬模爬锥预埋件，待 5m 段施工结束后开始使用 ZPM-100 液压自爬模体系，模板采用工字梁模板体系，模板配置高度为 5.15m，标准浇筑高度为 5m。主塔的上游侧（下游侧）两个塔柱、装饰板及纵横梁同时浇筑。塔柱的三面利用液压爬模，中间纵横梁及圆弧装饰板外侧利用翻模的形式，椭圆形装饰板用圆弧架和装饰内箱做出造型。具体形式如图 14 所示。

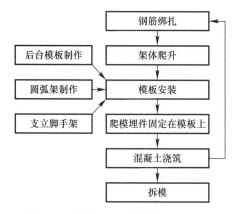

图 13　弧形曲面、异形塔柱施工流程

用于爬模上的 A 类与 B 类模板，都是固定尺寸，C 类模板每一节段尺寸都不同，根据塔身的间距与装饰板的变化提前制作 C 类模板、圆弧架及造型内箱。以第三节段为例，如图 15 所示。

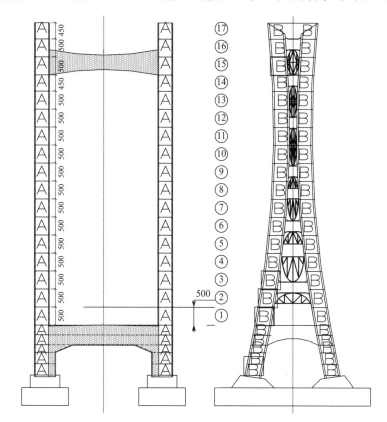

图 14　主塔模板设计图

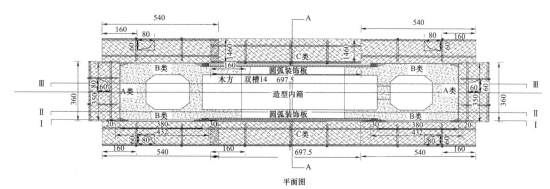

平面图

图 15　主塔 A 类、B 类、C 类模板分布图（1）

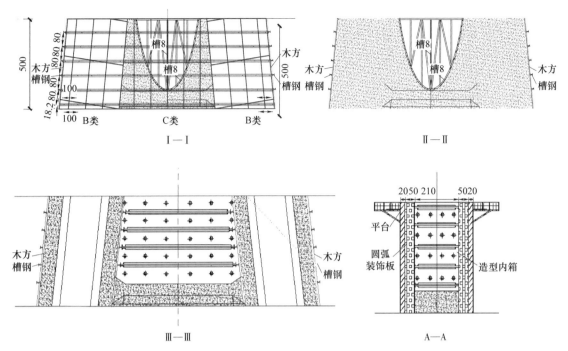

图 15　主塔 A 类、B 类、C 类模板分布图（2）

3. 模板拼缝结点

为保证塔柱的结构尺寸和外观，混凝土表面不漏浆，不出错台，模板接缝是本段施工的质量控制要点。如图 16 所示，木梁模板通过芯带进行连接，模板与模板之间直接拼缝时，采用拼缝一的做法，当模板与模板之间不能拼在一起时，则增加拼缝模板，用芯带压住拼缝模板，按拼缝二做法。

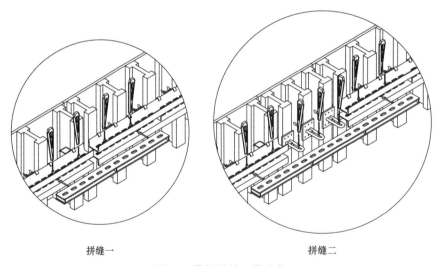

拼缝一　　　　　　　　　　　　拼缝二

图 16　模板拼缝三维示意

直角仰角处模板通过斜拉杆控制，角部模板贴上海绵条，能有效保证模板角部不胀开和漏浆（图 17）。

4. 横梁与装饰板处模板施工

横梁 6 处施工：横梁 6 施工的支架坐落在 0 号块上，在支架上铺底模、绑钢筋、支侧模，最后浇筑混凝土。

横梁 1～5 与椭圆装饰板施工：以横梁 5 施工为例。横梁 5 施工支架有两种形式，第一种为圆弧装饰板的圆弧架作为支架；第二种为两圆弧装饰板中间的空心部位：此部位采用支架，支架底部支在已浇筑完成的横梁 6 上，最后在支架上铺底模、绑钢筋、支侧模，最后浇筑混凝土。横梁 1～4 参照横梁 5 施工方法。具体形式见图 18。

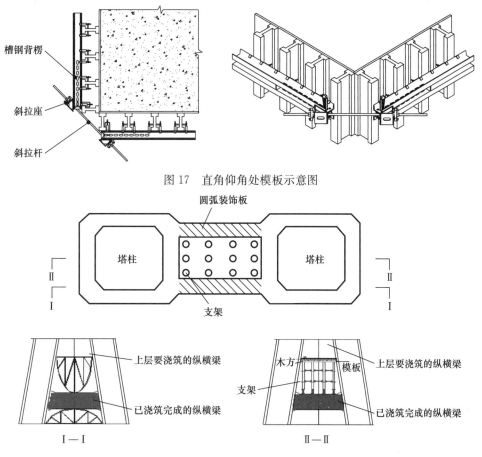

图 17　直角仰角处模板示意图

图 18　圆弧装饰板平面及立面图

5. 液压自爬模

液压自爬模的动力来源是本身自带的液压顶升系统，液压顶升系统包括液压油缸和上下换向盒，换向盒可控制提升导轨或提升架体，通过液压系统可使模板架体与导轨间形成互爬，从而使液压自爬模稳步向上爬升。液压自爬模在施工过程中无须其他起重设备，操作方便，爬升速度快，安全系数高。液压自爬模主要分为四部分，如图 19 所示。

主塔塔柱长宽为 3.8m×3.5m，每个塔柱三面使用爬模，每一侧的爬模使用两榀架体，塔柱 3.5m 面爬轨间距为 2.2m，塔柱 3.8m 面爬轨间距为 2.1m。如图 20、图 21 所示。

6. 塔柱内模施工

上塔柱内模采用竹胶板做面板，采用型钢焊制支撑框架，在框架内模下方焊制一个内模工作平台，根据箱内截面尺寸，采用 [8 槽钢制作，顶面沿四周焊 5cm×5cm 角铁，跳板限位用，跳板与平台槽钢用钢丝绑紧。用塔式起重机将工作平台吊出，先在箱内预留的对拉螺栓上拧紧六根带扣钢筋（直径 25mm，长度 47cm），然后把工作平台吊放在这六根钢筋上，工作平台两侧空隙间距留匀，用钢丝将平台固定在钢筋上。

7. 拆模

浇筑完混凝土后，当混凝土强度达到 6MPa 时，可以松动对拉螺杆一到二扣，当混凝土强度达到 10MPa 时可以进行拆模。拆模时先卸下拉杆螺母，抽出拉杆，堆放在适当位置。卸下芯带，将模板后移或者吊走。如模板内有定位的埋件系统，应先拆卸安装螺栓。拆模和搬运时，必须防止

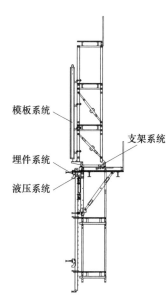

图 19　液压自爬模架体

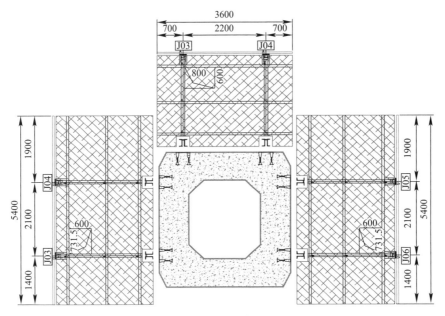

图 20　液压自爬模俯视平面图

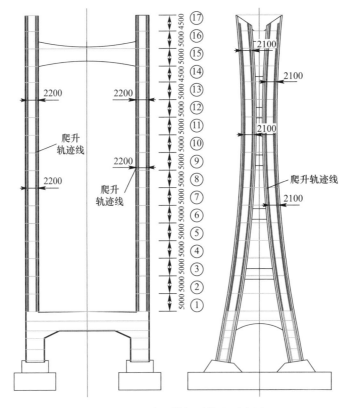

图 21　液压自爬模提升轨迹示意图

模板损伤。特别注意模板的四边和四角，不要直接撬伤和拖伤模板。即使采用撬棒拆模，也只能撬模板背面钢支撑结构的可受力部位，严禁直接撬模板。

4.4　涉水移动模架专项施工技术（含整体横移）

4.4.1　概况

利用副通航段两幅墩身错开 10m 的特点，将自制轻型桁架锚固于盖梁上，用行走天车吊装牛腿，安全快速。按设计预应力施加顺序模拟箱梁形变，并结合预压成果、参照监控数据，精确设置预拱度。采用移动模架整体横移技术，严格控制双幅挠度差异，保证左右幅箱梁线形一致。

4.4.2 关键技术

4.4.2.1 施工总体部署或施工工艺流程（图 22）

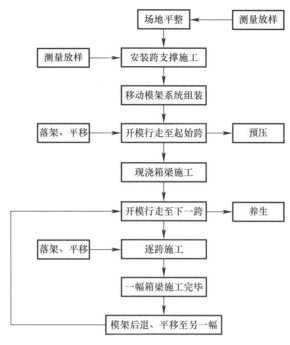

图 22 移动模架施工工艺流程

4.4.2.2 工艺或方案

1. 安装跨施工

由于移动模架施工预应力混凝土连续箱梁的第十二联、第十四联、第十五联均位于韩江水域范围内，无法在起始跨进行移动模架的安装，我项目部选择在陆地上的第十一联、第十六联分别与第十二联、第十五联的相接跨进行移动模架的安装。现以第十二联右幅预应力混凝土连续箱梁施工的安装跨 31Y—32Y 为例进行说明。

1）场地平整

我项目部在 31Y 没有施工的情况下安装移动模架，将安装跨 31Y—32Y 处的场地按照＋2％的纵坡进行整平，保证移动模架安装时的纵向坡度。并用压路机对场地进行碾压，保证起重机和大型运输设备不下沉。

2）移动模架支撑

我项目部采用长 12m ϕ530mm 封头钢管作为移动模架支撑，根据受力及工况，ϕ530mm 钢管支撑分为主梁安装、移动、混凝土浇筑时的主支撑及主梁安装时的辅助支撑两种。单个主支撑尺寸为 1.53m×1.53m，由 1 组 4 根钢管桩组成，在钢管桩顶部施工 0.5m 水撼砂＋0.5mC30，用以将钢管桩联结成整体，尺寸为 2.5m×2.5m。辅助支撑由 1 组 2 根钢管桩组成，在主梁拼接中心线两侧各 1m（净距）处布置，保证每节段主梁有 2 组辅助支撑。具体布置如下。

（1）32Y 承台处主支撑

32Y 承台处主支撑主要用于主梁安装及混凝土浇筑，共 2 组。

32Y 承台高程高于牛腿立柱顶面高程，我项目部拟定取消牛腿立柱及横梁，在承台外侧插打 ϕ530mm 封头钢管桩，承台及钢管桩顶面铺设 1 组 4 根 36a 工字钢作为横梁。工字钢横梁上布置主梁千斤顶，用以调节高程。36a 工字钢分为主梁安装与混凝土浇筑两种工况布置。

（2）32Y 承台前 5.8m 处主支撑

32Y 承台前 5.8m 处主支撑主要用于主梁安装、混凝土浇筑及主梁水平、纵向移动，共 4 组。

主支撑顶面铺设牛腿横梁，横梁上布置主梁千斤顶，用以调节高程。

（3）31Y 承台后 12.19m 处主支撑

31Y 承台后 12.19m 处主支撑主要用于主梁安装、混凝土浇筑及主梁水平、纵向移动，共 4 组。主支撑顶面铺设牛腿横梁，横梁上布置主梁千斤顶，用以调节高程。

（4）辅助支撑

辅助支撑只要用于主梁安装，共计 14 组。

辅助支撑顶面铺设双 36a 工字钢，辅助支撑纵向间距满足拼接板施工空间要求（图 23～图 25）。

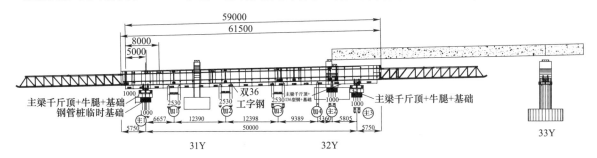

图 23　31Y—32Y 支撑施工侧面示意图

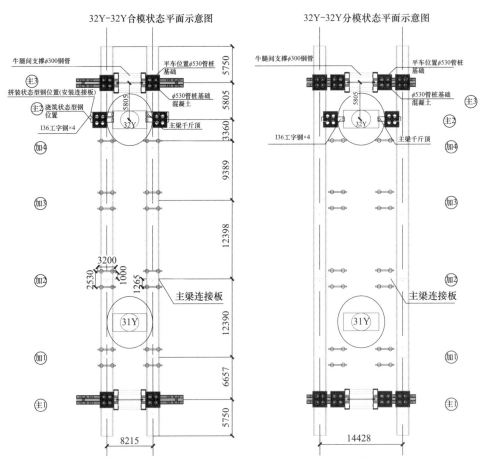

图 24　31Y—32Y 支撑施工平面示意图

2. 移动模架系统的组装

1）牛腿的组装

牛腿横梁为钢箱梁式结构，安装牛腿系统时先将牛腿安装在承台上的混凝土立柱上，吊装牛腿横梁时先装一边的横梁并用临时拉杆固定，再安装另一边的牛腿，两侧牛腿间使用 14 根精轧螺纹钢筋连接，在牛腿顶面用水准仪抄平，再安装推进平车。

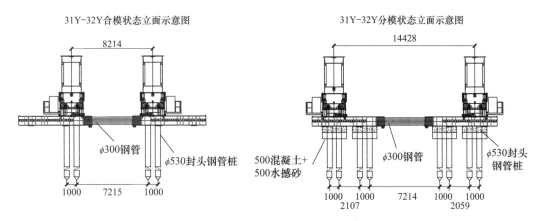

图 25　31Y—32Y 支撑施工立面示意图

2）主梁安装

采用搭设钢管桩支撑将主梁分段吊装在支撑上。

3）横梁及外模板的拼装

主梁拼装完毕后，接着拼装横梁，待横梁全部安装完成后，主梁在液压系统作用下，横桥向、顺桥向依次准确就位。在墩中心放出桥轴线，按桥轴线方向调整横梁，并用销子连接好。然后铺设底板和外腹板、肋板及翼缘板。

4）移动模架拼装顺序

牛腿组装—主梁组装及其他施工设备、机具就位—牛腿安装—主梁吊装就位—横梁安装—铺设底板，安装模板支架—安装外腹板及翼缘板，底板内模安装（在绑扎完底板钢筋后）。

移动模架拼装时要求各部件之间连接可靠，拼装完后要认真地全面检查，确认安全可靠后方可用作上部结构施工。

5）主要拼装方法

（1）高强度螺栓连接施工一般规定

① 高强度螺栓连接：在施工前应对连接实物和连接面进行检验和复验，合格后才能进行安装。表面上和螺栓螺纹内有油污或生锈的应以煤油清洗，清洗后于螺母的螺纹内及垫圈的支承面上涂以少许黄油，以减小螺母与螺栓间的摩擦力。

② 拼装用的冲钉其直径（中间圆柱部分）应较孔眼设计直径小 0.2～0.3mm，其长度应大于板束厚度。

③ 对每一个连接接头，应先用螺栓和冲钉临时定位。对一个接头来说，临时定位用螺栓和冲钉数量的确定，原则上应根据该接头可能承担的荷载计算，并应符合下列规定：

a. 不得少于接头螺栓总数的 1/3。

b. 临时螺栓不得少于两个。

c. 穿入的冲钉数量不宜多于临时螺栓的 30%。

④ 高强度螺栓的穿入，应在结构中心位置调整后进行，其穿入方向应以施工方便为准，力求一致。安装时要注意垫圈的正反面，螺母有圆台面的一面应朝向垫圈有倒角的面。对于六角头高强度螺栓连接副靠近螺栓头一侧的垫圈，有倒角的一面应朝向螺栓头的方向。

⑤ 高强度螺栓安装时应能自由穿入，严禁强行穿入。如螺栓不能自由穿入时，孔应该用绞刀进行修整，修整后的孔最大直径应小于 1.2 倍螺栓直径。在修整孔前，应将四周螺栓全部拧紧，确保连接板紧贴，防止铁屑落入板缝内。其后再进行绞孔，严禁使用气割法扩孔。

⑥ 高强度螺栓在终拧以后，螺栓螺纹外露应为 2～3 扣。

（2）大六角头高强度螺栓连接施工

① 大六角头高强度螺栓连接副扭矩系数。

对于大六角头高强度螺栓连接副，拧紧螺栓时，加到螺母上的扭矩值 M 和倒入螺栓的轴向紧固力（轴力）P 之间存在对应关系：

$$M = K \cdot D \cdot P$$

式中　M——施加于螺栓上的扭矩值（kN·m）；

　　　K——扭矩系数；

　　　D——螺栓公称直径（mm）；

　　　P——螺栓的轴力（kN）。

高强度螺栓连接副的扭矩系数 K 是衡量高强度螺栓质量的主要指标，是一个具有一定离散性的综合系数。该值由厂家根据试验数理统计值取得并提供。

② 主梁拼装检查。

移动模架安装应符合钢梁安装的相关规定。

连接板连接之前，应先检查主梁及连接板连接面是否清洁、平整，连接板连接范围内不喷漆，需作喷砂处理，保证连接面的摩擦系数达到 0.55。

高强度螺栓终拧完毕后，将部分抽检螺栓做好标记，用标过的扭矩扳手对抽检螺栓进行紧固力检测。检测值不小于规定值的 10%，不大于规定值的 5% 为合格。对于主梁节点及纵横梁连接处，每栓群抽检 5%，但不得少于两套。不合格者不得超过抽检总数的 20%，否则应继续抽检，直至达到累计总数 80% 的合格率为止。对于欠拧者补拧，超拧者更换后重新补拧。

（3）横梁的安装

用起重机将横梁一片片吊起，对齐地与主梁连接起来。先装靠近墩身的横梁，保持平衡，横梁安装好后，再装连接撑杆。横梁与主梁连接时，连接螺栓先不拧紧，单侧横梁连接完毕，要检测纵桥向横梁的直线度，如果纵桥向横梁不在一条直线上，用垫板调整，两侧横梁连接好后，主梁横移至合模状态，将两侧横梁连接，此时，因横梁与主梁未拧紧，可适当进行微调以保证两侧横梁连接，全部连接完毕后，再将主梁与横梁拧紧。

横梁装完后，两行走小车向墩身靠近，使横梁对接起来，并用连接螺栓将横梁栓接起来，从而使整个系统形成一个稳定的框架系统。

（4）外模板的安装及调整

① 顶升千斤顶，使主梁脱离支撑，拧紧螺旋支撑，锁定。

② 纵移主梁至模架浇筑位置。

③ 调整两侧主梁，使横梁对接，用螺栓固定。

④ 安装机械调节支撑座、侧模支撑梁。

⑤ 参照外模平面展开图，将外模的底模、侧模及翼板底模依次吊装在外模支撑架上，并边安装外模边调节其预拱度，直至满足其精度要求。

⑥ 外模安装完毕后，用拉杆将侧模与侧模支撑梁对拉。

⑦ 模板的调整：移动支撑系统预拱度的调整是施工中的重点，移动支撑系统挠度值的影响因素要考虑周全，挠度值的计算要尽量结合实际情况。

以上每个构件在拼装前及每道工序在安装后均需经验收合格方可进行下道工序施工。移动模架安装完成后，应检查所有的安装，确认安装无误。在浇筑混凝土前应抽查 5% 的受力螺栓。

3. 落架、平移、开模行走

（1）起始跨混凝土浇筑完毕，混凝土强度符合设计及规范要求后，去除内外模板间的连接钢筋，降下前后主千斤顶，直到模板与混凝土分离，千斤顶行程为 35cm。

（2）将横梁及模板从中间分离，并向两侧横移。

（3）前后导梁控制前移方向，液压千斤顶提供其必需的动力，使整个移动模架在牛腿横梁上的 UHMW-PE 板上滑行；为减少造桥机纵移的阻力，需在主梁与 UHMW-PE 板之间涂抹润滑油。

（4）移动模架行走至下一施工位置后，在已完成的起始跨悬臂端的主梁后锚点位置处安装门形吊架，及吊架与主梁间的连接钢筋。

（5）重新连接横梁及模板，进行现浇箱梁施工。

4. 双幅现浇箱梁移动模架整体横移

1）施工准备

对移动模架进行横移的场地进行平整，按照箱梁纵坡进行场地整平，保证移动模架安装时的纵向坡度。并用压路机对场地进行碾压，保证起重机和大型运输设备不下沉。平整后的场地应经"动力触探"检测，地基土承载力特征值应达到平移移动模架需要的地基承载力。

2）测量放样

根据移动模架的相关数据，合理安排行走轨道梁的位置及尺寸，并测量定位平移轨道梁的位置，用于绑扎轨道梁、浇筑混凝土、安装轨道，确保工作的顺利进行。

3）平移轨道梁平台钢筋绑扎及浇筑

查阅移动模架结构行走机构、自重及相关技术参数，合理设计钢筋结构并选用合适的钢筋和混凝土浇筑轨道梁平台，使混凝土平台与牛腿托架顶部标高相同。混凝土平台主要用于承载移动模架的整体重量，并为移动模架横向移动提供铺设平移轨道的平台。

4）平移轨道的铺设

平台浇筑完成后注意洒水养护，待混凝土强度达到设计值后在已浇筑完成的平移轨道梁平台上铺设平移轨道，要求平移轨道与移动模架横梁高度相同并相接。

5）移动模架退回

移动模架左（右）幅箱梁现浇施工完成后，将移动模架退回至已浇筑箱梁的外侧，移动模架退回后拆除前后导梁。对移动模架整体采取措施进行加固，保证移动模架整体横移时的稳定性。

6）移动模架横移

利用移动模架的横移小车配合液压千斤顶将移动模架进行横向移动，使移动模架左（右）幅移动到右（左）幅相应位置，开始另一幅箱梁的施工。

7）移动模架推进

移动模架横移到位后，安装前后导梁，利用推进小车将移动模架推进至左幅箱梁的施工位置，横移移动模架使其与墩柱抱死，开始左幅箱梁的施工（图26）。

图26 潮州大桥应用涉水移动模架

5. 移动模架拆除

最后一孔梁施工张拉压浆完毕后，先顶升少许千斤顶，脱模落架，将主梁落在牛腿的滑移小车上，分开梁底支撑架中间的螺栓，向两侧开模行走，将滑移小车横向限位拆除，滑移小车移出两幅桥的中心位置，用起重机将其吊离。再将主梁用千斤顶下落至承台上，将主梁进行分解，用运输车运走。

4.5 旋挖钻大直径、超长桩密实卵石砾砂层成孔施工技术

4.5.1 概况

钻孔灌注桩是桥梁施工中普遍采用的一种施工方案，密实卵石砾砂地质层在钻孔灌注桩施工中普遍存在，在该地质层中采用旋挖钻机成孔，具有机械化程度高、履带行走、成孔率高、成孔速度快、桩基础的各项技术指标容易控制等优点。

项目成立了专项研究密实卵石砾砂层旋挖钻机成桩施工技术的攻坚小组。经过技术研究和现场实践解决了密实卵石砾砂层旋挖钻机成桩的技术问题，成功完成了大面积桥梁钻孔桩在密实卵石砾砂层的施工。在此基础上总结出了密实卵石砾砂层旋挖钻机成桩施工技术。

4.5.2 关键技术

4.5.2.1 技术特点

（1）成孔速度快、自动化程度高、成孔质量易于控制，成孔率高。

（2）具有全液压驱动、履带行走、360°回转、噪声低、振动小、扭矩大等优点。

（3）环保性好，钻渣可在钻进过程中随时运出，而不需要大量的泥浆护壁和置换钻渣。

（4）在钻孔的孔壁上形成较明显的螺旋线，减少了采用其他钻孔方法进行泥浆护壁后，泥皮厚度大，桩身混凝土与孔壁之间夹杂着泥皮的现象，大大提高了桩身的摩阻力。同时，孔底沉渣少，易于清孔，提高了桩基的承载力。

（5）在施工场地行走灵活方便，不需要较大的施工场地。

（6）采用柴油作为动力，特别适用于边远地区、缺乏电力的地区。

4.5.2.2 适用范围

本技术适用于砂土、黏土、粉土、人工填土及含有卵石和砾砂的地层，且桩身直径小于2.5m的各种桩。

4.5.2.3 工艺原理

旋挖钻机是将动力输出转变为施工钻掘时所需的加压力和旋转扭矩，工作时的压力传递顺序为：动力油缸—动力头—钻杆—钻头—切削刀；扭矩传递顺序为：动力头马达—动力头转盘—钻杆—钻头—切削土体。

本工法旋挖钻机采用的是双底板捞砂钻斗钻进。旋挖钻机钻孔取土时，首先依靠钻杆和钻头自重切入土层，斜向斗齿在钻斗回转时切下土块，旋入钻斗内完成钻取土。当钻杆和钻头自重不足以使斗齿切入土层时，通过加压油缸对钻杆进行加压，强行将斗齿切入土中，缓慢旋转钻杆，将切开的土旋入钻斗，关闭底部钻斗阀门，完成一次取土。由起重机提升钻杆及钻斗升至地面，打开钻斗的底部开关，钻斗内土自动排出，钻杆向下放、关好斗门，再回转到孔内，重复取土。

4.5.2.4 施工工艺流程及操作要点

1. 工艺流程（图27）

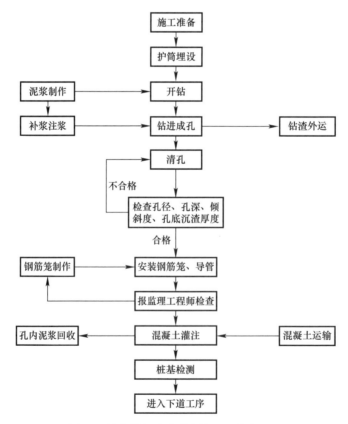

图27　旋挖钻机成孔灌注施工工艺流程图

2. 操作要点

1）施工准备

（1）陆地施工需清理施工场地杂物、整平碾压，保证施工场区平整、密实，合理布置钻机位置、出渣车位置、自卸车装车和运输路线。水上施工需搭设施工平台。

（2）测量放样，测量给出桩基准确位置，对测量控制点进行保护。

2）护筒埋设

（1）在桩位中心埋设钢护筒，钢护筒采用厚度 16mm 的钢板卷制，其内径必须大于桩径 300mm，壁厚应能使钢护筒保持圆筒状且不变形。

（2）依据地质情况确定钢护筒埋置深度，陆地钢护筒埋置深度为进入坚硬土层 2～4m，若遇到砂土或淤泥质土时，适当加长护筒长度。钢护筒的底部和外侧四周应采用黏质土回填并分层夯实，保证钢护筒稳定。主桥钢护筒打入河床深度穿过淤泥质层且不少于 8m。埋设时，护筒顶部高出地面或平台至少 0.3m。

3）泥浆制作

（1）泥浆制备采用"清水＋纯碱＋丙烯酰胺（PHP）造浆液"。开孔后，在护筒内注入清水。

（2）根据孔深不断地补充加入丙烯酰胺和纯碱，利用钻杆和钻头的扰动，搅拌均匀，形成护壁液。对于旋挖钻成孔，其泥浆性能测试如表 1 所示。

旋挖钻成孔泥浆性能测试参数　　　　　　　　　　　　　　　　表 1

项目	相对密度 （g/cm³）	黏度 （s）	含砂率 （%）	酸碱度 （pH 值）	胶体率 （%）	失水率 （mL/30min）	泥皮厚 （mm/30min）
数值	1.01～1.05	18～22	≤3	8～10	≥95	14～20	≤2

4）钻进成孔

（1）钢护筒埋设对中后，钻机就位，纵横向调平钻机，保持钻机垂直稳固、位置准确，防止因钻杆晃动引起孔径扩大。

（2）将钻头着地，进尺深度调整为零，钻进时原地顺时针旋转开孔，然后以钻头自重加以液压作为钻进压力，加快钻进速度。钻斗被旋转挤满钻渣后，提钻卸渣，循环钻进。

（3）钻孔过程中保证泥浆面始终不低于自然水平面 2m，保证孔壁稳定性。为防止缩孔，要及时修补磨损的钻头。

（4）随钻随清理并外运钻渣，并对钻渣进行无害化处理。

5）成孔检查

钻孔深度达到设计高程后，对桩孔沉渣、孔深、孔径、垂直度进行检查，合格后尽快吊装钢筋笼，减少成孔闲置时间，并根据沉渣沉淀情况决定是否需要二次清孔。

6）钢筋施工

（1）钢筋笼在钢筋制作场地按设计及规范要求分节段预制，检验合格后运至现场。

（2）成孔并检查合格后，按设计及规范要求安装钢筋笼。

7）安装检测管

每根桩基使用 3 根检测管，3 根检测管平面夹角 120°，下端至桩底，且各检测管管口高度保持一致。检测管固定在钢筋笼内侧，采用镀锌钢丝绑扎。

8）混凝土灌注

（1）安装水密承压和接头抗拉试验合格后导管，进行水下混凝土灌注。

（2）灌注混凝土过程中要对孔内混凝土面位置随时进行测量，保证任何时候导管埋入混凝土的深度控制在 2～6m。灌注过程中设专人测量导管埋入深度，并做好记录。浇筑混凝土需连续进行，一气呵成，中途不得中断。

（3）灌注完成的桩顶高程比设计高出 0.5～1m，达到灌注高程后，拔除导管，待桩身混凝土达到拔出护筒要求后，拔出护筒，灌注结束。

4.6　大跨度桥梁前支点挂篮施工技术

4.6.1　概况

潮州大桥主桥为独塔双索面预应力混凝土斜拉桥，跨度组合为 180m＋100m＋50m，主塔高度 105m，桥面以上 84m，为纵向 A 型，横桥向为门字形布置的混凝土结构。桥梁主梁布设于 12000m 的竖曲线上，梁上标准索距为 7m，密索区索距 5m。主梁采用预应力混凝土箱梁，单箱双室结构，结构总宽度 31m，桥面宽度 30.5m。两侧封嘴宽度各 25cm，箱梁底宽度 12m，中心梁高度 3m，以路线中心向两侧设置 2％的横坡。标准段箱梁顶底板厚度均为 24cm，竖向腹板厚度 35cm，斜腹板厚度 24cm，悬臂端实体段宽度 150cm，主塔处箱梁顶底板厚度、腹板厚度均为 60cm。

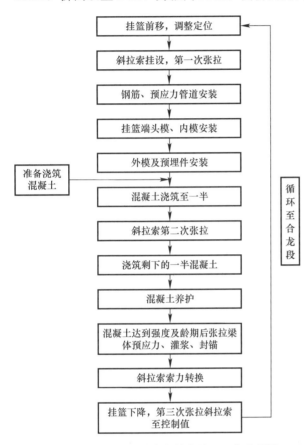

图 28　大跨度桥梁前支点挂篮施工工艺流程图

4.6.2　关键技术

4.6.2.1　大跨度桥梁前支点挂篮施工特点

（1）悬臂浇筑长度大。

（2）施工挂篮规模大，操作要求高。

（3）充分利用斜拉索的作用，多级张拉。

（4）参与受力，满足大节段混凝土梁施工的效率与安全性。

（5）设备可重复使用。

4.6.2.2　施工工艺流程（图 28）

4.6.2.3　总体构造设计

挂篮由承载平台、张拉系统、行走系统、定位系统、锚固系统、模板系统、操作平台及预埋件系统组成（图 29）。

（1）承载平台是挂篮支承悬浇荷载及模板体系的主体结构。结构主体采用在横桥向与斜拉索对应位置布置两根主纵梁，主纵梁前端设置张拉系统形成支点，在主纵梁上设置承力面，适应各节段斜拉索不同角度的变化，后端与已浇段混凝土锚固，主纵梁外侧设置挂腿以供挂篮行走时使用。主纵梁间设置 4 根横梁，横梁间在与主梁纵向腹板对应位置及跨中设置 3 根次纵梁。

（2）张拉系统的功能是在挂篮悬浇施工时将斜拉索与挂篮连接起来形成前支点，以降低施工中主梁临时内力峰值；在悬浇完成后，将斜拉索与挂篮分离，实现索力的转换。

张拉系统由连接器、张拉垫块、张拉千斤顶、张拉杆组成。连接器的作用是混凝土浇筑完成后实现斜拉索的转换分离。张拉杆连接斜拉索和张拉垫块，张拉千斤顶通过撑脚固定在张拉垫块上，通过张拉垫块在主纵梁头部滑槽内的滑动调整斜拉索的角度。

（3）行走系统实现挂篮空载前移功能，其主要由行走轨道、滑靴、顶推机构、行走反滚轮和侧向限位滚轮组成。

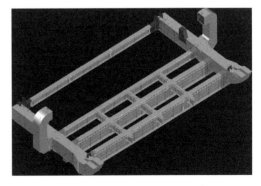

图 29　前支点挂篮设计三维 CAD 总体构造图

行走反滚轮的主要作用是作为挂篮行走时尾部的支点，克服挂篮行走时的前倾力矩，行走反滚轮布置在主梁的斜腹板处。

顶推机构的作用是为挂篮前移提供动力，原理是将反力座固定在行走轨道上，用液压油缸顶推挂腿上的滑靴推动挂篮前移。为了防止挂篮行走时出现横桥向的偏位，在挂腿上还设置了侧向限位滚轮。

此挂篮的行走方式与其他方式相比有着明显的优势，首先挂篮这种方式承载平台前移比较平稳，其次挂篮的承重平台与底篮及其他各部分模板，同步一次性就位，这样减少了施工工序，缩短了施工周期。

（4）定位系统实现挂篮浇筑前的初定位及微调定位功能，由顶升机构、主纵梁前后锚杆组、止推机构等组成。

通过锚杆组的提升和下放实现挂篮的升降，升降行程 0.3m。挂篮提升到位后可机械锁定，以保证挂篮在施工中顶升支点的定位不变。止推机构布置在斜腹板上，其锚固在已浇梁段上，作用是微调挂篮纵向定位位置，并承受挂篮施工中斜拉索的水平分力。挂篮的竖向标高调整由锚杆及顶升机构完成。

（5）挂篮浇筑状态下锚固系统包括两组主纵梁前锚杆组、两组主纵梁后锚杆组、三组后横梁锚杆组。主纵梁前锚杆组设在主纵梁中部，每组由 6 根 ϕ40mm 精轧螺纹钢筋组成，三组后横梁锚杆组设在后横梁上，每组由 4 根 ϕ40mm 精轧螺纹钢筋组成，它们的作用是将承载平台承受的施工荷载传递到已浇梁段上。主纵梁后锚杆组设在主纵梁尾部，每组由 6 根 ϕ40mm 精轧螺纹钢筋组成，其作用是平衡挂篮斜拉索初张拉时产生的倾覆力。同时，两组锚杆组亦作为抗风安全锚固点。

（6）外模系统由底模、侧模等组成。

侧模与底模间部分采用螺栓连接，为方便运输和安装，侧模横桥向采用分块，分块之间采用螺栓连接。

在主梁脱模时，先松开对拉杆，模板随承载平台整体下降脱模。挂篮前移就位后，再将承载平台提升到设计标高位置，调整标高，浇筑下一节段。

4.6.2.4　确定主要施工步骤

在各节段的施工中均存在两个状态，即行走状态和浇筑状态，使挂篮处于这两个状态的主要操作步骤如下。

1. 行走状态

（1）脱模；

（2）张拉千斤顶工作，拧紧拉索锚具上锁紧螺母，放松张拉千斤顶，使索力传至新浇梁段上，并拆除张拉机构与斜拉索的连接；

（3）拆除止推机构，轨道前移；

（4）拆除后锚杆组；

（5）缓慢同步下放前锚杆组，同时顶升机构螺杆上升，挂篮下降（0.3m），挂腿落至轨道上；

（6）安装行走反滚轮，顶升机构螺杆下降；

（7）安装牵引机构；

（8）牵引挂篮前移并初定位。

2. 浇筑状态

（1）顶升机构千斤顶工作，放倒行走反滚轮；

（2）安装前锚杆组；

（3）缓慢同步提升前锚杆组，同时顶升机构螺杆下降，挂篮上升；

（4）安装止推机构，操作止推千斤顶，使挂篮纵向定位；

（5）安装后锚杆组；

（6）立模，测量标高，同时调整顶升机构千斤顶及锚杆组千斤顶，使挂篮精确定位，并满足预变形设置要求；

（7）连接张拉机构与斜拉索，形成挂篮前支点；

（8）按主梁施工控制要求分次浇筑混凝土，并张拉斜拉索，使各节段满足索力及变形双控的要求。

4.7　水中塔式起重机基础施工技术

4.7.1　概况

考虑缩短工期，减少塔式起重机的覆盖盲区，提高塔式起重机的工作效率，最大限度地满足施工需要，拟定一台 QTZ160 型塔式起重机；塔式起重机基础位于主塔右幅承台下游侧。

4.7.2　关键技术

4.7.2.1　技术特点

1. 提高工效

加大了塔式起重机回转范围内对工作面的覆盖面积，减少了塔式起重机的覆盖盲区，提高了塔式起重机的工作效率。

2. 减小对结构基础底板的不利影响

在钢管桩穿过基础底板的位置加设了止水环，增强了底板防水能力，并使塔基受力自成体系，减小了对结构基础底板受力和防水的不利影响。

3. 提高刚度和安全度

钢管桩水中塔式起重机基础整体处于稳定状态，提高了塔式起重机的刚度和安全度。

4. 提高塔式起重机基础的适用性

塔式起重机基础采用钢管混凝土桩基，可适用于软土、较厚填土层、较高地下承压水位等不良地质条件下的塔式起重机布置。

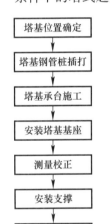

图 30　水中塔式起重机基础施工工艺流程图

5. 与传统施工方法的区别

传统的施工方法为筑岛承台施工，采用水中塔式起重机基础施工在经济性、安全性和适用性上均体现了很大的优越性。

4.7.2.2　适用范围

本技术适用于大跨度桥梁水中塔式起重机基础施工。

4.7.2.3　工艺原理

塔式起重机基础是在水中插打钢管桩，在钢管桩上用工字钢制作出平台，然后浇筑承台混凝土，再然后制作塔式起重机地脚进行塔式起重机安装，塔式起重机即可投入使用。

4.7.2.4　施工工艺流程及操作要点（图 30）

1. 塔式起重机选型，塔式起重机基础位置确定

拟定一台 QTZ160 型塔式起重机；塔式起重机基础位于主塔右幅承台下游侧。塔式起重机的中心距桥中线为 50m，塔式起重机高 106m，工作半径 65m，最大起重 10t，施工前熟悉塔式起重机使用说明书及塔式起重机平面布置图。进行塔式起重机工程定位，依据塔式起重机平面图准确定位。

2. 塔式起重机基础设计

（1）塔基基础下设 5 根直径 820mm 钢管桩作为主要承重体系，单桩承载力不得小于 600kN。钢管桩中从钢管顶到底浇筑 1m 厚 C30 混凝土，下面填筑河砂。

（2）塔式起重机基础尺寸（长、宽、高）为 7m×7m×1.5m，塔式起重机基础图中要求混凝土强度采用 C35，施工中按要求留置试块。

（3）塔式起重机基础使用钢筋：按照说明书要求，塔式起重机基础钢筋规格有 ϕ28mm、ϕ20mm、ϕ16mm。钢筋进场应有质量证明书，并作二次复试，合格后方可使用。

3. 抗扭支撑架设计

考虑到塔式起重机吊重物时的扭矩，在基础和下塔柱之间设置两道抗扭支撑架。在塔式起重机基础

和下塔柱上先预埋预埋件，下塔柱预埋螺栓，拆模后上面焊接钢板。基础上预埋连接阴阳头，方便施工。待塔式起重机基础浇筑完毕后，通过支撑架连接到下塔柱，增强基础的抗扭能力（图 31）。

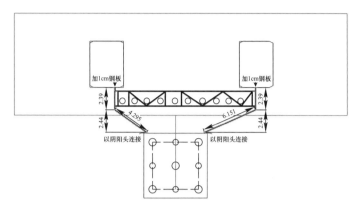

图 31　水中塔式起重机基础抗扭支撑架布置图

4. 塔式起重机基础水文地质情况调查

以《潮州大桥工程岩土工程详细勘察报告》中塔式起重机基础附近的钻孔资料为依据进行计算。ZK25（韩江西溪水上）钻孔地质资料如表 2 所示。

ZK25（韩江西溪水上）钻孔地质资料　　　　　　　　　　　　　　　　　　表 2

序号	标高（m）	深度（m）	地质类别	桩侧摩阻力（kPa）
1	水面顶 11.000 底 4.440	6.56	水	—
2	顶 4.440 底 −0.960	5.4	粗砂	30
3	顶 −0.960 底 −4.960	4	淤泥质粉质黏土	15
4	顶 −4.960 底 −8.560	3.6	细砂	22
5	顶 −8.560 底 −15.360	6.8	淤泥质粉质黏土	25
6	顶 −15.360 底 −19.060	3.7	粉土	55
7	顶 −19.060 底 −33.360	14.3	含卵石砂砾	140

由钢管桩单桩承载力确定桩长：

$$P = S \times P_{总} = S(U \sum q_{si} + K q_{uk} A_P)$$

式中　S——安全系数；

$\quad U$——周长，对直径 820mm 管 $U = 2.57$m；

$\quad q_{si}$——桩周土极限摩阻力，见表 3；

$\quad q_{uk}$——桩端地基承载力，取淤泥质粉质黏土 50kPa；

$\quad K$——开口桩桩尖承载力影响系数，取 0.8；

$\quad A_P$——桩截面面积，取 $A = 0.019478$m^2。

当钢管桩入土 15.29m 时，单桩承载力为 $P_{承} = 600$kN，安全系数 $S = 615/467 = 1.3$。

此时钢管桩长度为 $L = 15.29 + 6.56$（水深）$+ [13.15$（设计高）-11（水面高）$] = 24$（m）

钢管桩桩周摩阻力计算表　　　　　　　　　　　　　　　　表3

土层编号	土层名称	土层厚度（m）	桩周极限摩阻力标准值（kPa）	桩端截面积（m²）	桩端周长（m）	桩端阻力标准值（kPa）	桩周极限摩阻力（N）	桩端阻力（N）
1	水深	6.56	—	—	—	—	—	—
2	粗砂	5.4	30	—	2.57	—	217052	—
3	淤泥质粉质黏土	4	15	—	2.57	—	160779	—
4	细砂	3.6	22	—	2.57	—	144701	—
5	淤泥质粉质黏土	2.29	25	0.019	1.978	50	92825	779
总计	$P_承=$		600kN		—	—	615357	

结论：当钢管长度取24m，顶面标高为13.15m时，满足轴向力要求。

剪力最大为522.131kN，直径820mm钢管厚度为8mm，截面面积$A=203.97cm^2$。

$q_{max}=522.131kN/203.97cm^2=26.1MPa<[\tau]=80MPa$，满足要求。

弯矩最大为119.9kN·m，直径820mm钢管厚度为8mm，截面抵抗距$W=0.0041m$。

强度验算：$M_{max}/W=119.9/0.0041=29.2MPa\leqslant[\sigma]=145MPa$，满足要求。

5. 对塔式起重机基础进行受力分析

主要研究塔式起重机在不同工况下最大轴力和弯矩作用对塔式起重机承台产生的影响，包括应力、位移、稳定性分析。同时，还初步简算了流水对塔式起重机基础的影响。

通过迈达斯建模，此塔式起重机基础简化模型由一块6m×6m×1.5m的C30混凝土块和五根$\phi830mm×8mm$、长度$h=26.1m$的钢管构成，钢管分别位于混凝土块形心和4个角点附近（4边钢管围成5m×5m的正方形），其承受最大轴力（950kN）作用在形心，矩心也在形心处，弯矩方向分不同工况进行讨论，计算结果满足技术要求（图32）。

6. 塔式起重机基础施工

1) 钢管桩的施打由50t的履带式起重机配合DZ90振拔机完成，根据平面布置图中每根桩中心的平面位置，钢管顶面标高为12.700m，测量人员跟踪测量，待钢管桩平面位置及垂直度调整完毕后，复测桩位和倾斜度，偏位满足要求后开始施打。

钢管桩打入深度根据地质情况而定，主要以贯入度和入土深度控制，通过计算，需打入河床15.29m，DZ90振拔机的激振力为746kN，为满足设计承载力的要求，采用贯入度及钢管桩计算入土深度双控，确保钢管的稳定性。

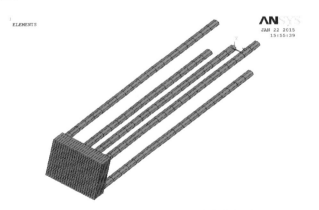

图32　水中塔式起重机基础受力分析图

（1）钢管桩施打注意事项：

钢管桩施打时注意桩位标高控制，进尺缓慢或施沉困难时，分析原因并采取措施调整。桩顶损坏、局部压曲时应对该部进行割除并接长至设计标高。

打桩质量以设计桩尖标高控制为主，标高控制为辅，最终贯入度不大于2cm/min。

（2）振动插打的停锤控制标准：

① 根据贯入度变化并对照地质资料，确认桩尖已沉入预计地层，贯入度达到控制贯入度时，即可停锤。

② 当贯入度已达到控制贯入度，而桩尖标高未达到设计标高时，应继续锤入 3min 以上，如贯入度无异常变化时，即可停锤；若桩尖标高比设计规定标高高得多时，应详细分析确定。

③ 设计桩尖标高处为一般黏性土层时，应以标高控制，贯入度作为校核；当桩尖已达设计标高，而贯入度仍较大时，应继续锤击，使其贯入度接近控制贯入度。

2）钢管上焊接 I36 作为底梁，上铺 I14，间距 50cm，I14 上满铺模板，满外尺寸为 9m×9m。

3）基础钢筋按塔式起重机基础配筋图进行施工，下料准确，绑扎牢固，其规格、数量应与图纸相符。预埋件按照塔式起重机基础施工图进行制作安装，安放位置要准确。

4）施工中要保证塔式起重机基础的几何尺寸及位置准确。混凝土浇筑前利用水准仪控制底角及预埋螺栓，浇筑过程中随时校正，防止位移。预埋螺栓具体位置及尺寸如图 33、图 34 所示。

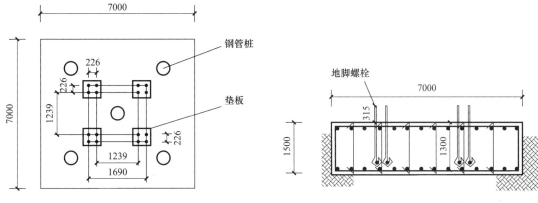

图 33 水中塔式起重机基础预埋平面图   图 34 水中塔式起重机基础预埋立面图

5）施工中所用的材料必须具备合格证、使用说明，预埋螺栓要有质量保证文件。

6）浇筑混凝土时，振动棒距模板不大于其作用半径的 1/2，即 150～170mm，其插点的移动距离不大于其作业半径的 1.5 倍，即 300～400mm，其振捣方式应遵循快插慢拔、不漏振的原则。混凝土分层振捣，分层厚度为其作用半径长度的 1.5 倍，每一振点的延续时间不宜过长或过短，宜为 20s 左右，以混凝土表面不再沉落和不再出现气泡、表面不再出现浮浆为度。

7）混凝土施工时要留置同条件试块，以用于检查混凝土的强度。

7. 钢管桩桩头处理

增强塔式起重机基础承载力方法为：施工领导商定采用向 5 根钢管里灌入砂子与混凝土结合的措施，用以提高塔式起重机基础的承载力。

提高结构稳定性和整体性的方法为：插打钢管桩时在塔式起重机承台基础顶部预留 $\phi 0.7～0.9cm$ 钢管，将预留的钢管用风焊每隔 0.2cm 割一个 3cm 的缝做成喇叭状，使钢筋能够穿过钢管，浇筑混凝土时便可以将钢管与承台基础联成一个整体。

5 社会和经济效益

5.1 社会效益

大桥建成后，为潮州两百平方千米新城区建设打开腾飞之门，经过近两年的运营使用，结构安全、稳定，满足使用功能。潮州大桥把潮州老城区潮州大道、韩江新城区潮州东大道连成一线，共同构成韩江东西新老城区的中轴线，必将促使潮州市成为"创新宜业、幸福宜游、惠民宜居"的现代化滨江城市，社会效益显著，各相关单位非常满意。

5.2 经济效益

本工程各项使用功能良好，主桥气势磅礴，线形美观顺直。景观灯光靓丽唯美，与潮州城市地理文化坐标——中国四大古桥之一的广济桥交相辉映，与韩江"一江两岸"整体灯光亮化融为一体，成为潮州这座旅游城市的一张新名片，经济效益显著。

6　工程图片（图35～图47）

图35　主塔日间全景

图36　主塔夜间全景

图37　主塔塔身平视全貌

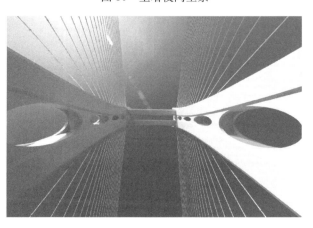

图38　主塔仰视全貌

图39　主塔夜间照明效果

图40　桥面铺装平整，路灯整齐美观

图 41　潮州大桥密实卵石砾砂层旋挖钻机成桩

图 42　涉水移动模架

图 43　主桥上部为前支点挂篮

图 44　超长单层拉森钢板桩围堰施工

图 45　塔梁墩固结段施工

图 46　弧形曲面、异形塔柱施工

图 47　31m 宽斜腹式箱梁斜拉桥前支点挂篮施工技术

季华实验室一期建设项目

张建基　陈景辉　孔德荣　林鸿致　钟良育

第一部分　实例基本情况表

工程名称	季华实验室一期建设项目		
工程地点	广东省佛山市南海区三山新城文翰湖公园以北，京广线以南，泰山路以东，文翰北路以西		
开工时间	2018 年 12 月 28 日	竣工时间	2020 年 6 月 29 日
工程造价	48288.69 万元		
建筑规模	由 4 栋单位工程组成，地上 4～11 层，局部地下 1 层，最大建筑高度 48.3m，总建筑面积 104529.92m²		
建筑类型	公共建筑		
工程建设单位	季华实验室		
工程设计单位	广东省建筑设计研究院有限公司		
工程监理单位	建艺国际工程管理集团有限公司		
工程施工单位	广东省六建集团有限公司		

项目获奖、知识产权情况
工程类奖： 1. 2020—2021年度第二批中国建设工程鲁班奖； 2. 2021年度广东省优秀工程勘察设计奖全过程咨询（工程总承包）专项一等奖； 3. 2020年广东省建筑业新技术应用示范工程（达到国内领先水平）； 4. 2021年度广东省建设工程优质奖； 5. 2021年度广东省建设工程金匠奖； 6. 2021年广东省建筑业绿色施工示范工程。 科学技术奖： 先进制造科学与技术实验室施工综合监控平台、大直径菱形花格钢结构施工仿真与智慧监控关键技术两项获得广东省建筑业协会授予2020年广东省建筑业协会科学技术奖三等奖。 知识产权（含工法）： 省级工法： 1. 先进制造科学与技术实验室施工综合监控平台施工工法； 2. 大直径菱形花格钢结构施工仿真与智慧监控施工工法； 3. 先进制造洁净实验室的设计施工一体化的模型及模块化施工应用施工工法。 发明专利： 一种减振降噪空压机房及施工方法。

第二部分　关键创新技术名称

1. 先进制造科学与技术实验室施工综合监控平台施工技术
2. 大直径菱形花格钢结构施工仿真与智慧监控施工技术
3. 先进制造洁净实验室的设计施工一体化的模型及模块化施工应用施工技术

第三部分　实例介绍

1　工程概况

工程名称：季华实验室一期建设项目（B1栋、B3栋、B4栋、C1栋）。

工程类别：公共建筑。

工程规模、性质及用途：项目主要包含科技孵化楼、通用实验室、科研辅助楼、管理支撑楼，共4个单体，总建筑面积104529.92m²（图1）。是一座面向世界科技前沿及经济主战场，围绕国家重大需求的国内一流、国际高端战略科技创新平台，各单体工程概况见表1。

图1　季华实验室一期建设项目鸟瞰图

工程概况表

表 1

楼栋号	建筑面积（m²）	建筑层数	全高（m）
B1 栋	13825.5	地上 5 层	25.2
B3 栋	31075.16	地上 4 层，地下 1 层	21.25
B4 栋	29479.18	地上 11 层	48.3
C1 栋	30150.08	地上 11 层	48.2

地基基础及主体结构形式：桩基等级为乙级，采用预应力管桩、钻孔灌注桩两种桩型。主体结构为现浇钢筋混凝土框架结构。外墙主要为封闭式石材幕墙、玻璃幕墙、金属幕墙、涂料油漆外墙面。建筑机电安装包括：建筑给水排水及供暖、通风与空调、建筑电气、智能建筑、建筑节能（设备节能）、电梯六个分部工程。

2　工程重点与难点

2.1　主体结构

B4 栋主楼多个部位梁板为高空悬挑结构设计，33.9m 高大支模、异形立体空间结构施工难度大。

2.2　钢结构工程

B1 栋椭圆形立面围护结构巧妙地采用钢管拱桥的设计理念，外围护为大直径菱形花格钢桁架结构，高 76m，由 48 个交汇节点、84 个切面、107 根棱线组成，展开面积 7800m² 的悬挂空间管桁架体系，异形钢结构空间定位以及管件制作、安装施工难度大。

2.3　防水工程

本工程地下室、屋面为 I 级防水设防，顶板、C 区局部屋面为园林绿化种植设计，防水施工要求高，且有防水要求房间多，防水质量控制难度大。

2.4　实验室功能

本工程设有各种实验室，建筑功能要求各异（恒温恒湿、高洁净度、防辐射、防电磁干扰等），对应不同的试验用房施工技术及工艺难度大。

2.5　机电安装工程

本工程涉及安装专业多，与建筑装饰交叉作业，对机电安装管理的集成、配合、协调能力要求高，成品保护施工难度大。

3　技术创新点

3.1　先进制造科学与技术实验室施工综合监控平台施工技术

3.1.1　工艺原理

现代建筑结构复杂，高空作业多，危险性高；多专业综合性强、协同要求高、新技术应用多、建设标准高、对施工精度要求高等特点，给设计和施工的系统管理和综合防控提出了更高的要求。"先进制造科学与技术实验室施工综合监控平台"基于 BIM 云技术，利用互联网集成七项子系统，集成平台能支持多方在系统上协同工作，施工综合监测信息的集成管理，采用基于 Revit＋Dynamo 可视化大数据智慧监测预警，智慧施工实现高质量施工、安全施工以及高效施工（图 2）。

3.1.2　技术优点

综合应用建筑信息模型（BIM）虚拟仿真技术、现代监控技术和物联网技术，集成塔式起重机安全监控、升降机安全监控、混凝土综合监测、钢结构变形监测、高大支模监测、人员定位监测、绿色施工与环境监测七项子系统于一体，实现了对施工项目机械设备、现场施工对象、施工人员和施工环境进行一体化智能监控，解决了各种监视器、传感器的数据交换和信息可视化与集成问题。针对需解决的关键性问题，先进制造科学与技术实验室施工综合监控平台关键技术和创新点为以下三项：

图 2　季华实验室一期建设项目

（1）基于 BIM 云技术的智慧监控集成平台的系统集成方法，集成七项子系统并接入智慧建造综合监控集成软件平台。针对不同工程适用不同子系统集成"先进制造科学与技术实验室施工综合监控平台"可节省成本。

（2）施工综合监测信息的集成管理。在云端与现场采集设备进行交互，并实现远程数据的实时监控，构成可视化监测预警系统，进一步实现施工可视化监测预警。

（3）基于 Revit＋Dynamo 可视化大数据智慧监测预警方法：使用 Dynamo 作为可视化监测预警的平台，将 BIM 技术、仿真技术、现代施工监控技术和云平台大数据技术结合，实现施工项目协同管理和智慧建造。

通过本技术协助项目实现智慧建造，具有作业效率高、节省施工费用的特点，有效地缩短了施工工期，降低了项目的管理成本。

3.1.3　鉴定情况及专利情况

广东省建筑业协会组织鉴定委员会鉴定意见："先进制造科学与技术实验室施工综合监控平台施工技术"达到了国际先进水平。

3.2　大直径菱形花格钢结构施工仿真与智慧监控施工技术

3.2.1　工艺原理

（1）大直径菱形花格钢结构属于异形钢结构，其不规则的空间结构现场定位困难。由预埋地脚螺栓支座、立面用圆钢管编织菱形形成一个整体的椭圆形的外围护结构，建模难度大，模型深化设计程度高，模型构件不完整。

结合异形钢结构特点和施工条件，进行初步模块拆分设计。利用 BIM 软件完成深化设计模型，在模型中定出控制点并测设目标参数值。用专门仪器监测控制点三维空间参数进行数据采集，对数据进行归类、分析并与模型中的控制点目标参数比较，进行曲线分析，修正实际值与模型目标值之间的偏差，动态反馈于施工放样定位，指导施工下料。

大直径菱形花格钢结构部件信息化施工仿真，利用 BIM 脚本碰撞分析和精确有限元数值模型模拟，预测整个施工过程中大直径花格钢结构部件空中碰撞，大直径菱形花格钢结构部件及安装支座在不同吊装状况下的静内力与挠度变化情况，特别是临时固定工况下可能出现的下挠变形与构件倾覆，根据相应结果调整部件拆分的最终尺寸并确定辅助稳定设备的布置与规格。

（2）大直径钢结构属于大型监测项目，综合监控多，监测数据量巨大，各类检查数据和设备体系不同，数据交换困难，数据类型复杂，给监测数据的理解、分析和管理带来了挑战，给监测系统的可视化和管理水平提出了更高的要求。本技术在前期 BIM 模型和有限元分析基础上，将 BIM 模型中角度坐标和相对高程目标参数导出，通过坐标系转换解决部件放样和安装坐标定位问题。结合整体模型，确定监测控制点，以安装支座主控制点，选择吊装绑扎点与构件重心为次控制点，重点支座处安装位移传感器、应变片和角度传感器。

（3）通过监控量测精确定位各个主控点的三维空间位置，了解支护结构的受力和变位状态，将采集到的数据进行归类分析，与计算机模型中的目标值进行比较，符合要求时，经专职质检员及监理工程师见证后进行下道工序施工；如不符合要求，采取应对措施，杜绝安全隐患，然后进行监测、判断、分析，直至符合要求。在异形钢结构部件吊装、就位、临时固定、最终固定过程中，利用激光电子经纬仪和传感器集中采集设备，对各个控制点进行测量和变形监控，监测设备与计算机保持实时连接。结合数据、模型仿真做到险情实时预报，险情报警后，应马上调整施工方案，采取必要的补救或其他应急措施，及时排除险情（图 3）。

图 3　钢结构柱精确定位

3.2.2　技术优点

本技术采用的主要方法是将建筑信息模型（BIM）技术、有限元仿真技术、信息化监控技术与大型钢结构拼装技术相结合，创新性地提出了大直径菱形花格钢结构的信息化施工方法。将深化设计、施工模拟和智能监测集于一体，即在结合施工需求的基础上利用 BIM 模型针对不同部位构件进行拆分设计，在此基础上通过坐标转化实现信息化放样，对复杂空中作用进行有限元仿真。根据实测数据通过反演、正演分析，评价结构体系的稳定性和节点精度，确定是否调整施工参数与施工对策。针对需解决的关键性问题，大直径菱形花格钢结构施工仿真与智慧监控施工技术的创新点为以下三项技术。

1. 基于 BIM 技术的大直径菱形花格钢结构拆分设计与定位放样技术

结合大直径菱形花格异形钢结构特点和施工条件，其不规则的空间结构现场定位困难。为此进行初步模块拆分设计，利用 BIM 软件完成深化设计模型，在模型中定出控制点并测设目标参数值，用专门仪器监测控制点三维空间参数进行数据采集，对数据进行归类、分析并与模型中的控制点目标参数比较，进行曲线分析，修正实际值与模型目标值之间的偏差，动态反馈于施工放样定位，指导施工下料。

2. 大直径菱形花格钢结构部件施工仿真与信息化施工技术

利用 BIM 脚本碰撞分析和精确有限元数值模型模拟，预测整个施工过程中大直径花格钢结构部件空中碰撞，大直径菱形花格钢结构部件及安装支座在不同吊装状况下的静内力与挠度变化情况，特别是临时固定工况下可能出现的下挠变形与构件倾覆，根据相应结果调整部件拆分的最终尺寸并确定辅助稳定设备的布置与规格。

3. 大直径菱形花格钢结构施工综合监测信息集成技术

将 BIM 模型中的角度坐标和相对高程目标参数导出，通过坐标系转换解决部件放样和安装坐标定位问题。结合整体模型，确定监测控制点，以安装支座主控制点，选择吊装绑扎点与构件重心为次控制点，重点支座处安装位移传感器、应变片和角度传感器。

通过监控量测精确定位各个主控点的三维空间位置，了解支护结构的受力和变位状态，将采集到的数据进行归类分析，与计算机模型中的目标值进行比较，符合要求时，经专职质检员及监理工程师见证后进行下道工序施工；如不符合要求，采取应对措施，杜绝安全隐患，然后进行监测、判断、分析，直至符合要求。

在异形钢结构部件吊装、就位、临时固定、最终固定过程中，利用激光电子经纬仪和传感器集中采集设备，对各个控制点进行测量和变形监控，监测设备与计算机保持实时连接。结合数据、模型仿真做到险情实时预报，险情报警后，应马上调整施工方案，采取必要的补救或其他应急措施，及时排除险情。

3.2.3 鉴定情况及专利情况

2020 年 8 月广东省建筑业协会组织鉴定委员会鉴定意见："大直径菱形花格钢结构施工仿真与智慧监控关键技术"达到国际先进水平。

3.3 先进制造洁净实验室的设计施工一体化的模型及模块化施工应用

3.3.1 工艺原理

1. "BIM 在先进制造洁净实验室上的一体化应用"的原理分析

在作业过程中，先进制造洁净实验室 MEP（Mechanical，Electrical，and Plumbing）管线工程作为连接设计和施工的关键环节，也常因其种类繁多、安装空间受限等问题直接关系到项目进度与工程质量。传统基于 BIM 基础的设计施工一体化的模型，更多的是关注模型成果，注重建造过程和建造方式。在这种情况下，BIM 无法发挥其最佳效益。

本技术中 BIM 技术采用 3D 数字技术，通过信息集成实现，将 BIM 技术应用于设计施工一体化项目中，建立设计施工一体化 BIM 模型，提供多专业协同管理平台，实现集成化和协同化管理。同时，结合较强的可视化技术，将对施工进程进行展示与指导，对施工问题进行充分检查，对产生的问题能够利用移动设备传到云端服务器中，进而将问题有效、快速地解决。除了可以对建筑和结构是不是一致情况进行有效检查以外，还可以对水、电等不同专业在设计时产生的使用能力异常情况进行有效检查，具有明显的协调效果。

在先进制造洁净实验室项目中，以 MEP 管线综合为例，此项目采用 BIM 对三维设备管线综合模型进行构建，对全部的水、电、暖管线之间，管线和结构之间的冲突给予有效检查。同时，优化管线综合图，促使管线施工中的时间和物料成本有效降低，带来较大的收益。

2. "先进制造洁净实验室多专业模型信息化协同分析"的原理分析

在设计施工一体化项目中，总承包方需要对项目在设计施工阶段进行整体管理，整个过程中涉及的相关专业和部门较多，并且还需要保证各专业间的信息传递和交流，实现系统化管理。同时，总承包方还需要对项目的进度、成本和质量进行整体管控，致使各专业、各部门的沟通频繁，传统直线型的组织结构并不能满足上述要求，所以需要对设计施工一体化项目的协同管理组织结构进行重新设计，令其能保证信息传递的流畅以及实现各参与方协同合作。经过分析研究，对比直线式、职能式和矩阵型之间对于设计施工一体化项目的信息传递效果，矩阵型组织结构更加符合对信息传递和协同合作的要求。设计施工一体化 BIM 模型的建立过程中各参与成员彼此之间的交流协作频繁，工程信息传递复杂，对工程总承包方的管理水平要求较高。通过设计基于 BIM 的设计施工一体化协同管理组织结构，项目各参与方可以通过 BIM 协同管理平台进行交流，从而提高组织结构的运行效率。

3. "模块化施工应用技术与 BIM 应用"的原理分析

对施工深化模型进行施工方案模拟分析，更直观地发现方案中的组织问题和技术问题，并及时得到解决，提高施工方案的可靠性和安全性。MEP管线预制装配化全过程包括五个阶段：预制构件设计、预制加工、运输、安装、运维。为了实现基于BIM的MEP管线预制装配化施工工艺研究，需要从MEP管线预制装配化全过程的角度分析组织、过程、信息和系统等要素，研究不同参与方在不同阶段的需求及各种工程信息的转化和集成方法，针对参与方，多环境、多业务情况下信息如何有效快速传递等问题展开讨论。相比于现场传统加工安装，MEP管线模块化施工能带来更高的经济效益，具体对比见表2（图4）。

现场传统加工与MEP管线模块化施工对比   表2

对比项	现场传统加工安装	MEP管线模块化施工
质量安全	各专业交叉施工，现场焊接明火作业，分工不明确，安全隐患大	工厂预制加工，现场"零动火"，安全性高，分工明确
管理	现场加工制作，人工投入多	管理信息化，配合工厂数字化管理降低构件成本，并可实时追踪加工进度，提高工程性价比。工厂批量生产，效益高
施工周期	—	各专业同步，前期节约加工制作时间，后期避免返工
空间布局	跟随进度变数大	BIM技术优化后，空间合理布置，安装效率高

图4 先进制造洁净实验室

3.3.2 技术优点

（1）基于工程总承包模式的组织结构，构建设计施工一体化项目的工作流程，指导BIM应用工作的开展，并为再造各个环节的工作流程提供基础。实现总承包方对施工过程的整体管控，保证工程在合同要求范围内完成对项目的建设。

（2）三维模型则进行了相应的专业内部、管线综合、支吊架布设及预留孔洞的深化，实现支吊架横向宽度及纵向长度的参数化，使管线宽度模数能灵活对应支吊架的纵横向长度，提高施工效率。同时，从模型整合方法、施工空间受限、多专业协同受限、施工协同机制设计等方面对一体化模型进行协同检测与受限分析，形成设计施工一体化的模型协同管理机制，实现综合支吊架现场预组装及安装，提升施工效率，满足管理需求，保障施工质量，解决各专业协同问题。

（3）本项目MEP系统种类繁多复杂，安装质量要求严格，各专业相互交叉，施工难度大。通过对前期BIM策划、深化设计、碰撞检测与协同深化、模块化施工模拟与过程管控及成本管理这几个方面持续优化完善的实际应用进行效果验证，使得一个支吊架框架内MEP管线布置安装于各自管线空间，达到一排多管、多排分管的效果。解决狭窄空间对多专业施工进度、成本、质量等方面的不利影响，提高工作的质量和效率。证明了设计施工一体化BIM模型有利于工程项目设计施工阶段协同管理，增加了项目的可控性，减少了设计错误，保证了工程品质，提高了施工效率，优化了工期结构，并且大大减少了现场明火作业，提高了安全性。

3.3.3 鉴定情况及专利情况

广东省建筑业协会组织鉴定委员会鉴定意见："先进制造洁净实验室的设计施工一体化的模型及模块化施工应用施工技术"达到国内领先水平。

发明专利：一种减振降噪空压机房及施工方法（专利号：ZL 2021 1 0693192.9）。

4 工程主要关键技术

4.1 先进制造科学与技术实验室施工综合监控平台施工技术

4.1.1 概述

目前，建筑行业的管理体系已经进入信息化时代，BIM的应用已经成为建筑行业信息化革命的一个重要标志。然而，目前国内主要的智慧工地建设和发展的过程中，存在以下重点难点问题，严重影响了大型复杂工程项目施工的信息化和智慧化：

（1）单项监控多，综合监控少，施工监控系统性不强，各类监控可视化程度低。

（2）各类检查数据和设备体系不同，数据交换困难，数据集成和可视化程度低。

（3）现场数据和 BIM 模型与云平台数据和模型传输，受无线传输带宽限制，因数据卡顿现象难以实现监控预警的实时同步，影响工程安全。

因此，如何将 BIM 技术、仿真技术、现代施工监控技术和云平台大数据技术结合，实现施工项目协同管理和智慧建造，是解决此类问题的关键。

克服传统"模型上传＋数据上传"的缺陷，通过对 IFC 扩展标准的开发设计，结合先进物联网技术解决模型、监测数据与云平台的快速传输和模型再现问题，相关研究成果摆脱对国外"卡脖子"软件系统的依赖，促进对于大型复杂工程智慧建造平台自主知识产权的创新和方法具有十分重要的作用。

4.1.2 关键技术

4.1.2.1 施工工艺流程（图5）

4.1.2.2 施工准备

根据施工图、设计变更文件和专业安装单位深化图等资料完善施工专项方案，建立 BIM 模型。

4.1.2.3 建立智慧建造平台

综合应用建筑信息模型（BIM）虚拟仿真技术、现代监控技术和物联网技术，集塔式起重机安全监控、人货梯安全监控、大体积混凝土综合监测、钢结构变形监测、高大支模监测、人员定位监测、绿色施工与环境监测七项子系统于一体，建立先进制造与应用实验室智慧建造平台。

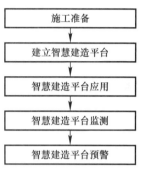

图5 先进制造科学与技术实验室施工综合监控平台施工工艺流程图

1. 塔式起重机安全监控系统

本项目塔式起重机安全监控管理系统是集互联网技术、传感器技术、嵌入式技术、数据采集储存技术、数据库技术等高科技应用技术为一体的综合性新型仪器。该仪器能实现多方实时监管、区域防碰撞、塔群防碰撞、防倾翻、防超载、实时报警、实时数据无线上传及记录、实时视频、语音对讲、数据黑匣子、远程断电、精准吊装、塔式起重机远程网上备案登记等功能，特别是该仪器的后台着重加强了监管部门对塔式起重机的管理备案程序，能高效执法。

本系统由塔式起重机安全监控管理系统主机和远程监测管理平台组成。主机安装在工地现场塔式起重机上，并连接幅度、高度、转角、重量、倾角、风速、人脸识别模块等传感器，且具备内置制动控制和数据存储等功能（图6、图7）。

施工单位联合设备单位开发塔式起重机变形全监控功能新模块——防碰撞功能、吊钩可视化功能。

2. 人货梯安全监控系统

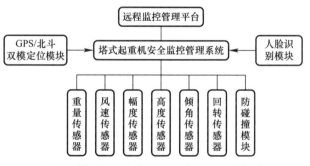

图6 塔式起重机安全监控管理子系统构成

人货梯安全监测、记录、预警及智能控制系统，能够全方位实时监测施工人货梯的运行工况，且在有危险源时及时发出警报和输出控制信号，并可全程记录人货梯的运行数据，同时将工况数据传输到远程监控中心。

人货梯安全监控子系统安装有载重监测、人数监测、速度监测（防坠）、倾斜度监测、高度限位监测、防冲顶监测、门锁状态监测模块。

3. 大体积混凝土综合监测管理系统

大体积混凝土监测管理系统集互联网技术、传感器技术、嵌入式技术、数据采集储存技术、数据库

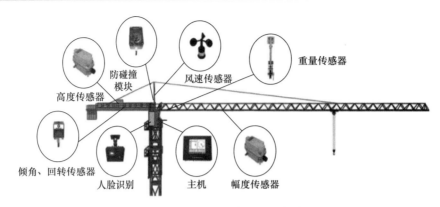

防碰撞模块

高度传感器

风速传感器

重量传感器

倾角、回转传感器

人脸识别

主机

幅度传感器

图 7　塔式起重机安全监控安装位置

技术等高科技应用技术为一体。采用多点无线温度自动测试系统，是一种功能强大的分布式、全自动、多点温度静态数据无线采集系统。该仪器能实现多方实时监管，实时监测大体积混凝土温度和湿度，具有超标预警、上传及记录等功能，数据云储存，多方可远程监管项目现场混凝土状况。随时调整养护措施，对混凝土的降温速率进行信息化控制。

4. 钢结构变形监测系统

钢结构监测管理系统是集互联网技术、传感器技术、嵌入式技术、数据采集储存技术、数据库技术等高科技应用技术为一体的综合性新型仪器。采用智能数码弦式应变计，实时监测钢结构应力，综合测试仪可直接显示物理量值，可设置超标预警提醒，系统数据在线，方便多方远程监管施工过程。

本系统由监测传感器、综合测试仪、自动综合采集系统构成。

5. 高大支模监测系统

高大支模监测系统由监测传感器（由振弦式轴力计、水平倾角探头、固定式测斜仪等构成）、采集单元、无线收发、DSC 无线自动综合采集软件系统构成。

高大支模监测项目包括轴向应力、倾斜角、竖向位移、水平位移。

6. 人员定位监测系统

人员定位监测系统由定位标签、定位网关、定位基站、服务器等组成。在主要出入口安装人脸识别门禁系统，"刷脸"进出工地，确保人员身份信息正确，避免无关人员进入。进出数据可实时同步到云平台，方便项目管理者随时查看、考勤和统计分析。人员定位系统可将人员定位数据实时发送到项目管理系统，通过可视化界面显示人员实时位置，统计工作面实时人数。

7. 绿色施工与环境监测系统

在施工现场、生活区主线路上安装智能水、电表，采集实时用电数据，通过电表传感器将数据传输给后台，后台再将数据推送至手机 App 上，用户在手机上可以实时查询具体用电情况。

4.1.2.4　智慧建造平台应用

1. 塔式起重机安全监控系统

利用建立的 BIM 模型对塔式起重机进行选型布置和安全管理监控，预防塔式起重机出现安全事故，保障建筑工地的施工安全。借助 BIM 技术与无线传感网络技术，能优化塔式起重机设备布置和选型方案，动态模拟塔式起重机运行情况，以发现碰撞点，合理科学地安排塔式起重机的数量及间距，保证塔式起重机间的安全距离，实时自动化动态收集现场安全信息，使施工现场塔式起重机作业安全进行。

通过设置各类传感设备，实时监测塔式起重机数据，并实现塔式起重机与云平台、塔式起重机与塔式起重机之间的实时通信，实现过程记录、过程分析、提前预警、危险截断等功能，有效保障群塔作业安全。

2. 人货梯安全监控系统

通过云平台还可实时查看施工电梯当前状态。配备人员定位系统的项目，还可查看电梯内的人员情况。系统集安全监测预警、黑匣子、拍照、身份识别、人数识别等功能于一体；实时监测施工电梯的载重、人数、速度、高度限位、门锁状态、导轨架倾斜、操作人员身份管理等的安全信息，能对系统的各种危险进行有效防护，并能传输到远程的管理平台，实现对建筑机械的远程管理和控制；自动语音播报系统：在系统出现危险、电梯启动运行时、电梯达到目标层时均会自动发出语音播报，提醒司机和乘客；断电保护：在意外断电的情况下系统能够依靠备用电源将设备进行安全锁定，提高设备安全性。

3. 大混凝土综合监测管理子系统应用

混凝土在制作过程中需要对质量进行严格的监测和管理，包括混凝土养护温度、强度、湿度等方面的监测。在混凝土制作过程中部署一些能够适应不良环境、准确度高、稳定性好等的传感器，利用传感器将构件内的信息进行实时传递，方便管理人员对其信息进行整理反馈。在混凝土养护时要注意避免温度应力过大，控制温度，利用光纤光栅温度传感器（分辨率±0.1℃，精度±0.3℃）进行温度监测。

4. 钢结构变形监测系统

根据工程特点，监测点应根据理论分析计算结果合理布置。布置原则为，首先是在施工过程中，杆件应力最大、应力变化突出及结构变形特征点的位置。其次是施工关键节点处。临时支护体系的监测点应根据支护结构的安装及卸载先后顺序将监测点适当调整至受力关键部位。

季华实验室一期建设项目 B1 栋椭圆形立面围护结构采用悬挂空间钢管桁架形式，用于悬挂外立面幕墙的菱形管桁架结构，其造型为椭圆形；通过 208 根钢管立柱形成椭圆结构，与屋面装饰桁架连接，椭圆形桁架中间通过弹性铰支座混凝土结构连接，共设置 16 座。主体结构外围混凝土柱（梁）处共设置 16 组（32 个支撑固定点）支撑架对外围护桁架进行分段吊装，设置该支撑架为监测区域（图 8）。

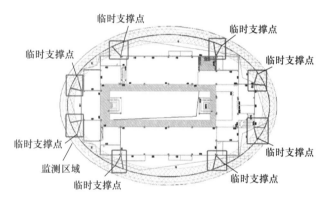

图 8　监测区域布置图

结构原有的二维图很难让工人或技术人员清晰地理解构件间的相对位置及结构形式。而 BIM 模型三维节点深化、展示能很好地解决该问题。利用 BIM 模型对钢结构受力大的节点埋设监测传感器，如图 9 所示。

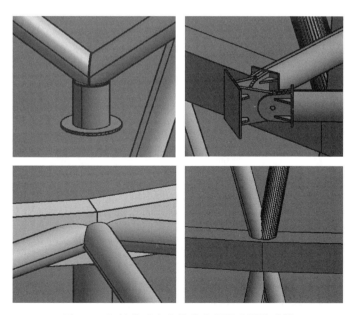

图 9　于钢结构受力大的节点埋设监测传感器

考虑到本工程的特殊性要求，在本方案的监测设计中引入自动化监测，利用先进的计算机通信技术，构成一个完整而有效的监测系统，主要由 DSC 无线自动综合采集软件系统、无线收发模块、采集单元、监测传感器模块四项组成。

监测传感器模块：荷载计、倾角探头、钢丝位移计的数据采集拟采用金码高科的自动化综合测试系统。该系统主要由综合采集模块、总线采集模块、无线传输模块、电源防雷模块、信号防雷模块、防水密封保护机箱、高可靠性空气开关、可充电电源模块等组成。

5. 高大支模监测系统

最高模板支撑是 B4 栋的高空通道结构，高 33.9m。高大支模采用扣件式钢管支撑体系。在高大支模立杆钢管搭设过程中安装轴力计，支模安装完成后安装固定式测斜仪、水平倾角探头。监控点设置在主梁跨中及主次梁交叉处。高支模部分沉降变形的允许值为 8mm，报警值为 10mm；水平变形的预警值为 8mm，控制值为 10mm。

混凝土施工时应建立高支模支撑系统变形监控措施：浇筑混凝土时要连续监控，直到混凝土浇筑完毕人员退场。

6. 人员定位监测系统

项目工期短，施工现场长期达到 1000 人，工地安装人员定位监测系统，方便管理。

7. 绿色施工与环境监测系统

在施工现场、生活区主线路上安装智能水、电表，采集实时用电数据，通过电表传感器将数据传输给后台，后台再将数据推送至手机 App 上，用户在手机上可以实时查询具体用电情况。

该系统由水电表、数据采集器、服务器等组成，如图 10、图 11 所示。

项目为广东省安全、文明施工样板工地。

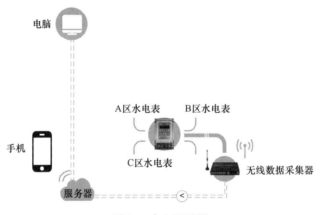

图 10　水电记录图

4.1.2.5　智慧建造平台监测

通过各项监测值的大小，为施工工程中的各个阶段、主要构件、关键节点提供应力应变及位移监测数据，与设计要求实时对比、分析，为构件受力状态分析提供可靠数据。对可能出现的险情及时预警，做到信息化设计、施工，取得最佳经济效益。

在施工中，钢结构、混凝土强度、塔式起重机中的高度、幅度、转角、风速、倾角、吊重、力矩等集成七项子系统，实时参数随着施工的进程和设计值会有变化波动，错误的施工方法或外界环境的不利影响因素会使结构构件的某些参数值发生突变，通过监测数据，分析结构构件的变化规律，制订合理的施工方案，及时解决施工中遇到的问题，实现施工综合智能化及可视化的实时预警的功能。

对施工过程预警是通过对施工过程中，结构特定参数的变化趋势进行预期性评价，提前发现在后续的施工过程中可能会出现的工程问题，为提前进行分析研究、制订解决方案提供依据。

4.1.2.6　智慧建造平台预警

采用 Dynamo 可视化图形编程软件可以将当前的预警视图以图片格式导出，实现智慧监测预警。

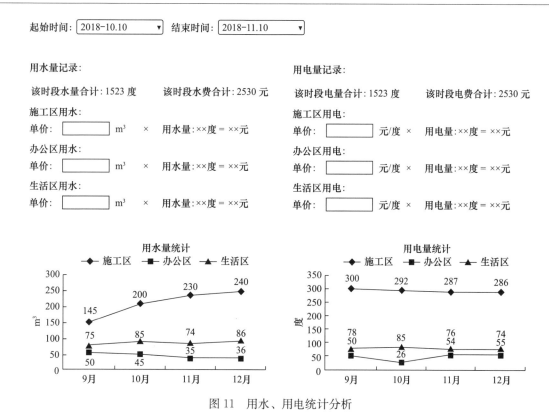

起始时间：2018-10.10 ▼   结束时间：2018-11.10 ▼

用水量记录：

该时段水量合计：1523 度   该时段水费合计：2530 元

施工区用水：

单价：[____] m³ × 用水量：××度 = ××元

办公区用水：

单价：[____] m³ × 用水量：××度 = ××元

生活区用水：

单价：[____] m³ × 用水量：××度 = ××元

用电量记录：

该时段电量合计：1523 度   该时段电费合计：2530 元

施工区用电：

单价：[____] 元/度 × 用电量：××度 = ××元

办公区用电：

单价：[____] 元/度 × 用电量：××度 = ××元

生活区用电：

单价：[____] 元/度 × 用电量：××度 = ××元

图 11　用水、用电统计分析

4.2　大直径菱形花格钢结构施工仿真与智慧监控施工技术

4.2.1　概述

当前，钢结构工程通常具有形式多样、结构复杂、工程规模大、设计难度大的特点，因此其中涵盖了大量的信息。在大量的信息交汇中，很容易出现信息交流不畅，导致沟通不充分，引起工期延后、现场管理混乱的问题，同时难度复杂的深化设计问题也影响着钢结构工程的实体质量。作为装配式结构的代表，钢结构亟待与 BIM 技术结合来优化产业模式。

如何保证大跨度钢、造型复杂结构施工质量、工期和施工安全是社会较为关心的问题，而以信息化技术为主导的实时感知预警已然成为监测发展方向，是施工质量的保证。

在钢结构施工过程中结合传感器进行信息化监控预警，旨在弥补目前大跨度钢、造型复杂结构隐患监测存在的不足，能够实时地获取监测数据并存储，三维可视化动态显示监测对象信息并实现隐患位置的快速查找，以及通过综合预警评估对结构进行定期的全面评估，以消除预警误差，保证结构安全状态评估的准确性。同时，该系统的适应性较强，对于其他类型工程项目的隐患监测或其他阶段的监测也起到一定的参照作用。

4.2.2　关键技术

4.2.2.1　施工工艺流程（图 12）

4.2.2.2　主要施工工艺

季华实验室一期建设项目 B1 栋外围护钢结构工程为悬挂空间钢管桁架体系，用于悬挂外立面幕墙的菱形管桁架结构，其造型为椭圆形；通过 208 根钢管立柱形成椭圆形结构，与屋面装饰桁架连接，椭圆形桁架中间通过弹性铰支座与混凝土结构连接，共设置 16 座。总用钢量 700 余吨。本工程属于装饰性围护钢结构，不承受主体结构荷载，考虑恒载、风荷载、地震、温差作用，结合整个实

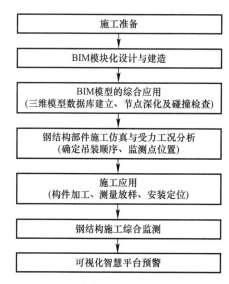

图 12　大直径菱形花格钢结构施工仿真与智慧监控施工工艺流程图

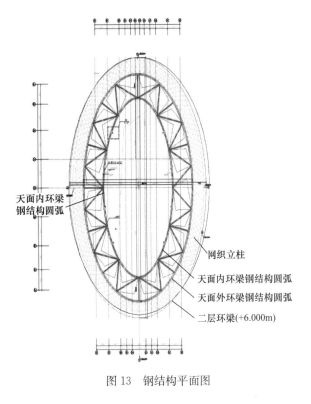

图 13　钢结构平面图

天面内环梁钢结构圆弧

网织立柱
天面内环梁钢结构圆弧
天面外环梁钢结构圆弧
二层环梁(+6.000m)

验区的布置和造型，巧妙地采用钢管拱桥的设计理念。整个结构为椭圆形，支撑面短轴为69.18m，长轴为106.66m；屋顶短轴为55.18m，长轴为94.77m。钢结构特点：钢结构由预埋地脚螺栓支座、立面用圆钢管编织菱形，形成一个整体的椭圆形的外围护结构。

围护结构顶面结构采用钢管桁架形式，外圈短轴为55.18m，长轴为94.77m，内圈短轴为35.18m，长轴为74.77m，共设置14处支撑点，外围护钢结构工程由二层（＋6.000m）环管、屋面钢构架（＋29.400m）及圆柱组成；采用无缝钢圆管柱，梁以焊接箱形构件为主，材料材质均为Q235。如图13、图14所示。

1. 模块化设计与建造

对于不同功能的构件来说，BIM模块化设计的方式也不尽相同，主要原因是设计单位根据建设方的要求制订建筑方案，使建筑中的各项功能能够与建设方需求相符合。设计人员从模型库中挑选出相应的模块，并根据一定的结构设计进行整合，从而实现对功能模块的设计。在BIM设计平台上构建整体模型，对其进行协调、碰撞检测、优化处理，使其真正成为一个专业模型；在深化构件库中选择适当的构件，对整体模型进行设计与拆分，在生产、施工等基础上完成对模块的设计。在大直径菱形花格钢结构的模块化设计中，根据具体装配流程和构件分类体系，将钢结构拆分成若干个构件组单元，这就使得设计过程变成了多个构件组单元的设计和拼装过程（图15）。

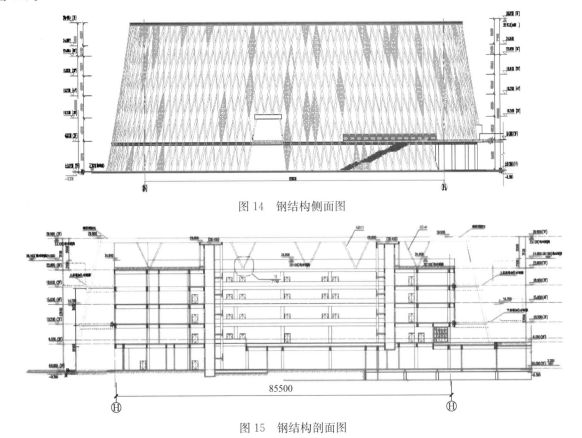

图 14　钢结构侧面图

85500

图 15　钢结构剖面图

根据具体功能，将钢结构分为钢柱构件组、钢梁构件组、悬挑梁构件组（表3）。基于这些结构构件组，将所有构件与装配阶段按照生产施工流程分为两个层级（表4），构件之间的连接方式和施工工序是每个层级的设计重点。

钢结构构件组 表3

序号	构件组单元	构建组子系统	材料
1	钢柱	GZ-1钢柱、GZ-2钢柱、GZ-3钢柱、GZ01A钢柱	无缝钢圆管柱
2	钢梁	QL-01钢梁、QL-02钢梁、QL-03钢梁、QXL01钢梁	无缝钢圆管柱/焊接箱形
3	悬挑梁	GZ01钢柱悬挑梁	无缝钢圆管

大直径菱形花格钢结构构件规格、质量表 表4

	序号	名称	规格（mm）	数量（根）	材料	质量（t）	长度（mm）
第一段 +6.000m层	1	GZ-1钢柱	φ299×8	208	无缝钢圆管柱	0.4	6900
	2	GZ-2钢柱	351×20	10	无缝钢圆管柱	0.9	5500
	3	GZ-3钢柱	φ351×16	86	无缝钢圆管柱	0.11	800
	4	QL-01钢梁	500×420×12	24	焊接箱形	2.02	12000
第二段 +29.900m层	1	GZ-1钢柱	φ299×8	150	无缝钢圆管柱	0.85	24400
	2	GZ01A钢柱	φ299×16	58	无缝钢圆管柱	2.72	24400
	3	QL-02钢梁、内外环梁	500×300×12	34	焊接箱形	1.75	12000
	4	QL-03钢梁	450×400×16	12	焊接箱形	1.45	7000
	5	QXL01钢梁 +10.15\+18.55	φ299×8	60	无缝钢管	0.54	9400
	6	GZ01钢柱悬挑梁	φ299×8	35	无缝钢圆管	0.54	9400

钢结构BIM模型不仅包含了构件的几何信息，还包含了性能参数、生产厂家、质量、价格等大量的信息。从钢结构模型库中选取符合项目的功能模块，根据构件分类原则将结构拆分分级，从标准构件库中选取适合的钢结构构件，选定之后将构件信息在BIM中整合，组装成完整的信息模型。以结构体为例，当完成构件组单元的结构设计和钢构件的选择后，设计单位依据生产加工条件对结构构件进行细节完善，同时协同厂家将制造中会遇到的问题反馈给设计单位，及时对结构体的设计进行修改，形成满足结构承载力和生产加工要求的结构方案，并在BIM中表达整合。

设计完成后，设计单位与施工单位一起根据项目要求和建造装配流程制订施工进度计划，进行构件的采购、生产和组装。由于设计是建立在标准化构件库的基础上，BIM模型已经包含了构件图，因此厂家可依据模型中的构件图以及构件清单组织构件生产。所有构件弧度、形状、尺寸均满足设计要求后将构件送到施工现场，进行施工吊装连接，完成整个钢结构体系的拼装。

大直径菱形花格钢结构项目按照表3、表4中的构件分类方法，将钢结构拆分建模，利用Tekla软件创建钢结构构件的几何模型，并输入大直径菱形花格钢结构系统建造需要的信息，形成构件的信息模型和构件明细表。208根钢管立柱形成椭圆形结构，与屋面装饰桁架连接，椭圆形桁架中间通过16座弹性铰支座与混凝土结构连接，钢结构由预埋地脚螺栓支座、立面用圆钢管编织菱形，形成一个整体的椭圆形的外围护结构。将钢结构拆分成两段结构单元模型，先建立第一段+6.000m层单元模型，在此基础上建立第二段+29.900m层单元模型，形成总的钢结构BIM模型。根据各构件组单元拼接完成后的信息化模型可以得到各模块的构件数据分级统计，并以此作为制订施工计划的依据（图16）。

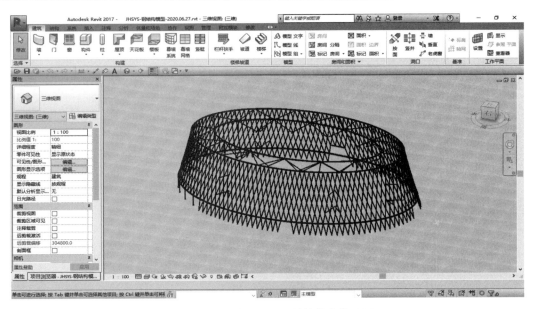

图 16　大直径菱形花格钢结构信息模型图

2. BIM 模型的综合应用

本技术采用的 Tekla Structures 是全球通用的一款钢结构深化软件,可以多用户同时创建 3D 模型,同时可以导出施工详图和各种报表(零件图、材料清单),也可以导出 CNC 文件到数控切割机指导下料和制造。在钢结构设计环境中具有多种节点形式、型材规格,可进行选取深化设计,建模时所用构件及截面能严格满足设计图纸的要求,对于非标准节点也可自定义设计,节点设计是全参数化的。

整体三维建模:深化设计的总体部署将服务于现场安装总体进度,主要考虑材料采购、现场构件的安装分段、现场加工制作能力及吊装能力。建成后的钢结构模型如图 17、图 18 所示。

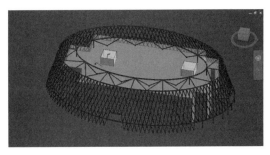

图 17　外围护钢结构模型

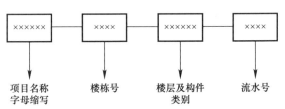

图 18　结构构件编码规则示意图

数据库建立:在实施工程建造工作的时候,结合施工设计图,将钢筋结构部件运送到指定的三维模型数据库中,之后构建 3D 模型。利用数据库模型,能够更加全面准确地对施工过程中的各个工序加以前期了解,借助三维空间还原施工场地,能够对起重机的运行轨迹加以管控,这样能够更加高效地将施工部件运送到指定的位置,为后续的工程施工工作以及资源的合理利用创造良好的基础,保证在工程施工开始阶段可以对整体项目施工工作做好充足的准备,为施工工作按部就班地进行创造良好的基础。

在 BIM 技术的协助下,能够对钢结构施工中的所有数据,包括来自模型构建数据、施工设备数据、结构设计数据以及施工流程数据等多个渠道的数据,全部如实记录下来,并且将所有数据依据统一的标准完成记录,这样就实现了建筑工程的全程追溯。施工中,管理人员借助 BIM 技术,还能够对施工中的每一个人、每一个构件、每一个工位实施有效的监管和追踪,从而对工程进度作全面的反映。

节点深化及碰撞检查:该项目不仅钢结构体量巨大,节点形式也多且复杂。椭圆形立面围护结构采用悬挂空间钢管桁架形式,用于悬挂外立面的菱形管桁架结构,其造型为椭圆形;通过 208 根钢管立柱形成椭圆结构，与屋面装饰桁架连接，椭圆形桁架中间通过弹性铰支座混凝土结构连接，共设置 16 座。节点有多根杆件相连，共涉及 7 种规格的杆件，部分桁架结构相连接处分别为不同规格的钢管相贯连接。由于整个钢结构平面形状为椭圆形，中间和顶部设一道钢梁，通过采用横向钢支撑连杆件使主梁与预埋在周边钢筋混凝土结构内的杆构件相连，安装时的钢梁下部属悬空状态，因此在其安装时必须在钢梁下部先支承钢胎架平台。此结构原有的二维图很难让工人或技术人员清晰地理解构件间的相对位置及结构形式。而 BIM 模型三维节点深化、展示能很好地解决该问题。技术人员利用 BIM 模型对工人进行技术交底，图纸不清楚时，可针对某一节点进行更深入的研究、理解，大大降低现场出错率，提高现场技术人员、拼装工人的工作效率。部分典型节点如图 19 所示。

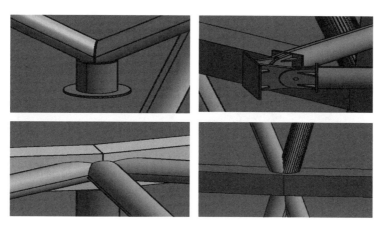

图 19　部分典型节点

同时，借助三维建模的方法，在原始设计的前提下，实施钢结构部件、钢管以及包边深化设计，利用三维截面创建以及二次碰撞检测的方式，站在设计的角度来对包边设计的效果加以保证，尽可能地避免操作失误的情况发生（图 20）。

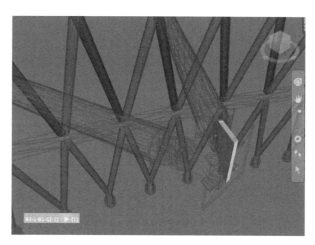

图 20　部分构件冲突位置

通过对结构框架、钢管构件等部分属性集进行碰撞检测，发现模型的冲突部分，进而对模型进行深化设计及优化，及时处理设计部分的问题，避免施工过程中出现设计变更等问题（图 21）。

名称	状态	碰撞	新建	活动	已审阅	已核准	已解决
测试 1	完成	2	2	0	0	0	0
测试 2	完成	2760	2760	0	0	0	0

图 21　碰撞结果图

3. 钢结构部件施工仿真与受力工况分析

1）有限元模型与基本约定

分析计算采用的有限元模型来源于提供的三维模型，如图 22～图 25 所示，显示了整体模型的全部视图。坐标系选取标准笛卡尔坐标系。由于 Abaqus 中没有固定的单位制，因此用户要为各个量选用相应匹配的单位，最后计算出的结果的单位与所采用的单位制相对应，这里我们统一采用 SI（mm）量纲。

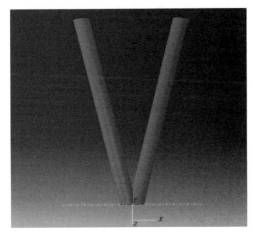

图 22　钢管结构 *X-Y* 平面图

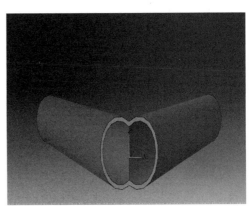

图 23　钢管结构 *X-Z* 平面图

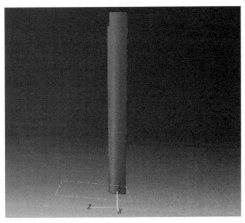

图 24　钢管结构 *Y-Z* 平面图

图 25　钢管结构 *X-Y-Z* 三维视图

2）钢管受力工况

充分考虑了扶梯梯级在使用过程中承受荷载的情况，模拟了一种荷载位置情况下的静力分析与疲劳寿命分析，使得计算结果更加可靠。荷载情况与结果评定标准：根据静载试验的要求，底部添加固定约束，两根钢管顶部分别施加一个轴向 1000N 的压力。如图 26 所示。

3）有限元模型深化

采用自动网格划分方法，单元类型为二阶四面体实体单元（C3D10）。钢管材料划分完后的有限元网格模型如图 27 所示。

钢管的弹性模量 $E=210\text{GPa}$，泊松比为 0.3，密度为 7800kg/m^3。

计算结果分析：

根据《钢结构设计标准》GB 50017—2017 及其他设计、使用相关规定的安全使用要求，对钢结构进行强度校核，屈服强度为 235MPa。

计算工况：

静载强度计算工况应力结果见表 5、表 6，各工况应力云图见图 28～图 31。

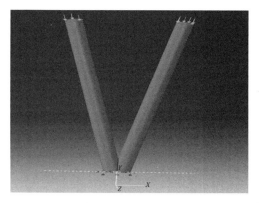

图 26　钢管结构边界与荷载图

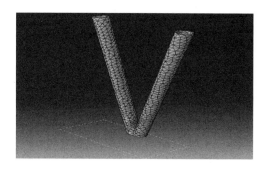

图 27　钢管结构网格模型

钢结构各向应力值				表 5
静载工况	最大拉应力（MPa）	最大压应力（MPa）	最大应力（MPa）	主要应力范围（MPa）
S11	0.0007123	0.00123	0.00123	0～0.002
S22	0.0005638	0.003994	0.003994	0～0.003
S33	0.003653	0.001561	0.003653	0～0.004
Mises	0.004016	0	0.004016	0～0.004
σ_s	235			

钢管各向位移值		表 6
位移分量	最大值（mm）	最小值（mm）
U_1	0.0001013	-0.00009745
U_2	0	-0.00006942
U_3	0.000001910	-0.00003715
U	0.0001257	0

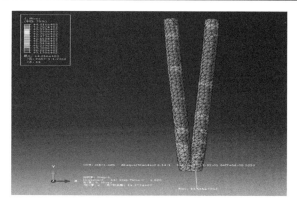

图 28　钢管结构 Mises 应力云图

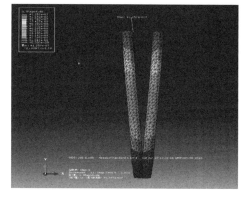

图 29　钢管结构位移云图

4）分析结论

无论静力分析或疲劳寿命分析，特别是临时固定工况下可能出现的下挠变形与构件倾覆，均能满足国家标准以及施工要求。

5）确定吊装顺序

根据钢结构部件施工仿真与受力工况分析，确定吊装顺序。本工程总体分三段：

（1）二层（＋6.000m）——先施工二层环梁（QL-01 焊接箱形），同时施工首层网织立柱（约 12m 一段，支柱及二层环梁，形成稳定结构）。

（2）天面装饰构架层——先施工屋面钢架（先施工在混凝土天面上空的屋面柱 GZC1 和屋面钢架 QL-02（焊接箱形），再施工悬挑出混凝土天面的 QXL01 钢梁（钢圆管），最后施工天面层环管（QL-02）焊接箱形），再施工首层网织立柱。

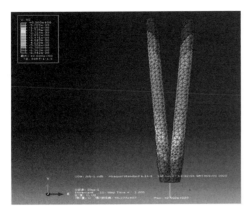

图 30 钢管结构 U_2 位移云图

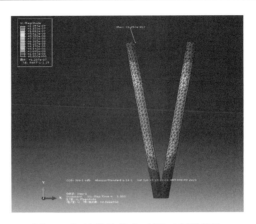

图 31 钢管结构位移云图（变形缩放
系数 250，即结果扩大 250 倍显示）

（3）安装二层至天面的网织柱 GZ-1。

主要施工顺序如图 32～图 36 所示。

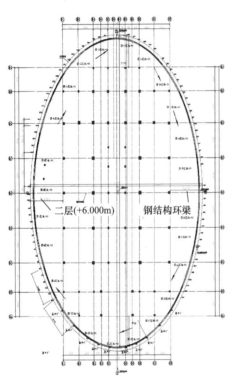

图 32 二层环管（QL-01）平面图

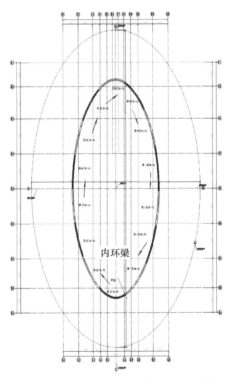

图 33 天面装饰构架层内环梁平面图

6）监测点位置

根据钢结构部件施工仿真与受力工况分析，在钢结构受力大的节点埋设监测点（图 37）。

4. 施工应用

1）施工过程模拟

项目大直径菱形结构部分造型独特、结构受力特殊，只有当落地拱和钢圆管柱整体成型后，罩棚桁架结构才基本趋于稳定。还需考虑以下因素：①所有桁架结构的安装顺序；②工期影响；③结构稳定性；④桁架变形控制；⑤施工环境。采用 BIM 技术模拟多种施工过程方案，清晰、全方位掌握结构安装角度、顺序及空间位置。

运用 BIM 技术的可视化模型、模拟、节点放样设计等优势，有助于现场管理人员把握构件特征、注意局部细节难点、获得安装对比数据及指导工人作业。BIM 技术对复杂钢结构构件分析和安装精度控

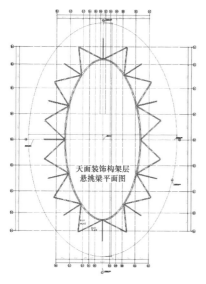
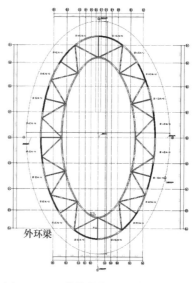

图 34　天面装饰构架层悬挑 GZ-1 钢梁平面图　　图 35　天面装饰构架层外环梁平面图

图 36　安装后整体效果

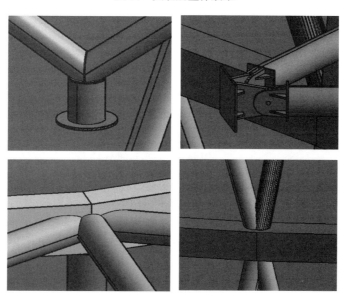

图 37　监测点位置

制非常重要，对构件出图、节点深化甚至工期进度会产生较大影响，施工模拟分析能合理调整施工方案，保证钢结构顺利、安全实施。BIM 技术贯穿整个钢结构施工，能保证施工过程的安全性、稳定性及安装精度，提高工作效率，保障工期进度。

2）构件加工

根据钢结构部件施工仿真与受力工况分析，并结合加工厂家至工地的运输要求分段加工构件。

二层环管（QL-01）按约 12m 一段分为 24 段进行吊装、拼接，从 A 轴垂直立柱的位置开始，吊装、拼接一段后再顺时针逐一安装（图 38、图 39）。

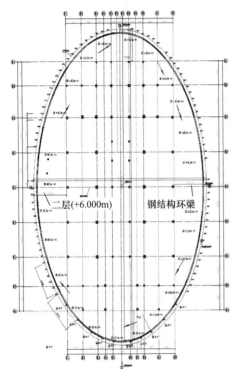

图 38　二层环管（QL-01）平面图

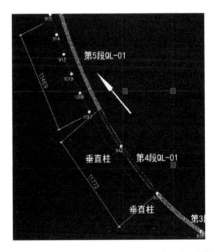

图 39　二层环管（QL-01）局部平面图

3）吊装辅助

钢构件吊装时，构件质量和重心的正确把握是吊装成功的决定性因素之一。项目难点主要体现在：①结合本工程的结构特点，需要分成单榀构件进行吊装，单榀构件存在大尺寸及大吨位问题，如何精确寻找重心、确定质量，布置吊耳，并确定吊装方式，成为吊装成功的关键；②钢圆管柱安装后对落地拱桁架有后倾拉力，需考虑如何保证钢圆管柱的吊装安全，减少吊装变形的影响及消除对落地拱产生的拉力。复杂结构很难通过常规质量法、重心确定法精确确定重心位置参数，通过 BIM 软件的重心查询功能，能精确查找吊装构件质量、重心位置及总面积。根据确定的构件质量和重心设置相应吊点，保证吊装的安全性及合理性。钢圆管柱在超过重心靠后竖向位置设置支撑架，以承载桁架大部分质量，保证稳定性，避免对落地拱桁架产生拉力（图 40）。

4）测量放线（表 7）

安装钢构件主要存在两方面的问题：如何控制安装构件的线性度；采用什么样的安装措施。对此，以环梁为例，提出相关解决方案。

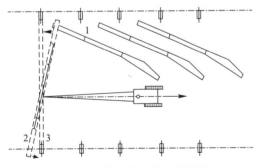

图 40　钢构件的起吊示意简图

1—吊升前的位置；2—吊升过程中的位置；
3—对位（就位）后的位置

钢圆管柱安装线性度控制：设计院给出的图纸安装定位控制是钢圆管柱两拱所在斜平面与水平面夹角呈 61.2°，

现场施工放样要求　　　　表7

编号	放样
1	放样、切割、制作、验收所用的钢卷尺、经纬仪等测量工具必须经省部级以上计量单位检验合格。测量应以一把经检验合格的钢卷尺（100m）为基准，并附有勘误尺寸，以便与监理及安装单位核对
2	所有构件应按照细化设计图纸及制造工艺的要求，进行手工1:1放大样或计算机模拟放样，核定所有构件的几何尺寸。如发现差错需要更改，必须取得原设计单位签具的设计更改通知单，不得擅自修改。放样检验合格后，按工艺要求制作必要的角度、槽口、制作样板和胎架样板
3	划线公差要求：基准线，孔距位置——允许偏差不大于0.5mm；零件外形尺寸——允许偏差不大于0.5mm
4	划线后应标明基准线、中心线和检验控制点。做记号时不得使用凿子一类的工具，少量的样冲标记其深度应不大于0.5mm，钢板上不应留下任何永久性的划线痕迹

拱截面长轴线与拱平面所夹角始终为定值61°。实际上，该值不利于现场测量控制，也难以让安装工人理解，钢圆管柱安装后不一定能满足设计线性度和安装精度要求。根据环梁加工分段布置图和现场实际安装坐标系，利用BIM技术进行钢圆管柱模型放样，找出每段钢圆管柱上下两个截面每个角的空间坐标（x，y，z），安装测量钢圆管柱时以此为参考控制钢圆管柱的安装线性度（图41、图42）。

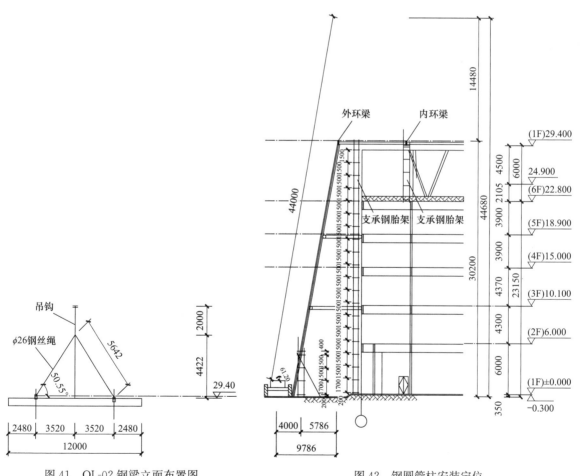

图41　QL-02钢梁立面布置图　　　　　　图42　钢圆管柱安装定位

5）安装定位

根据钢结构部件施工仿真与受力工况分析，确定吊装顺序，依托工程总体分三段——二层（+6.000m）、天面装饰构架层、+10.500m及+18.900m的钢支撑。

其中，施工二层环管（QL-01）及施工天面装饰构架层悬挑出混凝土天面的GJ02、天面层环管（QL-02）需要搭设脚手架作为支承钢胎架（图43～图45）。

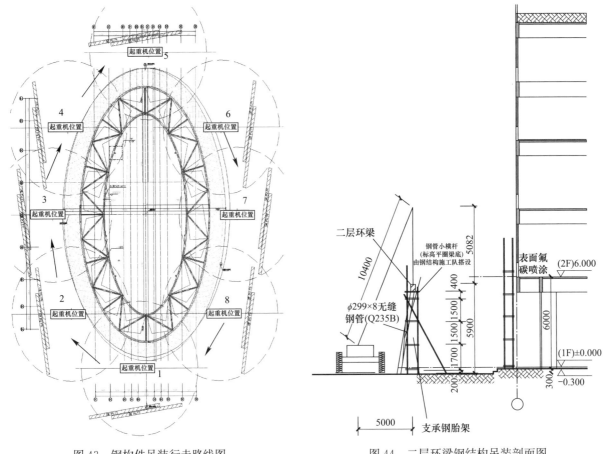

图 43　钢构件吊装行走路线图

图 44　二层环梁钢结构吊装剖面图

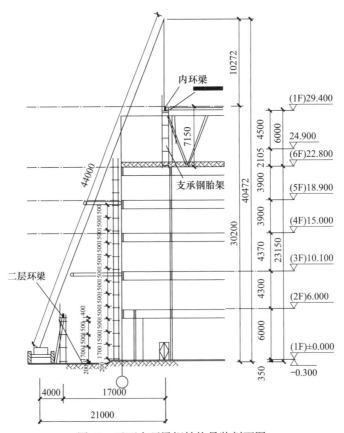

图 45　天面内环梁钢结构吊装剖面图

5. 钢结构施工综合监测

1）监测的目的

主要目的是通过各项监测值的大小，为施工过程中的各个阶段、主要构件、关键节点提供应力应变及位移监测数据，与设计要求实时对比、分析，为构件受力状态分析提供可靠数据。对可能出现的险情及时预警，做到信息化设计、施工，取得最佳经济效益。

（1）及时掌握和提供支护系统变化信息和工作状态。

（2）及时进行监测数据分析，以便采取措施，防止事故发生。

（3）指导安全施工，修正施工参数或施工工序，验证、修改设计参数。

（4）积累区域性设计、施工、监测的经验。

在施工中，塔式起重机中的高度、幅度、转角、风速、倾角、吊重、力矩等实时参数随着施工的进程和设计值会有波动，错误的施工方法或外界环境的不利影响因素会使结构构件的某些参数值发生突变。通过监测数据，分析结构构件的变化规律，制订合理的施工方案，及时解决施工中遇到的问题。

由于 BIM 模型是监测信息的载体，通过将监测数据与 BIM 模型进行连接，可以实现基于 BIM 模型的监测预警可视化。建立构件选择与过滤模块、数据处理模块、可视化模块，自动读取深化后的 IFC 模型文件中的监测数据，并自动与有限元模拟的仿真值和文件规定的预警值进行比较，以此代替以往人工监测的传统方法，实现施工综合智能化及可视化的实时预警功能。

对施工过程进行预警是通过对施工过程中结构特定参数的变化趋势进行预期性评价，提前发现在后续的施工过程中可能会出现的工程问题，为提前进行分析研究、制订解决方案提供依据。

2）监测信息的集成管理

实现施工可视化监测预警的首要任务是对施工过程中的信息进行采集，主要包括施工过程中的稳定状态信息与各类力学、性能等状态信息。通过采集的信息来判断施工的合理性，并将结果反馈至施工与设计。

结合施工组织设计，监测项目包括必测项目和选测项目。必测项目为施工应进行的日常监测项目，传统上通过人工的方式进行监测，存在效率低、精确度低以及测量人员安全无法保障等问题。本文提出的基于 BIM 的施工可视化监测预警系统，需要借助自动化信息采集设备与无线传输技术（GPRS）来完成监测信息采集工作。自动化信息采集设备由综合采集模块与各类型传感器组成，综合采集模块在一定的采样周期内向传感器发送采集指令，采集的数据通过无线传输技术（GPRS）传送至数据服务端。数据服务端部署在云端，主要作用是与现场采集设备进行交互，收集监测数据，并将收集的数据传送至数据服务器中保存。用户端通过 C/S 模式（Client/Server，客户机/服务器）与数据库服务器进行交互，实现对远程数据的监控，进一步实现施工可视化监测预警。

对于特长型、弯曲型或工况较为复杂的类型，则可以考虑增加无线传输中继模块，以增长有效传输距离。信息采集系统的整体组成如图 46 所示。

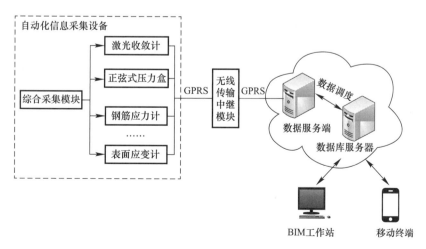

图 46　信息采集系统的整体组成

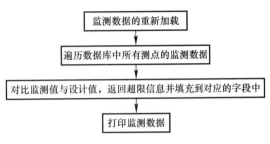

图 47　监测数据的查询机制

安全预警系统主要是通过对现场吊装过程的实时监测，利用传感设备将数据传至项目的监控平台系统，当钢结构吊装过程中出现影响施工作业区域人员、机械安全的情况时，该系统会及时自动发出预警警报。

在数据查询的基础上，当监测值超出规定的设计阀值时，则进行超限预警，预警信息包括测点编号、测点位置、监测时间等（图47、图48）。如图49所示，通过Winform技术对超限信息进行弹窗显示，让用户能更加直观地查看到超限信息。

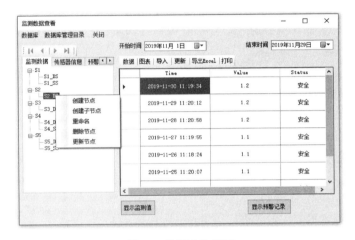

图 48　数据查询界面

图 49　超限信息提示

4.3　先进制造洁净实验室的设计施工一体化的模型及模块化施工应用

4.3.1　概述

对于多功能、综合性的先进制造洁净实验室建筑，其管线系统种类繁多并且非常复杂。而管线安装具有质量要求严格、综合性要求高、系统整体调试难度大的特点，施工过程中各专业自身协调需要与土建、装饰等各方交叉配合，使得MEP管线安装工程管理难度增大，工程施工中需要兼顾多方因素。先进制造洁净实验室其重点是控制空气的洁净度、温湿度及灰尘数量，所需各类洁净设备和管线种类繁多，且安装空间有限，对设计施工的深度精度、质量安全的标准和多专业的协同均提出了更高要求，同时对实验室的洁净效果有一定的影响，给设计和施工的协同管理提出了更高的要求。

先进制造洁净实验室关键环节是MEP管线工程，然而大多数情况下，设计方与施工方会各自建立独立的BIM模型，信息依旧在设计施工之间没有传递。设计方和施工方根据自身的规范要求与专业技术要求对BIM应用有不同的需求：对于设计方应用BIM技术，更多的是关注模型成果；而对于施工方应用BIM技术，更多的是注重建造过程和建造方式。在这种情况下BIM无法发挥其最佳效益，却使设计方与施工方等多专业间的协同有待改进，存在现场管线安装、现场支吊架模块化拼装均与BIM参数化模型脱节，与BIM模型不易协同等设计、施工不协同问题。

4.3.2　关键技术

4.3.2.1　施工工艺流程

针对需解决的关键性问题，本技术三项关键技术的工艺流程、操作要点如图50、图51所示。

4.3.2.2　BIM在先进制造洁净实验室上的一体化应用

BIM技术采用3D数字技术，通过信息集成实现，将BIM技术应用于设计施工一体化项目中，建立设计施工一体化BIM模型，提供多专业协同管理平台，实现集成化管理和协同化管理。同时也是一种较强的可视化技术，将对施工进程进行展示与指导，对施工问题充分检查，对产生的问题能够利用移动设备传到云端服务器中，进而将问题有效、快速地解决。除了可以对建筑和结构是不是一致的情况进行

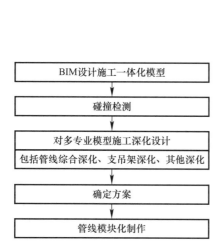

图 50 先进制造洁净实验室的设计施工一体化的
模型及模块化应用深化设计工艺流程图

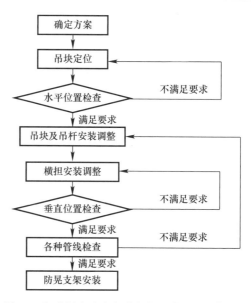

图 51 先进制造洁净实验室的设计施工一体化的
模型及模块化应用施工工艺流程图

有效检查以外，还可以对水、电等不同专业在设计时产生的使用能力异常情况进行有效检查，具有明显的协调效果。

4.3.2.3 先进制造洁净实验室多专业模型信息化协同分析

提出设计模型建立与检查方法，对比分析传统二维深化和基于 BIM 技术的三维深化，对多专业施工深化模型的设计流程以及深化设计方法进行研究，对采用 BIM 技术解决管线综合、支吊架布设和相关土建深化等重难点进行详细深化方案设计与研究，对施工深化设计模型进行施工方案模拟分析和优化，使施工方案能够安全指导施工。

4.3.2.4 模块化施工应用技术

针对预制化加工而言，BIM 技术能够根据构件设计的具体要求进行设计，模拟加工工序，加工预制图纸信息直接提交。BIM 技术在不同专业合作的情况下，提供有效的平台，不同的参与者均能够把自身的建筑信息模型，利用加入中心文件的方式实现共享。对设计施工一体化 BIM 模型应具备的深度与功能要求进行研究，研究设计施工一体化 BIM 模型的整体设计流程，同时对设计施工一体化项目的 BIM 团队的组织架构及协同管理方法进行研究，为项目后期 BIM 应用工作提供保障。对深化设计模型的施工受限进行分析，以及对多专业协同机制及深化过程中发现的冲突问题的处理方法进行研究，总结 BIM 深化模型协同处理机制。对施工深化模型进行施工方案模拟分析，更直观地发现方案中的组织问题和技术问题，并及时予以解决，提高施工方案的可靠性和安全性。MEP 管线预制装配化全过程包括五个阶段：预制构件设计、预制加工、运输、安装、运维。为了实现基于 BIM 的 MEP 管线预制装配化施工工艺研究，需要从 MEP 管线预制装配化全过程的角度分析组织、过程、信息和系统等要素，研究不同参与方在不同阶段的需求及各种工程信息的转化和集成方法，针对参与方，多环境、多业务情况下信息如何有效快速传递等问题展开讨论。相比于现场传统加工安装，MEP 管线模块化施工能带来更高的经济效益。

5 社会和经济效益

5.1 社会效益

季华实验室一期建设项目完成了四项科学技术成果，其中三项获广东省工法。针对由七个单体组成的大型群体项目采用智慧工地建设，其中大直径菱形花格钢结构施工仿真与智慧监控施工技术，解决了制作尺寸、安装顺序、精确定位的关键性问题，得到业内一致好评。该工程获得 2020 年广东省建筑业新技术应用示范工程（达到国内领先水平）、2021 年度广东省建设工程金匠奖、2021 年广东省建筑业绿色施工示范工程、2020—2021 年度中国建设工程鲁班奖（国家优质工程）。

5.2 经济效益

施工过程中成功运用建筑业新技术，自主创新四项科学技术成果，有效提高了施工效率及工程质量，工程造价 48288.69 万元，经济效益约 100 万元。顺利承接季华实验室二期建设项目。

6 工程图片（图 52～图 57）

图 52　七个单体组成的大型群体项目立面

图 53　C1 栋鸟瞰图

图 54　B1 栋科技孵化中心外围护，
造型独特、复杂，钢结构安装定位精准

图 55　B4 栋 33.9m 高大支模

图 56　各种实验室建筑功能要求各异（恒温恒湿、
高洁净度、防辐射、防电磁干扰等）

图 57　机电安装管线集成、
配合、协调、美观

黄冈中学新兴学校

朱东烽　张伟生　潘健明　颜新星　陈祺荣

第一部分　实例基本情况表

工程名称	黄冈中学新兴学校		
工程地点	广东省云浮市新兴县新城镇惠能中学东侧		
开工时间	2018 年 6 月 25 日	竣工时间	2019 年 7 月 5 日
工程造价	4.27 亿元		
建筑规模	总建筑面积 10.72 万 m²		
建筑类型	教育建筑		
工程建设单位	广东筠富教育有限公司		
工程设计单位	广东省建筑设计研究院有限公司		
工程监理单位	广东鼎建工程咨询监理有限公司		
工程施工单位	广东精宏建设有限公司、广东筠诚建筑科技有限公司		

续表

项目获奖、知识产权情况
工程类奖： 1. 国家优质工程奖； 2. 国家装配式建筑评价标准范例项目。 科学技术奖： 1. 广东省土木建筑学会科学技术一等奖（2项）； 2. 广东省土木工程詹天佑故乡杯奖； 3. 广东省工程勘察设计行业协会科学技术二等奖。 知识产权（含工法）： 省级工法： 1. 装配式混凝土构件钢筋冷挤压套筒连接节点施工工法； 2. 基于信息化和 BIM 的无人机三维实景技术施工工法。 实用新型专利： 1. 一种预制梁柱节点； 2. 一种装配式预制柱钢筋挤压套筒连接结构； 3. 一种装配式混凝土梁柱节点结构； 4. 一种预制混凝土竖向构件安装用钢筋定位装置； 5. 一种装配式建筑钢筋连接用的多压痕挤压钳。 计算机软件著作权： 1. BIM4D 三维实景进度管控系统； 2. 无人机实景建模航拍助手软件； 3. 无人机三维实景模型画笔功能软件； 4. 无人机三维实景模型建筑面积测量软件； 5. 基于施工进度过程的 BIM 信息化的工程项目实景化显示软件 V1.0； 6. 基于物联网信息技术的建筑工程无人机三维实景施工进度管理系统； 7. 无人机三维实景模型区域编辑软件。

第二部分 关键创新技术名称

1. 装配式混凝土构件钢筋冷挤压套筒连接节点施工技术
2. 基于信息化和 BIM 的无人机三维实景技术

第三部分 实 例 介 绍

1 工程概况

本项目为校园建筑项目，位于云浮市新兴县新城镇惠能中学东侧。项目总建筑面积 10.72 万 m^2，包含 24 个单体，最高 11 层/47m，结构形式为框架混凝土结构，其中 J10、J14、J15、J16、J18、J19 等 6 栋教学楼采用装配式建造方式，装配式建筑总面积约 3 万 m^2。各栋装配式建筑塔楼的首层柱及坡屋面为现浇混凝土，2～6 层采用装配式框架，共 5 个标准层，包含 5 种预制构件：预制柱、预制外墙板、预制叠合梁、预制叠合板、预制楼梯（图 1、图 2）。

根据国家《装配式建筑评价标准》GB/T 51129—2017，黄冈中学新兴学校装配式项目各栋塔楼的装配率均在 60% 以上，达到国家装配式建筑 A 级标准，是粤西地区装配率最高、建筑面积最大的装配式 PC 建筑。本项目采用与华南理工大学研究团队联合开发的钢筋冷挤压套筒＋钢管定位梁柱节点体系，该节点体系已经过试验和工程项目实践双重验证，节点安全可靠，施工方便快捷。同时，采用了基于信息化和 BIM 的无人机三维实景技术，以可视化、实景化的方式保证施工进度和工程质量，解决传统工程管控效率低、管理成本高、信息管理零碎等问题。

本项目荣获国家优质工程奖、国家装配式建筑评价标准范例项目、广东省土木建筑学会科学技术一等奖等荣誉奖项，并获广东省省级工法 2 项。

图 1　综合楼实景图

图 2　高中教学楼实景图

2　工程重点与难点

2.1　工期紧凑

根据施工总承包合同，本工程总工期仅 1 年，总建筑面积超 10 万 m²，需完成 24 栋建筑单体的主体结构施工和室内外装修工作，包括教学楼、综合办公楼、宿舍楼、体育馆、食堂等不同功能类型的建筑，整体工期要求较紧张。

2.2　装配式建筑实施要求高

本项目大规模地采用了装配式建筑方式建造，装配式建筑面积超 2 万 m²，且装配率高，预制构件类型多，水平、竖向构件均采用预制方式，施工难度较大，施工安全和施工技术要求较高，装配式 PC 构件全流程管控难度大。

2.3　采用英伦古典建筑风格，造型众多

校园整体采用了英国中世纪向文艺复兴过渡时期的外形对称柱式建筑风格，运用了较多的坡屋顶、老虎窗、女儿墙、阳光室等建筑语言和符号，同时，双坡陡屋面、深檐口、外露木构架、砖砌底脚等英式建筑的主要特征也有所体现，造型众多，施工工艺要求高。

为解决上述重难点问题，本项目在充分发挥传统施工技术优势基础上，积极采用新技术和新工艺，对标准化程度高的 6 栋教学楼大规模采用装配式建造方式，采用我司和华南理工大学土木交通学院研究团队联合研发的装配式混凝土构件钢筋冷挤压套筒连接技术体系，提升施工效率，并积极采用信息化管理手段，采用行业先进的无人机三维实景技术，实现整个项目的全生命周期信息化管理，极大提高工程管理效率，降低项目建设成本。

3　技术创新点

3.1　装配式混凝土构件钢筋冷挤压套筒连接节点施工技术

工艺原理：

该节点施工技术是将现有的钢筋冷挤压套筒连接技术应用到装配式混凝土结构中，并增加定位钢管优化而成。在本节点体系中，上、下层柱和梁的下半部均采用预制构件，而梁的上部和节点区域采用现浇混凝土。各预制柱的底面预留 $D80mm$ 孔道，顶面预埋 $D60mm$ 钢管。构件起吊安装时，将下层预制柱顶面预埋伸出的钢管直接插入上层预制柱底面的预留孔道中，实现相邻楼层预制柱的快速对接定位，相邻楼层预制柱之间的纵向钢筋采用冷挤压套筒连接，再浇筑节点区混凝土。

技术优点：

（1）定位钢管实现快速精准定位。20mm 的容差值既可实现预制柱的快速对接，又可配合调整斜支撑实现预制柱精确定位。

（2）施工速度快。套筒单次挤压耗时约 1.5min，可产生三道压痕，通过两次挤压共耗时 3min 即可完成一根套筒的挤压操作，且节点区混凝土浇筑后的脱模时间较灌浆料的养护时间要少，整体工期较灌浆套筒连接可节省约 1d 每个标准层。

（3）接头传力有效，可检测性强。按《钢筋机械连接技术规程》JGJ 107—2016 要求，现场随机选取试件作拉伸试验，结果显示断裂位置全在钢筋母材上，合格率达 100%。

（4）适用范围广。挤压套筒连接可用于连接直径 18～50mm 各种牌号的带肋钢筋，适用于预制柱的连接，也适用于预制剪力墙等构件的连接。

鉴定情况及专利情况：

本技术已通过广东省土木建筑学会的科技成果鉴定，达到国内领先水平，并获得实用新型专利 5 项。此外，本技术荣获广东省土木建筑学会科学技术一等奖 1 项、广东省省级工法 1 项，广东省工程勘察设计行业协会科学技术二等奖 1 项，相关成果编入广东省团体标准《装配式混凝土结构钢筋冷挤压套筒连接技术规程》T/GDSCEA 001—2023、T/GDJSKB 010—2023，可用于规范指导省内装配式建筑设计和施工。

3.2 基于信息化和 BIM 的无人机三维实景技术

工艺原理：

基于信息化和 BIM 的无人机三维实景技术是结合无人机倾斜摄影技术、云计算技术和 BIM 技术，将场地或建筑转换为信息化模型，并通过开发 BIM4D 三维实景进度管控平台，实现项目三维实景展示、远程项目进度管控、工程回溯以及远程工程测量的施工技术。本项技术的重要基础组成部分是无人机三维重建。基于摄影三维重理论，通过倾斜摄影技术让飞行器搭载具备多角度旋转功能的传感器，从一垂直、四侧视等不同角度采集建筑影像，从而获取丰富、真实的建筑外观纹理信息，进而对建筑物进行三维重建。

技术优点：

（1）基于信息化和 BIM 的无人机三维实景技术，突破设计图纸、施工现场照片等二维信息介质传递的局限性，将场地或者建筑实体转为具有时间、空间和地理信息的数字化模型，提供一种高效施工信息管理化工具。

（2）开发一种基于 BIM 技术的云端信息化管控平台并用于企业级管理中，确实做到提高企业对项目的管理效率，进一步加强项目进度管控。

（3）在建筑工程三维实景模型基础上，实现建筑项目规划阶段、施工进度与质量管控的"虚实结合"或"实景融合"技术应用、水平距离与建筑面积测量和高程测量等智能化工程应用，提高施工效率，同时有利于保证施工质量。

鉴定情况及专利情况：

本技术已通过广东省土木建筑学会的科技成果鉴定，达到国际先进水平，并获得计算机软件著作权 7 项。此外，本技术荣获广东省土木建筑学会科学技术一等奖 1 项、广东省省级工法 1 项，云浮市科技进步二等奖 1 项。

4 工程主要关键技术

4.1 装配式混凝土构件钢筋冷挤压套筒连接安装综合施工技术

4.1.1 概述

本技术以装配式混凝土构件钢筋冷挤压套筒连接梁柱节点施工技术为核心，并参考现有的国标装配式混凝土结构技术的做法经验，形成一套完整的装配式混凝土结构构件安装综合施工技术。该技术可有效保障建筑结构的整体受力性能，其力学性能和抗震性能均满足国家规范和设计要求，同时能满足项目建设周期短、施工过程绿色环保、无废水废气及噪声污染等要求。

4.1.2 关键技术

4.1.2.1 施工工艺流程

本技术包括预制柱、预制叠合梁、预制叠合板、预制外墙等构件的安装和节点区的浇筑。主体结构标准层的施工流程如图 3 所示。

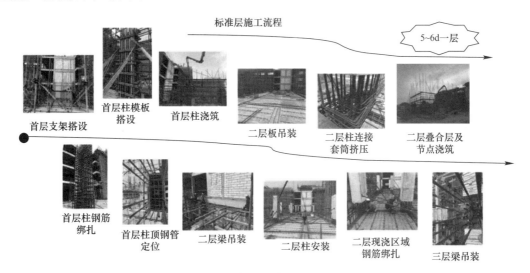

图 3　标准层施工流程图

4.1.2.2　节点研发设计和验证

1. 节点研发设计

装配式混凝土构件钢筋冷挤压套筒连接节点体系是在现有挤压套筒连接技术的基础上，通过增加定位钢管优化形成。节点体系上、下柱和梁的下半部均采用预制构件，梁上部和节点区域现浇混凝土。上柱预留 $D80\text{mm}$ 钢套管，下柱预埋 $D60\text{mm}$ 钢管，安装时将下柱的预埋钢管直接插入上柱的预留孔道中，实现预制柱的快速对接连接，同时钢管贯通节点区域，增大结构可靠度。柱纵向钢筋通过冷挤压套筒连接，梁上部的支座负筋贯通节点区域，梁底部纵向钢筋锚固到现浇节点区。其主要技术性能指标如下：

（1）钢筋冷挤压套筒连接件的抗拉强度高于所连接钢筋的设计强度，达到《钢筋机械连接技术规程》JGJ 107—2016 Ⅰ级接头要求。

（2）采用本技术体系施工的预制梁柱节点达到现浇混凝土节点的抗震性能指标要求，即等同现浇（图 4）。

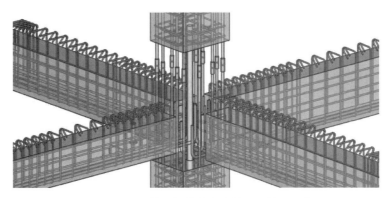

图 4　挤压套筒＋钢管定位连接梁柱节点示意

2. 试验验证

本技术试验研究主要包括装配式节点试件和全现浇试件的低周反复荷载抗震性能对比试验研究和震损试件的轴压承载力试验研究。

首先，对装配式梁柱节点的抗震性能进行了研究，按照《建筑抗震试验规程》JGJ 101—2015 中规定的拟静力试验方法，衡量节点在低周往复荷载作用下的抗震性能。根据节点的滞回曲线数据，对比各个试件的滞回曲线，结果如图 5 所示。

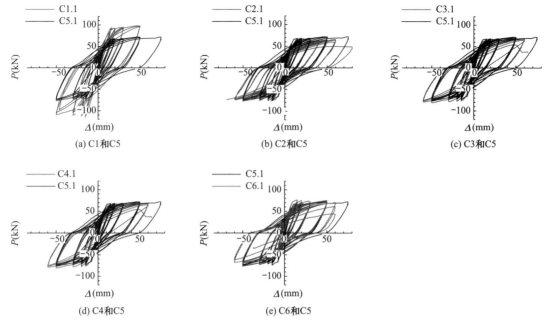

(a) C1和C5　　　　　　　(b) C2和C5　　　　　　　(c) C3和C5

(d) C4和C5　　　　　　　(e) C6和C5

图 5　试件滞回曲线对比

由图 5 可知，全现浇试件和装配式试件的滞回曲线基本重合，说明该类型节点的耗能能力与全现浇试件相当，该类型的节点可以代替全现浇试件使用。

同时，使用 Abaqus 建立非线性有限元模型，通过非线性有限元的计算分析结果与试验得到的骨架曲线吻合较好，钢筋套筒未破坏，说明建立的梁柱节点有限元模型合理，选取的材料属性、结构的加载制度、边界条件、材料间的关系的模拟是合理的。表明该节点体系具有良好的抗震性能，可安全地用于装配式混凝土建筑中（图 6）。

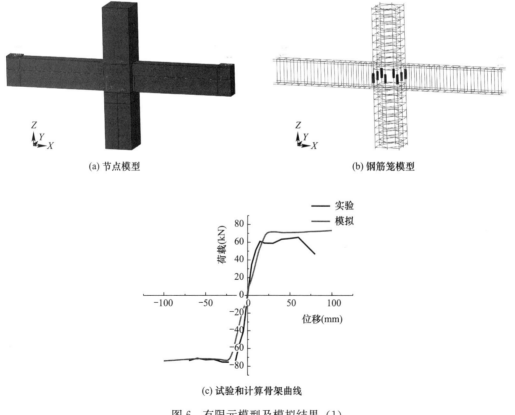

(a) 节点模型　　　　　　　　　　　　　　(b) 钢筋笼模型

(c) 试验和计算骨架曲线

图 6　有限元模型及模拟结果（1）

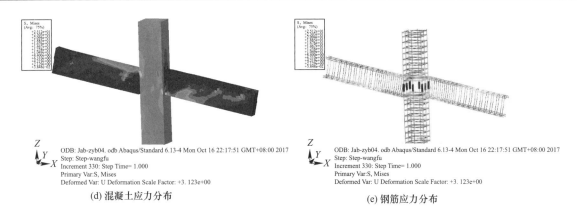

(d) 混凝土应力分布   (e) 钢筋应力分布

(f) 挤压套筒应力分布

图 6 有限元模型及模拟结果（2）

最后，对装配式节点进行震后轴压试验，表明经历了低周反复荷载作用后，在施加轴向压力下装配式梁柱节点和全现浇节点的节点均未破坏，上柱和下柱破坏严重。装配式梁柱节点的节点区域在经过低周反复荷载作用后性能良好，仍然能够发挥传递竖向荷载的作用，满足"强节点，弱构件"的抗震设计理念（图7）。

图7 低周反复荷载试验后的轴压试验研究

4.1.2.3 主要施工工艺

本技术主要涉及各类预制构件的安装连接和节点区混凝土的浇筑。施工工艺关键在于预制柱的安装连接及节点区混凝土的浇筑，而其余预制构件（包括叠合梁、叠合板等的安装连接）与当前装配式建筑常用的安装方法基本一致，本实例不再赘述。预制柱的安装连接及节点区混凝土的浇筑工艺要点如下。

1. 清理预制柱底、楼面柱位

预制柱底部灰尘、杂物清理、清洗干净，对现浇楼层（如首层）柱位进行打凿拉毛处理，清理柱位内的建筑杂物、混凝土渣，保证新旧混凝土咬合力，增大摩擦力，杜绝渗流、裂缝、强度不足等问题。

2. 架设激光水平仪，安放套筒

将水准仪架设在两控制线相交的位置上，打开水准仪 H、V 激光线，使水准仪 V 激光线重合于控制线，旋转水准仪，使水准仪 V 激光线重合于另外一条控制线，如图8所示。

将不同规格型号的套筒分类堆放，由套筒中线向两边各量出 5mm，涂上红漆标记为严禁挤压区。钢筋直径与套筒内径有一定缝隙，安放套筒时，套筒会由于自重，沿钢筋向下滑落，安装时根据挤压套筒的长度，从钢筋接头缝隙中心向上或向下测量出套筒 $(L-a)/2$ 的距离刻上定位标记。在定位标记处安装固定飞轮，并以固定飞轮为支承点托稳套筒，如图9所示。

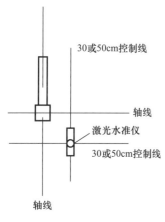

图 8　水准仪架设示意图

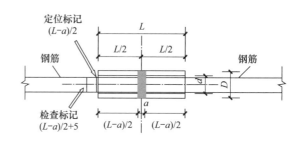

图 9　套筒与钢筋定位示意图

L—挤压套筒长度（mm）；d—套筒内径（mm）；D—套筒外径（mm）

3. 吊装预制柱

（1）吊装前先检查钢丝绳、钢丝绳扎头、卸扣是否完好无损坏。在预制柱顶部用两吊爪扣锁吊钉，两钢丝绳锁挂在起重机主钩上；预制柱侧面用钢丝绳连接两吊栓扣锁预留套筒，钢丝绳锁挂在副钩上；安装安全带、缆风绳，安全带锁挂在主钩上。起重机主钩与副钩同时缓慢升起，直至钢丝绳完全受力绷紧，然后停止起吊，检查钢丝绳、吊爪、卸扣是否完全受力。在受力均匀后继续上升，当预制柱离地面 1m 时，主钩缓慢上升，副钩缓慢下降，直至副钩钢丝绳不受力，然后拆卸预制柱侧面吊爪，松脱副钩钢丝绳，主钩继续上升至安装楼层。

（2）预制柱吊装至预定位置上空约 1m 处时略作停顿，缓慢下降预制柱，使预制柱底部预埋钢管套对准下层柱顶面的预埋钢管，转动预制柱，使预制柱有标志的一面与设计图纸标示方向一致，柱边与放线柱位边线重合，钢筋对准下层柱预留钢筋，起重机继续下降，直至钢管顶面接触柱底钢套管底套。

（3）清理钢筋端头浮锈、泥砂、油污等杂物，把套筒向上移动至标记位置，卡上飞轮稳固套筒，少数因超公差而不能插入套筒的钢筋需对端部肋位进行打磨。对于伸出长度超过 10mm 容差的钢筋，需通过打磨机打磨端头，确保钢筋能对中并挤压连接；对伸出长度过短且端头间距超过 30mm 的钢筋，因套筒有效长度不足，不再使挤压套筒连接，可以通过焊接钢筋搭接，搭接长度单面焊不少于 10d，双面焊不小于 5d（d 为钢筋直径）。

4. 安装斜支撑，调校垂直度

预制柱钢管、套筒对准套入后，每根柱子最少 4 道支撑，分别在长度和宽度方向上 2/3 柱高设两道长斜支撑，1/5 柱高设两道短斜支撑。把斜支撑旋转至松动状态，通过水准仪测量预制柱上下端距控制线的距离，调整斜支撑，直至上下两端的距离相同，确保预制柱垂直度符合要求后，旋紧斜支撑调节螺旋。

5. 挤压套筒

（1）套筒挤压时，需先挤压柱四角套筒，然后挤压各边套筒；挤压次序应沿对角或对半进行，如图 10 所示。

挤压时通过可升降平台提升挤压钳至套筒外壁标记位置，使挤压钳内的动压模与红漆标记边缘重合；旋转挤压钳，使动压模垂直于钢筋横肋。控制挤压机换向阀进行挤压，挤压结束后解开卡板，放松挤压头并通过可升降平台挤压机至下一位置继续

图 10　套筒挤压次序

挤压。套筒挤压顺序由套筒中央逐道向端部压接，如图 11 所示。禁止由端部向中部挤压。

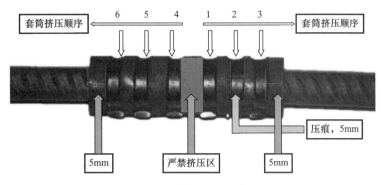

图 11　套筒挤压次序

（2）钢套筒、压模型号及压接参数选择。

不同规格钢筋通过冷挤压套筒连接时，钢套筒型号、压模型号及压痕最小直径、压痕最小总宽度应符合表 1 要求。

不同规格钢筋对应施工参数　　　　　　　　　　　　　　表 1

连接钢筋规格		钢套筒型号	压模型号	压痕最小直径允许范围（mm）	压痕总宽度（mm）	挤压道数（每侧）	挤压力（tf）	油压（MPa）
C	16	TC16	M16	27～29	≥40	3	30	42
C	18	TC18	M18	27～29	≥40	3	35	42
C	20	TC20	M20	29～31	≥45	3	40	42
C	22	TC22	M22	32～34	≥45	3	45	47
C	25	TC25	M25	37～39	≥50	3	50	52
C	28	TC28	M28	41～44	≥55	4	55	58
C	32	TC32	M32	48～51	≥60	5	60	63

6. 节点区域模板安装和混凝土浇筑要点

为保证节点区混凝土浇筑密实，本技术采用模板预留斜槽和构件预留灌料口的方式。首先在柱边线上钉上压脚板，安装侧模板，锁结步步紧，锁结木枋对拉螺杆，开切下料斜槽，开泄水孔，调校模板，模板完成后如图 12 所示。

图 12　预制梁柱节点现浇区模板

（1）浇筑混凝土时，首先从斜槽位置灌入。当混凝土灌至斜槽口位最低位置时，预留 10～20mm 空隙。

（2）由预制柱灌料口灌入混凝土，直灌至两斜槽口溢出混凝土且灌料口混凝土面不再下沉。

（3）通过侧槽继续浇筑混凝土至斜槽中混凝土面高出柱顶结合面10～15mm。

浇筑过程中需边浇筑边振捣，在振捣时应同时轻轻敲击模板，检查侧模周边混凝土是否已填充完成。

4.2　无人机三维实景技术

4.2.1　概述

目前，对工程项目进度和质量管理主要依靠现场检查、项目巡检，或者以微信作为基本通信工具的"照片汇报"等传统手段和方法，这些传统方式方法虽然有效，但也存在明显的劣势，包括管理效率低、管理成本高、管理效果不理想等。

为响应当前建筑业高质量发展的客观要求，解决行业现状痛点，我司提出了基于信息化和BIM的无人机三维实景技术。本技术的重要基础组成部分是无人机三维重建。其主要原理为：基于摄影三维重建理论，通过倾斜摄影技术让飞行器搭载具备多角度旋转功能的传感器，从一垂直、四侧视等不同角度采集建筑影像，从而获取丰富、真实的建筑外观纹理信息，进而对建筑物进行三维重建，实现项目的全生命周期信息化管理，降低项目建设成本，为建筑行业的各类工程提供参考和借鉴。

本技术的实施路径如下：

（1）通过无人机三维重建理论分析、试验研究和实际项目落地测试，形成一套适用于土木建筑领域的无人机数据采集理论和作业流程。

（2）提出基于信息化和BIM的无人机三维实景技术，突破设计图纸、施工现场照片等二维信息介质传递的局限性，将场地或者建筑实体转为具有时间、空间和地理信息的数字化模型，提供一种高效施工信息管理化工具。

（3）研究并开发一种基于BIM技术的云端信息化管控平台并用于企业级管理中，切实做到提高企业对项目的管理效率，进一步加强项目进度管控。

（4）在建筑工程三维实景模型基础上，实现建筑项目规划阶段、施工进度与质量管控的"虚实结合"或"实景融合"技术应用、水平距离与建筑面积测量和高程测量等智能化工程应用，提高施工效率，同时有利于保证施工质量。

通过上述方案的实施，本技术可实现以下优势：便于管理部门及时掌控工地现场状况，避免人为主观影响因素；减少项目管控的人工成本和时间成本；提供各个阶段可视化的三维实景数据，包括模型空间信息、土方量等；压缩作业时间和计算时间，提高沟通、设计和项目前期招标投标效率。

4.2.2　关键技术

4.2.2.1　总体部署和工艺流程

根据无人机倾斜摄影三维重建理论分析，通过对软件测试开发以及无人机倾斜摄影试验，完成了无人机三维重建技术落地实现。无人机影像数据采集流程和建模流程具体如图13、图14所示。

基于无人机采集作业和影像建模的研究成果，编制无人机指导手册，包括《建筑工程无人机三维重建技术作业指导书》《建筑工程无人机三维重建技术作业指导书（Mavic 2 Pro）》和《建筑工程无人机三维重建技术管理制度》。这些指导手册简明易懂，适用于建筑、市政、道路等各个方向的项目采集作业，实现项目的实景化展示、可视化技术交底。

4.2.2.2　工艺方案

1. 实景模型和BIM的进度管控

利用无人机三维实景模型收集实地环境信息，可获得拟建项目地理信息，掌握现场与周边建置状况。为了有效管控建设进度并更直观地分析与优化方案，通过创建叠合模型，准确获得建设工程与周边的地理环境，包括建筑建设位置、平面布局、建筑红线等。叠合模型的创建流程为：建立BIM模型→转换为OBJ模型→三维实景模型导入OBJ模型→调整OBJ模型位置→完成模型叠合。具体应用如下。

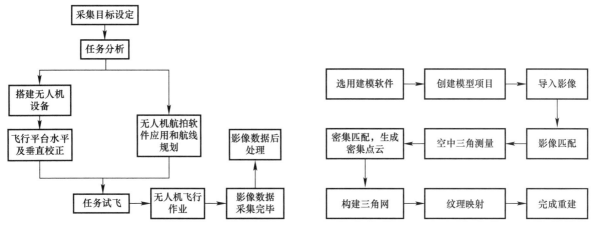

图 13　无人机三维实景技术采集作业流程图　　　图 14　无人机三维模型重建流程图

1）规划阶段

在规划阶段，将 BIM 模型与三维实景模型进行叠合，使管理员能够进行设计模型和实际环境的对比，对规划阶段的潜在风险和土方平衡的合理性作出评估。

2）建设阶段

在建设阶段，项目管理人员、工程技术人员可在几分钟内掌控该项工程的已完成部分、未完成部分以及待开发区域实景化信息，以及项目的周边环境信息，相比于查阅项目汇报、现场巡查，大幅度减少了项目工作量。

3）全生命周期应用

三维实景模型的进度管控技术为项目实现了远程掌控项目整体进度、可追溯源头。管理人员可远程掌握项目整体进度，便于合理安排及调整施工组织方案，提高生产效率，保证工程如期交付，且可在任何有网络的地方调阅、对比项目过往模型（图 15）。

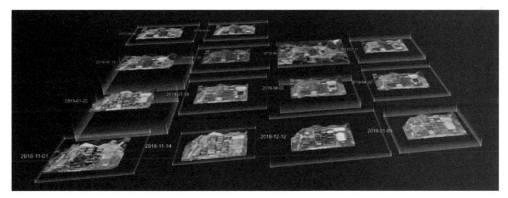

图 15　黄冈中学新兴学校项目施工全过程实景模型

2. 基于无人机三维实景技术的工程智能测量

1）直线、面积和高程测量

作为无人机三维实景模型的智能应用功能，管理人员可在三维实景模型上进行建筑细部的直线测量、面积测量和高程测量，快速获取实际测算数据，便于实体建筑尺寸和施工图纸设计尺寸的复核（图 16）。

2）地形图绘制

地形图测绘作业量大，测绘时间较长，成本较高。我司将本技术应用在新兴学校选址项目，通过无人机三维重建技术的采集和建模，成功建立了该工程的三维实景模型。基于该三维实景模型成功绘制工程的初步地形图。传统人工测绘作业需要 1～2 周，本技术的运用则一般为 6d，作业效率提高 50％，减少工作量、缩短生产周期，满足项目建设快速完成测绘任务的要求。

3）土方测量

利用三维实景模型内部信息可直接测量和计算土方的工程量，仅需几分钟，能大幅度提高土方测量效率，在更短的时间内为工程项目前期土方量估算和场地土方招标投标的计量提供参考依据（图 17）。

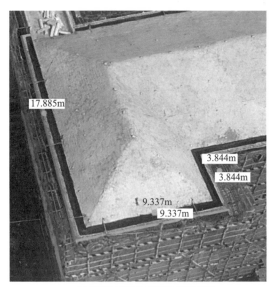

(a) 基于三维实景模型的直线测量　　　　　　　(b) 基于三维实景模型的面积测量

图 16　黄冈中学新兴学校项目实景模型建筑细部直线和面积测量

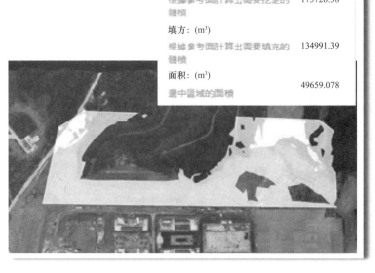

图 17　黄冈中学新兴学校项目三维实景模型挖方量数据

3. 安全文明施工监管

安全管理是建筑施工管理过程中非常重要的环节，利用无人机技术监控工程行为，从不同高度、不同角度监督工程施工是否规范。通过无人机高空监控，技术人员、管理人员能从无人机云平台实时回传的影像中检查施工是否存在安全隐患、场地是否干净整洁等，可在半个小时内发现类似上述问题，相比传统工地巡查时间压缩了80%以上（图18）。

图18　黄冈中学新兴学校项目安全文明施工监管

4. 在道路、市政等其他领域的应用

本技术除了在黄冈中学新兴学校等建筑项目应用之外，还可推广应用于道路、市政等建设工程中，打破人工踏勘的视野局限性，以实景化的方式超远程展示大规模的地貌状况。该项技术克服地形崎岖、交通状况差的劣势，为该工程的建设提供大量实景数据，大幅度减少技术人员的外出作业，避免了复杂、恶劣环境的作业风险（图19）。

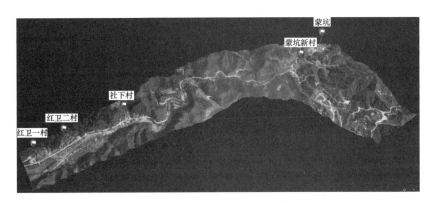

图19　省道S276三维实景模型

5　社会和经济效益

5.1　社会效益

5.1.1　装配式混凝土构件钢筋冷挤压套筒连接安装综合施工技术

本技术是在现有成熟技术基础上进行升级优化后提出的一种新型装配式混凝土结构钢筋冷挤压套筒连接技术体系，在项目建造过程中，通过采用装配式建筑，取得了良好的社会效益。

（1）通过采用装配化施工手段、机械化连接方式和干式施工方法，施工现场基本无噪声及扬尘，施工过程绿色环保，体现了装配式建筑在环保方面的优势，与当前国家的新发展理念相吻合。

（2）本技术体系的成功落地，达到了试验和工程实践的双重验证效果，表明其具备良好的结构受力性能，可安全应用于房屋建筑中，有利于减轻人民群众在装配式建筑安全性方面的顾虑，提升装配式建筑的认可度，对我省装配式建筑的发展起到较好的示范带动作用。

（3）通过采用本技术体系，有效提高了工程项目的施工效率，在工期和成本上具有明显优势，可提升装配式建筑的竞争力，推动装配式建筑的市场化应用。

5.1.2　无人机三维实景技术

（1）减少作业环境风险，保护作业人员安全。本技术利用无人机三维实景技术建立项目的模型，用于模型展示、技术交底等。克服偏远山区、地理环境复杂的劣势，为项目建设提供大量实景数据，减少工程技术人员的外出高强度作业，避免复杂、恶劣环境的作业风险，为工作人员安全提供保障。

（2）提高工作效率。常规派遣人员进行安全文明施工检查的方式，难以快速大范围地巡查，无法及时排查施工隐患、检查工地整洁情况等。采用本技术在工程各个阶段协助安全文明施工管理，减少现场巡查时间，有利于提高工作效率。

（3）在项目选址阶段，采用无人机测绘技术，较传统地形图测绘作业，效率约提高 50%，可明显缩短生产周期，降低成本，具有重要的推广意义。

5.2　经济效益

5.2.1　装配式混凝土构件钢筋冷挤压套筒连接安装综合施工技术

（1）与常用的灌浆套筒连接施工技术相比，采用装配式混凝土结构钢筋冷挤压套筒连接技术，可直接降低钢筋接头连接件的材料成本，减少工程的一次性投资。参考当前市场价格，上述两种接头形式对应的材料单价如表 2 所示。而本项目实际采用套筒数量为 10800 个（不计损耗）。按套筒平均单价节省 63 元/个计算，节省钢筋连接套筒材料费用约 68.05 万元。

接头材料单价对比表　　　　　　　　　　　　　　　　表 2

钢筋直径 （mm）	冷挤压套筒材料单价 （元/个）	灌浆套筒材料单价 （元/个）	灌浆套筒/冷挤压套筒
16	7.9	67.72	857.2%
20	9	75.19	835.4%
平均值	8.45	71.46	845.7%

（2）施工效率方面，钢筋冷挤压套筒连接的施工速度较常用的钢筋灌浆套筒连接快，挤压连接总体耗时约为 3min 一个套筒，而钢筋灌浆套筒连接需要进行基面坐浆、灌浆孔吹扫、灌浆料搅拌、坍落度检查等必要工序，准备工作多、耗时长，单个灌浆套筒连接平均耗时需 4min 左右，经大体测算，采用钢筋冷挤压套筒连接的整体工期可比灌浆套筒连接节省约 1d 每个标准层。而工期的节省可带来施工机械租赁费用、人工费用等工程各项成本的相应降低，同时可获得业主的工期奖励、书面嘉奖等额外收益，整体经济效益良好。

5.2.2　无人机三维实景技术

（1）采用该技术进行项目全生命周期管理，降低工程综合建设成本，为项目各参与方提供真实、准确、灵活且成本低的工程项目信息化管理手段。技术自 2018 年至今已新增无人机技术服务合同 5 个，为企业产生直接经济效益 57.98 万元、间接经济效益 144.03 万元，为施工企业创造了新的市场竞争力。

（2）开发 BIM4D 三维实景进度管控平台，迄今已为集团实现 28 个建设项目的周期性记录监管、回溯检查及跨地域时间管控，每年可为集团 28 个项目产生约 302 万元经济效益。

6 工程图片（图20～图24）

图 20 冷挤压套筒连接装配式梁柱节点施工照片

图 21 黄冈中学新兴学校项目预制构件吊装

图 22 黄冈中学新兴学校项目预制叠合梁吊装

图 23 黄冈中学新兴学校项目室内装饰完成实景

图 24 黄冈中学新兴学校项目完工实景图

广州市第六资源热力电厂土建施工总承包工程

赵晓彬　林　谷　成桃园　唐开永　梁瑞娟

第一部分　实例基本情况表

工程名称	广州市第六资源热力电厂土建施工总承包工程		
工程地点	广州市增城区仙村镇碧潭村		
开工时间	2016 年 9 月 29 日	竣工时间	2019 年 3 月 7 日
工程造价	1.89 亿元		
建筑规模	建筑面积 48059m², 4 层（另设 2 层夹层），烟囱最大高度为 130m		
建筑类型	混凝土框架、钢框排架结构		
工程建设单位	广州环投增城环保能源有限公司		
工程设计单位	中国城市建设研究院有限公司		
工程监理单位	广州建筑工程监理有限公司		
工程施工单位	广州市第三建筑工程有限公司		

项目获奖、知识产权情况
工程类奖： 1. 2019 年广东省钢结构金奖（粤钢奖）； 2. 2019 年广东省土木工程"詹天佑故乡杯"； 3. 2020 年广州市建设工程优质奖； 4. 2020 年广州市建筑业新技术应用示范工程； 5. 2020 年广东省建设工程优质奖； 6. 2021 年国家优质工程奖； 7. 2021 年中国钢结构金奖； 8. 2022 年中国土木工程詹天佑奖。 科学技术奖： 1. 广东省土木建筑学会 2021 年度科学技术奖一等奖； 2. 广州市建筑业联合会 2020 年度工程建设科学技术发明奖； 3. 广东省土木建筑学会 2020 年度科学技术奖二等奖； 4. 广东省建筑业协会 2020 年度科学技术进步奖三等奖； 广东省建筑业协会 2019 年度科学技术进步奖二等奖。 知识产权（含工法）： 发明专利： 1. 钢筋混凝土结构深孔植筋施工方法； 2. 一种用于钢筋混凝土柱的斜撑架。 省级工法： 1. 超高单层大型电厂钢网架关键施工工法； 2. 塔式起重机附着悬臂柱结构加固施工工法； 3. 超高单层钢结构厂房金属外墙板吊装施工工法。

第二部分　关键创新技术名称

1. 超高单层大型电厂钢网架关键施工技术
2. 塔式起重机附着悬臂柱结构加固施工技术
3. 超高单层钢结构厂房金属外墙板吊装施工关键技术

第三部分　实例介绍

1　工程概况

　　广州市第六资源热力电厂土建施工总承包工程由焚烧锅炉厂房、烟气净化厂房、垃圾存储池、垃圾车卸料厂房和烟囱组成，为解决"垃圾围城"而建，是国内第一家设计、富有岭南园林风格的大型垃圾焚烧发电厂。该工程位于广州市增城区，占地约 13.3 万 m^2，建筑面积 48059m^2，工程造价 1.89 亿元。地基与基础采用冲孔灌注桩和天然地基。结构形式为钢筋混凝土结构＋钢结构。钢结构主要由格构柱、钢桁架及抗风柱组成。屋面为双层复合彩色压型钢板不上人屋面及防滑地砖上人屋面。屋面防水等级为一级。内装饰地面有地砖地面、环氧自流平地面、花岗石地面。外装饰墙面材料有外墙涂料、吸声外墙板。顶棚有矿棉吸声板吊顶、铝合金条板吊顶、涂料顶棚。机电工程包括给水排水系统、暖通系统、通风与空调、建筑电气、智能建筑与电梯工程等（图 1）。

2　工程重点与难点

2.1　超高单层大型电厂钢网架施工条件复杂

　　垃圾电厂主体结构复杂，样式较多，经常出现网架端部支撑柱结构形式不一样且在设备已进场安装条件下，如何解决超高单层电厂钢结构屋面网架安装的施工技术难题。

图 1　广州市第六资源热力电厂鸟瞰图

2.2　塔式起重机安全顶升难度大

塔式起重机安装缺少必要的附着结构，选取何种加固方式，若采用塔式起重机附着悬臂柱结构，承载力与变形要求是否满足要求？

2.3　超高单层钢结构厂房金属外墙板吊装难度大

在进行超高单层钢结构厂房金属外墙板吊装施工时，场地条件复杂，如何解决外墙板分区分段灵活作业、高效安全施工的问题？

3　技术创新点

3.1　超高单层大型电厂钢网架关键施工技术

工艺原理：

（1）结合现场施工条件，在大型起重机械可以覆盖的范围采用整体吊装法安装起步区，在设备钢结构框架上搭设满堂脚手架进行高空散装，其余部位进行悬挑高空散装，接着在其他位置的设备钢结构框架梁上搭设矩形钢管作为骨架，满铺花纹钢板并设置网架临时支撑胎架，以已安装的网架为起步区进行悬挑安装。

（2）根据网架安装顺序和临时支撑的布置，进行工况分析，临时支撑结构设计，对施工过程中的网架结构稳定性和挠度变形进行分析，保证施工安全和质量。

（3）在设备框架结构上搭设满堂脚手架操作平台或者搭设矩形钢管骨架满铺花纹钢板，在满足网架施工需求的同时，也作为对下方火电设备的安全防护措施。满铺脚手板或花纹钢板，可以有效防止高空坠物，相当于将作业空间分割成垂直的两个隔离空间，能有效解决成品保护的问题。此外，采用传统办法，在网架的下弦杆上绑扎尼龙防护网进行防护，形成双重防护。

（4）根据桅杆式起重机的工作原理，利用卷扬机和类桁架结构的支架，设计一种组合小型起重机械，将其固定在已施工的网架结构上，在已安装好的火电设备的空隙，通过卷扬机让单个网架锥体缓慢提升至安装位置，在提升过程中施工人员通过缆风绳控制锥体的行进路线。

技术优点：

（1）结合现场施工条件，在大型起重机械可以覆盖的范围采用整体吊装法安装起步区，在设备钢结构框架上搭设满堂脚手架进行高空散装，并以已安装的网架为起步区进行悬挑安装。解决了施工场地受限，不能使用大型起重设备的问题。

（2）自行设计起步架单排框架支撑胎架及门式槽钢支撑胎架，解决了网架安装过程中的强度、刚度和稳定性问题。

（3）采用 $\phi48mm$ 钢管、$\phi22mm$ 螺纹钢以及捯链设计成组合小型起重设备，解决起重机不能覆盖施工区域的网架吊装问题。

鉴定情况及专利情况："超高单层大型电厂钢网架关键施工技术"，2017年10月12日通过了广东省建筑业协会组织鉴定，技术成果达到国内领先水平。

3.2 塔式起重机附着悬臂柱结构加固施工技术

工艺原理：

（1）通过 Midas Gen 软件进行悬臂柱及结构受力复核，根据变截面悬臂柱不同部位的内力分布，并结合现状采取针对性的加固措施，使悬臂段 17.5m 的变截面柱能够满足塔式起重机附着的承载力要求。

（2）在悬臂柱变截面处的加固处理中，合理利用原有钢筋与新增钢筋共同受力，使小型柱结构满足承载力要求。新增钢筋采用植筋施工，植筋施工过程中使用了 BIM 三维模拟植筋定位技术。

（3）钢斜撑固定底座，结合柱顶支点的结构特点，采用 U 形螺栓和钢板制作成斜撑底座，能有效固定斜撑，传递斜撑的剪力及压力。

技术优点：

（1）塔式起重机附着悬臂柱结构加固施工技术，采用增强结构受力形式的思路进行结构加固，通过设计钢结构斜撑的方式，有效减小结构的受力，使已施工的结构能够满足承载力要求。与传统的外包钢结构加固措施相比，施工工艺更简单，成本更低，工期更短，后期结构恢复更加容易。

（2）通过 Midas Gen 软件进行结构复核，根据变截面悬臂柱不同部位的内力分布，并结合现状采取针对性的加固措施，合理利用原有钢筋与新增钢筋共同受力，使悬臂段的变截面柱能够满足塔式起重机附着的承载力要求。

（3）植筋定位：采用 BIM 三维模拟技术解决钻孔定位的难题。根据设计图纸以及现场附着结构钢筋的探测数据建立符合实际结构的三维模型，在模型中进行植筋钻孔预定位，可以避开植筋主体的内部钢筋，避免植筋钻孔破坏已施工的建筑结构。

（4）变钻头复钻成孔技术：植筋锚固深度为 800mm，钻孔深度不小于 810mm，钻孔直径 32mm，钻孔直径小、深度大，采用多次变钻头复钻成孔技术，该技术是指在钻孔过程中，若遇到混凝土内芯在中部断裂，剩余部分留在孔内无法取出时，采用更换小直径高硬度钻头将内芯钻碎，并通过水压返渣的方式将钻碎的混凝土渣清出孔内，如此循环，直至达到成孔要求。

（5）自行设计了一种钢斜撑固定底座。通过分析计算，采取斜撑、交叉撑等加固方式，钢斜撑固定底座，结合柱顶支点的结构特点，采用 U 形螺栓和钢板制作成斜撑底座，能有效固定斜撑，传递斜撑的剪力及压力，使 17.5m 悬臂柱能够满足塔式起重机附着结构的承载力与变形要求。

鉴定情况及专利情况："塔式起重机附着悬臂柱结构加固施工技术"，2017年10月12日通过了广东省建筑业协会组织鉴定，技术成果达到国内领先水平。

3.3 超高单层钢结构厂房金属外墙板吊装施工关键技术

工艺原理：

（1）超高单层厂房外墙板施工专用笼梯，通过依附在钢结构厂房框架上，可实现分段安装，水平移动，从而实现大面积外墙作业，移动频繁等高空平台作业。

（2）设置科学可靠的移动式吊装机具，可解决场地空间狭窄，无法利用大型起重机进行外墙钢结构龙骨节点板、檩条等构件的施工难题。

（3）利用厂房屋面钢网架体系，设置下悬式作业平台和安装机具，从而解决高空厂房女儿墙、抗风柱等较大钢结构构件安装无法利用大型起重机的难题。

（4）通过多功能壁挂式笼梯及水平移动通道，设置作业人员的上下、水平行走的安全防护措施，合理安排上下区间施工，保证作业安全。

技术优点：

（1）利用依附在钢结构厂房框架上的外墙板施工专用笼梯，无须消耗大量人力物力搭设传统的大面积外墙脚手架，提高了外墙板的安装效率，使得施工工期大大缩短。

（2）利用已有钢结构框架设置吊装机具，采用自下而上、从左到右移动顺序的施工工艺，解决了外墙钢结构龙骨节点板、檩条等构件的水平与垂直运输问题，可操作性强，降低了施工成本，经济效益显著。

（3）利用厂房屋面钢网架体系，设置下悬式作业平台和安装机具，代替传统的大型起重机进行高空厂房女儿墙、抗风柱等较大钢结构构件安装，施工方便快捷，安全可靠。

（4）利用多功能壁挂式笼梯及水平移动通道，方便施工作业人员上下操作平台与水平行走，使用便捷高效，确保了作业人员施工安全。

鉴定情况及专利情况："超高单层钢结构厂房金属外墙板吊装施工关键技术"，2019年3月29日通过了广东省土木建筑学会组织鉴定，技术成果达到国内领先水平。

4 工程主要关键技术

4.1 超高单层大型电厂钢网架关键施工技术

4.1.1 概述

依托广州市第六资源热力电厂工程，开展了"超高单层大型电厂钢网架关键施工技术"科技研究与创新，结合现场施工条件，在大型起重机械可以覆盖的范围采用整体吊装法安装起步区，在设备钢结构框架上搭设满堂脚手架进行高空散装，并以已安装的网架为起步区进行悬挑安装，解决了施工场地受限、不能使用大型起重设备的问题。自主研发起步架单排框架支撑胎架及门式槽钢支撑胎架，解决了网架安装过程中的强度、刚度和稳定性问题。自主研发小型起重设备，解决了起重机不能覆盖施工区域的网架吊装问题。

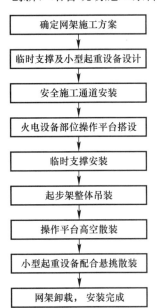

图2　施工工艺流程图

4.1.2 关键技术

4.1.2.1　施工工艺流程（图2）

4.1.2.2　工艺

1. 确定网架施工方案

根据现场施工条件，综合考虑施工成本、工期、施工安全及质量等因素，若采用整体吊装施工场地不能满足大型起重设备工作，采用滑移法施工，须对支撑结构加固，成本高，工期长。

通过研究分析，决定采用整体吊装法安装起步架，在设备钢结构框架上搭设满堂脚手架进行高空散装，其余部位进行悬挑散装。该施工方案可以解决施工场地受限，不能使用大型起重机械的问题。

网架施工过程见图3、图4。

2. 临时支撑及小型起重设备设计

（1）起步架单排框架支撑胎架，立柱采用 $\phi219mm\times10mm$ 圆管，支撑横梁采用32号槽钢，连系梁和斜撑采用10号槽钢。

（2）门式槽钢支撑胎架，采用32号槽钢焊接成门式架，并固定在设备框架或桁架梁上，作为网架下弦球临时支撑胎架。

（3）组合小型起重设备，采用 $\phi48mm$ 钢管及 $\phi22mm$ 螺纹钢焊接成一个类似于桁架结构的支架，并安装一台捯链，组合成小型起重设备。

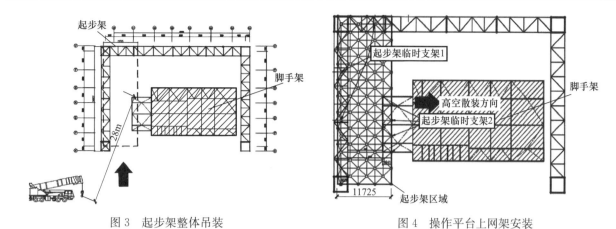

图 3 起步架整体吊装　　　　　　图 4 操作平台上网架安装

3. 安全施工通道安装

根据网架支撑体系格构柱＋桁架梁的结构特点，采用爬梯、钢管及脚手板等材料布置垂直和水平安全施工通道。垂直通道是在格构柱一侧安装上下爬梯至桁架梁顶部（全高布置安全绳），工人在攀爬过程中佩戴好安全带，安全带与已安装完毕的制锁器固定好。工人攀爬至爬梯顶部后通过桁架梁上方的安全通道行至网架施工区域。在网架的下弦杆上采用钢管和脚手板搭设纵横两个方向的施工通道，方便工人通往施工区域。如图 5 所示。

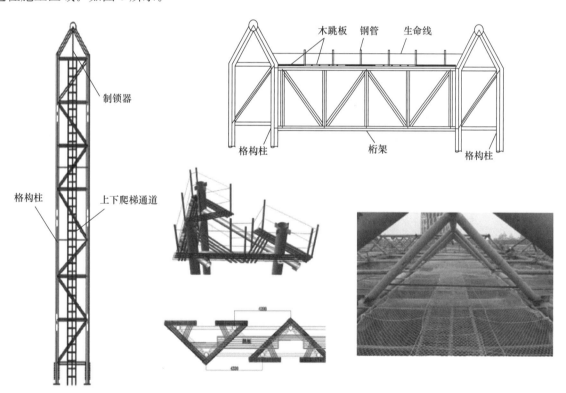

图 5 网架施工安全通道示意图

4. 火电设备部位操作平台搭设

（1）根据网架安装方案，经过复核验算后，利用火电设备的钢框架梁作为基础，搭设扣件式满堂钢管脚手架操作平台。立杆间距为 0.5m×0.5m，水平杆步距为 0.9m，周边环向和中间设置剪刀撑，剪刀撑与地面倾角为 45°～60°之间，中间剪刀撑每隔四排设置，间距不大于 6m，水平剪刀撑按每四步设置一道，立杆底部设扫地杆。

（2）设备框架梁的间距较大，在钢梁上搭设 200mm×100mm×8mm 的矩形钢管作为脚手架立杆的基础，并在矩形钢管的上表面焊接 L 形短钢筋，固定脚手架立杆（图 6）。

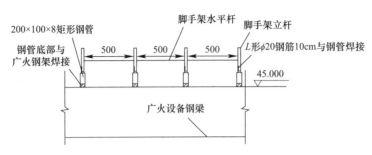

图 6　脚手架操作平台立杆基础做法

（3）为了增加脚手架操作平台的整体稳定性，在脚手架操作平台四个角部采用 φ140mm 钢管与周边的钢桁架进行刚性连接。

5. 临时支撑安装

根据施工方案确定临时支撑的布置位置，采用经纬仪、全站仪等仪器，进行高空定位测量，并将临时支撑安装至测量位置，临时支撑底部与支承结构焊接固定。如图 7 所示。

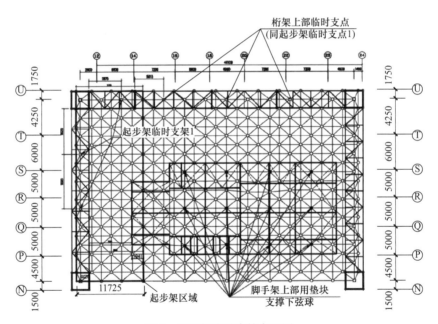

图 7　炉网架临时支撑布置图

6. 起步架整体吊装

焚烧车间网架（12～24 轴/B～U 轴）跨度 46.1m，长度约为 95m。采用在机电原有设备框架上端搭设临时操作平台＋在渣坑南侧进行起步架拼装（安全网铺设）＋利用现场 250t 履带起重机将起步架整体吊装＋组合小型起重设备高空悬挑散装。网架挠度的克服采用在火电设备框架或钢结构桁架梁上搭设支点，用来临时支撑网架。作业流程为：

先在原有设备框架上铺设矩形钢管作为脚手架支点→搭设局部满堂脚手架并验收合格→材料分类，安装准备→搭设网架临时支点→高空散装。

因为网架跨度比较大，大吨位的起重机无法满足吊装要求时，采取组合小型起重设备高空悬挑散装。即在网架上方安装一个形状像鸟头的类桁架结构支架，在支架中布置一台卷扬机，具体位置要根据现场设备的安装情况，找相应较开阔的地方设置，在网架安装位置固定，在已安装好的设备空隙，让单个网架锥体缓慢上升到安装位置，施工人员会用缆风绳控制网架锥体的行进路线，不碰到已安装好的设备。

起步网架吊点采用 6 根 ϕ37mm 双股麻芯钢丝绳，钢丝绳直径 28mm，吊装时钢丝绳与钢网架的夹角大于 60°，采用 8t 卡环。

本施工方法主要在机电设备上部搭设临时支架作为网架的起步平台，机电设备顶部标高为 45m，采用在该钢梁上部搭设临时支架作为网架的起步措施，起步网架安装完成后，再利用在机电设备钢梁上部搭设的满堂脚手架作为施工平台进行高空散装。

焚烧车间 2 号炉网架安装：本区域采用在 1 号炉网架安装完毕的基础上，以此区域网架作为起点＋临时爬杆高空散装施工安装。网架挠度的克服采用在机电原有设备上搭设支点，由于顶部钢梁部分间距较大，先在钢梁与钢梁之间采用 200mm×100mm×8mm 的矩形钢管作为花纹钢板的骨架，骨架间距 3m，再在矩形管上部铺设 300mm×600mm×3mm 的花纹钢板用来临时支撑网架。

作业流程为：先在原有设备框架上铺设花纹钢板作为临时支撑的支点→材料分类，安装准备→搭设网架临时支点→高空散装。因为网架跨度比较大，大吨位的起重机无法满足吊装要求时，采取临时爬杆高空散装的方法进行安装。

焚烧车间 3 号炉网架安装方法与 2 号炉一致。

施工流程如下：安装临时支撑及搭设脚手架操作平台—地面拼装起步架及起重机就位—起步架吊装—起步架安装完毕，进行高空散装。

7. 网架操作平台高空散装

不使用大型起重机械的情况下，设备部位网架的下方没有拼装场地，采用在设备框架上方搭设满堂脚手架操作平台的方式进行高空散装。将需安装的杆件、螺栓球等材料吊至操作平台进行安装。

8. 小型起重设备悬挑散装网架

将小型起重设备固定在已施工的网架结构上，在地面上拼装成小拼单元，然后通过捯链将小拼单元提升至安装位置，在提升过程中施工人员通过缆风绳控制锥体的行进路线。

9. 网架安装过程中的安全控制

（1）网架安装施工前，运用计算机软件，对网架进行工况分析，检查最不利工况下网架的内力分布情况以及挠度变形情况，并根据分析结果采取临时支撑等安全措施进行处理，必须确保施工过程中网架的稳定性和施工安全。

（2）安装过程中采用全站仪进行观测并记录数据，将变形观测结果与计算工况的变形值对比分析，若偏差超出控制范围，必须及时采取加固措施，确保施工安全和施工质量。

10. 网架卸载

（1）待支座处节点球和杆件全部安装完成后，再次将网架提升 30～50mm，利用千斤顶支撑于两侧，逐步进行卸载（图 8）。

（2）网架卸载分两个阶段进行。

第一阶段：对外围距离支座较近的支点（临时支撑）进行卸载。卸载完成后测量网架的整体下挠值，下挠值在设计范围内时，再进行下个阶段的卸载。

网架在完成第一阶段卸载后应停止 30～60min，此时周边支撑的网架支座与球接触且并未完全受力，网架杆件内力还不能完全释放。在此时间内主要将各监测点传输的数据初步与计算模型分析得出的数据进行对比，检查各测量点得出的坐标、偏移和高程数据，调整周边临时支撑网架的千斤顶和未进行卸载支点的受力状态，检查支点自身垂直度，在完全合格后可进行第二阶段网架卸载工作。

第二阶段：对余下拔杆进行同步卸载。对不同点按不同的位移值控制卸载的幅度，最终完成卸载。卸载完成后再次测量网架的整体下挠值，确保网架的整体安全性。

分阶段卸载示意图如图 9 所示。

图 8　网架千斤顶卸载示意图

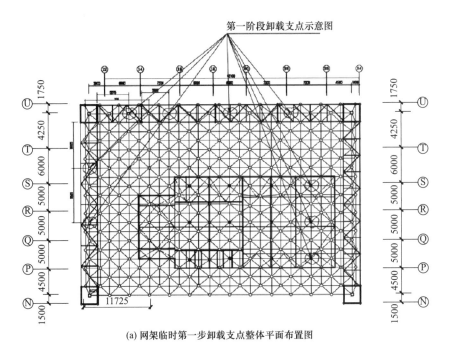

(a) 网架临时第一步卸载支点整体平面布置图

(b) 网架临时第二步卸载支点整体平面布置图

图 9　网架分阶段卸载示意图

4.2 塔式起重机附着悬臂柱结构加固施工技术

4.2.1 概述

广州市第六资源热力电厂土建施工总承包工程，位于增城市仙村镇碧潭村西南部五叠岭废弃采石场，项目总占地面积 13.3 万 m^2，总建筑面积 53158.25m^2，包括综合主厂房、烟囱等 26 个单体工程，造价 1.95 亿元。其中，综合主厂房单体工程，建筑面积 45078m^2，占地面积 22168.7m^2，建筑总高 53.6m，建筑层数 5 层，结构形式为钢筋混凝土框架结构＋钢结构框排架结构，屋面为网架（压型钢板）结构。本次技术研究依托的主体为综合主厂房的垃圾池钢筋混凝土结构施工，该部位结构总高度原为 41m，后设计变更为 48.8m。

根据垃圾仓原设计结构高度，工程项目部在综合主厂房东侧布置 1 号塔式起重机已满足钢筋混凝土结构施工需求。1 号塔式起重机选用的是重庆大江的 QTZ100（Q6015）型自升式塔式起重机，该型号塔式起重机独立起升高度为 45m，塔式起重机基础顶面标高为 −1.300m，可以满足施工需求。

1 号塔式起重机安装后，主厂房钢筋混凝土施工至 20.500m 标高时，主体结构发生了设计变更，钢筋混凝土结构总高度变更为 48.8m，已经安装的 1 号塔式起重机已经不能满足钢筋混凝土结构施工需求。工程施工总工期紧张，如果重新安装满足施工需求的塔式起重机，会影响施工进度，增加施工成本。若采用汽车式起重机配合施工，则汽车式起重机只能布置在综合主厂房东侧，该位置为施工主干道，长期占用会影响整个项目的材料运输，从而影响整体施工进度。

结合现场实际情况，决定采用加高 M~N 轴×33 轴的悬臂柱结构，并对该部分结构进行斜撑加固，以满足塔式起重机附着安装高度及承载力要求。该方法能有效解决塔式起重机附着结构为悬臂柱结构时的安全性、稳定性和结构变形等问题，有效提高塔式起重机附着结构的承载力，并且有效控制塔式起重机附着安装后塔式起重机的垂直度，确保塔式起重机附着安装后的工作性能及施工安全。

4.2.2 关键技术

4.2.2.1 施工工艺流程（图 10）

4.2.2.2 工艺

1. 计算机软件复核原结构承载力

（1）确定附着荷载。查阅所选用塔式起重机的说明书，确定塔式起重机的附着荷载，并根据荷载规范确定荷载组合及分项系数。

（2）通过计算机结构分析软件进行建模分析，以悬臂柱结构为对象进行承载力复核。

图 10 施工工艺流程图

（3）根据分析结构，得出内力最大值，并复核悬臂柱结构原有钢筋是否满足承载力要求。

（4）通过结构复核确定结构能否满足承载力要求，若不能满足则须采取结构加固措施。

2. 结构加固方案设计

1）确定结构加固方式

结构加固可通过改变构件自身承载力和改变内力分布两种方式。经过综合分析，在悬臂柱西侧设置钢斜撑，作为柱的临时支点，改变悬臂柱内力分布，减小内力最大值，使其满足承载力要求。未施工的上部小柱通过植筋的方式提高承载力，同时柱间设置交叉撑抵抗侧向力（图 11）。

2）确定钢构件截面以及植筋配筋

确定初步设计方案后，根据加固后的结构进行结构受力分析，并根据分析结果，确定钢构件截面以及植筋配筋。

3）节点设计

（1）斜撑上支点。上支点采用钢板作箍柱处理，钢板采用在较宽两侧分别设置 4 根膨胀螺栓进行固定，斜撑与箍柱钢板焊接。

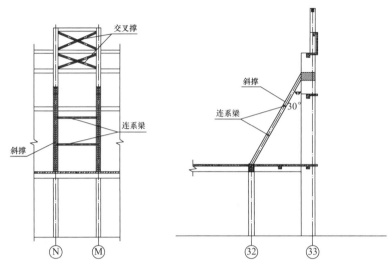

图 11　结构加固示意图

（2）斜撑下支点。利用 U 形螺栓卡住梁柱节点四边的梁，上方用钢板固定，形成相互约束。斜撑底部焊接在钢板上。斜撑下支点做法见图 12。

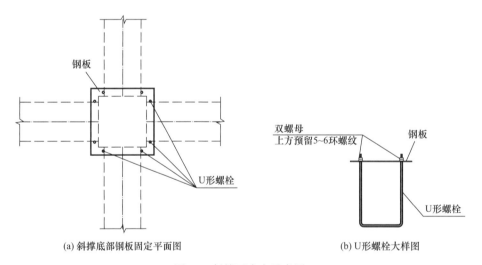

(a) 斜撑底部钢板固定平面图　　　　　(b) U形螺栓大样图

图 12　斜撑下支点示意图

（3）交叉撑节点。交叉撑以预埋件的方式与结构连接，预埋件采用钢板与四根圆钢焊接而成，交叉撑与预埋钢板焊接。交叉撑节点做法见图 13。

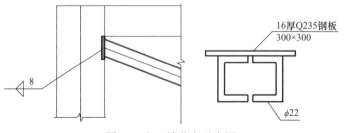

图 13　交叉撑节点示意图

3. 小柱部位植筋施工及抗拔试验

植筋的锚固长度、钻孔孔径等根据《混凝土结构加固设计规范》GB 50367—2013 计算确定，非破损试验值取 $0.9f_{yk}A_s$。植筋钻孔施工前，采用 BIM 三维模拟植筋定位技术进行预定位，避免对结构原有钢筋造成破坏。BIM 三维模拟植筋定位示意见图 14。

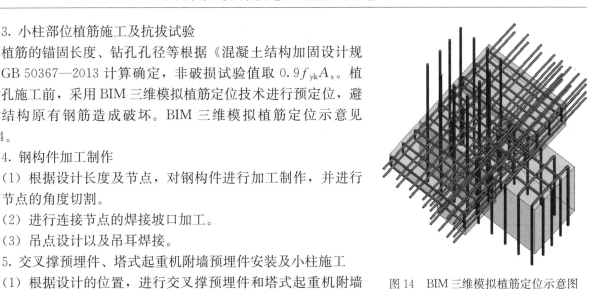

4. 钢构件加工制作

（1）根据设计长度及节点，对钢构件进行加工制作，并进行上下节点的角度切割。

（2）进行连接节点的焊接坡口加工。

（3）吊点设计以及吊耳焊接。

5. 交叉撑预埋件、塔式起重机附墙预埋件安装及小柱施工

图 14 BIM 三维模拟植筋定位示意图

（1）根据设计的位置，进行交叉撑预埋件和塔式起重机附墙预埋件安装。交叉撑预埋件的锚筋与柱纵向受力钢筋绑扎固定；塔式起重机预埋件锚固钢筋应采用 $\phi25mm$ 螺纹钢穿置在锚固螺栓弯头里，并绑扎或焊接牢固，且锚固螺栓和钢筋应与悬臂柱主筋焊接。

（2）预埋件安装后，进行小柱混凝土模板安装及混凝土浇筑，振捣时，在不影响预埋件位置的前提下，应增加预埋件部位的振捣次数，保证该位置的混凝土质量。

6. 斜撑、交叉撑安装

（1）吊装斜撑前，先测量上下支点的位置，然后进行箍柱钢板及固定底座的安装。

（2）钢结构斜撑及交叉撑采用塔式起重机进行吊装。

（3）吊装至安装位置后，上下节点先采用点焊固定，随后进行节点焊接。

（4）节点焊缝等级为三级焊缝，翼缘板采用坡口对接焊缝，腹板采用双面直角焊缝。

7. 安装塔式起重机附墙杆及塔式起重机自顶升

加固措施施工完成后，须先进行附墙杆安装，然后再进行塔式起重机自顶升作业，须由专业人员进行操作，作业过程中，须随时监测附着结构的变形。

8. 塔式起重机正常作业及安全监测

塔式起重机正常作业过程中，须对塔式起重机及附着结构进行严密的监测。主要监测内容及测量方法见表 1。

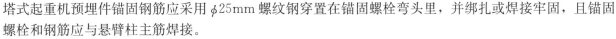

塔式起重机使用期间安全监测 表 1

监测项目	测量方法	测量内容
附着点观测	目测、尺量	附着点处混凝土是否开裂，预埋板是否位移
塔式起重机垂直度	全站仪测	塔式起重机垂直度允许偏差：附着点以上 4/1000，附着点以下 2/1000
加固结构变形	利用定位贴片进行测量	利用全站仪对节点定位贴片进行测量，并将测量数据与历史数据进行对比分析，确定位移值

9. 塔式起重机拆除

塔式起重机拆除须由专业人员操作，先将塔式起重机标准节降至独立高度以下，然后拆除附墙杆，将塔身高度降至 12.5m 时拆卸起重臂和平衡臂，最后依次拆除塔帽、驾驶室、回转台和支撑座、塔身标准节及基础节。

10. 加固措施拆除及结构恢复

（1）加固措施的拆除从上到下实施切割作业，切割前先用两根吊索将钢构件绑紧，然后慢慢起钩使其刚好处于张紧状态，但不受力，只在旁边保护。每切一端前用绳索将其临时固定，防止焊接残余应力将钢构件弹出。另一施工人员进行检查，钢构件所有焊接点彻底分离，信号工方可指挥吊具徐徐起钩作

业；将钢支撑轻轻吊起并放回地面指定区域，构件落地后一定要垫实且码放整齐。

（2）钢构件拆除后，应对预埋件部位进行修补。修补前，先对预埋板进行防锈处理。同时，对预埋板周边松散的混凝土进行清理，采用细石混凝土进行修补。

（3）基层处理完成后，在基层面甩浆，甩浆料配合比为水泥∶砂∶浇筑胶＝1∶1∶0.6（质量比）。基坑甩浆完成，具备抹灰条件后，对附墙部位进行抹灰修补。

4.3　超高单层钢结构厂房金属外墙板吊装施工关键技术

4.3.1　概述

以广州市第六资源热力电厂工程的钢结构厂房金属外墙板作为研究对象，开展科技研究，创新施工工艺，研发了附着式专用笼梯，可分段安装、水平移动，实现了大面积外墙作业面广、移动频繁等高空平台作业；设置灵活可靠的移动式吊装机具，在厂房屋面钢网架体系上设置下悬式作业平台和安装机具，解决大面积外墙构件和高空厂房女儿墙、抗风柱等较大钢结构构件安装无法利用大型起重机的难题，完成了"超高单层钢结构厂房金属外墙板吊装施工关键技术"的研究和应用。

4.3.2　关键技术

4.3.2.1　施工工艺流程（图15）

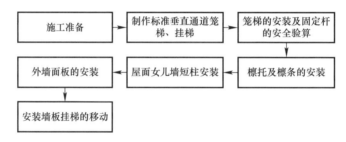

图15　施工工艺流程图

4.3.2.2　工艺

1. 施工准备

（1）卷扬机采用锚固法固定，与混凝土地面用4颗M14×150膨胀螺栓连接固定，埋深100mm，混凝土地面强度等级大于C15。

（2）挂梯焊接焊缝边缘应圆滑过渡到挂靠桁架上，焊缝表面成型良好，过渡圆滑、匀直、接头良好，符合质量标准要求，杜绝裂缝、焊坑、气孔、夹渣存在。

2. 制作标准垂直通道挂梯、笼梯

挂梯应与其固定的结构面平行，当受条件限制不能垂直于水平面时，两梯梁中心线所在平面与水平面倾角应在75°～90°范围内。

梯子竖杆采用镀锌管6′×2.5mm，横杆采用镀锌管4′×2mm，质量约20kg。挂钩用φ16mm的钢筋弯成，并将一侧焊接到钢梯上面，焊接长度700mm。

通道单挂梯自重＝2根6m长直径19mm的镀锌管＋11根0.5m长直径16mm的镀锌管＋2根φ16mm的圆钢挂钩。

在每个墙面（转角处相邻墙面共用一个通道）设置上下柱顶的垂直通道，在顶端桁架下面格构柱内侧布设垂直爬梯至柱顶，并用木板在格构柱的横档上铺设休息平台，每部梯子长6m，设3个固定点，梯子一侧挂防坠器安全绳索，工人上下时安全挂钩必须扣在防坠器上（图16）。

标准垂直通道笼梯立杆采用镀锌管6′×2.5mm，横杆采用镀锌管4′×2mm，标准长度12m，质量80kg，挂钩用φ12mm的钢筋弯成700mm与梯子焊接。

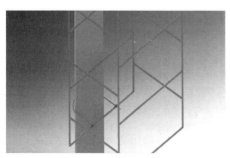

图16　标准垂直通道单挂梯

笼梯自重＝4 根 12m 长直径 19mm 的镀锌管＋46 根 0.5m 长直径 16mm 的镀锌管＋46 根 0.7m 长直径 16mm 的镀锌管＋2 根长 1.4m 直径 16mm 的圆钢挂钩＋3 个作业人员自重

$$G = 80 + 3 \times 70 = 290 \text{（kg）}$$

经查表，需满足：$G \leqslant F/2$，G 为：290kg，约相当于 2.9kN。

查表：$F = 2 \times 9.7\text{kN} = 19.4\text{kN}$

经计算：$G < F/2$，符合规范要求。

3. 笼梯的安装及固定杆的安全验算

按图 17、图 18 固定挂梯，在屋面位置设置水平滑道。卷扬机使用前要有专人检查，合格后使用。利用卷扬机将笼梯拉起并固定在柱子一侧，固定点分上中下 3 个。固定点 1 位置利用挂钩加插销固定，固定点 2、3 用拉杆牢固对拉。

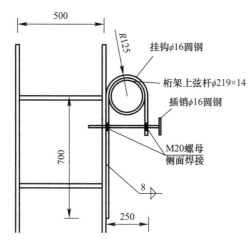

图 17　固定点 1 挂钩加插销侧视图　　　　图 18　固定点 2、3 用拉杆牢固对拉

从下到上安装笼梯，一条柱子檩托安装完成后转入下一根柱，拆除梯子顺序为从上往下。梯子安装前要在柱子上挂防坠器安全绳，工人上下时安全带扣挂在防坠器上。

4. 檩托及檩条的安装

在钢柱一侧固定好笼梯后，工人用油笔按图画出檩托板安装位置，利用挂梯子时的卷扬机滑轮将檩托板拉到安装位置附近，微调到位后焊接并补油漆。安装过程中保证檩托的平直，焊缝须达到三级焊缝要求。

先在横向桁架的顶面用木板铺设通道平台并拉通长生命线（ϕ8mm 钢丝绳），从下至上安装檩条，利用 2.5m 笼梯安装檩条，装第三根檩条时 2.5m 笼梯固定在第一、第二根檩条上，装第四根檩条时 2.5m 笼梯固定在第二、第三根檩条上，以此类推。工人在笼梯内移动并安装檩条，装完一根檩条后用卷扬机提升笼梯，固定好后再次安装。2.5m 笼梯做法参考 12m 标准笼梯。每次安装檩条须到达一个桁架的顶面，工人上下可以将中间桁架作起始位置装上面的檩条。用防坠器保证工人安全，装完一格移动滑轮安全绳再装相邻一格檩条（图 19）。

5. 屋面女儿墙短柱安装

预先在网架下方桁架顶面铺设工作平台（用方木＋木板铺平台，与桁架顶部同宽，钢丝绑扎固定），并拉通长（ϕ8m 钢丝绳）的生命线，利用挂梯将卷扬机滑轮挂到屋面主檩条上，利用卷扬机上料安装。上料区域设警戒线，严禁人员经过和驻留。短柱质量约 300kg。先将两部挂梯安装到球节点两侧，挂梯样式同垂直通道挂梯，质量约 20kg，人工可以搬动。利用这两部挂梯装焊上部支座，一部挂梯工人定位调整另一部焊接，作业时安全带挂扣到网架弦杆上。

上支座焊完后依据其位置调整安装下支座，如支座与木平台冲突可在平台上开适当大小的口子。上下支座装完后装抗风短柱，短柱利用滑轮上料，滑轮挂到屋面主檩条上，吊带绑到短柱搭接处。螺栓固定上节点，再固定下节点。如下节点固定困难可改用焊接。

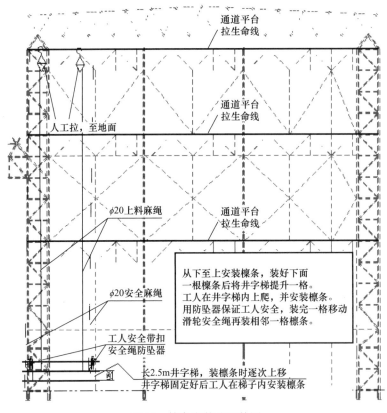

图 19　檩条安装流程简图

6. 外墙面板的安装

铺设墙面板前应将该墙面檩条调整平直，以保证螺钉在同一水平线上，采用预打孔来进行处理。12轴线和 25 轴线处墙根据现场情况采用爬梯进行施工。爬梯脚不能直接落在屋面彩钢板上，如若要支在屋面上必须吊笼脚部垫长度为 6m 左右的槽钢域檩条进行支承，并用防风夹在支撑件两侧固定防滑，防止破坏屋面彩板。

墙板安装时先从左到右安装第一行板，再利用卷扬机移动笼梯安装第二行板，从下往上直至墙顶。

7. 安装墙板挂梯的移动

挂梯移动分上下移动和左右移动，上下移动利用屋面安装水平滑道将梯子从地面拉到目标位置固定。左右移动时先松开梯子原固定点，再用卷扬机。

5　社会和经济效益

5.1　社会效益

以广州市第六资源热力电厂土建施工总承包工程为依托，针对城市资源热力电厂建设特点，在建设中提出超高单层大型电厂钢网架关键施工技术等一系列新技术，解决了钢结构和大型设备同期安装的工序统筹、发电设备系统性安装等难题，推动了项目高质、高效建设。

项目建成运行后，电厂运行良好，大幅提高了城市生活垃圾无害化、资源化处理水平，实现片区原生垃圾零填埋，废弃物排放指标全面优于国家及欧盟 2010 排放标准，树立了垃圾焚烧行业的新标杆。

5.2　经济效益

本工程通过资源热力电厂绿色循环产业综合施工技术研究与应用，在建设中解决了超高单层钢网架安装场地受限、塔式起重机安装缺少必要的附着结构、超高单层钢结构厂房金属外墙板吊装施工的场地条件复杂等施工难题，加快了建设速度，缩短了焚烧发电项目的投资回收期。工程建设及使用以来，取得了良好的经济效益。

6　工程图片（图20～图24）

图20　广州市第六资源热力电厂俯瞰图

图21　广州市第六资源热力电厂外立面图（一）

图22　广州市第六资源热力电厂外立面图（二）

图23　焚烧炉内部

图24　广州市第六资源热力电厂内部图

横 琴 隧 道

王 创　曹金文　韩元东　周江锋　肖杰文　徐峰琳　邓欠芽

第一部分　实例基本情况表

工程名称	横琴隧道		
工程地点	横琴新区、保税区		
开工时间	2014 年 8 月 11 日	竣工时间	2018 年 11 月 1 日
工程造价	26.35 亿元		
建筑规模	华南首条超大直径（14.93m）盾构隧道，全长 2802.73m		
建筑类型	市政道路		
工程建设单位	珠海大横琴股份有限公司		
工程设计单位	上海市城市建设设计研究总院（集团）有限公司		
工程监理单位	广州市市政工程监理有限公司		
工程施工单位	上海隧道工程有限公司		

续表

项目获奖、知识产权情况

工程类奖：
1. 广东省建设工程优质结构工程奖；
2. 广东省市政优良样板工程；
3. 广东省绿色施工示范工地；
4. 第十三届广东省詹天佑故乡杯奖；
5. 第十九届中国土木工程詹天佑奖。

科学技术奖：
1. 广东省土木建筑学会科学技术奖（一等奖）；
2. 华夏建设科学技术奖（三等奖）；
3. 上海土木工程学会科学进步奖（一等奖）；
4. 广东省科技进步奖（二等奖）；
5. 上海市公路学会科学技术奖（一等奖）。

知识产权（含工法）：
发明专利：
1. 泥水平衡盾构泥浆密度检测装置及其检测方法；
2. 用于海相地层中盾构掘进超前探测的施工方法及系统；
3. 复合地层盾构隧道拱顶荷载计算方法；
4. 隧道排风通用的烟道板结构；
5. 一种基于BIM的大直径盾构隧道掌子面管理系统；
6. 一种多功能微型隧道掘进模型试验系统；
7. 刀盘周边滚刀常压更换装置及其更换方法；
8. 在高水压条件下超大直径盾构机盾尾刷更换的方法。

实用新型专利：
1. 带综合管廊的盾构法道路隧道；
2. 地下隧道或廊道的预制叠合式通风管道结构；
3. 地下隧道或廊道的预制叠合式车行通道结构。

软件著作权：
1. 盾构信息管理系统远程实时数据发布软件V1.0；
2. 盾构隧道管片参数化设计软件V1.0。

专著：
1.《基础工程施工》（哈尔滨工业大学出版社）；
2.《上海越江道路隧道设计》（同济大学出版社）；
3.《智慧城市市政工程建设与管理》（中国建筑工业出版社）。

论文：
1.《盾构隧道推进对邻近地下管线影响的物理模型试验研究/岩土力学》；
2.《Influence of Short Distance Super-large Diameter Shield Tunneling on Existing Tunnels in Sea Areas》（《Earth and Environmental Science》）；
3.《A Summary of Precast Technology Application in Tunneling（C）》（GeoShanghai International Conference，Springer，Singapore）；
4.《Visualization Analysis of Tunnel Face Stability during Shield Tunnelling in Soft Grounds》（《Environmental Earth Sciences》）；
5.《水泥加固黏性土微观特征试验研究》（《岩石力学与工程学报》）；
6.《水下盾构隧道基岩爆破扰动地层管片外荷载实测分析》（《铁道标准设计》）；
7.《盾构施工对盾尾浆液压力波动变化的影响研究》（《西南交通大学学报》）；
8.《海相复合地层泥水盾构施工泥水材料试验研究》（《地下空间与工程学报》）；
9.《海域复合地层超大直径盾构隧道工程——珠海马骝洲交通隧道》（《隧道建设（中英文）》）；
10.《大直径盾构隧道管片纵向连接抗剪刚度分析》（《铁道建筑》）；
11.《明挖隧道主动型防水技术研究》（《中国土木工程学会隧道及地下工程分会防水排水科技论坛第十九届学术交流会论文集》）。

第二部分 关键创新技术名称

1. 海域复合地层超大直径盾构隧道设计关键技术
2. 复杂建设条件下超大直径盾构隧道空间集约化利用
3. 景观与装饰展现横琴特色文化，凸显生态意义
4. 盾构穿越基岩凸起地层爆破预处理技术
5. 研发了基于工效提升的复合地层超大直径盾构装备创新技术
6. 创建了复合地层超大直径盾构施工安全控制技术体系

7. 盾构隧道全预制装配整体式车道板建造技术

8. 超厚淤泥地层深大基坑建设技术

第三部分　实例介绍

1　工程概况

横琴隧道连接珠海市南湾城区和横琴新区，工程范围南起横琴中路，下穿环岛北路，过马骝洲水道后，沿规划保中路线位向北至南湾大道。

工程主线双向 6 车道，为客车专用隧道，接线道路为双向 6 车道，道路等级为主干道。路线全长约 2834.6m，其中过马骝洲水道段为圆隧道段，单管设置单向 3 车道，两管组合形成双向 6 车道，隧道外径 14.5m，长约 1081.6m。岸边段采用两孔一管廊明挖矩形断面（图 1）。

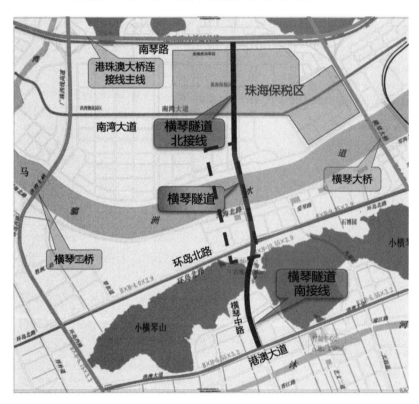

图 1　工程范围图

2　工程重点与难点

2.1　工程规模大，工序繁多，工期紧张

该工程为横琴隧道的岸边段配套工程，涉及地下墙、钻孔桩、地基加固、降水、开挖、结构、施工场地建设等多种工艺，为确保盾构出洞前实现盾构施工车辆水平运输，工程自开工至暗埋段敞开段施工完成只有 11 个月，工程交叉施工较多，安全管理及现场协调存在风险。

2.2　雨季与台风

工程区属亚热带海洋性气候，年降雨量为 1770～2300mm。汛期为 4 月至 9 月，台风多出现在 6 月至 10 月，年平均 4 次左右（其中 1 次产生严重影响），暴雨有 5 次左右，对施工产生的影响需妥善应对。

2.3　管线问题

马骝洲水道南环岛北路节点涉及大量管线，其中路南高压燃气管为通澳门的干管，改迁难度大，保护风险高。

2.4 超深地下连续墙施工工艺复杂，成槽防坍孔较为困难

地下连续墙施工控制难度大，风险较高，而且场地中分布有②₁、②₄高灵敏度、高压缩性、低强度淤泥质土，极易发生蠕动和扰动，工程性质差。若施工过程中泥浆控制不利或者扰动过大极易造成孔壁坍塌的可能。本工程地下连续墙厚度分为1.2、1和0.8m，最深处达42m，钢筋笼的厚度随地下墙的厚度而改变，1.2m厚地墙钢筋笼最大质量63t，1m厚地墙钢筋笼最大质量48t，0.8m厚地墙钢筋笼最大质量30t。

2.5 地下连续墙施工接缝处理困难

围护结构的防渗能力直接影响着永久结构的防渗功能，围护结构一旦发生渗漏，永久结构在该部位发生渗漏的概率非常高，并易引发工程事故，所以如果地下墙接缝止水不好，易引发透水事故，对基坑安全和周边环境影响较大，因此需要严格控制成槽及接缝质量，确保围护结构整体的密封性及防渗性。

2.6 高压线净高低，钢筋笼吊装困难

在暗埋段两侧有数座高压铁塔，高压铁塔线横跨施工区域，由于高压线净高只有25m左右，对围护结构施工时期钢筋笼的吊放存在影响。

2.7 地质情况复杂，施工难度特别大

根据勘察报告，南岸岸边段及圆隧道段存在多处抛石区、花岗岩层，给地墙施工、桩基础施工以及盾构掘进带来严重影响，施工难度特别大。

2.8 多处构筑物保护

北岸临近高压铁塔以及盾构机四次穿越马骝洲河道大堤，对这些构筑物必须采取有效措施进行保护。

2.9 盾构机浅覆土推进

本工程在南岸进出洞时覆土只有7.7m（0.53D），400m后才至10.9m（0.75D），在大堤处（出洞后461m）为12.41m（0.85D），整个南岸陆上区段均处于浅覆土淤泥层，对隧道施工期控制和工后稳定都极为不利。一旦控制不好，即出现盾构上浮现象。

2.10 连接通道施工难度大

本工程连接通道主要采用冰冻暗挖工艺，冻结土体范围跨越②₁淤泥层、②₂黏土层和④中粗砂层，涉及咸水和承压水问题。一旦土体冻结或支护控制不好，将会导致土体坍塌、隧道涌水，造成重大工程事故。

3 技术创新点

3.1 提出了复合地层超大直径盾构隧道结构设计新方法

首次建立了软硬不均复合地层隧道横纵向围岩荷载及注浆层—地层综合抗力系数的计算方法。提出了复合地层管片结构纵向差异沉降控制措施，形成了复合地层超大直径盾构隧道横纵向变刚度结构设计方法。

鉴定情况及专利情况：

发明专利：复合地层盾构隧道拱顶荷载计算方法；

软件著作：盾构隧道管片参数化设计软件V1.0。

3.2 研发了基于工效提升的复合地层超大直径盾构装备创新技术

国内首次应用刀盘内置式超前勘探装置，实现了复合地层盾构掘进过程中的隐蔽岩体动态探测；提出了适合于复合地层的刀具组合布置形式；研发了大流量自补偿中心冲刷系统及泥水流量稳定装置，实现了切削与排渣的动态平衡；研发了盾构刀盘刀具实时健康管控系统，大大提高了刀具使用时间。

鉴定情况及专利情况：

发明专利：刀盘周边滚刀常压更换装置及其更换方法；

在高水压条件下超大直径盾构机盾尾刷更换的方法。

3.3　创建了复合地层超大直径盾构隧道施工安全控制技术体系

首次提出了复合地层隐蔽岩体综合勘探方法，可对刀盘前方50m范围内直径大于800mm的障碍物进行探测和预报，准确率超过90%。

研发了隐蔽岩体靶向爆破预处理技术，处理后岩石平均粒径小于10cm，并提出了一种海域环境下的封闭注浆技术；研发了适应海域地层的抗裂化泥浆配比，解决了海水对盾构支护泥浆的侵蚀危害。

首创了基于远程信息预警的超大直径盾构掘进施工参数协调控制技术，掘进过程中密封舱压力控制精度达到±0.005MPa，形成了不同岩层强度下刀具贯入度最优控制方法。

鉴定情况及专利情况：

发明专利：用于海相地层中盾构掘进超前探测的施工方法及系统。

3.4　应用BIM技术

建立了以建筑信息模型（BIM）为载体的管理平台和移动端应用，解决了施工过程中管线众多、各系统交叉作业、盾构掘进不确定性的难题。

鉴定情况及专利情况：

发明专利：一种基于BIM的大直径盾构隧道掌子面管理系统。

4　工程主要关键技术

4.1　海域复合地层超大直径盾构隧道设计关键技术

近年来，盾构装备技术飞速发展，大直径盾构在跨江越海通道工程中得到了广泛应用。总体上呈现出直径超大、功能多样以及穿越地层复杂等特点。国内已建或在建的直径14m级以上盾构隧道达到33座，总里程约160km，集中分布在长三角、珠三角地区。

2013年上海市城市建设设计研究总院率先开展海域复合地层超大直径盾构隧道设计相关技术研究，并成功应用于横琴隧道。隧道北接珠三角环线，南抵港澳大道，是保障横琴在恶劣气候条件下，全天候对外联系的通道。工程所处地质条件为华南地区典型的"上软土下硬岩"复合地层，为国内第一条超大直径盾构法海底隧道（图2）。

图2　隧道全景图

盾构掘进断面内主要地层为②₁淤泥、②₂黏土、②₃中粗砂夹黏土、②₄淤泥质黏土；部分涉及④中粗砂、⑤砾质黏性土、⑥₁全风化花岗岩、⑥₂强风化花岗岩，掘进地层复杂，跨越②₁～⑥37种地层，局部区域遇⑥₃中风化花岗岩层，天然单轴抗压强度最大值达80MPa以上。属典型的华南地区上软下硬复合地层，呈现地层横向软硬不均，纵向基岩面突变，导致隧道结构受力状况极为复杂（图3、图4）。

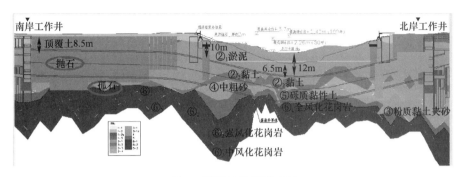

图3 隧道地质纵断面图

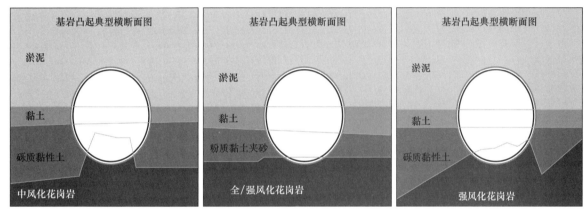

图4 隧道地质横断面图

复合地层中隧道结构上覆土压力易形成土拱效应，同时土体抗力要考虑不同地层所产生的包裹作用。应结合复合地层外部荷载和地层抗力分析结构内力，从而进行结构设计。

修正复合地层土压力计算公式。对复合地层盾构隧道渐入基岩面结构受力性能进行研究，基于太沙基土压力理论计算公式，推导出了复合地层隧道荷载计算公式（图5～图8）。

$$B_i = \begin{cases} R\cot\left(\dfrac{\pi/4 + \varphi_2/2}{2}\right) & (D - h_i)/R \leqslant \alpha_L \\ (D - h_i)[1 + \tan(\pi/4 + \varphi_1/2)] & (D - h_i)/R > \alpha_L \end{cases} \quad (i = 1, 2)$$

$$\sigma_v = \frac{B'(\gamma - c/B')}{K \cdot \tan\varphi}(1 - e^{-K \cdot \tan\varphi \cdot H/B'}) + P_0 e^{-K \cdot \tan\varphi \cdot H/B'}$$

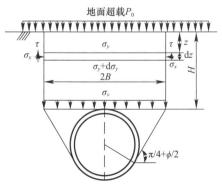

图5 太沙基土压力计算模型

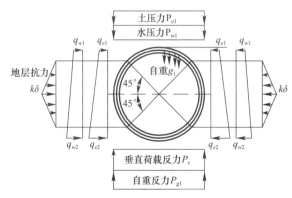

图6 盾构隧道土压力计算模式

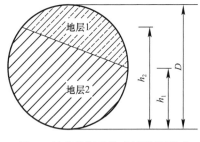

图 7   复合地层盾构穿越地层形式

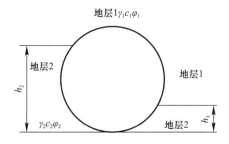

图 8   复合地层土压力计算模型

完善盾构隧道设计理论。通过理论分析、现场实测等手段进行对比分析，对复合地层超大直径盾构隧道设计理论进一步完善，并编制了设计软件"盾构隧道管片参数化设计软件 V1.0"（图 9～图 11）。

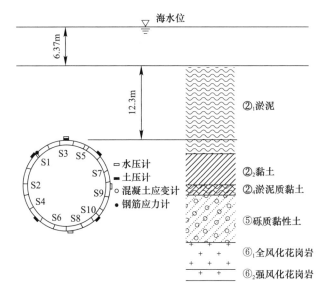

图 9   管片实测布置图

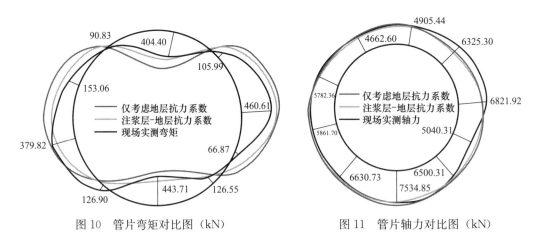

图 10   管片弯矩对比图（kN）

图 11   管片轴力对比图（kN）

4.2   复杂建设条件下超大直径盾构隧道空间集约化利用

横琴隧道断面空间布置方面，在满足隧道主要功能的前提下，将 220kV 高压输电线、供水管、通信等市政管线纳入隧道一同跨海，实现交通隧道与综合管廊合建，最大限度利用盾构隧道断面。

在交通服务方面，基于城市总体规划以及交通功能的需求，结合周边市政道路建设情况，本着集约化建设、近远期结合的原则，隧道为有轨电车预留条件，达到一条隧道多种功能的设计目标（图 12、图 13）。

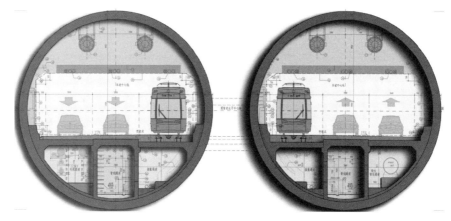

图 12　隧道断面布置图

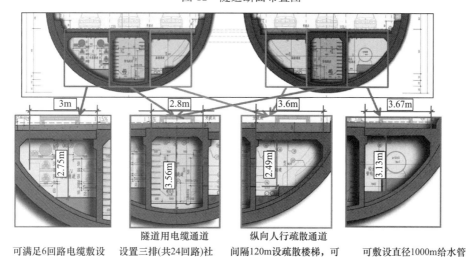

3m	2.8m	3.6m	3.67m
2.75m	3.56m	2.49m	3.13m

可满足6回路电缆敷设　　设置三排(共24回路)社　　间隔120m设疏散楼梯,可　　可敷设直径1000m给水管
　　　　　　　　　　　　会用通信信号电缆支架　　与车道层空间联通,底板
　　　　　　　　　　隧道用电缆通道　　纵向人行疏散通道　下布置消防水管

图 13　隧道下层空间布置详图

横琴隧道在设计中充分考虑与周边工程的协同,最大限度节约土地资源。横琴新区地下综合管廊,是在海漫滩软土区建成的国内首个成系统的综合管廊,将全岛规划和管廊专项规划统筹考虑,工程预留了环岛北路下立交土建结构和设备用房,免除道路二次开挖;连通了马骝洲水道两岸综合管廊,为横琴岛架空线入地创造了条件;同时还考虑了道路下方排洪渠的预留以及地下空间的预留,最大限度地实现规划、设计的合理化、科学化(图14～图16)。

大型隧道的管养中心通常独立于隧道另行选址建设,横琴隧道则利用暗埋段上方挖而不用的空间设置地下一层管养中心,管养中心设置下沉广场,自然采光,有效规避地下空间压抑感,节约运营成本(图17、图18)。横琴隧道空间集约化利用节约了横琴岛宝贵的土地资源,具有极大的经济与社会效益。

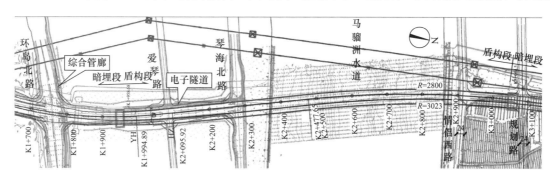

图 14　隧道平面布置图

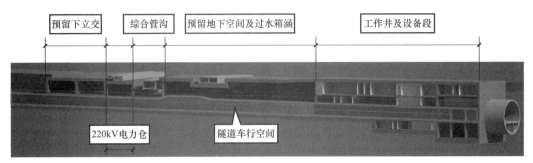

图 15　隧道空间利用模型图

图 16　综合管廊入隧节点详图

图 17　隧道合建管养中心效果图

图 18　建成后的下沉式管养中心

4.3 景观与装饰展现横琴特色文化，凸显生态意义

横琴隧道的景观与装饰设计也是别出心裁、独具匠心。

横琴因其地势与山势，像横在南海碧波上的古琴，千万年来，日日夜夜和着山风与海涛弹奏着山之歌、风之歌、海之歌，景观方案由"琴"展开设计。从天空俯瞰，以琴为原型，提取琴身曲线，其仿生形态仿佛将音乐转换成了一首可视的旋律。

模纹绿篱如同琴面上精雕细琢的装饰图案，更加形象生动，整个方案在满足行驶功能的前提下，既展现横琴的特色文化，又凸显出生态意义。洞口光过渡造型简洁明快，掩映在一片绿海之中，与立交相得益彰（图19）。

图 19　隧道鸟瞰图

隧道管理中心则利用暗埋段上方闲置空间设置为下沉式庭院，地面为道路绿化带，整个建筑融入道路景观中，出入口与地面道路自然衔接（图20～图22）。

隧道敞开段采用自然放坡形式，坡面种植绿化，与周边景观环境融为一体（图23）。

隧道洞内装饰风格以简洁明快、适应车行、舒适与安全为基础，冷暖色调搭配；在平面线形变化处设置音波动感图案；两侧布置连续式 LED 灯带，可改善传统照明中均匀度差、炫光、频闪等不足，同时在弯道处兼具诱导性，提升了行车舒适性和安全性（图24、图25）。

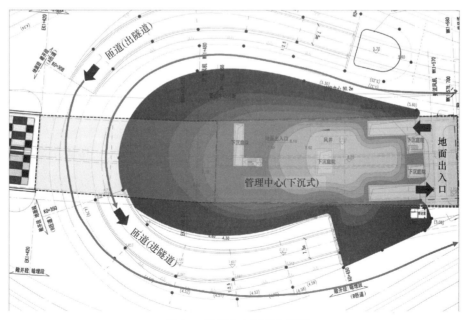

图 20　管理中心平面布置图

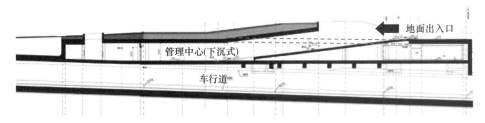

图 21　管理中心纵剖面图

图 22　管理中心监控大厅

图 23　隧道洞口实景

图 24　隧道内装饰及照明效果图

图 25　隧道内装饰及照明实景

4.4　盾构穿越基岩凸起地层爆破预处理技术

马骝洲交通隧道海域段有多处中风化花岗岩侵入隧道掘进断面，侵入高度在 1.2～6m，岩层最大强度达 80.4MPa。

首次提出并成功实践了"横波反射法抛石探测＋跨孔回声法孤石探测＋海上 SSP 地震波散射法礁石探测＋钻孔取芯法验证"的综合勘探方法，准确率超过 90％。

基岩凸起采用微差爆破处理，研发了隐蔽岩体靶向爆破微处理技术，爆破后取芯样最大直径为 22cm，岩石平均粒径小于 10cm。

爆破后对爆破区地层进行注浆加固处理，提出了一种封闭海水通道的注浆技术。

由于基岩埋深较深，最厚厚度约为 6m，从而导致其爆破破碎难度较大，为了便于施工及保证爆破破碎效果，采取首先对前排孔进行爆破，然后利用前排孔爆破挤压周围土层产生的自由面，再对后排孔进行逐个起爆。炮孔间排距均为 0.8～1.2m，钻孔超深 2m，装药深度比基岩厚度深约 1m（表 1）。

具体钻孔装药结构如图 26～图 28 所示。

基岩装药参数表　　　　　　　　　　　　表1

基岩高度 H(m)	超深 h(m)	孔距 a(m)	排距 b(m)	孔深 L(m)	单耗（kg/m³）	装药 Q(kg)	装药形式
1～3	2	1	1	2	1.84	3.68	分层
3～6	2	1	1	3	1.84	5.52	分层
6以上	2	1	1	4	1.84	7.36	分层

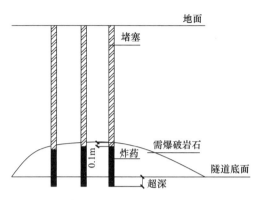

图26　厚度1～3m基岩爆破装药结构示意图

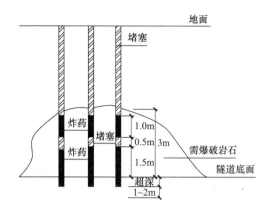

图27　厚度3～6m基岩爆破装药结构示意图

　　由于炮孔深度较深，需要爆破处理的岩石埋深较深，因此起爆药包采用软钢丝悬吊于爆破点的位置，且一端固定于孔口位置，标高误差不大于10cm。药包装在特制的PVC管体内，该起爆体具有较好的防水性能。由于起爆体上方有约15m高的水柱，压强相当大，因此在起爆体下方悬挂一个抗浮金属吊装体。炮孔采用正向装药起爆，选用电与非电两种方式联合起爆，采用两发瞬发电雷管，且分别属于两个电爆网络，两套网络并联后起爆（图29）。

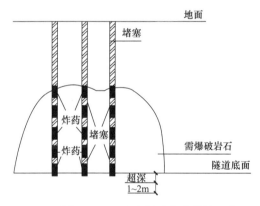

图28　厚度6m以上基岩爆破装药结构示意图

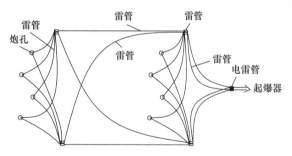

图29　爆破网络示意图

　　本工程采用炮孔的堵塞和封孔同时进行的方式。根据类似工程经验，在用砂子进行炮孔堵塞作业时，应适当兑入少量干水泥。此外，因干水泥不易直接导入有水的炮孔内，所以提前用成型的纸袋或是塑料袋包裹干水泥成段沉入炮孔内，这样，当炮孔爆破时，爆炸产生的冲击将干水泥的包装撕破，水泥和砂在孔内完成融合，从而实现炮孔的封堵。

　　当炮孔为非爆破孔时，预先在炮孔内放入端头带有倒刺的细钢丝绳，在对钻孔进行堵塞时，有节奏地缓慢拉出绳，这样可以划破水泥包装，同时让水泥和砂进行基本的混合搅拌，进而实现钻孔封堵。

　　通过预处理后，可满足盾构快速穿越地层，减少盾构在基岩凸起段风险高、周期长的换刀工序，达到施工安全、高效（图30～图33）。

4.5　研发了基于工效提升的复合地层超大直径盾构装备创新技术

　　工程所处地质条件为华南地区典型的"上软土下硬岩"复合地层，复合地层超大直径盾构施工面临地层差异大以及隐蔽岩体（孤石和基岩凸起）等诸多难题，盾构施工中极易造成刀具切削困难、排渣不

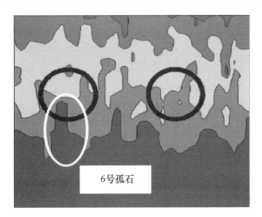

图 30　基岩凸起探测

图 31　水下微差爆破

图 32　爆破后取芯

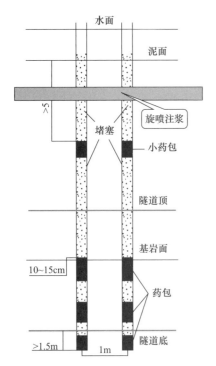

图 33　封闭海水注浆技术

畅、频繁大量更换刀具等影响。如何对盾构装备进行创新改进，以保证复合地层中的施工工效和安全，是目前迫切需要解决的问题。

本项目通过室内试验和现场实践，对上述问题开展了深入研究。针对上软下硬、基岩凸起的复合地层，形成了一套适用于复合地层的超大直径盾构装备创新技术体系。

本工程盾构于 2015 年 12 月西线始发，2016 年 12 月西线贯通，调头后最终于 2017 年年底实现全线贯通，隧道于 2018 年 11 月通车运营（图 34、图 35）。

建设过程中攻克了超大直径盾构在岩层基岩面倾斜、孤石、海床冲刷等复杂条件下的设计与施工关键技术，最终实现全线贯通。

1. 首次应用了复合地层盾构掘进阶段超前勘探技术

针对复合地层常见的孤石、基岩凸起等复杂工况，创新应用刀盘内置式 SSP（地震波散射法）超前勘探装置，对盾构前方 50m 范围岩体进行超前勘探，实现了复合地层盾构掘进过程中隐蔽岩体动态探测（图 36）。

2. 研发了切削排水板专用刀具，提出了适合复合地层的刀具立体组合布置形式

针对"排水板等障碍物多、覆土浅、岩面高"等前所未有的世界性技术难题，首次研发了切削排水板专用刀具和适应复合地层的刀具立体组合布置，攻克了盾构掘进过程中排水板难以切削、容易缠绕在刀盘上以及岩层中刀具磨损速度快的核心技术，使刀具使用寿命提高了 50%，解决了超大直径盾构刀具装备在复合地层中的适应性难题（图 37、图 38）。

图 34 "任翱号"盾构始发

图 35 "任翱号"盾构接收

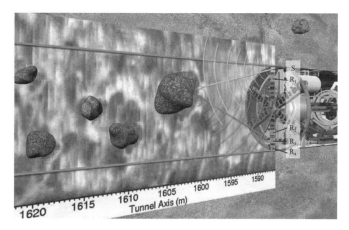

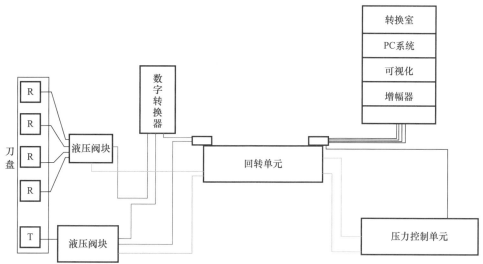

图 36 刀盘内置式 SSP（地震波散射法）超前勘探方法

3. 研发了大流量自补偿刀盘中心冲刷系统及泥水流量稳定装置

针对复合地层中供给超大直径盾构排渣的泥水流量（主要是供给刀盘中心冲刷的流量）不足、中心冲洗压力不高、中心冲洗管路容易堵塞且难以清理的难题，建立了将原有的中心冲洗泵从进泥管抽泥水再送往中心冲洗的模式更改为中心冲洗泵直接从气泡舱抽浆再送往中心冲洗的新方法，在不影响进泥总流量情况下，最大限度地提高了冲刷刀盘面板的泥水流量和压力，有力地保障了快速出渣（图 39）。

针对在岩层中掘进时，极易造成排渣不顺畅，创新设计了排泥管路上加装砾石捕捉器，保证了泥水循环流量的稳定性，实现了切削与排渣的动态平衡（图 40）。

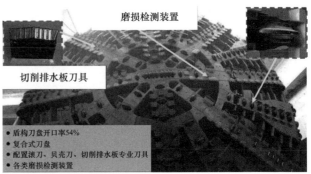

图 37　下沉式障碍物切削试验平台　　　　　　　　图 38　复合地层刀具立体切削系统

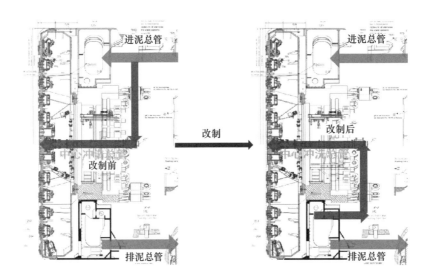

图 39　中心冲洗模式技改前后对比图

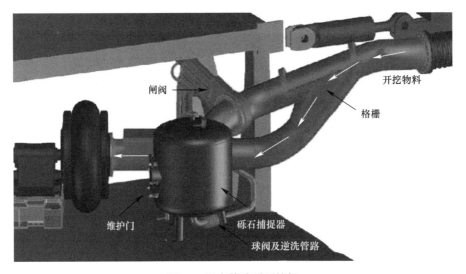

图 40　泥水管路砾石捕捉

4. 研发了盾构刀盘刀具实时健康管控系统

研发了基于图像建模的服役刀具磨损快速评估技术，建立了不同时间节点刀盘刀具服役状态可视化数据库和磨损量预测模型，实现了刀盘全局的磨损状态可视化预测，及时给出了科学的换刀决策，降低了刀具误判而更换的频率，刀具使用不足率下降了 20%（图 41、图 42）。

4.6 创建了复合地层超大直径盾构施工安全控制技术体系

复合地层一般具有岩层风化程度和单轴抗压强度变化大、花岗岩残积层中存在孤石或基岩凸起等隐蔽岩体和沿线地层变化剧烈的特点，同时地层中还常伴有多抛石、密排水板，如何精确定位复合地层中的各类障碍物、如何保证爆破扰动后的上软下硬地层开挖面稳定等问题亟需解决。本项目通过室内试验、现场测试和工程实践对上述难题开展了深入研究。

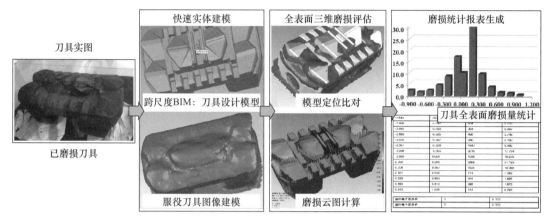

图 41　刀具三维数字化磨损评估技术

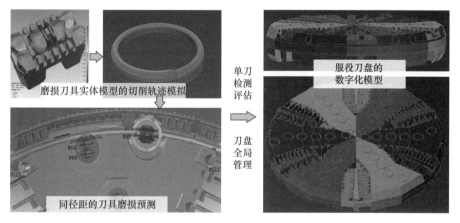

图 42　刀盘刀具服役健康状态评估

针对复合地层常见的孤石、基岩凸起等隐蔽岩体，提出了复合地层隐蔽岩体综合勘探方法和"靶向"爆破预处理技术。针对爆破扰动后的上软下硬地层的开挖面稳定性控制，研究了海域地层的泥浆配比、海域环境下的封闭注浆技术、基于远程信息预警的掘进施工参数协调控制技术，形成了一套复合地层超大直径盾构隧道施工安全控制技术体系。

1. 研发了适应海域地层的抗裂化泥浆配比

针对海域地层氯化物、镁离子、钙离子含量高以及总碱度值高，容易引起开挖面泥浆裂化，导致开挖面失稳的问题，研发了适应海域地层的抗裂化泥浆配比，攻克了海域地层开挖面泥浆快速裂化难题，实现了 4h 内泥浆不裂化，开挖面泥浆离析不大于 20mL，苏氏黏度不小于 19s，保证了复合地层超大直径盾构开挖面的稳定（图 43）。

2. 研发了基于远程信息预警的超大直径盾构掘进施工参数协调控制技术

针对复合地层超大直径盾构施工参数调整精度、及时性要求高的关键问题，自主研发了远程信息监控、预警技术平台，实现了超大盾构隧道多个终端远程信息共享的实时动态参数控制技术，实现了盾构施工关键信息的实时分级预警、实时动态调整，密封舱压力控制精度达到 ±0.005MPa，形成了不同岩层强度下刀具贯入度最优控制方法（图44～图46）。

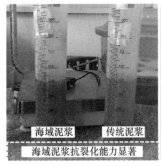

(a) 不同泥浆裂化对比

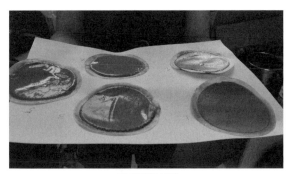
(b) 泥膜效果图

图43　海域地层泥浆抗裂化技术

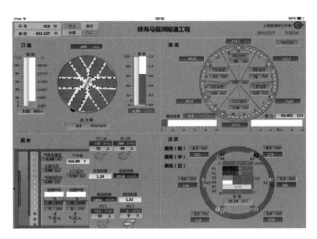

图44　远程监控和预警

图45　远程管控中心

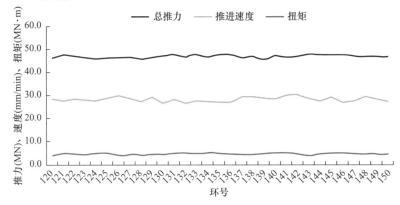

图46　推进参数动态调整

4.7　盾构隧道全预制装配整体式车道板建造技术

工程实施过程中对盾构隧道全预制装配式车道设计及施工技术展开研究，分析盾构隧道内部车道结构体系，提出一种新型车道板设计施工方法——叠合式设计施工方法。

并采用数值模拟及现场试验的方法对叠合式车道板进行了结构分析，得到了其力学特性，为今后叠合板的推广提供了案例参考与理论指导（图47～图52）。

4.8　超厚淤泥地层深大基坑建设技术

1. 真空预压联合堆载地基处理技术应用

横琴隧道盾构接收井基坑工程地处软土区域，淤泥厚度大，且属欠固结土，抗剪强度指标极低，土体抗剪强度指标对基坑围护结构设计参数影响很大。基坑长约80m，宽约50m，最大开挖深度约26m，坑底位于淤泥层中，若采用常规水泥土搅拌桩加固地层，存在施工周期长、加固费用高的问题（图53）。

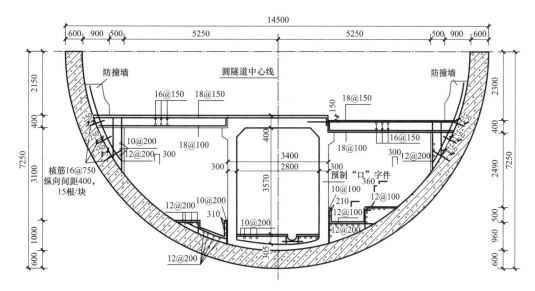

图 47　传统预制"口"形件＋现浇两侧车道板技术

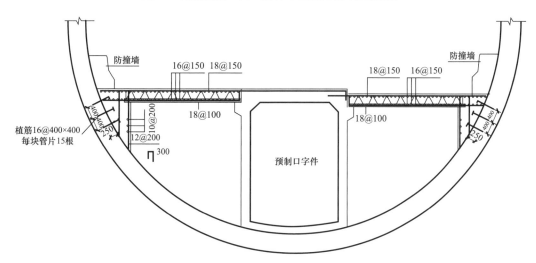

图 48　现浇牛腿＋预制叠合车道板技术

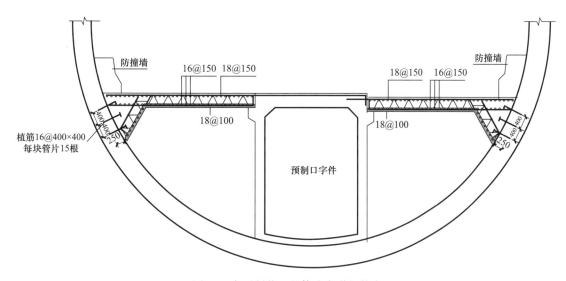

图 49　全预制装配整体式车道板技术

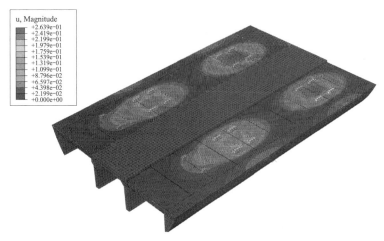

图 50　全预制装配整体式车道板数值计算分析

图 51　预制装配式车道板施工

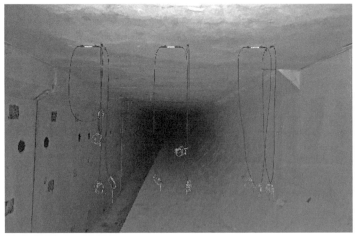

图 52　预制装配整体式车道板现场荷载试验

　　设计采用真空预压联合堆载的方案对场地进行预处理，待土体强度指标得到一定的提高后再进行基坑围护施工。计算表明：软基处理后，围护结构水平变形减少 9.3%，弯矩减少 44.3%，剪力减少 19.1%，通过软基处理后施工基坑可节约工期 3 个月以上，并大幅降低基坑围护成本。

　　2. 高压铁塔原位保护技术应用

　　马骝洲水道两岸暗埋段及敞开段两侧有数座高压铁塔，其是连接珠海与澳门的重要输电通道，若发生断电现象将产生重大的国际政治影响。

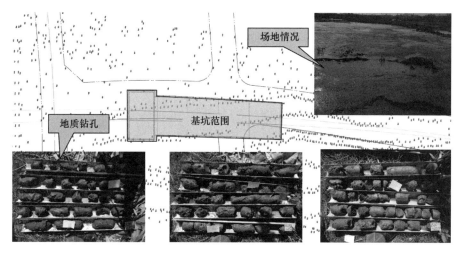

图 53 盾构工作井地质条件

南岸高压线横跨暗埋段施工区域，净高在 17～33m 不等，其中有一座铁塔位于主工程地面道路位置，该位置地面道路施工涉及复杂的地基处理施工工艺，且基坑一侧距离高压铁塔基础约为 3.55m。

北岸高压铁塔，距西线隧道最小距离仅 14.4m 左右。盾构推进工程中以及北岸工作井车架段施工过程中，均会对高压铁塔产生一定程度的影响。

采取高压旋喷隔离桩的有效措施，控制高压铁塔的沉降及水平位移，将工程施工对高压铁塔的影响降至最低，确保了高压铁塔的安全（图 54）。

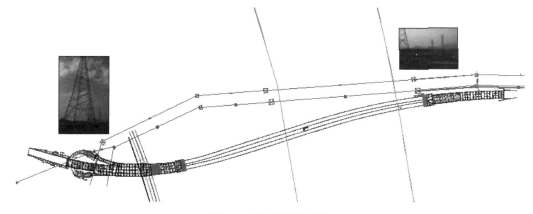

图 54 高压铁塔示意图

3. 高压天然气管道原位保护技术应用

工程范围内现存一根高压天然气管道，是向澳门输送天然气的唯一通道，横跨南岸暗埋段基坑，施工期间不可迁移，需进行原位保护，给施工造成极大的风险。

采取贝雷架悬吊保护的形式进行处理，利用桩基、支托平台、贝雷架所形成的空间支托体系作为燃气管保护的基础，分段吊装，最终实现高压燃气管原位保护，为施工区地下连续墙围护、深基坑开挖及结构回筑创造了施工条件（图 55～图 57）。

4. 超深基坑地下连续墙施工技术应用

为确定施工参数和工效，明确必要的施工措施，地下墙施工前试成槽，基于试成槽中的各项技术指标部署施工，确保地下墙施工进度和质量。

在地下连续墙接头处，采用防止混凝土绕流的背部充填；在地下墙墙趾处于软弱土层，或浇筑前下部沉渣无法很好清除的情况下，对地下墙墙趾进行注浆，以保证其稳固性。

南、北岸浅层有超过 20m 厚度的②$_1$淤泥、②$_2$淤泥质黏土层，分布于人工填土层之下，呈流塑状，具高灵敏度、高压缩性、低强度等特点，易发生蠕变和扰动，工程性质差。该层土在成槽过程中极易发

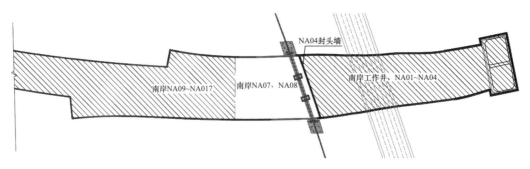

图 55　高压天然气管道位置示意图

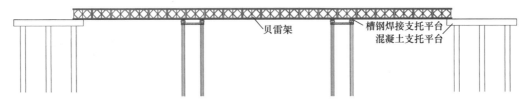

图 56　高压天然气管道整体悬吊示意图

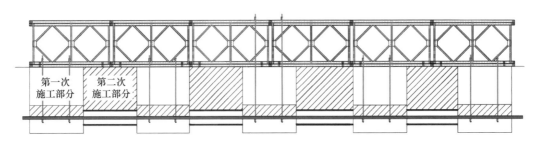

图 57　高压天然气管道悬吊分步施工

生严重蠕变、颈缩及坍方现象，为保证成槽稳定，结合试成槽情况，控制成槽时间，必要处采用搅拌桩方式对之进行预加固。

南岸暗埋段上空存在多根高压电缆线，使得该片区域地墙钢筋笼不能整体吊装（因为钢筋笼吊装高度大于高压线电缆与地面净空，碰触高压电缆）。根据高压线的高度，采用直螺纹接头，分段吊装。第一段吊入槽段至顶部，以钢扁担搁置于导墙上，将第二段吊至连接位置，可靠连接后撤除扁担，继续入槽作业；直至第二段顶部，再同第一段与第二段步骤，将第三段与第二段连接，完成后继续入槽作业。

5　社会和经济效益

5.1　社会效益

15m 级超大直径盾构隧道可以满足双层 4/6 车道或单层 3 车道需求，已成为当前超大直径盾构隧道的主流。本项目提出了复合地层超大直径盾构隧道设计新方法，研发了基于复合地层超大直径盾构掘进工效的装备性能提升技术和安全控制技术，突破了复合地层超大直径盾构隧道设计和施工的技术瓶颈。

本项目研究成果已成功应用于珠海横琴隧道、武汉三阳路长江隧道，保障了工程安全顺利建设，经济和社会效益显著。同时，项目研究成果为粤港澳大湾区超大直径隧道建设、国家高速公路网瓶颈路段建设、城市地下空间集约化利用等国家战略实施提供了重要技术支撑，有效推动了国内交通基础设施领域科技水平跨越式发展，以点带面引领整个行业科技进步。

5.2　经济效益

《复合地层 15m 级大直径盾构隧道建造核心技术及应用》项目研究成果在珠海马骝洲交通隧道、武汉三阳路隧道工程中得以应用。工程应用取得了良好的效果，极大地提升了复杂地层盾构施工的设计水平和风险控制能力，取得了良好的经济效益。新增销售额共计179080.3万元，利润率3%，新增利润共计5372.4万元。新增销售额和新增利润以应用单位财务部门核准出具的财务证明为数据来源。

6 工程图片（图58～图62）

图58 横琴隧道俯瞰

图59 横琴隧道入口

图60 横琴隧道内部效果

图61 横琴隧道匝道入口

图62 横琴隧道路面效果

广东清远抽水蓄能电站下水库大坝工程

周　清　罗兆涛　崔恩博　伍玉龙　蔡　号

第一部分　实例基本情况表

工程名称	广东清远抽水蓄能电站下水库大坝工程		
工程地点	广东省清远市清新区太平镇境内		
开工时间	2009 年 12 月 3 日	竣工时间	2016 年 8 月 15 日
工程造价	290679515.29 元		
建筑规模	下水库总库容 1495.32 万 m³，有效库容 1058.08 万 m³		
建筑类型	抽水蓄能电站		
工程建设单位	清远蓄能发电有限公司		
工程设计单位	广东省水利电力勘测设计研究院		
工程监理单位	中国水利水电建设工程咨询中南有限公司		
工程施工单位	广东水电二局股份有限公司		
项目获奖、知识产权情况			

工程类奖：
1. 第十九届中国土木工程詹天佑奖；
2. 广东省重大建设项目档案金册奖；
3. 2018 年度生产建设项目国家水土保持生态文明工程奖；
4. 2020 年度广东省建工集团建设工程优质奖；
5. 2021 年度菲迪克工程项目优秀奖。

第二部分　关键创新技术名称

1. 黏土心墙填筑工艺施工技术
2. 清水混凝土工艺施工技术
3. 组合钢模板施工技术
4. 导流洞封堵施工技术

第三部分　实例介绍

1　工程概况

1.1　工程概述

广东清远抽水蓄能电站位于广东省清远市的清新区太平镇境内。地理位置处于珠江三角洲西北部，直线距广州75km。装机容量4×320MW。工程承担广东电网调峰、填谷、调频、调相以及紧急事故备用等任务。枢纽工程由上水库、下水库、输水系统、地下厂房洞室群及开关站、永久公路等部分组成。

下水库位于太平镇麻竹脚，上水库东南侧近南北向沟谷上，距上水库水平距离约2000m，在已建大秦水库上游，库内三面环山，库形狭长，集雨面积9.146km²。电站下水库总库容1495.32万m³，有效库容1058.08万m³，水库水位最大消落深度29.7m，相应的设计正常蓄水位137.7m，死水位108m。下水库挡水建筑物为一座黏土心墙堆渣坝与库周山体围成（图1）。

图1　下水库航拍图

库周防渗主要包括下库大坝与左右岸山体连接部位防渗处理。左岸与山体连接部位防渗方式采用单排帷幕灌浆进行防渗处理；右岸连接部位采用混凝土防渗墙与帷幕灌浆相结合的方式。

工程为Ⅰ等工程，永久性主要建筑物如挡水及泄水建筑物等为1级建筑物。洪水标准采用500年一遇（$P=0.2\%$）设计，5000年一遇（$P=0.02\%$）校核。

1.2　合同工程项目范围

下水库大坝工程主要施工范围包括：下库黏土心墙堆渣坝开挖填筑、泄洪洞及放水底孔施工、库岸防护处理等。

1.3 主要工程项目建筑特性

1.3.1 下水库大坝

下水库大坝坝址位于大秦水库库尾上游约 850m 峡谷处，坝型为黏土心墙堆石（渣）坝，坝轴线为一直线，坝轴线基本上与河道垂直。坝顶高程 144.500m，防浪墙高程 145.100m，坝顶长度为 275m，最大坝高 74.8m，坝顶宽 7m。坝体上游边坡 1∶2.75，下游边坡 1∶2.5，在下游坝坡上每隔 15m 设宽 2m 的马道。坝体总填筑工程量 179.6 万 m³。

黏土心墙以坝顶中心线为中心对称布置，心墙顶部宽 3m，上下游坡度均为 1∶0.2，从上游至下游依次布置上游坡干砌石、上游堆石Ⅰ（高程 107.000m 以上）、上游堆石Ⅱ（高程 107.000m 以下）、上游过渡层、上游反滤层、黏土心墙、下游反滤层、下游过渡层、下游排水反滤层、下游填筑全强风化料Ⅰ、下游堆石Ⅱ、下游坡框架植草皮和干砌石。

1.3.2 下水库泄洪洞

泄洪洞结合施工导流洞布置，位于大坝右岸山体内，洞全长 388.35m（其中导流洞长 125.492m，泄洪洞长 262.858m），洞型为 6m×8m 城门洞。在泄洪洞桩号 0-045 和 0+000 处分别布置检修闸门井与泄洪竖井，检修闸门井（5m×5.9m）、泄洪竖井进口采用直径 16m 的环形实用堰，堰顶高程 137.700m，与正常蓄水位相同，在堰周设 8 个导流墩，导流墩厚 1.5m，堰下接直径 8m 的竖井至泄洪洞。

1.3.3 放水底孔

放水底孔前段利用已有的施工导流隧洞改造而成，导流洞进口封堵闸门中心线桩号为 0-005，放水底孔进口中心线桩号为 0-001.4，设在导流洞进口闸门封堵后 3.6m 处，采用钢筋混凝土结构，为水平圆形进口，并设一道拦污栅。在隧洞衬砌混凝土及封堵段内设底孔放水，底孔采用混凝土内衬钢管结构，断面采用圆形，直径为 1.6m，底孔中心线高程 81.500m。在桩号（泄 0-045.002）处布置放水底孔检修闸门，检修闸门后面设通气孔，通气孔尺寸为 0.8m×1.4m（宽×厚），在闸门井顶部布置操作室启闭闸门。放水底孔末端设闸阀室及工作阀。

1.3.4 库岸边坡防护处理

库岸边坡防护处理分别采用挖顶卸载、混凝土格梁结合锚杆护坡等方式，护坡范围主要分 6 个防护区，均为自然边坡坡度大于 26°的范围。生活区位置结合生活区的开挖，采用挖顶卸载方案，开挖高程至 150.000m，边坡修整至 1∶1.5，其他不稳定区域采用混凝土格梁结合锚杆护坡，混凝土格梁尺寸 500mm×500mm，间距 2.5m×4.5m，锚杆 ϕ28mm，间距 2.5m×2.25m，混凝土格梁之间填筑干砌石，干砌石厚度为 300mm，干砌石下设 200mm 厚的反滤排水层。

2 工程重点与难点

2.1 坝基基础防渗处理

坝基基础防渗处理工程质量控制，主要包括防渗墙、固结灌浆及帷幕灌浆三种防渗形式，是本工程质量控制的重点、难点。

下库大坝基础地层岩性为泥盆系中～下统桂头群（D1-2gt）石英砂岩及泥质砂岩，岩层产状为 N30°E/SE∠50°～60°。河床及两岸阶地洪冲积层厚 2.2～7.2m；坝址坡积层厚 0.5～7.4m；全风化层厚 0.3～24.9m；强风化层厚 0.4～52.5m，层顶高程 64.040～167.870m；弱风化带层顶高程 63.640～143.080m。

坝址顺河向断层较发育，主要有 f21、f16、f19 等近于垂直坝轴线，f75 切过左坝肩，断层规模大，钻孔揭露 f21、f16、f19 断层带厚度均超过 10m，倾角 55°～85°，胶结较差，一般具中等透水性，预测沿着这些顺河向断层产生渗漏的可能性较大，需对顺河向断层进行处理。坝基防渗处理是本工程的重点。

2.2　坝体填筑施工质量控制

下水库大坝坝型为黏土心墙堆石（渣）坝，总填筑量179.6万 m³。坝心防渗体为黏土心墙，以坝顶中心线为中心对称布置，心墙顶部宽度3m，上下游坡度均为1∶0.2，从上游至下游依次布置上游坡干砌石、上游堆石Ⅰ（高程 107.000m 以上）、上游堆石Ⅱ（高程 107.000m 以下）、上游过渡层、上游反滤层、黏土心墙、下游反滤层、下游过渡层、下游排水反滤层、下游填筑全强风化料Ⅰ、下游堆石Ⅱ、下游坡框架植草皮和干砌石。筑坝料心墙黏土由指定的多个土料场挖采，料源地较分散，堆石料、过渡料利用下库中转料场洞挖石渣料和上库Ⅲ2采石场开采；下游全强风化料利用下库导流洞及坝基开挖的土石料。垫层料、反滤料从下库砂石料场采购。坝体填筑时从备料场或直接从碎石料场运输合格的填筑料。大坝填筑工程量大，施工需经历多个汛期，填筑受天气影响大，坝体填筑特别是雨期黏土心墙填筑施工质量控制是本工程重点。

2.3　坝坡干砌石外观质量控制

干砌石外观质量是干砌石施工质量控制重点。施工过程中需严格控制料源，砌筑所用石料必须颜色均匀。干砌石坡面每上升3m，需对已砌筑坡面进行测量校核，同时对样架进行校正，确保坡面外观平顺、整齐，防止返工。

2.4　混凝土工程质量

混凝土工程质量是本工程施工重点，主要包括大坝心墙盖重混凝土及导流泄洪洞（竖井）结构混凝土、衬砌混凝土下库库岸防护码头、急流槽结构物混凝土等。还包括导流泄洪洞平洞、泄洪竖井、检修闸门井等衬砌混凝土工程施工，主要施工项目及内容包括：基础面及施工缝处理、钢筋绑扎、模板台车安装、预埋件安装、混凝土浇筑等。

2.5　钻爆法隧洞（井）开挖支护

下水库泄洪洞结合施工导流洞布置，为城门洞型，洞长 388.923m，经过两个平缓小山脊后，从右坝头底部通过，坝址右岸山坡坡度 30°～40°，局部大于 50°，两岸植被发育，自然山体边坡稳定。地表高程最高为 160.000m，洞顶埋深最深约 75m，地层由上至下分别为坡积层、全风化层、强风化层、弱风化层。进洞点洞顶为强风化层，断层 f30 通过洞口，岩体破碎，进洞口地质条件差。出洞口位于强风化、全风化岩体中，全风化较薄，洞底有全风化夹层，下部有断层通过，为强风化状构造角砾岩，地质条件较差。洞身前段有断层 f16 通过，受其影响，岩体破碎，风化深，呈强风化状，洞身Ⅲ类围岩占 29.5%，开挖断面尺寸 8.3m×10.15m～8.6m×10.3m；Ⅳ类围岩约占 57.5%，开挖断面尺寸 8.2m×9.9m～8.6m×10.3m；Ⅴ类围岩约占 13%，开挖断面尺寸 8.2m×9.9m～10.6m×12.3m。

泄洪竖井布置在导流洞桩号 0+175.007 处，井深33m，开挖断面为直径 11.6m圆形，周围为Ⅴ类围岩；检修闸门竖井位于泄洪竖井上游 0+129.765 处，井深40m，开挖断面为 6.4m×5.5m矩形，周围为Ⅴ类围岩。井口岩石破碎，井身均置于强风化岩体中，受断层 f16 切割，地质条件差，施工安全风险较大，需要加强观测和支护。因此，钻爆法隧洞（井）开挖支护施工是本工程的重难点之一。

应对措施：①隧洞分上下半洞（台阶）钻爆掘进方式，上半洞高度 6.8m，下半洞高度 3～3.5m，上半洞开挖贯通后进行下半洞开挖支护施工。采取短进尺（0.5～1m），控制装药量弱爆破；先开挖周边部位，断面中部待一次支护后，再行挖除；减小围岩在支护前的暴露时间，发挥围岩自身承载力的作用，有利于围岩稳定。②施工前，根据所掌握的地质资料进行爆破设计，施工中通过爆破效果进行验证，确定出合理的钻孔间距、线装药密度等爆破参数，经试验选定的爆破参数报监理人批准后实施；开挖过程中根据实际地质条件对爆破参数作优化调整。③竖井开挖采取先导井、后扩挖钻爆方式，采取正井法开挖。施工在平洞上半洞贯通后进行，待导井贯通后再进行全断面扩挖支护施工。导井位于井中位置，开挖断面选取直径 1.2～1.5m圆形，每循环开挖完成后及时进行锚喷支护。④超前锚杆＋挂钢筋网初喷混凝土＋钢拱架安装＋复喷混凝土等强支护等方式。

2.6 大秦水库水质保护工作

大秦水库位于下水库大坝坝址下游约 850m 处，水库水质目标为 Ⅱ 类标准，大秦水库是太平镇的主要供水水源，因此在工程施工过程中确保大秦水库水质安全，大秦水库集水范围内污废水实现"零排放"为施工重点。

采取的应对措施：①坝肩开挖及坝体填筑过程中，做好上游临时排水，防止降雨、径流直接冲刷坝体，同时利用下游围堰作为临时拦挡建筑物，防止填筑物在径流的冲刷下直接进入下游大秦水库。②实在无法烧尽或严重影响环境的清除物，严格在监理人指定的地区进行掩埋或处理。掩埋物不可污染下游河道及大秦水库水质。③工程施工生产生活废水严禁排向天然水体。大秦水库执行《地表水环境质量标准》GB 3838—2002 Ⅱ 类标准，达到广东省《水污染物排放限值》DB44/T 26—2016 第二时段一级标准后回用于山林灌溉。④污水处理系统运行管理人员及时对处理系统进行巡视和水质监控，及时发现问题，并对发现的问题及时查清问题原因，且按照应急预案的要求，及时采取措施并通知相关人员。

3 技术创新点

3.1 清水混凝土工艺施工技术

工艺原理：在局部重点部位选用 WISA 模板（维萨建筑模板）代替传统的钢模，在柱四角、框架梁等边角位置采用"圆角条"。

技术优点：解决了盖板重量较大，覆盖施工时花槽边角容易破碎，影响美观的问题。

3.2 组合钢模板施工技术

工艺原理：大坝坝基盖重混凝土施工模板采用组合钢模板，"U"形卡连接，模板支撑采用 $\phi48mm$ 钢管、$\phi24mm$ 可拆卸式套筒螺杆和拉筋固定。

技术优点：解决了模板对拉钢筋不可回收的问题。

3.3 导流洞封堵施工技术

工艺原理：用钢筋混凝土衬砌，堵头设在洞内，采用强度等级 C20 微膨胀混凝土。

技术优点：解决了衬砌混凝土与封堵混凝土接触缝面渗漏问题，灌浆效果显著，封堵效果良好，封堵质量满足设计要求，且得到了业主、监理的一致好评。

4 工程主要关键技术

4.1 坝基基础防渗处理施工技术

基础处理方案采用对断层进行挖槽填塞混凝土，在心墙基础范围进行固结灌浆和沿坝轴线作全线帷幕灌浆处理，在断层部位加强防渗措施，增加一排灌浆帷幕，以提高基础岩石的弹性模量和抗压强度，增强均质性，降低岩石的透水性，防止坝基渗漏。

坝基基础防渗处理的关键是坝基帷幕灌浆施工。下库大坝地基帷幕灌浆防渗范围为坝 0−036.5～坝 0+407，防渗轴线长 443.5m，其中坝基防渗范围（坝 0−000～坝 0+275）长 275m，左右岸各切入坝肩山体：左岸（坝 0−036.5～坝 0+000）36.5m，右岸（坝 0+275～坝 0+407）132m。设计总钻孔深 15711m，帷幕孔深 12369m，实际钻孔 25690.3m，其中帷幕孔深 21871.9m。

帷幕灌浆施工单孔作业程序：钻机就位固定→钻至接触面→预埋管→待凝→钻进第一段→灌浆→第二段钻孔→灌浆→终孔→灌浆→封孔灌浆。

灌浆工艺采用"孔口封闭，孔内循环，自上而下分段灌浆"方法，终孔段透水率 $q<3Lu$。若透水率超过 3Lu，则加深 1 段。

钻孔孔位根据设计图纸进行逐孔检查，孔位、孔口高程予以测量记录，帷幕灌浆孔按孔序加密，自上而下分段灌浆，先施工 Ⅰ 序孔，后施工 Ⅱ 序孔，再施工 Ⅲ 序孔。每一段钻至灌浆段长后，报送资料并进行验收、签证，严格控制孔向、孔斜，要求在开孔至 10m 处测斜，看是否偏斜。钻至设计终孔深度，报送钻孔验收单，进行全孔测斜，对钻孔孔深、孔斜经现场监理工程师验收合格后签证。

每段钻孔结束后，立即用大流量水将孔内岩粉带出，回水澄清10min后结束，并测量记录冲洗后钻孔孔深，孔内残留物不得大于20cm，裂隙冲洗采用脉动式压力水，至回水澄清10min为止，且总的冲洗时间不小于30min。当回水难以澄清时，冲洗时间应达2h以上方可结束，冲洗压力为灌浆压力的80%，且不超过1MPa。

压水试验在裂隙冲洗后进行，压水压力采用灌浆压力的80%，且最大压力不大于1MPa。在稳定压力下，每5min测读一次压入流量，连续四次读数中最大值与最小值之差小于最终值的10%或最大值与最小值小于1L/min，即可结束。

严格按照设计要求进行控制：射浆管距孔底不大于50cm。灌浆时灌浆压力尽快升至设计压力，若灌浆过程中注入量较大时，可分级升压。水灰比控制：灌前简易压水透水率不大于10～30Lu，采用3∶1开灌；透水率30～50Lu，采用1∶1开灌；透水率大于50Lu，采用0.8∶1或0.5∶1开灌。水灰比变换：注入量大于300L或灌注时间超过1h，变浓一级水灰比灌注。在灌浆过程中，随时抽查灌浆自动记录仪的准确性：流量计是否记录在误差范围之内，压力表是否与压力表吻合，密度是否跟现场比重计或比重称测的一致。三参数其中一参数不准，自动记录仪必须重新率定。在设计压力下，注入率小于1L/min后，延续灌注60min可结束灌浆。总的灌注时间不得小于90min。

在全孔灌浆结束后，采用0.5∶1新鲜的浆液，置换孔内的稀浆，采用压力封孔法进行封孔。

特殊情况处理：在灌浆过程中，发现回浆失水变浓时，及时改换原水灰比的新鲜浆液进行灌注；因故中断灌浆时，按要求及时尽快恢复灌浆，恢复灌浆时不吸浆或比原吸浆量下降1/2时，及时冲洗并进行扫孔至段长，然后再进行灌浆；发生浆液串孔时，阻塞被串孔，继续灌注。灌浆结束后，采用无压水冲洗被串孔水泥浆；地表出现冒浆现象时，采用嵌缝、表面封堵、低压、浓浆、限流、间歇灌注、待凝等方法处理。待凝标准：第一段单耗量800kg/m，第二段单耗量500kg/m，第三段及以下300kg/m，钻孔无回水和简易压水无压力、无回水的孔段单耗量120kg/m。

质量检查孔控制：按单元划分报审灌浆成果，由监理工程师会同设计按不少于灌浆孔数的10%布置检查孔。在单元工程完成14d后，采用自上而下分段卡塞进行"五点法"压水试验，压水试验段长等同帷幕灌浆段长。终孔段压水试验完成后，按灌浆要求进行全孔一次性压力灌浆和封孔。

4.2 黏土心墙填筑工艺施工技术

坝体填筑前，根据施工技术要求，对坝体各区料进行生产性碾压试验，以确定合理的施工碾压参数。结合工程原材料状况，开展工艺试验，确定经济合理的填筑碾压参数，检验所选机械的适用性和可靠性。通过现场碾压试验确定各种材料的填筑施工控制参数。碾压试验结束后，对碾压的堆石料、过渡料、反滤料、垫层料等进行颗粒分析。各种填筑料的质量在料场或采挖地进行检查控制，做到不合格的料不上坝，确保大坝填筑施工质量。

土料开采时，采用立面、平面两者相结合的开采方式。布置多个开采掌子面，在土料场利用推土机和反铲挖掘机对含水量偏高的土料进行翻晒，保证土料的含水量及各项物理性能指标符合设计的要求。心墙每一填土层按规定施工参数施工完毕，并经监理验收合格后才能继续铺筑上一层。

黏土心墙填筑时，在工作面布置施工便道延伸至作业面，采用自卸汽车将土料运至填筑施工面，采用进占法卸料，推土机平整，18t自行式振动碾碾压。黏土心墙填筑与反滤层、过渡层、堆石料同步上升。填筑时，铺土厚度、碾压遍数、土料的含水量严格按照碾压试验确定的参数施工。压实质量控制主要检测密度和含水量，试验方法采用环刀法和烘干法，按规范的要求进行试验。结合工程施工技术要求及原材料状况，通过各种填筑料碾压试验、成果分析，为坝体填筑施工提供重要的依据，有效解决筑坝原材料质量问题。

大坝黏土心墙防渗体施工照片和施工工艺流程图见图2、图3。

（1）黏土心墙填筑前，在与基础（河床和岸坡）岩石或基础混凝土接触处，按设计尺寸要求涂刷3～5mm的浓黏土浆接触带，以利坝体与基础之间的结合。

图 2　大坝黏土心墙防渗体施工照片

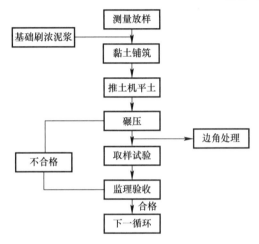

图 3　黏土心墙防渗体施工工艺流程图

（2）土层碾压机具的行驶方向以及铺料方向平行坝轴线。而靠两岸的接触带利用自行碾顺岸边进行压实。

（3）心墙每一填土层按规定施工参数施工完毕，并经监理验收合格后才能继续铺筑上一层。在继续铺筑上层新土前，压实层表面的松土、杂物等应清除，当压实层表面形成光面时应洒水湿润并将光面刨毛，以保证土层间的结合良好。

（4）填筑过程中，不能出现弹簧土、层间光面、松土层、干土层或剪力破坏等不良现象，如出现应采取机械挖除，并经监理验收合格后才准继续施工。

（5）心墙铺土面尽量平起，以免形成过多的接缝。若由于施工需要进行分区填筑时，其横向接缝坡度不得陡于 1：3。在接合的坡面上，配合填筑的上升速度，将表面松土含水量控制在规定范围内，然后才能继续铺填新土进行压实。

（6）混凝土防渗墙顶部与心墙填土接触的部位铺设高塑性黏土。在墙的上下游侧及顶部填土前，先将混凝土防渗墙清洗干净，并刷一层浓泥浆。墙身两侧的填土平衡上升。靠墙身的填土可用满载的运料汽车轮胎顺墙轴方向进行压实，严格防止重型机械运转过程中碰撞损坏混凝土防渗墙。

（7）防渗体分段碾压时，相邻两段碾压带碾迹应彼此搭接，垂直碾压方向搭接带宽度不小于 0.5m，顺碾压方向搭接带宽度为 1.5m。

（8）为保持土料正常含水量，日降雨量大于 5mm 时，停止填筑。当风力或日照较强时，在坝面上进行洒水湿润，保持合适的含水量。

（9）心墙填筑面略向上游斜，以利于排除积水。下雨前采取振动碾快速静碾将作业面碾压成光面，来不及碾压的铺设防雨遮布遮盖，防止雨水下渗，雨后将填筑面含水量调整至合格范围，才能复工。

（10）汽车穿越黏土心墙的路口段，应经常更换位置或铺设钢栈道，不同填筑层路口段应交错布置，对路口段超压土体应予以处理。

4.3　清水混凝土工艺施工技术

通过总结以往类似项目的清水混凝土经验及分析，在混凝土重点部位选用 WISA 模板（维萨建筑模板）代替传统的钢模，在柱四角、框架梁等边角位置采用"圆角条"，解决了模板重量较大，覆盖施工时花槽边角容易破碎，影响美观的问题，使混凝土边角部位不易掉角，增加了美观性。

（1）根据混凝土建筑物结构特点选择好技术先进、经济合理的模板形式以后，对模板的拼装、加固等需要进行认真研究计算，制订具体的施工方案，并对具体施工操作人员进行技术交底，减少差错，增强质量意识。

（2）钢模板安装前，将附着物清理干净，并涂上隔离剂或者矿物油类的保护涂料，不得采用污染混凝土表面的油剂，使模板表面平顺光滑，以保证混凝土表面的光洁度和密实性，提高混凝土外观质量。

（3）模板安装过程中严格按照测量放样进行建筑物结构线控制，模板拼装过程中加强检查，对于模板的平整度、垂直度严格进行控制，模板拼装调试加固好后，必须经过管理、技术、测量人员检查合格后方可进行下一道工序施工，以防止结构线误差和模板错缝引起错台、挂帘等混凝土缺陷，从而提高混凝土的外观质量。

（4）模板的拆除必须严格按照施工规范要求进行，以避免由于过早拆模引起混凝土表层脱皮、结构线变形等缺陷，从而影响混凝土的外观质量。模板拆除、成品保护：模板拆除，在混凝土强度达到其表面及棱角不因拆模而损伤或设计强度等级的 50％时，进行控制。同时，及时清理混凝土表面污染物，以免影响混凝土表面效果。

清水混凝土施工工艺流程如图 4 所示。

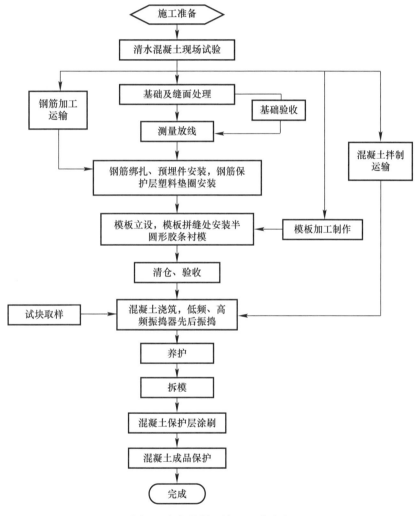

图 4　清水混凝土施工工艺流程

4.4　采用组合钢模板施工技术

大坝坝基盖重混凝土施工模板采用组合钢模板，连接件采用标准扣件"U"形卡连接，模板支撑采用 ϕ48mm 钢管、ϕ24mm 可拆卸式套筒螺杆和拉筋固定。拆模后表面不留钢筋头，拉模筋孔采用砂浆及时填补。局部补缝采用现立木模。

模板安装时按混凝土结构物的施工详图测量放样，重要结构多设控制点，以利检查校正。模板在安装过程中保持足够的临时固定设施，以防倾覆。模板之间的接缝平整严密，建筑物分层施工时，逐层校正下层偏差，模板下端无"错台"。混凝土浇筑过程中，设置专人负责经常检查、调整模板的形状及位置。对承重模板的支架，加强检查、维护。模板如有变形走样，立即采取有效措施予以矫正，否则停止混凝土浇筑。钢模板在每次使用前清洗干净，不得有固结的灰浆及其他异物。为防锈和拆模方便，钢模面板涂刷矿物油类的防锈保护涂料，不得采用污染混凝土的油剂，不得影响混凝土或钢筋混凝土的质量。若检查发现在已浇的混凝土面沾染污迹，应采取有效措施予以清除。

组合钢模板施工工艺流程为：开始→模板设计→弹位置线→模板安装→模板拆除→完成。

4.5 竖井开挖施工技术

检修闸阀井和泄洪竖井开挖采取先导井、后扩挖、支护施工紧随其后的正井施工方法，有效解决了因地质条件差、大断面垂直高落差出渣难、施工安全风险高的难题（图5）。

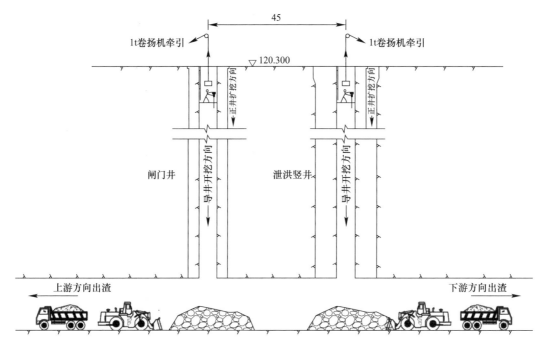

图5 竖井开挖施工工艺流程示意图

泄洪竖井及检修闸门井开挖施工均安排在导流洞上半洞贯通后进行。泄洪竖井井深33m，开挖断面为直径11.6m圆形，布置在导流洞桩号0+175.007处；检修闸门井井深40m，开挖断面为6.4m×5.5m矩形，位于泄洪竖井上游45m处。导井及二次扩挖均采取自上而下开挖，每循环开挖完成后及时进行挂网喷混凝土、锚杆、工字钢支撑的联合支护。开挖采用YT-28型钻机钻孔，人工联网爆破，每循环进尺深度：导井开挖0.8～1.2m，二次扩挖0.8～1m。

施工期导井开挖断面选取直径1.2～1.5m圆形，导井开挖前先采用YG50工程钻沿竖井轴线（中心线）造一个直径100mm的导向孔，兼作施工排水孔，再采用普通法自上而下进行导井开挖。开挖完成后采取钢筋混凝土护壁作为临时支护，导井开挖出渣采用人工在井口牵引吊0.15m³渣桶进行，二次扩挖出渣则采取人工扒渣，通过导井溜渣至平洞，用ZL50型装载机装渣，自卸汽车出渣。

导井开挖施工时，为控制导井轴线，在竖井顶部测设四个控制点（用锚筋锚入基岩形成），将成对角的两点均用弦线拉起，两弦线的交点即为竖井中心点，每排钻孔施工时，用弦线挂重锤对准该中心点，即可放出掌子面处的竖井中心点。对该四个控制点，测量人员每隔3～5个循环进行一次校核，当洞挖施工人员发现有异常时，可随时要求测量人员进行检查校核。

导井开挖支护施工工艺：测量放样→人工手风钻钻孔→装药爆破→通风排烟及安全处理→人工牵引设备出渣→临时支护→下一循环。

扩挖及支护施工工艺：测量放样→锁口施工→人工手风钻钻孔→装药爆破→通风排烟及安全处理→人工扒渣→锚喷支护→下一循环。

4.6 导流洞封堵施工技术

下水库导流洞位于下库大坝右侧，与永久泄洪洞相结合，全长 388.35m，断面为城门洞型，采用钢筋混凝土衬砌，衬砌厚度 0.8~1m，衬砌完断面为（宽×高）6m×8m。堵头设在洞内（泄 0-039~泄 0-010），桩号长 29m，采用强度等级 C20 的微膨胀混凝土。解决了衬砌混凝土与封堵混凝土接触缝面渗漏问题，灌浆效果显著，封堵效果良好，封堵质量满足设计要求，且得到了业主、监理的一致好评。

堵头施工程序：堵前灌浆施工及质量检查，并验收合格→施工基础及结合面凿毛→基础面清理→模板架设安装→预埋灌浆管和冷却水管→仓面检查验收→混凝土浇筑及养护→回填、接触灌浆→下一循环。

在（泄 0-039~泄 0-010）堵头混凝土浇筑完成后，进行堵头混凝土与衬砌接触面回填灌浆和接触灌浆施工。

1. 堵头混凝土与衬砌接触面拱顶 120°回填灌浆

对封堵段顶拱 120°范围进行回填灌浆，混凝土封堵前在拱顶钻孔并埋设灌浆管（盒），回填灌浆钻孔在拱顶中心线偏左 50cm 范围钻一排孔，钻孔孔径 50mm，入衬砌混凝土 5cm，排距 2m，施工采用 YT28 型手风钻造孔，并按照图纸要求每孔埋设灌浆盒和灌浆管路连通，并将灌浆管路引至封堵段下游。待堵头混凝土浇筑完成且强度达到 70% 后，通过引接至下游灌浆管进行回填灌浆施工。回填灌浆施工采用纯压式灌浆法，按"单向追赶"方法，自较低一端开灌，浆液水灰比采用 0.5∶1 一个比级，灌浆压力 0.6MPa。

回填灌浆灌浆盒、灌浆管埋设：灌浆盒采用规格为 100mm×100mm×50mm 的镀锌线槽盒，管路采用直径 25mm 镀锌钢管，灌浆管路埋设引接至下游，并在管口尾端装设球阀。灌浆管采取在洞顶拱壁焊接 U 形扣固定，灌浆盒采用膨胀螺栓固定，防止混凝土浇筑过程中出现位移。

灌浆结束标准和封孔方法：自低端开灌，待高处灌浆管冒出浓浆时，改从高处灌浆，在达到规定的 0.6MPa 压力时，灌浆孔停止吸浆，并继续灌注 10min 即可结束灌浆。灌浆结束后，先关闭孔口阀，再停泵，待孔内浆液初凝后才割除外露灌浆管。

2. 堵头混凝土与衬砌及包管混凝土接触面接触灌浆

在封堵混凝土浇筑前，根据图纸 2m×2m 间排距要求，衬砌边墙及包管混凝土采用 MOD1092 型钻机钻孔，顶拱采用 YT28 型手持风钻钻孔，钻孔直径 38~50mm，钻孔入混凝土深度 5cm。钻孔结束后，采用大流量的清洁水进行钻孔冲洗，冲净孔内泥渣。钻孔冲洗完后埋设灌浆管（进、回浆管路）、排气管、灌浆盒等，其灌浆管形成回路，并引接至堵头混凝土下游侧，待混凝土浇筑完、强度达设计要求且在通冷却水温度稳定后，利用引接至下游的管路进行接触灌浆施工。

接触灌浆管、灌浆盒埋设：灌浆盒同样采用规格为 100mm×100mm×50mm 的镀锌线槽盒，管路采用直径 25mm 镀锌钢管，灌浆管路埋设引接至下游，并在管口尾端装设球阀。灌浆管采取在洞顶拱壁焊接 U 形扣固定，灌浆盒采用膨胀螺栓固定，防止混凝土浇筑过程中出现位移。

5 社会和经济效益

广东清远抽水蓄能电站在工程建设中贯彻"绿水青山就是金山银山"理念，严格执行环保"三同时"制度，污废水零排放。广东清远抽水蓄能电站已安全运行多年，大坝等各水工建筑物的变形、应力、渗流、渗压及边坡变形等各项指标均优于设计要求，为粤港澳大湾区经济发展提供了优质电力服务保障，同时进一步促进了南方电网西电东送能力提升，充分发挥了节能减排效益，更好地服务了地方社会经济发展。

6 工程图片（图6～图14）

图6　广东清远抽水蓄能电站
下水库大坝照片

图7　广东清远抽水蓄能电站下水库大坝
坝顶花槽清水混凝土及路面照片

图8　广东清远抽水蓄能电站下水库大坝
上游干砌石成品照片

图9　广东清远抽水蓄能电站下水库大坝
工程坝后网格梁

图10　广东清远抽水蓄能电站下水库泄洪
洞工程竖井—洞身系统锚杆支护面貌

图11　广东清远抽水蓄能电站下
水库大坝工程导流泄洪洞照片

图12　广东清远抽水蓄能电站下水库
库岸防护边坡贴坡混凝土面貌

图13　广东清远抽水蓄能电站
下水库泄洪竖井井口面貌

图14　广东清远抽水蓄能电站下水库库岸
防护码头右边坡框架梁护坡竣工面貌

中山大道 BRT 试验线西段 1 标工程

袁卫国　李　贲　陈海英　罗祝君　杨钦南

第一部分　实例基本情况表

工程名称	中山大道 BRT 试验线西段 1 标工程		
工程地点	广州市天河区		
开工时间	2008 年 11 月 30 日	竣工时间	2010 年 2 月 10 日
工程造价	1.06 亿元		
建筑规模	3.6km		
建筑类型	道路、人行隧道、人行天桥、钢结构		
工程建设单位	广州市广园市政建设有限公司		
工程设计单位	广州市市政工程设计研究院、广州市地下铁道设计研究院		
工程监理单位	广州建筑工程监理有限公司		
工程施工单位	广州市第一市政工程有限公司		
项目获奖、知识产权情况			

工程类奖：

1. 第十六届中国土木工程詹天佑奖（广州市中山大道快速公交（BRT）试验线工程）；

2. 2017 年度广东省土木建筑学会第九届广东省土木工程詹天佑故乡杯奖；

3. 2011 年度广州市优良样板工程。

科学技术奖：

全国市政行业 2013 年度市政工程科学技术奖技术开发类二等奖。

知识产权（含工法）：

省级工法：

1. 市中心区小直径钻孔式钢管桩施工工法；

2. 复杂环境下软弱地层基坑支护体系施工工法；

3. 红色沥青混凝土路面色彩控制施工工法。

第二部分 关键创新技术名称

1. 市中心区小直径钻孔式钢管桩施工技术
2. 复杂环境下软弱地层基坑支护体系施工技术
3. 红色沥青混凝土路面色彩控制施工技术
4. 气泡混合轻质土过地铁隧道路基回填施工技术

第三部分 实 例 介 绍

1 工程概况

本工程为中山大道快速公交（BRT）试验线－配套行人过街系统完善工程－西段（广州大道－环城高速公路）土建施工1标。中山大道BRT试验线呈东西走向，西起天河区的广州大道，东至黄埔区夏园，横穿天河、黄埔两区。该BRT试验线全长22.86km，由天河路（2.8km）、中山大道（15km）以及黄埔东路（5.06km）三段道路组成。本标段为西段第一标段，里程由K0+000～K3+600，由天河立交－华南路中山大道立交。本标段全程共设4个车站：体育中心站、石牌桥站、岗顶站、师大暨大站。主要施工内容包括人行道土建施工，新建人行天桥3座，扩建跨涌桥1座，拆除现有人行天桥1座，新增与地铁既有通道的连通通道（含出入口）2处（图1）。

图1 BRT车站图

2 工程重点与难点

2.1 工期紧张

本工程的施工总工期为150日历天。工程路线长，施工内容多，牵涉面广。施工工期紧，特别是位于广州市中心城区的道路施工，是影响工期的主要因素之一。

2.2 地处市中心区繁华地带，交通复杂、繁忙

该工程地处广州市繁华闹市区的中山大道上，中山大道是天河区东西交通主干道，车流量大，交通疏解困难，针对该难点深入施工一线，同建设单位、设计单位、监理单位、交警部门和现场技术人员共同研究讨论，优化交通疏解方案，见缝插针，通过分期围蔽、倒边施工、夜间施工等措施，将现场施工

对交通的影响降到最低，使该工程顺利按合同工期完成，保证了施工安全、确保了施工质量。

2.3 文明施工，环境保护要求高

施工场地在广州市中心城区内，道路沿线建构筑物密布，道路交通流量大。我项目部在施工时对施工场地进行围蔽，同时制定完善的环境保护制度，配置环保专职人员，将工程施工对周边环境的影响降至最低。

3 技术创新点

3.1 市中心区小直径钻孔式钢管桩施工技术

工艺原理：以岗顶站行人天桥为例，该路段属于广州市中心商业繁华地带，车流人流密集，由于岗顶站行人天桥的兴建，给周边商铺带来噪声、施工等的污染是无可避免的。尤其是该地段寸土寸金，能提供围蔽施工的场地实在非常有限，地下管线错综复杂，如进行大面积开挖施工，势必存在破坏地下管网的安全隐患，并且扰乱该地段的正常交通秩序。根据计算出来的人行天桥单桩承载力的要求和竖向抗压强度要求，参照 C25 混凝土常用配合比，再根据本工程对承载力的要求，经多次试验确定瓜米石混合水泥浆式 C25 混凝土配合比：水泥 $490kg/m^3$、瓜米石 $1260kg/m^3$、水 $245kg/m^3$，以满足人行天桥桩基础受力要求，从而保证了新型小直径钻孔式钢管桩基础的施工质量。

技术优点：

（1）利用瓜米石混合水泥浆式 C25 混凝土配合比，满足人行天桥桩基础承载力要求。

（2）利用新型小直径钻孔式钢管桩基础挤土有限、对周边影响少的特性，保护周边构筑物及附近地铁隧道结构。

（3）施工简捷，速度快。

（4）利用外侧瓜米石混合水泥浆式 C25 混凝土注浆保护，提高抗腐蚀性。

（5）小直径钻孔式钢管桩基础有利于避开地下管线，灵活机动，同时施工占地面积小，适合在市中心区采用。在实际施工过程中，对遇见的管线采用偏移桩位、包管保护及局部加密钢管桩等方法避开，实现连续施工，加快工程进度。

鉴定情况及专利情况：该成果 2009 年经广东省住房和城乡建设厅组织鉴定，达到国内先进水平。

3.2 复杂环境下软弱地层基坑支护体系施工技术

工艺原理：在邻近区域存在地铁隧道的情况下，基坑的施工不但要保证基坑本身的安全，同时也不能影响地铁隧道的结构安全及正常运营。因此，在这种临近地铁隧道复杂的环境条件下，在确保新建基坑施工质量和施工进度的同时，要控制基坑施工引起的周围地层移动，保护邻近隧道的安全。

以石牌桥地铁站联络通道为例，通道下方有两条已经施工好的地铁隧道穿过，初衬顶面离通道地板底面高度约 $1.2 \sim 2.4m$，限制了围护桩的嵌固深度。而采用传统的灌注桩不但工期长，对通道下方的隧道扰动较大，而且由于嵌固深度不够，限制了灌注桩的受力性能，一旦开挖过程产生滑移，恢复难度大。基坑西边离公路不到 8m，对路面沉降控制要求较高，也限制了直接放坡支护。为减少基坑侧向土压力，在基坑两边采用粉喷桩加固基坑两边土体。并加密钢支撑来减小对钢板桩的影响，增加支护体系的安全系数。

技术优点：

（1）通过 Midas GTS 软件进行有限元分析模拟，对基坑支护体系变形和下方隧道变形趋势进行预测，再根据预测结果采取相应的处理措施，并对变形量较大位置布置监测点，及时反馈监测数据，并根据监测数据调整开挖顺序。

（2）利用钢板桩作基坑支护，满足基坑稳定性的要求。根据现场实际情况对选定的支护体系进行了相应的优化，基坑两侧 9.5m 范围内的土采用 $\phi600mm@450mm$ 粉喷桩加固土体，在地面以下素填土层采用放坡开挖的方法进行降土。通过粉喷桩加固基坑周围土体后，土体侧压力已经明显减小，再利用钢板桩施工灵活、方便等优点，灵活控制钢板桩打入深度。此外，选择合适的振动锤，施工时候密切观

察钢板桩打入情况，根据实际适当调整钢板桩打入深度，增加基坑稳定性。

（3）以水泥为固化剂，利用深层搅拌机械对原状软土进行强制搅拌，经水泥与软弱土之间的离子交换作用、凝结作用、化学作用等一系列作用，而生成一种特殊的具有较高强度、较好特性和水稳定性的混合柱状体。它与原位软土层组合成复合地基，提高基坑支护体系的止水效果，减少土体侧向土压力。

（4）利用钢板桩挤土效应小，对周边环境影响小的优点，并控制钢板桩的打入深度，有效地保护周边环境及临近的地下地铁隧道结构。

鉴定情况及专利情况：该成果 2010 年经广东省住房和城乡建设厅组织鉴定，达到国内先进水平。

3.3　红色沥青混凝土路面色彩控制施工技术

工艺原理：针对红色沥青混凝土路面施工不同阶段，采用一系列施工方法对"色彩"进行控制，从而使路面外观质量和性能要求达标。主要做好以下两个方面控制：

（1）做好原材料选择和用量控制。

（2）施工过程避免沥青混合料受到污染，严格按照施工工艺要求施工，确保施工质量。

技术优点：红色沥青混凝土路面施工过程与普通沥青混凝土路面大致相同，不同之处在于其带上了"色彩"，通过项目的施工，我司总结出要控制好红色沥青混凝土"色彩"，就要合理地选择原材料品种和用量，避免施工过程中沥青混合料受到污染，并严格按施工工艺要求进行施工。

鉴定情况及专利情况：该成果 2011 年经广东省住房和城乡建设厅组织鉴定，达到国内领先水平。

3.4　气泡混合轻质土过地铁隧道路基回填施工技术研究

工艺原理：由于地铁隧道已施工完毕，根据广州市地铁轨道交通有限公司提供的隧道衬砌对隧道上方覆土荷载要求，再根据中山大道路面标高和道路设计规范要求，计算出回填材料的重度不得大于 $7kN/m^3$，无侧限抗压强度不得小于 0.8MPa。根据计算出来的回填材料的重度要求和无侧限抗压强度要求，参考常用气泡混合轻质土配合比，经过多次试验，最终确定气泡混合轻质土的配合比，同时在试验时确定最佳搅拌时间和掺料时间，从而保证了气泡混合轻质土的施工质量。

技术优点：创造性地将气泡混合轻质土用于过地铁隧道路基回填，克服了道路过地铁隧道常规处理方法的造价高、工期长等缺点，发挥了气泡混合轻质土这种新型建筑材料的轻质高强、低弹减振、施工简捷的特点，降低了工程造价，同时对地铁隧道的衬砌起到保护作用。

鉴定情况及专利情况：该成果 2008 年经广东省科学技术厅组织鉴定，达到省内领先水平。

4　工程主要关键技术

4.1　市中心区小直径钻孔式钢管桩施工技术

4.1.1　概述

本工程中山大道 BRT 试验线西段和中山大道行人过街系统完善工程西段土建施工 1 标位于广州天河区天河路至中山大道，该路段属于广州市中心商业繁华地带，车流人流密集。本工程由于人行天桥的兴建，岗顶站和师大暨大站需进行围蔽施工，但受地形条件的限制，能提供的施工场地非常狭小，且地下通信、电力、煤气、供水、排水等管线密布，如人行天桥基础仍采取普通现浇钢筋混凝土基础的话，施工所造成的环境污染将无法满足市中心城建要求，并会由于必须拆迁大部分管线而造成工期严重滞后，所以本工程设计方在市中心区采用了小直径钻孔式钢管桩基础。另外，为了更好地配合这种新型的小直径钻孔式钢管桩基础，根据本工程对承载力的要求，委托广州市建筑材料工业研究所有限公司，经过多次试验确定瓜米石混合水泥浆式 C25 混凝土配合比。在本工程施工过程中，首次对在市中心区采用小直径钻孔式钢管桩基础这个施工工艺进行研究、总结，有利于指导以后类似工程的施工。

4.1.2　关键技术

（1）利用瓜米石混合水泥浆式 C25 混凝土配合比，满足人行天桥桩基础受力要求。

（2）利用新型小直径钻孔式钢管桩基础挤土有限、对周边影响少的特性，保护周边构筑物及附近地铁隧道结构。

（3）利用施工简捷、速度快的特性，满足工期需要。

（4）利用外侧瓜米石混合水泥浆式 C25 混凝土注浆保护，提高抗腐蚀性。

（5）小直径钻孔式钢管桩基础有利于避开地下管线，灵活机动，同时施工占地面积小，适合在市中心区采用。在实际施工过程中，对遇见的管线采用偏移桩位、包管保护及局部加密钢管桩等方法避开，实现连续施工，加快工程进度。

4.1.2.1 施工工艺流程

桩机安装→桩机移动到位→成孔→洗孔→放入钢管→插入注浆管→注瓜米石→注浆→拔管→补浆。为防止打桩过程中对邻桩及围墙造成较大位移和变位，并使施工方便，采用先打中间后打外围（或先打中间后打两侧），有利于减少挤土，满足设计对打桩入土深度的要求。

4.1.2.2 方案

1）钻机定位：XY-100 钻机到达指定桩位后，进行对中、调平。

2）开孔、造浆：当钻机正常后，启动钻机钻进成孔，回转钻进，泥浆护壁（图 2、图 3）。钻至全风化花岗岩 0.5m，终孔清渣，成孔。

图 2 开孔造浆图（一）　　　　　　　　　　图 3 开孔造浆图（二）

为防止坍孔，必须用泥浆护壁。泥浆由膨润土与水拌合而成，相对密度控制在 1.1～1.2 之间，胶体率大于 95%，黏度控制在 17～20s，施工过程严格控制泥浆的性能指标。钻进过程中要经常对钻孔泥浆的相对密度和浆面等检查观察。在黏性土及含砂率小的泥岩中，宜用中等转速、稀泥浆钻进；在砂性土及含砂率高的地层中，宜用低转慢速、大泵量、稠泥浆钻进。

3）放入钢管，钢管底部采取 6mm 厚钢板封口，防止泥浆进入钢管内，注浆时通过管身的出浆孔翻浆。

4）终孔及清孔。

钢管桩施工时应密切注意土层和岩层的变化，当发现岩芯的承载力等于或大于设计的桩尖持力层的承载力要求时，应通知甲方和设计人员现场会商研究，确定能否提高终孔标高。当孔深已达到设计标高，但岩芯承载力仍未达到设计要求时，则仍继续钻孔，并同时知会驻地监理、甲方及设计人员，变更该孔的终孔标高。成孔工序验收合格后，进行第一次清孔工序的施工。清孔采用掏渣和换浆方法。在钻进的过程中，桩渣一部分连同泥浆被挤入孔壁，大部分则靠掏渣筒清除。要求直至用手摸泥浆中无 2～3mm 大的颗粒为止，并使泥浆的相对密度减至 1.05～1.15。清渣后，可投入一些泡过的散碎黏土，通过冲击锥低冲程的反复拌浆，使孔底剩余的沉渣悬浮后掏出。钻孔完成后，应清孔，并对成孔质量进行检查。

5）将注浆管放至孔底，注入瓜米石（图 4）。

（1）采用 BW-150 型注浆泵高压注浆，注浆管必须下放至孔底。

（2）根据开挖时间要求，可以加入适量的早强剂。

（3）下放注浆管后，均匀回填瓜米石（粒径 3～5mm）。注浆管埋深必须严格控制，采取分段注浆，每次埋深为 2～4m。待孔内水泥浆返浆至瓜米石面标高时，匀速提升注浆管，根据埋深每次提升 1～3m。提管时特别需要注意埋管深度，控制在 2～4m 范围内。

6）按设计确定的浆液配料，搅制水泥浆，采用钻机泥浆泵将水泥浆压入孔底，当达到浓度的水泥返至地面时，停止注浆。拔出注浆管，成桩，补浆（图 5）。

图 4　注浆成桩图　　　　　　　　　　　　　　　图 5　补浆图

孔口返浆后，进行孔口密封，增加注浆压力，待注浆压力达到设计要求后，停止注浆，初凝后（约 3h）进行二次补浆。

4.2　复杂环境下软弱地层基坑支护体系施工技术

4.2.1　概述

目前，钢板桩是一种环保建筑钢材，广泛应用于码头、堤防护岸、挡土墙、船坞、围堰等工程。本课题依托石牌桥站地下联络通道的支护体系展开研究。本工程联络通道位于地铁 3 号线石牌桥站，是连接车站主体及折返线的通道，上方有人行联络通道，下面有已开通运营的地铁隧道。本工程联络通道位于淤泥层和粉砂层地层中，原设计方案为采用大管棚＋超前小导管劈裂注浆的暗挖法施工，由于无法摸清沉降缝的具体位置，而且粉砂层为透水层，一旦发生渠箱沉降或粉砂层透水现象，水将会沿着联络通道流进正在运营的地铁站内，安全风险较高。因此，经多次与设计、业主、监理单位协商，决定采用更安全的明挖法施工，但是在联络通道下方有两条已经开通运营的地铁隧道，与联络通道呈品字形排布，已施工好的隧道初衬顶面离通道底板底面高度约 1.2～2.4m，而初衬的超前小导管部分已进入联络通道基坑范围内，这样便极大地限制了支护体系的嵌固深度。同时，由于联络通道位于淤泥层和粉砂层，两侧土层对支护结构的土压力较大。如果本联络通道工程仍使用以往的灌注桩，则不但工期长，对通道下方的隧道扰动也比较大，而且嵌固深度不够，极大地限制了灌注桩的受力性能。一旦开挖过程产生滑移，则恢复难度大。而基坑西边离公路不到 8m，对路面沉降控制要求较高，这样也限制了采用直接放坡的方式。为减少基坑侧向土压力，在基坑两边采用粉喷桩加固基坑两边土体，所以本联络通道工程采用钢板桩＋钢支撑作基坑支护结构。目前，已经顺利完成了土方开挖和结构施工。经本工程成功实施，我们总结了复杂地质条件下临近地铁隧道的基坑支护体系施工的经验。

4.2.2　关键技术

（1）通过 Midas GTS 软件进行有限元分析法事前模拟，对基坑支护体系变形和下面隧道变形趋势进行预测，再根据预测结果采取相应的处理措施，并对变形量较大位置布置监测点，及时反馈监测数据，且根据检测数据调整开挖顺序。

（2）利用钢板桩作基坑支护，满足基坑稳定性的要求。根据现场实际情况对选定的支护体系进行了相应的优化，基坑两侧 9.5m 范围内的土采用 $\phi 600mm@450mm$ 粉喷桩加固土体，在地面以下素填土层采用放坡开挖的方法进行降土，通过粉喷桩加固基坑周围土体后，土体侧压力已经明显减小，可以利用钢板桩施工灵活、方便等优点，灵活控制钢板桩打入深度。此外，选择合适的振动锤，施工时密切观察钢板桩打入情况，可以根据实际适当调整钢板桩打入深度，增加基坑稳定性。

（3）以水泥为固化剂，利用深层搅拌机械对原状软土进行强制搅拌，经水泥与软弱土之间的离子交换作用、凝结作用、化学作用等一系列作用，而生成一种特殊的具有较高强度、较好特性和水稳定性的混合柱状体。它与原位软土层组合成复合地基，提高基坑支护体系的止水效果，减少土体侧向土压力。

（4）利用钢板桩挤土效应小、对周边环境影响小的优点，并控制钢板桩的打入深度，有效地保护周边环境及邻近的地下地铁隧道结构。

4.2.2.1 施工工艺流程

钢板桩位置的定位放线→安装导梁→施打钢板桩→拆除导架→做钢支撑→挖土→结构施工→回填石屑→拆除钢支撑→拔除钢板桩。①为了保证沉桩轴线位置的正确和桩的垂直度，控制桩的打入进度，防止钢板桩的屈曲、变形和提高桩的贯入能力，需要设置一定刚度的导架。本工程导架采用直径 50cm 钢管桩和围檩钢槽等组成，全站仪控制和调整导梁的位置。导梁的位置应尽量垂直，并不能与钢板桩碰撞。②采用动力较小桩机，以防施工过程中打穿隧道的初衬，振裂隧道，造成隧道漏水。③严禁超挖，施工过程遵循"先支撑，后开挖"的原则。对于最下方一道支撑，开挖出一道支撑的工作面就要做一道支撑，严禁开挖出一整个基坑面再一次性做钢支撑。

4.2.2.2 方案

（1）施工准备：根据设计好的钢板桩的数量和型号进行租赁，钢板桩进场后，进行分类、整理和编号，对有变形的钢板桩进行修正，特别检查锁口，对锁口损坏的及时进行修正或更换。在钢板桩打入前将桩尖处的凹槽封闭，避免泥土挤入，锁口涂以黄油进行保护。根据设计的平面位置，利用全站仪进行精确的施工放样，并加以有效保护（图6）。

（2）施工导向桩：利用全站仪放样出导向桩的位置。导向桩采用直径 50cm 的钢管桩，用 50t 的振动锤将钢管桩打入，纵向布设 2m 一根。导向桩施工完后，在钢管桩上焊接槽钢，作为钢板桩打入时的导向装置和高程控制标志。

（3）钢板桩施工：首先打设角桩，用打桩机根据导向装置进行打入。角桩打入过程中，要密切观察角桩的垂直度，如垂直度不符合要求，则应拔出重打。角桩打入后，作为定位桩，再依次逐片打入单桩。

（4）打桩机停靠在离打桩点约 4m 的地点，侧向施工，以便于测量人员观察单桩的平面位置和垂直度，提升振动锤，理顺水管和电缆等；振动锤下降，开启液压夹口，拉一根钢板桩至振动锤下，锁口涂抹上润滑油后，起锤提升桩，使桩尖距离地面 30cm 时，停止提升，移桩至打桩点上方（图7）。

图 6　钢板桩进场图　　　　　　　　　图 7　提升钢板桩图

（5）对准桩位和定位桩的锁口，人工将钢板桩插入锁口，动作要缓慢，避免损坏锁口。缓慢下降振动锤，利用振动锤和钢板桩的自重使钢板桩自然下沉一段距离，直至不再下沉为止（图8）。

（6）试开振动锤 30s 左右，停止振动，利用惯性将钢板桩再打入一段距离，然后开启振动锤打桩下降，控制好振动锤的下降速度，并保持桩身的垂直度，以使锁口能顺利咬合，提高钢板桩的止水能力（图9）。

图8　人工定位图　　　　　　　　　　图9　施工好的部分钢板桩图

（7）钢板桩打至距设计标高约 40cm 时，关闭振动锤，振动锤因惯性继续振动一定时间，使钢板桩打至设计标高。松开液压夹口，依次打设其余的钢板桩，直至打设完毕（图10）。

（8）施工完结构后，拆除内支撑时，先回填土方到支撑底面，再用乙炔割开钢支撑与围檩连接的部位，用履带式起重机吊出支撑；然后用乙炔割开围檩与钢板桩之间的连接，并用履带式起重机依次吊出；最后再回填土到上一道钢支撑底面，继续上面工序，如此交替进行直至回填完毕（图11）。

图10　已经施工好的钢板桩图　　　　　　图11　土方开挖到底图

（9）钢板桩的拔除。

钢板桩的拔除与插入是一个相反的过程。先在下游选择一块较易拔除的钢板桩，用液压钳振拔桩锤先振动几分钟，再慢慢向上拔起，不可硬拔，如难以拔起，可反复插拔几次再拔钢板桩，然后依次拔除其余钢板桩。

4.3　红色沥青混凝土路面色彩控制施工技术

4.3.1　概述

红色沥青路面色泽鲜艳，能改善普通沥青混凝土路面黑色的单调性，与周围景观相互协调搭配，既可以起到美化城市环境的作用，又有诱导交通，使交通管理直观化，增加道路的通行能力和交通安全以及避免"热岛"效应的作用，因而在沿海发达城市的城市道路建设中得到广泛应用。

红色沥青混凝土路面的施工流程、使用的施工设备和机具与普通沥青混凝土路面大致相同，但对"色彩"的控制有特定要求。本工法针对红色沥青混凝土路面施工时的不同阶段，采用一系列施工技术对"色彩"进行控制，从而使路面外观质量和性能要求达标，总体施工质量满足要求。

4.3.2 关键技术

红色沥青混凝土路面施工过程与普通沥青混凝土路面大致相同，不同之处在于其带上了"色彩"。我司针对彩色沥青混凝土路面的施工过程，采用色彩控制技术。混合料中采用新材料代替传统材料，如填充料采用颜料，骨料采用彩色石子，结合料采用半透明的无色胶结料。对级配和配合比分析筛选、颜料的用量、沥青混凝土拌制时胶结材料施工时的要求及投入量等方面进行了分析和控制，在施工过程中采取防止沥青混合料受到污染的措施，从而使得彩色沥青混凝土的"色彩"能达到验收标准和使用要求。采用色彩控制技术施工的红色沥青混凝土路面，色彩更加鲜艳、保存更持久。

4.3.2.1 施工总体部署或施工工艺流程

施工准备→沥青混合料配合比设计→沥青混合料的拌制→沥青混合料的运输→摊铺→压实成型→接缝处理→开放交通及其他。

4.3.2.2 方案

1. 混合料拌合

（1）拌合前，应将搅拌站的拌合缸和沥青输送管道、运输车、施工机械设备等清洗干净。

（2）原材料性能应稳定，生产配合比能最大限度地接近设计配合比。

（3）为使颜料分布均匀，应合理确定拌合时间。间歇式拌合机拌合时间 40～65s，比普通沥青增加 10～15s。每盘拌合时间差异小于 3s，拌合温度差异小于 5℃。

2. 混合料运输

混合料运输过程中注意加盖篷布，用以保温、防雨、防污染。注意卸料点与摊铺机之间的距离，防止碰撞摊铺机或倒在摊铺机外，引起摊铺不均匀，影响路面的平整度。

3. 混合料摊铺

（1）为提高界面粘结力和减少雨水渗到路面结构，摊铺前下面层应清扫干净。

（2）摊铺机的工作速度严格控制在 2～2.5m/min，确保摊铺连续；并做到全幅摊铺不间断一次性成型，以保持色泽一致，粒料均匀、美观。

4. 混合料压实成型

（1）碾压组合方式：红色沥青混合料的压实同样分初压、复压、终压三个阶段进行；碾压过程中应按"紧跟、慢压、高频、低幅"的原则进行。

（2）碾压过程中应注意的细节：为防止压路机碾压过程中出现粘料现象，在铺筑过程中在压路机的水箱中加入 0.15kg/m³ 的洗衣粉对钢轮进行润滑。

（3）为防止红色沥青面层受污染，碾压前须用水冲去粘附在压路机钢轮上的杂物及砂土，确定碾压设备清洁后方可允许进行碾压。

（4）宜采用 10～12t 的光轮压路机压实，另辅以小型压实设备压实难压实部位。

（5）在摊铺过程中将严重污染、离析、色彩差异较大的混合料清除。

（6）碾压前将压路机、运输车辆和摊铺机擦洗干净。

5. 施工过程中的温度控制（表 1）

施工过程中的温度控制表（℃） 表 1

红色沥青混凝土施工温度	施工最低温度	胶结料加热	石料加热	出料	摊铺	初压	终压	开放交通温度
温度要求	10	155～165	165～175	145～165	140～150	135～145	≥80	冷却至常温

注：红色沥青混凝土散热速度较黑色沥青混凝土路面快，施工过程中温度要比黑色沥青混凝土路面高 5～10℃。

6. 接缝

采用硬切缝，要重点注意的是，红色沥青面层施工完毕后，和其他部位的接缝位置特别容易受到污染，红色沥青也特别容易污染与其接触的部位。出现这种情况的时候，要趁红色沥青的温度没有降下来时，人工及时清除干净。

7. 开放交通及其他

（1）施工后通车前注意防止泥土、杂物等污染。如有发生，应立即清除。

（2）施工后封闭交通 2～6h，禁止一切车辆和行人通行，温度冷却至常温后方可开放交通。

（3）应加强工地现场与沥青拌合厂联系，各项工序衔接紧密。

（4）运料汽车和工地应备有防雨设施并应做好基层及路肩的排水。

（5）当遇雨或下层潮湿时，不得摊铺沥青混合料。

（6）对未经压实即遭雨淋的沥青混合料，应全部清除并更换新料。

（7）车辆在运料过程中，必须用篷布将车厢覆盖严密，且装料过程中不得超限、遗撒；车辆轮胎及车外表用水冲洗干净，保证道路的清洁，余料要集中处理，不能现场随便丢弃。

（8）现场施工作业人员要佩戴口罩，身体要定期进行体检。施工过程中要注意防暑降温和防止被高温的沥青混合料和设备烫伤。

8. 质量检测

中山大道 BRT 试验线西段 1 标工程红色沥青混凝土路面在 2009 年 9 月开始施工，施工完毕的路段立即就开放了交通，在 2010 年 2 月全线施工完毕后各方面路用性能指标检测结果均能满足当时沥青路面施工验收规范和设计要求。另外，路面没有受到污染，色彩鲜艳，没明显色差，在合理的使用年限内不褪色（合同要求是使用期一年内不褪色），至今体色也不改变，还是保持红色。

1）外观检测要求

（1）红色路面外观色泽均匀一致、无明显色差，在合理使用年限内不褪色，在整个使用年限内保持原有基本体色。

（2）表面平整、密实，无松散、裂缝和明显离析等现象。

（3）施工接缝应紧密、平顺。

（4）路缘石、平石及其他构造物衔接平顺，无污染、积水等现象。

2）检测项目和标准

该部分分为一般项目和主控项目，参考有关沥青路面的施工技术规范和评定标准（表2）。

红色沥青混凝土检测项目和标准表　　　　　　　　表2

项目			允许偏差	检验频率			检验方法
				范围	点数		
纵断高程（mm）			±15	20m	1		用水准仪测量
中线偏位（mm）			≤20	100m	1		用经纬仪测量
平整度（mm）	标准差σ值	快速路、主干路	≤1.5	100m	路宽（m）	<9	1	用测平仪检测
		次干路、支路	≤2.4			9～15	2	
						>15	3	
	最大间隙	次干路、支路	≤5	20m	路宽（m）	<9	1	用3m直尺和塞尺连续量取两尺，取最大值
						9～15	2	
						>15	3	
宽度（mm）			不小于设计值	40m	1		用钢尺量
横坡			±0.3%且不反坡	20m	路宽（m）	<9	2	用水准仪测量
						9～15	4	
						>15	6	

续表

项目		允许偏差	检验频率		检验方法
			范围	点数	
井框与路面高差（mm）		≤5	每座	1	十字法，用直尺、塞尺量取最大值
抗滑	摩擦系数	符合设计要求	200m	1	摆式仪
			全线连续		横向力系数测试车
	构造深度	符合设计要求	200m	1	砂铺法
					激光构造深度仪

3）红色沥青混凝土检测（图 12～图 15）

图 12　平整度检测图

图 13　弯沉检测图

图 14　抽芯检测准备图

图 15　抽芯检测图

9. 交通组织措施

（1）施工期间配置专职交通巡查员进行值班巡逻，维护施工现场的交通设施及指挥疏导交通，同时也要加强和交通管理部门的沟通和协作。

（2）施工现场设置施工标牌、交通导向牌、减速牌、示警灯等交通安全设施。施工范围采用彩钢板分隔围护，双向车流之间采用警示筒分隔，以保证安全。

（3）如采取交通组织措施后仍不能解决交通堵塞问题，则采用夜间施工措施，避开交通高峰时段，选择交通较少时段进行施工。

4.4　气泡混合轻质土过地铁隧道路基回填施工技术研究

4.4.1　概述

随着国内一些城市的崛起及汽车走进普通工薪家庭，城市的道路和地铁必将得到飞速的发展，道路横跨地铁隧道或其他对上方覆土有荷载要求的地下建筑物必将越来越多,这些都必须采用一种造价相对低、工期短的方法来解决。气泡混合轻质土作为一种新型建筑材料,利用其轻质高强、低弹减振、施工简捷的特点,作为横跨地铁隧道或其他对上方覆土有荷载要求的地下建筑物道路路基回填材料,克服了常规处理方法的造价高、工期长等缺点。同时,气泡混合轻质土为一个整体,道路车辆荷载在传递过程中,被均匀分布在地铁隧道衬砌上,而且气泡混合轻质土为多孔隙结构,具有较大的缓冲作用,这些都对地铁隧道的衬砌起到保护作用。

4.4.2 关键技术

1. 利用轻质高强特性,满足地铁隧道受力要求

气泡混合轻质土的密度为 $500\sim1200kg/m^3$,可以根据用户或使用场合的要求灵活调制,根据回填高度计算,回填材料的重度不得大于 $7kN/m^3$,气泡混合轻质土完全满足要求。

2. 利用气泡混合轻质土低弹减震的特性,保护地铁隧道结构

气泡混合轻质土的多孔性使其具有较低的弹性模量,从而使其对冲击载荷具有良好的吸收和分散作用。在本工程中,将气泡混合轻质土用于地铁路基回填,使地铁隧道衬砌受力更均匀,对地铁的结构层起到一定的保护作用。

3. 利用施工简捷的特性,满足工期需要

气泡混合轻质土新搅拌时具有极好的流动性,浇筑时无须任何振捣,比常规回填材料省工、省时、省能,施工简单快捷,满足业主对中山大道 BRT 试验线西段 1 标工程通车的工期要求。

4.4.2.1 施工工艺流程

施工范围支模板分段(6m×6m 为一工作区)→基层清理→按设计配合比搅拌→加水泥砂,充泡沫剂→放料捣制→干燥后检查、修整→气泡混合轻质土脱模。气泡混合轻质土的多孔性使其密度可以根据用户或使用场合的要求在 $500\sim1200kg/m^3$ 之间灵活调制,相应的强度也可以根据需要控制于 $1.5\sim5MPa$,特殊场合可以提供强度为 15MPa 的高强气泡混合轻质土。

4.4.2.2 方案

(1)气泡混合轻质土填充施工按 500mm 厚为一施工段,施工范围支模板分段 6m×6m 为一工作区,待其基本凝固后,方可进行上一施工段施工(图 16)。

(2)由于气泡混合轻质土填充具有良好的流动性,轻质土填筑至底基层顶,当横坡或纵坡导致施工顶面高差超过 30cm 时,应设长 10～30m、高 30cm 台阶。

(3)气泡混合轻质土施工前,先焊铺好防渗土工布,经验收合格方可施工(图 17)。

图 16 气泡混合轻质土侧墙模板施工图

图 17 气泡混合轻质土防渗土工布施工图

(4)气泡混合轻质土填充的厚度按设计要求分段分层施工,填充施工完毕后,经验收合格,人踩下去无脚印的情况下,方可进行表面层保护施工。

（5）在气泡混合轻质土特制机械上面的晶体器内，加入 1.6～10kg 的纯水，再加入 0.1～0.6kg 的发泡剂混合搅拌约 3min，使其成为待用的泡沫晶体（图 18）。

（6）在搅拌泡沫晶体的同时，将 24～150kg 的纯水注入下面的搅拌器内，依次再加入 48～300kg 的水泥（强度等级 32.5 级以上）及适量的中砂、膨胀剂、防水剂、助剂等，或直接加入隔热混凝土定量专用干粉料，使其拌合均匀。

（7）将泡沫晶体加入下面搅拌器的水泥混合物内继续搅拌，直至待用（图 19）。

图 18　气泡混合轻质土搅拌图　　　　　　图 19　气泡混合轻质土浇筑图

（8）将待用的气泡混合轻质土用专用运输工具运送至所需施工基面，再用直尺按定点厚度抹平。

（9）操作完后开始自然养护，用水养护约一周后才能交付使用（图 20）。

4.4.2.3　成品保护

（1）填充层完成后及时做好保护层，气泡混合轻质土未实干前不得在其表面上行走、堆放任何物品及进行其他施工作业。保护层施工时，应采取有效的保护措施，避免破坏防水层。

（2）水落口、排水沟必须畅通，不得有杂物堵塞。

5　社会和经济效益

5.1　社会效益

市中心区小直径钻孔式钢管桩施工技术采用新型瓜米石混合水泥浆式 C25 混凝土压浆工艺后，小直径钻孔式钢管桩基础整体强度高，单桩竖向抗压

图 20　气泡混合轻质土施工完毕图

静载试验优良率 100%，顺利通过监理及业主验收。该技术操作简便、施工污染低、噪声污染少，对周边建筑扰动小，满足了市中心区施工的环境及交通要求，施工质量达到优良。

复杂环境下软弱地层基坑支护体系施工技术，由于钢板桩与隧道初衬接触面小，施工工艺简单、灵活，施工时可以根据施工实际情况调整嵌固深度，适当根据实际情况在不破坏初衬的情况下插深钢板桩，增加围护桩的嵌固深度，提高基坑稳定性。同时，根据下面隧道初衬的小导管的施工情况，减少钢板桩的打入深度，降低对下面隧道结构的影响，施工简单快速，极大地满足了联络通道工期紧的要求。

通过红色沥青混凝土路面色彩控制施工技术，沥青路面能划分不同性质的交通区间，起到警示的作用；能减小车辆混行的相互影响，减少交通事故、缓解交通压力和加快车流速度，缓解疲劳，美化路街环境，有较高的社会价值。

气泡混合轻质土过地铁隧道路基回填施工技术采用新型轻质、高强回填材料回填，采用气泡混合轻质土回填位置的边坡与路中沉降差、总体沉降量都比其他不是采用气泡混合轻质土回填的路段低，施工全过程无安全事故发生，得到了设计、业主及监理单位的一致好评。

5.2 经济效益

市中心区小直径钻孔式钢管桩施工技术在本工程应用中，小直径钻孔式钢管桩基础的数量为 452 根，平均桩长为 11m。如采用常规 ϕ80mm 钻孔桩施工，按照受力荷载要求计算，需 ϕ80mm 钻孔桩 200 根才能达到设计承载力要求。费用对比详见表 3。

费用比对表　　　　　　　　　　　　　　　　　　　　　　表 3

序号	工艺名称	工程造价			征迁费用			总费用
1	ϕ80mm 钻孔灌注桩	工程量	工程单价	工程造价	施工占地面积	征迁单价	征迁费用	合计
		200 根×11m/根=2200m	722 元/m	158.84 万元	2400m²	300 元/m²	72 万元	230.84 万元
2	小直径钻孔式钢管桩基础	工程量	工程单价	工程造价	施工占地面积	征迁单价	征迁费用	合计
		452 根×11m/根=4972m	184.65 元/m	91.81 万元	480m²	300 元/m²	14.4 万元	106.21 万元
节省								124.63 万元

本工程采用复杂环境下软弱地层基坑支护体系施工技术钢板桩作支护，基坑支护长度约 90 延米，每米的单价为 184.65 元，平均桩长为 11m，总造价为 184.65×452×11＝91.81 万（元）。如采用常规 ϕ80mm 钻孔桩施工，按基坑围护长度计算，需 ϕ80mm 钻孔桩 200 根才能达到基坑支护要求。ϕ80mm 钻孔桩单价为 722 元/m，桩长不变，总造价为 722×200×11＝158.84 万（元）。158.84 万－91.81 万＝67.03 万（元）。诚然，钢板桩作支护结构比常规钻孔桩成本低很多。

本工程采用红色沥青混凝土路面色彩控制施工技术费用、工期详见表 4，从表中我们可以看出施工成本节约了 574771 元，工期提前了 15d。

公交专用道红色沥青混凝土费用和工期表　　　　　　　　表 4

分部工程费用	分部分项工程量合计（元）	综合单价（元/m³）	分部工程施工工期	工期（d）
预算成本	6254536	277.93	计划工期	60
实际成本	5679765	252.39	实际工期	45
节约费用	574771	25.54	提前工期	15

节约土地资源，减少征地拆迁费用：本工程气泡混合轻质土的数量为 7340.3m³，每立方米的单价为 255.7 元，换填气泡混合轻质土共需耗资 7340.3×255.7×10^{-4}＝187.69 万（元）。诚然，气泡混合轻质土属于新型引进材料，其价钱颇为昂贵。但是，正是由于气泡混合轻质土能够满足地铁上方荷载要求，经过优化后的立交占地面积减少了近 50 亩，按照 20 万元/亩的征地费计算，光征地费就节省了 50×20 万＝1000 万（元）。

6 工程图片（图 21～图 25）

图 21 石牌桥站（近）与体育中心（远）站图

图 22 学院站——天桥进出站图

图 23 岗顶站图（一）

图 24 岗顶站图（二）

图 25 岗顶站—站台内部图

深圳市城市轨道交通 14 号线工程

刘　恒　周学彬　杨志刚　吴维祥　陈长胜　刘利锋　厉彦军　唐　凌　梁　爽

第一部分　实例基本情况表

工程名称	深圳市城市轨道交通 14 号线工程		
工程地点	深圳市福田区、罗湖区、龙岗区、坪山区		
开工时间	2018 年 1 月 10 日	竣工时间	2022 年 9 月 25 日
工程造价	267 亿元		
建筑规模	路线总长 50.32km，全部为地下线路。 全线共设车站 18 座，设昂鹅车辆段 1 座，福新停车场 1 座，新建主变电所 1 座		
建筑类型	城市轨道交通		
工程建设单位	深圳市地铁集团有限公司		
工程设计单位	中国铁路设计集团有限公司		
工程监理单位	14501 标监理：西安铁一院工程咨询监理有限责任公司； 14502 标监理：广东中弘策工程顾问有限公司； 14503 标监理：铁科院（北京）工程咨询有限公司； 14504 标监理：深圳地铁工程咨询有限公司； 14505 标监理：铁四院（湖北）工程监理咨询有限公司； 车辆及设备监理：铁科院（北京）工程咨询有限公司； 福岗区间：中咨工程管理咨询有限公司		

工程施工单位	总承包单位：中国中铁股份有限公司（中铁南方投资集团有限公司） 停车场工区：中铁隧道局集团有限公司 土建一工区（含福岗区间）：中铁隧道局集团有限公司 土建二工区：中铁隧道局集团有限公司 土建三工区：中铁六局集团有限公司 土建四工区（含大运枢纽轨道交通部分）：中铁五局集团有限公司 土建五工区：中铁九局集团有限公司 土建六工区：中铁广州局集团有限公司 土建七工区：中铁三局集团有限公司 车辆段及主所工区：中铁三局集团有限公司 常规一工区（含福岗区间）：中铁隧道局集团有限公司 常规二工区：中铁五局集团有限公司 常规三工区（含大运枢纽轨道交通部分）：中铁五局集团有限公司 常规四工区：中铁六局集团有限公司 常规五工区：中铁三局集团有限公司 轨道一工区（含福岗区间）：中铁五局集团有限公司 轨道二工区：中铁三局集团有限公司 系统设备安装工区（含 14 号线全线、大运综合交通枢纽工程、福岗区间）：中铁电气化局集团有限公司

项目获奖、知识产权情况

工程类奖：
1. 2021 年获得国际隧道协会创新与贡献地下空间二等奖；
2. 2021 年获得广东省建筑业新技术应用示范工程；
3.《盾构渣土高效资源化利用智能化装备系统开发与应用研究》2021 年获得 ITA 超越工程奖。
科学技术奖：
1. 广东省土木建筑学会科学技术一、二、三等奖；
2. 2022 年中施企协科学技术二等奖；
3. 2022 年中施企协工程建造微创新技术大赛三等奖。
知识产权（含工法）：
发明专利：
1. 一种渣土资源化利用系统；
2. 一种渣土多级分离后骨料粒径的分析方法及系统；
3. 泥浆絮凝固化剂及其制备方法应用；
4. 一种扩大注浆加固范围的设备；
5. 一种用于岩溶软弱充填物的注浆加固设备；
6. 一种适于软弱充填物岩溶溶洞注浆加固方法；
7. 一种采用双套管拔除超长桩的方法；
8. 一种用于隧道盾构施工的全站仪减振装置；
9. 一种用于有限空间拔除超长桩的双套管拔桩装置。
实用新型专利：
1. 废弃泥浆处理设备；
2. 一种用于盾构施工渣土处理的渐变喷淋筛分设备；
3. 一种用于盾构施工渣土处理的振幅可调筛分设备；
4. 一种渣土资源化处理系统；
5. 一种泥水浆泥水分离系统；
6. 一种用于岩溶勘察的钻探装置；
7. 一种地质勘察钻探装置；
8. 一种岩溶地区工程勘察探测装置；
9. 一种采用缓流式的地铁施工泥浆分离器；
10. 一种小直径管幕结构的预应力连接装置；
11. 一种地质自适应可伸缩式盾构 TBM 滚刀装置；
12. 一种小直径管幕管间锁扣纵缝的精准焊接装置；
13. 一种盾构渣土产生量实时监测系统；
14. 一种盾构管片及其拼装监测系统；
15. 一种用于零摩擦静载检测的抗拔桩；
16. 盾构渣土处理系统；
17. 盾构悬吊式自动安全出渣装置。
省级工法：
1. 螺旋输送机出渣式双模盾构模式转换施工工法；
2. 深厚硬岩段钻孔桩快速成孔施工工法；

> 3. 超大直径钢管柱施工工法；
> 4. 地铁车站深基坑岩层机械切割开挖工法；
> 5. RJP 高压旋喷桩软基加固施工工法；
> 6. 盾构区间渣土无害化处理及二次利用施工工法；
> 7. 浅埋大坡度盾构始发穿越高速公路施工工法；
> 8. 环境敏感区域极硬岩地层深大基坑快速施工工法；
> 9. 城市轨道交通装配式轨道板道床施工技术。

第二部分　关键创新技术名称

1. GOA4 最高等级的全自动运行系统的全地下线路
2. 盾构渣土高效资源化利用智能化装备系统开发与应用技术
3. 岩溶地层溶洞精细化探测及施工安全控制技术
4. 长距离复杂地层盾构掘进施工技术
5. 轨道板柔性生产智能建造技术
6. 螺旋输送机出渣式双模盾构模式转换施工技术
7. 车站主体结构液压模板台车施工技术
8. 复杂地质条件下超大基坑地铁车站综合修建技术
9. 城市轨道交通装配式冷水机房施工技术

第三部分　实例介绍

1　工程概况

深圳市城市轨道交通 14 号线线路起自福田中心区岗厦北枢纽，经罗湖区、龙岗区，止于坪山区沙田站，预留延伸至惠州的条件。线路全长 50.32km，设站 18 座，其中枢纽站 3 座，换乘站 13 座，标准站 5 座，平均站间距 2.91km，全线地下敷设。车辆编组为 A 型车 8 辆编组，车辆基地按 1 段 1 场布置，分别为福新停车场和昂鹅车辆段。主变电所 3 座，新建 2 座，利用既有 1 座。

14 号线采用"1＋N 施工总承包"的创新模式，对施工总承包方统筹管控能力要求高，尤其是 14 号线首次将绿化迁移、零星征拆、低压燃气管线迁改、给水排水管道迁改、交通疏解工程等前期工程纳入施工总承包合同管理范畴。

14 号线是深圳轨道交通四期工程中线路最长、涵盖区域最广，采用 GOA4 最高等级的全自动运行系统的全地下线路，实现列车休眠、唤醒、自动运行、故障处理和应急处理等一系列高度自主化的功能，五大系统功能关联、场景融合，助力深圳地铁向"智慧地铁"大步迈进。

14 号线是最高运行速度 120km/h 的轨道交通快线，列车采用 8 列编组并增设横向座椅和无线手机充电功能，AFC 系统全面采用了人脸识别收费功能并标配一体化智能客服中心、票务服务机器人、移动票务终端、客服坐席，技术、建设品质和服务标准高。

14 号线是集前期工程、土建工程、轨道工程、常规设备安装与装修、系统工程等专业于施工总承包，并参与部分周边市政道路代建，布吉站和大运枢纽涉既有线改造等，协调量大。

14 号线贯通福田、罗湖、龙岗、坪山等四大行政区，地质情况包含花岗岩、角岩、灰岩、砂岩等多种地层，且存在上软下硬、基岩突起、岩溶强发育区等情况，地质条件非常复杂。

14 号线多次穿越铁路、高速公路、地铁、城市高架桥梁（人行天桥）等运营线路，下穿河流、成品油管、高压燃气管道以及大量民房等，布吉站和大运站紧临既有地铁与市政高架桥梁的基坑开挖，周边环境非常复杂。

2　工程重点与难点

2.1　建设规模大，长大区间及联络通道多，施工强度高，资源投入大

本线路全长 50.32km，设车站 18 座，风井 9 座，车辆段 1 座，停车场 1 座，独立工点新建主所 1 座，全线工点众多，且具有换乘功能的车站 13 座，施工组织难度高，资源投入大。

2.2　枢纽多，设计方案受外部规划影响大

14 号线串联岗厦北枢纽、黄木岗枢纽、布吉枢纽、大运枢纽，其中大运枢纽、黄木岗枢纽片区规划及方案确定晚，设计方案稳定对 14 号线整体工期影响较大。

2.3　盾构区间线路长，地质复杂，施工风险高

14 号线盾构掘进地层有花岗岩、角岩、灰岩、砂岩等，且大量存在上软下硬、软硬不均、基岩凸起及孤石等不良地层，盾构掘进困难。14 号线总体岩溶遇洞率为 28.1%，洞高最大为 5.5m，溶洞埋深在 15～30m，总计长度约 5.5km，下伏可溶岩，发育溶洞、土洞及溶蚀裂隙，岩溶发育等级为弱至强发育，其中大运—嶂背（原肿瘤医院）—南约（原宝荷）区间位于龙岗区岩溶强发育区，盾构掘进困难，施工风险高。

2.4　沿线地表环境复杂，施工管理要求高

14 号线涉及福田、罗湖、龙岗、坪山 4 个行政区 9 个街道办事处，26 次穿越运营地铁线路及铁路、重要市政道路、河道及管网，施工环境非常敏感。其中，下穿既有地铁线 9 处、铁路 5 处（广深线 1 处、平盐铁路 1 处、厦深铁路 3 处）、高速公路 6 处、河流 6 处。全线征拆量约 41.2 万 m²，绿化迁移面积约 15 万 m²，对施工风险的控制、行政审批手续的办理均提出了较高的要求。

2.5　部分站点施工环境复杂，安全施工风险高

14 号线部分车站施工环境复杂，地质条件差，安全风险高。其中，坳背站为 14 号线与 21 号线换乘站，车站长 500.2m，标准段宽 45.8m，地下 2 层，车站邻近厦深铁路，车站基岩凸起段岩溶强发育，周边建构筑物密集且临近基坑，加之岩面高且涉铁办理基坑爆破手续难，整座车站石方无法采用爆破开挖，全部采用圆锯盘切割豆腐块措施，因此坳背站被称为"岩溶区切割出来的车站"。

布吉站为地下 3 层站，夹在龙岗大道高架桥与 3 号线高架桥之间，紧临地铁 3、5 号线地铁站及国铁布吉东站，其中一侧围护结构距离龙岗大道高架桥桥桩 0.9～1.6m，另一侧围护结构外边缘距离 3 号线高架桥承台最近约 0.3m，围护桩需在龙岗大道高架桥、3 号线高架桥桥底 9～11m 净空下近距离施工，且车站基岩面较高，岩石强度大，咬合桩成桩困难，对施工设备提出了较高的要求。

2.6　超宽超长车站多，周边环境复杂，施工技术要求高

14 号线四联站、宝荷站、朱洋坑站等车站长度大于 700m，属于超长车站；清水河站及大运枢纽属超宽车站，为地下 3 层（局部 2 层）双岛式站台车站，标准段基坑宽 60.55m。

2.7　采用新型技术，施工遭遇大挑战

14 号线轨道工程全面采用预制板式道床，是深圳地铁首条全线路采用预制板式道床工艺的工程，对质量的控制、工艺要求、作业装备和作业时序提出了新的挑战。

在机电设备安装及装修施工中引入 BIM 技术，通过构建各车站建筑、结构、机电及综合管线三维 BIM 模型，实现了碰撞检查、设计优化、施工模拟，大幅提升了实体质量和建设效率。

2.8　工程建设期间施工组织干扰大

14 号线共线的管廊与地铁 14 号线同向而行，其中有清水河、石芽岭、宝荷、宝龙、沙湖、朱洋坑、坑梓、沙田共 8 个车站需要与管廊同步实施，长度约有 4km，管廊设计方案确定及施工晚，对于 14 号线施工组织干扰较大。

2.9　站后工程施工组织和协调异常复杂

地铁站后工程轨道、供电、接触网、常规机电、通信、信号、AFC、综合监控、屏蔽门、电扶梯、

安防、导向及装饰装修等十几个专业同步施工，具有"空间小、工期短、穿插多、接口密、标准高"的施工特点，站后工程施工质量的优劣将直接影响到地铁交通的安全稳定运行，因此做好组织和协调工作是本工程重点之一。

3　技术创新点

3.1　盾构渣土高效资源化利用智能化装备系统开发与应用技术

技术创新点：①开发了智能化、集成化、模块化的盾构渣土高效资源化利用装备，有效解决了现有盾构渣土资源化装备占地面积大、可靠性低、安装复杂、噪声水平高的问题。②大量智能控制技术的引入和有针对性的设计，通过智能化中央控制系统，实现了泥砂分离、固液分离等工艺流程的智能化控制，以及运行参数对不同地层渣土的智能化适应。资源化产物品质优良，工程应用效果良好。③通过絮凝固化剂的开发与应用，建立了一套高效的盾构泥浆絮凝—压滤—固化一体化工艺，可实现泥饼的流动化碾压式填料利用和建材化利用，大幅提高资源化效率。④提出了一套适用于深圳市地铁盾构渣土资源化处理的技术指南，补充完善了深圳市对盾构渣土处理技术规定的空白，为施工单位现场处理或集中处理盾构渣土提供了参考依据。

项目研究成果经过专家评审鉴定，整体达到国际领先水平。申请一种渣土资源化利用系统；车辆超重检测方法、装置、系统及终端设备；一种渣土多级分离后骨料粒径的分析方法及系统；泥浆絮凝固化剂及其制备方法、应用四项发明专利。

申请废弃泥浆处理设备；一种用于盾构施工渣土处理的渐变喷淋筛分设备；一种用于盾构施工渣土处理的振幅可调筛分设备；一种渣土资源化处理系统；一种泥水浆泥水分离系统五项实用新型专利。

3.2　岩溶地层溶洞精细化探测及施工安全控制技术

技术创新点：①基于雷达探测、CT扫描及超前地质报告多途径物探手段提出了适用于复杂环境岩溶发育地质的综合探测方法，形成了适用于深圳岩溶复杂分布对现场实际需求的岩溶精细化探测方案，构建了BIM三维溶洞空间位置与形态重构反演技术。②填补了车站基坑地连墙底部岩溶与侧部岩溶稳定性理论空白，考虑岩溶形状导致的围岩稳定性差异，判别处治距离，实现隧道及基坑溶洞处治的准确化范围优化，解决了复杂溶洞地层处置范围合理划分及安全开挖难题。③提出了岩溶地层考虑时空分布的浆液渗透扩散理论，分析注浆影响因素，创新性地设计了岩溶地层不良地质扩大时的注浆设备。

项目研究成果经过专家评审鉴定，整体达到国际领先水平。申请一种扩大注浆加固范围的设备；一种用于岩溶软弱充填物的注浆加固设备；一种适于软弱充填物岩溶溶洞注浆加固方法；一种采用双套管拔除超长桩的方法；一种用于有限空间拔除超长桩的双套管拔桩装置；一种用于隧道盾构施工的全站仪减振装置六项发明专利。申请一种用于岩溶勘察的钻探装置；一种地质勘察钻探装置；一种岩溶地区工程勘察探测装置三项实用新型专利。

3.3　长距离复杂地层盾构掘进施工技术

技术创新点：①提出了双模盾构穿越频变地层掘进模式判别标准；构建了双模盾构是否进行模式转换的最佳经济距离；建立了首台中心螺机式双模盾构模式快速转换工艺；形成了双模盾构模式转换时机判别及模式快速转换方法。②创新了盾构穿越上软下硬上覆建筑群的"仓—注"联合围岩加固方法；构建了盾构穿越隐伏洞身溶洞和周边溶洞的稳定施工控制技术；提高了盾构穿越极硬岩地层楔形刀具的破岩效果，解决了盾构在典型不良地质工况下的掘进难题。③提出了双模盾构在软硬频变地层下掘进参数波动变化规律；创新了盾构在软塑黏土地层下防刀盘结饼避免频繁停机的绞吸装置；研发了一种连续反馈负载波动的冗余控制系统，实现了盾构在荷载突变区段长距离推进的载荷自适应调整，解决了盾构在长距离复杂地层下掘进效能提升难题。

项目研究成果经过专家评审鉴定，整体达到国际领先水平。申请一种防止滚刀偏磨的刀座；一种用于盾构机推进荷载自适应调节的电液控制系统；一种用于控制地表隆起的隧道注浆与排水同步施工方法三项发明专利。申请一种采用缓流式的地铁施工泥浆分离器；一种小直径管幕结构的预应力连接装置；一种地质自适应可伸缩式盾构 TBM 滚刀装置；一种小直径管幕管间锁扣纵缝的精准焊接装置四项实用新型专利。

3.4 轨道板柔性生产智能建造技术

技术创新点：成功实现了城市轨道交通用混凝土轨道板机械化、自动化、信息化、智能化生产。生产线各生产工位合理衔接，节约了施工成本，提高了施工效率。同时，生产线根据轨道板等各类预制件结构进行柔性化设计，具备自动识别调整功能，实现地铁用预应力板、浮置板、管片、高地铁轨道板等多类型混凝土预制件同时同一平台共线生产。

项目研究成果获得一项省级工法：城市轨道交通装配式轨道板道床施工工法。

3.5 螺旋输送机出渣式双模盾构模式转换施工技术

技术创新点：①螺旋输送机出渣式双模盾构模式转换施工工法采用螺旋输送机综合利用的思路，避免了模式转换时出渣结构反复运输，提高设备更换操作便利性。②双模盾构采用螺旋输送机出渣时，能够及时调整施工方案，在前方掌子面变化时能够随时启闭螺旋输送机闸门，确保掌子面稳定，减小施工风险。③螺旋输送机出渣具有良好的封闭性，在 TBM 模式掘进时采用螺旋输送机出渣能够避免皮带出渣所产生的粉尘污染问题，保持洞内良好的空气环境，确保文明施工。④螺旋输送机具有设备简单、机械化程度高等优点，相对于其他出渣结构具有故障率低、操作简便等优点。

项目研究成果获得一项省级工法：螺旋输送机出渣式双模盾构模式转换施工工法。

3.6 车站主体结构液压模板台车施工技术

技术创新点：车站整体模板台车具有模块化、强度高、整体性高、机械化程度高等特点。对模板台车进行专项设计，保证模板台车施工中的适应性及高效率，保证施工安全的同时质量方面达到优质工程的标准。车站模板台车的使用改变了传统的施工工法和管理模式。

项目研究成果申请侧墙模板；组合式脚手架；侧墙施工的组合模板装置以及模板支撑系统；车站辅助台车四项实用新型专利。

3.7 复杂地质条件下超大基坑地铁车站综合修建技术

技术创新点：①研发应用了复杂环境条件下深基坑石方切割开挖技术，减少了周边扰动，降低了深基坑开挖风险；切割法开挖岩石地基成型规则、几何尺寸控制精确，不破坏地基岩石的完整性，石材是一种有限的不可再生的自然资源，变废为宝。②发展应用了一种适用于超深砂层及软土区的高压旋喷加固施工技术，软基加固深度最大可达 60m，加固桩体直径 2～3.5m。③提出了一种适用于邻海地区复杂环境地质超宽深基坑成套施工技术：针对深圳地区地铁车站长大深基坑超深砂层、软土和岩溶及硬岩不规律发育分布的施工技术难题，综合研究运用三轴搅拌桩＋RJP 超高压旋喷桩＋土岩界面袖阀管注浆及岩溶注浆＋全套管全回转咬合桩＋石方机械切割开挖及锚杆（索）组合施工措施。④研究应用新型塑胶模板快速支模衬砌技术、基于光纤技术的结构安全自动化监测技术、钢筋笼顶光缆保护装置技术及基坑混凝土梁支护体裂纹监测装置技术。

项目研究成果获得一项省级工法：地铁车站深基坑岩层机械切割开挖工法。

3.8 城市轨道交通装配式冷水机房施工技术

技术创新点：①根据施工蓝图以及对应的族库搭建冷水机房高精度 BIM 模型。保证族库的设备、阀门与现场实际尺寸一致，确保后续施工与 BIM 模型一致。②通过对设计方案优化调整了冷冻水泵、冷却水泵方向，使冷冻水泵、冷却水泵进出水管方向一致，增加了机房整体的布管美观性和装配式机房的模块化。③按照加工单元进行拆分并编码，主要分为集分器模块、水泵模块、冷机模块、管段模块四大类。导出工厂加工预制图纸，形成加工数据参数表，交付预制车间进行管道下料生产。④预制构件现场按照管道二维编码进行"搭积木"式拼装施工：a. 提升了冷水机房能效比；b. 提高了管线安装质量；c. 缩短了工期；d. 绿色施工；e. 节约了项目成本；f. 降低了安装工人技术要求；g. 深化设计，模拟施工；h. 快速计算材料用量；i. 所有管道盲板采用栓接，便于运营单位后期维护。

项目研究成果获得一项省级工法：城市轨道交通装配式冷水机房施工工法。

4　工程主要关键技术

4.1　高度集成化、模块化装备技术

采用高度集成化、模块化的设计工艺流程（图1），大幅缩小装备占地面积，可模块化、立体式拼装，适应繁华城区狭小场地（图2）。

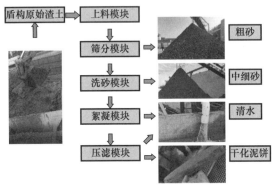

图1　盾构渣土高效资源化处理系统流程图　　　　　图2　盾构渣土高效资源化利用装备

1. 高度集成化、模块化的泥砂分离模块

开发了可调幅、调频、降噪的振动筛分模块（图3）和立体化变频泥砂分离模块（图4）。所得碎石含泥量低，所得细砂洁净、含水率低。

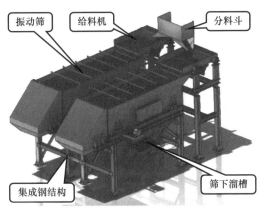

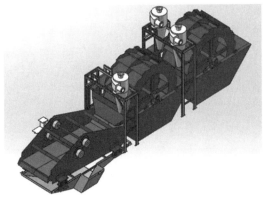

图3　可调幅、调频、降噪振动筛分模块　　　　　图4　立体化、变频泥砂分离模块

2. 高效固液分离模块

开发了模块化中心螺旋高效絮凝模块（图5）和并联、自卸、智能化压滤模块（图6）。

图5　模块化中心螺旋高效絮凝模块　　　　　图6　并联、自卸、智能化压滤模块

3. 自适应流体管路系统

设计刚柔相济的管路系统（图 7），提高场地自适应拼装（图 8）。

4.2　智能化控制系统及自适应运行技术

开发了智能化中央控制装置（图 9），通过智能化控制界面控制装备系统运行参数（图 10），实现了装备的少人化管理、智能化控制和自适应运行。

图 7　刚柔相济管路系统

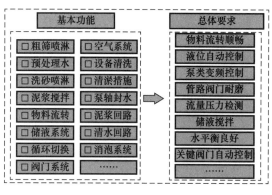

图 8　自适应流体系统

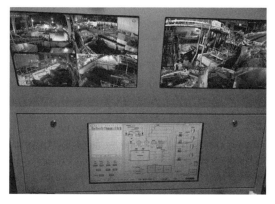

图 9　中央控制装置

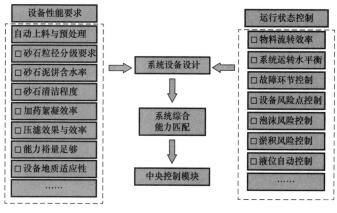

图 10　核心控制参数

1. 模块配置快速响应技术

开发了针对不同渣土类型的设备配置标准化快速响应算法（图 11、图 12），可输入不同渣土类型、性质、场地情况、处理需求。

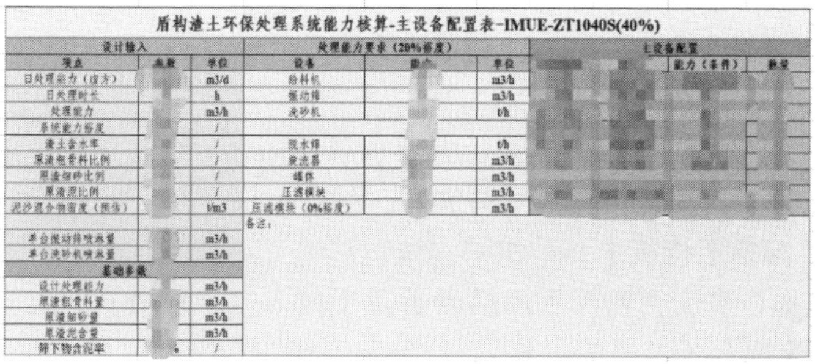

图 11　中央控制模块

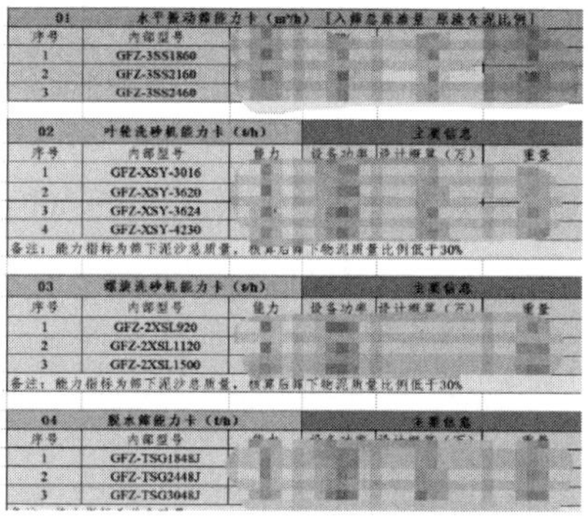

图 12　智能化控制界面

2. 智能化中控平台

开发了 PLC 控制系统（图 13）、人机交互系统（图 14）、视频监控系统，可自动控制装备运行状态，达到关键参数自动监控、自动报警。

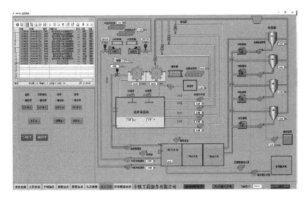 

图 13　装备运行 PLC 界面　　　　　　　　图 14　智能化控制界面

3. 智能化信息交互传感系统

各个模块上均布设了状态监控及自动控制传感器（图 15），实现装备的智能化监控、自适应运行。运行过程基本无须人员干涉，系统自动运行。

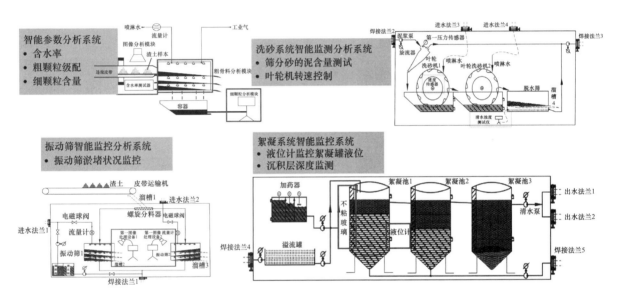

图 15　智能化交互传感系统

4.3　絮凝—(压滤)—固化一体化技术

（1）开发了地聚物基絮凝固化剂，构建了絮凝—(压滤)—固化一体化工艺技术（图 16），使工程泥浆快速压滤脱水后得到强度随龄期快速提高的固化体（图 17）。开发了地聚物基絮凝固化剂（图 18），阐明了地聚物基絮凝作用和固化作用的耦合作用机理（图 19）。

（2）絮凝—压滤—固化一体化下的碾压式填料及建材化性能。

基于絮凝—压滤—固化技术，脱水速率大幅提升，且强度远高于普通水泥固化土。经高压挤压成型后，1d 强度超过 1MPa，28d 强度达 8MPa 以上，具有建材化利用的价值（图 20、图 21）。

4.4　多途径精细化综合探测方法与 BIM 三维重构技术

（1）基于雷达探测，CT 扫描及超前地质报告多途径物探手段提出了适于城市复杂环境岩溶发育地质多途径精细化综合探测方法与 BIM 三维重构技术（图 22）。

（2）适于城市复杂环境的多途径探测方法。

经综合分析各探测设备的优缺点，形成了该区域探地雷达、HSP 超前地质预报、跨孔 CT 探测综合物探方法的最优组合，完美满足施工安全、效率和精度要求（图 23）。

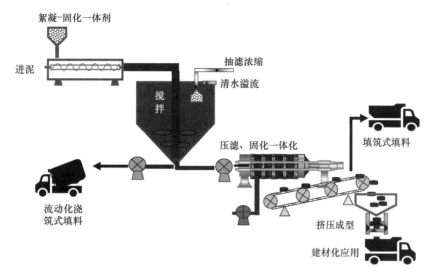

图 16　絮凝—（压滤）—固化一体化技术

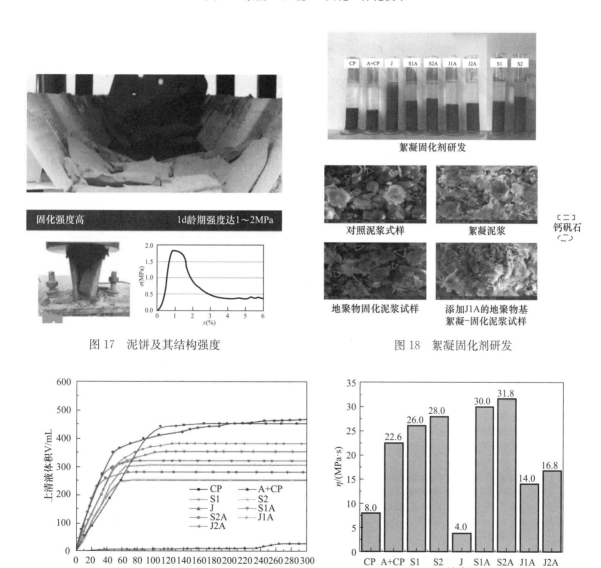

图 17　泥饼及其结构强度

图 18　絮凝固化剂研发

图 19　性能测试（1）

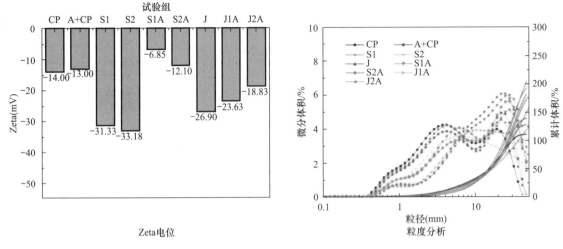

图 19　性能测试（2）

图 20　碾压式/建材化试样

（3）BIM 可视化三维重构技术。

利用 BIM 技术与三维地质建模理论，综合跨孔 CT、探地雷达和钻探探测的数据，构建溶洞地层三维可视化快速建模技术。实现了地质探测结果快速定位到三维空间可视化，形成了最直观地展示溶洞与隧道工程结构体的位置关系视图（图 24）。

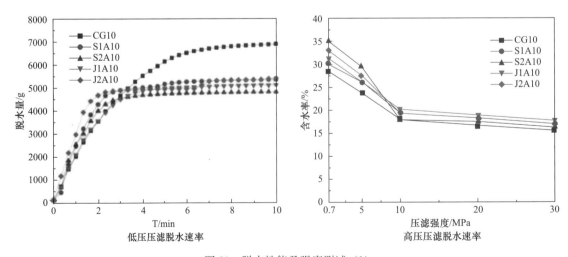

图 21　脱水性能及强度测试（1）

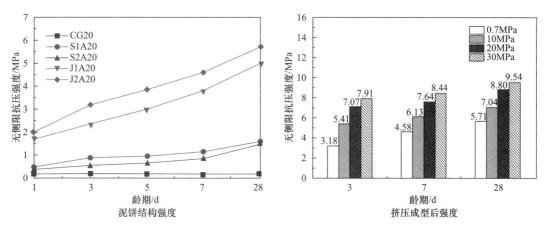

图 21 脱水性能及强度测试（2）

图 22 多途径精细化综合探测方法流程图

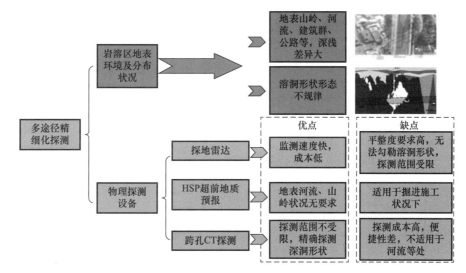

图 23 物探设备配置图

4.5 车站基坑地连墙及隧道区间岩溶稳定性分析方法

1. 车站基坑地连墙底部岩溶稳定性分析方法

根据底部溶洞稳定性分析，进行了灌注混凝土作用下的地连墙底部竖向均布荷载应力求解；进行了

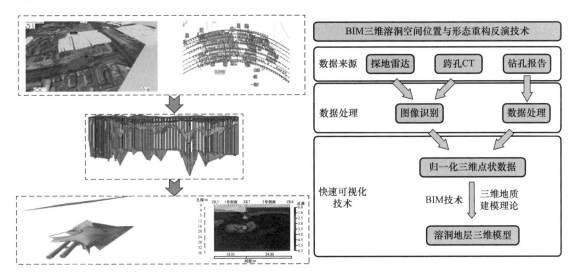

图 24 构建了 BIM 可视化三维重构技术流程及展示模型

灌注混凝土作用下的地连墙侧部三角荷载应力求解；进行了岩土体自重作用下的溶洞孔口应力求解；取破坏关键点进行三种应力叠加，基于岩石破坏准则，提出了稳定判别方法。本研究填补了地连墙底部岩溶稳定性理论空白，为底部溶洞稳定的可算性提供了依据（图 25）。

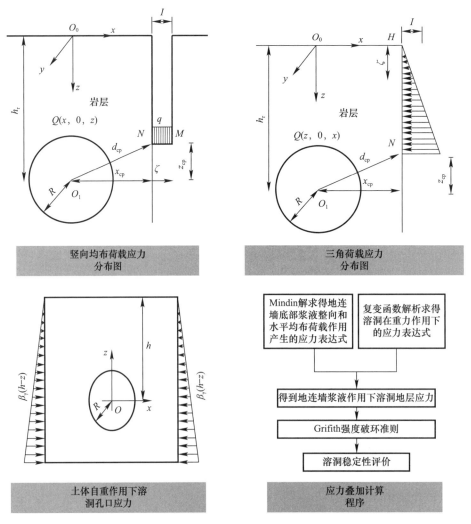

图 25 车站基坑地连墙底部岩溶稳定性分析图

2. 车站基坑地连墙侧部岩溶稳定性分析方法

侧部不同形态溶洞稳定性分析的步骤及关键点包括以下四点：进行了现浇混凝土荷载分布模型选取，包括三折线模型、双折线模型；确定了溶洞侧壁梯形分布荷载形式；进行了溶洞侧壁不同形态对应的力学模型理论公式推导；针对拱模型提出了岩溶侧壁失稳判断方法——第一强度理论。填补了地连墙侧部岩溶稳定性理论分析空白，为溶洞稳定可算性提供了依据（图 26）。

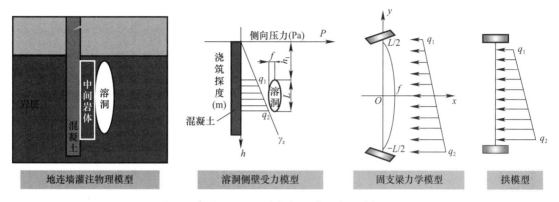

图 26　车站基坑地连墙侧部岩溶稳定性分析理论

在推导的梯形分布荷载作用下三种不同形态岩溶侧壁弯矩的基础上，采用第一强度理论对岩石稳定性进行判别，确定不同岩溶形态力学模型选取方法和岩溶侧壁最小安全厚度影响因素（图 27）。

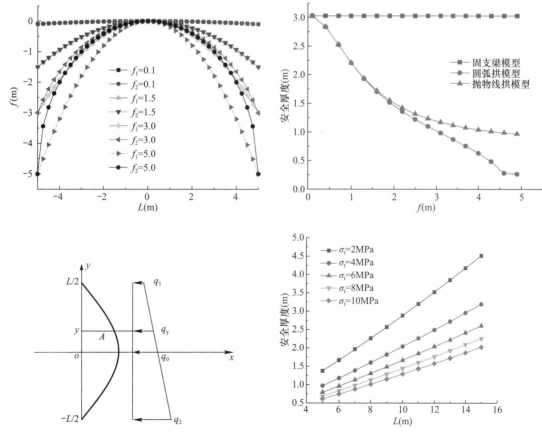

图 27　岩溶侧壁破坏模式与影响因素

研究得到模型选取矢跨比为 0～0.01 时，可选取相对简单的梁模型进行计算；0.01～0.2 时，选取抛物拱与圆弧拱模型均可；0.2～0.5 时，选取抛物拱模型更为安全、经济。

3. 确定了隧道与不同方位岩溶的安全距离

以突变理论综合评价分析盾构隧道与溶洞间岩层稳定性，建立岩层失稳的尖点突变模型，根据岩层突变失稳判据得出临界失稳力学条件，推导出盾构隧道与溶洞间空间异性的安全距离的计算公式（图 28）。

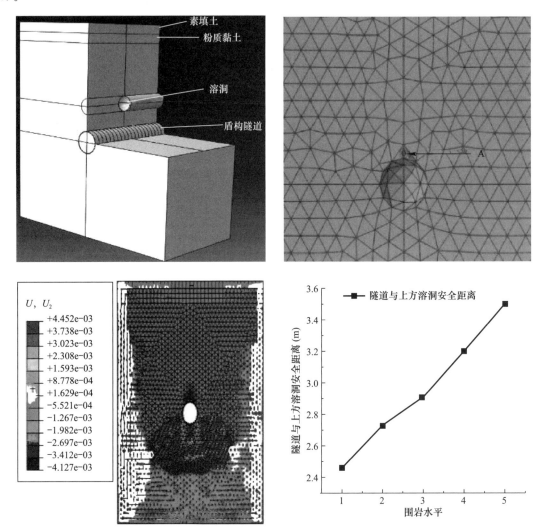

图 28　隧道岩溶稳定方法

得到本施工区间安全距离受溶洞跨度影响最为显著，同时受岩性、溶洞形状影响明显，安全距离随着溶洞跨度的增大而增大，安全距离为 5m 后跨度影响变小，溶顶安全距离随跨度增大而减小，侧部岩溶影响较小，设定 3m 的安全距离较为保守。

4.6　岩溶地层不良地质扩大注浆方法

1. 推导了考虑时空分布的浆液渗透扩散理论

通过试验获取了不同水灰比的浆液稠度时变系数；分析了地层注浆扩散机理及浆液扩散稠度时空分布的不均匀性；建立了浆液稠度时空变化不均匀注浆的扩散模型；推导了浆液压力空间的分布方程（图 29）。

2. 革新了适于岩溶地层的高效注浆设备

发明一种适用于岩溶地层的扩大注浆设备，创造性地研发了并排可伸缩注浆管，并设计了配套的注浆桶装置；克服了现有设备钻孔量大、施工效率低的缺点，在原有基础上减少 25% 的钻孔量（图 30）。

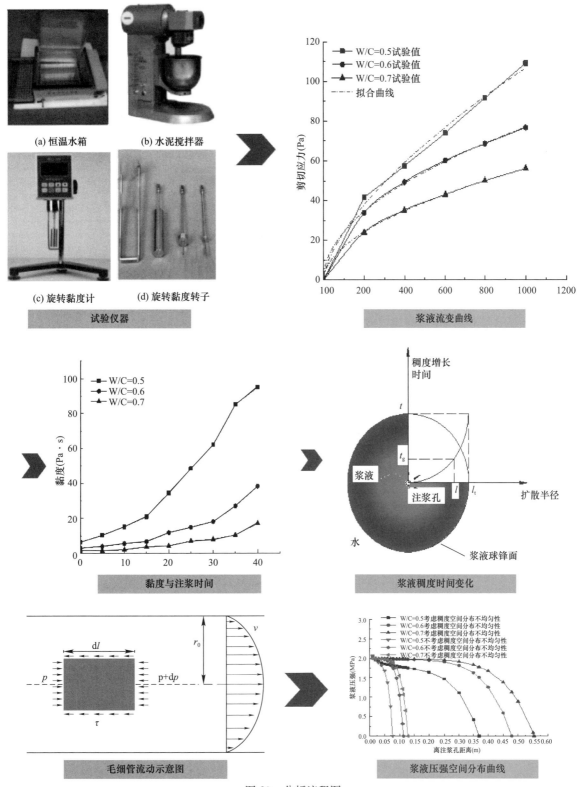

图 29　分析流程图

4.7　双模盾构——模式转换施工工艺

1. 双模盾构穿越频变地层掘进模式判别标准

基于双模盾构掘进参数构建了掘进状态判别函数，提出了 TPI、FPI 等可掘性参量控制指标（图 31），通过标定稳态掘进参数 85% 为置信区间，得出在 TBM 模式到过渡地层区域时可掘性指标逐步降低的规律（图 32），掘进到过渡地层区域 FPI 和 TPT 呈现规律性变化，应当考虑该区域为过渡地层，说明岩石强度变化，进行模式转换。

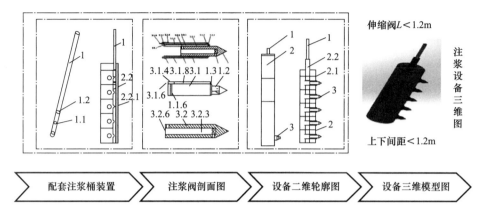

图 30 高效注浆设备使用流程

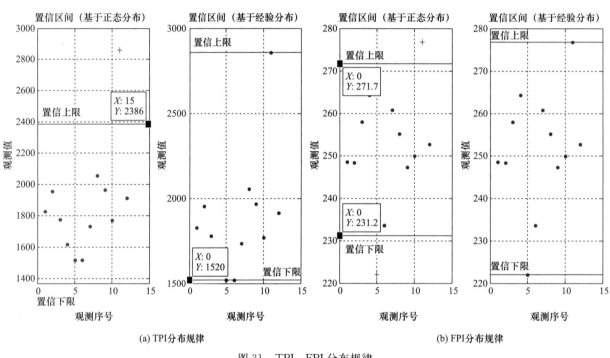

(a) TPI分布规律

(b) FPI分布规律

图 31 TPI、FPI分布规律

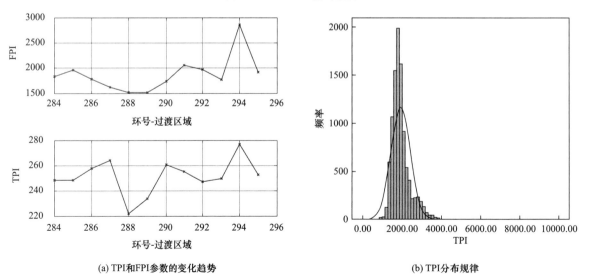

(a) TPI和FPI参数的变化趋势

(b) TPI分布规律

图 32 掘进参数变化规律（1）

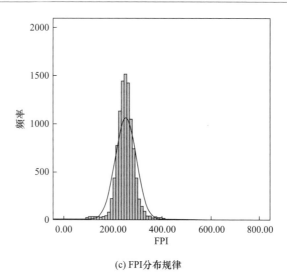

(c) FPI分布规律

图 32　掘进参数变化规律（2）

2. 构建了双模盾构是否进行模式转换的最佳经济距离

基于盾构不同掘进模式穿越每环的有效时间（图 33），对比分析 TBM 模式（5.77 环/d）和盾构模式（4.44 环/d）掘进效率的差异性，统筹双模盾构模式转换时长（15d），据此可以计算出模式转换的经济距离（288.5m）（图 34、图 35），在大于此距离时建议进行模式转换。

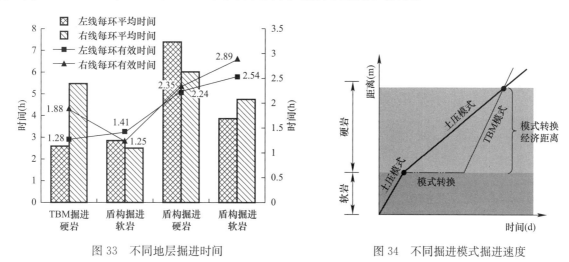

图 33　不同地层掘进时间

图 34　不同掘进模式掘进速度

3. 中心螺机式双模盾构模式快速转换工艺

基于中心螺机式双模盾构的结构特点，通过转移吊点方案实现了中心螺机"一体多用"式模式转换（图 36～图 38），避免了传统双模盾构模式转换时出渣工装频繁的无效运输，优化了模式转换工艺（图 39），使模式转换时间从 15d 提升至 11d。

4.8　轨道板柔性生产智能建造技术

（1）根据轨道板结构特点和质量要求，将轨道板预制工艺分解到固定工位，以机电液一体化为基础，研制自动化设备，实现了全过程自动化、智能化生产（图 40）。

（2）生产线根据轨道板等各类预制件结构进行柔性化设计，具备自动识别调整功能，实现地铁用预应力板、浮置板、管片、高（地）铁轨道板等多类型混凝土预制件同时同一平台共线生产。在研究制定工位流程基础上，实现自动识别模具型号、调整防护罩长度，自动均匀喷涂隔离剂；自动抓运钢筋骨架并精准定位，张拉杆自动锁紧，螺母复位并定位，单根张拉力伺服闭环控制，自动采集张拉数据，并实时上传至控制平台；混凝土浇筑采用独立振动平台，振动效果好，噪声低，振动电机各参数可调并自动记录、保存数据；轨道板浇筑完成后，按照先后顺序自动运至蒸养房内，温度自动监控，养护数据实时保存，实现了自动码垛及智能养护；自动脱模、喷码等工序，实现全智能控制（图41～图49）。

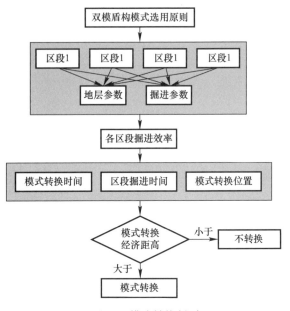

图 35　模式转换判别

图 36　螺机吊点转移

图 37　模式转换工装切换

图 38　中心螺机转移下放

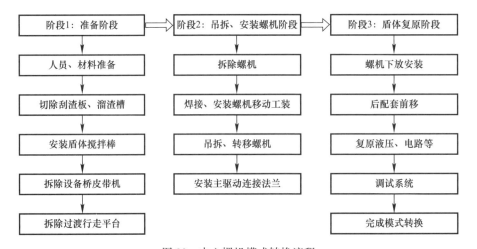

图 39　中心螺机模式转换流程

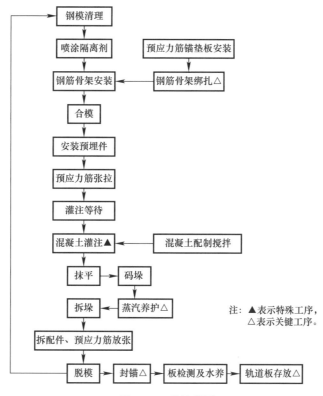

图 40 工艺流程图

图 41 自动喷涂隔离剂

图 42 钢筋骨架抓运

图 43 钢筋自动张拉

图 44　混凝土浇筑振捣

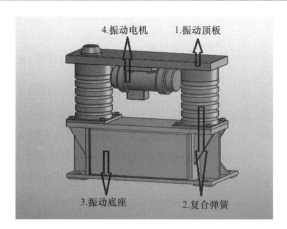

图 45　振捣装置

图 46　自动码垛

图 47　智能养护

图 48　自动脱模

图 49　自动喷码

4.9　车站模板台车设计及适应性研究技术

1. 模板台车形式设计

根据使用车站四联站不是规则的标准站的现状，分别设计侧墙台车、顶/中板台车、单跨单层标准断面整体式模筑台车。台车主要由行走机构、支撑体系、模板、液压伸缩系统等部分组成（图 50～图 52）。

2. 车站模板台车快速施工技术

模板台车的使用改变了传统的施工工法和管理模式，通过对现场进行合理规划，合理组织安排施工，提高施工效率，在工期、经济效益方面效果显著。

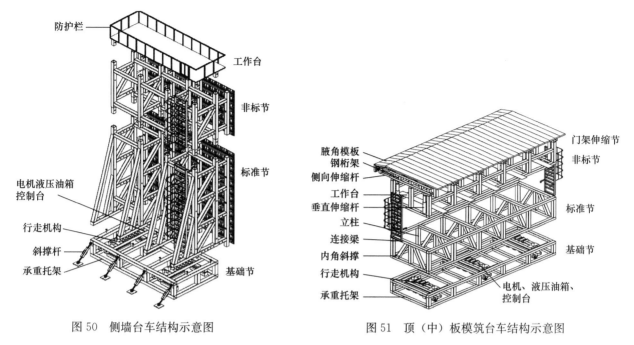

图 50　侧墙台车结构示意图　　　　　　　　　图 51　顶（中）板模筑台车结构示意图

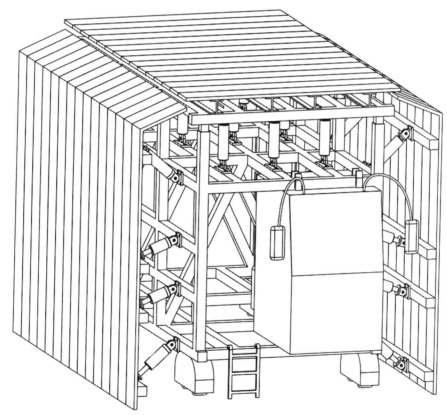

图 52　整体式模筑台车结构示意图

4.10　地铁车站 BIM 综合应用技术

1. 地铁 14 号线全面采用 BIM 技术

前期工程及围护结构以 CAD 图纸为基础，进行 BIM 模型的制作，从而快速地制作出前期工程、围护结构的 BIM 模型，可以达到快速准确计算工程量的目的（土方开挖、围护桩、抗浮结构、钢支撑及混凝土支撑），此外还可以对模型进行碰撞检查。车站主体结构进行 BIM 模型的制作，可以达到快速准确计算工程量的目的（板、侧墙、梁、中立柱、楼梯等）。

2. 场地规划

应用 BIM 技术的三维模拟，结合工程特点，每月配合航拍图更新场布图，上传 BIM 技术应用综合平台，将 BIM 系统应用于动态管理，呈现现场施工场地大型设备使用情况、材料堆场及加工场地占用情况、交通组织规划、临建设施使用等情况的合理性，保证工程施工合理有序地进行（图 53）。

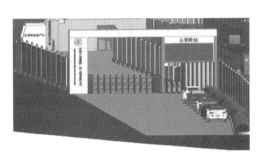

图 53　建立场地布置模型并生成漫游动画

3. 进度管理

在施工过程管理中，采用了 Project 计划管理软件，对整个施工过程进行管理和规划，通过规划可以得到该项目的时间进度，将这个时间进度和 BIM 模型进行匹配，从而得到更具可视化的基于三维模型的施工进度模拟（图 54）。

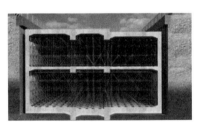

地连墙施工可视化模拟　　　土方开挖施工可视化模拟　　　脚手架施工可视化模拟

桩基施工可视化模拟　　　土方开挖可视化模拟　　　主体施工可视化模拟

图 54　专项方案可视化

4. 质量管理

对关键施工流程绘制 3D 动漫，编制 3D 可视化交底加深作业人员对施工作业内容的理解，提高施工准确性。利用 BIM 物料管理系统，对于特殊物料、构件进行信息追踪，保证从进场到安装施工的全过程监控，保证物料质量，从而提高施工质量。

5. 安全管理

利用 BIM 管控平台的安全监测与风险管理模块,将第三方监测单位的监测数据导入平台,对现场施工进行实时监测,预测施工过程中的风险因素,提前预防。

利用 VR＋信息模型实现盾构机操作模拟,龙门式起重机司机在取得特种作业证书的情况下通过 VR 操作模拟考核后方可上岗(图 55)。

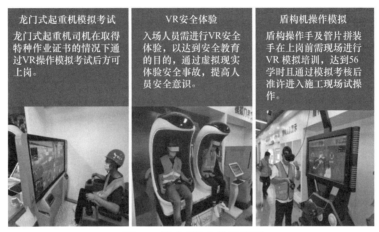

龙门式起重机模拟考试
龙门式起重机司机在取得特种作业证书的情况下通过VR操作模拟考试后方可上岗。

VR安全体验
入场人员需进行VR安全体验,以达到安全教育的目的,通过虚拟现实体验安全事故,提高人员安全意识。

盾构机操作模拟
盾构操作手及管片拼装手在上岗前需现场进行VR 模拟培训,达到56 学时且通过模拟考核后准许进入施工现场试操作。

图 55　结合 VR＋信息模型

4.11　复杂地层中紧邻围护结构小净距盾构接收关键技术

1. 盾构法隧道施工技术

该技术在地铁建设中广泛应用,但是对小净距(3.9m)的盾构平行掘进研究较少,特别是在上软下硬的地层中。该施工工法在深圳地铁 14 号线成功应用,取得了很好的社会效益和经济效益,具有广泛的应用前景,经实际施工总结形成了小净距并行隧道盾构施工技术。

2. 先行隧道盾构加固施工工艺流程

先行隧道采用钢花管注浆加固,注浆钢花管采用直径 48mm 无缝钢管,壁厚 3mm,每节管长 1m,共计三节,施工采用对接方式,钢花管内管壁上均匀开设直径 8mm 的出浆孔,底部焊接接头,最后一节顶部密封圈与注浆管连接。每环管片总共 6 个注浆孔,使用钢花管将注浆孔依次打通并注入双液浆。在注浆施工过程中根据监测反馈信息优化注浆参数、浆液浓度。由于注浆工程的目的是加固地层,提高地层的竖向抗变形能力,不是为了堵水,也不是承受水平地压,因此,不要求在加固周围地层中,形成十分规则的、有一定厚度的帷幕,尽量注浆挤实充填含水砂层,增强结石体的强度(图 56、图 57)。

3. 后行隧道掘进至小净距段的掘进控制措施

后行隧道对先行隧道的影响主要为掘进过程中土体扰动对先行隧道的影响,盾构机推进过程中,根据此段地质、覆土厚度、已完成隧道情况、地表监测结果调整土仓压力,推进速度保持相对平稳,控制好每次的纠偏量。在掘进过程中减小刀盘转速、降低推力,尽量减小对土体的扰动,避免对先行隧道产生影响。同步注浆量要根据推进速度、出渣量和地表监测数据及时调整,管片壁后注浆采取三段注浆的方式,将管片壁后填充饱满,防止管片位移,将施工轴线与设计轴线的偏差以及地层变化控制在允许的范围内。

4. 后行隧道掘进至小净距段注浆控制措施

小净距盾构隧道施工夹土体厚度较小,开挖扰动影响严重,后施工隧道姿态较难控制,导致管片位移、隧道位移、螺栓松动和围护结构变形等问题。为保证施工安全,后行隧道采取三阶段注浆的施工工艺。

第一阶段,同步注浆。同步注浆浆液拟采用管片背后注入初凝时间较短的单液浆,注浆量为总填充量的 100%～120%,起到固结开挖空间内土体的作用(图 58)。

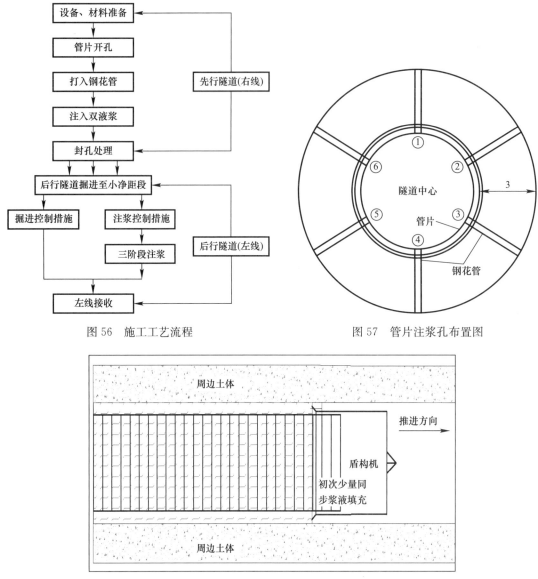

图 56　施工工艺流程　　　　　　　　　图 57　管片注浆孔布置图

图 58　第一阶段注浆

第二阶段，补注双液浆。在脱出盾尾第五环管片 3~13 点范围内利用吊装孔补注双液浆（水玻璃：水泥浆＝1：1）。双液浆作用：双液浆在管片壁后与开挖面间凝固成环，有效约束管片上浮及水平变形移位（图 59）。

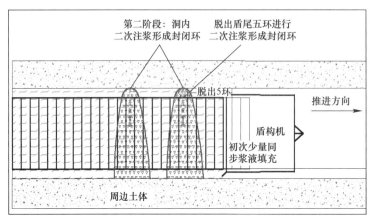

图 59　第二阶段注浆

第三阶段,补注水泥净浆。在第二阶段注双液浆封堵环间的中间环管片位置,利用顶部吊装孔进行壁后补浆,浆液材料选择 1∶1 水泥净浆,初凝时间控制在 3h,终凝时间控制在 7h。通过补注水泥净浆,对管片壁后空腔进行最终填充(图 60)。

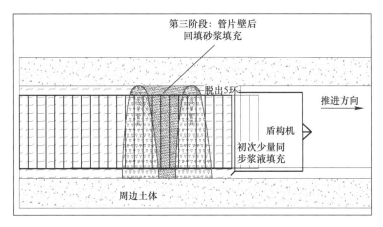

图 60 第三阶段注浆

5. 后行接收

通过对掘进参数的控制及采取三阶段注浆的施工工艺,减小了对地层的扰动,未对围护结构产生影响,最终确保了区间左线盾构机顺利接收。

4.12 车辆段超大跨度变形缝后埋式止水带施工技术

1. 工艺原理

BG-199 后埋式变形缝止水带的技术特点是半刚性半柔性结构,既能适应主体结构不均匀沉降和伸缩变形,也能具有较好的修复性能,特别是具有良好的耐久性。后埋式变形缝止水带 BG-199 安装在已浇筑混凝土墙体的变形缝上,通过 GCYY-201 锚固剂将止水板固定在混凝土墙体上来实现相应的止水作用,具有与混凝土结构同寿命的良好耐久性。

2. 施工工艺流程(图 61)

(a) 变形缝挡水坎切槽施工

(b) 变形缝两侧基面处理

(c) 聚苯板条安装

(d) 后埋式止水带安装

(e) 锚固剂加固

(f) 防水涂料施工

图 61 车辆段超大跨度变形缝后埋式止水带施工工艺流程

3. 工艺要点

在变形缝两侧混凝土结构上选择止水带安装部位，弹线。

采用切割机切缝，并实测切割间距，提交工厂制作后埋式止水带。

锚固剂加水稀释，调制合适浓度，注入一半缝深。

将后埋式止水带半成品按入缝中。

安装后埋式止水带前，进行抗拔试验。

采用氩弧焊焊接接长变形缝。

封内注满锚固剂，压实；待锚固剂完全充满变形缝缝内两侧。

刮平锚固剂。待锚固剂凝固后，刷聚氨酯涂膜封闭表面。

一天后，在缝四周筑水池蓄水，水位高于设计标高，蓄水 48h 无渗漏为合格。

4.13　城市轨道交通装配式冷水机房施工技术

装配式地铁车站冷水机房具有工厂化预制、施工装配式、标准化、工期短、安全、环保等特点。

1. 施工工艺流程

根据设计文件利用 Revit 软件进行建筑模型、结构模型、机电管线设备模型的三维模型创建，随后对冷水机房设备及管线进行优化，利用 Fuzor 软件进行施工漫游及碰撞检测。根据碰撞检测结果进行相应的优化。根据最终确定的 BIM 模型，进行管道拆分编码，工厂根据管道拆分编码图进行管道预制加工，管件到达现场后，按照管道编码进行现场组装。装配式冷水机房施工工艺流程图如图 62 所示。

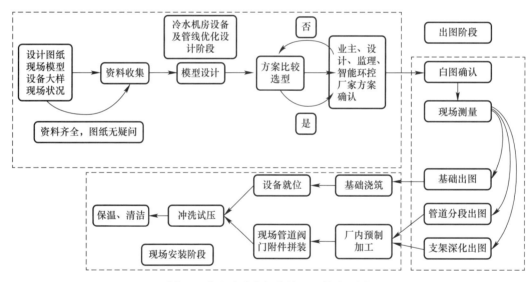

图 62　装配式冷水机房施工工艺流程图

2. BIM 模型建立

以国家 BIM 规范及建设方的 BIM 标准为依据，根据施工蓝图以及冷水机组、分集水器、水泵、反冲洗装置、在线清洗等相关设备外形尺寸参数搭建冷水机房高精度 BIM 模型。深化后的装配式冷水机房效果图如图 63 所示。

3. 设计方案优化

在做到管路整体美观的同时，管路布置要尽可能顺、平、直，尽可能减少管道直角弯头、变径等管件设置，减小管道沿程阻力损失，以达到最优的管线布局，降低设备整体的能耗。

4. 现场测量复核

利用全站仪、水准仪、红外线测距仪等测量工具对现场土建结构及相关设备安装位置进行测量，根据测量数据对 BIM 模型进行校准。利用 Revit 软件导出设备安装定位图。以冷水机组的进出水口为基准点，根据基准点与其他设备、管道之间的距离标注尺寸进行测量定位。设备安装定位图如图 64 所示。

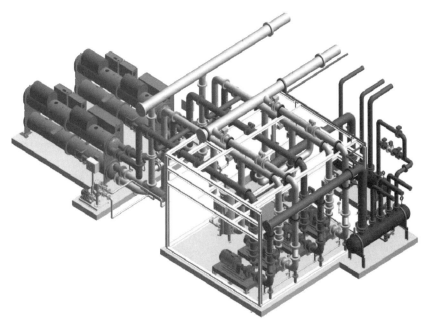

图 63 深化后的装配式冷水机房效果图

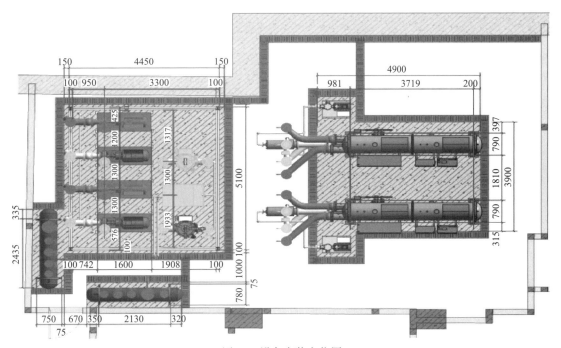

图 64 设备安装定位图

5. BIM 模型拆分、编码

把已经优化好的冷水机房 BIM 模型，按照加工单元进行拆分并编码，主要分为集分水器模块、水泵模块、冷机模块、管段模块四大类（图 65）。

6. 管道工厂化预制

根据已完成的管道构件分解模型，导出工厂加工预制图纸，形成加工数据参数表，交付预制车间进行管道下料生产，加工图纸包括三视图、三维图、构件信息。

7. 现场拼装

根据施工现场实际情况，提前编制设备、管道吊装运输方案，方案中应结合吊装口位置、设备管件安装，合理规划站内运输路径。根据冷水机房设备、管道布局，规划好冷水机组、集分水器、冷冻水泵、冷却水泵、反冲洗装置、胶球在线清洗装置等设备安装顺序，设备安装就位以后，再进行预制管件安装。现场施工人员通过配置的二维码信息对半成品进行现场搬运安装。

冷水机房 3D 模型以及现场安装效果图分别如图 66、图 67 所示。

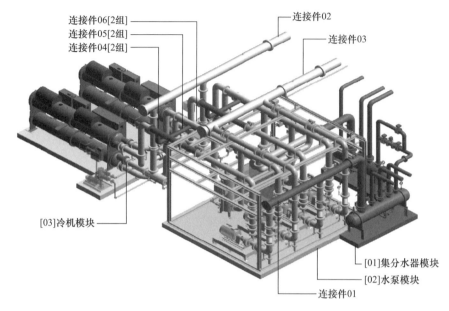

连接件06[2组]
连接件05[2组]
连接件04[2组]
连接件02
连接件03
[03]冷机模块
[01]集分水器模块
[02]水泵模块
连接件01

图 65　BIM 模型模块分解图

图 66　沙湖站冷水机房 3D 模型效果图　　　　图 67　冷水机房现场安装效果图

5　社会和经济效益

5.1　社会效益

盾构渣土高效资源化利用智能化装备系统应用于深圳地铁 14 号线累计处理盾构渣土约 500 万 m^3：一是渣土运输减量化，减少扬尘、噪声等对社区环境的影响及运输车辆对道路交通的干扰。二是变废为宝产生约 300 万～350 万 m^3 砂石资源，减少自然资源采挖，节约用水约 50 万 m^3 并循环利用，有效保护了生态环境。三是消除因渣土堆放所导致的滑坡、污染等生态安全威胁，节约堆放土地资源 0.83km^2。四是减少碳排放达 23500t（仅考虑减少外运所产生的碳排放），创造了巨大的环境效益。

岩溶地层溶洞精细化探测及施工安全控制技术应用可以将隧道及基坑建设的隐患消灭在萌芽阶段，为地铁隧道建设及运营的安全提供有效的保障；使隧道及基坑岩溶灾害初期得到修复，不会发展成重大结构病害，节省了大量维修费用，可为日后运营延长隧道的服务年限，社会效益显著。本项目开发的岩溶探测、处置范围确定及处置措施是一种无损检测技术，通过在 14 号线项目应用，培养了大批技术骨干和优秀管理人才，已在后续实施的隧道和地下工程的建设中发挥了重要作用。

长距离复杂地层盾构掘进施工技术可为长距离复杂地层的施工提供有力技术支撑，为深圳、广州地区大规模双模盾构的实施提供智力支撑；在产业链提升过程中创造了大量的高质量就业岗位。长距离复杂地层盾构掘进施工关键技术提升国内盾构装备制造能力、培育新的经济增产点，为未来规划的地铁隧道实施实现技术储备，服务国家重大基础设施建设，经济、社会、生态效益显著。

轨道板柔性生产智能建造技术服务整体道床装配式轨道铺设施工工艺，采用工厂化集约化生产，显著提升施工质量及施工效率，节约工期。随着国内各大城市地铁板式道床的快速发展，为该工艺的推广应用提供了广阔的应用前景。

深厚硬岩段钻孔桩快速成孔施工技术在深圳地铁 14 号线应用，顺利克服石芽岭站岩层埋深浅桩基入岩深、微风化角岩强度高（饱和单轴抗压强度 40.3～155MPa）的缺点，实现中风化岩层 120cm/h 的钻进速度，相比旋挖钻机中风化岩层掘进工效的 15cm/h（硬岩强度等级不小于 100MPa），应用本技术可提升 7 倍工效。

复杂地层中紧邻围护结构小净距盾构接收关键技术提升工程技术水平和公司竞争力，为复杂地层中小净距并行隧道盾构施工的安全、高效施工提供了系统的技术解决措施，为今后类似工程的设计及施工提供了借鉴和参考。

车辆段超大跨度变形缝后埋式止水带施工技术应用于深圳地铁 14 号线昂鹅车辆段库盖体梁板的变形缝防水，解决盖体大跨度渗漏难题（盖体变形缝单边长 231～424m，总长约 3500m），完工后经过蓄水试验无渗漏，取得了良好的止水效果。

城市轨道交通装配式冷水机房施工技术在深圳地铁 14 号线全线应用，全面实现工厂化预制、现场"搭积木"式拼装装配式施工，大幅提升了施工效率，一般一周时间可完成传统施工 45d 工作，并且工人现场作业环境好。

5.2 经济效益

深圳地铁 14 号线各项关键技术的应用不仅改善环境，降噪低碳，提升工效，还产生巨大的经济效益，据初步统计经济效益为 25128 万元。其中：

盾构渣土高效资源化利用智能化装备技术应用盾构渣土处理后减量约 30%，可分选粗骨料用于商混站和路基回填；砂用于管片制作、同步注浆；滤液水可以作为系统用水和现场冲洗水；全线盾构湿土处理节约成本 12768 万元（336 万 m³×38 元/m³）。

岩溶地层溶洞精细化探测及施工安全控制技术应用保证了施工安全、经济、高效地进行。通过车站基坑地连墙底部岩溶与侧部岩溶稳定性分析理论对溶洞进行精细化计算应用，使得基坑溶洞处置范围得以有效缩短，创造经济效益约 800 万元；注浆设备成功推广在车站及隧道区间，减少钻孔量 1/4，直接节约资金 1280 万元；后期局部隧道处理节约资金 510 万元；累计直接创造价值约 2590 万元。

长距离复杂地层盾构掘进施工技术成功应用，解决了深圳地铁 14 号线清布区间、布石区间、四坳区间等盾构掘进难题，通过双模盾构模式转换节约工期 5d，创造直接经济效益约 590 万元；盾构穿越典型特殊地层的施工技术创造直接经济效益 1910 万元；实现盾构高效通过复杂地层，创造直接经济效益 1750 万元；累计直接创造价值约 4250 万元，间接价值约 9815 万元。

轨道板柔性生产智能建造技术及轨道板道床"倒铺法"施工工艺对机械设备及人员组织安排更加科学、合理、高效，不使用轨道车及平板车，全线节省 11 台轨道车（单价 139 万元/台）和 22 台平板车（25 万元/台），并且提高工效，全线铺轨各项费用合计节省约 1500 余万元。

螺旋输送机出渣式双模盾构模式转换施工技术是目前国内唯一采用中心螺旋输送机出渣的工法。该工法的应用加快了深圳地铁 14 号线布吉—石芽岭区间双模盾构的施工进度，模式转换 13d，比传统模式转换工法节约工期 7d，有效节约了工期；减少一台套盾构和 TBM 投入及工作竖井，至少减少投入 3000 万元，经济效益显著。

复杂地层中紧邻围护结构小净距盾构接收关键技术节省宝荷站—宝龙站盾构区预加固费用，节约端头加工注浆管 1896 根，水泥 1732t，水玻璃 1949t，共计省工期 40d，节省费用约 22 万元。

车辆段超大跨度变形缝后埋式止水带施工技术减少后期渗漏水维修成本约 600 万元以上，经济效果显著。

城市轨道交通装配式冷水机房施工技术按照实际尺寸进行开料，减少安装主材及辅材的消耗8％以上。经现场测算，每站人工费节省42(d)×5(人)×300(人工单价)＝63000元，现场无缝钢管、304不锈钢管节约85m，材料费节省85(数量)×630(单价)＝53550元，合计节约63000元＋53550元＝116550元。全线18个车站预计节约成本2097900元。

6　工程图片（图68～图72）

图68　深圳地铁14号线岗厦北枢纽"深圳之眼"

图69　深圳地铁14号线大运枢纽"湾区之舞"

图70　深圳地铁14号线黄木岗枢纽"鹏程之光"

图71　深圳地铁14号线铺轨施工

图72　深圳地铁14号线车站绿色清新装修风格

广州白云国际机场二号航站楼及配套设施工程

黄　健　梁　军　罗伟坤　廖志钻　肖金水　陈春光　万　蔚　郑泽乔　谢　钧

第一部分　实例基本情况表

工程名称	广州白云国际机场二号航站楼及配套设施工程		
工程地点	白云区人和镇北面与花都区南面交界处		
开工时间	2013 年 5 月	竣工时间	2018 年 2 月
工程造价	98.8 亿元		
建筑规模	约 68 万 m²		
建筑类型	钢混组合结构		
工程建设单位	广东省机场管理集团有限公司		
工程设计单位	广东省建筑设计研究院		
工程监理单位	（主）上海市建设工程监理有限公司、（成）广州珠江监理咨询集团有限公司 （原广州珠江工程建设监理有限公司）		

续表

工程施工单位	广东省建筑工程集团有限公司
项目获奖、知识产权情况	

工程类奖：
1. 2016 年获全国建筑业绿色示范工程；
2. 2017 年获第九届广东钢结构金奖"粤钢奖"（施工类）；
3. 2019 年获广东省建筑业绿色施工示范工程；
4. 2019 年获第十三届第一批中国钢结构金奖工程；
5. 2019 年获广东省优秀建筑装饰工程奖；
6. 2019 年获第十一届广东省土木学会詹天佑故乡杯奖；
7. 2019 年获广东省建筑业新技术应用示范工程；
8. 2020 年获中国建筑幕墙精品工程。

科学技术奖：
1. 2015 年获中国建设工程 BIM 大赛卓越工程项目奖一等奖；
2. 2016 年获"安装之星"全国 BIM 应用大赛二等奖；
3. 2017 年获广东省土木建筑学会科学技术奖一等奖；
4. 2019 年获广东省土木建筑学会科学技术奖一等奖；
5. 2020 年获华夏建设科学技术。

知识产权（含工法）：
发明专利：
1. 超厚混凝土空心地坪分次施工工艺；
2. 一种防直埋管道沉降拉伸的固定装置；
3. 不锈钢角码。

实用新型专利：
1. 一种适用于高大曲面外墙的挂笼式爬梯；
2. 一种直埋电缆接头绝缘防水处理装置及结构；
3. 一种接地干线扁钢冷搬弯工具；
4. 一种网架结构大板块幕墙施工吊篮支架系统；
5. 一种简易转动幕墙吊装装置；
6. 一种钢结构构件运输安装装置；
7. 一种快速安装的可调节幕墙支座；
8. 一种建筑板材用密封施工结构。

省级工法：
1. 地下管廊回填区域泡沫混凝土现浇填筑施工工法；
2. 钢混凝土组合结构双梁节点施工工法；
3. 超厚混凝土空心地坪分次施工工法；
4. 3D 激光探测型飞机泊位引导系统施工工法；
5. 超大面积高空间双曲面拼装式条形铝板吊顶施工工法；
6. 大悬挑檐口屋面可滑移工具式平台法施工工法；
7. 工厂化预制网格走线架综合安装工法；
8. 基于 BIM 建模的套管精准预理施工工法；
9. 基于 BIM 的异形结构机电综合管线安装工法；
10. 大跨度不规则多弧位防火卷帘施工工法；
11. 城市地下管廊接地系统施工工法；
12. 大跨度吊杆式横梁玻璃幕墙施工工法；
13. 应用新型泡沫支撑条及接驳结构的幕墙密封胶施工工法。

第二部分　关键创新技术名称

1. 地下管廊回填区域泡沫混凝土现浇填筑施工技术
2. 超厚空心板地坪分次施工技术
3. 钢混凝土组合结构双梁节点施工技术
4. 群塔布置与安全管控技术
5. 超大空间钢网架安装技术
6. 复杂先进行李系统区域机电管线优化与安装技术
7. 大型共建机房 MEP 预制装配式管线综合技术
8. 高大空间消防联动控制系统调试技术

9. 大空间多子系统设备管理系统 BMS 集成技术

10. 大跨度吊杆式横梁玻璃幕墙系统安装施工技术

11. 大悬挑檐口屋面可滑移工具式平台法施工技术

12. 立墙屋面挂笼法施工技术

13. 大空间吊顶高空平台安装施工技术

14. 建筑信息模型（BIM 技术）在总承包管理中的应用

第三部分 实 例 介 绍

1 工程概况

白云国际机场二号航站楼为大空间、多系统、专业系统复杂的大型机场公用建筑，综合应用了多种新技术、新工艺。按国际枢纽机场理念设计，以能满足 2020 年旅客吞吐量 4500 万人次的使用需求为目标，航站楼采用"前列式＋指廊式"的平面布局，建筑群由伸缩缝自然分成五部分，由主楼、北指廊、东西连接楼、东五东六指廊和西五西六指廊组成。

主体结构采用大跨度的钢筋混凝土框架结构，主楼及指廊屋顶采用大跨度网架结构。航站楼地上 4 层（主楼局部地方 5 层），地下 1 层；工程总建筑面积约 68m²，地下管沟面积 46567.5m²，建筑高度 43.5m；桩基础主要采用冲孔灌注桩＋预制管桩形式，主航站楼结构类型为：18m×18m 大跨度现浇钢筋混凝土宽扁梁框架结构，屋盖采用"钢网架＋桁架结构"混合结构形式，柱网跨度为（90m＋54m）×36m；指廊和连接廊结构类型为大跨度现浇钢筋混凝土宽扁梁框架结构，屋盖采用钢网架结构形式，柱网跨度为 36m×15m（图 1）。

图 1 航站楼效果图

2 工程重点与难点

（1）本工程管廊范围大，长度长，纵横交错，分布在 T2 航站楼整个范围，对施工安排和平面布置造成很大困难，加之工期紧，专业工程多，对整体平面布置和施工安排提出了新的课题。

（2）超厚空心混凝土地坪施工。本项目地坪采用了超厚空心混凝土地坪设计，降低了工程造价。地坪应用空心板设计尚属首次，国内尚无先例可以借鉴。

（3）钢混组合结构双梁节点施工。该节点施工复杂，容易出现钢筋、加强环、预应力钢绞线互相重叠、交叉及碰撞的情况，施工效率直接制约施工进度。

（4）超大面积钢网架施工。本项目钢网架面积大，施工条件复杂，拼装精度要求高，如何选择合适的施工工艺，保证工期和适量，是施工的一个难点。

（5）群塔施工数量多，管理难度大。本项目施工面积大，垂直运输量大，需要数十台塔式起重机同时配合施工，群塔作业布置难度高，安全管控难度大。

（6）曲面幕墙高空作业技术难度高。由于工期、场地、造价等方面限制，在不搭设满堂架的情况下高质量完成曲面幕墙施工是一个难题。

（7）屋面檐口铝单板造型复杂，作业面受限，工期紧，施工难度高。

（8）大空间双曲面拼装式条形铝板吊顶造型优美，施工复杂，与下部施工存在交叉作业，施工工期紧张，采用传统的满堂架或登高车不能满足本工程要求，需要采取合理可靠、安全高效的新工艺。

（9）本工程采用的世界先进的 DVC 行李系统与机电施工同步，行李系统本身施工和调试难度高，同时要和机电配合穿插施工，施工安排和工艺要求难度高；机电系统复杂，设备类型多、设备数量多、子系统多、系统规模大、数据通信距离远，管理系统集成和调试难度高；机房数量多，施工工期紧，施工场地有限，常规的施工技术难以满足施工要求；消防要求高，空间大，消防系统复杂，调试和管理要求高。

（10）本项目管理涉及的单位多，专业工程复杂，信息量大，要通过现代的信息技术提高管理效率，保证施工效果。

3 技术创新点

3.1 地下管廊回填区域泡沫混凝土现浇填筑施工技术

工艺原理：通过优化管廊侧壁施工工艺和采用泡沫混凝土回填等针对性的技术措施解决管廊侧壁混凝土渗漏问题，落实管廊施工阶段道路布置及土方回填施工部署。

技术优点：

（1）管廊施工通过采取有效的技术措施，加强质量监管，保证了管廊的整体施工效果。地下管廊施工后移交进行管线施工，仅发现少量渗水点，经过简单灌浆处理后再未发生渗漏现象，目前工程已投入使用一年多，地下管廊保持干燥状态，未发现渗漏现象，保证了内部管线的正常使用。

（2）在地下管廊施工中，通过合理分区和道路规划，有效提高了管廊施工效率；采用泡沫混凝土填筑法，减少了搭设临时通道、分层压实、浇筑混凝土垫层等工序，虽然增加了材料费用，但是压缩了工期，减少了安全隐患，简化了施工工序，管廊施工后可及时转入上部土建结构施工，有效提升了现场管控水平和管理形象，并取得了较好的经济效益和社会效益。

鉴定情况及专利情况：地下管廊回填区域泡沫混凝土现浇填筑施工技术于 2017 年 10 月 10 日经广东省住房和城乡建设厅组织专家鉴定，达到国内先进水平。获得 2017 年广东省省级工法。

3.2 超厚空心板地坪分次施工技术

工艺原理：通过采用混凝土分次浇筑，实现空心板抗浮的自平衡，工艺简单方便，避免了增加抗浮锚固钢筋等工序，节省了施工成本，获得了良好的施工效果。

技术优点：本工程空心地坪通过采用混凝土分次浇筑，实现空心板抗浮的自平衡，工艺简单方便，避免了增加抗浮锚固钢筋等工序，节省了施工成本，获得良好的施工效果，经现场实测，空心地坪上下层混凝土厚度和强度皆满足设计要求。

鉴定情况及专利情况：超厚混凝土空心地坪分次施工技术于 2017 年 10 月 10 日经广东省住房和城乡建设厅组织专家鉴定，达到国内先进水平。获得发明专利及广东省省级工法。

3.3 钢混凝土组合结构双梁节点施工技术

工艺原理：通过运用 BIM 技术，建立节点模型。对加劲肋、钢筋、预应力筋等布置进行优化，确定相互之间位置，并对模板搭设、结构部分施工（钢管柱节点、加劲肋、加强环等）、梁钢筋安装等三部分内容进行施工模拟，以确定最优施工顺序。

技术优点：

（1）通过运用 BIM 技术分析，钢管柱—钢筋混凝土搅拌组合结构节点加强环、钢筋的交叉、碰撞、重叠情况能够清晰展现，可避免施工时因情况不明造成偏差而返工的情况；可以准确安排现场施工，实现效益最大化。

（2）通过建模优化和技术交底，避免了节点施工冲突、返工等情况，每个节点减少 3～5 个工日，节省费用约 1000 元，机场项目共计 180 个节点，节省费用 18 万元，并节省了工期，保证了进度。

鉴定情况及专利情况：钢混凝土组合结构双梁节点施工技术于 2017 年 10 月 10 日经广东省住房和城乡建设厅组织专家鉴定，达到国内先进水平。获广东省省级工法。

3.4 群塔布置与安全管控技术

工艺原理：通过建立数字模型，在塔式起重机可调高度数量中进行合理的多数量群塔布置。

技术优点：通过精心布置群塔，严格制订管控措施，实现现场管理与远程监控相结合、智能管控与人工监控相结合，项目实施过程中，塔式起重机未发生任何安全事故，塔式起重机吊运平稳高效，确保了工程按期完成。

鉴定情况及专利情况：无

3.5 超大空间钢网架安装

工艺原理：针对工作面移……经过分析对比，各分区采用不同处理方案，采用了网架滑移、吊装和整……

技术优点：

（1）分块吊装法施工工艺用……辆可以直接到达的区域。具有工艺简便、施工周期短、工期灵活、质量可……

（2）滑移脚手架法施工工艺……齐的钢网架结构安装。采用此方法，结构整体受力与设计意图保持一致……

（3）整体提升法施工工艺适……达到的区域，施工效率高，避免了高空拼装作业，对材料吊运设备要求……结构，安全可靠，质量容易得到保证。

鉴定情况及专利情况：发明……装置"。

3.6 复杂先进行李系统区域……

工艺原理：电与行李系统分别……最优施工顺序，利用 BIM 进行行李分拣系统与机电管线模型三维优化，……少了高空大面积交叉作业问题。

技术优点：

（1）原图纸设计的机电管线与行……，经优化并现场实施后仅有 10 多处的碰撞，这样机电施工可以提前合理介……叉作业问题；优化管线排布方案，利用优化后的管线排布方案进行施工交底……，减少材料和人工损耗，节约成本。

（2）本项目通过信息技术，对……安排、穿插施工，保证了工程施工进度，避免了因为碰撞、工序矛盾导致……行李系统和其他区域的机电施工，为工程的按期顺利竣工提供了保障。

鉴定情况及专利情况：无。

3.7 大型共建机房 MEP 预制装……

工艺原理：通过对制冷主机房模……能有效解决大型机房施工工期紧张、材料损耗严重、加工场地制约、工……

技术优点：无论在工期、经济效益……好效果。除此之外，我们还形成了一套全面完善的同类工程成套施工技术，填补了安装技术空白，为往后同类工程提供了宝贵经验。

鉴定情况及专利情况：发明专利"一种防直埋管道沉降拉伸的固定装置""不锈钢角码""一种直埋电缆接头绝缘防水处理装置及结构""一种接地干线扁钢冷搣弯工具"。

3.8 高大空间消防联动控制系统调试技术

工艺原理：从方案策略性选择、解决技术性问题、完善功能三个方面进行深化，优化遵循机电系统符合性、经济性和高效性原则，并用 BIM 解决各专业间的设备和管线碰撞问题，达到方案可视化和设计成果优化。

技术优点：通过方案策略性选择，解决技术性问题，完善功能，围绕调试核心等对高大空间消防联动控制系统进行优化，令系统既符合规范要求，又技术先进可行且经济适用；运用了清单化管理的方法，详细且具体地列出点表和逻辑关系表，令"多""大""广"的工程趋向简单，固化动态变化的施工现场，便于编制控制程序。

鉴定情况及专利情况：无。

3.9 大空间多子系统设备管理系统 BMS 集成技术

工艺原理：针对项目特点，对集成系统进行了系统分析和归类整理，将集成重点分解为网络集成、功能集成、软件集成和操作界面集成等四个主要方面，明确各类集成的关键技术和目标，再通过整体调试测试和改进集成效果，确保集成质量目标。

技术优点：对系统集成繁多、集成要求高、联动调试难度大的问题进行了技术攻关，按照系统类型、集成内容、集成要求等进行了科学合理的分析分类，明确集成指标和技术要求，通过联动调试取得了满意的效果，确保满足了 T2 航站楼系统运行的要求。

鉴定情况及专利情况：无。

3.10 大跨度吊杆式横梁玻璃幕墙系统安装施工技术

工艺原理：通过对幕墙起吊装置与提升系统的研究，解决大跨度吊杆式横梁玻璃幕墙大横梁、大玻璃垂直运输与安装的关键技术难点。

技术优点：该技术实现了高空安装作业，安全、可靠、实用，提高了工效，节省了工期，避免了满堂架搭设作业，为地面装修施工保留了工作面，保证了整体工期，效益明显。

鉴定情况及专利情况：发明专利"一种网架结构大板块幕墙施工吊篮支架系统""一种简易转动幕墙吊装装置""一种快速安装的可调节幕墙支座"。

3.11 大悬挑檐口屋面可滑移工具式平台法施工技术

工艺原理：在无法搭设满堂脚手架施工，下方无工作面的情况下，自主研发一种钢网架悬挑檐口滑移式平台，为类似工程提供一种新的简便施工方法。

技术优点：通过采用滑移式平台组织施工，解决了檐口系统无施工工作面的难题，保证了施工安全，实现了目标节点工期，为下一步的施工工作打下了坚实的基础。

鉴定情况及专利情况：大悬挑檐口屋面可滑移工具式平台法施工技术于 2018 年 9 月 27 日经广东省住房和城乡建设厅组织专家鉴定，达到国内先进水平。获得省级工法"大悬挑檐口屋面可滑移工具式平台法施工工法"，发明专利"一种建筑板材用密封施工结构"。

3.12 立墙屋面挂笼法施工技术

工艺原理：采用在立墙弯弧侧边距 800mm 处架设两榀落地护笼爬梯与上部网架结构连接固定，以爬梯上人的形式作为立墙屋面构造层铺装施工安全防护措施，其操作简便、效率高，满足现场施工需求。

因屋面构造层材料较轻、最重不大于 30kg（檩条），其吊装输送采取在立墙顶部已完成的钢网架结构上设置捯链、滑轮组吊点（设置在护笼爬梯侧边，随屋面板由南向北安装推进转移），然后由站在地面上的工人通过牵引直径 16mm 尼龙绳将材料拉升至安装标高部位。

技术优点：突破了常规的施工工艺，有效解决了屋顶曲面竖墙的施工难题，该工艺安全可靠，施工工效高，避免了满堂架的搭设，节省了施工成本，在计划工期内完成了施工任务，并一次通过验收。

鉴定情况及专利情况：发明专利"一种适用于高大曲面外墙的挂笼式爬梯"。

3.13 超大面积高空双曲面拼装式条形铝板吊顶施工技术

工艺原理：在钢结构网架下弦杆上挂设安全网形成操作平台，施工人员在操作平台上进行反吊施工，每段吊顶分解成若干个单元，每个单元在地面完成拼装后进行反吊顶安装。

技术优点：

（1）通过采用超大面积高空间双曲面拼装式条形铝板吊顶施工技术，解决了大部分顶棚吊顶下方无工作面搭设脚手架、搭设脚手架施工周期长、存在大量二次运输、占用工作面大、搭设及拆除费工费时、成本高且影响吊顶下方其他专业施工进度等难题。

（2）该技术对地面、墙面等其他专业施工影响相对较小，能够满足工程立体式交叉施工，实现效益最大化，大幅度缩短工期，在项目应用效果显著，顶棚施工效果达到了设计要求，得到业主的高度评价。

鉴定情况及专利情况：超大面积高空间双曲面拼装式条形铝板吊顶施工技术于 2018 年 9 月 27 日经广东省住房和城乡建设厅组织专家鉴定，达到国内先进水平。获省级工法"超大面积高空间双曲面拼装式条形铝板吊顶施工工法"。

3.14　建筑信息模型（BIM 技术）在总承包管理中的应用

工艺原理：利用 BIM 模型对管理人员、施工人员进行可视化交底，了解项目的主要情况，减少看图的工作量。

对工程复杂部位、重要结构节点等进行建模，进行直观准确的技术交底，加深对图纸的理解，指导现场放线、装模等施工工序，避免和减少失误。

对关键工序、重要工序的施工过程在模型中分步表达，对施工工序进行模拟，对管理人员和操作人员通过可视化交底，指导现场施工，避免施工失误，保证施工质量。

技术优点：BIM 技术的成功应用可以有效提升管理效率，尤其是项目管理中总平布置、工序搭接、场地管理、进度管控等管理难点，用静态模型实现动态管理的目标，为项目的顺利推进提供强大助力。

鉴定情况及专利情况：无。

4　工程主要关键技术

4.1　地下管廊施工技术

4.1.1　概述

与普通建筑物的地下室结构不同，T2 航站楼地下工程为纵横交错的管廊，用于布置电气、空调、给水排水以及行李系统等管线。本工程管廊位于负一层，电气、空调、给水排水管廊标高为－4.400m，行李系统管廊标高为－4.800m 及－5.300m。管廊总长度达 6500m，宽度 4～26m，高度 4.8m。由于使用及工程质量要求高，不允许出现不均匀沉陷及结构裂缝和渗透现象。

布置设备管线的航站楼地下管廊总长度达 6.5km，伸缩裂缝的控制是施工难点。通过优化跳仓法施工技术，合理设置施工缝，缩短工期 45d，结构无渗漏。

4.1.2　关键技术

4.1.2.1　施工工艺流程（图 2）

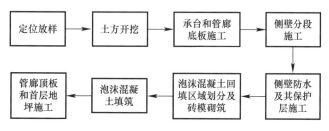

图 2　地下管廊施工工艺流程

4.1.2.2　管廊侧壁防渗漏

施工过程中，通过优化混凝土配比，降低水化热，采用低水化热水泥配置混凝土；优化墙身钢筋网布置，水平筋靠外布设，减小钢筋直径，加密钢筋间距，预应力筋沿墙身外侧钢筋布置，增加墙身抗裂性能；控制侧墙施工长度，尽量在转角位留设施工缝；墙身木模在混凝土浇筑前淋水湿润，混凝土初凝后松开墙体模板的对拉螺栓令模板松动但是暂不拆模，在侧墙上用开了小孔的水管不间断通水养护；施工完成后，采用挤塑板及时铺贴保护防水层等施工工艺优化，以避免管廊侧壁混凝土可能发生渗漏的情况。

4.1.2.3 管廊泡沫混凝土回填施工

我司综合考虑施工情况后，采用泡沫混凝土回填的方式以避免管廊施工后由于管廊阻隔造成的栈桥搭设、车辆运输等问题，可节省施工成本、管理费用及极大程度地缩短施工工期，整体效益较为明显。

泡沫混凝土回填区主要集中在管廊与管廊之间的地坪下，地坪处的地梁截面大、高度大（1300mm），地梁之间的土方回填不便利，采用泡沫混凝土回填工效高，效果较好。泡沫混凝土回填施工内容：泡沫混凝土配合比设计→泡沫混凝土拌制→填筑区分块分层浇筑→养护（图3）。

(a) 垫层施工   (b) 地坪肋梁钢筋施工

(c) 砖胎膜施工   (d) 泡沫混凝土浇筑

图3 管廊泡沫混凝土回填施工示意图

4.2 超厚空心板地坪分次施工技术

4.2.1 概述

本工程空心板设置在首层，面积为33079.87m²。现浇混凝土空心楼板是采用轻质填充体为内模，永久填埋于现浇混凝土楼板中，置换部分混凝土以形成达到减轻结构自重目的的楼板类型。轻质填充体采用以模具压制成型的聚苯泡沫。

4.2.2 关键技术

4.2.2.1 施工工艺流程（图4）

4.2.2.2 砖模及垫层施工

砖模主要用于地坪高低界面位置的侧模，要求定位准确、垂直。垫层是底板钢筋的工作面，要求标高准确，面层平整干净。

4.2.2.3 底板及肋梁钢筋绑扎安装

按设计图，依主梁、肋梁、底板的顺序安装绑扎钢筋。绑扎箍筋时，应确保箍筋与纵向受力筋垂直。绑扎钢筋时，肋梁钢筋的准确定位是施工的关键，应控制肋梁网格不移位，确保网格尺寸，以方便后续空心内模的安放。绑扎完毕后，按每米设两个垫块保证钢筋保护层满足要求。

4.2.2.4 浇筑底板混凝土

严格控制混凝土的浇筑量，混凝土面标高与内模底面标高相等。在高低差的空心板交界处设置收口网。在混凝土浇筑前，要将垫层、砖模浇水湿透，混凝土浇筑宜采用泵送。浇筑沿楼板跨度方向从一侧依次进行。振动棒沿肋梁位置顺浇筑方向依次振捣，振捣的同时观察空心箱模四周，直至不再有气泡冒出。振动棒应避免直接触碰空心箱模。振动时间应较普通楼板适当延长，确保混凝土密实。

4.2.2.5 内模安装及预压

浇筑完毕后，按照布箱图，在每个肋梁空格内依次摆放，放置平整，前后左右对齐、对正。并在终凝前对混凝土进行预压，控制预压力度，以内模边缘混凝土不向外凸出为限。内模安放后，应注意成品保护，避免人员频繁踩踏、破坏。破损的箱模，应在绑扎上部钢筋时及时更换。

4.2.2.6 面板钢筋绑扎安装

空心箱模安放完成后，即可开始绑扎楼板上部钢筋。此时，肋梁上部钢筋已绑扎完成，只剩下肋梁中间的楼板上部钢筋。楼板上部钢筋应与肋梁上部钢筋位于同一层，并与肋梁钢筋绑扎牢固。为保证抗浮点有效，楼板上部钢筋要压在肋梁上部钢筋下，否则应单独设置上部钢筋抗浮点与下层钢筋抗浮点对应连接。

楼板上部钢筋绑扎完毕后，在每个空心箱模顶和楼板上部钢筋之间加设垫块，压住箱模，并保证箱模上部混凝土厚度。如果成品内模已设置隔离筋，则可不用再增加垫块。

4.2.2.7 混凝土浇筑养护

在混凝土浇筑后，及时对混凝土进行养护，优先采用薄膜覆盖养护。养护时间不少于7d（图5）。

右侧流程图：

砖模及垫层施工 → 底板及肋梁钢筋绑扎安装 → 浇筑底板混凝土 → 内模安装及预压 → 面板钢筋绑扎安装 → 混凝土浇筑养护

图4 超厚空心板地坪分次施工工艺流程

(a) 钢筋绑扎

(b) 第一次浇筑

(c) 内模安装

(d) 完成浇筑

图5 浇筑流程示意图

4.3　钢混凝土组合结构双梁节点施工技术

4.3.1　概述

本项目钢管柱与混凝土梁板的节点采用了双梁节点形式，该节点受力合理，结构承载力好，稳定性强，但是节点处理较为复杂，增加了多处加劲肋，梁钢筋、板钢筋、预应力钢筋、预应力锚板等都在此处集中，加之双梁之间空间狭窄，施工难度较大，需利用BIM技术解决该项技术难题。

4.3.2　关键技术

4.3.2.1　施工工艺流程

钢管柱（工厂加工）吊装→梁板支撑架搭设→梁底模板安装→柱帽钢筋安装→双梁钢筋（梁预应力筋）安装→侧模和板模安装→板钢筋和预应力筋安装→混凝土浇筑。

4.3.2.2　建立双梁节点模型

双梁节点主要包括钢管柱、加强环、柱帽钢筋、梁钢筋、箍筋、预应力筋等，通过BIM建模施工图纸，建立三维模型。按照钢管柱→钢管柱上设置加强环（细化至钢筋预留孔）→在加强环上布置柱帽钢筋→在柱帽上穿插梁钢筋→安装箍筋→放置预应力钢筋，即可形成完整的3D模型。

4.3.2.3　节点分析、优化

通过分析各节点加强环、柱帽钢筋、梁钢筋、箍筋、预应力筋布设情况，着重检查梁纵筋与加强环、柱帽箍筋与加强环、预应力筋预留洞位置，查看是否出现碰撞、交叉、重叠等情况。然后根据现场施工情况和规范要求，技术人员针对节点分析的情况以及现场施工条件，提出优化建议，重点是钢筋位置、钢筋形状、与肋板连接方式、箍筋做法等，提供给建设单位（或设计院），由设计院进行节点的结构优化，完成设计变更（图6）。

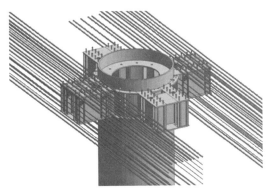

(a) 确定主梁钢筋与加劲肋相对位置合理

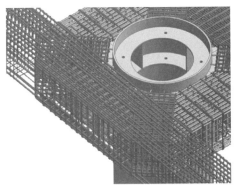

(b) 调整锚钉位置，确保主梁钢筋贯通

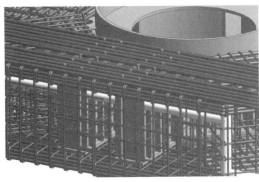

(c) 预应力筋位置

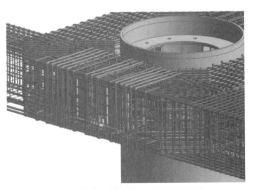

(d) 节点箍筋无法全箍，采用双U形箍

图6　BIM技术优化方案示意图

4.3.2.4　确定施工方案

由于钢筋众多，重点是模板安装的顺序和位置。通过节点模拟，确定了梁底模和跨中一侧侧模先安装，梁钢筋和预应力筋施工基本完成后在进行节点位置侧模和梁中另一侧侧模的安装，以保证钢筋工程的施工。对应的侧模顶架也要作一定的调整，顶架第一次搭设高度不得影响梁钢筋施工。按照以上原则，确定施工方案，明确施工工序；技术人员在施工前应对施工班组落实技术交底，以避免野蛮施工，减少施工偏差，降低返工率。

4.3.2.5 节点施工

节点施工流程：钢管柱安装及混凝土芯浇筑→模板支架搭设→节点、梁底模板安装→节点柱帽钢筋绑扎→梁钢筋绑扎→梁侧模及板模安装→板钢筋和预应力钢筋安装→浇筑混凝土。

4.4 群塔布置与安全管控技术

4.4.1 概述

整个项目由于施工面积大，工期紧，为满足垂直运输需要，结构施工期间布置了大量大型施工机械，错综复杂的施工环境给材料运输和安全管理带来极大的不利。经过科学分析，建立模型，在有限的自由高度范围内实现了群塔的安全合理布置，通过信息化技术实现安全管控。

4.4.2 关键技术

4.4.2.1 施工总体部署

将群塔布置模型简化为线性布置、矩形布置、梅花形布置三种方式，该三种方式可以通过组合，满足不同工程施工的需要。

4.4.2.2 线性布置

这种方式较为简单，每台塔式起重机与相邻不多于两台塔式起重机交叉布置，形成运输链，该方式用两个可调高度即可满足布置要求，当建筑物宽度不超过一个塔式起重机覆盖范围时可采用本形式，如图7所示（A、B、C分别表示三个可调高度，下同）。

4.4.2.3 矩形布置

该方式适用于常见的矩形建筑，这种布置相邻塔式起重机交叉，对角分离，群塔布置原则上用两个可调高度即可满足布置要求，但是转运效率稍低，且存在少量盲区，适用于垂直运输量一般的区域（图8）。

4.4.2.4 梅花形布置

本方法是在矩阵式布置上加以改进，在中心增加一台塔式起重机与周边塔式起重机交叉，形成多个转运线路，转运效率高，实现塔式起重机无盲区覆盖，适用于运输量较大的区域。这种布置原则上用三个可调高度即可，一般要求位于中心的塔式起重机运力较大，且高度最高，以便于安全管理（图9）。

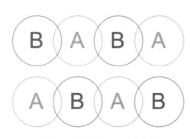　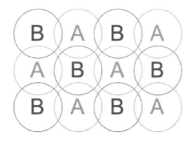　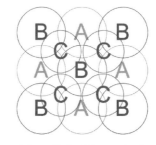

图7　线性布置示意图　　　图8　矩形布置示意图　　　图9　梅花形布置示意图

通过这三种模型组合，可以在三个可调高度内完成群塔布置，满足规范安全要求和施工运输需要。该方式也适用于其他类似的大型公用建筑项目（图10）。

4.5 超大空间钢网架安装技术

4.5.1 概述

本项目主楼钢网架总面积约18万 m^2，覆盖面积长560m，宽315m，两条南北向伸缩缝，该区域是

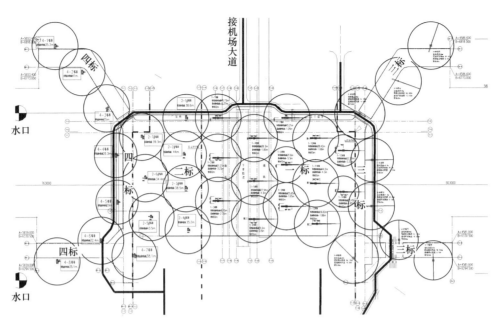

图 10　调整后的塔式起重机总平面图

整个工程钢结构施工最核心、最复杂的范围（图 11）。对于超大面积钢网架结构施工而言，区域的划分和施工方法的选择是一个反复比选、调整的过程，有主动的自我修正，也有被动的应对调整。

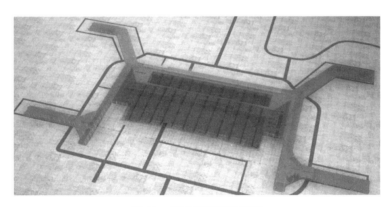

图 11　钢网架范围示意图

4.5.2　关键技术

4.5.2.1　施工总体部署

本工程钢屋盖面积大，且采用带局部加强层双层焊接球节点网架，现场拼装工作量巨大，且受场地条件、下部结构平面布置及起重机行走路线的限制，无法采用单一的网架施工方法。因此，迫切需要研究如此超大规模、复杂环境下焊接球节点网架的施工关键技术，尤其是提高施工效率，保证施工质量，协调总体进度，降低无谓消耗。

针对工作面的移交顺序和施工的合理性，最终确定了"分阶段施工、分区流水作业、多种安装方法相结合"的总体施工思路，按照先两翼后中间的施工顺序分区施工。考虑到土建专业移交工作面的时间、各区域结构特点及场地条件情况，尽量依据原有结构伸缩缝划分分区单元，现场采用分区处理方案，将钢网架划分为 16 区进行施工，如图 12 所示。受地下空间结构与管线影响的中间段区域划分单独的施工分区，以保证不影响两侧结构先行施工并移交后道工序。

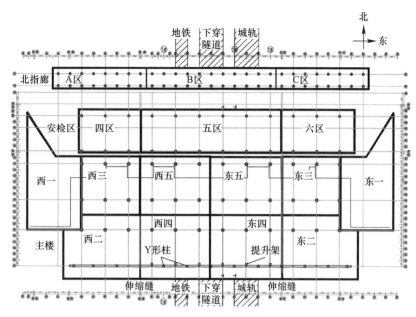

图12　钢网架结构分区图

4.5.2.2　滑移脚手架施工技术

在北指廊 C 区钢网架施工中，运用滑移平台施工工艺。滑移平台法施工方法是在滑移法的基础上，具体化后的一种施工方法。拼装脚手架滑移而结构本身在原位逐块高空拼装到位，结构无须移动。此方法的关键在于将滑移法进行改进，通过自制的滑轮，成功地减小了滑移过程中的阻力，也减小了滑移脚手架在滑移过程中的内力，减少了不可控因素，使得滑移过程更易于控制，避免不必要的危险发生。

滑移脚手架布置见图13、图14。

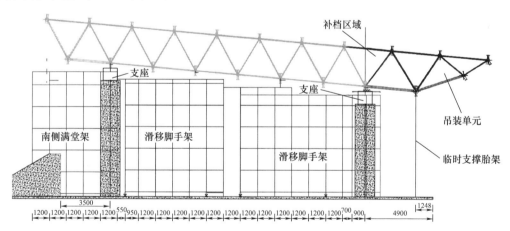

图13　滑移脚手架立面示意图

滑移平台法施工流程：按图纸坐标放线定位轨道边线→安装、固定型钢轨道→放置滚轮→钢管脚手架搭设→脚手架试滑移→脚手架加固、固定→拼装单元网架→单元网架质量检查验收→脚手架滑移→进入下一个单元→直到整个网架安装完成（图15～图17）。

4.5.2.3　钢屋盖整体提升及监测技术

网架整体提升是用提升器进行，首先应在柱顶（包括混凝土柱顶和钢管柱柱顶）和提升胎架顶安装提升塔架，然后在提升塔架上安装提升器。提升器通过提升吊索与网架相连，吊索通过临时杆、临时球与网架相连。

所有杆件、构件全部安装完成后，应首先进行预提升，预提升确认没有问题时，再进行正式提升。正式提升应每上升一段距离，对各吊点行程进行检测，然后对各吊点进行调平，使各吊点的行程控制

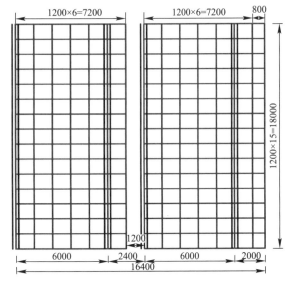

图 14　滑移脚手架平面示意图

图 15　脚手架滑移图（一）

图 16　脚手架滑移图（二）

图 17　脚手架与滚轮连接节点图

图 18　计算模型示意图

在允许范围内，以防止各吊点因位移不同步过大而发生事故（图 18～图 20）。

由于无法利用南侧 Y 形柱作为提升支架，在南侧 T～A 轴线（即 Y 形柱轴线）偏内 3m 位置设四肢格构式型钢支撑胎架，下部截面 3m×3m，网架拼装位置上部截面为 1.5m×1.5m，提升支架底部通过预埋件或膨胀螺栓与首层混凝土结构联结固定（图 21、图 22）。

图 19　典型节点的提升架示意图（一）

图 20　典型节点的提升架示意图（二）

图 21 南侧提升支架

分块提升时，往往存在多个提升吊点。提升的理想状态是全部的提升点在整个提升过程中都能保持速度相同，同时启动，同时静止，这与软件模拟计算及原设计结构状态是最接近的。但由于提升设备油路、钢绞线、控制系统等多方因素制约，现阶段的液压同步提升施工技术难以做到100%的绝对同步，需要在提升过程中监测，调整同步偏差，将提升的不同步性控制在合理范围内（图23～图25）。

图 22 临时杆及临时球节点

4.5.2.4 关节轴承连接的Y形柱安装技术（图26）

1. 安装准备

上下耳板安装前，在地面进行关节轴承安装。关节轴承安装在耳板上的孔内，并用盖板进行焊接固定，固定完成后，检测轴承旋转是否流畅，需要进行360°旋转测试，达到要求后再进行耳板安装（图27）。

图 23 网架提升前

图 24 网架提升过程

图 25　网架提升完成

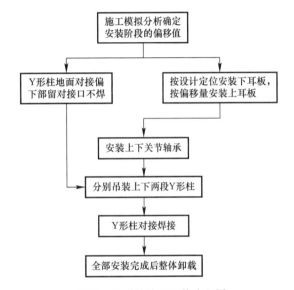

图 26　Y形柱施工工艺流程图

图 27　关节轴承地面安装图

用于固定和定位 Y 形钢管柱的耳板分上下两块，下耳板安装在混凝土柱上，上耳板安装在加强网架下方。按设计定位将下耳板安装在指定的混凝土柱上，上耳板按计算偏移量安装在加强网架下方（图 28）。

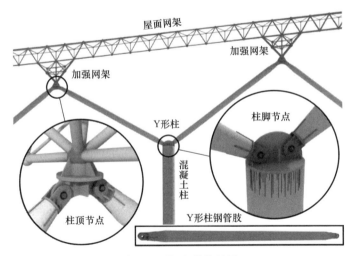

图 28　耳板安装位置图

2. 下部锥管段吊装

对 Y 形钢管柱安装角度进行计算确定，下部锥管段吊起离地后，利用捯链进行角度调节，达到指定角度后进行吊装。吊装时，将吊起的锥管段引导至耳板连接处，使耳板孔洞与锥管段空洞重合，再使用测量仪器进行角度测量，微调角度，角度确认无误后，将销轴放入空洞内。锥管端口按照设计坐标测量定位。下部锥管安装后，通过临时措施（角钢等）固定在下方柱头预埋件上。对接口焊缝处搭设高空操作平台，起重机脱钩并进行复测，无误后进行上部钢管柱吊装（图29）。

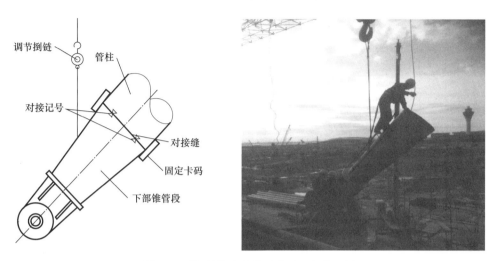

图 29　下部锥管段安装示意及现场施工图

3. 上部钢管柱吊装

　　吊装前确定角度，起吊钢管柱离地后进行角度调节，这时角度要偏小，使钢管柱下部高度高于对接缝设计高度。吊装时，钢管柱上部首先与上耳板使用销轴连接，完成后调节捯链，使钢管柱下部缓慢沉降到对接缝处。达到对接位置后，先确定预留的对接点是否重合，确认重合后使用全站仪进行测量，确认误差。再微调至指定位置（图30）。

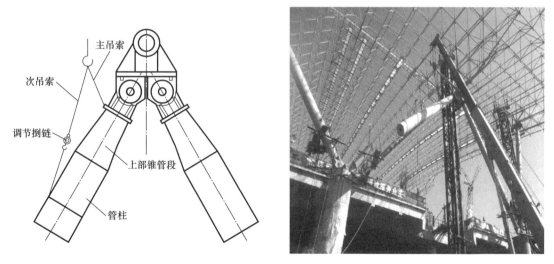

图 30　上部钢管柱吊装示意及现场施工图

4. 钢管柱对接

　　上部钢管柱就位后，先不进行脱钩，保持吊装状态。焊工采取好安全措施，于之前搭设的作业平台处进行焊接作业。焊接完成后，先对焊缝进行超声波无损探测，检验合格后，对起重机进行脱钩，并再次进行复测，将所有测量数据进行记录。对接完成后，对屋盖进行整体卸载，并进行为期一周的实时测量，记录好测量数据，与之前数据进行比对分析（图31、图32）。

图 31　Y 形钢管柱高空对接

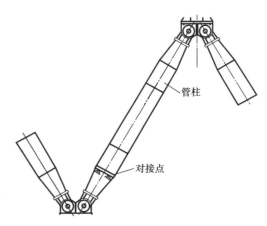

图 32　管柱对接完成图

4.5.2.5　局部带加强肋钢网架拼装技术

加强肋网架由四层焊接球和弦杆以及三层腹杆组成，宽 9m，高约 6m，曲线造型，拼装难度较其他普通网架大大增加。拼装方法主要为：在航站楼东西区两侧沿带加强肋网架轴线（即设计位置正下方）布设下部拼装胎架拼装下部网架，再在楼面小拼上部网架，同时立胎架组装，最后补档完成。将加强肋网架分解为三部分：上部网架、下部倒三角网架以及中间补档杆件（图 33）。

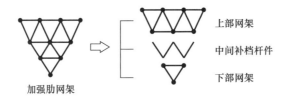

图 33　加强肋网架分解示意图

加强肋网架先在设计位置拼装下部倒三角网架，先安装下弦球和下弦杆，然后安装中弦球和下腹杆；再在地面拼装上部网架，先拼装中弦球和中弦杆，然后拼装上弦球和上弦腹杆；其次在网架设计位置布设加强肋上部网架胎架，然后吊装已拼好的上部网架；最后补档中弦腹杆，完成加强肋网架拼装，边安装边测量定位及时纠正拼装误差。

4.6　复杂先进行李系统区域机电管线优化与安装技术

4.6.1　概述

广州白云机场二号航站楼的行李处理系统将在国内首次采用全 DCV 系统处理旅客托运行李，T2 航站楼行李处理系统包括值机、分拣、输送机、早到行李储存等子系统，涵盖机场出发、中转、到达三大操作区域，设备总长 26km。为提供更强大的国际中转枢纽功能，本系统将建设 4000 件存储能力的货架式早到行李存储系统，将是国内最大的早到行李处理系统，满足 4500 万年客流量及国际级枢纽的服务需求。

行李分拣系统面积约占 6 万多平方米，主要集中在一楼行李分拣区，区域建筑层高 11m，该区域分布大量的网架、马道、风管、水管、电气线管、桥架、母线、弱电管线、监控设备、机电设备、消防设备等，分拣系统与机电交叉碰撞的情况非常普遍。

4.6.2　关键技术

4.6.2.1　设计施工流程（图 34）

4.6.2.2　机电与行李双模型组合优化机电管线综合工艺

BIM 最直观的特点在于三维可视化，因此利用 BIM 的三维技术可以直观地进行管线碰撞检查，优化管线排布方案，减少在施工过程中可能存在的错误、损失和返工（图 35）。

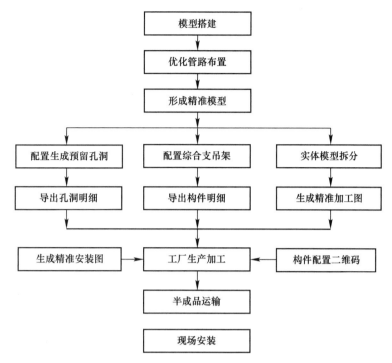

图 34 复杂先进行李系统区域机电管线优化与安装技术设计施工流程

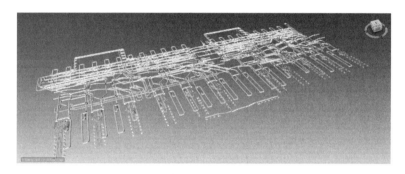

图 35 行李分拣系统及设备安装整体示意图

在施工前期，利用 BIM 综合布置技术，将原设计图纸中的各项数据、参数汇总进行建模，转化成可视化的 BIM 模型。将平面图转化成三维模型后，可以快速找到管线交叉部位，并在施工前对该部分进行"预处理"，优化管线排布，避免了施工过程中的交叉拆改等问题。

将建筑、结构以及机电等专业的模型进行链接叠加，利用 Navisworks 软件进行碰撞检测，生成碰撞报告，根据碰撞报告快速调整管道排布（图 36）。

图 36 碰撞报告

经过大量的模型优化工作后，可形成无碰撞的 BIM 模型，如图 37 所示。

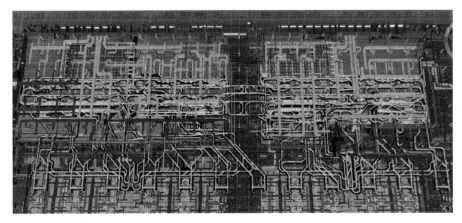

图 37　模型整体效果图

4.7　大型共建机房 MEP 预制装配式管线综合技术

4.7.1　概述

目前，模块化装配式安装是建筑行业新技术，也是行业的发展趋势。这项技术就是数字化建造技术的组成部分，通过采用"基于 BIM 的机电工程数字化建造技术"将 BIM 技术与数字化建造相互结合，通过数据共享，将数据导入加工设备，进行大面积的自动化生产配置，将预制加工品运输至施工现场快速装配的一种新技术。

通过对广州白云国际机场二号航站楼制冷主机房模块化装配式安装的研究和实践，能有效解决大型机房施工工期紧张、材料损耗严重、加工场地受限、工艺要求高等难题，形成一套完整的大型制冷机房 MEP 预制装配式安装技术以及相关工法。

4.7.2　关键技术

4.7.2.1　施工工艺流程（图 38）

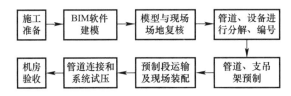

图 38　大型共建机房 MEP 预制装配式管线综合技术施工工艺流程

4.7.2.2　BIM 软件精准建模

BIM 团队以施工图纸为基础，复核机房现场实际尺寸，以确保建模真实有效，减少误差。从机房轴位、结构、间隔、层高、各路系统安装点位入手，一一对关键部位和尺寸进行定位和标注。另外，从施工安装便利、减少管路水阻及经济性等方面进行考虑，将原图管路、水泵等设备进行重新布局优化，以达到指导现场施工为目标，BIM 设计深度达到高精度的 LCD500，既满足各项使用参数的要求，又达到整齐美观、系统清晰的效果（图 39）。

4.7.2.3　模型与施工场地复核

BIM 团队利用具有快速测量、高精度性能的 RTS 型机器人全站仪对建筑及结构进行全方位精准扫描与复核，将现场信息反馈至 BIM 模型内，实现设计数据到测量定位数据的转化，通过机器人全站仪与 BIM 模型的无缝衔接，消除施工误差（图 40）。

4.7.2.4　二维码配合装配式安装技术

无成功的案例可供参照，机房的体量大，装配的工作量大，模块化装配的关键是各个模块的有序拼装。

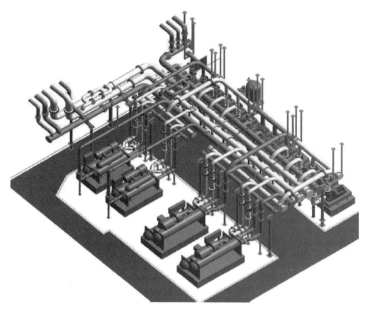

图 39　制冷机房模型

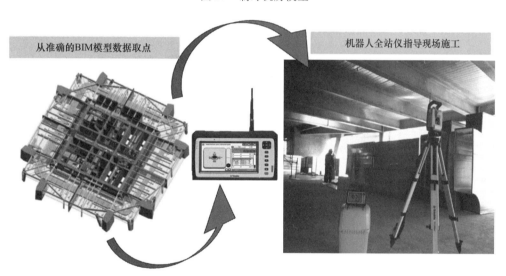

图 40　模型指导机器人全站仪施工

通过二维码技术，实现模型模块信息化管理，确保信息化管理的准确性以及全面性，为后期运行维护以及实现楼宇自控、能源信息化管理提供有利条件。对制冷机房管道、阀门进行二维码编制，录入物业运维信息资料，并建立数据库（图 41）。

4.8　高大空间消防联动控制系统调试技术

4.8.1　概述

二号航站楼消防要求等级高，消防系统多而复杂，包括了火灾自动报警系统、红外对射、大空间水炮灭火系统、空气采样烟雾探测报警系统（管路采样式吸气火灾自动报警系统）、安防视频监控系统、气动排烟窗控制系统、自动喷水灭火系统、消防水（消火栓）系统、防排烟系统、电气火灾监控系统、消防电源监控系统、防火门监控系统、应急广播系统、应急照明系统、电动门与门禁系统、智能疏散照明系统、电动防火卷帘等，并要求以上系统联动控制，以确保火

图 41　二维码在本项目的应用

灾发生时满足公共安全需要。本课题研究的重点是消防系统和联动系统的优化。

4.8.2 关键技术

4.8.2.1 调试工艺流程（图42）

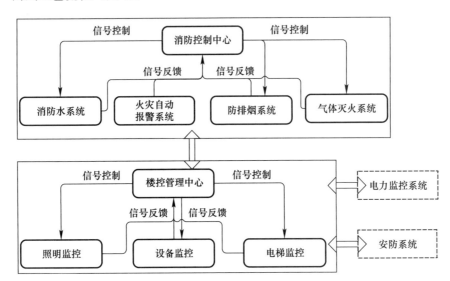

图42 高大空间消防联动控制系统调试工艺流程

4.8.2.2 消防联动控制系统优化工艺

二号航站楼消防联动控制系统采用控制中心报警系统，采取分区管理、集中控制的监控模式。航站楼消防总控中心设于主楼首层西南区，另在东五、东六、西五、西六指廊的连廊及主楼东南区首层分设5个消防分控中心（图43）。

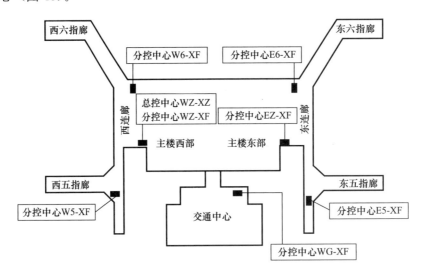

图43 各消防控制中心分布图

各消防分控室的互联互通解决方案：火灾报警控制器支持以太网网络技术，可以实现跨区域的远程联网管理。消防总控中心火灾报警控制器与各分控中心报警控制器通过高速网络接口采用单模光纤组成环状网络，总控中心火灾报警控制器和各分控中心报警控制器均为该网络的独立节点，各分控中心的图文显示器可互相传输、显示状态信息，但不互相控制。分控中心报警控制器输出的报警/控制回路采用二总线制环形连接方式。

4.9 大空间多子系统设备管理系统 BMS 集成技术

4.9.1 概述

本项目设备管理系统主要对二号航站楼的空调、给水排水、照明、电梯、扶梯、步道等机电设备进行监控和管理，并可进一步通过集成实现与能效管理系统、航班信息的联动控制，提升航站楼的管理水平。设备管理系统主要包括 22 个子系统。

建筑设备集成管理系统将二号航站楼的建筑设备监控系统、冷源群控系统、智能照明控制系统、各专用设备监控系统等以交换式以太网组网进行中央集成，生成建筑运行管理所需要的综合数据库，从而对所有全局事件进行集中管理，并实现各子系统之间的信息共享和集中的设备监控、报警管理和联动控制功能。本系统数据库应能与能效管理数据库进行数据交换；系统由服务器、工作站及应用管理软件、数据库软件等组成。

4.9.2 关键技术

4.9.2.1 总体施工部署

本项目系统集成内容多，信息量大，调试复杂。我们针对项目特点，对集成系统进行了系统分析和归类整理，将集成重点分解为网络集成、功能集成、软件集成和操作界面集成四个主要方面，明确各类集成的关键技术和目标，再通过整体调试测试和改进集成效果，确保集成质量目标（图 44）。

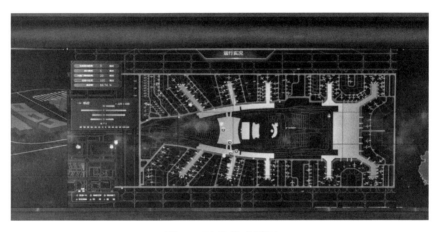

图 44 BMS 集成平面

4.9.2.2 网络集成

将各系统服务器、工作站等管理层设备以交换式以太网组网（设备管理网），以标准 TCP/IP 协议互相通信。

4.9.2.3 功能集成

该项工作是集成的关键和重点，系统将整个航站楼监控及管理所需要的重要信息进行综合处理，生成航站楼运行管理所需要的综合数据库，从而对所有全局事件进行集中管理。因此，应实现在管理计算机上，可以得到各子系统有关的数据，并关联到航站楼正常运行、重要的报警信息汇集上来，得到统一的管理，定期输出设备运行及管理的各类报表，为航站楼设备的正常、经济运行提供可靠、完整的依据。同时，将所有子系统之间需要共享的数据收集上来，存储到统一的开放式数据库当中，实现各子系统之间的信息共享和集中的设备监控、报警管理和联动控制功能。各系统之间的联动控制功能是重点。

4.9.2.4 软件集成

系统必须支持开放的数据库，支持 BACnet、LonWorks、MODBUS、SNMP 等各系统使用的常用标准协议，以及 Active X、ODBC、DDE 和 OPC 等标准的数据交换/通信技术，能方便地实现不同系统之间的数据交换和实时监控。

4.9.2.5 操作界面集成

这项工作是要针对使用者的，要求操作界面统一，可操作性强。系统内所有的服务器及操作站均要求采用 Windows 操作系统，要求集成系统采用统一的分层次、菜单式彩色图形界面，为不同部门及操作人员提供不同的操作界面及操作权限（图 45）。

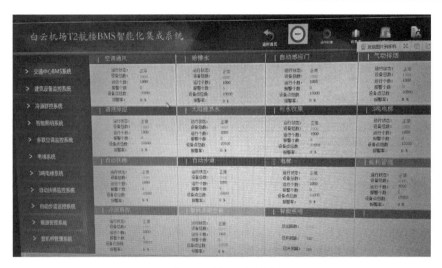

图 45　系统集成界面

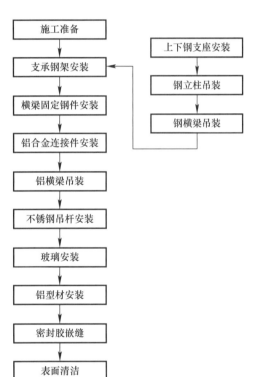

图 46　大跨度吊杆式横梁玻璃幕墙
系统安装工艺流程

4.10　大跨度吊杆式横梁玻璃幕墙系统安装施工技术

4.10.1　概述

二号航站楼主楼、北指廊、东五东六西五西六指廊及相关连廊的幕墙工程主要采用横明竖隐玻璃幕墙系统＋铝板幕墙形式。玻璃幕墙采用竖向三角钢桁架（其中矮空间玻璃幕墙采用单管方通），主楼正面采用每 12m 一榀，其他部分采用每 9m 一榀。

不同幕墙工程采用施工方法和装备也不尽相同，其所产生的安装预计效果也将会有所不同。在保证安全的前提下，综合质量、安全、成本及现场其他因素和条件，我们对几种可行方案进行了比选和优化，关键是方案可操作性、人员及设备安全性、工作面管理等。

4.10.2　关键技术

4.10.2.1　安装工艺流程（图 46）

4.10.2.2　不锈钢吊杆安装工艺

由于采取的是大跨度的横梁结构设计，其跨距最长达到 6~12m，横梁又为水平向的三角状，所以铝合金横梁将无法承受垂直方向的荷载，只能承受水平方向的荷载。垂直方向荷载包括幕墙自重荷载、围护荷载，将由高强度不锈钢吊杆来承担，不锈钢吊杆吊挂在位于幕墙支承结构的顶部钢横梁上。吊杆从上至下整根穿过整个幕墙铝横梁，整个吊杆隐藏在竖向型材的节点里。步骤如下：

（1）安装顺序：从上至下，从左到右，逐层安装。

（2）在室外侧搭设三角支撑悬臂吊篮作为不锈钢吊杆的操作平台，将吊杆穿过其上连接支座和与之相连铝合金横梁，通过球铰底座和支座连接在一起，拧紧锁紧螺母。

（3）安装承重垫片和锁紧螺母：不锈钢吊杆要按编号对号入座试拼接，同样要求平直。

（4）按照安装顺序依次安装下一根铝合金横梁，通过连接套和上一根拉杆连接在一起安装，并施加预紧拉力。吊杆安装后，用激光水准仪初步根据定位线预调横梁到相应位置，并校核横梁起拱高度、位置是否符合设计要求，上下调整、无误后固定不锈钢吊杆（图 47）。

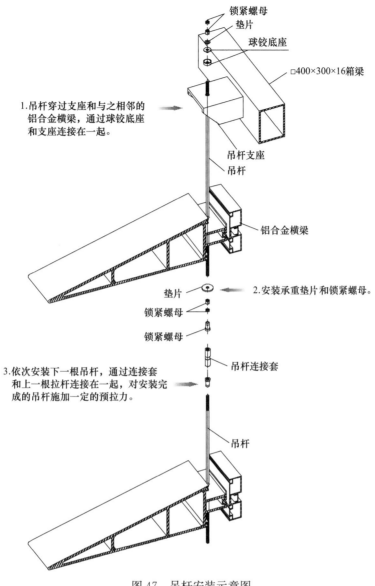

图 47 吊杆安装示意图

4.10.2.3 玻璃吊装工艺

1. 吊具选用

主要玻璃板块标准规格 3000mm×2250mm，玻璃型号为 10mm+1.52PVB+10mm+12A+12mm 超白钢化夹胶中空双银 Low-E 玻璃，玻璃最大质量为 540kg，室内采用吊篮作为操作平台；起重设备采用卷扬机固定在楼层地面上；另外，导向滑轮悬挂在预制专用吊件上，吊装缆绳选用直径 14mm 以上麻绳。

2. 玻璃防护措施

玻璃的吊装中，为了更好地保护玻璃，采用两根承重为 1t 的吊装带吊装玻璃，吊点在距玻璃两端 1/5 边长的位置，在玻璃的中间用一根吊装带固定两根吊带，防止吊装带沿玻璃边缘滑动。玻璃的两端系上吊装带，玻璃上升过程中，地面上要有两个人通过吊带对玻璃进行稳定控制，防止玻璃在吊装时产生过大的晃动和摇摆（图 48、图 49）。

3. 玻璃安装顺序

横梁位置满足设计要求后，开始安装玻璃。玻璃安装顺序由上而下。玻璃采用上下固定两边简支的受力模型，玻璃上下固定在铝合金横梁预留的槽口内，左右安装副框保证玻璃侧面的安全，玻璃安装后将铝合金压盖压紧。

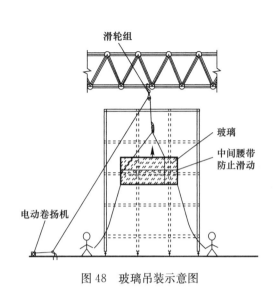

图 48　玻璃吊装示意图　　　　　图 49　地面动力系统卷扬机

4. 玻璃安装流程

（1）利用汽车式起重机将玻璃吊卸到三层楼面，从室内由上到下安装玻璃。

（2）吊装前室内架设吊篮。

（3）安装卷扬机。采用 4 颗 M12 膨胀螺栓把卷扬机固定在三层楼面，把导向滑轮固定在预制专用吊件的主受力杆上。

（4）利用小型机械平板车将玻璃移动到安装位置附近，将玻璃翻转，分清玻璃室内面、室外面。（注意：玻璃在平板车上移动过程中必须垫木块和碎步，防止玻璃受振动破碎）

（5）对玻璃进行吊带捆绑。竖向吊带捆绑在距玻璃边缘 1/5 边长位置，作为受力吊点。玻璃中间加水平腰带，防止吊装过程中玻璃产生滑动。

（6）将玻璃吊带挂在卷扬机的挂钩上，地面操作工人按动提升按钮进行缓慢提升。提升过程中注意控制速度，不能太快使玻璃产生大幅度摆动或摇晃。同时，地面两个操作工人要对玻璃进行牵引，防止玻璃晃动而碰撞剪式高空车或幕墙龙骨。

（7）玻璃安装应将尘土和污物擦拭干净。

（8）按设计要求的型号选用玻璃四周的橡胶，其长度宜比边框内槽口长 1.5%～2%；橡胶条斜面断开后应拼成预定的设计角度，并应采用胶粘剂粘牢固，镶嵌应平整。接着用吊带进行绑扎。

（9）玻璃板块依据板的编号图进行安装，施工过程中不得将不同编号的板片进行互换，安装时注意左右两边空隙相等。

（10）玻璃安装之前，在铝合金玻璃托板上垫上 22mmPVC 胶块，防止玻璃直接接触，一般 PVC 胶块垫在玻璃板两端的 1/4 处。

（11）玻璃板块的安装：玻璃按指定位置就位后，用临时铝合金压块固定，待整幅玻璃幕墙玻璃安装完成后，进行玻璃压板的固定。玻璃安装应注意内外片的关系，镀膜玻璃的镀膜面朝向室内，以保护镀膜。

（12）玻璃板块在安装调整过程中，相邻两单元玻璃板高低差控制在小于 1mm，垂直方向误差在 ±1mm 内。

（13）本工程采用干密封法进行密封，在安装过程中要注意密封条的保护，防止因密封条的变形错位导致漏水、透风等现象。

5. 铝合金扣盖与密封胶安装

（1）按设计图及以下节点分解图示，分别将横、竖向压板型材放入相应槽口，用间距 300mm 螺栓固定，然后扣上压盖型材（图 50）；按相同方法完成室外部分收口型材的安装（图 51）。

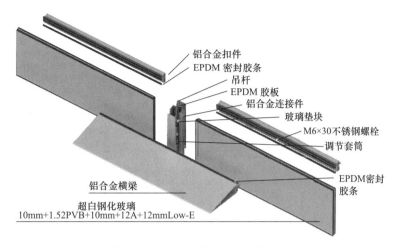

图 50　铝合金扣盖标准节点分解图

（2）型材安装经检查合格后，进行室外侧防水密封胶工序。

4.11　大悬挑檐口屋面可滑移工具式平台法施工技术

4.11.1　概述

本项目钢网架上面为金属屋面，总面积约 26 万 m^2，屋面檐口采用悬挑设计，主楼正面檐口采用蜂窝铝板，带铝合金副框，密缝连接，表面采用氟碳粉末作喷涂处理。

楼南北两侧均采用了挑檐设计，总长度近 2000m，且由于地面装修工程同步施工，常用的脚手架平台不适用于本工程；檐口吊顶铝板全部为悬挑，铝板的安装条件极其困难；檐口顶棚斜度较大，操作平台要满足斜面施工需要；檐口下方为水稳层管沟、幕墙、钢结构等同步施工，作业面受限，工作平台不能影响其他工序作业面。

图 51　铝合金扣盖标准节点安装图

项目部参考类似工程经验，结合项目外檐口设计特点，拟定了可滑移操作平台施工方案，该平台安全可靠、操作方便，能有效地解决本项目的施工难题。

4.11.2　关键技术

4.11.2.1　施工总体部署

在施工位置设置可滑移工具式平台，该平台通过设置在屋面网架结构上的滑轮，用人力将其提升到滑轨所在高度，该高度根据施工作业面来确定，其高度范围要满足施工作业要求。施工作业人员通过网架的马道进入屋面悬挑檐口部位，再利用架设铁梯进入到平台进行悬挑檐口施工。

当需移动进入下一个区域工作时，通过捯链牵引操作平台使卸扣沿导轨滑移以实现水平移动，捯链的一端固定在平台上，另一端固定在上部檐口龙骨上，通过手动牵引平台到达工作面。檐口顶棚斜度较大，平台采取不平行于顶棚底的方法提升，其提升定位高度内低外高，满足斜面施工需要（图 52）。

4.11.2.2　操作平台设计

滑移工具式平台的长、宽、高尺寸为 6000mm×800mm×1100mm（可根据实际工程项目的需要自定，但不宜大于该尺寸），采用直径 25mm、壁厚 4mm 的 Q345 的圆管焊接成网架样式。平台总重 120kg，可供 4 人同时操作。

可滑移工具式平台通过设置在网架结构上的滑轮，用人力将其提升到滑轨所在高度，滑轨为两根 $\phi16mm$ 钢丝绳，每段滑轨长度为 50m，滑轨两端固定在钢结构网架上。当需移动进入下一个区域工作时，通过捯链牵引操作平台使卸扣沿导轨滑移以实现水平移动（图 53）。

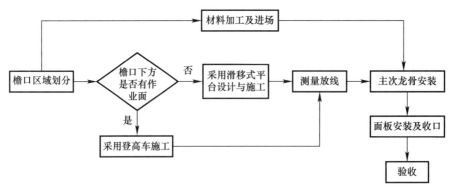

图 52　大悬挑檐口屋面可滑移工具式平台法施工总体部署

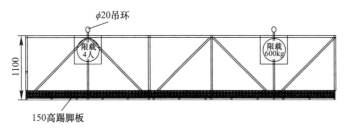

图 53　滑移工具式平台

4.11.2.3　平台系统使用

每组平台采用两根 $\phi16mm$ 的钢丝绳作为滑索（平台导轨），滑索一端先直接绑在钢结构球节点上，滑索另一端用 5t 捯链（代替紧绳器）收紧，收紧后钢丝绳绳头再与钢结构球节点固定锁紧，然后放松捯链。在平台提升安装上，采取人力牵引的方式将其提升至指定位置，再将平台吊耳通过卸扣与滑索导轨连接，用安全尼龙绳绑扎。

当需移动工作时，通过捯链牵引操作平台使卸扣沿导轨滑移以实现水平移动，捯链的一端固定在平台上，另一端固定在上部檐口龙骨上，当平台移动到距离轨道端头 2m 处，平台不得再向前移动（图 54）。

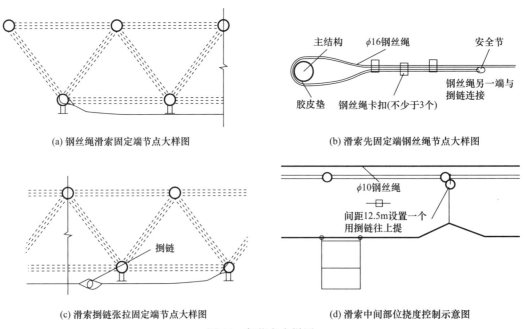

(a) 钢丝绳滑索固定端节点大样图　　　(b) 滑索先固定端钢丝绳节点大样图

(c) 滑索捯链张拉固定端节点大样图　　　(d) 滑索中间部位挠度控制示意图

图 54　各节点大样图

4.11.2.4　平台结构计算分析

（1）使用 Midas Gen 计算分析软件，计算其模型及其机械、力学属性。通过计算分析平台各种工况（图 55、图 56，表 1～表 3）。

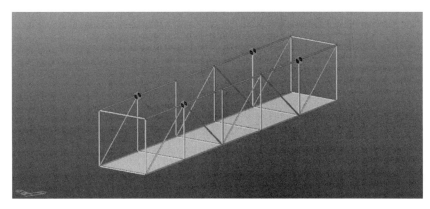

图 55 计算模型图

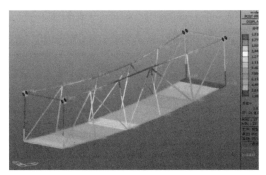

(a) 提升位移图

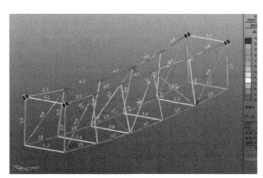

(b) 提升应力图

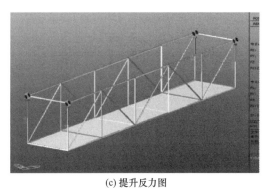

(c) 提升反力图

图 56 工况计算

材料机械及力学性能表　　　　　　　　　表 1

序号	性能	指标/参数
1	钢材牌号	Q345
2	重度	$7.698 \times 10^{-5} \mathrm{N/mm^3}$
3	弹性模量	206000MPa
4	泊松比	0.3
5	线膨胀系数	1.2×10^{-5}

施工作业荷载工况分析表　　　　　　　　　表 2

项目	符号	名称	说明
工况 1	DL	结构自重	计算模型中自重放大系数 1
工况 2	LL	活荷载	在平台上人使用中，限载 4 人（100kg/人）＋40kg 材料，实际使用荷载不超过 1kN/m²，按均布压力荷载加载，取值 1kN/m²

荷载工况组合表　　　　　　　　　　　　　　　表 3

编号	DL	LL	分项组合系数
	Wx	Wy	
组合 1	1.35	1.4×0.7	1.35D+0.98L
组合 2	1.2	1.4	1.2D+1.4L
组合 3	1	1.4	1D+1.4L

（2）檐口系统施工。首先进行测量定位，测量出各位置的结构偏差，根据偏差重新调整，保证檐口成一直线及截面弧度、坡度符合设计标准。铝板制作成型后，整块铝板通过四周铝角码与龙骨连接，安装采用钢攻钉固定在龙骨上。

（3）平台拆除。平台拆卸的主要流程是：降落平台→钢丝绳完全松弛卸载→拆卸钢丝绳→拆卸平台其他配件→材料清理。

4.12　立墙屋面挂笼法施工技术

4.12.1　概述

二号航站楼立墙屋面位于航站楼屋面西指廊 C 区东侧，直立锁边铝镁锰立面墙造型复杂，该部位为弧形曲面造型，标高范围为＋3.375～＋25.667m，施工难度大、工艺复杂（图 57）。

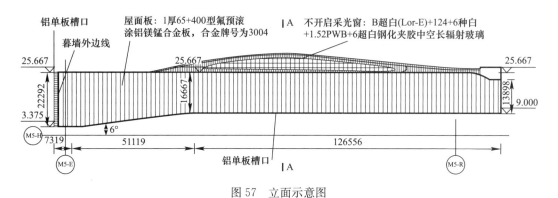

图 57　立面示意图

4.12.2　关键技术

4.12.2.1　施工总体部署

广州白云国际机场二号航站楼立墙屋面施工工期紧，建筑造型独特，施工条件特殊（因面积大，且施工现场无法搭设脚手架），立墙屋面系统的安装条件极其困难。连接楼 C 区东侧为立面施工，若采用落地脚手架，一是脚手架搭设工程量巨大、费时费工；二是墙面下方为幕墙、市政设施等，施工、交叉作业面受限，且脚手架搭设较高，难度较大。

项目部根据工程特点，研究采用在立墙弯弧侧边距 800mm 处架设两榀落地护笼爬梯与上部网架结构连接固定，以爬梯上人的形式作为立墙屋面构造层铺装施工安全防护措施，其操作简便、效率高，满足现场施工需求。

因屋面构造层材料较轻、最重不大于 30kg（檩条），其吊装输送采取在立墙顶部已完成的钢网架结构上设置捯链、滑轮组吊点（设置在护笼爬梯侧边，随屋面板由南向北安装推进转移），然后由站在地面上的工人通过牵引 φ16mm 尼龙绳将材料拉升至安装标高部位（图 58）。

4.12.2.2　施工工艺

（1）护笼爬梯。现场施工护笼爬梯采用 φ25mm×2.5mm 圆钢管焊接而成，焊接成型后如井字框架型。护笼爬梯横向与弧面墙边间距设为 800～900mm，以满足立墙屋面各构造层铺装。护笼爬梯最上端通过与网架主结构临时刚性连接固定，同时在护笼爬梯腰部与底部分别采用尼龙绳结合捯链等措施进行有效拉结固定，防止侧倾。此外，在水平地面上设置 BH200mm×150mm×4.5mm×6mm 型钢分配梁作为护笼爬梯底座，在作业中将护笼爬梯立杆底部与基座梁上翼缘临时焊接固定，以提高护笼爬梯基础支撑牢固性，并且在竖向上两榀护笼间每2.4m等距布置横向连系杆，整体保证了护笼爬梯结构的稳定（图59、图60）。

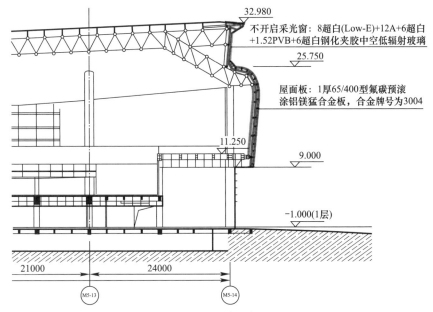

图58　立墙示意图

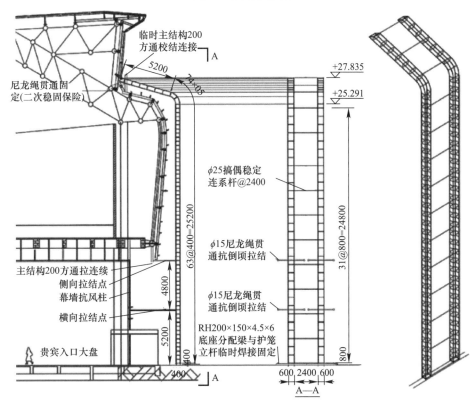

图59　护笼爬梯示意图

（2）檩条系统的安装。立墙檩条分为主檩和次檩两种，檩托板与檩条之间的连接固定均采用螺栓连接。檩托板安装包括主檩托板及次檩托板的安装，连接方式为焊接连接。檩托板安装注意标高的控制：基本原则是以钢结构顶面为基准，支托板安装严格控制误差，以保证焊接完成后檩条可准确就位（表4、表5、图61）。

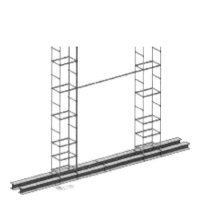
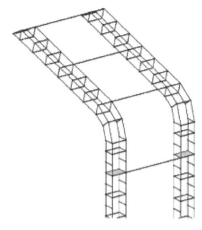

（a）护笼爬梯底部基座大样　　　　　　　（b）护笼爬梯上部拉结杆大样

图 60　护笼爬梯大样图

安装流程表　　　　　　　　　　　　　　　　　　　　　　　　　　　　　　表 4

序号	安装流程
1	檩托板须按照设计图纸要求，在加工厂预制后运至工地。现场可用起重机分区集中吊至层面以备安装
2	根据图纸测量、放线，确认无误后进行安装、焊接
3	焊缝防锈、防腐补涂
4	檩托安装时，为了檩条的安装方便，可先装一边，另一边檩托板在檩条安装后焊接

檩托板安装工艺要点　　　　　　　　　　　　　　　　　　　　　　　　　表 5

序号	工艺要点
1	放线需由专人进行复核，必须保证放线精度
2	檩托板安装注意标高的控制：基本原则是以钢结构顶面为基准，支托板安装严格控制误差，以保证焊接完成后檩条可准确就位
3	确保焊接质量，焊接时电流要适当，焊缝成型后不能出现气孔和裂纹，也不能出现咬边和焊瘤，焊缝尺寸应达到设计要求，焊缝应均匀，焊缝成型应美观
4	焊缝防腐处理应及时进行，防腐涂料均选用与设计要求相符的油漆

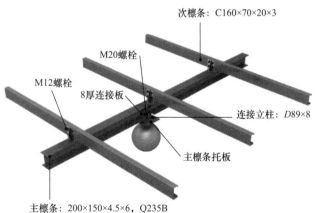

图 61　屋面檩条连接节点设计图

自攻钉通过钢底板与次檩条连接。

（3）屋面底板的安装。底板安装按照从下至上、从南侧至北侧的施工原则，施工人员从下端护笼爬梯或二层平台进入到已安装完成的护笼爬梯，并分散至作业平台，安装时需要四人即可。在安装过程中，需保证板与次檩条的连接固定牢固可靠，外露螺栓直线时自然成为直线，曲线时自然成为弧线，圆滑过渡；底板之间的纵向搭接长度不得小于 100mm，横向间相互搭接一个波峰。

（4）衬檩托、衬檩安装。衬檩托及衬檩安装均为采用自攻钉固定，人工将衬檩托运至施工部位后，施工人员根据设计间距将衬檩托用

（5）岩棉、纤维水泥板安装。对已完成的衬檩区域进行岩棉及纤维水泥板安装，安装原则与钢底板一致，吊运方式采用人工吊运，将岩棉及纤维水泥板进行顺序安装，先铺设岩棉板，然后铺设纤维水泥板，随即用镀锌钢板压片进行攻钉固定。

（6）TPO防水卷材铺设。防水卷材施工前进行精确放样，尽量减少接头，有接头部位，接头相互错开，搭接缝应按照有关规范进行。采用1.2mm厚TPO防水卷材，卷材安装前应检查基层缝，保证接缝缝隙均匀、无错位。卷材铺设按照现场施工顺序从南侧往北侧顺序铺设，保证与基层有效连接，避免空鼓。

（7）固定座安装。首先用全站仪测放出每一段板两端的板端等高线，施工前可先在TPO防水卷材上弹出一条基准线，作为面板固定座安装的纵向控制线，第一列固定座位置要多次复核。放线完毕后使用防水自攻螺钉进行面板固定座的固定。

（8）玻璃棉及铝镁锰屋面板安装。施工前，在立墙屋面板上端位置处采用□200mm×50mm×4mm规格镀锌方管焊在主结构上作为临时固定支撑，然后将爬梯顶端绑扎固定在规格□200mm×50mm×4mm的镀锌方管上，并用尼龙绳对其进行二次保险绑扎固定。施工时，操作人员按照规定将安全带系在φ16mm的防坠绳上，然后沿着护笼爬梯依次爬至墙面相应位置处，待玻璃棉及屋面板就位后依次配合安装。屋面板固定好后，仔细检查，对面板进行调整，然后用锁边机进行机器自动咬边，要求咬合时连续、平直，不得出现扭曲和裂口。

4.13 大空间吊顶高空平台安装施工技术

4.13.1 概况

广州白云机场扩建工程二号航站楼屋面设计采用了多曲面超大规模网架结构，网架下弦网格为3m×3m。办票大厅、安检大厅区域为高大空间顶棚，其中办票大厅顶棚采用36m单元的波浪造型，顶棚标高变化多，整体呈不规则曲面构造，南北方向长度为146m，为小曲率单拱形，东西方向长度432m，为大波浪型，顶棚净空高度20～28m；顶棚总面积8万多平方米。这个顶棚设计轻盈自然，柔和明亮，艺术造型与空旷的大厅共同形成完美和谐的空间体验。

顶棚二次结构层吊杆按纵、横向间距均3m一道与网架下弦球对应。主要施工内容包括：抱箍、吊杆、支撑、主龙骨和次龙骨、铝板。转换层在网架下球节点下安装，用专用抱箍固定在球节点的托盘上；转换层主副龙骨皆为80mm×40mm×3mmC型钢，铝板单块主要规格为2980mm×480mm×50mm，以条形铝合金板每5°渐变旋转定位安装（图62、图63）。

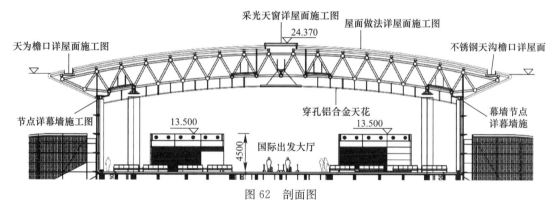

图62 剖面图

图63 吊顶铝板安装三维示意图

4.13.2 关键技术

4.13.2.1 施工工艺流程

测量放线→三维建模→网架上高空搭设定型板、安全网绑扎→吊装网架下托板抱箍及吊杆→地面组装转换层龙骨单元→吊装转换层单元→转换层验收→安装铝合金条形板，灯具安装调试→安装收口板→铝板完成面弧线调整→局部检查验收→上部安全网拆除。

4.13.2.2 施工工艺

（1）吊顶施工采用全站仪准确测量每个球点的位置点，将测出的三维坐标点记录入三维模型中。然后根据坐标点对网架顶棚的转换层及铝板顶棚层进行建模，由建模的数据导出每个构件的加工单，进行工厂加工。

（2）根据理论分析，采用精度为 $M_Z = M_\alpha = 3''$、$M_D = 3 + 3 \times 10^{-6}$ 的全站仪，当测站至放样点的距离小于 280m 时，M_x、M_Y、M_H 的精度可高于 ±5mm。在本工程实际测量和放样过程中，各测站至放样点约 60～120m，则各放样点的平面位置精度为 $M_P \pm 2$mm；同时对放样点高程的实测精度也进行了检测。与等级水准测量精度的高差进行比较，在高差约 53m 时，三维坐标与水准测量的高差互差为 3mm。

（3）在现场进行放样时，按照三维坐标法的原理在一个控制点上架设全站仪，设置好各项仪器参数，以固定点为后视方向进行定向，完成测站设置后，依次在待测结构轮廓点处立镜，全站仪照准相应轮廓点处的反射棱镜或反射贴片（采用免棱镜仪器可不必立镜），仪器立即显示出各点的三维坐标。

获取钢结构偏差与吊顶节点的三维坐标，提供给设计进行核验。提取吊顶结构特征点的三维坐标，基于各级测量控制点用全站仪将三维坐标放样到设计位置，以供施工使用，保证安装施工的精度符合规范要求。

（4）钢结构网架偏差检核。根据甲方提供的起始点，建立首级平面控制网，在首级控制网上进行控制点的二级加密；高程采用四等水准布控。控制网布设完成后，使用测量仪器对现场钢结构所有节点进行测量，获取实际三维坐标，与钢结构设计模型进行比对。

（5）抱箍及吊杆在网架下球节点下安装，用专用抱箍固定在球节点的托盘上。工人在地面由左向右将 1、2、3 号各螺栓装好、固定，再将吊杆用螺栓固定在抱箍组件上。吊杆长度按实测后建模数据导出的构件加工单在工厂进行加工，加工完成的吊杆已在工厂将下框与杆件焊接完成。由地面人员用尼龙绳绑好吊杆，将抱箍连同吊杆一起提升至球托盘底下，安装人员在钢网架操作平台上直接将抱箍件插入托盘，将 4 号锁紧螺栓安装拧紧（图 64）。

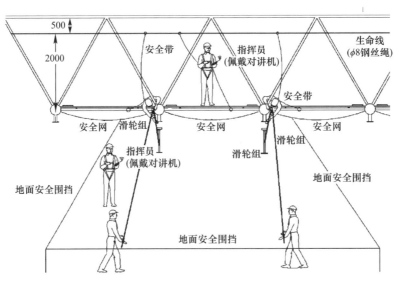

图 64 抱箍、吊杆吊装示意图

（6）转换层龙骨的安装。首先将主龙骨和副龙骨按照图纸提供的尺寸断好料并打好孔，在地面组装成单元板块，然后在其上铺设安全网。将单元板块的四个角和 360°龙骨丝杆转接件连接好，用尼龙绳绑在单元块的四个角上，由地面人员提升至吊杆下框底下，安装人员坐在吊杆下框上进行安装，将 U 形连接件和吊杆下框的钢方管用螺栓拧紧。装完第一个单元以后，将第二个单元板块和第一个板块一样组装好并做好防护，当第二个单元板块的 U 形连接件连接好以后，由坐在转换层龙骨上的操作人员连接好连接件，完成第二个单元块的安装，第三个、第四个单元板块以此类推（图 65、图 66）。

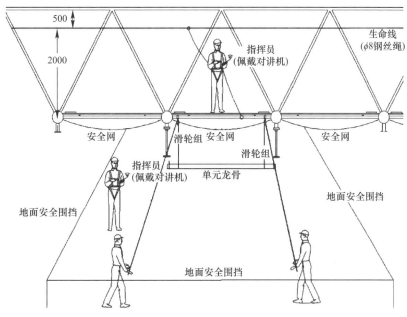

图 65　单元龙骨吊装示意图

（7）铝板安装。施工人员进入龙骨转换层的平台上以后，将安全带挂在网架下弦杆上。地面施工人员组装好带角度的钢配件，并将配件和铝板连接好，挂好转接码，由平台上的施工人员放下钢丝内芯安全尼龙绳，地面人员把尼龙绳系好在铝板的加强筋上，由平台施工人员提升至龙骨转换层下，安装挂件螺栓挂好铝板，调整位置后完成固定，现场检查使用预制好的大样卡板调整铝板间距、角度，完成定位。

（8）铝板整体效果控制。龙骨转换层的顺滑是通过不同吊点、不同标高来实现的，在建立模型以前，测量放线人员到现场来取点，办票大厅和联检安检大厅一共一万个点，测量放线人员取完点以后，利用三维建模软件犀牛建立模型。建好模型以后，从模型里取出相应吊点的高度值，计算出吊杆的长度。这样就可以初步确立龙骨的顺滑（图 67）。

图 66　转换层龙骨的安装现场实况图

图 67　吊顶完成实景

4.14　建筑信息模型（BIM 技术）在总承包管理中的应用

4.14.1　概述

广州白云国际机场二号航站楼扩建工程采用了施工总承包管理模式，含二号航站楼及其附属的地铁、城轨、下穿隧道、南高架桥、交通中心等单体项目。BIM 技术在本项目的应用更有必要。白云机场项目具有建筑体量大、施工范围广、业主和施工单位多、工序穿插作业复杂、平面布置及周边场地协调工作量大、工程管理信息量大、工程工期长、节点工期要求高、要求机场不停航等特征，有较大的施工管理难度。BIM 技术的成功应用可以有效提升管理效率，尤其是项目管理中的总平布置、工序搭接、场地管理、进度管控等管理难点，用静态模型实现动态管理的目标，为项目的顺利推进提供强大助力。

4.14.2　关键技术

4.14.2.1　施工总体部署

利用 BIM 模型对管理人员、施工人员进行可视化交底，了解项目的主要情况，减少看图的工作量。

对工程复杂部位、重要结构节点等进行建模，进行直观准确的技术交底，加深对图纸的理解，指导现场放线、装模等施工工序，避免和减少失误。

对关键工序、重要工序的施工过程在模型中分步表达，对施工工序进行模拟，对管理人员和操作人员通过可视化交底，指导现场施工，避免施工失误，保证施工质量（图 68）。

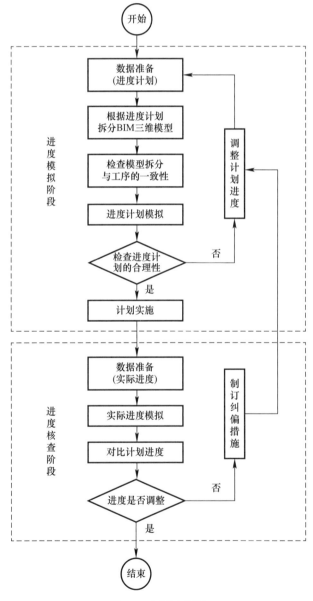

图 68　应用流程图

4.14.2.2　施工工艺

(1) 各施工阶段平面布置。桩基施工阶段，按周统计桩基施工情况，建立各区桩基进展示意图，通过不同的颜色、符号显示各桩完成情况（未施工、已施工、施工完成、检测桩、计策不合格、检测合格等），可以直观地表达各区施工进展，为施工管理提供依据。主体及围护施工阶段，通过 BIM 技术对主体和围护施工进度计划进行模拟和优化。整个计划包括了混凝土结构施工、钢结构施工、幕墙施工等（图 69）。图 70 所示为根据进度计划模拟的进度视频截图，左上角为时间，途中用不同颜色表示进展情况，浅绿色覆盖区域表示正在施工，蓝色覆盖区域表示施工完成（图 71）。

(2) 施工作业面立体网格化管理。通过网格化细化二号航站楼内施工作业面的管理，划定各施工单位管理责任区域，制定管理区域移交规定。通过立体空间网格化全方位覆盖明确各施工作业空间的责任单位，并根据工况变化制定阶段性管理网格立体网络，结合实际施工进展及时调整完善，杜绝了场地管理上的漏洞，明确界定了各参建单位的管理范围和责任，推动了工程科学管理，取得了良好的效果。

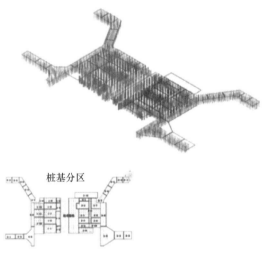

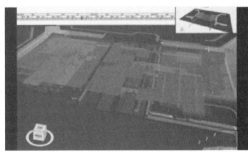

图 69　整体三维表示图

(a) 东西区北侧钢网架和中间段结构施工

(b) 东西区北侧幕墙施工完成

(c) 东西区中间、南侧嘉墙施工完成

(d) 中间区土建结构和钢网架同时施工

图 70　BIM 示意图（1）

(e) 钢网架全部施工完成　　　　　　　　　　　(f) 幕墙全部施工完成

图 70　BIM 示意图（2）

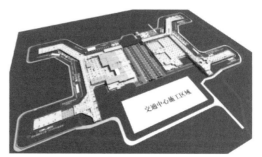

(a) 钢结构施工阶段平面布置图　　　　　　　　(b) 机电装修施工阶段平面布置图

图 71　各阶段模型

（3）施工模拟。除了建筑必要的模型搭建，还包括施工环境模拟、定义施工顺序、施工过程虚拟仿真、最优方案判定等工作，涉及大量的信息共享沟通和人工分析判断等工作，直接体现了项目施工管理水平和 BIM 应用能力，对于施工复杂、管理难度大的项目效果尤其明显。

（4）通过 BIM 模型将施工区的施工工序进行可视化展现，表达工艺施工方法及施工状态，分析工序施工期间的相互影响，优化工序安排和搭接，方便管理人员对整体工序安排的把握，提高施工质量和交流效率，减少工序间的不利影响，避免和减少返工；运用 BIM 技术，对复杂、重要、施工难度大的施工全过程或关键过程进行模拟，验证施工方案的可行性，对不同方案进行对比优选，以便制订出最优的施工方案并指导施工，从而加强可控性管理，提高工程质量，保证施工安全（图 72）。

5　社会和经济效益

5.1　社会效益

针对大空间、多系统、专业系统复杂的大型机场公用建筑，综合应用多种新技术、新工艺，有效解

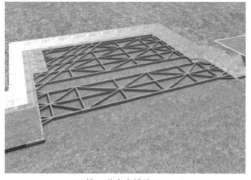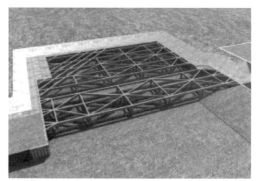

(a) 第一道内支撑施工(-4m)　　　　　　　　(b) 第二道内支撑施工(-8.8m)

图 72　BIM 施工工序示意（1）

(c) 第三道内支撑施工(-12.3m)

(d) 土方开挖至-17.3m

(e) 桩基检测、垫层、防水后，施工塔式
起重机基础并安装塔式起重机

(f) 地铁区域底板施工

图72　BIM施工工序示意（2）

决了大型机场公用建筑多专业、多工种施工难题，保证了施工安全和建筑结构安全，有效地缩短了工期，保证了工程质量，好快省廉地完成了二号航站楼的建设，运营效果良好，获得了社会各界的高度评价，促进了广州文旅经济的发展，并为广州市空港经济发展提供重要保障。该关键技术为同类工程提供了较好的指导和借鉴作用，具有良好的经济效益和社会效益。

5.2　经济效益（表6）

项目经济效益 表6

项目总投资额	98.8亿元	回收期（年）		10
栏目　　年份	新增利润	新增税收	创收外汇（美元）	节支总额（万元）
2015年	—	—	—	201.3
2016年	—	—	—	303.98
2017年	—	—	—	363.23
累计	—	—	—	868.51

各栏目的计算依据：

（1）2015年结构施工中应用超厚空心地坪施工、泡沫混凝土回填、管廊调仓法施工等技术，节省工期30d，节约工程成本201.3万元。

（2）2016年钢结构施工中，针对超大空间异形网架结构，综合采用了整体提升、滑移、分块吊装等施工技术；机电工程施工中应用BIM技术进行管线碰撞检查和优化：节省成本303.98万元。

（3）2017年机电工程施工中应用BIM技术进行管线碰撞检查和优化，装饰施工中针对外立面幕墙造型新颖、悬挑屋檐跨度大、大面积顶棚造型复杂等难题，研发了立墙挂笼法施工、悬吊滑移式平台施工、地面拼装反吊顶安装等技术，降低成本363.23万元

6 工程图片（图73～图77）

图73 Y字形钢管柱实际安装图

图74 现场网架对接成型效果图

图75 风管登高弯及拐弯的处理效果

图76 幕墙完工图

图77 檐口施工

白云湖车辆段地块上盖项目

邓恺坚　　温喜廉　　叶家成　　刘三玲　　张超洋　　胡敬杰　　潘盛欣　　姚金涛

第一部分　实例基本情况表

工程名称	白云湖车辆段地块上盖项目		
工程地点	广州市白云区亭石北路		
开工时间	2019 年 9 月 29 日	竣工时间	项目整体于 2026 年 8 月竣工，其中项目一期已于 2022 年 6 月竣工
工程造价	约 40 亿元		
建筑规模	总建筑面积约 78 万 m^2，19 栋高层建筑		
建筑类型	商业楼、住宅楼、公共配套建筑（小学、幼儿园）		
工程建设单位	广州市品实房地产开发有限公司		
工程设计单位	广州珠江外资建筑设计院有限公司、中铁上海设计院集团有限公司		
工程监理单位	广州珠江监理咨询集团有限公司		
工程施工单位	广州珠江建设发展有限公司		

项目获奖、知识产权情况
工程类奖： 1. 广东省房屋市政工程安全生产文明施工示范工地； 2. 广东省建设工程项目施工安全生产标准化工地。 科学技术奖： 1. 中国施工企业管理协会工程建设科学技术进步二等奖； 2. 广东省土木建筑学会科学技术进步一等奖； 3. 广东省五一劳动奖状； 4. 第十一届全国 BIM 大赛龙图杯三等奖； 5. 中国施工企业管理协会第二届工程建设行业 BIM 大赛三等成果； 6. 广东省第三届 BIM 应用大赛二等奖； 7. 羊城工匠杯 BIM 竞赛金奖。 知识产权（含工法）： 省级工法： 1. 地铁上盖 TOD 项目超高层塔式起重机基础施工工法； 2. 基于区域链的施工现场智能管控施工工法。 实用新型专利： 1. 一种地铁上盖变形缝反坎破除后的施工车道防水结构； 2. 一种悬空式塔式起重机基础； 3. 一种适用于新旧柱节点的加固构造； 4. 一种盖板变形缝防水结构。

第二部分　关键创新技术名称

1. "大底盘"盖板合缝整体加强技术
2. TOD 项目大截面框支梁施工技术
3. TOD 项目复杂柱节点加固改造施工技术
4. TOD 项目地铁上盖架空交叉梁塔式起重机基础施工技术
5. TOD 项目施工通道处盖板变形缝防水施工技术

第三部分　实　例　介　绍

1　工程概况

　　白云湖车辆段地块上盖项目位于广州市白云区亭石北路，总建筑面积近 78 万 m²，属地铁车辆段上盖的 TOD 居住大盘，荣获 2020 年中国 TOD 综合体标杆项目。结构设计使用年限为 50 年，全框支剪力墙结构，抗震等级特一级。本项目 2 层地下室（局部 1 层），共分 4 期开发：一期建筑面积约 22 万 m²，含 3 栋超高层住宅楼（46 层），九年一贯制学校和幼儿园，1 栋商业楼；二期建筑面积约 20 万 m²，含 4 栋超高层住宅楼（48 层）；三期建筑面积约 16 万 m²，含 6 栋高层住宅楼（29～34 层）；四期建筑面积约 20 万 m²，含 6 栋高层住宅楼（29～47 层）。

　　本工程不设地下室，地上（±0.000m 以上）为两层车辆段盖板（分别为 8.5m 和 14.5m 盖板）及盖上建筑。其中，盖下 8.5m 地铁车辆段盖板已完成施工，需新建 14.5m 盖板作为转换层，住宅楼及商业楼于新建的 14.5m 盖板上施工。部分住宅楼高达 48 层，结构总高度约 156.6m，是现有国内最高的 TOD 盖上全转换结构建筑（图 1～图 3）。

图 1　项目俯瞰图（一）

图 2　项目俯瞰图（二）　　　　　　　　　　图 3　项目俯瞰图（三）

2　工程重点与难点

2.1　施工现场可利用场地较少，施工平面布置难度大

由于本工程体量大、工期赶，但红线范围内可利用场地较少、场内道路不连通且有荷载限制，所以为了确保日后的施工能有序进行，必须考虑优化好施工场地的有限布置，施工车道的合理规划，因此施工平面布置是该工程的重难点。

2.2　塔式起重机基础设置

由于本工程在"8.5m 盖板"上施工，盖下为地铁车辆段，无法进行回顶加固，塔式起重机基础需设在 8.5m 盖板上，塔式起重机位置需满足安装、使用、拆卸，同时要满足盖板荷载受力要求。因此，合理的塔式起重机基础设置及施工方案是该工程的施工重难点。

2.3　转换层大体积混凝土施工

本工程转换层大梁面积大、厚度大，属于大体积混凝土，其受水化热的影响易产生温度裂缝，要采取相应措施确保混凝土质量，是本工程的一个施工难点。

2.4　转换层高大支撑系统设计与施工

本工程转换层存在较多的大截面梁（最大截面为 2000mm×2800mm），支撑间距密，搭设难度大。而且，支撑支承在"8.5m 盖板"面上，盖板下部无法回顶加固，需采取相应措施满足支撑受力的同时，又不得损坏 8.5m 盖板。

2.5　车辆段盖板防渗漏处理

本工程 8.5m 盖板以下为地铁车辆段，如盖板出现渗漏，将严重影响地铁运营，盖上施工时，需凿除变形缝及局部防水保护层，做好凿除部位的防水措施及施工时期排水，确保"8.5m 盖板"不渗漏是工程的重难点。

2.6　转换层盖板多结构形式节点处理

转换层盖板为大型转换层，以框支剪力墙结构为主，部分含有型钢结构、钢结构，结构体系受力非常复杂。因此，应做好转换层盖板施工及不同结构形式的节点处理。

3　技术创新点

3.1　"大底盘"盖板合缝整体加强技术

（1）工艺原理：TOD 车辆段上盖项目易于盖板转换层处形成结构薄弱层。待塔楼主体完成施工，沉降稳定后，通过对"车辆段盖板"变形缝两侧的板面上植筋，并浇筑叠合层的方式，将各个盖板分区合并，从而提高塔楼底盘的整体刚度。

（2）技术优点：采用并缝技术合并转换层，简单直接地解决了地铁车辆段上盖结构存在底部刚度突变等难题。

（3）鉴定情况及专利情况：①"地铁上盖 TOD 项目设计与施工关键技术研究"（粤建学鉴字〔2022〕第 089 号），国际先进水平；② 实用新型专利："一种盖板变形缝防水结构"（ZL 202120564159.1）；③ 于《建筑结构》发表论文《以"强下部弱上部"为目标的性能设计在地铁车辆段上盖全框支转换结构中的运用》。

3.2　TOD 项目大截面框支梁施工技术

（1）工艺原理：因盖板承载力受限，且下部无法形成回顶支撑体系，项目采用二次浇筑法浇筑大截面框支转换梁。一方面，进行多阶段浇筑工况下的支模受力分析，以及对既有盖板的加荷试验，以确保浇筑过程不对既有盖板结构造成破坏。另一方面，第一浇筑段浇筑时，通过预留插筋等技术措施，减少施工冷缝对框支梁工作性能的影响。

（2）技术优点：通过二次浇筑法、预加荷试验、预留插筋等技术手段，实现车辆段上盖浇筑大截面框支梁，解决盖板承载力受限施工工况下无法直接浇筑大截面框支梁的施工难题。

（3）鉴定情况及专利情况：①"新一代信息化技术在施工管理中的应用研究"（粤建学鉴字〔2021〕136 号），国际先进水平；② 软著：《基于区块链的建筑工程管理信息系统》（2020SR0507417）；③ 软著：《基于区块链技术的大体积混凝土温控自动监测系统》（2020SR0710929）；④ 软著：《基于区块链技术的高支模实时自动监控系统》（2020SR0711839）。

3.3　TOD 项目复杂柱节点加固改造施工技术

（1）工艺原理：TOD 项目存在盖上盖下施工主体不一致的问题。作为盖上施工主体而言，建筑物基础可能存在未知的结构缺陷。现场作业人员先采用无损冲击弹性波法对探测原结构混凝土质量进行无损探测扫描。当存在空洞等混凝土浇筑不密实的问题时，再采用大流动性水泥基灌浆料进行局部孔洞填充处理。并且，项目通过扩大柱头和密植小号钢筋，以及竖向结构核心区植入型钢梁等方式，对既有复杂柱节点进行结构补强。

（2）技术优点：采用高流动性改性环氧树脂灌浆材料对灌浆不饱满的孔洞进行灌浆；采用扩大柱头植筋范围、提出"钢锚板与混凝土芯柱压弯钢筋焊接，锚板上再焊劲性型钢支座"的方法进行柱内植入型钢，使转换层柱节点加固施工方便快捷，质量可靠。

（3）鉴定情况及专利情况：①"复杂柱节点加固改造施工技术"（粤建协鉴字〔2020〕782 号），国内先进水平；② 实用新型专利："一种适用于新旧柱节点的加固构造"（ZL 202021230712.X）；③ 于《施工建设》发表论文《地铁站场新旧柱节点加固改造施工的研究》。

3.4　TOD 项目地铁上盖架空交叉梁塔式起重机基础施工技术

（1）工艺原理：对于地铁车辆段上盖的 TOD 项目而言，上部主体开发时，已完成下部地铁车辆段主体结构施工，且此时地铁车辆段已投入使用，往往无法在原地面布设塔式起重机基础。项目通过设置"偏十字"的塔式起重机基础梁，把塔式起重机上部传来的施工荷载，传递至四周的竖向结构。在不增设工程桩或结构柱的情况下，利用原有竖向结构，传递塔式起重机的作业荷载。

（2）技术优点：盖板上设置架空式塔式起重机交叉梁基础，并通过内嵌 BIM 参数化基础族，快速调整梁截面、角度、长度等参数，可实现多方案间三维模拟和电算化的快速受力复核。

（3）鉴定情况及专利情况：①"地铁上盖 TOD 项目超高层塔吊基础施工技术"（粤建协鉴字〔2021〕484 号），国内领先水平；② 发明专利："基于物联网群塔作业安全管理办法、装置、设备以及介质"（ZL 202011002211.0）；③ 实用新型专利："一种悬空式塔式起重机基础"（ZL 201922485829.6）。

3.5　TOD 项目施工通道处盖板变形缝防水施工技术

（1）工艺原理：通过模拟运输行车路线与回转半径，破除部分原有女儿墙防水变形缝，疏通场内道路。凿除原女儿墙防水变形缝后，增补高分子自愈型防水卷材、定型化轻钢护套，提高了防水变形缝的防水性能和耐磨性能。

（2）技术优点：基于模拟运输形成路线，可以更好、更直观地进行盖上施工场地规划，并有针对性地对规划盖上变形缝的反坎构造进行改造；通过增补高分子自愈型防水卷材、定型化轻钢护套等技术措施，能有效地避免施工机械对盖上反坎变形缝构造成破坏，以及防止施工碎屑和施工用水掉落到车辆段而造成对地铁运营的影响。

（3）鉴定情况及专利情况：① "地铁 TOD 项目盖板构造缝永临结合施工技术"（粤建协鉴字〔2021〕485 号），国内先进水平；② 实用新型专利："一种地铁上盖变形缝反坎破除后的施工车道防水结构"（ZL 201922324831.5）。

4 工程主要关键技术

4.1 "大底盘"盖板合缝整体加强技术

4.1.1 概述

本工程已建设车辆段为跨度较大框架结构，且沿着垂直轨道方向竖向构件制约很多，而盖上为小开间的剪力墙结构住宅，存在大量上部竖向构件一次甚至多次转换的情况；同时，车辆段建筑层高较高（首层层高 8m，2 层层高 6.5m），住宅首层层高 6m，标准层层高 3m；另外，因前期设计原因，已施工完的 8.5m 盖板通过结构防震缝划分为 23 个区，分区偏多（图 4、图 5）。

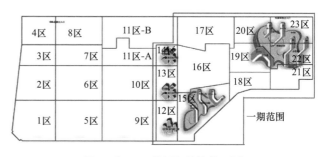

图 4 "8.5m 盖板"结构分区图

上述几点容易造成结构底部刚度突变，形成底部软弱的"鸡腿"形式结构。

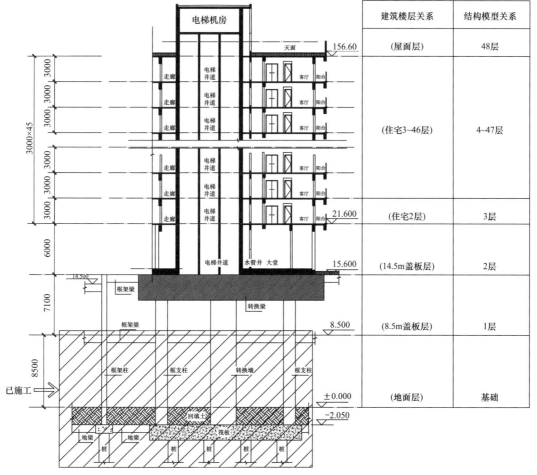

图 5 楼层关系剖面图

为避免出现不利的"鸡腿"形式结构，本关键技术通过"盖板合缝整体加强技术"把"8.5m 盖板"的 23 个抗震分区进行合并，从而加强盖上高层住宅楼下部车辆段的整体性，并通过"TOD 项目大截面框支梁施工技术""TOD 复杂柱节点加固技术"等，实现在"8.5m 盖板"上施工荷载受限情况下，完成对既有柱节点的加固补强施工和"14.5m 盖板"的大截面转换梁施工。

4.1.2 技术路线（图 6）

4.1.3 多塔与单塔性能比较分析

为了研究单塔结构连接后形成多塔结构的影响，用 19 栋的单塔模型和并缝后的多塔模型作对比。多塔结构模型如图 7 所示，相关对比数据如表 1、表 2 所示。

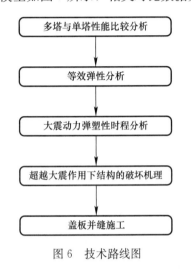

图 6 技术路线图

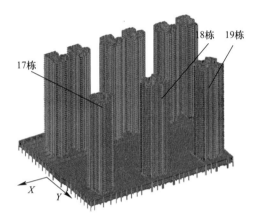

图 7 多塔结构模型

多塔模型与单塔模型周期比较
表 1

	多塔模型		单塔模型	
	周期（s）	侧振成分	周期（s）	侧振成分
第 1 平动周期	3.9985	$0.24X+0.54Y$	4.044	$0.16X+0.67Y$
第 2 平动周期	3.7822	$0.23X+0.53Y$	3.8036	$0.35X+0.33Y$
第 1 扭转周期	3.3848	$0.5X+0Y$	3.4695	$0.49X+0Y$

多塔模型与单塔模型裙楼层间位移角比较
表 2

模型		多塔模型				单塔模型			
作用荷载		风荷载		地震作用		风荷载		地震作用	
方向		X	Y	X	Y	X	Y	X	Y
8.5m 盖板层	层间位移角	1/9999	1/9999	1/9999	1/9999	1/9999	1/9999	1/8962	1/9999
	扭转位移比	1.01	1.11	1.02	1.18	1.08	1.01	1.05	1.2
转换盖板层	层间位移角	1/9999	1/9999	1/9999	1/9999	1/9999	1/9999	1/8620	1/9999
	扭转位移比	1.01	1.21	1.01	1.08	1.17	1.11	1.1	1.04

为研究剪力在塔楼和裙楼间的传递规律，多塔模型提取塔楼范围内的楼层剪力和单体模型数据进行比较。多塔模型在裙楼以上的楼层剪力比单塔模型有所放大。塔楼向裙楼屋面传递的剪力仅为 439kN，在连接区域产生的楼板应力在 0.1MPa 之内。说明裙楼刚度的影响较大，塔楼仅有小数量级的剪力传递给了裙楼。多塔模型与单塔模型结构受力主要差异如下：

（1）多塔模型由于裙楼的作用，塔楼吸收的地震力有所增大。

（2）由于裙楼刚度的存在，在裙楼顶部出现塔楼楼层剪力向裙楼传递的现象，相当于裙楼是塔楼的第二嵌固端。塔楼剪力在第二嵌固端出现扩散的现象。

（3）剪力传递的数值不大，塔楼与裙楼连接区域有足够的安全度（图8）。

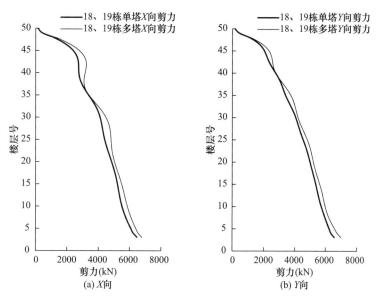

图8　多塔与单塔性能比较分析

4.1.4　等效弹性分析

1. 小震结果分析

本工程受力为震控，主体结构在多遇地震下的计算分析采用 PKPM 和 Midas 两个不同计算内核的软件，得出主要计算结果基本吻合。详见表3。

小震整体计算结果					表3
计算软件		PKPM（0°）	PKPM（45°）	Midas（0°）	Midas（45°）
振型数		20	20	20	20
周期（s）	T_1	4.04（0.16X+0.67Y）	4.04（0.16X+0.67Y）	4.01（0.17X+0.61Y）	4.01（0.17X+0.61Y）
	T_2	3.8（0.35X+0.33Y）	3.8（0.35X+0.33Y）	3.67（0.3X+0.42Y）	3.67（0.3X+0.42Y）
	T_t	3.4（扭转）	3.4（扭转）	3.4（扭转）	3.4（扭转）
地震下基底剪力（kN）	X 向	11551.3	9345.2	11542	10119.99
	Y 向	10851.8	9064.7	11299	9922.79
风载下基底剪力（kN）	X 向	7370.5	8717.5	7380.9	8729.4
	Y 向	8497.4	8816.5	8544.7	8863.8
上部结构总质量（t）		68983	68983	71130	71130
剪重比	X 向	1.3%	1.29%	1.36%	1.35%
	Y 向	1.32%	1.23%	1.37%	1.27%
地震下倾覆弯矩（kN・m）	X 向	1.25×10^6	1.14×10^6	1251153	1097006
	Y 向	1.18×10^6	1.09×10^6	1224843	1075629
地震下转换层最大层间位移角	X 向	1/8620	1/9999	1/8747	1/12242
	Y 向	1/9999	1/9999	1/16774	1/11957

续表

地震下最大层间位移角（楼层）	X 向	1/1332（25 层）	1/1028（25 层）	1/1459（23 层）	1/1322（25 层）
	Y 向	1/1148（25 层）	1/912（25 层）	1/1296（25 层）	1/1154（25 层）
考虑偶然偏心最大扭转位移比（楼层）	X 向	1.4（48 层）	1.37（48 层）	1.282（48 层）	1.286（48 层）
	Y 向	1.27（1 层）	1.29（48 层）	1.285（1 层）	1.317（48 层）

注：0°为正交输入工况，45°为斜交输入工况。

其中转换层层间位移角分别为 X＝1/8620、Y＝1/9999，满足性能目标设定的转换层层间位移角最大限值为 1/2000 的要求。

根据《高层建筑混凝土结构技术规程》JGJ 3—2010 附录 E.01 条，当转换层设置在 1、2 层时，转换层与其相邻上层结构的等效剪切刚度比 γ_{e1} 宜接近 1 且不应小于 0.5。本工程 19 栋的 $\gamma_{e1}＝0.79$（X 方向）、$\gamma_{e1}＝1.25$（Y 方向），满足规范要求。

根据《高层建筑混凝土结构技术规程》JGJ 3—2010 及广东省《高层建筑混凝土结构技术规程》DBJ 15—92—2013 第 3.5.3 条规定，B 级高度高层建筑的楼层抗侧力结构的层间受剪承载力不应小于其相邻上一层受剪承载力的 75％。本工程的转换层与上一层的受剪承载力比 X 方向为 1.74、Y 方向为 2.45，满足规范要求。

根据计算配筋结果并通过对已施工部分构件进行复核，得知所有转换层相关构件在小震作用下均满足弹性的性能目标要求。

2. 中震结果分析

本工程进行了中震等效弹性分析，整体计算结果详见表 4。

中震整体计算结果　　　　　　　　　　　　　　　　　　　　　　表 4

方向		X	Y
中震作用下最大层间位移角		1/446（18）	1/395（24）
基底剪力	Q_0（kN）	32284.8	29644.4
	与小震比值	2.79	2.73
基底弯矩	M_0（kN·m）	3.50E+06	3.21E+06
顶点位移（mm）		256	291

中震作用下，结构各构件均能满足设定的性能目标要求。其中，转换层中震弹性配筋情况详见图 9。

3. 大震结果分析

本工程大震等效弹性分析整体计算结果详见表 5。

大震作用下，框支柱（墙）、框支梁可满足抗剪不屈服、抗弯不屈服的性能目标。配筋情况详见图 10。

4.1.5　大震动力弹塑性时程分析

本工程采用动力弹塑性计算软件 Sausage 进行动力弹塑性时程分析。结合本场地实际情况，选取了天然波 1（TH101TG040）、天然波 2（TH076TG040）、人工波（RH4TG040）共 3 组地震波（详见图 11、图 12）进行结构大震作用下的动力弹塑性时程分析，地震波峰值加速度为 220gal。在 3 组地震波作用下，X 向楼顶最大位移为 0.483m，最大层间位移角为 1/230，位于 24 层；Y 向楼顶最大位移为 0.645m，最大层间位移角为 1/178，位于 26 层。转换层 X 向层间位移角为 1/1233，Y 向层间位移角为 1/1413，均满足规范限值要求（图 13、图 14）。

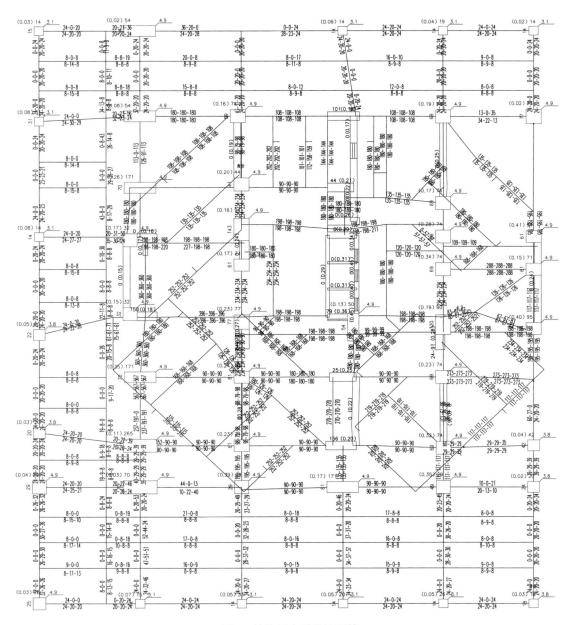

图 9 转换层中震弹性配筋

住宅塔楼大震等效弹性主要计算结果 表5

方向		X	Y
大震作用下最大层间位移角		1/202（25）	1/180（24）
基底剪力	Q_0（kN）	71222	65168
	与小震比值	6.16	6
基底弯矩 M_0（kN・m）		7.72E＋06	7.06E＋06

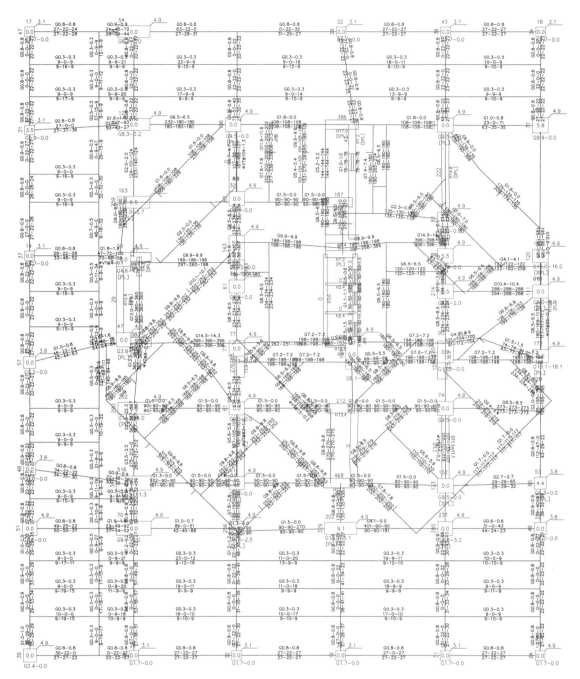

图 10　转换层大震不屈服配筋

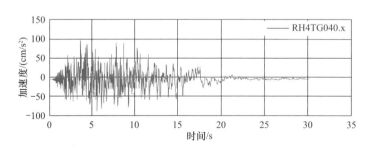

图 11　选取的地震波（1）

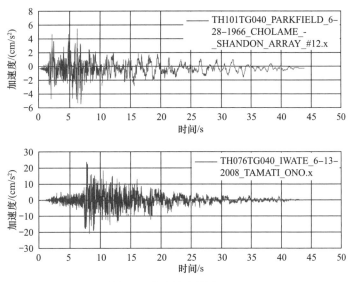

图 11 选取的地震波 (2)

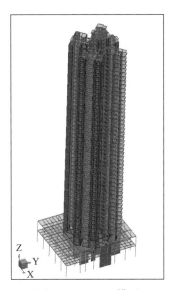

图 12 Sausage 模型

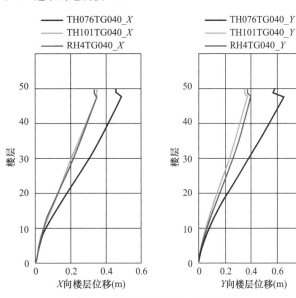

图 13 大震地震作用下楼层位移

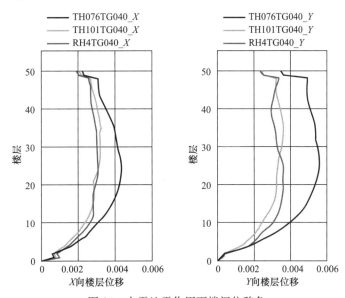

图 14 大震地震作用下楼间位移角

选用 RH4TG040 工况作为典型地震波，由剪力墙钢筋塑性应变水平云图（图 15）可见，结构大震作用下转换层以上绝大部分剪力墙受压损伤处于轻度损坏的状态，中部及以上的部分楼层出现小范围中度损坏的状态，塑性区域主要集中在连梁部位，出现了轻度及中度等不同程度的破坏。连梁耗能能力得到充分发挥，作为第一道设防体系消耗能量，对剪力墙墙肢起很大的保护作用。

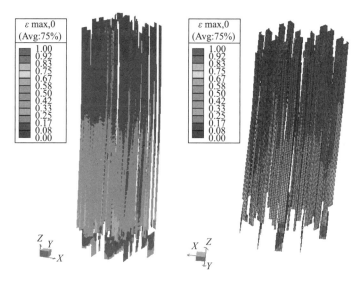

图 15　RH4TG040 工况下 X、Y 向剪力墙钢筋塑性应变水平云图

由转换梁性能水平图（图 16）可见大震作用下框支柱（墙）基本处于无损或轻微损坏状态，仅个别转换梁出现轻度损伤，大部分转换梁处于完好状态，可满足关键构件抗剪不屈服、抗弯不屈服的性能目标要求。

综上，结构在大震作用下处于相对稳定的状态，充分体现了强柱（墙）弱梁、强剪弱弯、强节点弱构件以及强下部弱上部的设计思路，可满足"大震不倒"的抗震设防目标。

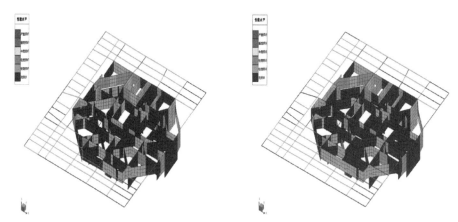

图 16　RH4TG040 工况下 X、Y 向地震作用下转换梁性能水平

4.1.6　超越大震作用下结构的破坏机理分析

本工程为全框支—剪力墙结构，转换层框支框架作为整体结构中的关键构件，其损伤或破坏会直接导致结构系统的严重破坏或垮塌。采用 Sausage 软件将地震加速度时程最大值增大至 400gal，进行动力弹塑性分析。

由结构构件损伤图（图 17）可见在超越大震作用下，上部塔楼剪力墙出现较多的中度及重度破坏部位（图中构件显示黄色或橙色），框支框架仅出现轻微及轻度破坏（图中构件显示青色或绿色）。判断当超越大震来临时，上部塔楼剪力墙将先于转换层框支框架破坏，可认为能实现"强下部，弱上部"的目标。

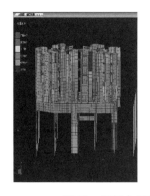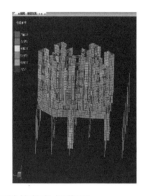

图 17　超越大震作用下结构构件损伤图

4.1.7　盖板并缝施工

"8.5m 盖板"并缝采用植筋后做叠合板做法（图 18）。

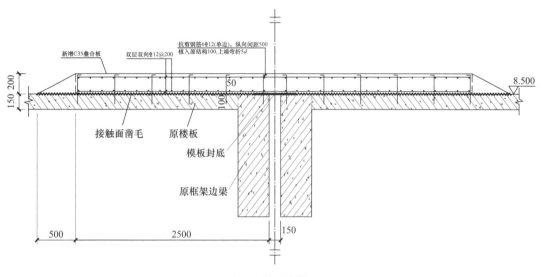

图 18　并缝大样图

（1）复核分区间传递的剪力、拉压力，叠合层取横向宽度为 5m（两侧各 2.5m），纵向每 500mm 一道植筋，两侧各植入 6C12，植入原结构 100mm。

（2）锚固部位的原构件混凝土不得有局部缺陷。植筋用的胶粘剂采用改性环氧类结构胶粘剂或改性乙烯基酯类结构胶粘剂，植筋胶应采用 A 级胶。

（3）混凝土浇筑时采取防止漏浆的措施，封底模板采用建筑胶或其他有效措施密封，避免对已施工的车辆段造成影响。

"8.5m 盖板"分区间并缝后，形成大底盘结构，加强了底盘整体性。但同时带来大底盘多塔及塔楼偏置的不利影响，需通过合理有效的分析以保证其可靠性。

4.2　TOD 项目大截面框支梁施工技术

4.2.1　概述

支撑立杆基础为地铁盖板。盖板厚度为 200mm，混凝土强度等级为 C35。在结构面上有防水层及 200mm 厚泡沫混凝土保温层，保温层上有 50mm 厚 C20 细石混凝土保护层。盖板下部为已施工的地铁车辆段，轨道及设备已安装完成，无法进行回顶加固（图 19）。

地铁站场上盖（盖板）上部为高层住宅楼的转换层结构。但地铁盖板的施工有限荷施工要求，而一次性浇筑大截面框支梁（常见尺寸为 2000mm×3000mmm，

1. 保护层：50mm厚C20细石混凝土保护层，内配φ4钢筋双向中距150mm，每隔6m设置分隔缝，聚氨酯密封膏封缝
2. 找坡层兼排水沟垫层：130mm厚(最薄处)泡沫混凝土，平均厚度200mm，建筑找坡和结构找坡总坡度1.5%
3. 防水层保护层：20mm厚1：2.5水泥砂浆
4. 防水层：2mm厚聚氨酯防水涂料
5. 基层：现浇钢筋混凝土屋面板，清理表面

图 19　原结构面上构造做法

框支梁宽度分类汇总

第一段框支梁浇筑分析

第一段框支梁浇筑后承载力复核

现场模架样板预加载试验

搭设高支模支架

高支模自动化监测设备布置

第一段框支梁截面浇筑

施工缝处理

第二段框支梁截面浇筑

图 20　TOD 项目大截面框支梁
施工工艺流程图

最大尺寸可达 2000mm×4000mm）时，其支模体系对立杆基础的承载力要求较高。

因此，在地铁盖板下部无法布设回顶支撑体系的情况下，大截面框支梁采用扣件式钢管支模体系的二段浇筑法进行施工。

4.2.2　施工工艺流程（图 20）

4.2.3　框支梁第一段混凝土浇筑高度的确定

1）分别对框支梁宽度进行分组，按第一段浇筑高度为 1m 的工况进行计算，复核其立杆支撑布设横纵间距及立杆基础所需的承载力，是否均满足盖板荷载受限的要求：

（1）（1000～1500）mm×1000mm 截面梁→立杆横纵间距，每排 3 立杆支承，横向间距 600mm，纵向间距 800mm；

（2）（1600～2000）mm×1000mm 截面梁→立杆横纵间距，每排 4 立杆支承，横向间距 600mm，纵向间距 800mm（图 21）；

（3）（2100～2500）mm×1000mm 截面梁→立杆横纵间距，每排 5 立杆支承，横向间距 600mm，纵向间距 800mm；

（4）（2600～3000）mm×1000mm 截面梁→立杆横纵间距，每排 6 立杆支承，横向间距 600mm，纵向间距 800mm。

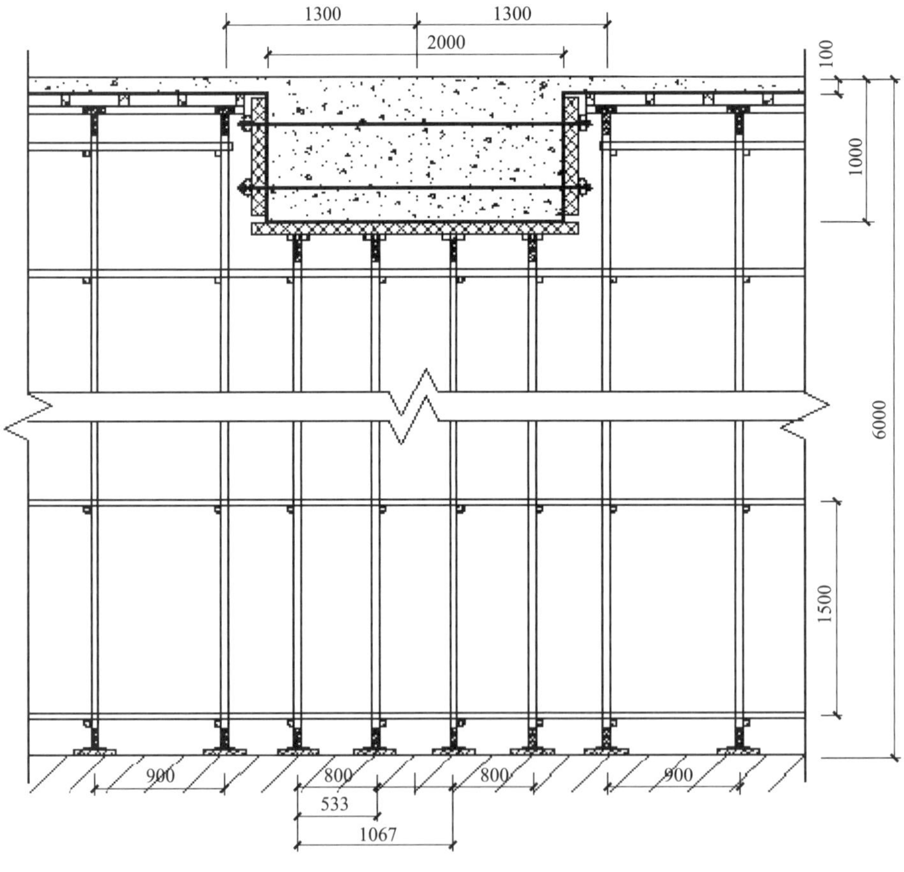

图 21　2000mm×1000mm 截面梁支模体系示意图

2）首次梁截面浇筑高度为 1m，待 7d 梁混凝土强度达到 75％后（以同条件试块试验结果为准），剩余部分再与其余梁板混凝土一起浇筑。因此，对第一段浇筑已形成 75％混凝土强度时的框支梁（简支梁）施加第二段浇筑的施工荷载，来复核第一次浇筑高度为 1m 是否满足第二段浇筑时的承载力要求。经验算复核，第一段浇筑梁高度为 1m，当混凝土具备 75％强度后，即使不布设扣件式钢管模架支撑，也均满足第二段浇筑施工的要求。

3）现场按第一段浇筑的最不利工况（3000mm×
1000mm）进行预堆载试验并进行同步检测，发现盖
板并未出现较明显的沉降等变形，细石混凝土保护层
亦没有出现明显的裂缝（图 22）。

4）转换梁分层浇筑流程：

（1）分两次采取浇筑措施（首次浇筑高度不超过
1m）。因此，针对大梁的支模设计，按照首次浇筑高
度（即 1m）进行设计。

（2）先浇筑转换梁下部 1m 范围，并加配中部梁
面筋（同原梁第一层面筋）与插筋，待先浇混凝土梁
强度达到设计要求的 75% 以上时，完成全截面梁浇
筑，具体施工步骤详见图 23、图 24。

图 22　按第一段浇筑的荷载进行现场预堆载试验

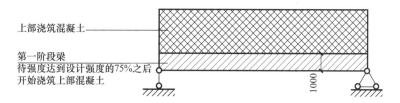

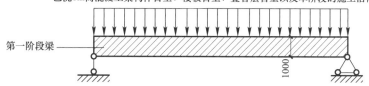

图 23　第一阶段转换梁计算及荷载简图

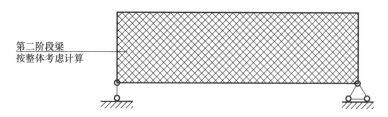

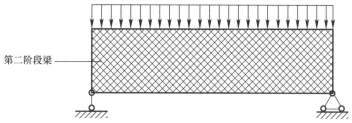

图 24　第二阶段转换梁计算及荷载简图

5）转换梁整体计算分析：

本工程采用转换梁分层浇筑技术，按照《混凝土结构设计规范》GB 50010—2010（2015 年版）
定义，属于不加支撑的叠合受弯构件（叠合梁）。按照规范 9.5 条及附录 H 的叠合梁计算方法进行
分析。

（1）第一阶段：后浇的叠合层混凝土未达到强度设计值之前的阶段。荷载由已浇混凝土构件承担，已浇1m高混凝土构件按简支构件计算；荷载包括已浇1m高混凝土梁构件自重、楼板自重、叠合层自重以及本阶段的施工活荷载。

（2）第二阶段：叠合层混凝土达到设计规定的强度值之后的阶段。叠合构件按整体结构计算；荷载考虑下列两种情况并取较大值：

施工阶段：考虑叠合构件自重、楼板自重、面层、吊顶等自重以及本阶段的施工活荷载；

使用阶段：考虑叠合构件自重、楼板自重、面层、吊顶等自重以及使用阶段的可变荷载。

（3）使用PKPM软件模拟转换层转换梁分层施工两个阶段，并进行分析设计。计算参数的选取如下：

荷载取值：当转换梁第二次浇筑混凝土未达到强度设计值时，楼面最大恒载标准值为1kN/m²，最大活载标准值为3kN/m²。转换层转换梁梁高更改为1m，并对修改了梁高的转换梁按原截面梁自重以线荷载的形式布置以补充梁自重差值。

材料强度取值：

第一阶段：以转换梁混凝土强度按原混凝土强度C40的75%保守考虑，取转换层转换梁混凝土等级为C25；

第二阶段：全截面转换层转换梁混凝土强度为C40。

（4）选取5条典型转换梁进行列举说明，计算结果如表6～表9所示。

第一阶段计算结果（一）　　　　　　　　　　表6

梁截面（mm）	第一阶段梁弯矩设计值 M_1（kN·m）	第一阶段梁剪力设计值 V_1（kN）	第一阶段梁恒载下弯矩标准值 M_{1GK}（kN·m）	第一阶段梁活载下弯矩标准值 M_{1QK}（kN·m）	计算跨度 l_0（m）	计算先浇1m高梁面筋面积（mm²）	计算下部底筋面积（mm²）	计算箍筋面积（mm²/m）
2200×3000	2295	1588	2020.5	130.9	6.7	4400	6812	2508
2600×3000	1970	1482	1436.7	68.8	6.7	5200	5879	2964
2000×3000	2020	1479	1696.8	70.9	6.7	4000	5990	2280
2400×3000	662	648	478.4	27.3	3.8	4800	5130	2736
1800×3000	1242	1006	907.8	58.4	6.6	3600	3848	2052

第一阶段计算结果（二）　　　　　　　　　　表7

梁截面（mm）	小震模型计算下部底筋面积（mm²）	小震模型计算箍筋面积（mm²/m）	实配先浇1m高梁面筋（mm²）	实配下部底筋（mm²）	实配箍筋（mm²/m）	结果判断
2200×3000	39600	14300	12E22（4561）	50E32（40210）	E14@100（12）（18468）	满足
2600×3000	33400	13200	14E22（5321）	57E32（45839）	E14@100（14）（21546）	满足
2000×3000	39600	14300	12E22（4561）	50E32（40210）	E14@100（12）（18468）	满足
2400×3000	32000	12000	16E20（5027）	72E32（57902）	E12@100（16）（18096）	满足
1800×3000	25100	3400	10E22（3801）	33E32（26539）	E12@100（10）（11310）	满足

根据计算结果，第一阶段与小震模型包络配筋，可满足挠度、裂缝及承担转换层总自重及施工荷载的重力荷载要求。

第二阶段计算结果（一） 表8

梁截面（mm）	第二阶段梁弯矩设计值 M_2(kN·m)	第二阶段梁剪力设计值 V(kN)	第二阶段梁准永久组合下弯矩 M_{2q}(kN·m)	计算跨度 l_0(m)	计算后浇层面筋面积（mm²）	计算下部底筋面积（mm²）	计算箍筋面积（mm²/m）
2200×3000	24450	15255	20533.87	6.7	13200	20378	7759
2600×3000	27124	20520	24831.4	6.7	15600	26254	10579
2000×3000	27372	13885	23294.91	6.7	12000	19860	7067
2400×3000	23471	19182	19062.94	3.8	14400	22230	10487
1800×3000	25576	8977	20147.41	6.6	10800	25071	2565

第二阶段计算结果（二） 表9

梁截面（mm）	小震模型计算后浇层面筋面积（mm²）	小震模型计算下部底筋面积（mm²）	小震模型计算箍筋面积（mm²/m）	实配后浇层面筋（mm²）	实配下部底筋（mm²）	实配箍筋（mm²/m）	结果判断
2200×3000	39600	39600	14300	50E32（40210）	50E32（40210）	E14@100（12）（18468）	满足
2600×3000	33400	33400	13200	52E32（41818）	57E32（45839）	E14@100（14）（21546）	满足
2000×3000	39600	39600	14300	50E32（40210）	50E32（40210）	E14@100（12）（18468）	满足
2400×3000	32000	32000	12000	65E32（52273）	72E32（57902）	E12@100（16）（18096）	满足
1800×3000	21600	25100	3400	30E32（24126）	33E32（26539）	E12@100（10）（11310）	满足

根据计算结果，第二阶段与小震模型包络配筋，可满足挠度、裂缝及承担转换层总自重及施工使用荷载的重力荷载要求。

结果分析：按第一、第二阶段与小震模型包络配筋，可满足施工及使用阶段的设计需求。同时为保守考虑，本工程对第一次浇筑梁进行了构造加强，对第一次浇筑梁增配面筋与交界面抗剪钢筋。综上所述，本工程对转换梁分层浇筑的方案是安全可靠的。

6）建立模型指导现场施工：

利用 BIM 模型多维度可视化的特性，对施工方案进行模拟。项目各部门可利用 BIM 模型进行讨论，调整方案，最终确定最优的施工方案。精准的模型，也可以作为模板支设样板，指导施工（图25～图29）。

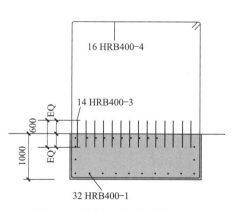

图 25　叠合梁配筋及插筋示意图

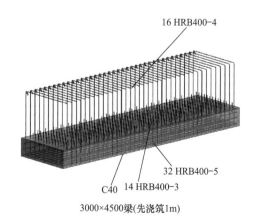

图 26　框支梁大体积混凝土测点布置图

图 27　大截面梁底模支撑

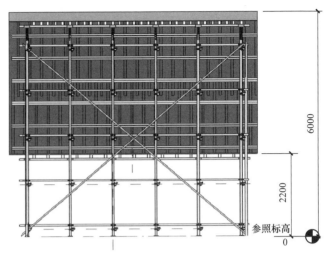

图 28　大截面梁侧模支撑

4.2.4　两段浇筑间的施工缝处理

（1）第一段梁截面浇筑时，应预留连接插筋 C14mm@200mm×500mm，各插入两段浇筑面的深度不少于 0.3m。施工缝位置埋设收口网，浇筑完成后及时清理施工缝处浮浆。

（2）第二段梁截面混凝土浇筑前，用清水冲洗旧混凝土表面，使旧混凝土在浇筑新混凝土前保持湿润；并在接缝面上应先铺一层厚度为 1~1.5cm 的水泥砂浆，其配合比与混凝土内的成分相同。

（3）将施工缝附近的混凝土细致捣实（图 30）。

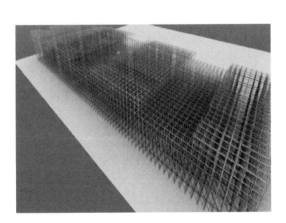

图 29　框支梁高支模测点布置图

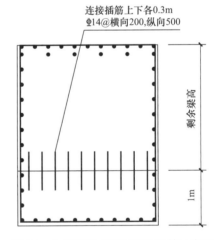

图 30　大截面框支梁配筋及插筋示意图

4.2.5　框支梁高大支模智能监控

基于区块链技术的高支模实时自动监控系统，并辅以物联网和 5G 技术，解决高大支模施工过程中危险性分部分项工程的动态监控数据传输、数据存储问题，实现监测数据自动采集、实时上链、统计分析、自动预警与多方协同管控功能，达到施工智能化监控目的。

1. 框支梁高大支模监测内容（表 10）

监测内容表　　　　　　　　　　　　　　　　　　　表 10

序号	监测项目	位置和监测对象	仪器	监测最小精度
1	支架水平位移	模板支架顶部、底部及中部位置	位移计	0.1mm
2	模板沉降	模板底部	位移计	0.1mm
3	立杆轴力	立杆顶托和模板之间	穿心式轴力计	0.5/100（F·S）

序号	监测项目	位置和监测对象	仪器	监测最小精度
4	立杆倾斜	立杆上端部	倾角计	0.1°
5	支架沉降	支架中部	全站仪	0.1mm

2. 框支梁高大支模监测频率

为保证监测的实时性和有效性，确保高支模在模板预压和混凝土浇筑过程中的稳定性，监测频率的确定应能保证及时获取高支模的变形信息。

（1）高支模各监测点随着模板和支撑架设进行安装，安装完后应对各监测元件进行调试，并获取各监测项目的初始值。初始值的观测应不少于 3 次。

（2）第一段的浇筑按不低于 20min/次的监测频率获取监测数据。

（3）在大梁第一段浇筑完成后，监测频率改为 1d/次，到第二次浇筑开始恢复不低于 20min/次的监测频率获取监测数据。

3. 框支梁高大支模监测点数量

（1）水平位移、沉降、轴力、倾角综合监测：325 组（图 31～图 33）。

（2）沉降监测点：115 个。

图 31　现场水平位移计

图 32　现场倾角计

4.2.6　框支梁大体积混凝土智能监控

基于温度自动化采集模块，辅以 5G 技术，通过系统预设的公式及参数进行内部换算，再以无线传输方式送到云平台及存储原始数据内容，实时对大体积混凝土温度进行监控，控制好浇筑过程中的温度差，保证大体积混凝土浇筑质量，达到施工智能化监控目的。

1. 温度自动化监测系统

采用 JMT-36C 型温度传感器，其为热敏电阻型，利用热敏电阻的阻值随温度变化而呈现有规律的变化，将热敏电阻换算成温度（图 34、图 35）。

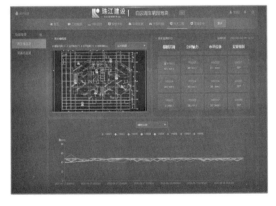

图 33　变形数据即时上传至我司高支模监控系统

图 34　温度传感器样式图

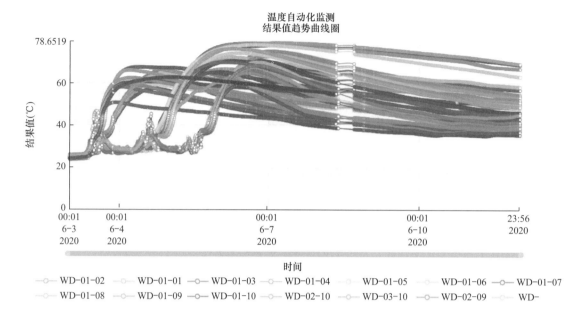

图 35　现场温度监测数据曲线图

图 36　振弦式综合采集仪

2. 区块链技术的应用

根据采集仪中预设的参数（可远程修改参数），下发指令至传感器，传感器进行数据采集；Lora4 通道振弦采集仪（CA-ZX-CJ4L-1 型）接收到传感器采集的振弦类数据信号后，将数据进行打包处理，通过 Lora 上传到基站；基站接收到 Lora4 通道振弦采集仪的信号后，根据预设的时间间隔，通过无线传输到云平台及存储原始数据内容（图 36）。

开发出基于区块链的建筑施工智能监控集成平台，并辅以物联网和 5G 技术，解决建筑施工过程中危险性分部分项工程的动态监控数据传输、数据存储问题，实现监测数据自动采集、实时上链、统计分析、自动预警与多方协同管控功能，达到施工智能化监控目的。

4.3　TOD 项目复杂柱节点加固改造施工技术

4.3.1　概述

本项目在地铁车辆段盖板（8.5m 板）上进行建筑施工。在该盖板上施工时，遇有新旧结构柱相连接的施工工序，该工序施工时存在以下问题：一是原结构柱钢筋密集，传统的柱内植筋方案再遇到梁柱节点梁钢筋多层重叠，导致冲击钻无法钻入；二是因钢筋重叠而导致的混凝土浇筑无法振捣到位，出现部分内部蜂窝孔洞等质量问题。

针对以上问题，进行了地铁站场转换层柱节点加固改造施工技术研究，通过在混凝土柱内置型钢以减少植筋数量。植筋前先采用无损冲击弹性波法对原结构混凝土质量进行探测扫描，并采用大流动性水泥基灌浆料进行局部孔洞填充处理，以解决原有柱头检测及补强问题；同时，通过扩大柱头工艺解决部分原柱内植筋难问题，通过化学锚栓及利用原预留钢筋进行锚固，提升施工质量和工效。

4.3.2　施工工艺流程（图 37）

4.3.3　冲击弹性波层析扫描法

1）针对盖体上部转换层的立柱已浇筑完成和立柱未浇筑两种工况，采用无损检测进行排查，排查坚持 100% 全覆盖（图 38）。

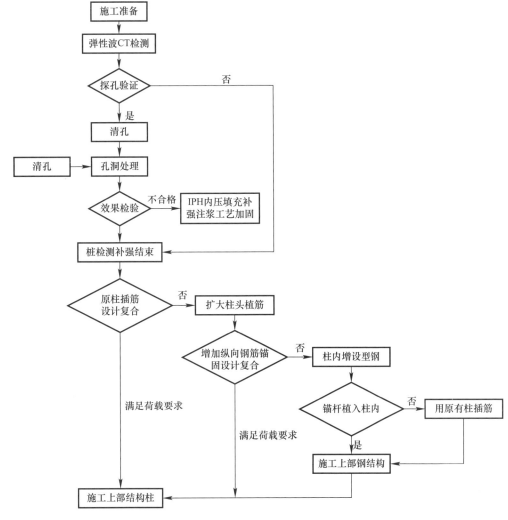

图 37 TOD项目复杂柱节点加固改造施工工艺流程图

2）计算层析扫描技术通过采用有约束条件下的同时迭代重构法，反衍形成混凝土结构内部波速分布图。测试原理示意图如图 39 所示，在测试过程中通过将测试对象分成若干小块（网格），测出每个网格内的波速，进而达到检测结构物内部缺陷的目的。

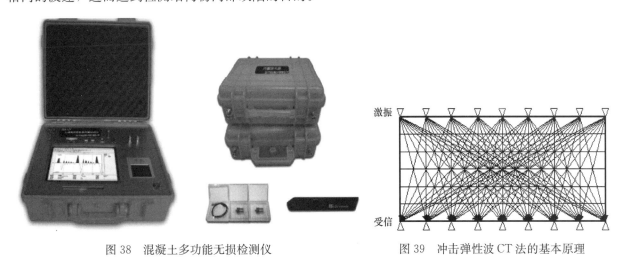

图 38 混凝土多功能无损检测仪　　　　图 39 冲击弹性波 CT 法的基本原理

3）参照参考波速，结合波速标定值，确定本次检测的缺陷判定标准，并针对检测出的无孔洞、有孔洞以及疑似孔洞部位进行记录，采取补强措施，确保结构安全（表 11）。

利用波速判定孔洞的标准 表 11

强度等级	判定标准范围（m/s）					
	无孔洞	有孔洞		疑似孔洞	
	波速	波速	图像描述	波速	图像描述
C35	≥3400	3000～3400	较低波速区域呈斑点状	≤3000	低波速区域呈现连续层状、大区域状
C50	≥3800	3400～3800		≤3400	
C60	≥4000	3600～4000		≤3600	

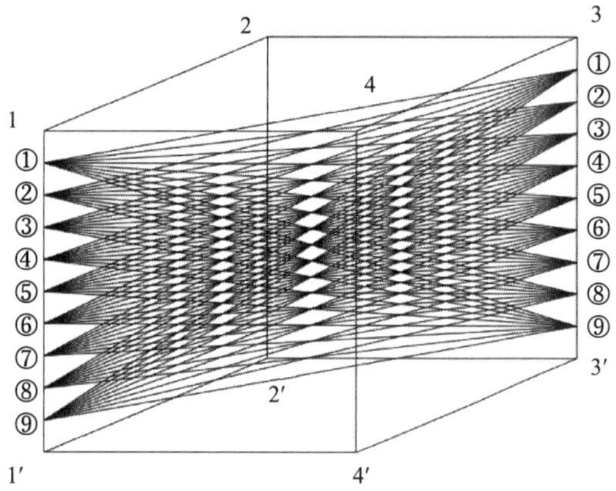

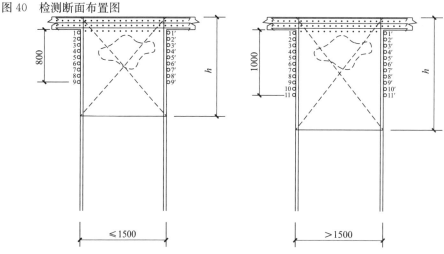

图 40　检测断面布置图

4）混凝土多功能无损检测仪操作流程：

（1）调试设备，标定检测仪，设置检测参数。

（2）固定传感器，使传感器前置器与结构表面密切接触。

（3）根据检测范围，沿立柱对角线布置检测面（图 40），当检测范围为 80cm 时，柱头每个测面对称布置 9 个测点；当检测范围为 100cm 时，柱头每个测面对称布置 11 个测点（图 41）。每种检测范围条件下相邻测点均按照间距 10cm，最上方测点距离板底 5cm，依次自上向下布设。按照由下向上的顺序进行激振，并接收信号。

图 41　梁柱节点无损检测测点布置示意图

4.3.4　空洞处理及检查

（1）若验证有孔洞，从盖板上部的结构柱四周打设 1 个排气孔和 1 个注浆孔，首先采用高度 50cm 灌浆漏斗，将搅拌好的水泥基灌浆料灌注，直至排气孔出浆为止停止灌注，堵塞排气孔，稳压 10min 后将料斗拆除（图 42、图 43）。

（2）采用 IPH 内压填充结合补强法（简称 IPH 工法），再进行补强加固。IPH 工法采用的特殊注射器拥有超低压力值 $[0.06\pm(0.01\sim0.02)N/mm^2]$，配合高流动性改性环氧树脂灌浆材料，可以实现高密度、高精度的填充。并且，此特殊注射器具备空气排出功能，由于将产生反压力因素的空气一部分向外排放，因而能将高强度的树脂填充到细微裂纹的末端。

（3）立柱孔洞缺陷采用水泥基灌浆材料填充后，采用冲击弹性波层析扫描法检测云图，结果显示，波速值合理，填充密实、饱满（图 44）。

（4）根据项目工况，对盖板进行上墙柱头凿除、钢筋清理除锈、根部防水处理，确保项目的安全质量（图 45～图 47）。

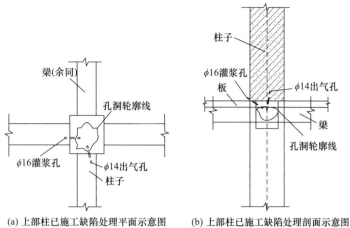

(a) 上部柱已施工缺陷处理平面示意图　　(b) 上部柱已施工缺陷处理剖面示意图

图 42　盖板上部无扩大头缺陷处理图

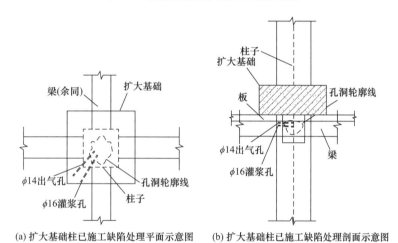

(a) 扩大基础柱已施工缺陷处理平面示意图　　(b) 扩大基础柱已施工缺陷处理剖面示意图

图 43　盖板柱头缺陷处理图

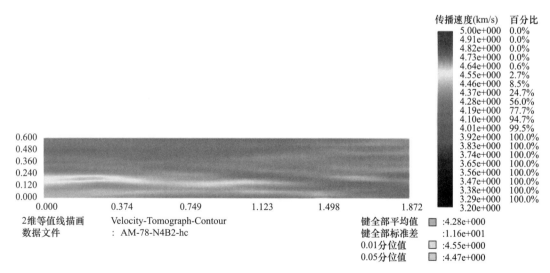

图 44　AM78 立柱孔洞缺陷处理后检测云图

4.3.5　新旧柱节点施工

（1）柱头缺陷处理完成后，根据现有上盖结构变动，按需增加柱子纵向受力钢筋，采用扩大柱头做法用于纵向受力钢筋锚固，在扩大柱头锚固的钢筋不满足数量时，采用原混凝土柱连接型钢结构施工（图48、图49）。

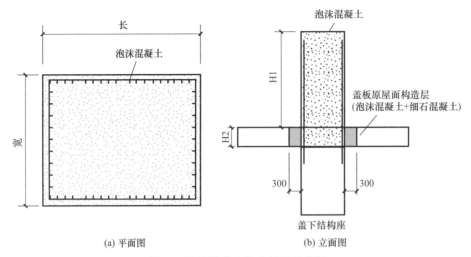

(a) 平面图　　　　　　　　　(b) 立面图

图 45　泡沫混凝土柱头剖面示意图

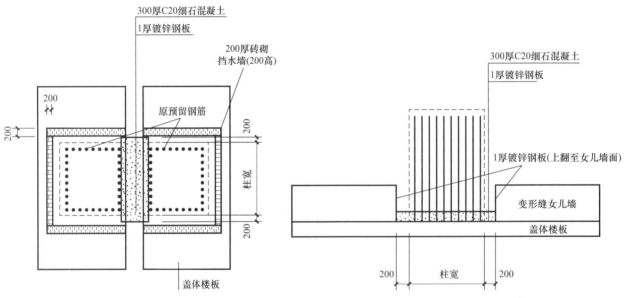

图 46　变形缝处柱头防水处理平面图　　　　　图 47　变形缝处柱头防水处理侧面图

图 48　扫描定位

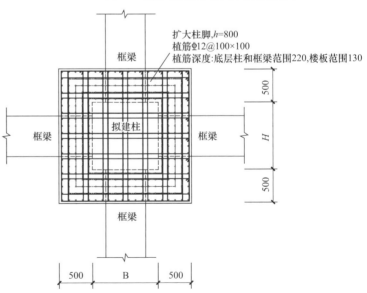

图 49　柱头扩大头植筋大样

（2）通过分析扫描数据，采用喷漆做好植筋钢筋位置标识定位，有效避开梁板钢筋，避免植筋钻孔对原结构钢筋造成损伤（图50～图52）。

（3）首先是在混凝土面上将锚栓的位置放线，进行预打孔，然后将锚栓的植筋位置在图面表示出来，再然后进行柱底板的开孔，如果锚栓位置超出了柱底板的位置，需将柱底板加大；在设计允许的情况下，将柱底板的孔开大10mm，以保证钢柱能够顺利安装（图53）。

图 50　喷漆定位图

图 51　楼板厚度现场检测

图 52　柱头扩大头植筋现场照片

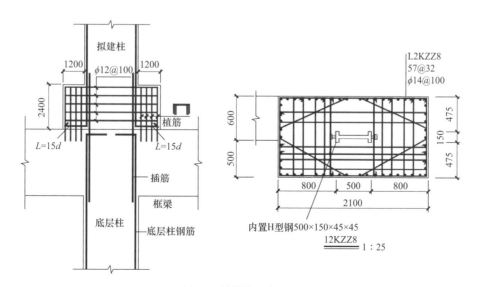

图 53　植筋位置布置图

4.4 TOD 项目地铁上盖架空交叉梁塔式起重机基础施工技术

4.4.1 概述

相比一般住宅项目，地铁上盖项目盖板下面无法进行回顶支撑，仅能通过既有的竖向结构支承塔式起重机的荷载，在塔式起重机选型时应考虑塔式起重机安装时盖板的限荷以及竖向结构具备足够的承载力要求。

本施工技术根据现场原有竖向结构布置情况，尽可能地按"正十字"式的结构形式布置塔式起重机基础。当现场条件无法呈"正十字"形式布置时，需考虑偏心弯矩，增强基础预埋件部位的整体性；采用 Revit 建立塔式起重机参数化族，在参数中嵌套计算公式，进行塔式起重机的受力复核，确保塔式起重机基础在限荷范围内，辅助快速进行多台塔式起重机受力校核，提高计算效率。

4.4.2 施工流程（图 54）

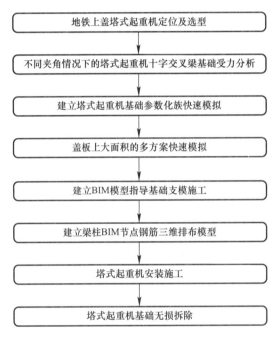

图 54 TOD 项目地铁上盖架空交叉梁塔式起重机基础施工流程图

4.4.3 地铁上盖塔式起重机定位要求

一般的住宅工程，可根据附墙条件等需要，选择合适的位置设置塔式起重机桩承台基础。然而在非工程总承包模式下的结构设计阶段及盖板施工阶段，并不会考虑地铁上盖建筑的塔式起重机布设方案，且盖板下面无法进行回顶支撑，仅能通过既有的竖向结构支承塔式起重机的荷载。因此，地铁上盖建筑塔式起重机选型的考虑因素有：

（1）塔式起重机覆盖的平面范围。

（2）塔式起重机选点周边，是否有具备足够承载力的竖向结构。

（3）塔式起重机设计的最终爬升高度，考虑是否需要设置附墙件。

（4）一般地，具备足够承载力的竖向结构通常为建筑内部竖向结构，高层建筑周边的竖向结构不具备足够的承载力。因此，若无法在高层建筑周边布设塔式起重机及设置外附墙件时，则需改为布置内爬式塔式起重机。

（5）塔式起重机安装时盖板的限荷要求。

4.4.4 塔式起重机十字交叉梁基础的构造要求

塔式起重机十字交叉梁基础分别由两根两端固定梁和交汇处的加腋板组成（图 55）。

（1）如图 55 所示，设两固定梁间的水平投影夹角为 α，则使塔式起重机标准节的"中心线"与 α 角的角平分线方向一致。这使得塔式起重机标准节的四点柱脚均匀地偏离交叉梁的中心线，减少柱脚集中力的偏心作用（图56）。

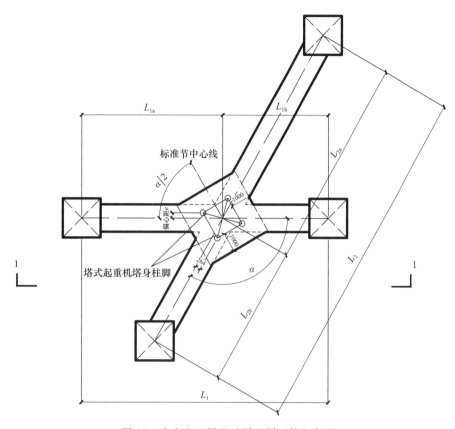

图55 十字交叉梁基础平面图（偏心布置）

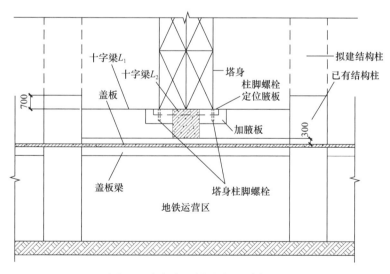

图56 十字交叉梁基础1-1剖面图

（2）两固定梁交汇处设置加腋板构造，以提高两根固定梁间的协同受力作用，降低集中应力。通过ADINA软件建立塔式起重机交叉梁基础的有限元分析模型，在加腋板四边的水平投影线与塔式起重机标准的水平投影线间的平面距离约为1m，主要加载为倾覆力矩设计值2905.2kN·m，竖向荷载设计值924.075kN，十字交叉梁四端为固定约束的情况下，得到"加腋板厚度"与"交叉梁交汇截面"的规律（图57～图59）。可见，选用加腋板厚度为300mm时较为经济。

图 57　塔式起重机十字交叉梁有限元分析模型图

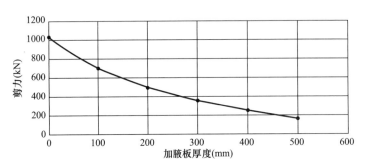

图 58　加腋板厚度对截面剪力影响曲线图

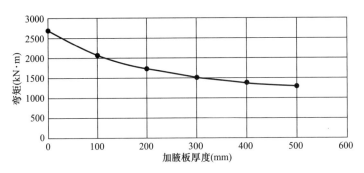

图 59　加腋板厚度对截面弯矩影响曲线图

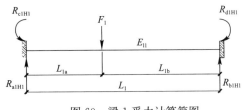

图 60　梁 1 受力计算简图
（仅竖向集中荷载作用）

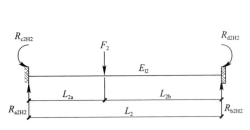

图 61　梁 2 受力计算简图
（仅竖向集中荷载作用）

4.4.5　不同夹角情况下的塔式起重机十字交叉梁基础受力分析

1. 竖向集中荷载作用

在加腋板提升了塔式起重机柱脚基础整体刚度的情况下，作用于基础承台的四处柱脚竖向荷载简化成作用于它们相互对称的中心点，同时也是两根固定梁交汇的中心点（图 60～图 62）。

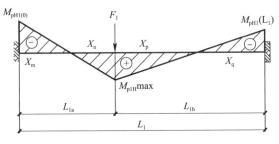

图 62　梁 1 弯矩内力示意图
（仅竖向集中荷载作用 M_{pH1} 图）

解得"梁 1"弯矩值：

$$M_{\mathrm{pH1}}(x) = M_{\mathrm{H1}}(x) + M_{\mathrm{c1H1}}(x)$$

① 当 $x \leqslant L_{1\mathrm{a}}$ 时，$M_{\mathrm{H1}}(x) = \dfrac{L_{1\mathrm{b}}F_1}{L_1}x$；

当 $x \geqslant L_{1\mathrm{a}}$ 时，$M_{\mathrm{H1}}(x) = \dfrac{(L_{1\mathrm{a}} + L_{1\mathrm{b}} - x)}{L_1}L_{1\mathrm{a}}F_1$

② $M_{\mathrm{c1H1}}(x) = M'_{\mathrm{c1}}(x)X_{\mathrm{c1H1}} = -\left(\dfrac{-x}{L_1} + 1\right)\dfrac{L_{1\mathrm{a}}L_{1\mathrm{b}}^2}{L_1^2}F_1$

③ $M_{\mathrm{d1H1}}(x) = M'_{\mathrm{d1}}(x)X_{\mathrm{d1H1}} = -\dfrac{x}{L_1}\dfrac{L_{1\mathrm{a}}^2 L_{1\mathrm{b}}}{L_1^2}F_1$

解得"梁 1"集中力作用处的竖向位移值：

$$\Delta_{\mathrm{H1}} = \dfrac{L_{1\mathrm{a}}^3 L_{1\mathrm{b}}^3}{3EI_1 L_1^3} = F_1$$

并根据梁 1、梁 2 交汇处位移协调的特点，可得：

$$\dfrac{L_{1\mathrm{a}}^3 L_{1\mathrm{b}}^3}{3EI_1 L_1^3}F_1 = \dfrac{L_{2\mathrm{a}}^3 L_{2\mathrm{b}}^3}{3EI_2 L_2^3}F_2$$

$$F_1 + F_2 = G$$

解得：

$$F_1 = \dfrac{L_{2\mathrm{a}}^3 L_{2\mathrm{b}}^3 \times I_1 L_1^3}{L_{2\mathrm{a}}^3 L_{2\mathrm{b}}^3 \times I_1 L_1^3 + L_{1\mathrm{a}}^3 L_{1\mathrm{b}}^3 \times I_2 L_2^3}G$$

$$F_2 = \dfrac{L_{1\mathrm{a}}^3 L_{1\mathrm{b}}^3 \times I_2 L_2^3}{L_{2\mathrm{a}}^3 L_{2\mathrm{b}}^3 \times I_1 L_1^3 + L_{1\mathrm{a}}^3 L_{1\mathrm{b}}^3 \times I_2 L_2^3}G$$

并有剪力值：

$$V_{\mathrm{a1H1}} = \dfrac{(3L_{1\mathrm{a}} + L_{1\mathrm{b}})}{L_1^3}L_{1\mathrm{b}}^2 F_1 ; \qquad V_{\mathrm{b1H1}} = \dfrac{-(L_{1\mathrm{a}} + 3L_{1\mathrm{b}})}{L_1^3}L_{1\mathrm{a}}^2 F_1$$

"梁 2"同理。

2. 塔式起重机倾覆弯矩作用

α 为"梁 L_1"与"梁 L_2"间较大的夹角，当倾覆弯矩处于第二、第四象限时，选用 M_β 表达该塔吊倾覆弯矩，其与"梁 L_1"的夹角为 β；当倾覆弯矩处于第一、第三象限时，选用 M_γ 表达该塔吊倾覆弯矩，其与"梁 L_1"的夹角为 γ，则有以下倾覆弯矩在分别沿两固定梁方向的分力表达式。

$$M_1 = \dfrac{\sin(\alpha - \beta)}{\sin(\pi - \alpha)}M_\beta ; \qquad M_2 = \dfrac{\sin(\beta)}{\sin(\pi - \alpha)}M_\beta$$

$$\text{或 } M_1 = \dfrac{\sin(\pi - \alpha - \gamma)}{\sin(\alpha)}M_\gamma ; \qquad M_2 = \dfrac{\sin(\gamma)}{\sin(\alpha)}M_\gamma$$

解得"梁 1"弯矩值：

$$M_{\mathrm{pW1}}(x) = M_{\mathrm{W1}}(x) + M_{\mathrm{c1W1}}(x) + M_{\mathrm{d1W1}}(x)$$

① 当 $x < L_{1\mathrm{a}}$ 时，$M_{\mathrm{W1}}(x) = \dfrac{-x}{L_1}M_1$；

当 $x > L_{1\mathrm{a}}$ 时，$M_{\mathrm{W1}}(x) = \dfrac{(L_1 - x)}{L_1}M_1$

② $M_{\mathrm{c1W1}}(x) = M'_{\mathrm{c1}}(x)X_{\mathrm{c1W1}} = \left(\dfrac{-x}{L_1} + 1\right)\dfrac{(2L_{1\mathrm{a}} - L_{1\mathrm{b}})L_{1\mathrm{b}}}{L_1^2}M_1$

③ $M_{\mathrm{d1W1}}(x) = M'_{\mathrm{d1}}(x)X_{\mathrm{d1W1}} = \left(\dfrac{x}{L_1}\right)\dfrac{(L_{1\mathrm{a}} - 2L_{1\mathrm{b}})L_{1\mathrm{a}}}{L_1^2}M_1$

并有剪力值：

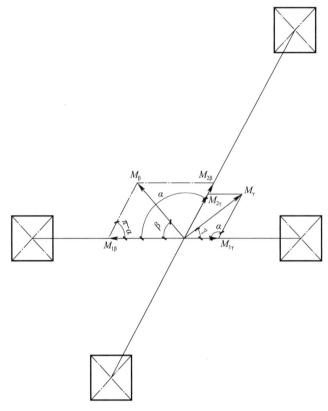

图 63　倾覆弯矩的分解

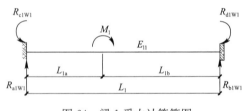

图 64　梁 1 受力计算简图
（仅倾覆弯矩荷载作用）

$$V_{a1w1} = V_{b1w1} = -\frac{6L_{1a}L_{1b}}{L_1^3}M_1$$

"梁 2"同理。

3. 塔式起重机十字交叉基础梁的均布自重作用

设两根塔式起重机十字交叉梁基础的均布自重荷载分别为 q_1、q_2，根据其结构对称性，等效成以下受力状态展开分析（图 65）。

解得"梁 1"弯矩值：

$$M_{pq1}(x) = M_{q1}(x) + M'_{e1}(x)X_{e1q1} = \frac{-q_1}{2}\left(x - \frac{L_1}{2}\right)^2 + \frac{q_1L_1^2}{24}$$

并有剪力值：

$$V_{pq1}(x) = V_{q1}(x) = q_1\left(\frac{L_1}{2} - x\right)$$

"梁 2"同理。

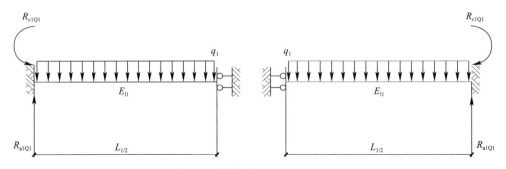

图 65　梁 1 受力计算简图（仅均布自重作用）

4.4.6　创建塔式起重机十字交叉梁基础参数化基础族

在 BIM 参数化基础族中，十字交叉梁基础的截面尺寸均由参数进行控制。因此，可把相关参数与受力分析所得公式相结合，在自定义族中实现十字交叉梁基础的电算化快速受力复核（图 66～图 68）。

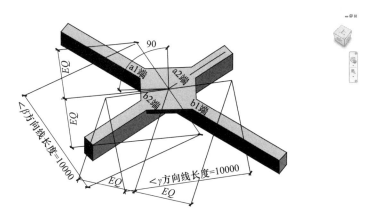

图 66　塔式起重机十字交叉梁基础族三维示意图

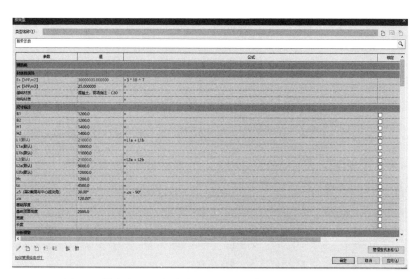

图 67　塔式起重机十字交叉梁基础的各种形状参数设置图

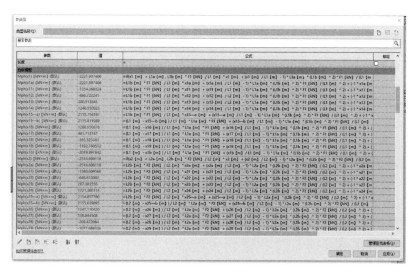

图 68　塔式起重机十字交叉梁基础的各截面内力计算的参数设置图

4.4.7　盖板上大面积的多方案快速模拟

采用塔式起重机参数化族，进行场地塔式起重机的多方案快速模拟和受力复核，确保塔式起重机基础设计强度满足要求，具体应用步骤如下。

1）步骤一：在既有结构模型上测量，找出距离较近，水平投影交叉线角度接近 90°的四处竖向结构（仅考虑前期设计中承载力设计值富余量较大的既有竖向结构），确定两根固定梁的截面宽度"B_1""B_2"。

2）步骤二：载入参数族，通过调整两根固定梁的截面高度"H_1""H_2"，使得两根固定梁的"竖向承载力分配系数"处于 0.33~0.66 之间（图 69）。

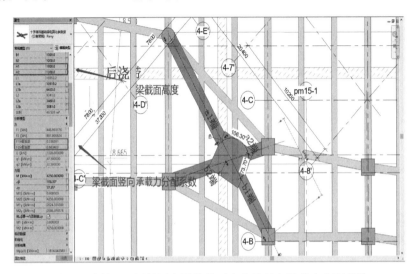

图 69　步骤二：调整固定梁的截面高度及竖向承载力分配系数

3）步骤三：调整倾覆弯矩作用方向（重点关注：交叉梁的角平分线方向、交叉梁中心线方向），找出各截面的弯矩最大值和剪力最大值（重点关注：支座端与集中力作用处）（图 70~图 72）。

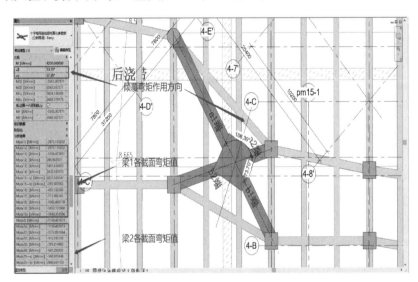

图 70　步骤三：倾覆弯矩作用方向与固定梁弯矩内力

4）步骤四：根据正截面承载力设计值、斜截面承载力设计值的需要，调整：

（1）两根固定梁的截面高度。

（2）受力纵筋面积"A_s""A_s'"与相对受压区高度"ξ"。

（3）同一截面内箍筋的全部截面面积"A_{sv}"（图 73）。

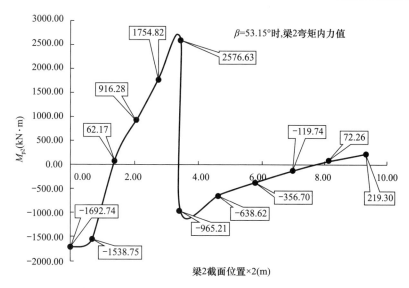

图 71 步骤三：当倾覆弯矩方向角∠β＝53.15°时梁 2 各截面弯矩

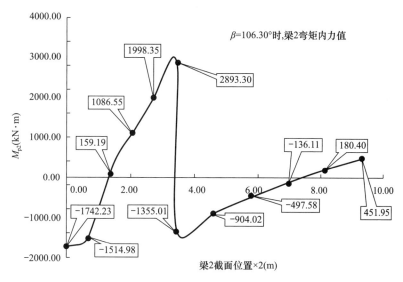

图 72 步骤三：当倾覆弯矩方向角∠β＝106.30°时梁 2 各截面弯矩

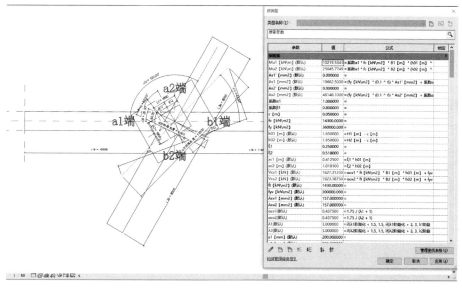

图 73 步骤四：参数族中与配筋计算相关的公式设定及参数设置示意图

5）步骤五：复核调整各项参数后的荷载内力值与承载力设计值间是否满足需求（图74）。

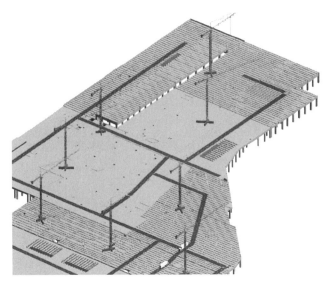

图74　TOD盖板上塔式起重机布置情况三维模拟图

4.4.8　地铁车辆段盖板限载条件下塔式起重机基础支模施工

为形成与盖板间有300mm的架空构造，以及满足盖板受荷载限制的要求，交叉梁基础支模施工时，选用高强的50mm×100mm木方进行支模施工（图75）。

4.4.9　无损拆除塔式起重机十字交叉梁基础

通过金刚石锯绳切割交叉梁基础，不对原竖向结构造成破坏，定位准确，效率高（图76）。

图75　木方支撑

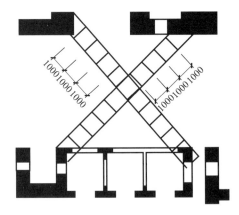

图76　交叉梁基础切割分块示意图

4.5　TOD项目施工通道处盖板变形缝防水施工技术

4.5.1　概述

TOD项目于"8.5m盖板"上组织展开施工，在塔楼（住宅楼）主体完成施工前，各区域盖板沉降仍可能发生变化。因此，无法在塔楼（住宅楼）主体施工前，各分区间的变形缝按前文所述的"'大底盘'盖板合缝整体加强技术"进行永久性加固。然而，塔楼（住宅楼）主体施工期间，正是项目高速周转施工的时间。这要求项目施工前，对"8.5m盖板"的变形缝进行处理。该变形缝需满足施工通道行车的需要，防水和防施工碎屑的需要，盖上不均匀沉降的需要。

对此，通过"TOD项目施工通道处盖板变形缝防水施工技术"，对原"8.5m盖板"间反坎变形缝进行加固改造，以满足以上施工需求（图77～图81）。

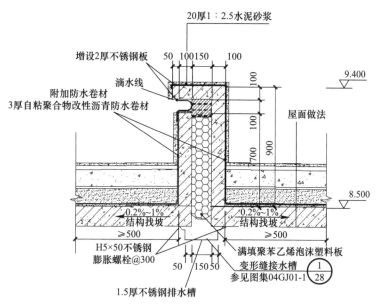

图 77　原地铁盖板间的变形缝防水大样示意图（改造前）

图 78　现场的施工通道处盖板变形缝防水构造（改造后）

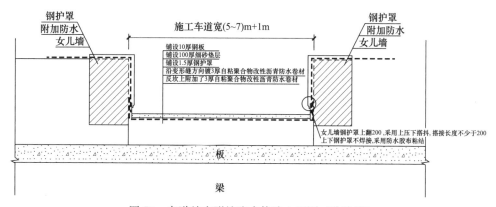

图 79　车道处变形缝防水构造立面图（改造后）

4.5.2　施工流程（图 82）

4.5.3　施工通道定位

　　通过模拟运输行车路线与回转半径，破除部分原有女儿墙防水变形缝，疏通场内道路。凿除原女儿墙防水变形缝后，增补高分子自愈型防水卷材、定型化轻钢护套，提高防水变形缝的防水性能和耐磨性能，并建立 BIM 三维模型，指导现场施工（图 83）。

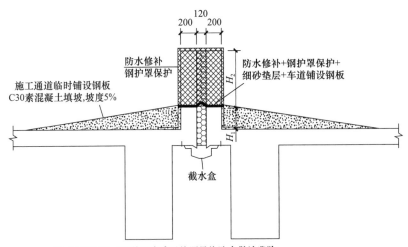

H_1=现状屋面+300,施工完成后按照最终防水做法凿除。
H_2范围为施工期间凿除范围(约400),凿除宽度为施工车道宽度每侧扩0.5m。

图 80　车道处变形缝防水构造剖面图（改造后）

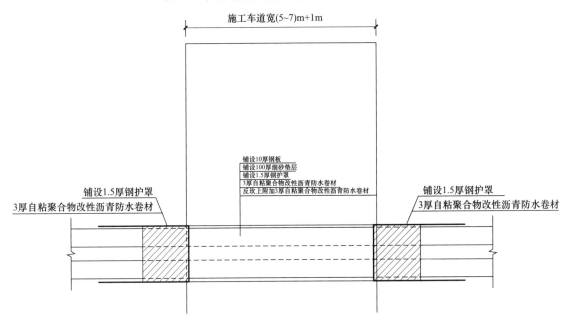

图 81　车道处变形缝防水构造俯视图（改造后）

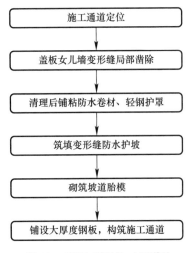

图 82　TOD 项目施工通道处
盖板变形缝防水施工流程图

4.5.4　变形缝女儿墙两侧凿除

（1）根据车道位置，对变形缝女儿墙需要凿除部分进行测量定位，车道宽两侧 500mm 处、盖板以上 300mm 范围女儿墙进行人工风镐凿除，凿除后对界面进行清理，并将残渣清理干净。

（2）凿除前做好对作业工人的交底，用模板封住变形缝位置，避免凿除时的碎块通过变形缝掉落盖下车辆段。

（3）工人用手持风镐逐渐击碎混凝土。混凝土残渣及时清理，女儿墙内钢筋采用手持的角磨机进行切割。

（4）当在相应标高凿除时，检查是否破坏防水层，如有破坏，应立即对原防水层进行修改。并对变形缝满填聚苯乙烯泡沫塑料板（图 84～图 86）。

4.5.5　防水变形缝模型指导施工

在完成项目可视化三维防水变形缝模型的基础上，分析各层次材

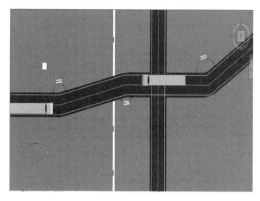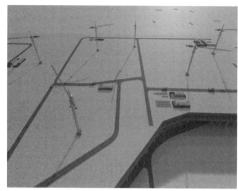

图 83　车辆运行模拟

图 84　屋面变形缝处反坎凿除　　　　图 85　防水卷材铺贴

料用量，辅助施工备料下料。将模型进行轻量化后辅以施工交底与各单位验收（图 87）。

4.5.6　变形缝翻边墙防水卷材施工

1. 基面处理

凿补结构面凹凸不平影响铺贴的瑕疵，对凿出的沟槽进行清渣处理，对于小颗粒可采用吸尘器进行清灰，给卷材铺贴提供洁净基面。在翻边墙根部与大库盖体板面交界处、凿除后的凹凸不平混凝土面，采用 M15 水泥砂浆进行抹平处理。

2. 防水涂料/界面剂涂刷

在处理好的基面涂刷防水涂料或界面剂，使界面整洁无尘，防水卷材粘结更好。

图 86　边缘部位防水卷材处理

3. 卷材铺贴

（1）先沿车行方向采用 3mm 厚自粘聚合物改性沥青防水卷材进行第一道防水铺贴，贴缝应顺水流方向。卷材从女儿墙一侧 500mm 处开始铺设，贴至凿除后的翻边墙顶。

（2）第一道防水铺设完毕后，再沿变形缝位置，垂直第一道卷材方向，铺设第二道防水卷材。同一层相邻两幅卷材短边搭接缝错开不应小于 500mm，卷材搭接 100mm。个别区域有阴阳角的，阴阳角处要先进行附加层处理。

（3）待卷材铺贴完成后，用软橡胶板或滚筒等从中间向卷材搭接方向另一侧刮压并排出空气，使卷材充分满粘于基面上。

（4）卷材搭接位置，禁止设在变形缝上，搭接铺贴下一幅卷材时，将位于下层的卷材搭接部位的隔离纸揭起，将上层卷材对准搭接控制线平整粘贴在下层卷材上，刮压排出空气，充分满粘。

（5）变形缝柱间缝隙采用防水卷材铺贴，与柱每边搭接不少于 150mm。

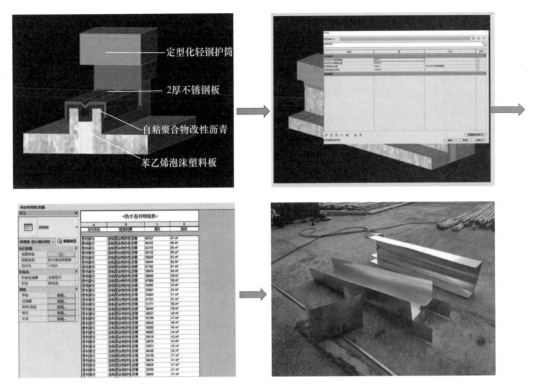

图 87　基于 BIM 规划的防水变形缝改造流程

4. 边缘处理

待变形缝卷材铺贴完成后采用防水涂料对防水卷材搭接的边缘进行涂刷，以减缓卷材边缘的老化，延长其防水寿命。

4.5.7　钢护罩施工及施工通道浇筑

（1）防水卷材上采用钢护罩将两侧变形缝女儿墙及车道位置进行包裹。为防止变形缝位置的不均匀沉降，对钢护罩造成破坏，钢护罩做 V 形凹槽，防止变形。钢护罩与防水卷材的缝隙，用聚氨酯进行填充。

（2）针对变形缝处钢护罩长度过长现象，搭接部位采用满焊措施，焊接完成后，沿焊缝方向，涂刷聚氨酯防水涂料＋防水胶带封口；针对钢护罩两端 V 口与变形缝墙边接缝部位，采用防水沥青膏全部填塞。

（3）利用灰砂砖砌块砌筑坡道胎模，浇筑 C20 混凝土并洒水养护。

（4）为避免重车直接压在车道钢护罩上破坏防水，导致变形缝位置出现裂缝从而渗漏，变形缝两侧坡道混凝土路面比变形缝高出 50mm，钢板不与钢护罩直接接触。

（5）为更好地分散受力，在车道位置先铺设 100mm 厚细砂后，再铺设 10mm 厚钢板（图 88～图 90）。

图 88　钢护罩制作

图 89　钢护罩细部处理

5 社会和经济效益

5.1 社会效益

白云湖车辆段上盖项目施工期间，能在车辆段盖上进行有效的施工组织，且并未影响到广州地铁 8 号线亭岗车辆段的正常运营，大大避免了对 8 号线附近居民的正常生活造成影响。对此，广东省总工会、广州市建设工程安全监督站、白云区政府石门街道办事处等均对我司承建该 TOD 项目的工作表现表示肯定。

1. 广东省五一劳动奖状（图 91）
2. 广州市建设工程安全监督站表扬通报（图 92）
3. 白云区政府石门街道办事处的表扬信（图 93）

图 90 反坎两侧坡道砖模浇筑混凝土

图 91 广东省五一劳动奖状证书

图 92 广州市建设工程安全监督站表扬通报   图 93 白云区政府石门街道办事处表扬信

5.2 经济效益

针对地铁站场上盖上下部分的施工主体不同，盖下建筑预留条件经常出现不能满足上盖物业后期开发的问题，白云湖车辆段地块上盖项目的三栋住宅楼（自编号 17、18、19 号）、九年一贯制学校、幼儿园、三栋门卫室及两宗通透式围墙工程、商业楼（自编号 G9）及一期地下室（含部分公建配套）工程等项目中进行了该关键技术的推广应用，取得了显著的经济效益。

（1）在解决新旧结构柱植筋难度大、质量差、强度难以保证等问题上取得了良好效果。

（2）采用地铁上盖架空交叉梁塔式起重机基础，解决地铁上盖进行框支转换层施工作业时无法布设塔式起重机基础的工程问题。

（3）针对下部地铁运营区域布设回顶支撑体系、上部浇筑施工难的工程特点，采用有限元软件分析其最优浇筑厚度，通过两段分层浇筑完成大截面框支转换梁施工，大大减少了支模基础承载力的要求。

（4）采用 TOD 项目施工通道处盖板变形缝防水施工技术，解决了地铁上盖施工变形缝防水要求高的问题，提高了防水变形缝的防水性能和耐磨性能。

6　工程图片（图 94～图 96）

图 94　项目俯瞰图

图 95　超大截面梁分段交接面钢筋安装

图 96　塔式起重机基础航拍图

玛丝菲尔工业厂区二期工程

吴碧桥　周起太　张奇峰　宋小飞　刘　成

——玛丝菲尔园区鸟瞰图

第一部分　实例基本情况表

工程名称	玛丝菲尔工业厂区二期工程		
工程地点	深圳市龙华区大浪时尚产业创意园		
开工时间	2012 年 5 月	竣工时间	2022 年 5 月
工程造价	12560 万元		

建筑规模	68788.52m²
建筑类型	厂房
工程建设单位	深圳市玛丝菲尔时装股份有限公司
工程设计单位	深圳市建筑设计研究总院有限公司
工程监理单位	深圳市九州建设技术股份有限公司
工程施工单位	江苏省华建建设股份有限公司
项目获奖、知识产权情况	

工程类奖：
1. 2013年深圳市安全生产与文明施工优良工地；
2. 2014年广东省AA级安全文明施工标准化工地；
3. 2014年广东省房屋市政工程安全生产文明施工示范工地；
4. 2022年深圳市建筑业新技术示范工程。
科学技术奖：
江苏省建设科学技术奖三等奖。
知识产权（含工法）：
省级工法：
1. 马鞍形双曲面混凝土板施工工法；
2. 八边形变截面混凝土拱形柱施工工法；
3. 碎拼马赛克瓷砖镶贴施工工法；
4. 变径螺旋钢结构坡道制作及安装施工工法；
5. 变径螺旋型钢混凝土汽车坡道施工工法；
6. 单直纹波浪形屋面施工工法；
7. 具有单直纹特征的波浪状屋面施工工法；
8. 双曲面多功能围墙模板系统施工工法；
9. 叶片状双曲面屋盖棚饰面砖施工工法；
10. 贝类仿生屋面结构施工方法；
11. 大跨度悬挑钢梁安装结构及焊接方法。
发明专利：
1. 混凝土双曲面薄壳筒体施工方法；
2. 一种变截面混凝土拱形柱施工方法；
3. 一种叶片状双曲面屋盖棚饰面砖施工方法；
4. 一种变径钢结构螺旋坡道及其建筑施工方法；
5. 一种扇形仿贝壳屋面及其施工方法；
6. 一种变径汽车坡道及其施工方法；
7. 一种波浪状屋面建筑及其施工方法；
8. 一种屋面造型功能层次精益施工工法；
9. 地下通道入口的屋面结构。
实用新型专利：
1. 变截面混凝土拱形柱模板；
2. 地下室自然通风结构；
3. 马鞍形双曲面混凝土板浇筑模板；
4. 马鞍形双曲面混凝土模板浇筑支架工装；
5. 双曲面薄壳筒体配筋模板；
6. 大跨度型钢混凝土支撑结构；
7. 一种变径钢结构螺旋坡道；
8. 一种扇形仿贝壳屋面；
9. 马鞍形双曲面阳台；
10. 新型多功能女儿墙；
11. 一种变径汽车坡道；
12. 一种波浪状屋面拱柱支撑模板；
13. 一种波浪状屋面建筑；
14. 一种波浪状屋面支撑；
15. 一种具有多个分支的支撑钢柱；
16. 一种艺术化玻璃幕墙；
17. 一种用于洞口的点爪式幕墙；
18. 一种用于演示双曲面构造原理的装置；
19. 一体化拱形柱廊支撑系统及由其构成的拱形柱廊；
20. 一种表面有坡度的双曲面楼板临时防护装置；

21. 一种具有通风功能的多功能围墙；
22. 一种室内服装走秀台；
23. 一种筒体造型建筑构件；
24. 一种造型结构柱；
25. 一种孪生树造型的混凝土雨棚；
26. 一种锥形花池柱薄壳筒体；
27. 一种大跨度悬挑钢梁安装结构及焊接方法；
28. 一种新型多功能围墙。

第二部分　关键创新技术名称

1. 混凝土双曲面复合筒体施工技术
2. 大跨度悬挑钢梁安装结构及焊接方法
3. 大跨度穹顶室内碎拼装饰面砖与结构一体化施工技术

第三部分　实例介绍

1　工程概况

玛丝菲尔工业厂区二期工程位于广东省深圳市龙华区大浪服装基地，南临浪静路，东临浪腾路。占地面积：49800m²，建筑面积：68788.52m²，框架—剪力墙结构，由3、4号厂房、宿舍楼和5号厂房组成；地下3层，建筑面积为35542.22m²；3、4号厂房为预应力管桩基础，局部采用天然基础，地上3层，建筑面积为21889.28m²；宿舍楼地上6层，建筑面积为9306.12m²；5号厂房为天然基础（设抗浮锚杆），局部墩基础，地上1层，建筑面积2050.9m²。

本工程设计理念新颖独特，建筑受塑性现代立碑代表人物西班牙建筑师高迪影响，采用当前最为时尚、最具风格的仿生学设计理念，完美地将建筑和艺术融为一体。整个建筑外形复杂，多为圆弧形、曲面，俯视如展翅雄鹰，气势恢弘（图1）。

图1　工程俯瞰图

2　工程重点与难点

2.1　深化设计难度深

本工程应用Solidworks三维软件模型进行工程深化设计，根据混凝土构件的表面特点完成曲面母线网格图、构件截面图、空间坐标定位图，深化完成 CAD 模板加工图供现场加工下料。

2.2　结构复查、施工难度大

本工程建筑结构大量采用曲线、曲体，给结构施工带来很大的难度，中轴线上的 1 号入口叶片、2 号叶片、3 号叶片三大叶片均为大跨度空间结构，单根叶面劲性梁悬挑长度达 35m，最高点距地面近 40m，钢结构支撑设置难度大，结构受力变形复杂，吊装变形控制难。项目部通过 BIM 技术建立多种模拟安装模型，多次进行方案比选，对现场大型机械布置进行对比分析，最后以最优的安装方式在满足工期、保证质量的前提下最大限度地节约了能耗。

2.3　周转材料、设备用量大

本工程 3、4 号厂房 12 片标准叶片的施工，每 6 片叶片为一整体，施工时也需整体施工方可保证结构和使用安全，搭设一次满堂架共用钢管达 3000 多吨，拆模后搭设二次作业平台施工难度大。

2.4　外墙、屋面装饰复杂

3、4 号厂房 12 个标准叶片屋面大量采用碎拼彩色瓷片，陶瓷、大理石、黏土旧红青砖、扁平鹅卵石、火山石、玻璃石及回收的各种水缸花盆等，不同部位使用的装饰材料、色彩及排列方式均不同，并由暖色调逐渐过渡成冷色调。

3　技术创新点

3.1　混凝土双曲面复合筒体施工技术

工艺原理：利用 Solidworks 软件分析曲面形成原理，利用曲面直母线这一特点，模板支撑杆件均沿母线方向布置。根据双曲面结构截面尺寸、施工荷载等实际情况，通过计算确定板底主次棱及立杆支撑间距。利用 Solidworks 软件模型生成与双曲面主棱间距相应的直线网格，根据曲面结构与建筑轴线的相互关系，建立便于控制的坐标体系，利用 Solidworks 软件记录曲面直母线的端点坐标，确定直母线的定位方法。沿其中一族直母线布置钢管主棱，沿另一族直母线加密布置次棱及面板。根据曲面弯曲变化情况，选择截面大小合适的次棱及面板宽度，保证施工安全和表面成型观感顺滑。

技术优点："混凝土双曲面复合筒体施工技术"在建筑施工技术领域通用，使用范围为钢筋混凝土结构的主体施工阶段，也可以扩展应用于市政隧道桥梁工程施工技术领域，在隧道桥梁等混凝土构筑物的施工过程中可以应用。通过与当前的同类技术进行对比分析，在提高效率、降低成本、节能减排、改善性能、提升品质等方面有着诸多优势。

（1）提高效率：本技术合理利用了双曲面上任意一点有且仅有两条通过此点并均在此双曲面上的构造直线的特点，施工过程中沿直线方向搭设支撑、布置模板，只需用常见的钢管、钢筋、模板等传统建材，施工方便，与传统的搭设曲线支撑构架相比而言可以显著提升操作效率。

（2）降低成本：本技术省去了制作曲面造型的支撑架及模板的人工及材料成本，仅采用了传统的钢管、钢筋及模板和木枋即可完成支撑系统的搭设，大大降低了成本。

（3）节能减排：本技术操作实施过程没有现场切割焊接等作业，没有产生污染粉尘，没有产生废水废气，施工过程仅仅只有搭设支撑系统、浇筑混凝土，操作节能环保。

（4）改善性能：本技术省去了传统的搭设曲面造型模板支撑系统的施工工艺，通过曲面方程这一传统的数学模型，以及空间曲面筒体成型机理，搭设完成模板内外支撑系统并绑扎钢筋浇筑混凝土，支撑系统性能得到了改善。

（5）提升品质：本技术实施后，模板支撑系统搭设方便，钢筋绑扎和混凝土浇筑采用传统施工工艺即可完成，筒体造型美观，混凝土成型效果好，大大提升了建筑物的品质和档次。

鉴定情况及专利情况："混凝土双曲面薄壳筒体施工关键技术"经江苏省建筑业协会组织鉴定，达国内先进水平，获江苏省工程建设省级工法。技术采取类似专利成果的申请，专利自授权以来，通过国家知识产权局搜索相关技术，未发现专利侵权情况。本技术已获"混凝土双曲面薄壳筒体施工方法"发明专利一项、"双曲面薄壳筒体配筋模板"实用新型专利一项。

3.2 大跨度悬挑钢梁安装结构及焊接方法

工艺原理：本技术在于提供一种大跨度悬挑钢梁"满堂脚手＋格构式临时支撑"安装，运用了 BIM 技术建立安装模型模拟，将复杂结构分段划分，通过支撑顶部 H 型钢连接，将分段支承集中荷载分段卸载，无须铺设钢板，逐步经格构转换至满堂脚手均布荷载，减少格构架使用量，由普通脚手架来承载，提高支撑构件的稳定性、安全性。通过"跳仓法"焊接方法，控制焊接速度，提高钢结构焊接效率，保证施工质量，降低了钢梁焊接难度。

技术优点："大跨度悬挑钢梁安装结构及焊接方法"适用于大跨度、大空间钢结构建筑安装、施工，也适用于传统的各种钢结构施工等，减少投入，安装过程质量安全可控，节能环保。

鉴定情况及专利情况："大跨度悬挑钢梁安装结构及焊接关键技术"经江苏省建筑业协会组织鉴定，达国内先进水平，获江苏省工程建设省级工法。该技术在所检文献以及时限范围内，国内未见文献报道。本技术已获"一种大跨度悬挑钢梁安装结构及焊接方法"实用新型专利一项。

3.3 大跨度穹顶室内碎拼装饰面砖与结构一体化施工技术

工艺原理：双曲面叶面屋盖的支撑体系采用钢管满堂架搭设，屋盖为双曲面，穹顶饰面砖采用了与结构一体化施工工艺，拼花饰面砖面积较小，先将其用胶粘剂拼贴在硬质塑料膜上，再将硬质塑料膜钉在平滑过渡面浇筑模板的上表面，以实现按序将拼花饰面砖铺放在平滑过渡面浇筑模板上表面并及时完成饰面砖的填缝工序。预埋不锈钢丝与下道工序的屋盖板底筋绑扎在一起，以达到永久不脱落的目的。屋盖棚饰面砖与屋盖同时成型，饰面砖与屋盖成为有机整体，养护混凝土并待其固化后拆除模板，擦净饰面砖的外表面。

技术优点：采用"逆作法"屋盖棚饰面砖的施工方法，即先完成饰面砖铺贴工作，再浇筑屋盖混凝土。此做法打破传统先建后贴的传统模式，彻底避免仰面朝天进行顶棚贴砖的辛苦，不仅大大降低施工难度，而且能够保证饰面砖的粘贴质量，尤其是在混凝土浇筑后、模板拆除前，能使饰面砖处于先建后贴无法实现的受压贴合状态，一次可以大大增强与固化后混凝土的结合度，使饰面砖永久不脱落。实践证明，采用此种施工方法，不仅化繁为简，切实可行，妥善地解决了"先建后贴"饰面砖容易脱落的问题，同时也节省了后期搭设操作架及耗费的人工。

鉴定情况及专利情况："大跨度穹顶室内碎拼装饰面砖与结构一体化施工关键技术"经广东省建筑业协会组织鉴定，达国内先进水平，获广东省工程建设省级工法。该技术所检索范围及时限内，除本项目外，国内未见相同文献报道。本技术已获"一种叶片状双曲面屋盖棚饰面砖施工方法"发明专利一项。

4 工程主要关键技术

4.1 混凝土双曲面复合筒体施工技术

4.1.1 概述

本技术按照常规墙板模板制作方法架设双曲面筒体支撑，架设支撑时按照双曲面构造线方向架设主次棱，将木模板加工成一定宽度的板条沿筒体构造线方向铺设作为支撑系统。所涉及的双曲面筒体的外棱采用双钢筋而非钢管，通过对拉螺栓进行连接，沿着双曲面筒体的直线构造线搭设钢管主棱与木枋次棱，钢管与木枋均无须弯折，采用圆形定位模板进行双曲面筒体的定位。

4.1.2 关键技术

4.1.2.1 施工总体部署或施工工艺流程（图 2）

4.1.2.2 工艺或方案

1. 测量放线

双曲面筒体墙段有内壁与外壁，内外壁均为双曲面。双曲面筒体按楼层施工时，对应于下部筒壁上的每点在上部筒体筒壁上均有两点与之相连成直线，且该直线在双曲面上。因此，在施工段筒体上部找出与下部筒壁上某点相对的上部筒壁两点就可沿着直线方向搭设钢管主棱与铺贴模板。通过如下两种方法可确定筒体上的直线方向。

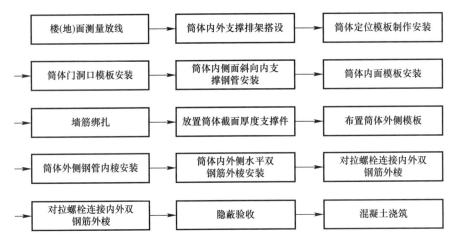

图 2　混凝土双曲面复合筒体施工工艺流程

2. 定位模板制作安装

搭设好排架后根据建筑物轴线关系在施工楼层的筒体底部弹出筒体底部边线。在筒体顶部和底部，用 10～20cm 厚模板条制作两道筒体内壁的内轮廓线，用钢丝将轮廓线板条固定在内支撑排架上。安装定位模板应控制好标高，且应预留好定位模板外边缘与筒体内边缘处内支撑钢管、模板等支撑结构占用的距离。定位模板如图 3 所示。

3. 筒体内侧面斜向内支撑钢管支撑

在施工楼层筒体下部内轮廓圆周上隔约 0.2m 取一点安装钢管支撑，相应于下部轮廓圆上的每一点在上部轮廓上均有两点与之对应，取相同方向的点进行钢管的安装。钢管与上部定位模板应牢固连接，钢管支撑同时应与其相邻的内支撑排架相连，以使钢管不松动、不变形，以免影响曲面定位及混凝土的浇筑。钢管支撑如图 4 所示。

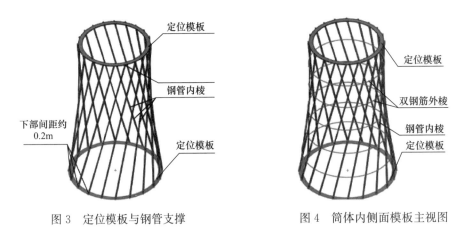

图 3　定位模板与钢管支撑　　　　　　　图 4　筒体内侧面模板主视图

4. 筒壁内面模板的安装

依相同方法沿着筒体构造线方向铺设模板支撑。将模板加工成 20～30cm 宽板条，模板加工宽度随筒体曲面曲率增大而减小。每两条板条接缝处间隔 1m 左右钉一 5cm 厚细板条将其固定连接，以增加模板体系稳定性。由于模板加工尺寸小，连接节点多，应选用质量优良、变形能力强的模板进行施工。木模板连接示意图如图 5 所示。

5. 筒体钢筋绑扎

依照设计图纸要求进行钢筋绑扎，对于双层双向配筋的双曲面筒体，其配筋设计如图 6 所示。钢筋绑扎按照传统双层双向配筋墙体进行施工。施工时控制好尺寸，搭接及锚固长度符合规范及施工图纸要求。

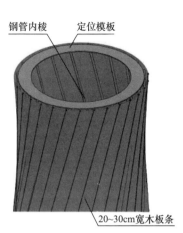

图 5 筒体内侧面模板

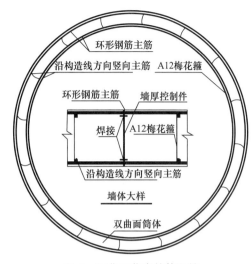

图 6 双曲面薄壳筒体配筋

6. 放置筒体截面厚度控制件

和普通混凝土墙体不同，由于双曲面筒体竖向不规则，放置墙体厚度控制件以保持墙体厚度符合设计要求。墙体厚度控制件由直径 12mm 钢筋点焊而成，0.5m×0.5m 布置。厚度控制件与水平向环形主筋连接，用钢丝绑扎牢固，绑扎牢固后控制件应不变形、不移位以免影响筒体厚度。

7. 筒体外壁模板与钢管内棱安装

双曲面筒体外壁模板及钢管内棱安装方法与内壁支撑系统施工方法大致相同，模板与钢管均沿构造线方向搭设。筒体外侧施工顺序与内侧相反，首先施工外侧面模板，待模板搭设完成后再搭设外侧钢管内棱。钢管内棱与模板条应连接紧密。

8. 筒体内外侧水平双钢筋外棱安装

模板搭设完成后在模板上钻对拉螺栓连接孔洞，对拉螺栓间距沿水平与竖向方向取 0.3～0.5m。孔洞钻好后在内外侧同时安装直径 20mm 双钢筋外棱。

双钢筋外棱在筒体内外侧均绕筒体一周，为了保证体系稳定性，选用带肋钢筋以增加摩擦，增强体系稳定性。钢筋用钢丝绑扎在钢管上。筒体外侧直径 20mm 双钢筋外棱应与内侧双向钢筋外棱用对拉螺栓进行对拉连接。支撑系统搭设完成后还应设若干斜撑以加强筒体支撑系统稳定性。筒体内侧面支撑双钢筋布置如图 5 所示。

9. 混凝土浇筑

为了保证支撑系统稳定性，选用天泵进行混凝土浇筑。

浇筑过程中，振捣持续至使混凝土表面产生浮浆，无气泡，不下沉为止，混凝土浇筑振捣密实，养护及时到位，养护时间符合设计及规范要求。

10. 模板拆除

拆除时先拆掉穿墙螺栓等附件，再拆除斜拉杆或斜撑，用撬棍轻轻撬动模板，使模板脱离墙体，即可把模板吊运走。

4.2 大跨度悬挑钢梁安装结构及焊接方法

4.2.1 概述

本工程建筑结构大量采用曲线、曲体，叶面为大跨度悬挑结构，单根叶面劲性梁悬挑长度达 35m，最高点距地面近 40m。钢结构支撑设置难度大，技术通过把复杂结构分段划分，将钢梁重力作用于支撑上产生变形小，架体整体稳定性高，无须采用大量型钢架作支撑，即可保证荷载稳定，在搭设、卸载和拆除等措施上极大地减少投入，可广泛应用。其"跳仓法"焊接方法便于观察大型钢构件焊缝成型过程，控制焊接速度，有效减少钢构件焊接中收缩变形量，有效保证焊接质量，降低钢梁焊接难度，保证结构安全性，节能环保，广泛适用于大型构件钢梁焊接安装。

4.2.2　关键技术

4.2.2.1　施工总体部署或施工工艺流程（图7）

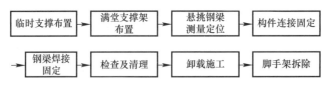

图7　大跨度悬挑钢梁安装结构及焊接方法施工工艺流程

4.2.2.2　工艺或方案

1. 临时支撑布置

根据主梁结构特点及分段划分，在主受力位置设置相应数量格构支撑，支撑根据实际施工部位状况落于大底板、不同标高楼面。支撑顶部之间采用H型钢梁连接，在H型钢梁上设置临时小胎架作为主梁各分段的支承（图8）。

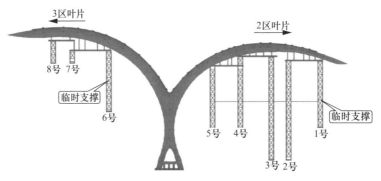

图8　主梁支撑布置立面示意

临时支撑顶部与主梁构件的连接如图9所示，支撑顶部模板开槽口与主梁分段焊接固定，主梁分段之间通过设置在上翼缘和两侧腹板的连接板螺栓连接固定。

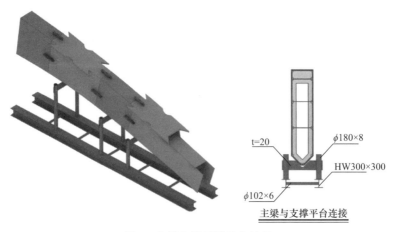

图9　主梁支撑顶部平台处理

不同楼面的支撑通过混凝土梁之间设置转换钢梁作为脚手架的底部平台，通过设置转换钢梁的形式将支撑荷载传递给混凝土梁，转换钢梁采用埋件植筋与楼层混凝土梁连接，减少对楼板的影响（图10）。

2. 满堂支撑架布置

满堂支撑架搭设在钢梁的下方，落于钢梁投影下方的楼面，满堂支撑架需经过安全计算，脚手架搭设的纵距×横距×步距＝700mm×700mm×1400mm，在构件的分段对接处设置钢平台作为分段的支撑平台，其中平台尺寸（长×宽）为2500mm×2500mm，平台搁置在14根立杆上以确保立杆作为主要受力杆件（图11、图12）。

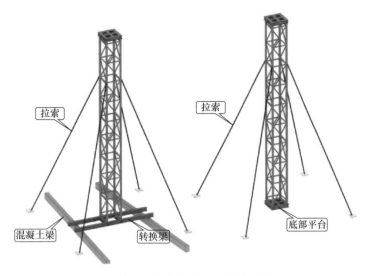

图 10 主梁支撑底部平台处理

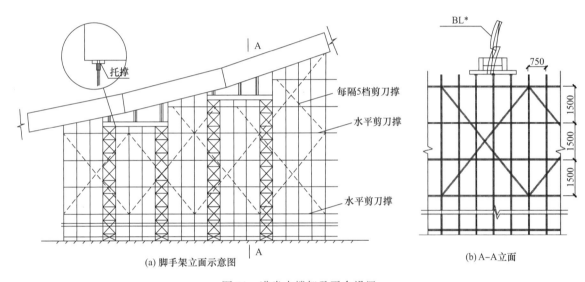

(a) 脚手架立面示意图

(b) A-A立面

图 11 满堂支撑架及平台设置

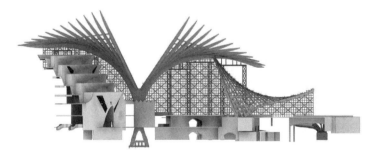

图 12 悬挑钢结构满堂脚手架搭设立面示意

3. 悬挑钢梁安装

根据结构特点及构件分段划分，所有主构件均需通过全站仪进行三维定位，定位点选择好坏将直接决定构件定位的精度及整体安装进度。因此，为了确保构件定位精度及整体安装进度，构件定位点选择时需遵循如下原则：

（1）每个构件至少设置 2～3 个定位点且所有点不在同一直线；

（2）每个定位点均要便于观测，不能设在测量盲区内；

（3）定位点尽量设在构件上表面且需标记清楚，以便现场测量操作（图 13）。

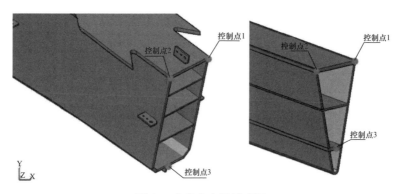

图 13　定位点布置示意图

主梁分段之间通过设置在上翼缘和两侧腹板的连接板螺栓连接固定。主梁上一段预留连接板与主梁下一段预留连接板卡入连接板的凹槽内，调整各螺栓孔对位后，采用螺栓进行固定，以此确保主梁分段安装定位的准确性。临时支撑顶部与主梁构件的连接参照图 14，支撑顶部钢模板开槽口与主梁分段焊接固定。

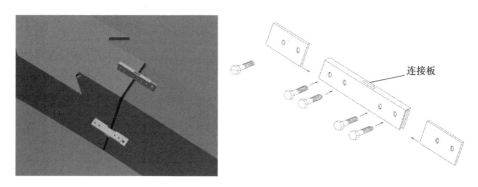

图 14　连接板螺栓示意图

钢构件安装就位校正完成后，正式焊接施工前，对焊接接头进行定位焊接。焊缝的焊接避免在焊缝的起始、结束和拐角处施焊，弧坑应填满，严禁在焊接区以外的母材上引弧和熄弧。定位焊的焊脚尺寸不应大于焊缝设计尺寸的 2/3，且不大于 8mm，但不应小于 4mm。

将钢梁腹板根据高度划分成多个分区，钢梁（包括主、次肋）分段对接遵循由下往上的顺序，先焊腹板（竖向立焊），再焊下翼缘，后焊上翼缘。为了减少焊接收缩应力集中，焊接采用两名焊工同时采取"跳仓法"从两个对称面以基本相同的焊接速度开始间隔焊接，厚板对接一次焊完。同一根构件先焊一端，让焊接的收缩变形始终可以自由释放，从而减小结构因不对称焊接而发生的变形，焊接方式如图 15～图 17 标注的①→②→③→④→⑤→⑥的顺序。

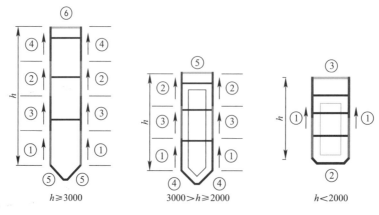

图 15　"跳仓法"焊接顺序

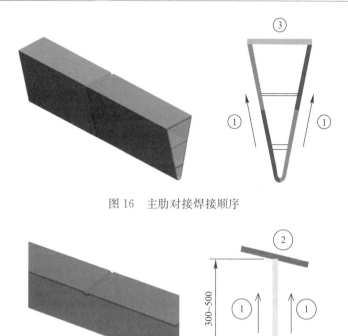

图 16　主肋对接焊接顺序

图 17　主次肋对接焊接顺序

焊接后对焊缝进行无损检测，焊缝感观应达到外形均匀、成型较好，焊道与焊道、焊道与基本金属间过渡较平滑，焊渣和飞溅物基本清除干净等。

钢结构吊装完成、达到验收标准后，即开始结构的卸载施工。结构卸载是将钢结构从支撑受力状态下，转换到自由受力状态的过程，即在保证现有钢结构支撑体系整体受力安全的前提下，主体结构由施工安装状态顺利过渡到设计状态。本工法卸载施工区域主要为主梁格构临时支撑、脚手架支撑，由于大悬挑结构下挠较大，主要卸载应控制位置。卸载方案遵循卸载过程中结构构件的受力与变形协调、均衡、变化过程缓和、结构多次循环微量下降并便于现场施工操作即"分区、分级、等量，均衡、缓慢"的原则来实现。

整个结构经过卸载后，平稳地从支撑状态向结构自身承受荷载的状态过渡，必须对整个卸载过程进行周密的分析计算，对计算结果进行分析，以指导卸载过程的实施。卸载操作步骤包括：绘制切割等分线→分条切割（构件未与胎架分离）→构件与胎架分离（图 18）。

图 18　胎架

4.3　大跨度穹顶室内碎拼装饰面砖与结构一体化施工技术

4.3.1　概述

玛丝菲尔工业厂区二期工程 3、4 号厂房屋面穹顶饰面砖采用了以上一体化施工工艺后，大大缩短了工期，节省了二次搭设作业平台的人力物力，杜绝了常规饰面砖铺贴的安全隐患。装饰面和混凝土壳体一次成型，很好地保证了装饰层的安全性和耐久性，极大地降低了单片砖脱落和整片剥离的可能性。

4.3.2　关键技术

4.3.2.1　施工总体部署或施工工艺流程（图 19）

4.3.2.2　工艺或方案

（1）模板面排砖图案控制线布置方法采用全站仪测出叶片"枝杈"造型中心线，并延伸至叶片边缘形成交叉网格控制线，将每个网格控制线之间距离十等分，形成加密的排砖网格方向线（图 20 中绿色线条），

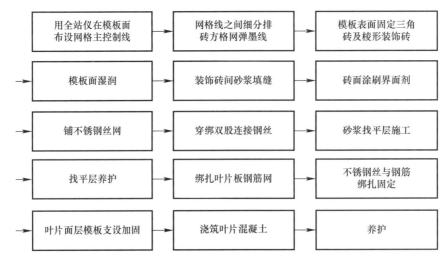

图 19　大跨度穹顶室内碎拼装饰面砖与结构一体化施工工艺流程

连接绿色网格线的交点形成四边线（图 20 中黄色方格线），每个四边形即为一个排砖单元（图 21）。根据双曲面的实际位置不同，每个单元的尺寸有所差异，单元格的实际最小尺寸约为 300mm×400mm，最大尺寸约为 500mm×600mm。

（2）网格线弹线：首先弹出叶片的枝杈网格控制线，网格控制线间距约 2.4m，用 5m 卷尺将相邻的网格控制线之间每隔 3m 左右划分十等分点，依次将各等分点一一相连，形成纵横方向的加密网格线。按排砖图案中方格线要求，连接所有相邻网格线的四个交点。

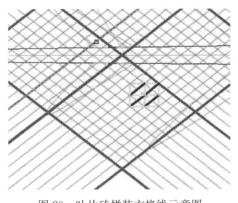
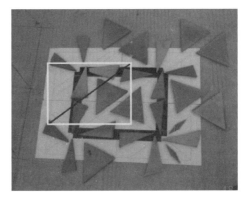

图 20　叶片砖拼装方格线示意图　　　　　图 21　方格单元内排砖拼装示意图

（3）模板面固定三角砖、棱形小砖根据三角砖拼装图，摆放三角砖，采用小锤沿三角砖、棱形砖周边钉设 5cm 长小钉方法固定砖块。三角砖、棱形砖的每个边用 1~2 个小钉固定，则每个砖用 3~6 个小钉，如图 22 所示。

图 22　叶片砖拼装方格线示意图

（4）模板面装饰砖间空隙砂浆填缝：夏季现场施工气温较高，填缝施工前 1～2h 先洒水润湿，待模板面基本表干（无明水）后可以进行填缝施工。

将雷帝 3701+226 砂浆填充到陶瓷锦砖的缝内。按 1：10 的重量比配比搅拌。现场要严格控制比例，只有比例符合要求才能保证砂浆成型后得到想要的质感。在缝隙内填充砂浆时，只需要填到与陶瓷锦砖同高度即可，用力将砂浆压实。因夏期施工温度较高，室外拌制产品可施工时间约为 1.5h。填缝基层温度不得高于 32℃，施工前需测量模板面及陶片三角砖表面温度，选择白天低温时段进行施工，当温度高于 32℃时停止施工，或采取遮阳、洒水、降温措施（图 23）。

图 23　叶片砖间空隙砂浆填缝

（5）界面层施工：填缝层施工完后 1～3d 内可开始进行界面层施工，现场将雷帝 4237+211 按重量比 1：4 配制（根据现场施工条件可按 1：3 配制），均匀涂刷在填缝层和陶瓷锦砖背面，用滚涂的方式作拉毛处理。施工完毕后 1～2d 可以进行下一道工序施工（注意界面层表面清洁）。

施工前先检查界面基层的表面温度，如表面温度超过 32℃，可采用少量喷水方法进行降温。

（6）镀锌钢丝网施工：镀锌钢丝网网眼尺寸为 12mm×12mm，钢丝直径为 0.8mm。

（7）双股不锈钢钢丝穿插施工：将 2 根 400mm 长、直径 1mm 不锈钢钢丝穿插过镀锌钢网对折后延伸预留至混凝土层（锚入混凝土中长度不少于 150mm），钢丝按长宽方向间距 300mm 梅花状布点，待与上部叶片钢筋绑扎后浇筑混凝土。

（8）找平层（粘结层）施工：铺第二道雷帝 3701+226。双股钢丝穿插施工和铺网完成后，立刻开始施工第二道 25mm 厚雷帝 3701+226 砂浆。这一道砂浆与前面用于缝隙内的砂浆配比不同，3701 乳液与 226 预拌砂浆的比例为 1：7，重量比，混合搅拌均匀。要求砂浆搅拌后稠度适中，既有一定的粘结性，又不会泌水。找平施工完毕后 24h 开始进行湿水养护，养护时间为 14d。

（9）因为楼板施工面积较大，考虑到砂浆材料胀缩变形对材料整体性的影响，砂浆施工时按 3m×3m 间距留置分格缝。分格缝采用圆形泡沫棒绑扎在钢丝网上或用直径 15mm 圆管压槽方式设置，缝宽 15mm，深度 15mm，缝内填玻璃胶，以减少或消除环境温度变化对粘结层的影响。

（10）雷帝 3701+226 施工完毕 3d 后，可开始绑扎叶片板钢筋。

5　社会和经济效益

5.1　社会效益

在施工过程中通过建筑信息模型进行深化，也符合建筑施工行业未来的智能化、装配化、数字化的技术趋势，对促进企业技术进步、提高科学管理水平方面起到了相当大的推进作用，培养了专业技术人才，调动了科研开发团队的研发积极性，提升了企业的整体技术水平，凸显了科技兴企的发展理念。在提高类似结构的施工质量，推进类似结构的广泛应用中积累了丰富的经验。

5.2　经济效益

项目围绕标准的技术框架，采用综合效益较高的新型施工方法，既保证了工程施工质量与安全，又节约了工期与成本，产生了一定的经济效益，也为企业类似项目的科研攻关奠定了坚实的基础。

6 工程图片（图24～图27）

图 24　项目立面图

图 25　中庭棚顶装饰

图 26　1号叶片装饰

图 27　酒店外立面

东莞国贸中心总承包工程

单宏伟　韩亚新　任烨军　敖显平　贾　东

第一部分 实例基本情况表

工程名称	东莞国贸中心总承包工程		
工程地点	广东省东莞市南城区东莞大道与鸿福路交界		
开工时间	2014 年 2 月 20 日	竣工时间	2022 年 3 月 24 日
工程造价	229954.28 万元		
建筑规模	108 万 m²		
建筑类型	大型城市综合体		
工程建设单位	东莞市民盈房地产开发有限公司		
工程设计单位	深圳华森建筑与工程设计顾问有限公司		
工程监理单位	中海监理有限公司/广州广骏工程监理有限公司		
工程施工单位	中国建筑第五工程局有限公司		
项目获奖、知识产权情况			

工程类奖：
1. 全国绿色建筑业绿色施工示范工程；
2. 绿色施工 LEED 铂金认证；
3. 国家重点研发计划科技示范工程；
4. 中建总公司科技示范工程；
5. 广东省青年文明号；
6. 广东省五一劳动奖章；
7. 广东省建设工程优质工程奖；
8. 广东省优秀建筑装饰工程奖；
9. 中国建设工程 BIM 大赛二等奖；
10. 优路杯全国 BIM 大赛金奖；
11. 第四届科创杯 BIM 大赛一等奖；
12. 第七届龙图杯 BIM 大赛二等奖；
13. 智建中国国际 BIM 大赛二等奖。
科学技术奖：
1. 2016 年中国施工企业管理协会科学技术奖科技创新成果二等奖；
2. 2019 年广东省土木建筑学会科学技术二等奖、三等奖；
3. 2020 年广东省土木建筑学会科学技术二等奖；
4. 2021 年广东省土木建筑学会科学技术一等奖、三等奖；
5. 2022 年中国安装协会科学技术进步奖二等奖。
知识产权（含工法）：
发明专利授权（4 项）、实用新型专利授权（35 项）、外观设计专利授权（2 项）、软著（9 项）、核心期刊论文（13 篇）、省部级工法（2 项）。

第二部分 关键创新技术名称

1. 大面积混凝土全结构无缝施工技术
(1) 自主研发早拆模板体系
(2) 钢筋数控集中加工
(3) 施工缝处理及设计优化
(4) 跳仓法施工
2. 智能顶升钢平台施工技术
(1) 智能顶升钢平台工艺原理
(2) 智能顶升钢平台智慧管理

第三部分 实 例 介 绍

1 工程概况

由中国建筑第五工程局有限公司承建的东莞国贸中心项目位于广东省东莞市南城区东莞大道与鸿福路交界处，东城与南城两大人口密集区交汇处，西临东莞大道，南面鸿福东路，北接簪花路，在基地东面有一规划中的道路。本项目定位为东莞最先进、最大型及档次最高的商业综合体。项目总占地面积为10.487万 m²，总建筑面积约为104.68万 m²，包括1号商业、办公楼，2号商业、办公楼，3号商业、办公、公寓楼，4号酒店楼，5号商业楼及6号地下室。建成后将成为东莞市规模最大、定位最高、业态最全的超级商业综合体，为城市带来新的商业形式和经济活力（表1～表3、图1）。

综合技术经济指标　　　　　　　　　表1

总用地面积		104870m²		首层建筑占地面积		58540.975m²
总建筑面积 1046808.637m²	计算容积率 总建筑面积	642853.1m²	其中	商业建筑面积		255519.314m²
				办公建筑面积		323048.613m²
				居住建筑面积		64285.173m²
	不计容积率 总建筑面积	403955.537 m²	其中	地下建筑面积	370293.564m²	地下车库 及设备房	277567.684m²
						地下商业	92725.88m²
				其他面积		33661.973m²
总建筑密度		55.822%		容积率		6.13
塔楼建筑密度		12.61%		绿化率		25.015%
道路广场面积		18275.315m²		公共厕所		80m²
总停车位		3983（其中地下停车位3342、公共停车位600、卸货车位41）				

各单体建筑概况　　　　　　　　　表2

项目	T1	T2	T3	T4	T5	裙房及地下室
建筑功能	办公楼	办公楼	办公公寓	酒店	商业楼	商业、车库
建筑高度（m）	209.8	423.8	243.8	103.4	94	49.73/-18.4
层数	43	86	49	18	15	7/-4
标准层平面尺寸（m×m）	42×48.2	50×50	43.15×48.95	57×36	81×48	—
典型层高（m）	4.3	4.3	3.8	6/3.5	6	5.75/6/3.55
建筑面积（万 m²）	8.84	21	11.67	4.3	5.5	14.6/38

结 构 概 况　　　　　　　　　表3

抗震设防烈度		6度	基础设计等级	甲级
建筑场地类别		Ⅱ类	地下室防水等级	一级
使用年限		主体结构设计50年，2号商业、办公楼设计100年		
建筑结构安全等级		二级（除2号楼为一级外）		
建筑抗震设防类别		丙类（除一期裙房、2号楼为乙级以外）		
建筑高度类别		2号楼为超B级；1、3号楼为B级；其他为A级		
基础形式	塔楼部分	人工挖孔桩/墩基础		
	裙房部分	筏板基础＋抗拔/压桩，局部抗拔锚杆		
主体结构形式	1号楼	框架核心筒结构		
	2号楼	带伸臂加强层的框架—核心筒结构		

续表

主体结构形式	3号楼	框架—核心筒结构，外围钢管混凝土柱	
	4号楼	框架结构	
	5号楼	框架剪力墙结构	
	裙房	框架结构	
抗震等级	1号楼	地下一层以上为二级，地下二层为三级，地下三层及以下为四级	
	2号楼	地下一层以上为一级，地下二层外框柱、剪力墙外框柱为二级、剪力墙为一级，地下三层及以下逐层降低一级	
	3号楼	地下一层以上为二级，以下逐层降低一级	
	4号楼	地下一层以上为三级，地下二层及以下为四级	
	5号楼	地下一层及以上为三级，地下二层及以下为四级	
	裙房	地下一层及以上为二级，地下二层裙房范围为三级，以下逐层降低一级	
混凝土强度等级	垫层	C15	
	人工挖孔桩	T1：C40；T2、T3：C50	
	塔楼地下室基础底板、承台	C40 抗渗等级 P10	
	裙房地下室基础底板、承台	C40 抗渗等级 P10	
	外墙	C35 抗渗等级 P8～P10	
	首层楼板、水池	C35 抗渗等级 P6	
	楼层梁、板	C35（2号楼加强层区域 C40）	
	裙房及地下室柱	C45	
	主楼竖向构件	C30～C70	
	构造柱、过梁等次要构件	C20	
钢筋		HPB300（吊钩）；HRB400	
型钢、钢板、钢柱、钢梁		Q345、Q390	
焊条		E50（Q345焊接）；E55（HRB400级钢筋焊接）	
砌体		砌块重度不大于 8kN/m³ 的加气混凝土砌体	

图1　东莞国贸中心全景图

2 工程重点与难点

2.1 工程体量大

本工程体量大，面积广，工期要求紧，分包单位多，结构形式复杂，总承包管理是本工程的难点。

2.2 地下室面积大

本工程地下室面积大，各种工序工艺复杂，整体施工技术难度较大。其中，最大基础底板厚度达3.5m，一次性混凝土浇筑最大方量接近1万m^3，浇筑时间长达48h，在市中心部位组织好大方量混凝土浇筑，控制好大体积混凝土施工质量，是本工程的重点。

2.3 综合管线复杂

本工程4层地下室，综合管线极其复杂，机电综合管线深化及施工难度大，做好设备、机房深化以及各专业协调配合是本工程的难点。

2.4 高强度混凝土

本工程混凝土最高等级为C70，设计使用最高年限100年，确保本工程高强度及高耐久性混凝土的可泵性及力学性能是本工程混凝土质量控制的重难点。

2.5 钢结构复杂

本项目的龟背、钢连桥等特殊造型部位钢结构形式复杂，连接节点多，深化及施工难度大，钢结构安装是本工程管理的重点。

2.6 超高层施工

本工程T2塔楼最高达423.8m，采用各项新技术、新工艺、新设备助力超高层建造，是本工程的重点。

2.7 智能顶升钢平台首次使用

超高层智能顶升钢平台为中建五局首次使用，从深化、加工、拼装到现场安装、使用、拆除，技术攻关任务重，难点多。

2.8 大跨度空心楼盖

本工程在超高层中采用大跨度空心楼盖施工技术，控制大跨度密肋楼盖板的抗浮及施工质量，是本工程的难点。

2.9 市中心文明施工要求高

项目处于东莞市市中心，对安全文明施工及施工过程管理要求高，保持安全生产、文明施工、绿色环保，是本工程的重点。

3 技术创新点

3.1 大面积混凝土全结构无缝施工技术

工艺原理：以混凝土收缩、综合降温差、跳仓间距及约束应力的一系列工程计算方法作为理论依据，参考大量国内外相关规范及法律、法规、文献，开展多地区施工现场调研，结合建设工程施工现场的实际情况，对风速与环境温度给混凝土早期收缩所造成的影响进行验证试验，并多层次广范围征求意见的工作方法，研发大面积混凝土全结构无缝施工关键技术。

技术优点：

(1) 无缝施工定义与大面积全结构无缝施工全过程技术方案的规范。

大面积混凝土全结构无缝施工关键技术研究明确了大面积混凝土全结构无缝施工中"无缝"包含的两层含义（一是指没有人为设置的伸缩缝及后浇带，二是指减少影响地面结构承载和正常使用的有害裂缝），基于地下室单层面积达9.8万m^2的大型城市综合体项目，对涉及底板、剪力墙、结构柱、结构梁、结构板等多种建筑构件的混凝土原材料的选用、配合比设计、材料性能和检测要求以及混凝土的制备、运输、浇筑、养护、施工现场监测等方面进行了全面系统的规范。大面积混凝土全结构无缝施工关键技术研究明确了无缝施工设计的内容，介绍了无缝施工综合温降计算方法，尤其对于跳仓浇筑法提出了完整且与实际情况相符的跳仓间距及其相关数据的计算方法。在完备的理论基础之上，同时采用多个实际工程的经验，填补了国内这一研究领域空白。

（2）基于物联网与"互联网＋"的无线自动化监测系统。

本科研项目通过基于物联网的应力应变与温度传感器，将各类传感器接入到自动化采集模块中，利用采集模块实时采集传感器监测数据并无线同步至云服务器端。在云服务器端部署数据接收与分析系统，可通过移动设备或计算机读取传感器采集数据与分析结果。该系统为质量评价与科学决策提供了可靠依据。

（3）套扣式早拆模板体系。

本项目为保证跳仓法施工节奏，根据项目特点，自主研发了套扣式早拆模板体系。相对于传统的混凝土模板体系，早拆模板体系施工工艺针对钢筋混凝土早期强度增长的特点，使用操作简单、安全可靠的建筑模板早拆及快拆的装置做模板支撑体系，达到加快材料周转，减少材料一次性投入的效果。

（4）钢筋数控集中加工。

针对场地狭小、总用钢量庞大的特点，本项目采用场外集中钢筋的方法，同时引进数控钢筋加工系统，节约了地下室及裙楼跳仓施工中紧缺的施工用地，在确保钢筋工程质量和效率的前提下，大幅降低材料损耗与能源消耗，实现钢筋加工作业的绿色化。

（5）内支撑拆除与监测分析。

在跳仓过程中，包含未采用预应力锚索进行加固的内支撑区域的换撑工作。本项目为研究换撑区域楼板的变形情况，采取了有限元理论分析＋现场激光垂准仪观测的方法，通过理论定性与实地观测的定量分析，科学合理地评估了该跳仓楼板的结构安全情况。

鉴定情况及专利情况：本技术经科技鉴定为国内领先科技水平，研究成果获得发明专利1项，实用新型专利5项，获得省部级工法1项，获得省部级QC成果3项，发表论文2篇，获得科技奖1项，获得BIM奖项若干。

3.2　智能顶升钢平台施工技术

工艺原理：智能顶升钢平台是由承力系统、动力与控制系统、挂架系统、模板系统、智慧工地系统等五大系统组成的整体顶升式模架系统，其原理是，钢平台荷载通过支撑立柱传递到支撑箱梁，再通过支撑箱梁伸缩牛腿传递至核心筒内墙体上；模板系统、挂架系统悬挂或附着在钢平台顶部及四周，施工时作业人员将挂架系统作为施工作业面，吊焊钢构件，绑扎钢筋，支设模板，浇筑、养护混凝土。在支撑箱梁、支撑立柱、钢平台主次桁架等部位安装传感器，集合PLC自动控制台、牛腿红外视频监控、气象监测站、动臂塔式起重机360°全景监控，形成物联网智能监测系统。

技术优点：

（1）施工作业人员在挂架上将竖向墙体钢筋绑扎完成后，钢平台顶升，将铝合金模板顶升至钢筋绑扎完成的施工段，作业人员合模，进行墙体混凝土浇筑。同时上部墙体钢筋在合模、还未浇筑混凝土的作业面及拆模期间进行上层墙体钢筋绑扎，保证钢筋施工连续作业，拆模后重复顶升工作。通过竖向流水循环作业，最终实现竖向墙体施工，施工效率得到显著提高。

（2）智能顶升钢平台较传统顶模系统，整体运行更加平稳，抗风压能力更强，且智能顶升钢平台增加了智能监控系统，利用信息化手段对钢平台自身安全及稳定性进行监测监控，保证了全过程施工安全。

（3）钢平台通过前期深化，结合主体结构特点，钢平台支撑立柱由传统的3～4支点支撑改为5支点支撑，由于立柱之间钢桁架跨度减少，可有效减小钢平台主次桁架型钢截面尺寸，使得钢平台整体重量减轻，经济效益明显。

（4）本技术集成了外防护架、操作架、材料堆场、模板、智能监测监控于一体，使用液压油缸作为动力系统，采用PLC控制系统对顶升过程同步性进行控制，顶升速度快，同步性及安全性高。顶升完成后，施工工序方便快捷，施工时间短，施工质量、安全易于控制，经济效益显著，特别适合于超高层核心筒竖向结构施工。

（5）周转材的用量大量节约，各种机械设备使用周期的缩短、频次减少，有效减少了能源消耗，有利于环境保护；同时，运输量减少，工人劳动强度减轻，有良好的社会效益。

（6）基于 BIM 技术的物联网智能监测系统：经过有限元分析验证，在支撑箱梁、支撑立柱、钢平台主次桁架等应力应变集中部位安装应力传感器，集合 PLC 自动控制系统、牛腿红外视频监控、气象监测站、动臂塔式起重机 360°全景监控，借助 PC 端、移动终端，实时进行数据监控及数据反馈，实现实时远程数据监控监测。

（7）基于微信端的项目管理系统：将施工过程中的常态管理工作基于微信端多场景定制，自由灵活的审批环节，提高了项目施工各方的协作效率。通过微信端发布材料计划，微信端会自动发送到相应人员手机，在手机上实时审批，简化之前材料计划费时费力的审批程序。管理者可以在大后台建立和下达任务，执行者通过移动端接收和执行任务，并进行过程的进度情况实时记录、问题检查记录，还可查看相关技术方案和图纸文件等。通过大后台实时查看项目各任务的执行状态、完成情况及过程资源消耗等；实时查看顶模和塔式起重机顶升记录；实时发起各类整改单；相关信息集成自动生成可打印 Word 版的项目施工日志、各项监测日报，提高数据处理效率。

（8）基于 BIM 技术的项目管理平台：移动微信端将现场管理人员的任务执行状态和过程的实时记录等采集至本系统，基于本系统，决策者可实时获取现场生产数据，实时动态同步施工现场进度情况，实时查阅现场记录，实时调出施工现场摄像场景，实时进入无人机航拍系统，最终智慧、全面地掌控工地实况，形成高度智能化的项目管理系统和高效敏捷的现场管理体系。

鉴定情况及专利情况：本技术经科技鉴定为国内领先科技水平，研究成果获得实用新型专利 4 项，获得省部级工法 1 项，获得省部级 QC 成果 1 项，发表论文 2 篇，获得 BIM 奖项若干。

4 工程主要关键技术

4.1 大面积混凝土全结构无缝施工技术

4.1.1 概述

本工程底板建筑面积约为 94615m²，其中裙楼区域底板面积约为 76651m²；裙楼区域底板厚为 1m，塔楼范围底板厚主要为 1、1.5、2、2.5、3.5m，塔楼核心筒底板最厚为 4.5m，局部最厚达到 10m，底板混凝土等级为 C40P10，底板垫层为 150mm 厚 C20 素混凝土。

东莞国贸中心地下室面积超大，地基与基础工况更为复杂，可变因素范围扩大，混凝土匀质性要求更高，通过合理优化的混凝土配合比设计，增大混凝土结构抗震的能力，通过滑动层的设置及必要的施工措施，缓解外部约束对混凝土结构裂缝的影响；施工周期长，完全封仓闭合之前，往往需要经历至少一个夏冬轮回，环境工况更复杂，质量控制难度增大。通过优化的混凝土配合比设计及针对性的养护措施和现场检测，来控制不同季节对混凝土结构跳仓施工的影响；全结构涉及底板、剪力墙、结构柱、结构梁、结构板等多种建筑构件，跳仓接缝种类更为复杂。通过设计新型的接缝措施和有效且科学的分缝设计，来解决不同构件形式的接缝问题（图 2）。

图 2 地下室底板效果图

4.1.2 关键技术

4.1.2.1 自主研发早拆模板体系

国贸中心地下室及裙楼跳仓施工阶段，单层施工面积大，作业面广，跨度大，资源调度困难，如何保证模板工程的施工效率，合理地选择模板体系，加快模板水平及竖向周转，以满足跳仓法施工节奏的要求，成为本工程的一项重难点。

基于本工程的实际情况，拟定采用早拆模板体系，保障跳仓施工的实施。

早拆模板技术是基于现浇梁板体系的模板先进施工工艺。早拆模板技术就是利用早拆头、立杆、水平杆等组成的竖向支撑体系，通过合理设置立杆布置及模板铺设，使原设计的楼板处于跨度小于 2m 的受力状态，在正常养护状态下，楼板混凝土浇筑 2～4d 后，混凝土强度可达到设计强度的 50% 以上，此时可对部分立柱及模板进行拆除。其通过保留条形模板下的立杆不动，拆除大面上的模板、水平杆和立杆，从而实现模板的早拆。

相对于传统的混凝土模板体系，早拆模板体系施工工艺针对钢筋混凝土早期强度增长的特点，使用操作简单、安全可靠的建筑模板早拆及快拆装置（此装置获国家专利，专利号 ZL201420656661.5），做模板支撑体系，达到加快材料周转，减少材料一次性投入的效果。早拆模板体系由模板、早拆头、水平杆和高度调节装置等组成，如图 3 所示。

图 3　早拆模板体系节点示意图

模板可采用 18mm 厚覆膜木胶合板。支撑系统由承插型套扣式钢管架体（也可选用其他支架体系）、早拆头组成。如图 4、图 5 所示。

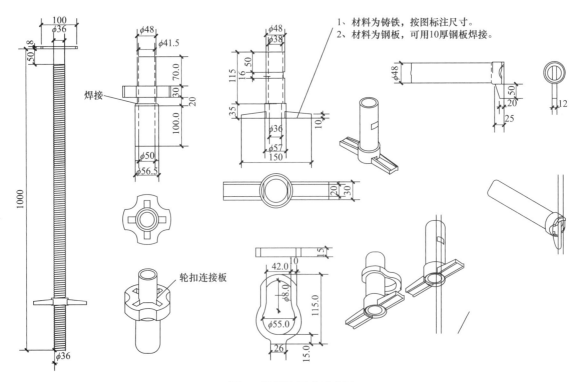

图 4　早拆头组成示意图

其主要工艺流程如下：

按施工图纸进行楼板模板设计→备料→按模板图弹线、确定立杆位置→安装模板支撑架→安装早拆头→调整支架高度→安装主次梁→标高找平、起拱→安装底模、侧模→绑扎钢筋→浇筑混凝土→养护混凝土→混凝土达到第一次早拆模板时的强度要求→转动早拆头高度调节装置→拆除主次梁→拆除模板，保留条板部位立杆→混凝土养护→第二次拆除全部模板及支架→清理施工面（表4、图6、图7）。

4.1.2.2 钢筋数控集中加工

东莞国贸中心地下室及裙楼施工阶段钢筋工程总用钢量庞大，并且场地狭小，传统的钢筋加工方式机械化程度低，劳动强度大，材料、能源消耗大，占用场内紧缺的施工用地。本工程引进数控钢筋加工系统，在确保钢筋工程质量和效率的前提下，大幅降低材料损耗，以及能源消耗，实现钢筋加工作业的绿色化。

同时，钢筋工程场外加工，节约了地下室及裙楼跳仓施工中紧缺的施工用地，更有利于现场施工组织的开展。

数控钢筋加工的特点主要有：操作便捷，节约劳动力；机械化操作，有效提升箍筋加工质量；采用先进的 PCC 或 PLC 控制系统，传动系统可靠，性能稳定可靠；软件系统可实现远程下单、远程监控、远程维护和产量统计等操作；温度适应范围广（−10～+45℃），适合东莞国贸中心现场作业（表5、表6、图8）。

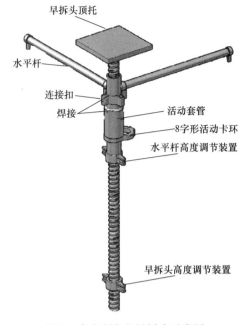

图5 自主研发的早拆头示意图

早拆头安装示意		表4
		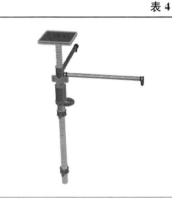
将连接扣及"8"字形活动卡环套入丝杆	旋转高度调节装置，通过调节其位置，调整连接套管的高度，达到该部分支模高度，并将"8"字形活动卡环敲入、锁紧	将最上层水平杆扣紧，复测架体高度达到设计支模架体高度后，进行其上部木枋及模板的铺设

图6 拆模板搭设

图 7　模板支设及拆除后效果

主要设备工效分析表　　　　　　　　　　　　　表 5

项目	设备	工人人数	工效（8h）
钢筋切断	数控钢筋剪切线	1人	300 t
钢筋车丝	钢筋直螺纹自动化生产线	2人	3600 个
钢筋弯曲	数控钢筋弯箍机	1人	50～60t

钢筋数控集中加工与传统钢筋加工模式对比分析表　　　　　　　　　　　　　表 6

传统钢筋加工模式	钢筋数控集中加工模式
机械化程度低	机械化程度高
生产效率低	生产效率高
劳动强度大	劳动强度小
加工质量难以控制	加工精度及质量高
材料和能源浪费大	材料和能源浪费少
加工成本高	加工成本高

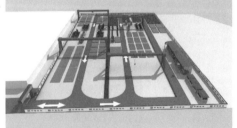

图 8　钢筋数控加工厂平面布置效果图

4.1.2.3　施工缝处理及设计优化

1. 底（顶）板施工缝处理

施工缝处采用快易收口免拆网封堵混凝土，混凝土浇筑施工前，在施工缝处水平安装止水钢板，并采用钢筋支座安装牢固（图9～图11）。

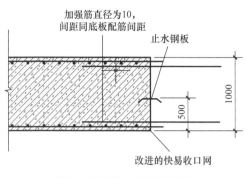

图 9　底板接缝处理示意图　　　　　　图 10　地下室顶板跳仓后浇带钢筋绑扎界面效果

进行相邻仓位混凝土浇筑时，将施工缝处混凝土浮浆清理干净，保证新旧混凝土结合牢固，消除渗漏水隐患（图 12）。

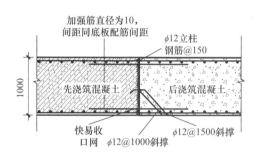

图 11　地下室顶板跳仓施工后浇带界面成型效果图　　　图 12　地下室底板跳仓施工后浇带界面示意图

标高不同的折板处在两块不同标高的板内水平安装止水钢板，钢板之间安装竖直止水钢板（图 13）。

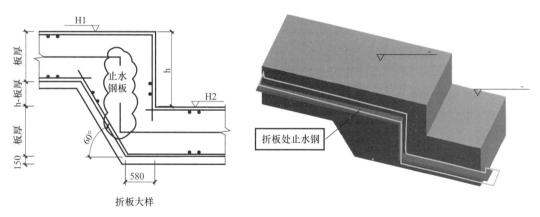

图 13　地下室不同标高后浇带示意图

2. 剪力墙竖向施工缝处理

施工缝处采用模板封堵混凝土，混凝土浇筑施工前，在施工缝处竖直方向安装止水钢板（图 14）。

后浇筑混凝土施工前，施工缝处必须凿毛，露出粗糙面，用水冲洗干净，使新旧混凝土结合成牢固的整体（图 15）。

3. 剪力墙水平施工缝处理

浇筑底板混凝土时，剪力墙底部 500mm 高范围内与底板混凝土同时浇筑，在施工缝处安装止水钢板（图 16）。

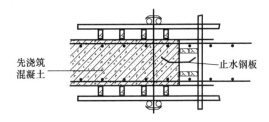

图 14　地下室剪力墙施工缝示意图

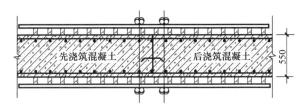

图 15　地下室剪力墙施工缝示意图

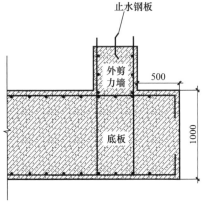

图 16　地下室剪力墙水平施工缝示意图

设计优化：剪力墙构造筋的设计与混凝土裂缝的产生关系紧密，建议以"细而密"的原则布置剪力墙构造筋，能够提升结构的抗裂能力。

施工前，认真做好施工图的会审，及时做好与设计师的沟通，建议地下室外墙水平钢筋间距控制在 100～120mm，并且水平钢筋应设置在竖向钢筋外侧，水平配筋率不宜小于 0.4%。

4.1.2.4　跳仓法施工

跳仓法的原则为"隔一跳一"，即至少隔一仓块跳仓或封仓施工，要能保证混凝土本身有效地释放大部分收缩应力，同时易于流水作业施工。在分层施工过程中，上下层的分仓施工缝可不对齐。本工程的仓块划分具体详见图 17。

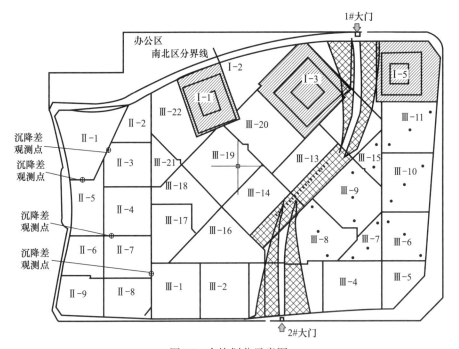

图 17　仓块划分示意图

1. 混凝土运输路线策划

本工程混凝土主要供应商为东莞华润混凝土有限公司、东莞市交港建材有限公司和东莞市港创混凝土有限公司，选定三家备供单位，分别为东莞市广创混凝土有限公司、东莞市中泰混凝土有限公司、东莞市亨达混凝土有限公司。

2. 混凝土浇筑措施

浇灌混凝土采用"分层浇筑、分层振捣、一个斜面、自然流淌、连续浇灌、一次到顶"的施工方法，每层厚度控制在 400mm 以内，每层错开 5m 左右，斜面坡度为 1∶6，各浇筑层前后错位，分层退着浇灌，下层初凝前上层接上，确保混凝土上下层的结合及质量（图 18）。

混凝土振捣必须密实，不漏振、欠振、过振。振点布置均匀，振动器要快插慢拔。在施工缝止水钢板部位振捣时，不要踩撞坏收口网，振捣细致可保证混凝土与收口网的粘结质量，以保证接缝处紧密性，防止出现渗水现象。

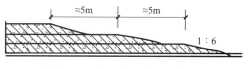

图 18　混凝土分层浇筑示意图

3. 典型批次混凝土浇筑泵管布置

本工程地下室底板跳仓施工中，第二批底板混凝土浇筑方量约为 19860m³，该批次浇筑方量较大，作为典型批次混凝土施工，对泵管的布置进行了说明。

4. "互联网＋智能监控"温度与应变监测

1）监测目的

通过埋设测温点，监测混凝土表里温度，密切控制降温差，及时采取针对性措施控制裂缝的产生；通过无线非接触测温仪，监测混凝土的入模温度，及时与混凝土搅拌站联动控制混凝土性能，采取针对性措施；通过测温点监测，及时获得现场混凝土龄期温度数据，修正前期预测计算，对混凝土质量的发展趋势进行预判，以便有效控制质量；进行关键位置应变监测，通过计算，获得应力数据，以进行对约束应力的验算，提前预判结构质量。

在施工以前进行必要的混凝土热工计算，对混凝土的内部最高温度、表面温度、温度收缩应力等进行计算，看实际是否与其符合，且混凝土实际温度变化情况究竟如何、养护的效果如何等，只有经过现场测温，才能掌握。通过测温，将混凝土深度方向的温度梯度控制在规范允许范围以内；同时，通过测温，精确掌握混凝土内部温度、各关键部位温差等，可以根据实际情况，尽可能地缩短养护周期，使后续工序尽早开始，加快施工进度，提高施工效率。

2）监测范围

对典型分仓部位进行温度和应变监测，每个分仓沿对角线设置 3 个监测位置，每个位置沿竖直方向布置上中下三个测温点，分仓中部设置一个应变检测点，共计 54 个温度测温点，6 个应变检测点。

5. 温度监测工作流程（图 19）

1）监测内容和预警指标

（1）混凝土浇筑及固化过程中，监测内容应包括监测时间、混凝土水化热即时温度、内表温差、温降速率和大气温度。

（2）当混凝土浇筑完成后混凝土表面点温度与中心点温度温差（内表温差）达到 25℃时或测温点温降速率达到 −2℃/h，以书面报告形式并重点标注提出警示。

（3）混凝土入模温度不大于 30℃（指混凝土入模振捣后，在 50～100mm 深处的温度）。

（4）混凝土浇筑体在入模温度基础上的温升值不宜大于 35℃。

（5）混凝土浇筑块体的里表温差（不含混凝土收缩的当量温度）不宜大于 25℃。

（6）混凝土浇筑体的降温速率不宜大于 1.5～2℃/d。

（7）混凝土土体表面与大气温差不宜大于 20℃。

2）监测布点

本项目拟监测部位为裙楼所有分仓底板。混凝土的温度监测点应沿混凝土浇筑体厚度方向进行设置，必须在混凝土的外表、底面和中心位置布置温度测点，测点宜在浇筑体外表下 100～200mm、浇筑体底面上 100～200mm、浇筑体的中心位置进行布置（图 20）。

本工程采用无线测温遥控系统进行温度监测，平面测点布置规则是：在每个区域中心，和半对角线的中心点上，一般找长的那条对角线或半对角线，小的区域半对角线的中心点上可以减半。每个测点都要编号，测温孔布置在温度变化大、易散热的位置。读数时必须及时、准确，测温计与视线相平（详见图 21 中黑色点标识）。

3）应变监测设备

应变监测设备采用 JMZX-215 型埋入式混凝土应变计。该设备适用于各种混凝土结构内部的应变测

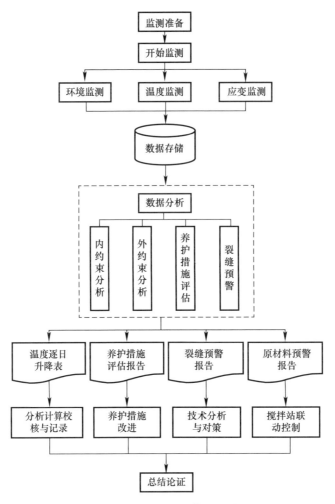

图 19　温度监测工作流程图

图 20　传感器埋设示意图

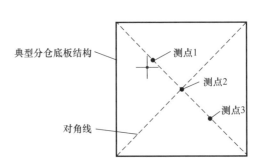

图 21　平面测点布置图

量，可以长期监测和自动化测量。广泛应用于桥梁、隧道、大坝、地下建筑、试桩、试验室模型等混凝土结构内部的应变测量。应变计安装采用绑扎方式，即用细扎丝或尼龙扣将应变计绑扎在钢筋（或制作的支架）一侧，一起绕筑（图 22、图 23）。

该应变计有以下主要功能特点：

（1）采用振弦理论设计制造，具有高灵敏度、高精度、高稳定性的优点，适于长期观测。

图 22　JMZX-215 型埋入式混凝土应变计

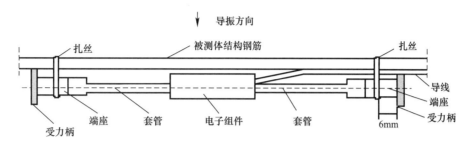

图 23　JMZX-215 型埋入式混凝土应变计安装示意图

（2）弦式传感器内置高性能激振器，采用脉冲激振方式，具有测试速度快、钢弦振动稳定可靠、频率信号长距离传输不失真、抗干扰能力强等特点。

（3）测量保存时传感器能同时备份最近 400～600 次的测量值。

（4）编码温度应变计（BT 型）内置编码温度计，具有唯一电子编码，可通过仪器读取编号，简化工程现场的编号工作，防止编号丢失、混淆等问题。

（5）配备一至六弦综合测试仪即可直接显示物理量值，也可显示振弦频率（Hz），测量直观、简便、快捷。

（6）主要技术参数见表 7。

JMZX-215 型埋入式混凝土应变计主要技术参数 表 7

技术参数	参数指标
应变量程	±1500iu e
应变测量精度	0.5％F. S.
应变分辨率	0.05％F. S.（1$\mu\varepsilon$）
测量标距	157mm
使用环境温度	−20～+70℃

（7）数据传输与采集如图 24 所示。

图 24　数据传输与采集示意图

4）监测频次

大体积混凝土浇筑体里表温差、降温速率及环境温度的测试，在混凝土浇筑后，每昼夜不应少于 4 次。温度达到最高点并且稳定时每 8h 测一次；温度开始下降后，每 12h 测一次，至测试结束，特殊情况可以随时检测；入模温度、大气相对湿度的测量，每台班不应少于 2 次；第 1～7d 内，1 次/2h；第 7d 至养护期结束，1 次/4h；监测结束时间：底板表面无保温覆盖，表面温度与中心点温度自然温差降至 25℃或中心点温度降至 50℃以下时，停止监测。

4.2　智能顶升钢平台施工技术

4.2.1　概述

近年来，国内涌现了大量 300m 以上的超高层建筑，与传统高层建筑相比，其一般设计为外框钢结构与核心筒钢筋混凝土结构相结合的形式。而针对该类型超高层结构施工特点，在满足质量、安全要求的同时，为缩短结构施工工期，一般先进行核心筒竖向结构施工，其次再进行核心筒水平结构与外框钢柱、钢梁结构施工。当前，适用于超高层核心筒墙体先行施工的施工工艺有：爬模施工工艺、顶模施工工艺等。而针对 400m 以上的结构，在施工技术条件允许的情况下，多选用顶模施工工艺，本工法在传统顶模施工工艺的基础上进行了创新优化，重点是对其钢平台采用了物联网、互联网、云存储等技术进行实时监测及传输，同时构建基于 CPS 的智慧工地系统，搭建与之相配套的智能化、信息化项目管理平台，使其更加安全、经济、高效运行，故称之为智能顶升钢平台施工工法。

该智能顶升钢平台施工工艺与传统顶模施工工艺相比，除具有最基本的大吨位（单个液压油缸额定顶升荷载 450t）、长行程（顶升有效行程 6m）、液压油缸整体顶升外，还引入了 5 支点低位支撑、PLC 自动控制、牛腿红外视频监控、多传感器控制系统等多种安全控制手段，同时结合基于微信端的项目管理系统与基于 BIM 技术的项目管理平台，形成智慧工地系统，使其在安全、成本、工期、管理和生产效率等方面更具有优势，更能适用于超高层核心筒混凝土竖向结构施工。

4.2.2　关键技术

4.2.2.1　工艺原理

智能顶升钢平台系统由承力系统、动力与控制系统、挂架系统、模板系统、智慧工地系统五大系统组成。如图 25、图 26 所示（以东莞国贸中心 2 号商业、办公楼 5 支撑立柱的钢平台系统为例）。

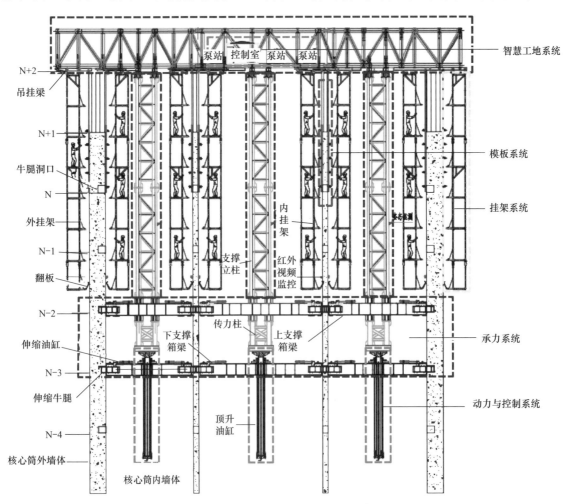

图 25　智能顶升钢平台系统组成示意图

1. 承力系统

承力系统由上下支撑箱梁、传力柱、立柱以及顶部钢平台组成，其中上下支撑箱梁间通过传力柱连接，下支撑箱梁与液压顶升油缸连接，上支撑箱梁与立柱连接，立柱支撑与顶部钢平台连接，形成一个稳定的整体。钢平台主要由主次桁架组成，主次桁架是由型钢拼装成的桁架结构，其顶部平台主要作为核心筒施工的材料堆场，下部悬挂的挂架则作为核心筒施工作业面和人员通道使用。钢平台系统设计时除了满足强度、刚度要求外，还应充分考虑劲性构件吊装、墙体内收、特殊楼层施工的需求。整个钢平台的工作原理为上下支撑箱梁每端设置伸缩牛腿，由伸缩油缸控制其伸缩，通过伸缩牛腿的伸缩和顶升油缸的顶升，实现上下支撑箱梁交替支撑在结构墙体预留洞口部位，进而实现整个系统的顶升。工程施工中，可根据结构形式优化立柱布置，进而减少钢平台用钢量（图27）。

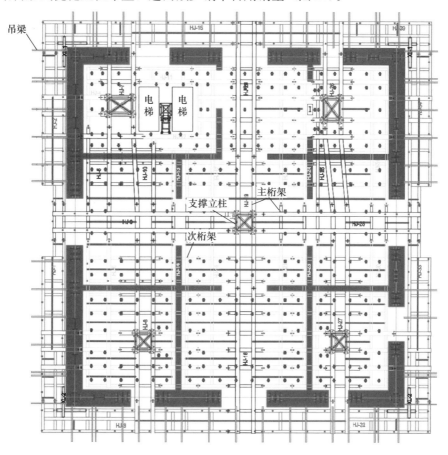

图26 智能顶升钢平台系统主次桁架平面图

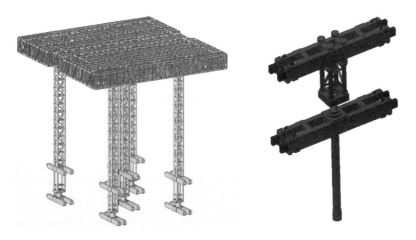

图27 承力系统模型

2. 动力与控制系统

动力与控制系统主要由顶升油缸、泵站、PLC同步控制系统组成。根据立柱布置，在每根立柱对应位置设置顶升油缸，配套设置泵站，并设置1套PLC控制系统，对顶升油缸顶升行程及同步顶升位移进行控制，可实现智能同步精度±1mm，同时配合油缸液压自锁保护（防爆阀、平衡阀、压力过压报警）来实现顶升钢平台顶升安全控制（图28）。

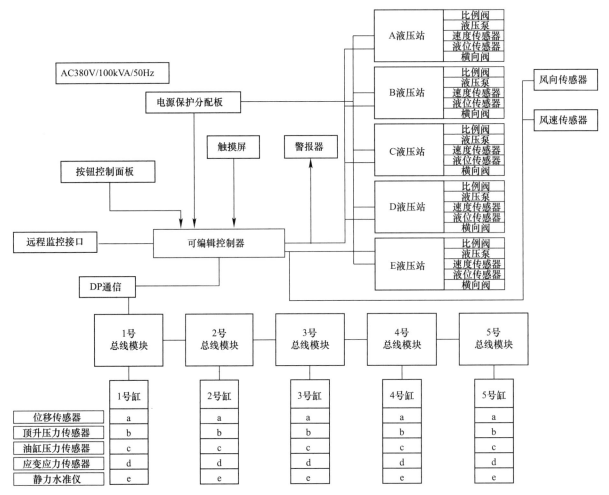

图 28 PLC同步控制系统原理图

3. 挂架系统

挂架系统是施工作业人员的操作平台和安全防护设施。挂架分为内挂架和外挂架。挂架系统根据楼层高度进行设计优化，既要满足各段施工作业面需要，同时也要满足人员通行及安全防护要求。每步挂架设计高度控制在2.2m以内，挂架高度范围需覆盖钢筋绑扎、混凝土浇筑、混凝土养护及顶部封闭清理施工作业面。一般设置6～7步高度，同时每隔一层走道板需设置封闭走道板，保证下部通行或作业人员的安全。挂架立杆顶部与钢平台连接，吊挂于钢平台底部。挂架采用钢方通作为横、竖向杆。走道板采用角钢、钢板网或花纹钢板组成（图29）。

4. 模板系统

模板系统作为智能顶升钢平台的主要组成部分之一，主要由定型大模板（铝合金模板或钢模）、滑轮、倒链、对拉螺杆等组成，其中模板通过钢平台下弦杆底部的滑梁悬挂于钢平台底部，随着钢平台顶升实现同步顶升。模板设计时需重点考虑吊点设置、变截面部位模板处理、变层高部位模板加高方式、对拉螺杆布置等（图30）。

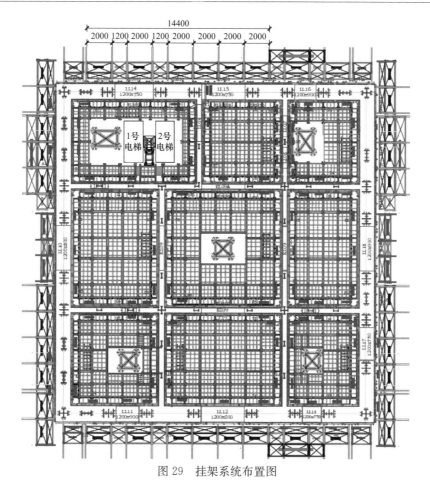

图 29　挂架系统布置图

4.2.2.2　智慧现场管理

智慧工地系统不仅是智能顶升钢平台的信息化安全控制系统，也是基于 CPS 的数字化建造系统，其主要由物联网智能监测系统、基于微信端的项目管理系统和基于 BIM 技术的项目管理平台组成。

1. 物联网智能监测系统——钢平台安全监测

智能顶升钢平台受力复杂，特别是在顶升阶段，从安全方面考虑，需要对其受力和姿态进行全过程监测监控，保证顶升钢平台的安全性及可靠性。

钢平台安全监测主要由支撑箱梁及主次桁架部位的应力应变传感器、立柱部位的姿态传感器、牛腿部位的红外线视频监控、钢平台顶部的气象监测站、动臂塔式起重机部位的 360° 全景实时监控组成。

为了确定钢平台的受力控制点，保证监控点与控制点相吻合，首先利用 BIM 技术对钢平台进行基础建模，然后通过模型转化导入到分析软件 SPA2000 中对钢平台进行受力分析，找出在外力作用下的内力及位移控制点，从而实现对传感器布置位置进行精确定位，然后进行具体实施（图 31、图 32）。

通过物联网监测技术，对顶模运行过程中立柱、箱梁、偏移角度、旋转角度等各项关键参数进行实时动态监测；另外，数据收集系统将所有数据自动采集到云端服务器，通过大数据

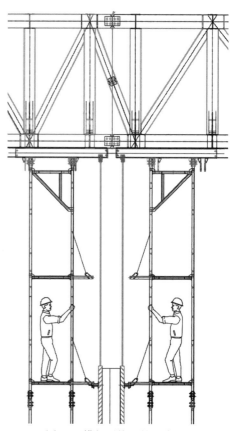

图 30　模板系统悬挂示意图

分析与互联网技术，将采集的数据实时自动分析并通过微信、PC 端实时推送至现场管理人员。切实做到对顶模安全性的实时监测监控和预警分析，为顶模安全生产提供了有力的数据支撑（图 33～图 38）。

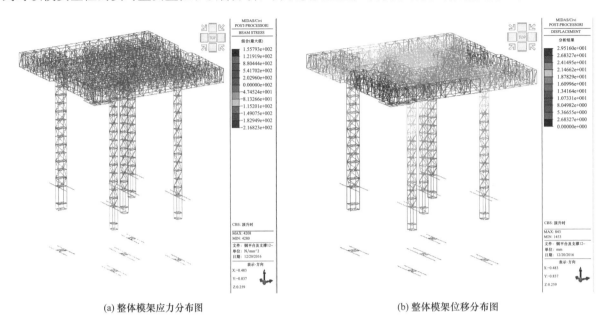

(a) 整体模架应力分布图　　　　　　　　　　　　(b) 整体模架位移分布图

图 31　外力作用下钢平台荷载效应分布图

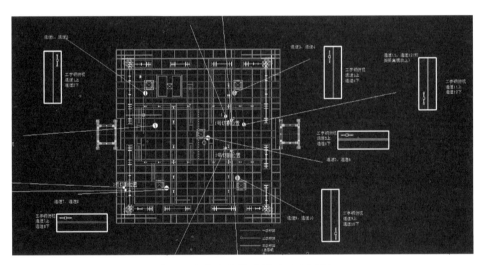

图 32　应力应变传感器平面布置图

图 33　应力应变传感器安装

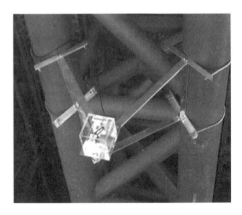

图 34　姿态传感器安装

图 35　箱梁激光测距仪

图 36　箱梁激光测距仪安装现场

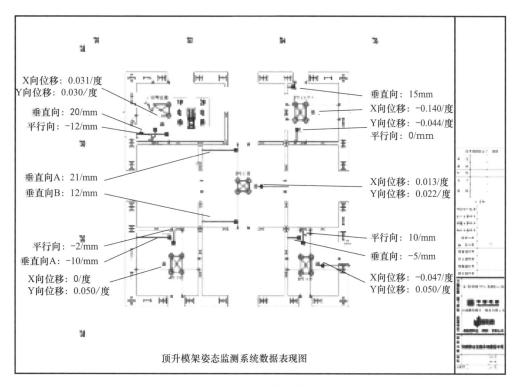

图 37　姿态监测实时数据展示

2. 物联网智能监测系统——塔式起重机运行监测

为满足施工材料垂直运输需求，在钢平台两侧位置安装两台 ZSL850 动臂塔式起重机。同时，为保证钢平台运行安全，消除不安全因素，必须实时掌控两台动臂塔式起重机的安全状态。因此，我们同样采用物联网智能监测技术对塔式起重机的运行状态进行实时监控。

塔式起重机运行监控由塔式起重机俯仰监控模块、无线数据传输模块、塔式起重机旋转实时监控模块及塔式起重机安全监控管理系统组成。通过对塔式起重机运行的实时监测，可以动态分析动臂塔式起重机的运行数据，自动计算安全性，提前预警（图 39～图 43）。

3. 物联网智能监测系统——气象监测

施工现场环境因素复杂，当钢平台顶升至较高处时，施工现场气象数据与官方数据会存在较大的差别。因此，在钢平台上安装微型气象站，对钢平台施工现场的气象数据进行实时监测，自动进行气象分析计算，实时生成晴雨表，为进度管控及措施调整提供可靠的数据支撑（图 44、图 45）。

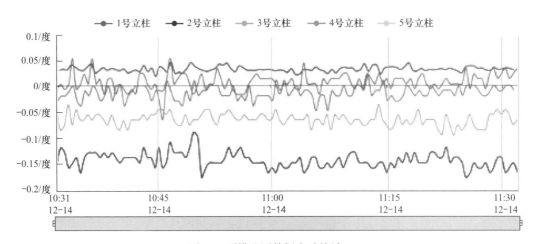

| 目选择开始日期 | 目选择结束日期 | 确定 | 一小时 ∨ |

X向角角度/度　y向角角度/度　上箱梁重直向偏移　上箱梁水平向偏移

国贸顶升模架监测系统立柱X向位移

图 38　顶模监测数据自动统计

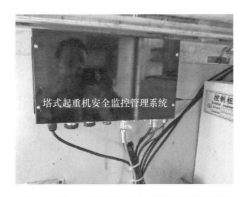

图 39　塔式起重机安全监控管理系统机箱

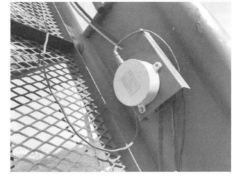

图 40　塔式起重机俯仰实时监控模块

图 41　无线数据传输模块

图 42　塔式起重机旋转实时监控模块

4. 基于微信端的项目管理系统

基于微信端的项目管理系统是集材料管理、任务管理、质量管理、安全管理、设备管理、资源管理、协同审批管理等于一体的综合化的移动端项目管理平台。施工现场管理人员可以通过移动微信端提交材料计划，启动施工任务，下发质量、安全整改单，实时查看塔式起重机、钢平台等大型设备的安全运行状态等。决策者通过移动端快速审批材料计划和启动施工任务，有效提高了项目管理效率，从而加

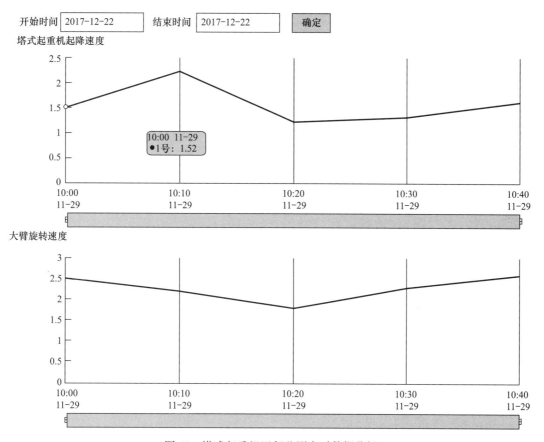

图 43 塔式起重机运行监测实时数据分析

图 44 顶模微型气象站

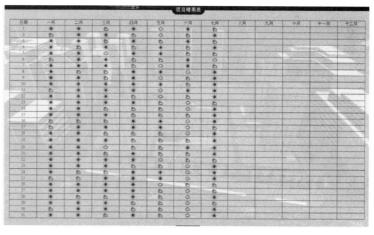

图 45 生成实时晴雨表

快了钢平台施工速度（图 46）。5. 基于 BIM 技术的项目管理平台

　　基于 BIM 技术的项目管理平台是智慧现场管理的系统平台。基于本系统，决策者可实时动态同步施工现场进度情况、实时查阅现场生产记录、实时进入无人机航拍系统、实时调出塔式起重机 360°监控画面、实时将采集至本平台的各类监测数据进行动态分析、实时生成各类可打印报表等，形成高度智能化的项目管理系统和高效敏捷的现场管理优势。同时，与物联网监测技术有机结合，极大地提高了钢平台监测数据的传输效率（图 47～图 53）。

(a) 材料管理　　　　　　　　　　　　　　　　　　　(b) 任务管理

(c) 设备管理

图 46　基于微信端的项目管理系统

图 47　基于 BIM 技术的项目管理平台主界面

图 48　实时查看现场进度

图 49　实时查看现场生产记录

图 50　实时进入无人机航拍系统

图 51　实时调出塔式起重机 360°全景监控

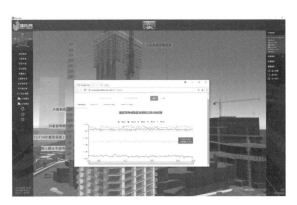

图 52　实时对监测数据进行动态分析

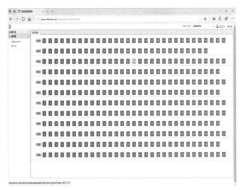

(a) 自动生成施工日志

(b) 自动生成平台监测日报

图 53　实时生成各类报表

5 社会和经济效益

5.1 社会效益

东莞国贸中心工程新技术应用实施期间，分阶段以检验批、分项工程、分部工程为节点，由我公司、项目部相关人员会同监理及时组织验收评定。

通过上述过程质量控制，有效地保证了施工质量和新技术应用项目的成功实施。工程质量管理取得良好成效。

5.2 经济效益

东莞国贸中心项目在施工过程中积极运用十项新技术进行技术创新，为项目创下了许多效益（表8）。

东莞国贸中心项目施工过程中的技术创新 表8

序号	项目	子项	应用部位	应用量	推广率	经济效益（万元）
1	一、钢筋与混凝土技术	高耐久性混凝土技术	2号商业、办公楼	316304m³	100%	—
2		高强高性能混凝土技术	2号商业、办公楼外框柱	99558m³	100%	—
3		自密实混凝土技术	2号商业、办公楼，3号商业、办公、公寓楼	71718m³	100%	—
4		混凝土裂缝控制技术	地下室底板与外墙部位	—	100%	—
5		超高泵送混凝土技术	2号商业、办公楼	23167m³	100%	—
6		高强钢筋应用技术	钢筋工程	102115t	100%	314
7		高强钢筋直螺纹连接技术	钢筋工程	1215527个	100%	816
8		建筑用成型钢筋制品加工与配送技术	地下室钢筋工程	53221t	100%	131
9	二、模板脚手架技术	集成附着式升降脚手架技术	1号商业、办公楼，3号商业、办公、公寓楼	2套	100%	—
10		整体爬升钢平台技术	2号商业、办公楼	1套	100%	244
11	三、钢结构技术	高性能钢材应用技术	2号楼塔楼桁架层伸臂桁架	16个构件	100%	236
12		钢结构深化设计与物联网应用技术	项目全部钢构节点	—	100%	456
13		钢结构防腐防火技术	2号楼塔楼外框钢柱及外框钢梁，3号楼塔楼外框柱，4号楼塔楼2号连桥，5号楼宴会厅桁架	560根	100%	—
14		钢与混凝土组合结构应用技术	2号楼塔楼、3号楼塔楼外框钢管混凝土柱，2号楼外框组合钢板剪力墙	280根	100%	334
15	四、机电安装工程技术	基于BIM的管线综合技术	机电工程	—	100%	644
16		金属风管预制安装施工技术	机电工程	—	100%	53.6
17	五、绿色施工技术	建筑垃圾减量化与资源化利用技术	地下室结构与地上主体结构	360000m²	100%	386
18		施工扬尘控制技术			100%	—
19		工具式定型化临时设施技术	—	全项目	100%	—
20	六、防水技术与围护结构节能	种植屋面防水施工技术	裙楼部分屋面以及2号楼屋面	5600m²	100%	—
21	七、抗震、加固与监测技术	受周边施工影响的建（构）筑物检测、监测技术	内支撑拆除		100%	196
22	八、信息化技术	基于BIM的现场施工管理信息技术	BIM技术、深化设计		100%	154
23		基于互联网的项目多方位协同管理技术	物联网、互联网		100%	
24		基于移动互联网的项目动态管理信息技术	物联网、互联网		100%	

6 工程图片（图54~图58）

图54 东莞国贸中心2号楼

图55 东莞国贸中心4号酒店楼

图56 东莞国贸中心峡谷与连廊

图57 东莞国贸中心内部商场

图58 东莞国贸中心能源中心内部

芳村大道南快捷化改造勘察设计施工总承包工程

何炳泉　汤序霖　莫　莉　吴本刚　刘春雷　黄狄昉

第一部分　实例基本情况表

工程名称	芳村大道南快捷化改造勘察设计施工总承包工程		
工程地点	广州市荔湾区芳村大道（洲头咀隧道至东新高速段）		
开工时间	2018 年 9 月 30 日	竣工时间	2021 年 10 月 15 日
工程造价	6.5 亿元		
建筑规模	全长 5km，其中全预制装配式桥梁总长约 2km		
建筑类型	市政桥梁		
工程建设单位	广州市广园市政建设有限公司		
工程设计单位	广州市市政工程设计研究总院有限公司		
工程监理单位	广州建筑工程监理有限公司		
工程施工单位	广州机施建设集团有限公司（主）、 广州市市政工程机械施工有限公司（成）		
项目获奖、知识产权情况			

工程类奖：
广东省土木工程詹天佑故乡杯奖。
科学技术奖：
1. 省级协会科学技术奖一等奖 1 项、二等奖 6 项、三等奖 5 项；
2. 市级协会科学技术奖一等奖 2 项、二等奖 1 项；
3. 中施企工程建造微创新技术大赛三等成果 1 项。
知识产权（含工法）：
省级工法：
1. U 形钢箱梁—预制混凝土桥面板—现浇桥面的市政桥梁组合结构施工工法；
2. 市政桥梁重型预制墩柱安装工法；
3. 装配式桥梁预制墩柱高精度生产及控制工法；
4. 装配式预应力混凝土盖梁高精度安装工法；
5. 大型市政桥梁盖梁预制段与现浇段组合施工工法。
发明专利：市政道路施工围挡板安装结构及其施工方法。
实用新型专利：
1. 一种装配式盖梁辅助安装结构；
2. 一种桥梁上部装配式组合结构；
3. 一种预制桥梁墩柱起吊装置。
发表论文 6 篇。
出版专著：《装配式市政桥梁创新技术集成与实践》（广州机施建设集团有限公司）。

第二部分　关键创新技术名称

1. 装配式桥梁重型预制桥墩生产安装施工关键技术
2. 大型装配式预应力盖梁生产及高精度安装施工关键技术
3. U 形钢箱梁—预制混凝土桥面板—现浇桥面的市政桥梁组合结构施工关键技术

第三部分　实　例　介　绍

1　工程概况

芳村大道位于广州市荔湾区西部，连接珠江大桥、珠江隧道、鹤洞大桥等主要出入口，走向为西北至东南，大致与珠江平行。全路分西、中、东、南 4 段。西北端起自滘口，与广佛公路连接，至塞坝涌为芳村大道西；往东南至下市涌为芳村大道中；微向南折至鹤洞路为芳村大道东；往南至环翠北路接东沙大道止为芳村大道南：全长 9km。本项目为芳村大道南快捷化改造工程，北起洲头咀隧道，沿线经过花蕾路、浣花路、鹤洞路、中兴路、求实一横路、环翠北路，终点接东新高速收费站（图 1）。

对芳村大道（洲头咀隧道至东新高速段）（全长约 5km）进行快捷化改造，道路规划为城市主干道，标准段宽度为 60m，设计速度 60km/h，鹤洞大桥以北段为双向 8 车道，以南段为双向 10 车道，全线新建 1 座高架桥以及 1 座人行天桥，浣花路及广中立交段与地铁站台交叉处预留远期工程桩基承台。抗震设防烈度 7 度，设计基本地震动加速度为 0.1g，结构设计基准期为 100 年，结构安全设计等级为一级。

芳村大道南快捷化改造工程的 13～24 轴（即东新高架桥）为钢—混组合箱梁，桥跨布置为 60m＋43.1m＋2×43.1m＋2×43.1m＋2×50m＋2×50m＋50m。桥宽 25.5m，横桥向为五箱单室。钢箱梁箱室宽 2.4m，两箱梁间距 2.375m，梁中心间距 4.775m，两侧悬臂长 2m。

图 1　芳村大道南快捷化改造工程路线示意图

2　工程重点与难点

芳村大道南快捷化改造工程，作为省内首个采用全预制装配式钢筋混凝土桥梁，有很多技术难点需要解决：其中包括装配式大型构件的生产、吊运，拼接精度，连接的整体性等。

2.1　装配式建造

本工程桥梁采用全预制装配式，预制构件体量大，构件生产及吊装施工难度大。

2.2　现场环境复杂

本工程主要是对芳村大道（洲头咀隧道至东新高速段）（全长 5km）进行快捷化改造，现场环境复杂，交通繁忙，交通疏导是本工程的重点、难点。

2.3　管线迁改保护

本工程位于城市繁华地段，地下管网错综复杂，对现有管线的迁改及保护尤其重要，需做好管线碰撞检查。

2.4　工期紧张

本工程计划工期 12 个月，采用 EPC 的建造模式，工程量大，工期短。

3　技术创新点

3.1　装配式桥梁重型预制桥墩生产安装施工关键技术

（1）针对预制桥墩施工特点，研究了一套预制桥墩底部坐浆、套筒灌浆施工技术，开发了一种适用于立柱钢筋笼精加工的桥墩钢筋笼胎架，设计了一种用于大刚度钢模板带钢筋笼整体翻转的专用翻转台，实现了立柱钢筋笼及套筒安装精度。

（2）研究大型预制混凝土桥墩吊装施工技术，创新采用钢牛腿＋千斤顶＋预埋钢绞线的方法对重型预制桥墩进行安装调整，确保了预制桥墩准确就位，解决了垂直度及水平调试安装精度的问题。

（3）提出了一套无人机航拍＋BIM 路线规划技术，对预制桥墩运输路线、吊装现场平面提前进行规划，实现了重型预制桥墩"运输、安装"一体化高精度施工技术。

鉴定情况及专利情况：该技术于 2021 年经专家鉴定，达到国内领先水平。

3.2　大型装配式预应力盖梁生产及高精度安装施工关键技术

（1）设计了一种可配套管线、埋件定位的新型钢模体系，适用于装配式盖梁构件生产，使构件内部管线及灌浆套筒能精准定位，保证了盖梁的生产质量。

（2）根据盖梁的重心分析，利用 BIM 模拟吊装系统模拟盖梁起吊受力，精确确定了大型盖梁的吊点位置，保证了预制构件吊运的安全稳定性。

（3）研究了一种新型的构件连接方法和生产工艺，预应力套筒灌浆连接结构；该施工方法能使两个大型构件形成整体，而且施工便捷，容易控制施工质量和工期。

（4）研究出了一种二次吊装施工工艺，有效避免了结构调整破坏坐浆，提高了装配式盖梁坐浆质量及构件拼接精度。

（5）研究出了一套适合装配式盖梁的现浇组合技术，使两段盖梁组合后的整体性更好，并且优化了成品观感。

鉴定情况及专利情况：该技术于 2021 年经专家鉴定，达到国内领先水平。

3.3　U 形钢箱梁—预制混凝土桥面板—现浇桥面的市政桥梁组合结构施工关键技术

（1）提出了 U 形钢箱梁—预制混凝土桥面板—现浇桥面的市政桥梁组合结构形式，突破传统钢箱梁上现浇桥面板方式，减少了结构自重，缩短了现场安装工期，加快了施工进度。

（2）针对预制混凝土桥面板—现浇桥面的收缩不一致的问题，通过提高预制桥面板混凝土龄期及现浇桥面混凝土采用无收缩混凝土材料等措施，解决桥面板收缩变形问题。

（3）提出了预制混凝土桥面板 U 形预留筋连接形式，提高了施工效率，缩短了施工工期；提出了 U 形钢箱梁—预制混凝土桥面板的连接节点密封措施，解决了下部 U 形钢箱梁渗水的难题；优化了预制混凝土桥面板与预制防撞栏杆连接节点工艺，提高了预制混凝土桥面板与预制防撞栏杆连接质量；优化了预制混凝土桥面板预留筋与剪力钉安装节点施工工艺，缩短了施工工期。

（4）深化了大跨度 U 形钢箱梁吊装支撑体系，优化了 U 形钢箱梁现场连接及桥面浇筑等工艺，形成了一套完整的 U 形钢箱梁—预制混凝土桥面板—现浇桥面的市政桥梁组合结构施工技术。

鉴定情况及专利情况：该技术于 2019 年经专家鉴定，达到国内领先水平。

4　工程主要关键技术

4.1　装配式桥梁重型预制桥墩生产安装施工关键技术

4.1.1　概述

传统桥墩在施工过程中，使用传统支架进行支撑，并采取现场浇筑施工方法。传统桥墩的建造模式如图 2 所示，具有以下特点：施工周期长，对交通影响较大，整体耗能高，现场人员工作量大。因此，用新模式的桥梁取代传统模式桥梁的需求迫在眉睫。

为了解决以上难题，桥梁墩柱预制拼装施工技术应运而生。预制拼装桥梁技术是一种高效、低碳、环保的桥梁建造技术，预制拼装墩柱施工速度快，对施工现场污染小，施工进度加快，对工程建设所带来的优势是桥梁施工的发展趋势。随着城市高架桥梁中预制拼装工艺的推广普及，大量的桥梁预制构件被应用于桥梁建设中，桥梁预制拼装施工工艺取消了现场支撑架搭设及混凝土现浇，在缩短施工工期的同时，减少了施工所需的占地范围，大大减轻了对现有交通的影响，对现场质量、安全、文明施工、社会影响带来了积极的改善。随着桥梁预制拼装技术的不断成熟，我国的桥墩预制拼装工艺也得到了推广和普及，然而在实施过程，预制墩柱的精度要求也很高，如果能够开发出预制桥墩生产、安装的施工技术，那么对于预制桥墩技术推广有着显著的社会意义（图 3）。

4.1.2　关键技术

4.1.2.1　装配式桥梁重型预制桥墩生产

本项目桥墩采用矩形截面，墩身截面尺寸为 1.8m×1.8m，为保证墩柱内预埋套筒的净保护层厚度，墩柱底部 0.7m 范围内截面尺寸增加至 1.9m×1.9m。本项目预制桥墩最大高度 10m，最大重量约 82t，墩柱与预制盖梁固结。

图 2　传统桥墩建造模式　　　　　　　　　　　图 3　预制化工厂施工

　　钢筋笼胎架设计及制作。钢筋笼制作，主要控制的是墩柱主筋及套筒的定位和固定。主筋的定位装置包括柱顶伸出钢筋定位框及钢筋挂片，挂片包括上下缘主筋挂片、左右缘主筋挂片。套筒的定位装置包括套筒定位板及套筒挂片，其中套筒定位板结合立柱底模一体化设计，套筒挂片与主筋挂片类似。墩柱箍筋在安装时主要控制其间距，采用手持式箍筋卡尺定位箍筋，并及时与主筋焊接固定。整个墩柱钢筋笼自钢筋加工完毕后，完全在胎架上完成加工绑扎（图 4、图 5）。

图 4　高精度钢筋胎架　　　　　　　　　　　图 5　钢筋笼钢筋绑扎

　　预制桥墩上下节点竖向钢筋采用灌浆套筒进行连接。灌浆连接套筒采用高强球墨铸铁制作，按钢筋连接方式制作成整体灌浆连接型。整体灌浆连接型套筒一端为预制安装端，另一端为现场拼装端。为保证套筒安装精度，墩柱钢筋笼胎架尾部的套筒定位板采用套筒固定端结合墩柱底模的形式，其既起套筒定位的作用，同时又是浇筑过程中墩柱的底模板。在钢筋笼吊装入模板的时候不拆卸，同时吊装入模（图 6、图 7）。

图 6　灌浆套筒　　　　　　　　　　　图 7　灌浆套筒安装示意图

　　由于预制墩柱的精度控制要求很高，并且墩柱钢筋笼的制作方式已发生变化（由传统的现场竖向绑扎钢筋笼改为在工厂内胎架上横向绑扎钢筋笼的方式），为了避免钢筋笼在工厂内多次翻转的繁琐及更好地控制钢筋笼变形，采用墩柱钢筋笼横向入模的方法，通过墩柱钢模板带动钢筋笼翻转。

　　因此，不同于常规现浇立柱模板，本项目采用装配式整体钢模板，模板具有足够的强度、刚度和稳定性，能承受施工过程中产生的各种荷载，既能够采用横向支模的方法安装模板，又能够满足模板带钢筋笼一起翻转的要求，确保钢筋套筒的定位精确不变。其构造主要由侧模、底模、底架、吊架、台车、翻转架及操作平台等组成。预制墩柱安装模板后，检查其顶面高程、各部尺

图 8　墩柱骨架翻转平台

寸、节点联系及纵横向稳定性，检验合格经签认后浇筑混凝土（图 8、图 9）。

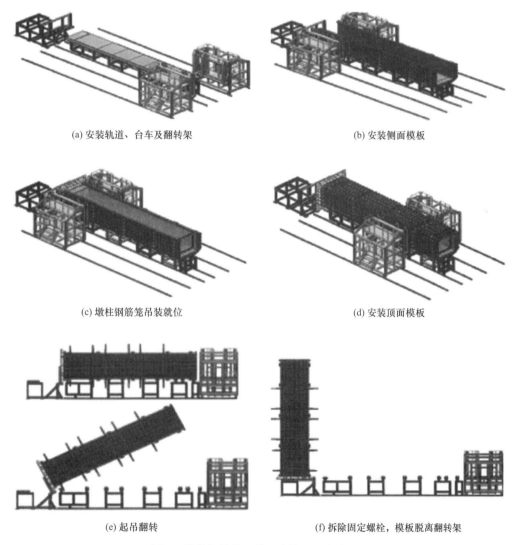

(a) 安装轨道、台车及翻转架　　　　　　　(b) 安装侧面模板

(c) 墩柱钢筋笼吊装就位　　　　　　　(d) 安装顶面模板

(e) 起吊翻转　　　　　　　(f) 拆除固定螺栓，模板脱离翻转架

图 9　墩柱钢筋笼入模、翻转及固定全过程

　　混凝土浇筑前应做好浇筑平台，混凝土浇筑平台采用型钢制作，在立柱钢模板制作时，相互配套。平台螺栓孔与立柱钢板采用螺栓连接，悬挑部分利用斜撑和立柱钢模板通过螺栓连接。平台每边宽出立柱模板 80cm，防护栏杆高 1.2m。先用起重机将浇筑平台吊至钢模板顶端，初步放置好，然后安装人员

站立在登高车栏内，升起升降机，将安装人员送到需要的位置；最后用扳手将所有螺栓全部拧紧。预制墩柱混凝土采用立式浇筑工艺，采用天泵进行浇捣 C50 混凝土一次性浇筑完成。混凝土坍落度为 160～180mm，浇筑分层连续进行，每层厚度为 30～40cm。（图 10、图 11）。

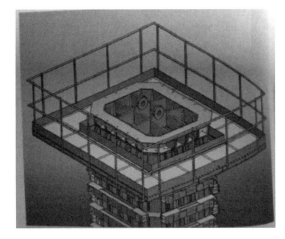

图 10　浇筑平台

图 11　墩柱混凝土浇筑

模板拆除前采用喷淋洒水养护，混凝土强度质量评定时，以边长为 150mm 的立方体标准试件测定。试件以同龄期者三块为一组，并以混凝土构件同期养护条件进行养护。模板拆除顺序为先拆除操作浇筑平台、拉紧装置、顶部第一块模板，依次分层从上至下拆除墩柱模板。在模板拆除后，对墩柱局部有蜂窝麻面的，利用升降机人工进行外观修补（图 12、图 13）。

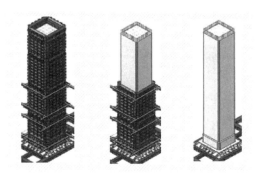

图 12　模板拆除

图 13　外观修补

模板拆除后，用塑料膜包裹养护，塑料膜从上往下包，墩柱顶覆盖土工布，采用滴桶装满水后，缓慢渗涌进行养护，水蒸气在塑料膜内内循环养护。墩柱养护 7d 后，方可吊装翻转平放，吊运至墩柱存放区进行存放（图 14）。

图 14　预制墩柱成品

4.1.2.2　装配式桥梁重型预制桥墩运输、安装

重型预制墩柱在预制场生产完成后需通过平板车运输到施工现场，运输的过程中可能会遇到交通堵塞；同时，运输道路狭窄，且堆放施工材料、设备等，可能造成运输车辆无法通过；施工现在环境复杂，运输车辆到达施工现场后，卸车的空间及对施工现场的影响需要进行整体的策划。

在以往的施工过程中，道路、交通情况的观察及疏导会安排多名人员在运输路线上观察路况并辅助疏导工作，受人员的视野限制及对交通情况判断经验的影响，往往达不到预想的效果，且在交通繁忙的路段个人安全得不到保障。针对以上不足，经过研究讨论，提出了使用无人机航拍技术替代人员对交通及道路情况的观察工作。

在本项目中使用了技术成熟的大疆 Mavic 2 专业版，配合大疆的 DJI GS Pro 软件，能预先设置好航拍的路径及拍摄位置的高度、角度等参数，完成航拍任务后自动返航到起飞点，起飞后无须人工干预即可实时将需要拍摄路段的照片传输到操作者的设备中（图 15、图 16）。

图 15　现场路况　　　　　　　　　　　　图 16　墩柱装车图

预先将飞行的路线规划好，在容易堵塞路段设置拍摄点，将各个飞行点的拍摄高度、拍摄角度参数设置好。重型预制墩柱在预制生产场装车后，司机先在原地等待发车指令。由操作人员控制无人机在预制场地飞出，按预定的运输线路往施工现场方向低空飞行（高度约 50m），定点拍摄下沿途的道路情况及交通情况；到达最后一个拍摄点时无人机将飞行高度升高至 300m 左右，由项目部操作人员通过实时传输回来的拍摄照片确定重型预制墩柱的发车时刻。无人机悬停并旋转角度拍摄远处来往的车流，预测运输车辆到达时刻的交通状况。对无法通过的路段，及时沟通清理。运输过程中仅需在运输车辆到达时在转弯位置安排人员辅助即可，大大减少了人员的投入、缩短了运输的时间，同时也保证了人员的安全（图 17、图 18）。

图 17　提前规划路线　　　　　　　　　　图 18　路况分析

材料堆放位置的不合理、车辆停放混乱等情况都会导致运输车辆到达施工现场无法卸车，运输车辆一直停留在原地等候或卸车均会影响其他车辆或机具的进入和正常施工。因此，本项目提出了无人机航拍结合 BIM 技术对施工场地进行合理的规划，解决了上述问题。通过无人机航拍的鸟瞰照片结合施工图纸对施工现场进行建模，重新对施工现场的布置进行规划，从而保证各个功能区域能高效运作且不会相互干扰，保证车辆的停放有序，合理调配大型起重机械卸车，对重型预制墩柱堆放的位置科学布置，保证卸车后不会影响到其他的施工车辆和机具的通过（图 19）。

重型预制墩柱运输、堆放时处于平放状态，在吊装时需立起，因此有一个翻身的过程。在翻身过程中，若控制不好，容易造成预制柱崩角、破损、开裂等质量问题，严重的甚至由于晃动过大给起重设备带来损坏引起安全事故。本次研究主要在吊点、吊具、钢丝绳及卸扣的计算和选择，在保证安全的前提下加快重型预制墩柱翻身的速度，提高效率。

图 19　施工现场建模

经吊点优化设计，采用一种预制墩柱钢绞线吊点，以保证墩柱在吊装过程中的稳定性，使墩柱能够平稳吊装，避免墩柱因偏心而发生倾斜，降低吊装作业的施工成本，提高工作效率。

墩柱吊装吊耳为双点预制吊环，吊耳布置于柱顶，吊耳间距 1054mm。立柱采用预埋钢绞线吊点进行吊装作业，钢绞线采用 $\phi_s 15.2mm$，钢绞线埋深 1000mm，表面伸出长度为 250mm，预埋的最底部采用锚板、带丝镀锌钢管、加厚螺母及 P 锚挤压套头的形式加强。吊点处的钢绞线采用 $DN20mm \times 2mm$ 镀锌管包裹，加强钢绞线吊点的局部抗剪能力，镀锌管长度为 600mm，形状为 $R80mm$ 的圆弧（图 20）。

钢绞线吊点安装控制的关键点在于：严格控制两吊点间距 1054mm 以及伸出长度。为此研究人员自行开发出了专用的辅助件，保证了吊点间距及伸出长度，防止立柱转体翻身时，吊点钢绞线损伤立柱顶面混凝土，并且提高吊运过程中的稳定性（图 21、图 22）。

预制墩柱最大高度为 10m，最大重量约为 82t。采用一台 300t 的汽车式起重机用于预制构件的转运。墩柱预制完成后，采用 300t 履带式起重机将其翻转至平放。墩柱顶部设有两个吊点，利用履带式起重机和辅助吊具将其吊放至柔性物资上方，慢慢将其翻转至平放（图 23、图 24）。

图 20　预制墩柱钢绞线吊点

图 21　吊点辅助设备　　　　　　　　　　图 22　辅助设备的安装样式

图 23　采用两根 1000kN 涤纶柔性吊装带穿过柱身　　　图 24　墩柱现场平放翻转至竖直示意图

4.1.2.3　重型预制墩柱底部坐浆、套筒灌浆施工

1. 坐浆材料

预制墩身与承台之间，墩身与盖梁之间需铺设 20mm 厚的砂浆垫层，采用高强无收缩砂浆，28d 抗压强度应不少于 60MPa 且高出被连接构件强度等级一个等级（7MPa），28d 竖向膨胀率应控制在 0.02%～0.1%。砂浆垫层宜选用质地坚硬、级配良好的中砂，细度模数应不小于 2.6，含泥量不大 1%，且不应有泥块存在。砂浆垫层初凝时间大于 2h。配合比为干料：水＝100：（17～18，一般取 17.5）。拌浆设备采用立轴行星式搅拌机或自制搅拌机，搅拌时间为 3min。高强无收缩砂浆垫层质量标准应符合《预制拼装桥墩技术规程》DG/TJ 08—2160—2015 的规定（图 25）。

2. 安装调节垫块

安放调节垫块，调整墩柱安装标高。调节垫块采用多块厚度为 3、5、8、10、20mm 的 300mm×300mm 的钢板，测量承台标高，结合预制墩柱的实际高度调整底部钢板厚度（图 26）。

3. 结合面表面处理

为增加墩柱与承台结合面的粘结力，在墩柱转运装车前应对墩柱底部以及墩柱顶面进行凿毛处理。

凿毛要求露出混凝土粗骨料为止，凿毛后应用清水冲洗干净（图27）。

图 25　砂浆搅拌及设备图　　　　　　　　　图 26　调节垫块安装

4. 安装挡浆板

在承台面上弹出墩柱边线，据此安装挡浆板。挡浆板采用5cm槽钢制作，各边比墩柱尺寸大6cm。挡浆板与承台接触面采用双面胶止浆（图28）。

图 27　墩柱底面凿毛　　　　　　　　　　　图 28　挡浆板制作

砂浆料搅拌完成后，将搅拌桶直接倾倒于承台凿毛面，用铁板刮平垫层砂浆（图29）。铺浆完成后，在每根承台预留钢筋上套上止浆垫，止浆垫略高于浆液面，且与中间的调节块顶面平齐（图30）。

图 29　铁板刮平垫层砂浆　　　　　　　　　图 30　止浆垫安装

预制墩柱与承台采用灌浆套筒连接的预制拼装施工工艺。由于预制拼装工艺对于构件精度的要求严格，预制立柱钢筋笼及套筒的安装精度严格控制在±2mm范围之内。墩柱连接工艺：墩柱柱底套筒连接承台预留插筋，墩柱柱顶预留插筋连接盖梁底套筒。墩柱现场安装完毕后，进行垂直度及相对位置调节，调节后拼接面铺设2cm厚60MPa砂浆垫层，最后对套筒进行砂浆压浆作业，完成整个拼装工艺。

灌浆连接套筒采用高强球墨铸铁制作，按钢筋连接方式制作成整体灌浆连接型。整体灌浆连接型套筒一端为预制安装端，另一端为现场拼装端，套筒中间应设置钢筋限位挡板；预制安装端及现场拼装端长度均不小于设计值，套筒下端应设置压浆口，套筒上端应设置出浆口，压浆口与端部净距应大于 2cm；套筒制作允许误差为 -1、+2mm。预制墩柱与承台、盖梁之间采用钢筋连接套筒连接，钢筋伸入长度不小于 10d（d 为钢筋直径）（图 31）。

图 31　灌浆套筒构件图

灌浆套筒安装工艺流程如下。

1）密封柱塞安装

在端模模板上精确定位出套筒的安装位置，把密封柱塞安装于端模模板上。

2）套筒安装

把套筒装配端（大孔口端）套入密封柱塞至套筒端面贴紧端模板，用工具（如扳手）拧紧端模板外面的螺母，橡胶柱塞在螺栓拉力作用下向外膨胀使得橡胶柱塞与套筒内壁紧密贴合，实现对套筒的定位密封。安装时注意两端侧面的螺纹孔口应向外垂直于构件端面，以方便灌浆管及出浆管与其连接（图 32、图 33）。

图 32　密封柱塞安装布置图

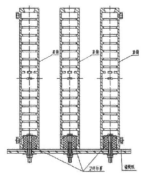

图 33　套筒安装示意图

3）预埋端钢筋安装

把密封环套入钢筋至离钢筋端头距离大于 1/2 套筒长度，把钢筋插入套筒直至套筒中部的定位肋，用工具把密封环塞入套筒端口，为保证密封可靠，需加涂密封胶或填缝剂等密封材料。

4）管件安装

把灌浆管和出浆管拧紧在套筒两端侧面的螺纹孔内，保证连接牢固，密封可靠；管件的长度一般要求安装后，其端头与构件表面平齐，为保证混凝土浇筑时砂浆不进入管道，用管堵塞住管口；如管件要伸出构件表面（伸出侧模板外），则伸出的孔口处也需进行密封处理；管件一般为硬管，在特殊情况下才用软管，但也需保证在浇筑时软管不扭绞或破坏，因为在灌浆发生堵塞的情况下，软管中的堵塞物是很难处理的。

将灌浆套筒安装端与模板定型法兰紧密连接，防止混凝土浇筑时水泥浆流入。将灌浆套筒分别套在模板定位法兰上，通过密封环使灌浆套筒底部端头与法兰之间实现完全密封，且灌浆套筒上的预留注浆孔完全朝向墩柱外侧，并用橡胶堵头塞住注浆孔（不得有漏浆隐患），待拼装墩柱模板时，能够使灌浆套筒上的预留注浆孔贴合在模板内壁上。

灌浆套筒放置完毕后，绑扎套筒外的加强箍筋，以固定灌浆套筒，使其稳固，钢筋采用绑扎形式，严禁使用焊接。

将灌浆套筒配套的顶部密封环套在墩柱主筋上，将主筋插入灌浆套筒，通过灌浆套筒顶部的密封环使套筒顶部端头与墩柱主筋之间实现完全密封（图 34）。

图 34 灌浆套筒安装样式图

灌浆施工工艺流程为：将灌浆料倒入搅拌设备→计算水量并精确称重→用专用设备高速搅拌→将浆料倒入储浆装置→将浆料倒入灌浆设备并连接压浆口压浆→出浆口或端部出浆→持续出浆后停止压浆并塞入止浆塞→拼接下一个套筒压浆。

为确保拼装时承台预埋钢筋能够顺利插入，不发生阻塞现象，应用高压水枪对套筒进行冲水，疏通清理套筒，再吹干套筒内的水渍。

灌浆施工应保持连续，如在灌浆过程中遇停电等突发状况时，现场应配备应急发电设备或高压水枪等清理措施。灌浆完成后及时清理残留在构件上的多余浆体。

墩柱拼装完成 12h 后，卸掉千斤顶，拆除型钢牛腿和挡浆模板。然后安装浆孔接头，在接头处安装出浆管必须高于预埋套筒在墩柱内的高度，以保证灌浆到位。

灌浆管及出浆管安装完成后，采用高压水枪用自来水冲洗灌浆、出浆管道。冲洗时，从灌浆孔灌水，从出浆孔溢出，对灌浆套筒进行冲洗。出浆管必须高于预埋套筒在墩柱内 20cm 的高度，以保证灌浆到位（图 35）。

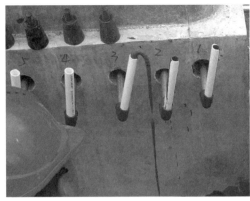

图 35 墩柱灌浆图

将灌浆机的管道接入灌浆口，开启灌浆机进行灌浆，下孔口为浆液入口，上孔口为浆液出口。当灌浆管连续排浆且与灌浆泵中浓度一致时，停止灌浆，并临时封闭灌浆口。当浆液强度达到设计强度后，用水泥浆封闭进、出浆孔口。

4.1.2.4 重型预制墩柱底部安装钢牛腿并联合千斤顶进行安装调整

1. 墩柱成品处理

承台预埋钢筋清理：用钢丝球对预埋钢筋表面进行除锈处理，然后拭擦钢筋表面。承台预埋钢筋检查：测量每根预埋钢筋的长度，以保证钢筋露出承台混凝土表面的长度偏差在（−5mm，0mm）以内，如果偏差过大，应使用手动砂轮切割打磨。为保证墩柱拼装的精度，根据设计图纸，用全站仪测出承台墩柱纵横向中心和墩柱四周沿线，并弹出墨线。纵横向中心墨线延伸至承台边，以便墩柱的拼装。

2. 施工方法

1）安放调节块及高程复测

在已处理过的承台中心位置安放调节块，调节块平面尺寸20cm×20cm；然后对承台中心点高程进行复测，根据复测结果计算调节块的高度，调节块采用钢板，高程允许偏差±2mm。

2）挡浆模板和限位装置安装

为了固定和微调墩柱拼装时墩柱底部的纵横向位置，控制墩柱底部偏位在5mm以内，应在下口四个倒角位置设置L形型钢限位板进行限位调整。限位板与承台采用膨胀螺栓连接，L形型钢每边设置一个孔，调节螺杆穿过孔洞顶住钢板，钢板在拼装墩柱时与墩柱紧贴，利用螺杆进出来调整墩柱底部纵横向位置。

3）千斤顶设置及初步调整

为了调整墩柱拼装时柱顶的竖直度，在承台挡浆板四周各安放一个50t的千斤顶。每个千斤顶安放的位置与牛腿对应。先测量型钢牛腿到墩柱地面的高差，然后利用其高差调节千斤顶顶面到承台面的高差。待两个高差一致后，利用水平仪调整4个千斤顶，调整到位后锁住千斤顶，垂直度校正误差为1mm（图36）。

4）墩柱试吊

利用起重机将墩柱起吊离地后，慢慢旋转到承台中心位置，缓慢下放。当套筒靠近承台预埋钢筋位置时，稳住起重机，让套筒沿着预埋钢筋慢慢下放。

墩柱底部快靠近承台时，减缓墩柱下放速度，进行墩柱位置的初步调整（图37）。

图36 千斤顶布置图

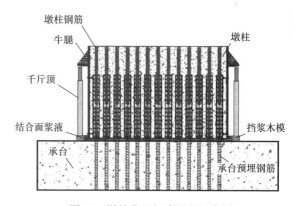

图37 墩柱位置初步调整示意图

5）墩柱拼装的位置调整

（1）调整墩柱底部位置

① 墩柱底部横向调整：先利用已弹好的墨线观察墩柱中心线与承台中心线是否吻合，如果墩柱中心线偏向承台中心线左面，用扳手将左面限位框架的螺栓慢慢旋进，使墩柱向右推进，直到墩柱底部中心线与承台面中心线完全吻合，或者偏差值小于2mm。

② 使用同样的方法进行墩柱底部纵向调整，在墩柱底面纵横向调整到位，8个螺杆确认全部锁定后，再进行墩柱顶面位置调整。

（2）调整墩柱顶面位置

① 先使用吊锤观看墩柱"十"字中心线是否与承台中心线吻合，如果墩柱中心线偏向承台中心线

左面，则将右边千斤顶稍微放松或将右边千斤顶稍微上调，使墩柱中心线与承台中心线重合，或者偏差值小于 2mm，然后锁紧千斤顶。

② 使用同样的方法锁紧其他几个千斤顶。

6）墩柱正式拼装

当浆液铺设完成后，立即进行墩柱拼装。由于浆液凝固控制时间在 30min 内，所以墩柱拼装必须在 30min 内完成。墩柱拼装方法同墩柱试吊相同，严格控制好墩柱的位移以及垂直度。将墩柱的定位控制好之后，锁紧限位框架和千斤顶。然后，松开吊钩，移开起重机，清理挡浆木模处溢出的浆液，防止多余的浆液流入压浆孔，以免堵塞压浆管道。锁紧限位框架和千斤顶后，同时拉紧墩柱四周的四根缆风绳，缆风绳上面固定在墩柱吊环上，与墩柱接触位置放置柔性物资，下方锁紧承台预埋的拉钩。

7）拆除千斤顶

坐浆完成后，先对试块进行预压，强度达到 90% 后，先拆除外侧挡浆板，再拆除千斤顶和支撑牛腿，拆除后对灌浆套筒的灌浆孔进行检查和清理，确保套筒内无杂物（图 38）。

图 38　千斤顶拆除

4.2　大型装配式预应力盖梁生产及高精度安装施工关键技术

4.2.1　概述

本项目高架桥梁的主要结构采用双柱墩接大悬臂盖梁的形式，桥墩及盖梁均为预制构件。盖梁为预应力预制构件，采用矩形变高截面，宽度有 2m 和 2.2m 两种尺寸，悬臂自由端截面高度为 1.5m，中间截面高度为 2.48m。

预制桥墩与盖梁间采用铺设高强无收缩砂浆垫层＋灌浆套筒连接，灌浆连接套筒中使用高强无收缩水泥灌浆料填充。

4.2.2　关键技术

4.2.2.1　大体积钢筋混凝土盖梁生产施工的深化设计

根据图纸设计，一榀盖梁长度约为 24m，高度约为 2.5m，横截面尺寸为 2.48m×2.2m，重量约为 250t，施工现场位于广州市荔湾区西部，施工场地狭小，同时，运输道路狭窄，堆放施工材料、设备等。盖梁模板采用组合式钢模板，以钢材来代替传统的木材，相比传统木模板而言，钢模板通用性强、安装和拆卸较为方便，且可以多次周转（图 39、图 40）。这大大促进了盖梁生产效率的提高，也易于保证施工质量。

预制构件吊装过程中，吊环通常采用 HPB300 级光圆钢筋制作。由于 HPB300 级钢筋抗拉标准强度为 270MPa，抗拉强度较低，因此当预制构件较重时，吊环钢筋直径较大，材料用量大，经济性较差，适用性也较差。

通过对比国内外文献以及现场实际吊装情况分析，本工程采用 U 形吊环结构，由于预应力钢绞线抗拉标准强度为 1860MPa，抗拉强度高，因此可替代普通钢筋，将其预埋在预制构件内作为吊环使用，可以通过设置较少股数的预应力钢绞线实现对重型预制构件的安全起吊、翻转、安装等工作（图41）。同时，在吊装完成后，钢绞线的切割也比钢筋方便。

图39 盖梁模具三维效果图

图40 盖梁现场制作实物图

盖梁采用预埋钢绞线吊点进行吊装作业，钢绞线采用 $\phi_s 15.2mm$，钢绞线埋深 1000mm，表面伸出长度为 250mm，钢绞线标准抗拉强度高，能有效保证吊装的安全性。预埋的最底部采用锚板及 P 锚挤压套的形式加强。吊点处的钢绞线采用 $D20mm \times 1mm$ 的镀锌钢管包裹，加强吊点的局部抗剪能力，镀锌钢管长度为 600mm，形状为 $R80mm$ 的圆弧，使钢绞线在吊装过程中均匀受力（图42）。

图41 U形吊环实物图

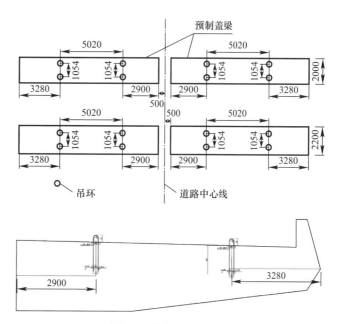

图42 吊点设置示意图

吊点设置必须确保盖梁吊装及转运过程中平稳，且承重必须满足吊装要求。经采用有限元模型进行安全性验算。吊环的最大变形发生在钢绞线 U 形位置。吊环的最大等效应力发生在钢绞线与下部钢板接触部位，最大应力低于其标准强度，整体安全。

4.2.2.2 预制盖梁生产施工工艺

盖梁钢筋笼在胎架上完成加工绑扎。边绑扎边测量，确保每一步施工的精度得到控制（图43、图44）。

步骤一： 先在底模上制作套筒模块，包括套筒、主筋及箍筋全部制作完成。

步骤二： 在底模上安装端部预应力张拉槽口，采用组合式整体钢模板，确保定位精确，钢筋安装之前先把锚垫板安装到位。

步骤三：在胎架上依次安装预制部分顶部和底部主筋、侧面主筋。

步骤四：安装波纹管，从端部张拉槽口穿入，并用短钢筋定位，用塑料扎带固定。

步骤五：安装支座垫块。

步骤六：其他辅助装置安装，包括套筒止浆塞、盖梁吊点、保护层垫块、防雷接地板、局部加强措施的安装。

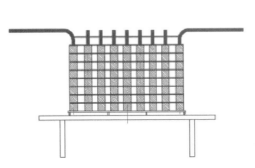 

图 43　套筒安装示意图　　　　　　　　　图 44　现场钢筋绑扎

盖梁浇筑前准备好盖梁浇筑施工中所需的各种原材料、模板和其他周转材料，施工机械设备及混凝土试模在施工前准备齐全。检查模板接缝，缝隙和空洞堵塞好，模板内的垃圾、木屑、泥土及粘在模板上的杂物（包括混凝土屑）必须清除干净。准备工作就绪后再通知拌合站生产，派专人按规定频率检查混凝土的坍落度及和易性，并随时与现场保持联系，确保混凝土的灌注顺利进行。

预制盖梁采用 C50 商品清水混凝土，采用卧式浇筑工艺，混凝土一次浇筑完成。

预制工厂内浇筑盖梁混凝土，通过混凝土搅拌车进行运输，在场内采用专用吊斗进行浇捣。人员上下采用专用梯笼或者专用升降车。

浇筑混凝土前，在钢模板外表面设置沉降观测点，同时不间断检查模板底座及侧面合模处漏浆情况，浇筑现场配备 [32 槽钢、木方、顶托及相应的紧固配件，接通冲水水管，如果出现爆模迹象，及时进行加固处理，确保浇筑过程的安全和施工质量。

盖梁浇筑时，首先采取从盖梁的一端（起始端）向另一端（结束端）连续浇筑的方式，在达到盖梁底部的预制浇筑限位后，再返回起始端处逐步浇筑端头挡块。

混凝土振捣时，在盖梁的两侧区域内每侧各设立两根振动棒，振捣时，班组要对盖梁的底部、套筒周边区域、钢筋密集区域、钢筋笼侧面边角处，进行多点布棒加强振捣，确保该区域内混凝土密实。采用 50 型振动棒，布棒间距不超过 50cm，每边振捣点 2 个交替错位向前振捣，每个点布料、振捣时间不少于 1min。（浇筑结束时混凝土略有溢浆现象，应做好及时补料和表层收浆工作）。在施工时，由班组长负责观测混凝土入模情况，发现异常时及时反馈给试验人员。

混凝土收水过程中，在两侧浇筑区达到收水面时，各安排一名收水工及时进行收水工作。收水后，应严格控制横向平整度，满足纵向水平坡度（图 45）。

盖梁混凝土浇筑（图 46）结束后，在混凝土强度达到 2.5MPa 时方可拆侧模。模板拆除后，及时进行喷淋养护工作，由班组长负责混凝土后期养护工作。构件养护采用水管直接喷淋，根据天气情况，确保每 2h 不少于一次喷淋养护。高温天气（38℃以上），采用土工布润湿覆盖措施，每 1h 不少于一次喷淋养护（图 47）。

4.2.2.3　大型装配式盖梁构件的吊装研究

装配式预制盖梁构件能够较好地保证其设计精度及生产精度，但是安装过程中往往由于现场复杂环境导致存在人为操作误差，影响后续构件的施工精度；特别是大型高精度构件，吊装过程中难以确保一步安装到位，并且调整难度较大。因此，我们在实施盖梁吊装的时候，同时采用可调节支撑平台。该支撑平台不仅为施工人员提供了一个稳定安全的作业平台，而且支撑体系立杆中安装的千斤顶限位模块能使盖梁构件快速定位（图 48、图 49）。

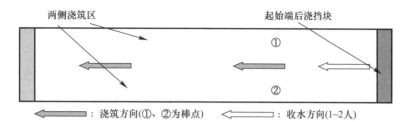

图 45　盖梁浇筑、收水俯视图

图 46　现场预制盖梁浇筑

图 47　预制盖梁养护

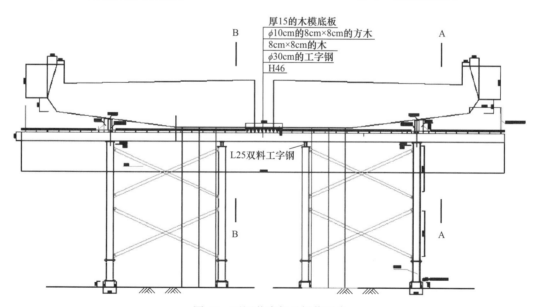

图 48　可调节支架及操作平台

根据设计图纸预制盖梁靠路线中心线端距墩柱边 2.1m，另外一端距墩柱边 7.3m。根据计算，远离路线中心线端较重，导致盖梁拼装后整体不平衡（预制盖梁最大质量 130t），需要搭设临时支架。因此，根据现场工程特点设计了一套可调节校正的支撑体系及操作平台系统，盖梁临时支架采用混凝土基础，由钢柱作为支撑，H45 型钢横梁、I12 工字钢纵梁组成的梁柱式支架。

（1）支架采用混凝土钢柱（ϕ377mm）支撑，上方架设两根通长的 H45 型钢。

（2）两根通长的 H45 型钢上面设置横向工字钢，I12 的工字钢按 600mm 间距布置。

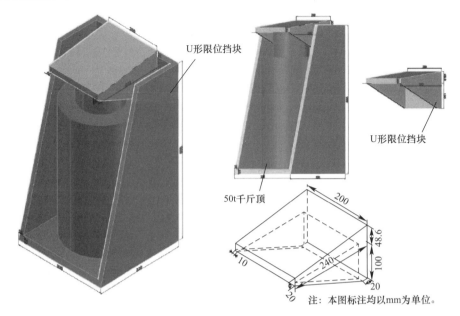

图 49　支架顶端的可调节模块设计

（3）两根钢柱之间采用［12 的槽钢，作为内撑。

（4）盖梁校正模块采用 U 形契块、千斤顶及限位挡块组合而成（图 50）。

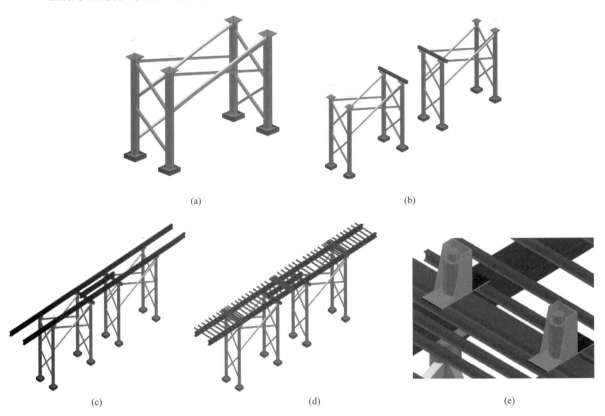

图 50　盖梁支架及限位装置 BIM 设计模拟

　　为保证吊装施工顺利进行，提高预制构件之间的安装拼接精度，采用 BIM 技术进行了吊装模拟分析，最终选定二次吊装施工工艺。该施工工艺是通过第一次试吊校正后让限位装置固定限位，然后移开盖梁构件进行坐浆施工，坐浆完成后再进行正式吊装。由于有限位装置辅佐，盖梁吊装时无须进行大幅度调整，盖梁与墩柱之间的连接质量可得到较大的提高（图 51）。

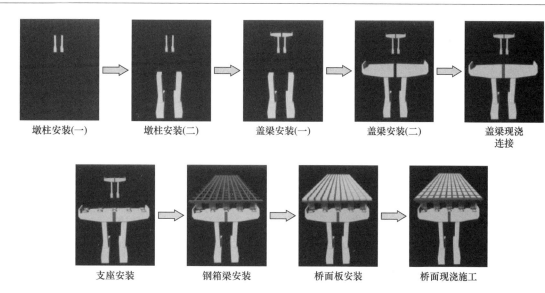

图 51 BIM 模拟盖梁吊装施工

先进行盖梁的试吊。盖梁吊装采用两台起重机双机抬吊方式进行,待盖梁构件吊至墩柱上方后慢慢放下,当灌浆套筒接近墩柱顶部钢筋时,让套筒与墩柱钢筋一一对接并缓慢下降。当盖梁底部快要接近墩柱顶面时,两台起重机同步分级卸力至 200kN 后停止卸力,同时对盖梁进行校正、调整。

盖梁位置校正时,在其大里程、小里程及中心线端各放一个限位框架进行调整。调整完毕后锁紧千斤顶,用楔块调整盖梁的水平标高(图 52)。

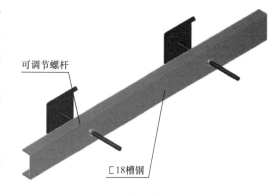

图 52 盖梁位置校正

试吊完成后,进行结合面坐浆。先检查抱箍平面标高和调整块的位置和标高,将墩柱顶面清理干净并湿润,然后把拌好的浆液铺设在墩柱顶面,并将铺好的浆液扒平,使之与调节块顶面齐平。

1. 拼接面处理

为增强拼接面的粘结性,对拼接面进行凿毛(安放调节垫块位置不进行凿毛)。凿毛要求露出混凝土粗骨料为止,凿毛后用清水清洗干净。

2. 安放调节垫块

在已处理墩柱的顶面上安放 4 块调节垫块,调节块平面尺寸 20cm×20cm;然后对墩柱顶面高程进行复测,根据复测结果计算调节块的高度,调节块采用钢板,高程允许偏差±2mm(图 53、图 54)。

3. 挡浆模板铺设

(1)墩柱顶抱箍由模板厂根据墩柱模板统一加工,尺寸大小和墩柱断面尺寸一致,高 11cm。在抱箍底部设有螺栓孔,与墩柱预留孔位置一致。

(2)先将抱箍顶面标高控制好,抱箍沿着墩柱顶面安放,然后在墩柱与抱箍结合面处安装橡胶条或者其他密封条。再把抱箍之间的连接螺栓拧紧,锁紧抱箍后检查其密封性(图 55、图 56)。

4. 砂浆垫层铺设

(1)将拌好的浆液倒入小桶内,然后铺设在拼接面范围内,并将铺好的浆液扒平。浆液铺设厚度大于 2cm,最好控制在 3cm 左右,在浆液铺设过程中,先安放橡胶密封圈(图 57)。

(2)如果预制构件四周有浆液溢出,说明浆液完全填充拼接面。如果浆液没有溢出,说明浆液不够,应立即将预制构件吊起,补充拼接面浆液(图 58)。

图 53 承台调节垫块安放（一）

图 54 承台调节垫块安放（二）

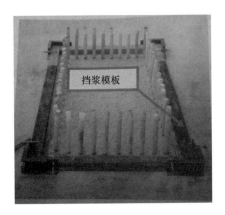

图 55 承台挡浆模板

图 56 墩顶挡浆抱箍

图 57 拼接面砂浆铺设

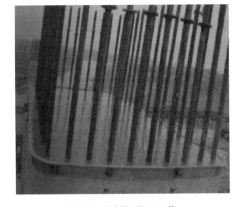

图 58 墩柱顶面坐浆

坐浆完成后必须在 30min 内完成盖梁与墩柱的拼装。用两台起重机将盖梁吊至墩柱上方，进行拼装，方法与盖梁试吊相同。拼装完成后，用水清理墩柱四周溢出的浆液。

盖梁分两段预制拼装，中间设 1m 长现浇段，盖梁预制构件最大吊重约为 130.2t。盖梁预制段内预埋钢筋在现浇段处采用焊接连接，现浇段混凝土达到一定强度再张拉盖梁预应力钢束。

（1）现浇段预埋钢筋采用双面焊缝电弧焊，焊缝长度不小于 5 倍钢筋直径（140mm），并应符合《钢筋焊接及验收规程》JGJ 18 的要求。

（2）现浇段底模和侧模均使用塑料模板，底模采用钢管和木方进行支撑，塑料模板侧模采用穿对拉螺杆的方式进行固定。安装工艺流程为：

盖梁侧面凿毛湿润→现浇段底部支模→安装底模→现浇段钢筋焊接→波纹管安装→安装侧模→浇筑混凝土→混凝土养护及盖梁预应力张拉→拆模养护（图 59、图 60）。

（3）盖梁现浇段采用C50清水混凝土，配合比与预制盖梁相同，采用汽车式起重机和料斗进行浇筑。

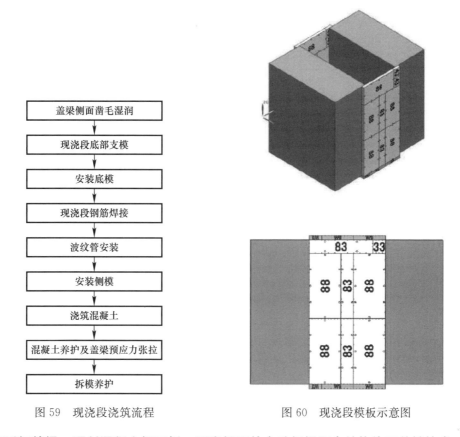

图 59　现浇段浇筑流程 ┊ 图 60　现浇段模板示意图

4.3 U形钢箱梁—预制混凝土桥面板—现浇桥面的市政桥梁组合结构施工关键技术

4.3.1 概述

钢—混组合桥梁结构既能充分发挥混凝土抗压强度高的优势，又能很好地利用钢材的抗拉性能，同时也可以采用装配式施工；与钢结构相比，费用便宜；与混凝土结构相比，环保性能好，施工速度快，因此其可以广泛应用于桥梁工程领域。然而，钢—普通混凝土组合梁桥的桥面板在施工时受混凝土的收缩徐变，以及运营过程中车载的反复作用和温度应力的影响，容易开裂；同时，目前应用较为广泛的多梁式钢—混凝土组合小箱梁桥其面板下方均为钢板，用钢量也比较大，非常不经济。为减少工程造价、缩短工期、提高施工质量及安全，本项目通过工程实践，总结出了一套成熟可行的施工技术。

4.3.2 关键技术

4.3.2.1 预制混凝土桥面板—现浇桥面裂缝控制技术

由于预制混凝土桥面板与现浇桥面存在混凝土龄期不一致，容易导致预制混凝土桥面板与现浇桥面的混凝土收缩阶段不一致从而产生裂缝。即现浇桥面处于塑性收缩阶段（即混凝土终凝前水化反应激烈，分子链逐渐形成，出现的体积减缩现象）和自生收缩阶段，而预制桥面板已经处于干燥收缩阶段，两者所处的阶段不一致，其收缩程度也不一样，容易在接缝处出现裂缝，降低施工质量。

市政混凝土桥面板的收缩主要分为：塑性收缩、化学收缩、自生收缩和干燥收缩。对于预制混凝土桥面板，由于预制构件均在预制构件厂进行养护存放后才运输至现场安装并浇筑接缝，因此预制构件的混凝土在接缝浇筑养护期间的收缩性主要为干燥收缩，即干缩。通过本项目研究发现，即使养护和存放的温度和湿度不一样，但是混凝土在龄期180d之后的收缩应变之比达到稳定。本项目采用预制混凝土桥面板构件在自然条件下洒水养护后，在存放区存放至龄期180d（6个月），使得混凝土收缩性趋于平稳后再运输至现场进行安装，从而减小预制混凝土桥面板安装后产生收缩裂缝的概率（图 61、图 62）。

图 61　预制桥面板混凝土浇捣　　　　图 62　预制混凝土桥面板现场洒水养护

桥面现浇混凝土的收缩主要为混凝土浇筑后存在的塑性收缩、化学收缩和自生收缩。本项目采用 UEA 改善混凝土性能，UEA 是由铝酸或硫酸铝熟料加入明矾石、石膏，经研磨而成的高效合成膨胀剂，呈灰白色粉剂，比重为 2.8～3.0。UEA 在水化过程中形成的膨胀源——钙矾面结晶（$G_3A \cdot 3CaSO_4 \cdot 32H_2O$），可起到填充、堵塞混凝土结构中毛细孔隙的作用，使大孔变小，总孔隙率减少，使密实度大大提高。通过高压水银测孔仪测定：掺入 UEA 的水泥总空隙率为 $0.11cm^3/g$，而水泥为 $0.21cm^3/g$，减少近 50%。从分布上来看，混凝土内部大孔减少，总空隙率下降。同时，UEA 具有减水作用，降低大体积混凝土配合比用水量。桥面现浇部分混凝土采用无收缩 C50 混凝土（即 UEA 混凝土），严格控制 UEA 的掺量及配合比，混凝土施工完毕后立即覆盖塑料薄膜，锁住水分，减少水分的蒸发，从而减小现浇部分混凝土产生收缩裂缝的概率，并且加强了接缝处的抗渗性。

4.3.2.2　U 形钢箱梁—预制混凝土桥面板—现浇桥面的市政桥梁组合结构节点工艺

1. 预制混凝土桥面板 U 形预留筋研究

为了解决预制混凝土桥面板间接缝的纵横钢筋定位及箍筋安装困难问题，本项目对接缝处的纵横钢筋和箍筋的形式进行了调查和研究。优化采用 U 形预留筋形式，结构如图 63、图 64 所示。

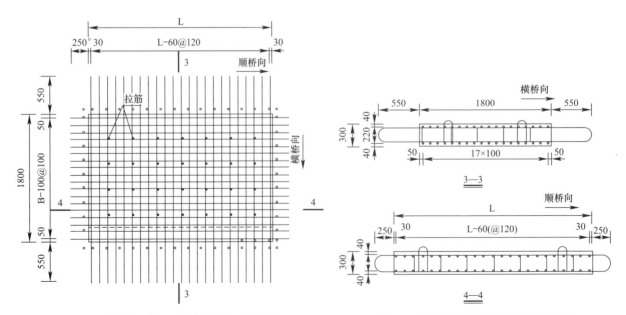

图 63　预制桥面板 U 形预留筋平面布置图　　　　图 64　预制桥面板 U 形预留筋剖面图

在预制混凝土桥面板制作过程中上下层钢筋一次弯制焊接成型，减少了上下层钢筋的定位和安装时间，节省人力（图65）。另外，采用 U 形预留筋形式将两个 U 形筋拼接成一个箍筋，节省了现场箍筋安装绑扎的时间，并且提供了纵横钢筋的定位位置，提高了施工效率，缩短了施工时间（图66）。

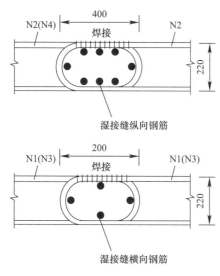

图65　U 形预留筋搭接示意图

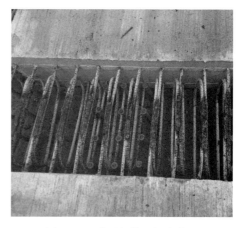

图66　U 形预留筋现场安装图

2. U 形钢箱梁—预制混凝土桥面板的连接节点密封性研究

由于 U 形钢箱梁的顶面及预制混凝土桥面板之间并非是完全贴合的，即 U 形钢箱梁和预制混凝土桥面板接触面的位置将会存在缝隙。与该缝隙相通的现浇混凝土湿接缝是工程中的一个薄弱点，容易出现湿接缝裂缝渗水问题，从接缝处渗透的水易通过该缝隙进入钢箱梁，导致钢箱梁内部锈蚀。

为了解决 U 形钢箱梁与预制混凝土桥面板间密封性的问题，本项目对接缝处的钢混接触节点及相应的施工流程进行了研究，在 U 形钢箱梁顶板上铺贴橡胶条，利用预制桥面板构件的重力将橡胶条压实，从而解决预制桥面板与 U 形钢箱梁之间的密封防水问题（图67、图68）。

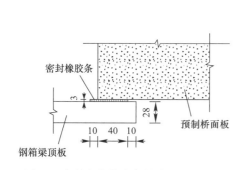

图67　密封防腐橡胶条铺贴节点大样图

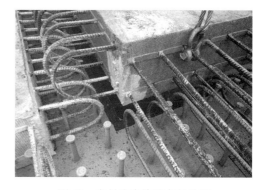

图68　密封防腐橡胶条粘贴图

纵横橡胶条之间也会产生间隙问题，因此也需要对此节点进行研究，研究结果如下：在纵横橡胶条相遇处灌注硅酮耐候密封胶，靠硅酮耐候密封胶将缝隙填满。单组分、中性固化、高位移能力硅酮耐候密封胶（±50级），对 PC 基材和金属具有优异的粘结性，不腐蚀 PC 基材和金属，能适应大的接缝变化，具有优异的耐候性能。使用时用胶枪将胶从密封胶筒中挤到需要密封的接缝中，密封胶在室温下吸收空气中的水分，固化成弹性体，形成有效密封（图69）。

在 U 形钢箱梁上翼缘板两侧边缘顺桥向及横梁上翼缘板横桥向通长粘贴可压缩的密封防腐橡胶条，并利用硅酮耐候胶将橡胶条的缝隙填满，然后吊装和安放混凝土桥面板，在混凝土桥面板的自重作用下，使橡胶条完全压密封闭，即可使得 U 形钢箱梁与预制混凝土桥面板的间隙得到封堵，保证了钢箱梁内部的密封性。

因此，采取在 U 形钢箱梁及横梁上翼缘板通长粘贴可压缩的密封防腐橡胶条，硅酮耐候密封胶填充密封防腐胶条间间隙的措施，解决了 U 形钢箱梁—预制混凝土桥面板的连接节点密封性问题。

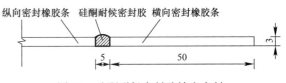

图 69　硅酮耐候密封胶填充密封防腐橡胶条间隙节点大样图

3. 预制混凝土桥面板与预制防撞护栏连接节点研究

为了达到预制混凝土桥面板与预制防撞护栏连接的质量要求，并方便现场施工、提高施工效率，本项目对预制混凝土桥面板与预制防撞护栏连接节点进行了详细的研究。桥梁的上部结构如图 70 所示。

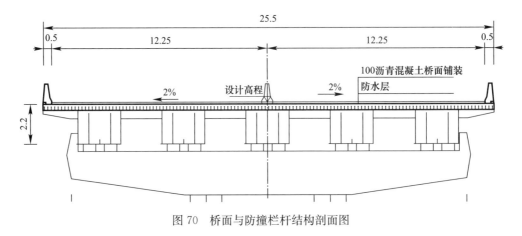

图 70　桥面与防撞栏杆结构剖面图

由于桥面板及防撞护栏皆为预制构件，因此必须考虑两者之间的连接形式。参考了装配式建筑构件竖向节点连接形式和横向节点连接形式后，我们将企口形式和套筒连接形式结合起来应用于预制桥面板和预制防撞护栏的连接节点，如图 71 所示。

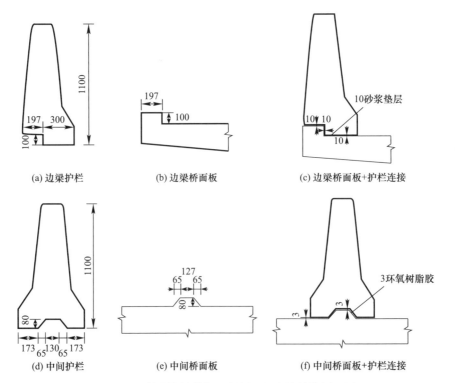

图 71　预制防撞护栏与预制桥面板连接结构剖面图

由于边梁处预制防撞护栏的安全要求较高，稳固性要求较高，因此边梁桥面板与护栏连接节点处需要进行加固处理。经研究决定，对边梁预制桥面板进行植筋处理，预制防撞护栏预埋金属波纹管，吊装后波纹管内灌注灌浆料与植筋连接（图72）。

为了方便现场的吊装及安装，在预制桥面板预埋 200mm×120mm×20mm 和 300mm×120mm×20mm 的 Q345 钢板，预埋直径为 16mm 的螺纹钢，从而使预制防撞护栏与桥面板连接成整体前不发生位移（图73）。

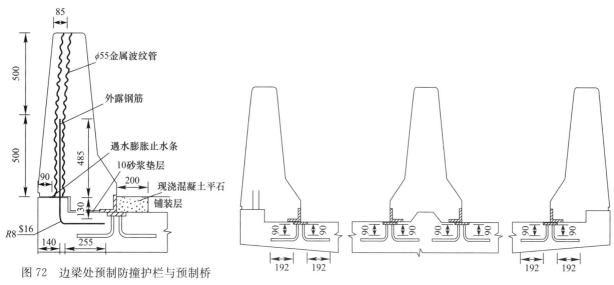

图72　边梁处预制防撞护栏与预制桥　　　　　　　图73　预制桥面板预埋钢板剖面图
　　　　面板连接结构剖面图

综上所述，边梁处预制桥面板与预制防撞护栏连接处采取企口连接和灌浆波纹管连接组合形式、中间预制桥面板与预制防撞护栏连接处采取企口＋环氧树脂胶连接形式，解决了预制桥面板与预制防撞护栏的连接问题。

4.3.2.3　U 形钢箱梁—预制混凝土桥面板—现浇桥面的市政桥梁组合结构施工技术

本工程钢混组合梁最大跨度为 60m，横跨现有交通要道，且不能中断现有交通，施工环境复杂。为满足钢箱梁的运输要求，每段钢箱梁长度不超过 30m。

为了提高施工效率，缩短施工工期，本项目对 U 形钢箱梁—预制混凝土桥面板—现浇桥面的市政桥梁组合结构施工流程及工序进行了详细的研究和分析，并对 U 形钢箱梁吊装支撑体系和 U 形钢箱梁现场连接及桥面浇筑工序进行了优化，总结出一整套的 U 形钢箱梁—预制混凝土桥面板—现浇桥面的市政桥梁组合结构施工技术。主要分为 U 形钢箱梁安装与预制桥面板安装，安装流程如图74、图75所示。

1. U 形钢箱梁安装

1）搭设临时支架

（1）支架基础

在搭设临时支架前对支架地基进行计算并进行地基预处理。

（2）支架结构及布置

一套组合支架包括了支架节＋上钢顶座＋下钢底座，根据钢箱梁结构特点及其重量，设计支架结构形式，并进行验算，最后深化固定支架。

（3）支架防护措施及安全措施

为了保证临时支架稳定性，支架安装完毕后在支架两侧用钢丝绳加固，与地面连接。在桥边每隔2m 设置一道长 1.5m、ϕ48mm 的钢管，横向通长 ϕ8mm 钢丝绳，用于工人临边施工防护。临边施工需佩戴好安全带和安全帽，并把安全带扣挂在钢丝绳上。

支架与支架间使用 2 条 100mm×100mm 工字钢连接固定，平台面中间铺设踏步板通行；支架树立后，在边沿位置安装栏杆，使用 φ48mm 钢管，拉设 φ8mm 钢丝绳作安全带挂扣之用；在每排支架间合适位置处，搭设施工临时上落梯，选用盘扣式钢管脚手架＋踏步梯而成，梯子外圈铺设隔离网，防止外坠。

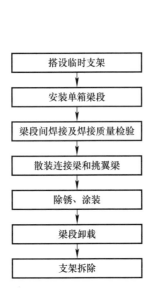

图 74　钢箱梁安装流程图

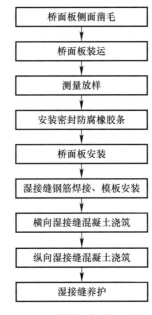

图 75　预制桥面板施工流程图

2）安装单箱梁段

在安装单箱梁段前根据现场施工条件、钢箱梁质量及吊距进行计算并选择符合要求的起重机、吊耳、吊具。运输车辆停靠在内侧道路上，占用 1 条车道，安设好围挡设施和警示标志，起重机按照施工方案中的位置进行吊装。钢箱梁接合方式为由上到下落位对接，面板与底板错口 400mm，腹板接口于 400mm 中间。

（1）对接措施

① 钢箱梁合拢前，对现场合拢口间的距离进行测量，再通过数据修正待装钢箱梁长度。

② 箱梁对接前于吊装箱梁面板焊接定位挂板，已安装箱梁外侧面焊接定位码板。

③ 箱梁吊至合拢口正上方，缓慢下落，下落过程中通过捯链、定位板等措施不断修正偏位，让钢箱梁准确就位。

（2）钢箱梁安装精度控制

首先建立平面控制网，要求达到四等导线网的精度，该平面网要与施工平面网进行联测，严密平差计算控制点坐标。在安装前在已安装好的临时钢支墩上，利用精密全站仪在支墩平台上做好桥梁中心轴线、边线的测绘定位工作。在已浇捣好的混凝土支墩上或已浇捣好的混凝土桥梁端部，用钢板作临时固定点，做好第一节段后配合全站仪测绘点作为端部临时固定点。

根据设计要求缝口的大小，用限位码板做好衬垫固定，专用焊接用码板定位牢固，确保中心轴线的正确性。

为防止横向位移，在临时支墩内侧用支撑三角钢板防止横向位移。横向位移必须控制在中心线±1～2mm 以内。纵向位移在吊装时利用已固定的箱体，用 25t 的捯链作小量调整，调整好后用安装码板定位固定。钢箱梁纵向产生顺桥向推力，为防止箱梁推移，在钢箱梁上坡位置加设 5t 捯链，向上拉紧钢箱梁。

在施工中，钢箱梁会因焊接产生纵向和横向变形，要对焊接变形进行测量，掌握变形数据及变形规律，以提高控制精度的准确性，一般情况下，环缝焊接产生的纵向收缩为 3～5mm，横向变形为 1.5mm。在钢箱梁下料时，应考虑纵向变形和横向变形，长度和宽度方向增加 3～5mm 及 1.5mm（图 76、图 77）。

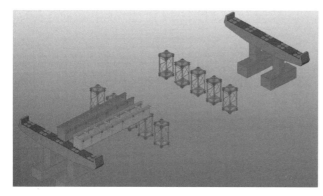

图 76　钢箱梁吊装作业示意图　　　　图 77　钢箱梁吊装作业图

做好箱梁位移和挠度施工记录，确保变形符合设计要求和国家规范。施工过程全站仪和水准仪应随时进行跟踪检测，并做好检测记录。

3）钢箱梁焊接

为实现整体焊接变形的有效控制，焊接工作安排在一个整跨钢箱梁吊装完毕后进行。现场纵焊缝焊接顺序为：底板对接→箱梁内腹板对接→加劲肋嵌补对接→顶板对接→桥面系附属件等焊接。

底板焊接从中间向两边分段、对称、同时施焊。腹板对称、同时施焊。顶板焊接从中间向两边分段、对称、同时施焊，顶板的填充、盖面由一台埋弧焊机从一端向另一端进行焊接。纵肋、U 肋嵌补段可以同时施工，先焊接对接焊缝，后焊接角焊缝。

4）连接梁及挑翼梁安装

吊装应根据吊距及吊装重量计算选择符合要求的起重机。每半跨的箱体梁吊装完成后，紧接着进行箱体间连接梁和两侧挑翼梁的安装。连接梁安装上后，螺栓紧固及调整使用剪刀型举高车和曲臂举高车进行作业。

5）钢箱梁除锈、涂装

钢箱梁出厂时对现场焊缝各预留 150mm 宽度不涂，以及 1 道面漆不涂，待钢桥梁整体施工完成后，对现场焊缝及焊缝两侧进行手动打磨，按要求涂刷各层油漆，最后全桥整体涂刷最后 1 道成桥面漆。

6）梁段卸荷

（1）在每套支架上的两根 H 型钢支撑柱间各放置一套液压千斤顶，将千斤顶升至刚好接触箱梁底部。

（2）割除掉支撑柱 H 型钢与底板接触处 1cm，让梁段由千斤顶支撑。

（3）卸载前先在各个箱梁中部底板多处粘贴反光标，对卸载前的标点使用全站仪测量位置及记录，在第一次卸载 1cm 后，进行全站仪第一次观测测量，记录箱梁整体下降和变形情况。

（4）重复上述步骤，每次下降 1cm，直至梁段不再下降，梁段自身受力，测量光标，记录卸载最后一次位移情况，检查是否符合设计要求的下沉允许值。当卸荷过程超出预警值，停止卸荷并通知监理和设计方，分析情况并制订解决方案。

7）支架拆除

将每个支架上方的 H 型钢柱拆除，再拆除支架间的连接撑杆；使用自卸车吊拆时，吊臂伸入支架台上方，松去钢平台与支架的螺栓，将平台吊落，接着一层一层分步将标准支架吊离；拆除上方支架平台及标准支架时，要保持下方底座与地面连接螺杆稳固连接，防止拆除过程中发生碰撞导致倾覆。

2. 预制桥面板安装

1）桥面板侧面凿毛

在桥面板的侧面作凿毛处理，并检查桥面板外露钢筋是否生锈，对已生锈的钢筋进行除锈处理。

2）桥面板装运

桥面板的装运根据安装需要进行，采用平板车运输，将桥面板转运到吊装位置，转运中预制板需按照简支板两端用枕木支承，将预制桥面板垫平稳，桥面板叠放不超过 3 层，并固定好，以防止滑移和倾覆，造成板裂。

3）测量放样

根据图纸的要求在钢箱梁顶板上弹出桥面板位置边线，并安装桥面板吊装定位装置。

4）安装密封防腐橡胶条

清除钢箱梁顶板表面杂物，在钢箱梁的顶板与桥面板接触位置安装密封防腐胶条，并保证其表面平整、干净。

5）桥面板安装

为确保桥面板安装后钢梁的整体线形及钢梁承受荷载后的下挠值，在安装桥面板时从每跨的中间均匀、对称地向墩顶方向有序安装。按先中板、后边板原则，先横向、再纵向，完成每跨桥面板的安装。

桥面板安装前需进行吊装验算并选择起重机、吊索等。桥面板在安装之前在钢箱梁上翼缘板两侧边缘顺桥向及横梁上翼缘板横桥向通长粘贴可压缩的防腐橡胶条，然后吊装和安放混凝土桥面板，在混凝土桥面板的自重作用下，使橡胶条完全压密封闭。由于桥面板外伸钢筋、钢板梁上剪力钉较多，安装时注意相互之间的位置关系，防止相互冲突，如遇到外伸钢筋与剪力钉冲突，适当调整栓钉位置，栓钉间距控制在 15～20cm（图 78、图 79）。

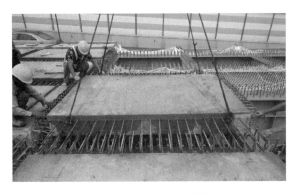

图 78　预制桥面板吊装

图 79　湿接缝钢筋绑扎焊接

6）湿接缝钢筋焊接，剪力钉及模板安装

钢筋连接采用单面搭接焊，焊缝长度要求不小于 10d（d 为钢筋直径），同时焊缝宽度、厚度要达到桥梁施工规范要求。采用了隔排剪力钉后装施工工艺，吊装预制桥面板后进行剩余剪力钉的焊接工作，焊接必须符合施工方案要求，不得漏焊。

桥梁外侧两翼缘板处和伸缩缝处的横向湿接缝模板采用优质竹胶板，模板加工尺寸符合设计要求，加固牢靠、线型顺直。

7）纵横向湿接缝混凝土浇筑

湿接缝混凝土浇筑前，应清理垃圾和杂物，冲洗干净；对预制混凝土桥面板新旧混凝土接触面用水进行充分的湿润。湿接缝混凝土采用无收缩混凝土，先浇筑纵向湿接缝，再浇筑横向湿接缝。

8）湿接缝养护

混凝土施工完毕后，立即覆盖塑料薄膜，锁住水分，防止早期收缩出现裂缝。2h 后除去薄膜，进行第二次收面，采用木抹子收平，及时覆盖土工布并洒水养护。湿接缝混凝土强度达到设计强度的 70％时，方可拆除湿接缝的模板。

5　社会和经济效益

5.1　社会效益

我国正在不断加快城镇化的建设，城镇的基础建设也正在高速的发展，其中市政桥梁的建设项目非常多，如跨河桥以及高架桥。装配式比传统方式拥有巨大的优势，因此市政桥梁的装配式发展有着巨大的发展前景。由此可见装配式市政桥梁将成为未来的趋势，芳村大道南快捷化改造勘察设计施工总承包工程的市政桥梁组合结构及其施工技术也将因其优点而得到推广应用。

5.2　经济效益

经综合分析，芳村大道南快捷化改造勘察设计施工总承包工程中采用预制墩柱（718.26m³）、预制盖梁（1282.03m³）、预制桥面板（2710.2m³，共1925块），采用上述创新技术后，节省了材料、人工费用共计290.61314万元，同时保证了工程按期完成，创造了显著的经济效益和社会效益。

6　工程图片（图80～图85）

图80　预制墩柱成品

图81　预制盖梁吊装

图82　U形钢箱梁

图83　预制混凝土桥面板

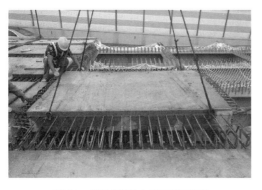

图84　预制混凝土桥面板吊装

图85　工程鸟瞰图

悦彩城（北地块）建筑施工总承包工程

刘春远　李　辉　贾海平　周　林　陈　冲

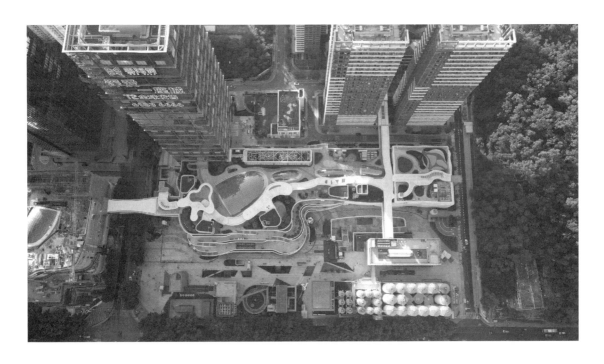

第一部分　实例基本情况表

工程名称	悦彩城（北地块）建筑施工总承包工程		
工程地点	深圳市罗湖区布心		
开工时间	2019 年 12 月 18 日	竣工时间	2022 年 7 月 28 日
工程造价	5.01 亿元		
建筑规模	22 万 m²		
建筑类型	产业研发用房、车库、配套商业		
工程建设单位	广东粤海置地集团有限公司		
工程设计单位	华南理工大学建筑设计研究院有限公司		
工程监理单位	深圳市中行建设工程顾问有限公司		
工程施工单位	中国建筑第八工程局有限公司		
项目获奖、知识产权情况			
工程类奖： 1. 广东省建设工程优质结构奖； 2. 广东省安全生产文明施工示范工地； 3. 广东省建筑业绿色施工示范工程。			

科学技术奖：
1. 广东省建筑业协会科学技术进步奖；
2. 广东省土木建筑学会科学技术奖；
3. 工程建设科学技术进步奖；
4. 华夏建设科学技术奖。
知识产权（含工法）：
工法：
1. 基于 5G 环境的墙板安装机器人施工工法；
2. 基于 5G 技术的智慧工地 AI 系统施工工法。
发明专利：
1. 一种建筑施工用垃圾分类装置；
2. 一种高层建筑施工时楼层积水处理装置；
3. 一种建筑施工用砖开孔装置；
4. 一种建筑施工用地面砖填缝设备；
5. 一种智慧工地数据采集装置；
6. 一种可伸缩式施工电梯辅助连接装置；
7. 一种建筑施工现场环境保护用密目网快速收卷；
8. 一种高层建筑施工机器人；
9. 一种带有安全结构的建筑脚手架；
10. 一种新型的建筑砂浆抹面机；
11. 一种便于调节切缝深度的建筑施工用切缝机；
12. 一种建筑检测用智能控温控湿的养护箱；
13. 一种建筑施工用钢筋打磨装置。
发表论文：
1.《5G＋BIM 技术在建筑工程施工管理中的应用》；
2.《超高层建筑基坑工程拆换撑技术综合应用研究》；
3.《浅论钢管混凝土柱大截面环梁节点施工技术》；
4.《智能管理，精益建造智慧工地的探索与实践》；
5.《高层建筑绿色施工的成本分析及控制研究》；
6.《浅谈建筑物资精细化管理》；
7.《浅析 BIM 技术在建筑绿色施工中的应用》；
8.《基于施工全过程的绿色施工评价体系研究》；
9.《建筑材料的信息化管理问题研究》；
10.《逆作法支护结构施工问题综合分析》；
11.《基于 5G 环境的 AI 智慧工地集成化应用技术》；
12.《基于 BIM 模型结合安全隐患数据库的高支模施工安全智能化管理》；
13.《基于 Adaboost 算法的面部识别技术在智慧工地中的应用探究》。

第二部分　关键创新技术名称

1. 基于 5G 技术的智慧工地 AI 平台研究开发与应用技术
2. 基于 5G 环境的墙板安装机器人施工技术
3. 受限基坑内半逆作法施工预留土方输送技术

第三部分　实例介绍

1　工程概况

本工程总占地面积 33802.1m²；总建筑面积 130857.73m²，地上建筑面积 43597.28m²（5 层），地下建筑面积 87260.45m²（2 层）；建设内容包括：一栋 2 层的产业配套商业裙房，带两层半地下室及 3 层地下室和一栋 3 层的产业研发用房。本工程总概算为 12 亿元。结构形式：框架剪力墙结构形式，屋面钢结构网架（图 1）。抗震设防烈度：7 度建筑。设计使用年限：50 年。主体结构耐久年限：50 年。防水等级：Ⅰ级。

图 1 项目俯视图

2 工程重点与难点

2.1 施工难度大

交通组织难：建筑红线即基坑边线，零场地施工，无环场路，平面布置转化多。

人员管理难：工人居住分散，现场作业面多，管理投入大。

受限施工难：内撑"闷拆"，反压土台"换撑后挖"，地下室外墙施工空间狭小（仅 1.5m）。

2.2 管理难度大

项目机电、消防、幕墙、智能化、精装、园林单位均办理有独立的施工许可证，各甲指分包管控难度大，组织各单位协调配合难度大，需进行高标准、常态化管理。

2.3 结构复杂，施工难度大

本工程造型独特、结构复杂，主体结构柱的形式有：倾斜柱、钢管柱、梁上柱等，且大多数柱为大截面柱。梁柱节点处设置有劲性钢梁、钢柱，施工时如何有效解决柱节点处劲性钢结构和钢筋碰撞问题，是本工程的质量管控难点。

2.4 高支模区域多

本工程结构形式复杂，其中地下室人防区均为高支模区域（板厚均大于400mm），另有25.3m高人行天桥，荷载大，支模高度高，跨度大（最大跨度为33m）。

3 技术创新点

3.1 基于 5G 技术的智慧工地 AI 平台研究开发与应用技术

工艺原理：

以 5G 网络技术为桥梁，AI 人工智能技术为核心，充分利用传感网络、远程视频监控、地理信息系统、物联网、云计算等新一代信息技术，依托移动和固定宽带网络，打造了"智慧工地 5G＋AI 管理平台"。该系统通过对建筑工地施工的在线监控、自动监督、远程监管、调度指挥，进一步提升建设工地监督管理水平，促进建设工程科技创新。

利用 5G 网络大带宽、低时延、广连接的特性，实现 AI 分析云化处理。在云端建立强大的 CV 引擎硬件平台，内嵌专为视频监控场景设计、优化的深度学习算法，具备了比人脑更精准的安防大数据归纳能力，实现了在各种复杂环境下多重特征信息提取和事件检测满足用户精度更高、种类更多、环境适应能力更强的智能需要（图 2）。

图 2　智慧工地 5G＋AI 平台

3.1.1　5G＋AI 安全监管系统

工艺原理：

1）人脸识别算法。

检测到人脸并定位面部关键特征点之后，将主要的人脸区域智能化裁剪，经过关键采样信息点处理之后，馈入后端的识别算法。识别算法要完成人脸特征的提取，并与库存的已知人脸进行比对，完成最终的人脸匹配。

2）人体检测及行为识别算法。

（1）工地人员摔倒；

（2）反光衣穿戴检测；

（3）划定区域人员非法侵入检测。

此类场景识别分为两步：

（1）画面中人体目标检测；

（2）人体目标分类。

先用人体目标检测算法，识别出画面中人体目标，并对人体区域进行截取，作为第二步的模型输入。工地人员摔倒场景对正常工作形态和摔倒形态进行分类；反光衣穿戴检测对穿戴和未穿戴进行分类；区域人员非法侵入只需要判断是否有人。

3）人头检测及分类算法。

（1）安全帽佩戴检测；

（2）口罩佩戴检测。

此类场景识别分为两步：

（1）画面中人头目标检测；

（2）人头目标分类。

先用人头目标检测算法，识别出画面中人头目标，并对人头区域进行截取，作为第二步的模型输入。安全帽佩戴场景对佩戴和未佩戴进行分类；口罩佩戴对佩戴和未佩戴进行分类。

4）目标检测及分类算法。

（1）特殊颜色识别；

（2）火光检测。

此类型场景使用特定场景的目标检测算法，进行定制开发。每个场景需要至少 3000 个训练样本，训练样本数据量比大约为 3 : 1 : 1 : 1 : 1（表 1，图 3～图 6）。

模型输入输出　　　　　　　　　　　　　　　　　表 1

模型场景	模型输入	模型输出
工地人员摔倒	连续帧序列	人员活动区域和摔倒标签
特殊颜色识别	连续帧序列	颜色标签
安全帽佩戴检测	连续帧序列	人员活动区域和安全帽佩戴标签
反光衣穿戴检测	连续帧序列	人员活动区域和反光衣穿戴标签
口罩佩戴检测	连续帧序列	人员活动区域和口罩佩戴标签
火光检测	连续帧序列	人员活动区域
划定区域人员非法侵入检测	连续帧序列	人员活动区域和入侵标签

图 3　AI 智能识别分析

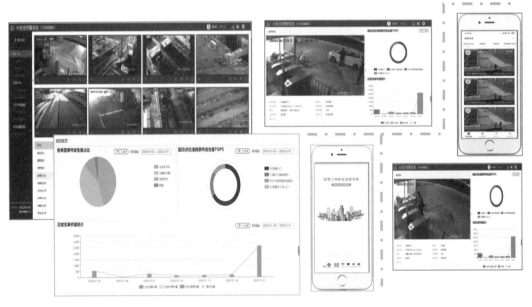

图 4　AI 报警推送

技术优点:

(1) AI 智能分析功能。

基于 AI 监控视频实现对火焰和烟雾报警、周界防护、临边洞口、未戴安全帽、未穿反光衣、未佩戴口罩、塔式起重机下方危险区域等要素自动分析识别。

(2) 自动报警并按需推送,规范处理流程。

将不同的报警类别、摄像头编号与产生的报警信息通过 App 消息、短信消息、电话提醒等方式通知到指定人员，按规范流程处置，并可通过现场广播提醒、佩戴手环振动、桌面弹窗等方式实时实地提醒。

图 5　AI 眼镜与塔式起重机可视化协同

图 6　现场实时反馈机制

给现场特种作业人员佩戴智能手环，实时监测人员生命体征（心率、脉搏、体温、血压、血氧等），发现问题，对施工人员振动、蜂鸣预警，并及时通过 5G 网络回传数据。同时，结合 5G＋AI 智能识别系统，对发现翻越电子围栏、进入危险区域等情况，智能手环均可实现自动预警。

（3）报警分析与报表统计。

平台按照事件类型、发生地点（摄像头编号及 AI 分析数据）、时间、处理状态与用时等维度将产生的报警信息上传云系统，进行统计分析。

3.1.2　5G＋AI 现场管理系统

工艺原理：

（1）通过在工地进行 5G 网络规划，选取合理点位，进行 5G 网络信号补强及优化，实现公网与工地专网的有效结合，从而达到工地在施工作业面 5G 网络无死角全覆盖。满足施工区域边缘场强 RSRP 大于－105dBm，上行速率大于 50Mbps，时延小于 50ms，从而满足作业面现场可以通过视频＋AI 及移动手段灵活布控管理。

（2）通过将 AI 识别的人脸数据与后端劳务人员信息对接，从而在现场实时调用身份资料、班组、工种信息等，获取人员违章记录、安全之星得分记录等。通过人脸追踪进一步加强人脸识别效率，人脸识别及信息认证过程仅需 50ms，支持工地全周期人脸库认证，准确率达 99.9％以上（图 7、图 8）。

（3）采用 5G＋AI 摄像模组＋蓝牙等多手段定位方式，实现工地危险、敏感或重要区域的人员定位。首先为人员或物品配备位置标签（智能手环），其次在作业面布置 AI 摄像模组、蓝牙中继、基站、网关，通过蓝牙 5.0 和蓝牙 Mesh 连接协议，优化网络和应用处理器形成超低功耗射频前端、射频链路。在 2.4GHz 免费频段基于 RSSI 信号场强指示定位原理，形成人员定位信息，通过 AI 模组传输至云端。

图 7　佩戴 AI 眼镜实时核查人员实名制数据

图 8　5G 智慧工地 AI 平台实名制数据库

技术优点：

（1）实名制智慧管理：通过全局布设的 5G＋AI 智能摄像头进行组网，集成 5G 网络、实名制管理平台、智慧工地管理平台、AI 智能识别，实现现场使用 AI 智能手机或佩戴 AI 眼镜识别人员实时信息（身份资料、所在班组、安全教育、违章记录、行为安全之星得分），实现身份认证，提高实名制管理质量。

（2）全方位智能考勤：通过遍布工地设置的 5G＋AI 超高清摄像模组（点位布设覆盖整个平面），无缝监管，可精确统计人员进出工地、作业面、休息区频次，无须闸机通道刷卡、人脸识别等，实现作业人员全方位智能考勤；支持人员数量清点，自动抓拍人脸特征，记录人员进出场时间、留存工作记录，提升考勤与薪酬支付精细化管理水平。

（3）AI 计算人员定位：通过 5G＋AI 摄像模组＋蓝牙等多手段定位方式，实现工地危险、敏感或重要区域的人员定位，实时采集人员信息，5G 网络实施传输记录、进行人员区域定位，发生异常及时反馈问题区域，提升事件处理效率。

（4）集成管理，人员核查：打通各个实名制平台壁垒，实现后台数据库集成管理，通过全覆盖的 AI 摄像头智能识别人员信息、进出场记录、安全教育信息、培训记录、人员定位等，自动留存记录并将异常情况推送至安全管理人员。同时，支持人员核查，实现现场人员身份甄别，对外来人员、未登记人员、未通过进场安全教育人员等自动核查。

3.1.3　5G＋AI 移动巡检系统

工艺原理：将 5G 模组、视频采集模组、光学显示模组集成于 AI 移动摄像设备，在已打造的工地全方位 5G 网络覆盖区域，实现随工地作业区移动而移动的重点区域便携式监控。高清摄像设备通过 5G 模组实现全工地范围地上地下多种复杂场景自由布放，云端的工地管理平台将 AI 分析引擎与工地人员信息库结合完成信息匹配，将人员信息、违规信息等通过 5G 无线传输、远程实时监管，自动留存记录，同时集成短信推送、手环振动、广播提醒等多样化安全信息预警，辅以行为安全之星模块，实现奖罚有依，管理有序（图 9）。

技术优点：

（1）便携监控，灵活部署：通过搭载移动高清摄像设备，实现随工地作业区移动而移动的重点区域巡检便携式监控设备。

（2）全景监控，动态监管：高清摄像设备通过 5G 模组实现全工地范围自由布放、360°实时监控、24h 续航，集成 AI 安全监管功能。

图 9　5G＋AI 移动巡检设备

（3）智能联动，多样推送：通过 5G 无线传输，实现短信推送、广播提醒或对被识别人员进行电话提醒等多样化安全信息预警，实现奖罚有依，管理有序。

3.1.4　5G＋AI 测量系统

工艺原理：通过超高清 5G 网络摄像机，利用基于 AI 人工智能的运算分析技术、三维激光扫描下的空间点云智能分析技术、大数据处理技术和云计算技术的自动化、数字化的实测实量系统，将其数据实现实时的回传，并将处理后的信息推送至测量、检测或验收人员的便携移动设备或 AI 眼镜中（图 10、图 11）。运用视频叠加技术实现与 CAD 图纸、测量结果的现场实时叠加比对。

图 10　AI 测量

技术优点：

（1）AI 测距：利用 AI 摄像头将多种测量手段结合，并通过 5G 网络将测量结果传输至 AI 眼镜呈现于测量人员眼前。

（2）自动复核，智能报表：可以根据测量位置自动对焦调节，消除了人为误差，达到了现场实测实量精度要求，测量结果远程传输、自动分类保存。

（3）远程验收：智能测量、解放双手，提高检查人员工作效率，适用于质量远程验收、安全设施远程验收等场景。

鉴定情况及专利情况："基于 5G 技术的智慧工地 AI 平台研究开发与应用"经广东省土木建筑学会组织鉴定，达到国际领先水平。

图 11　AI 测距

3.2　基于 5G 环境的墙板安装机器人施工技术

工艺原理：

1）无线操控安装技术。

（1）远程无线控制机器人进行安装作业。

墙板安装机器人身高 1.7m 左右，重 860kg，最大吸附质量 400kg（图 12）。

图 12　墙板安装机器人

操作方法：首先，工作人员将扫描机器人架在三脚架上，进行点位确认，并将数据实时传输到工作人员的电脑里。据现场工作人员介绍，陶粒板是竖立安装成弧形墙面的。这个竖立的点位用人工测量是不准确的，这时就需要扫描机器人的介入了。

扫描机器人首先通过电脑里的模型提前设置好放样点。在现场工作人员的电脑屏幕上，注意到，一个个圆点排在一起，连成两条弧线，上下 4 个圆点围成一个近似长方形，它们正是陶粒板竖立的点位。

接下来，由墙板安装机器人出场，根据放样点的位置进行安装。安装机器人伸出两个大手掌，慢慢靠近陶粒板。一名工人现场辅助。随后，通过遥控器调整好力度、角度等，机器人就将陶粒板抓了起来，并缓缓竖立起来，送到点位上。现场工作人员根据点位记号进行对准并安装（图 13）。

图 13　现场安装

快速、精准实现墙板安装机器人吸附、夹取，具有一键调平、竖直等优化功能，提高作业效率。

（2）基于 5G 网络的超低延时精准控制。

所谓超低延迟就是图形引擎会对帧进行排队，并由 GPU 进行渲染，然后将它们显示在显示器上。这个功能建立在已经存在于"NVIDIA 控制面板"中十多年的"最大预渲染帧数"功能的基础上，这允许保持渲染队列中的帧数减少。

对于墙板安装机器人来说，基于 5G 网络的超低延迟可以带给操作者实时的精准控制，降低操作难度、提高安装精确度，无形中也规避了可能因网络延迟、操作失误导致的安全事故等。

2）高精度控制技术。

（1）采用六自由度构型，进行空间运动分析，优化结构参数。

该安装机器人的设计要求和技术指标，是在综合考虑国内外六自由度平台的各种不同驱动原理和构型方式的基础上，提出的一种由两自由度磁浮作动器集成实现的对称差动式六自由度磁浮调姿平台系统。针对磁浮调姿系统的需求，先开展磁浮作动器的设计研究，依据对作动器大行程、小型化、集成化、模块化和轻量化的要求，设计一种两自由度的磁浮作动器。通过建立空间磁场模型和作动器驱动力模型，建立关于作动器结构参数的多目标优化函数，并利用基因遗传算法对作动器的结构参数进行优化设计。对结构参数优化后的两自由度磁浮作动器，首先利用 Maxwell-3D 电磁有限元分析软件开展基本特性分析，得到作动器驱动力常数在全运动域内的波动仿真结果。分别开展热分析以及电、热、力耦合作用下的多场分析，得到空气对流换热和真空辐射散热工况下的温度、应力、变形仿真结果。根据作动器对称差动式的布局方式，进行调姿平台的六自由度解耦，建立六自由度磁浮平台的动力学方程，最后得出了问题的解决方案。

六自由度墙板安装机器人也是典型的机电一体化产品，其动作灵活性高，工作空间范围大，可以很灵活地绕过障碍物，并且结构紧凑，占地面积也比较小，关节上相对运动部件容易密封防尘。而针对研究与运用的需要，对六自由度工业机器人结构、运动和控制系统的认知理解和研究，要求机器人能完成相关六个自由度的运动，且要结构简单、操纵安全、成本低，一般不会造成事故。

（2）基于微位移传感器，实现高精度控制。

位移传感器又称为线性传感器，是把位移转换为电量的传感器。位移传感器是一种金属感应性质的线性器件，其作用是把各种被测物理量转换为电量（图14）。它分为电感式位移传感器、电容式位移传感器、光电式位移传感器、超声波式位移传感器、霍尔式位移传感器。

它通过电位器元件将机械位移转换成与之成线性或任意函数关系的电阻或电压输出。普通直线电位器和圆形电位器都可分别用作直线位移和角位移传感器。但是，为实现测量位移目的而设计的电位器，要求在位移变化和电阻变化之间有一个确定关系。电位器式位移传感器的可动电刷与被测物体相连。物体的位移引起电位器移动端的电阻变化。阻值的变化量反映了位移的量值，阻值的增加还是减小则表明了位移的方向。

图14 位移传感器

通过在电位器上通以电源电压，以把电阻变化转换为电压输出。线绕式电位器由于其电刷移动时电阻以匝电阻为阶梯而变化，其输出特性亦呈阶梯形。如果这种位移传感器在伺服系统中用作位移反馈元件，则过大的阶跃电压会引起系统振荡。因此，在电位器的制作中应尽量减小每匝的电阻值。它的优点是：结构简单，输出信号大，使用方便，价格低廉。基于微位移传感器，实现高精度控制。

3）无线传感自动监测技术。

无线传感器网络可以看成是由数据获取网络、数据颁布网络和控制管理中心三部分组成。其主要组成部分是集成有传感器、处理单元和通信模块的节点，各节点通过协议自组成一个分布式网络，再将采集来的数据通过优化后经无线电波传输给信息处理中心。

（1）通过传感器自动检测设备可靠性及保护功能。

（2）通过一个无线电通信链路与墙板安装机器人上的大量无线传感器进行通信。数据收集工作在无线传感器节点完成，被压缩后，直接传输给网关，进行自动检测。

（3）传感器具备防倾覆感应监测、限位报警、电路监测、防撞压监测、行走监测、系统压力监测、主动安全检测等功能。

4）远程自动巡航抓取安装技术。

基于激光雷达导航技术与5G网络传输技术，实现自动移动、自动抓取、自动安装作业。

激光导航系统是伴随激光技术不断成熟而发展起来的一种新兴导航应用技术，将它作为机器人导航手段是十分可取的。

激光导航看似"高大上"，但其基本原理其实与激光测距相同，即机器通过测量激光从发出到接收的时间计算出自身距离前方障碍物的距离。只不过激光测距测量一次即可，而激光导航则是需要进行更多点位的测距，以此标定机器自身位置，就像在一个三维坐标内标定一个点需要三个坐标一样，激光导航也需要进行多点测距，甚至是每秒若干次的360°连续扫描，一次记录机器在空间内的运动路径。激光接收器置于被导航设备上，发射时激光器对着目标照射，发射后的该设备在激光波束内飞行。当其偏离激光波束轴线时，接收器敏感于偏离的大小和方位并形成误差信号，按导引规律形成控制指令来修正该设备的飞行。光束编码是驾束制导的关键技术，激光驾束制导武器系统对被导航设备进行控制的关键是要形成具有编码信息的激光驾束控制场。激光驾束的编码方案有多种，如数字编码、空间偏振编码、空间扫描以及调制盘空间编码等，其中激光空间频率编码方式应用较广。该方式抗干扰性能好，解码方式简单，易实现，对光强分布均匀性要求不高。

激光雷达传感器用于墙板安装机器人可以完全自主地应对，利用激光的不发散性对机器人所处的位置精确定位来指导机器人行走，再加上5G网络传输技术的加持，可以实现自动移动、自动抓取、自动安装作业。

技术优点：

1）无线操控安装技术。

（1）远程无线控制机器人进行安装作业，快速、精准实现墙板安装机器人吸附、夹取，具有一键调平、竖直等优化功能，提高作业效率。

（2）基于5G网络的超低延迟精准控制设置。

2）毫米级精度微动控制技术。

（1）采用六自由度微动构型，进行空间运动分析，优化结构参数。

（2）基于微位移传感器，实现毫米级高精度微控制，以此满足高精度场所现场安装时的微调工况要求。

3）无线传感自动监测技术。

（1）通过传感器自动检测设备可靠性及保护功能。

（2）具备防倾覆感应监测、限位报警、电路监测、防撞压监测、行走监测、系统压力监测、主动安全检测等功能。

4）远程自动巡航抓取安装技术。

基于激光雷达导航技术与5G网络传输技术，实现自动移动、自动抓取、自动安装作业。

鉴定情况及专利情况："基于5G环境的墙板安装机器人施工技术"经广东省建筑业协会组织鉴定，达到国内先进水平。

3.3 受限基坑内半逆作法施工预留土方输送技术

工艺原理：

1）超长大截面钢管现场悬吊拼装。

（1）超长大截面钢管现场悬吊拼装技术。

① 钢支撑平面布置。

根据设计，本工程支撑结构由钢管支撑钢围檩、混凝土围檩组成。钢支撑架设采用龙门式起重机或起重机提升就位。

钢支撑为直径800mm、壁厚16mmQ345B钢材，钢支撑长度为19m，钢支撑与支护桩及反力支墩上预埋的钢板进行有效的焊接连接，钢支撑数量总计25根（图15）。

② 钢支撑架设。

a. 钢支撑两端顶牢在围檩钢板上，以使支撑顶端及围檩受力均匀，防止支撑因围护结构变形或施工撞击而脱落。钢支撑轴力为设计轴力的80%。

b. 钢支撑事先在基坑顶拼装，并按设计需要的钢支撑长度拼接。钢管接长时，在钢管接头处焊上连接法兰盘及钢肋板，螺栓采用对角和分等份顺序拧紧。钢支撑最终拼接长度比设计长度小10cm，架设时10cm空隙调节活络头弥补，活络头最大伸缩长度为40cm。

c. 开挖时实行台阶式开挖，开挖至支撑底部下50cm，在围檩上测量出支撑预埋钢板位置，混凝土围檩预埋钢板上焊接壁厚12mm的4个150mm×100mm的等边三角钢板，三角钢板上架设钢支撑，围檩与围檩衔接处腹板应采用−20mm×400mm×150mm叠板连接，其翼缘也应采用连接板连接，以保证力的传递。钢围檩就位时，应缓慢放在槽钢支架上，不得有冲击现象出现（图 16）。

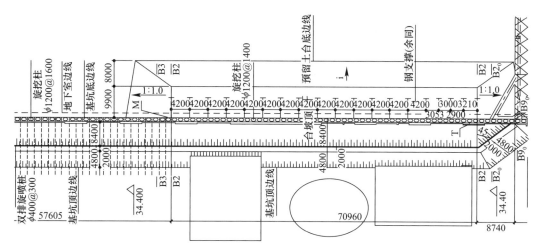

图 15　钢支撑平面布置图

d. 用起重机架设支撑并迅速设定支撑轴力监测点，取得初始读数后按设计分级和围檩反应决定的加载速度加载，严格控制预加力。钢支撑轴力预加方法：用起重机将两个千斤顶吊放到活络头加压处，定位加压，观察加压器压力表，达到设计预加轴力值后，停止加压，将钢楔用大锤打入活络头预留孔内，然后减压卸掉千斤顶，如采用两个以上钢楔时，上下交错布置。

e. 钢支撑预加力后，在土方开挖和结构施工

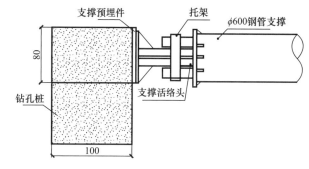

图 16　钢支撑节点图

时，每天做好监测工作，根据监测结果，发现异常及时采取补救措施。同时，监管好钢管支撑的安全，杜绝危害支撑安全事件的发生。

③ 防支撑失稳措施。

a. 坑开挖过程中，边开挖边架设钢支撑，支撑与预埋件连接处要保证焊接质量，确保支撑体系稳定。

b. 施工时严格控制钢支撑各支点的竖向标高及横向位置，确保钢支撑轴力方向与轴线方向一致。

c. 支撑拼接采用扭矩扳手，保证法兰螺栓连接强度。拼接好的支撑须经质检工程师检查合格后方可安装。对千斤顶、压力表等加力设备定期校验，并制定严格的预加力操作规程，保证预加轴力准确。加力后对法兰螺栓逐一检查，进行复拧紧。

d. 当支撑轴力超过警戒值时，立即停止开挖，加密支撑，并将有关数据反馈给设计部门，共同分析原因，制订对策。

e. 主体结构施工时，每 3d 对钢支撑连接处进行检查，发现法兰盘连接螺栓有松动现象的，立即用扭矩扳手拧紧加固。

（2）超长大截面钢管托换焊接加固技术。

① 技术要求：

a. 钢管始装节管口中心的极限偏差：＜5mm。

b. 与蜗壳、伸缩节连接的管节及弯管起点中心偏差：＜2mm。

c. 其他部位管节中心偏差：＜30mm。

d. 钢管安装始装节两端管口垂直度偏差不超过±3mm。

e. 始装节里程极限偏差不超过±5m。

f. 钢管管节现场对缝，环缝间隙控制在 0～5mm 之间，错边量控制在 3mm 之内。

g. 钢管安装后圆度偏差不大于 5D/1000（D 为钢管直径），最大偏差不大于 40mm，至少测量 2 对直径。

h. 钢管调整采用千斤顶和捯链配合进行，调整过程中利用水准仪、卷尺、钢板尺等测量工具对钢管的中心、里程、高程进行控制，调整合格后对称加固，加固材料可采用 120 号槽钢（图 17）。加固后支撑应有足够的强度及稳定性，以保证在浇筑混凝土时不发生位移及变形。

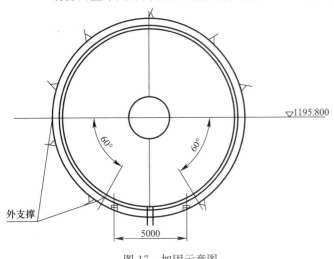

图 17　加固示意图

i. 管壁上不得随意焊接临时支撑或脚踏板等构件，如若必须增加时，需在使用完成后切割掉，并将管壁凹坑补焊，打磨光滑平整。

j. 安装调整加固完成，经监理验收合格后，再进行焊接。

② 焊接工艺要求：

a. 焊接环境出现下列情况时，应采取有效的防护措施，无防护措施时，应停止焊接工作：

风速：气体保护焊大于 2m/s，其他焊接方式大于 85m/s；

相对湿度大于 90%；

环境温度低于 −5℃；

雨天和雪天的露天焊施。

b. 施焊前，应对主要部件的组装进行检查，有偏差时应及时校正。

c. 各种焊接材料应按《水电水利工程压力钢管制造安装及验收规范》DL/T 5017—2007 第 6310 条的规定进行烘焙和保管。焊接时，应将焊条放置在专用的保温筒内，随用随取。

d. 为尽量减少变形和收缩应力，在施焊前选定定位焊焊点和焊接顺序，应从构件受周围约束较大的部位开始焊接，向约束较小的部位推进。

e. 双面焊接时（设有垫板者例外），在其单侧焊接后应进行清根并打磨干净，再继续焊另一面。对需预热后焊接的钢板，应在清根前预热。若采用单面焊缝双面成型，应提出相应的焊接措施。

f. 每条焊缝应一次连续焊完，当因故中断焊接时，应采取防裂措施。在重新焊接前，应将表面清理干净，确认无裂纹后，方可按原工艺继续施焊。

g. 焊前准备：

清除焊缝两侧 50～100mm 范围内的氧化皮、铁锈、熔渣、油垢、水渍等。

定位焊的工艺和对焊工的要求与正式焊缝相同。

定位焊长度不小于 50mm，间距为 100～400mm，厚度不超过正式焊缝的二分之一，且最厚不超过 8mm。

定位焊的引弧和熄弧在坡口内进行，严禁在母材其他部位引弧。

对定位焊的裂纹、气孔、夹渣等缺陷进行清除。

对于需要预热的钢板，定位焊时预热区宽度保持在焊缝中心线两侧 150mm 范围内。预热温度比主缝高 20～30℃。

（3）内支撑轴力监测技术（图 18）。

① 钢支撑轴力伺服系统原理。

图 18　钢支撑监测

支撑轴力伺服系统是由硬件设备和软件程序共同组成的一套智能基坑水平位移控制系统，它适用于基坑开挖过程中对基坑围护结构的变形有严格控制要求的工程项目，可以 24h 实时监控，低压自动伺服、高压自动报警，对基坑提供全方位多重安全保障。基于基坑开挖支护自身安全及对周边铁塔的保护，采用 TH-AFS 钢支撑轴力伺服系统，它主要由三大部分组成：主机、数控泵站、支撑头（总成），如图 19 所示。

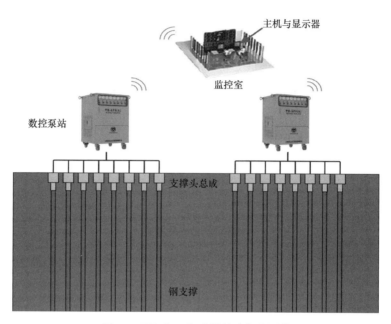

图 19　TH-AFS 钢支撑轴力伺服系统

② 钢支撑伺服系统组成。

a. 主机。

主机位于项目工程部，由程控主机及显示器组成，是伺服系统的"大脑"，可以与现场数控泵站进行数据传输、轴力值调整及监测报表生成。

b. 数控泵站。

数控泵站也称为控制柜，由一系列机械及电子的元器件组成，其工作的核心组成为 PLC 控制器、变频电机、液压泵和无线通信模块，还包括液压阀组件、电源组件、交流接触器、线缆及油管的接口等。数控泵站作为中间纽带将程控主机和支撑头总成连接起来，在两者之间进行信息的传递，实现人对钢支撑轴力的测控。

c. 支撑头总成。

支撑头总成与钢支撑连接，并安装在基坑围护结构的设计指定位置。它与数控泵站是通过油管、线缆连接进行工作的。支撑头总成内部包含千斤顶，用以对钢支撑施加轴力。

d. 安装流程。

钢围檩安装、地面支撑头拼接、带支撑头钢支撑吊装、预应力施加、实时轴力监控：在临近东侧高压线位置前后 12m 增设了钢围檩，钢围檩使用两根 I45a 工字钢，采用三角托架支撑在同一水平面上，并将各段钢围檩整体焊接。钢围檩与地连墙之间使用水泥砂浆充填密实，保证钢围檩受力稳定。现场钢围檩安装的同时，在地面上安装支撑头总成，支撑头采用与钢支撑匹配的螺栓大小及间距，支撑头的一端直接配备了钢板，采用高强度螺栓连接，方便可靠。现场采用履带式起重机将连接好的钢支撑吊装至高压铁塔附近需要安装的区域，缓慢下落至钢围檩上，同时人工辅助将钢支撑调整到设计位置（图 20）。

钢支撑安装完成后，立即通过数控泵站与支撑头直接的预留口连接好油管路及压力、位移数据线，并通过放置于基坑周边的数控泵站对支撑头总成按照轴力值进行加载。当支撑轴力或位移值达到设计数值后，停止加载，这时位于千斤顶两侧的双机械锁自动锁止。设定好轴力值范围，开启自动轴力监测，可以根据温度的变化，钢支撑长短微变，实时进行千斤顶油缸的伸缩，保证钢支撑轴力一直处于设计值，以达到基坑变形控制（图 21）。

图 20　钢支撑安装完成

图 21　数控泵站、监控主机

　　e. 实时监控。

　　支撑头总成内置压力传感器及超声波位移传感器，用以监测钢支撑的轴力及位移；系统根据设置好的设计轴力值及动态范围进行动态调整。当监测到钢支撑的实际轴力低于设计值时，系统即会启动，进行轴力自动补偿；当监测到钢支撑的轴力值大于设计值时，系统会自动降低轴力，使之保持在设计值范围内，得以保证基坑变形及周边高压线的沉降。同时，该系统还能在监控端手动对轴力值大小进行调整，以适应不同工况下的轴力值大小。当监测数据超过预警范围，就会产生自动报警，可按需设置预警值（轴力限值或位移限值）。自动报警中心展示属于自己的报警审批流程，未处理过的报警会突出显示，报警等级可以根据标题颜色区分。

　　（4）无线数据传输技术。

　　项目通过建立 5G 基站，并以 5G 网络技术为桥梁，AI 人工智能技术为核心，充分利用传感网络、远程视频监控、地理信息系统、物联网、云计算等新一代信息技术，依托移动和固定宽带网络，进行无线数据传输。通过该技术对基坑施工实行在线监控、自动监督、远程监管、调度指挥，进一步提升建设工地监督管理水平，促进建设工程科技创新。

　　新增 5G 基站与现有公共基站（东昌路基站和太白路基站）形成互补，保障现场 5G 网络环境。地下室网络采用信息岛覆盖方式（即：以点覆盖的方式）引入 5G 通信信号，在项目车道入口、楼梯入口等处设置小型 CPE 接受宏基站信号放大，引入地下室，保证基坑底及周边地下室区域信号通畅。通过无线网络发射器进行网络和通信信号覆盖，保障地面上下的实时交互，保障地下室 AI 设备网络传输畅通（图 22）。

　　2）参数化 BIM 模型＋三维扫描碰撞检测技术。

　　（1）参数化 BIM 模型技术。

　　BIM 不仅可以反映建筑的几何形态，其最主要的应用是可以对建筑构件进行赋值，给予建筑构件特殊的参数属性，通过这些参数更加细致有效地反映建筑信息。BIM 技术通过对基坑支撑钢管、周边建筑构件进行编辑，输入其物理、几何属性，全面地反映基坑的特性，可以全面、直观、清晰地展示基坑的特征。

图 22　项目周围 5G 基站环境

① BIM 模型可视化。

在 BIM 技术应用之前，建筑工程设计中使用的都是传统的二维图纸，只有经验丰富、有读图能力的人才能想象出立体形状，因此在设计阶段很难察觉到某接口问题，往往造成沟通不协调，并忽略了许多潜在问题。BIM 的 3D 可视化特性如实展现了基坑设计情况及周边环境布置，为基坑支撑钢管安装、土方输送平面布置提供模型参考（图 23）。

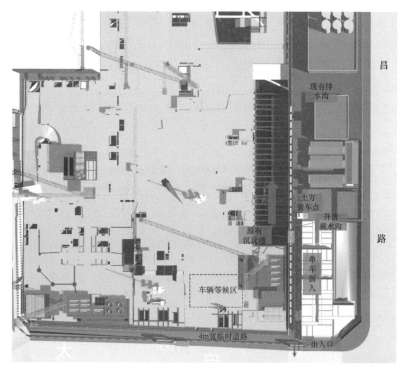

图 23　平面布置图

② 参数化设计。

BIM 建筑模型由具有参数化特性的组件构成，软件内建的柱、梁、墙、钢管、钢围檩、支持头等组件或是用户自行建立的模型组件，每个组件都具参数性质，参数可用于定义尺寸，抑或是新增自定义参数创建组件的字段以利输入的信息，用于信息的搜寻和管理，当修改组件参数的信息，模型会一次性修正在模型中所有组件的变更。

③ 双向联系性。

参数化设计具有同步变动的特性，当元件尺寸和信息发生变化时，可以在不同的图面上同时显示，从而避免了信息不一致造成的混乱。构件卷标因为是读取参数运算显示，所以当参数信息修正时，也能自动修正卷标信息，以确保模型产出的施工图纸信息能达到一致。

④ 协同作业。

BIM 技术的协同性是这项技术最大的亮点，可以通过网络使参建的各不同专业人员不受时间与地点限制，共享项目信息和进行协同作业，提供给专业人员沟通的平台进行建模和整合，解决不同工种界面复杂、缺乏标准与整合程序的问题。

⑤ 信息大数据。

信息的同步传递一直是传统施工流程中的一大难点，在施工过程中，由于时间关系，往往造成大量的信息传递落差，最终导致工程图纸的散乱和签核文件的难于整合。因此，采用 BIM 单一模型的概念，对所有正确信息的反馈进行修正，即确认信息的实时性，同时也解决了传统信息整合和传递存在信息混乱的问题，利用大数据使相关信息达到完全保留和整合的控制。

（2）三维扫描现场实施技术。

三维扫描技术凭借着其高效率、高精度、高分辨率、点云密度高等特点，通过与 BIM 技术集合恰好能完美解决上述问题。三维扫描技术在建设工程中具有以下应用：原始现场资料存档，现场数据快速逆向建模，施工质量对比，建筑、基坑变形监测等。

应用方向：

① 内装整合。

主要目的：通过三维扫描所得数据，进行现场实际净高分析，和各专业 BIM 模型整合进行误差分析，现阶段主要和内装 BIM 设计模型进行碰撞检查，复核内装设计的准确性（内装 BIM 设计模型整合碰撞检查成果作为内装方案评审和内装继续深化设计的重要依据）。

特点：高效性、准确性、前瞻性、直观性。

② 施工误差（吻合度）分析。

三维扫描现场点云真实数据模型与 BIM 模型整合，通过计算机软件平台整合，运用相关手段协同对比，分析得出施工误差。

③ 净高复核、净高检查、净高分析。

依据业态净高要求划分区域，依据三维扫描模型分区域复核净高，然后得到区域净高报告。然后整合三维扫描模型、BIM 模型，主要对三维扫描模型、管线综合机电模型和内装设计吊顶三者进行标高复核，并形成报告。然后汇集各方通过 BIM 会议，查看现场净高报告和分析标高复核报告，分析造成的原因，并提出解决方案。

④ 碰撞检查。

整合各个专业 BIM 模型和现场三维扫描模型，然后进行碰撞检查。现阶段特别是检查内装 BIM 模型和现场三维扫描模型的关系，验证内装设计数据是否满足现场前提条件，内装设计是否准确，是否满足业主内装设计方案要求。

⑤ 平整度分析、反射强度分析、环境阴影体验、高度分析、VR 展示。

通过三维扫描所得数据，进行现场实际结构洞口尺寸复核及土建结构误差分析，再次复核验证设计的准确性。

通过三维扫描技术，高效地完成施工现场的数据采集，并且数据准确，精简现场工作，只需在现场进行扫描，对比偏差与测量可在后台完成，有效地、完整地记录了工程现场的复杂情况，提高了作业人员的作业效率，降低了作业人员的危险作业率。三维扫描是连接 BIM 模型和工程现场的纽带，有效地推进 BIM 模型应用于现场管理，提高工程精细化管理水平。

⑥ BIM 精确定位结构碰撞检测技术。

碰撞检测问题是 BIM 应用的技术难点，也是 BIM 技术应用初期最易实现、最直观、最易产生价值的功能之一。应用 BIM 技术进行碰撞检测，以避免空间冲突，尽可能减少碰撞，优化专项方案，避免产生工期延误、返工等现象。

a. 常见碰撞问题：

（a）换撑钢管碰撞。

（b）解决交叉问题。

b. 建筑模型与换撑钢管交叉碰撞检测：

通过项目专业、精确的三维模型，提前看到项目设计效果，合理评估并作出设计优化决策，BIM 模型真正地为设计提供了模拟现场施工碰撞的检查平台，在这个平台上完成仿真模式的现场碰撞检查。

c. 碰撞报告及碰撞点优化：

由项目 BIM 工程师进行三维模型模拟实施，分析碰撞报告（图 24）。

采用轻量化模型技术，把主体结构三维模型数据以直观的模式，存储于展示模型中，模型碰撞信息采用"碰撞点"和"标识签"进行有序标识，通过结构树形式的"标识签"可直接定位到碰撞位置。

提供碰撞点的具体位置与碰撞信息，最后进行碰撞点优化，确定最优的方案（图 25）。

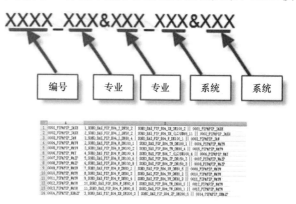

图 24　碰撞检测示意图

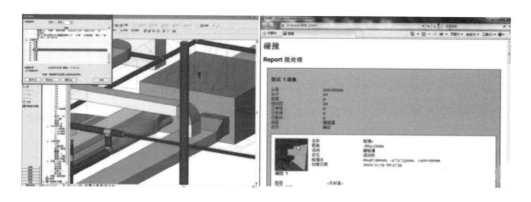

图 25　模型碰撞测试

d. 辅助设计过程质量控制：

（a）辅助管综设计。

（b）设计全过程质量控制——建筑业态（净高）控制。

（c）设计全过程质量控制——关键点碰撞检测。

3）多点加料大倾角异形皮带输送土石方技术。

（1）无线传感自动监测技术。

无线传感技术是由部署在监测区域内部或附近的大量廉价的、具有通信、感测及计算能力的微型传感器节点通过自组织构成的"智能"测控网络。无线传感器网络在军事、农业、环境监测、医疗卫生、工业、智能交通、建筑物监测、空间探索等领域有着广阔的应用前景和巨大的应用价值，被认为是未来改变世界的十大技术之一、全球未来四大高技术产业之一。

传感器节点可以完成环境监测、目标发现、位置识别或控制其他设备的功能；此外还具有路由、转发、融合、存储其他节点信息等功能。网关负责连接无线传感器网络和外部网络的通信，实现两种网络通信协议之间的转换，发送控制命令到传感器网络内部节点，以及传送节点的信息到服务器。服务器用于接收监测区域的数据，用户可远程访问服务器，从而获得监测区域内监测目标的状态以及节点和设备的工作情况。

无线传感自动监测技术的特点：

① 自组织传感器网络系统的节点具有自动组网的功能，节点间能够相互通信协调工作。

② 多跳路由。节点受通信距离、功率控制或节能的限制，当节点无法与网关直接通信时，需要由其他节点转发完成数据的传输，因此网络数据传输路由是多跳的。

③ 动态网络拓扑。在某些特殊的应用中，无线传感器网络是移动的，传感器节点可能会因能量消耗完或其他故障而终止工作，这些因素都会使网络拓扑发生变化。

④ 节点资源有限。节点微型化要求和有限的能量导致了节点硬件资源的有限性。

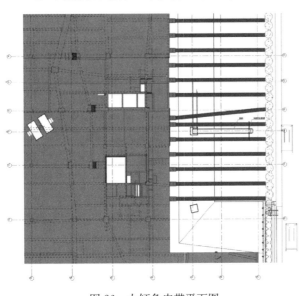

图 26　大倾角皮带平面图

（2）大倾角皮带安装输送技术。

大倾角皮带机是一种新型连续输送设备，它具有输送量大（同其他输送机相比，输送能力提高 1.5～2 倍）、通用性强（基本件与通用型带式输送机相同）、适用范围广（满足基坑输送碎石、黏土等块度不大于 550mm 的物料）的特点（图 26）。

大倾角皮带安装详细步骤及注意事项：

① 安装前的准备工作。

首先，要熟悉图纸。通过看图纸，了解设备的结构、安装形式、零部件的组成及数量、性能参数等重要信息。然后再熟悉图纸上重要的安装尺寸、技术要求等。如果无特殊安装要求，皮带机的通用技术要求为：

a. 机架中心线与输送机纵向中心线应重合，其偏差不大于 2mm。

b. 机架中心线的直线度偏差在任意 25m 长度内不应大于 5mm。

c. 机架支腿对地面的垂直度偏差不应大于 2/1000。

d. 中间架的间距允许偏差为正负 1.5mm，高低差不应大于间距的 2/1000。

e. 滚筒横向中心线与输送机纵向中心线应重合，其偏差不大于 2mm。

f. 滚筒轴线与输送机纵向中心线的垂直度偏差不应大于 2/1000，水平度偏差不应大于 1/1000。

② 设备倒运工作。

由于在工程施工期间，外购的大量设备不可能放在施工现场。这就要求把需要安装的设备挑出来，做好标记，以备吊装。倒运前，尽量把要安装使用的设备全部找出，一次倒运到位，既节省了汽车的台班费用，又提高了工作效率。设备倒运、吊装到位后，还要勘察安装现场，消除影响设备安装的不利因素。

③ 设备的安装。

一条皮带机能否达到设计、安装要求并能正常平稳运转，主要取决于驱动装置、滚筒以及尾轮的安装精度，皮带机支架的中心是否和驱动装置及尾轮的中心线重合，所以安装时的放线尤为重要。

a. 放线。

我们可用经纬仪在机头（驱动装置）和机尾（尾轮）之间打出标记，再用墨斗逐点弹线，使机头和机尾之间的中心线连成一条直线，用此方法放线能保证较高的安装精度。

b. 驱动装置的安装。

驱动装置主要由电机、减速机、驱动滚筒、支架等几部分组成。

首先，我们把驱动滚筒和支架组装、放置到预埋板上，在预埋板与支架之间放置钢垫板，用水平仪找平，保证支架的四个点之间的水平度小于等于 0.5mm。

然后，找出驱动滚筒的中分线，把线坠放置在中分线上，调整驱动滚筒纵向和横向中分线与基础中心线重合。

在调整驱动滚筒标高时，还要考虑为电机、减速机标高的调整预留一定的余量。由于电机与减速机的连接在设备制造时已经在支架上调整完毕，所以我们的任务是找正、找平，并保证减速机与驱动滚筒之间的同轴度。

调整时，以驱动滚筒为基准，由于减速机与驱动滚筒的连接为尼龙棒弹性连接，同轴度的精度可适当放宽，调整至径向小于等于 0.2mm，端面不大于 2/1000。

c. 尾轮的安装。

尾轮由支架和滚筒两部分组成，其调整步骤与驱动滚筒相同。

支腿、中间架、托辊支架、托辊的安装皮带机支腿大部分形状为 H 形，其长度和宽度根据皮带长度和宽度、皮带运输量等的不同而不同。

以宽度 1500mm 的支腿为例，具体操作方法如下：

（a）先量出宽度方向的中心线，作出标记。

（b）把支腿放在基础上的预埋板上，用线坠吊垂线，使支腿宽度方向的中心线与基础中心线重合。

（c）在基础中心线上任意一点（一般以 1000mm 以内为宜）作一标记，以此标记为基点，用盒尺分别测得此点到两支腿的距离，根据等腰三角形原理可知，当两尺寸相等时，支腿即找正。

（d）焊牢支腿，即可装中间架，它是由 10 或 12 号槽钢制作而成，在槽钢宽度方向上钻有直径 12 或 16mm 的排孔，是连接托辊支架用的。中间架与支腿的连接形式为焊接，安装时应用水平仪测量，以保证中间架的水平度和平行度，平行度方向上的两槽钢，上面的排孔要采用对角线测量法进行对称度的找正，以保证托辊支架、上调心支架的顺利安装。

（e）把托辊支架装在中间架上，用螺栓连接，把托辊装在托辊支架上。需注意的是，在落料口下方的托辊为四组橡胶托辊，起缓冲、减振作用。

（f）把下平行托辊和下调心托辊装上。

d. 附件、安全装置的安装。

附件的安装必须在支架上放上皮带后才可进行。附件包括导料槽、空段清扫器、头部清扫器、防跑偏开关、溜槽、皮带拉紧装置等。

（3）长距离水平转弯输送技术。

① 水平转弯输送机的结构形式。

在用带式输送机作为输送设备的时候，经常会遇到输送线路转弯的问题，这个时候就需要考虑增加转载站来满足转弯输送的工艺要求，但这就会带来一系列的影响，如影响输送带的运行效率、经济效益及运行的可靠性等。如果能去掉中间的转载站，用一条皮带机输送，就可以避免很多不利的因素，因此在一定的范围内，采用水平转弯带式输送机就可以解决这些问题。水平转弯输送机减少了转载高度，避免了物料多次破碎；少一个转载就少一套驱动及相应的配套设备，如清扫器、导料槽、转载溜槽等，这也就避免了物料在溜槽转载时出现的溢料或堵塞现象，减少了粉尘的产生，降低了噪声；驱动装置的减少，促使了供电及控制系统集中化。平面转弯输送机的应用，既环保又节能。

② 水平转弯输送机的类型。

根据输送机的运行原理，水平转弯输送机可分为强制导向转弯和自然变向转弯两种形式。强制导向转弯是采用一种特殊结构的输送带安装在机架带床上，实现强制性转弯，如各种管带式输送机、裙式带式输送机等，有的就是设计一种专门的转弯装置来实现强制性转弯，这种输送机结构比较复杂，适用于转弯角度在 8～90 的巷道。

自然变向转弯是输送带按照运行的规律自然转弯，而不是增设特殊的结构件来强制输送带转弯。这种转弯方式的输送带，采用的是普通的输送带，根据转弯处的张力通过计算出合适的转弯半径，并通过调节输送带沿线托辊组的安装角度，就可以让输送带实现平稳的转弯运行而不发生跑偏现象。这类输送机的特点就是结构简单、维护方便，适用于转弯角度小的巷道（0～26°）。

③ 水平转弯运行的措施。

在水平输送机转弯运行的时候，为了实现输送机的自然转弯，在输送机转弯段的设计过程中需要采取如下三个基本措施。

a. 基本措施。

为了使输送带沿着运行方向平稳地移动，就需要在转弯处安装的托辊具有一定的安装支撑角，增大成槽角。

b. 附加措施。

构成内曲线抬高角：输送带在运行过程中，顺着输送带运行方向内侧边所形成的曲线叫内曲线，对应的另一侧叫外曲线。由于存在内外曲线的高差，因此水平面与中间托辊轴线所形成的夹角称为内曲线抬高角。产生内曲线抬高角的目的就是转弯半径减小，实现输送带的平稳转弯。抬高角变大能使转弯半径变小，但过大的时候，输送带上的物料就会出现撒料、滚料的现象。

为了增加托辊与输送带之间的横向摩擦力，在回程分支中采用单托辊组的，需要在两个回程托辊之间的输送带上面增加压轮，以便于减小回程分支所确定的转弯半径。

c. 应急措施。

在转弯处输送带的内、外两侧加装立辊，限制输送带的跑偏，这是一种备而不用或尽可能避免采用的措施。假如这种措施经常发生作用，那么输送带的寿命将大大缩短。

技术优点：

超长大截面钢管现场悬吊拼装、托换加固技术的应用，解决了受限基坑换撑难、加固难、监测难的问题，实现了反压土台顺利换撑，同时能随时随地监测基坑数据，为基坑安全施工提供技术经验。

参数化 BIM 模型＋三维扫描碰撞检测技术的应用，形成了精确的 BIM 模型图，为施工指导、方案设计提供了依据。

多点加料大倾角异形皮带输送土石方技术的应用，出土方量达 $800m^3/d$，相比传统长臂挖机开挖方式的出土量 $200m^3/d$，极大地提高了施工效率，节约工期 10d 以上。

鉴定情况及专利情况："受限基坑内半逆作法施工预留土方输送技术"经广州市建筑业联合会组织鉴定，达到国内先进水平。

4　工程主要关键技术

4.1　5G 智慧图纸技术

4.1.1　概述

本项目结构复杂，涉及专业众多，如何保证各工种按图施工、及时发现各专业设计缺陷是一大重难点。项目通过开发集 5G 技术、2D 图纸三维可视化技术、电子图纸升维技术、智慧电子图集技术于一体的"智慧图纸"App，将各阶段、各专业的图纸三维化、便捷化、生动化。

4.1.2　关键技术

1. 2D 图纸三维可视化技术

通过智慧图纸 App 与智能终端摄像头对 2D 施工图纸进行扫描，App 通过 5G 网络将信息传输至服务器，服务器自动识别 2D 图纸信息，并发送与之位置匹配的 3D 信息模型至终端 App，现场施工人员在 App 内阅读 3D 模型，以快速掌握设计方案（图 27）。

图 27　2D图纸三维可视化技术

2. 电子图纸升维技术

将各专业图纸上传至智慧图纸 App 中，通过屏幕触控 App 内电子施工图纸任一区域，自动虚拟出三维空间，实现图纸与 3D 信息模型同时演绎设计方案，触控屏幕与 BIM 深度交互，控制模型缩放、旋转、分解、调取构件信息等（图 28）。

图 28　电子图纸升维技术

3. 智慧电子图集技术

通过 BIM 模拟图集工艺内容，设计出一种三元信息联动指导、理解工艺细节的交互自学功能，触控 App 内图集页面中任一文字内容、图案单元内容、模型构件内容，与之匹配的另外两种维度的解释联动亮显，以此降低标准工艺图集的理解难度，并研发了基于关键字的快速检索功能（图 29）。

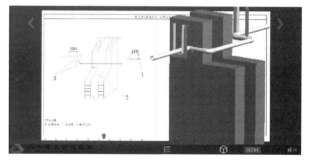

图 29　智慧电子图集技术

4.2　BIM 快速翻模技术

4.2.1　概述

本项目建立 BIM 小组，统筹各分包单位 BIM 人员，通过自动识别二维 CAD 图层信息，快速创建多专业各类构件模型，同时涵盖建筑、结构、幕墙、机电、场布、施工措施等多专业深化设计功能。

4.2.2　关键技术

1. BIM 模型快速创建

依据基于 Revit 协同工作的支吊架快速放置软件、基于 Revit 的装饰装修软件、基于 Revit 的梁柱构件自动布置软件、基于 BIM 的支吊架建模软件、基于 BIM 的机电管线建模软件，对设计图纸进行土建、机电、钢结构等专业建模，模型精度达到 LOD400 标准，并随设计修改更新模型，通过公司研发的轻量化 BIM 平台（C8BIM），整合各专业模型（图 30）。

2. 深化设计

1）幕墙穹顶

裙楼屋面分布穹顶拱高分别为 5.1、2.8、3.7、5.1m 的 1、2、3、4 号天窗。精准测量、复测难度大，龙骨采用钢管设计，最大钢管为截面 360mm×120mm×10mm 的钢矩管（Q355B），大跨度钢管吊装过程中易变形（图 31）。

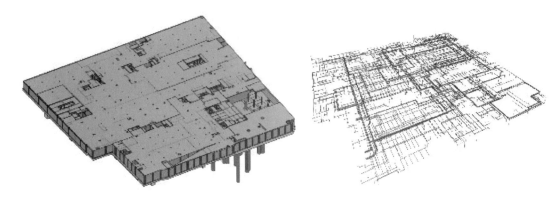

图 30　土建、机电模型

天窗安装过程中，需高空焊接及安装玻璃，平板玻璃安装于弯弧钢管上，整体施工难度大。且幕墙各系统交叉部位多、材料种类多、收口多，通过 BIM 建模，参数化下单，解决施工下料、现场收边收口等问题。在前期提前发现干扰问题并及时解决，减少收口（图 32）。

2）支吊架深化设计

采用"基于 Revit 协同工作的支吊架快速放置软件"，对深化后的管线进行综合支吊架设计深化，并由设计院进行复核校验，出具相关计算书。通过合理的布置减少标准支吊架类型，达到减少项目成本的目的。对非标准件进行编码，与平面布置图编码保持一致，出具相应的剖面图保障安装效果，提高安装效率（图 33）。

图 31　穹顶效果图

3. 施工方案模型建立

1）超高泵送方案

快速建立 BIM 模型对塔楼泵送方案进行多方案讨论，结合现场实际情况合理布置泵管、排水管、布料机，方便现场混凝土浇筑作业，并用方案模型对现场操作人员进行可视化交底，提高交底效率（图 34、图 35）。

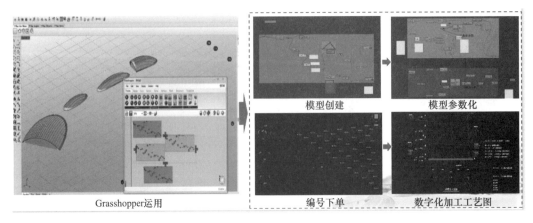

Grasshopper运用　　　模型创建　　　模型参数化

编号下单　　　数字化加工工艺图

图 32　构件深化加工

2）内支撑拆除方案

项目内支撑拆除方式为闷拆处理，运用 BIM 碰撞检查发现内支撑结构与主体结构存在 20 余处冲突点。综合考虑项目工期紧、场地小、吊装难的特点，制订对策，经设计同意采用暗柱转换、混凝土肥槽回填，替代换撑施工，减少施工难度，利用结构设计的下沉露天广场和采光天井作为吊装线路，解决吊装难题（图36）。

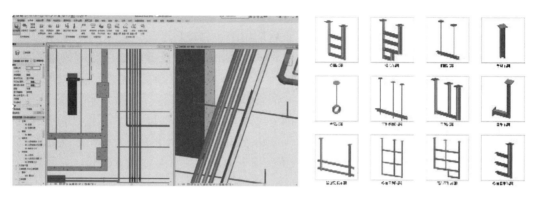

图 33　支吊架深化设计

图 34　超高泵送方案（一）

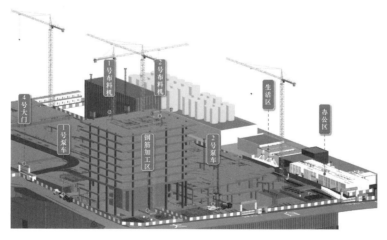

图 35　超高泵送方案（二）

4.3　溜管浇筑混凝土施工技术

4.3.1　概述

本工程基础底板混凝土量约为 2.7 万 m^3，通过设置由放料斗、缓冲装置、主溜管、集料斗、布料桶、

图 36　内支撑拆除施工模拟

布料溜管和台架支撑组成的溜管系统进行底板混凝土浇筑。

4.3.2　关键技术

1. 施工参数

（1）溜管主管：溜管主管采用 $\phi300mm\times\phi4mm$ 的焊接钢管。钢管后期用于项目垃圾通道，垃圾通道拆除后用于机电预留套管。管道间采用法兰盘连接，法兰盘间用橡胶皮垫及螺栓紧固。

（2）溜管台架：采用台架标准节＋调节支架＋布料台架。台架标准节尺寸为 1600mm×1600mm×2500mm 和 1800mm×1800mm×3000mm，大大减少了支架制作成本，筏板以下需要埋进混凝土中的部分采用现场焊制调节支架。调节支架平面尺寸与台架标准节相同，竖向高度按支座立面情况和基底深度而定，单节高度不超过 3m。

（3）接料斗：尺寸为 2000mm×2000mm×800mm，可同时满足 2～3 车卸料需求，采用 12mm 厚钢板焊制。后期作为混凝土料斗周转使用。料斗下接管道因磨损情况严重，采用国标 DN300mm 无缝钢管。

（4）缓冲装置：接料斗下设置缓冲装置，原理是在转弯处利用混凝土作抗摩擦材料，避免钢管弯头被磨穿，采用国标 DN300mm 无缝钢管焊接。

（5）集料斗：在每个布料点（支架上方）设置一个集料斗，集料斗下设一个出料口，出料口与下部的旋转布料装置连接，旋转布料装置实现 180°旋转布料，左右两个旋转布料装置可实现布料点周围 360°布料。集料斗长 1200mm，宽 800mm，高 880mm，钢板厚 12mm。

（6）箱内设置可拆卸的活动管，当本布料点不需要布料时该活动管连接上下两截管道，混凝土不流经集料斗；当本布料点需要布料时，将活动管拆除后混凝土流动到集料斗内，拆除后下节溜管采用封头封堵，使混凝土不会向下节溜管流淌。

（7）旋转布料装置：包括支撑架、转盘、集料桶、布料支管。支撑架与溜管支架采用螺栓连接，转盘固定在支架上，集料桶固定在转盘上，布料完成后支架可拆除，连同转盘和集料桶用台架吊至下一布料支座处布料。转盘采用轴承转盘，外径 600mm。集料桶直径 580mm，壁厚 5.5mm，高度 1100mm。布料支管规格同主溜管。

（8）布料溜管：由于筏板内插筋高出筏板面，因此会对旋转的溜管进行遮挡，使溜管无法全范围旋转。因此，当遇到障碍物无法旋转时设置了可折叠溜管，将溜管端部折叠，绕过障碍物旋转布料。

可折叠布料溜管包括：旋转段溜管、折叠段溜管、折叠机构、旋转支撑导轨。旋转段溜管跟随旋转布料机构一同旋转，为与主溜管同管径的半圆管。长度 1.5m 折叠段溜管为直径 300mm 钢管的半圆管，长度 6m，质量约 10.5kg，人力可抬起向上折叠。折叠机构选用厚度 35mm 钢板，上部设置 2 个螺栓，下部设置 1 个旋转轴。

2. 施工难点应对措施

裂缝控制：提前做好水化热计算，从原材料上把控水化热的生产，减小温度应力；增大粉煤灰与矿粉添加量；与混凝土站提前做好沟通，预先试验拟定配合比的混凝土水化热结果。

温度控制及养护：浇筑前做好测温设备安装，做好过程中的温度把控，控制入模温度；收面后及时浇水覆盖养护。

交通运输压力大：提前进行路线规划，选取多条运输路线，避免高峰期供料不及时，确保浇筑路线运行畅通；场内规划浇筑分区及路线，安排专员进行交通指挥，保障现场路线通畅。

混凝土易离析：参考深基坑酒店全势能一溜到底原理，在溜管中间高度上加设集料斗，缓冲混凝土下冲速度，控制混凝土下落坡度，避免离析（图 37、图 38）。

4.4　环梁施工技术

4.4.1　概述

1）环梁设置于本工程塔楼外框结构，楼层框架梁与钢管混凝土柱节点处。

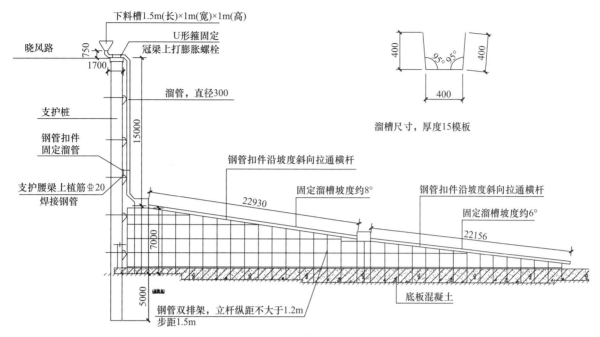

图 37　溜管设计图

2）环梁设计概况：

（1）分布楼层：—3～34 层。

（2）各层结构环梁分布数量：16。

（3）环梁节点详图（以负一层结构平面为例）如图 39～图 42、表 2 所示。

4.4.2　关键技术

1. 环梁技术性能的先进性

（1）通过运用环梁，取消了穿心构件，避免了穿心构件对钢管混凝土柱承载力的影响，方便管内混凝土的浇筑。

（2）环梁节点的连接具有无方向性，可以与任意方向的框架梁连接。

图 38　溜管浇筑混凝土底板

（3）钢筋混凝土环梁节点的钢筋工程与钢筋混凝土梁相同，钢筋笼可以在其他工作面上预先绑扎，然后再用吊装方式安装，工艺快捷、简便。

（4）无须对钢管壁进行切割，焊接工作量少，对钢管预制加工比其他节点方便。

2. 钢筋混凝土环梁节点受力机理

1）梁端弯矩传递

框架梁梁端弯矩作用于环梁上，引起环梁的扭矩。考虑环梁受框架梁梁端负弯矩的情况，环梁下部挤压钢管混凝土柱，其反作用力产生对环梁的抵抗扭矩，大大降低对环梁的抗扭要求。如果再考虑楼板在平面内对环梁上部的约束作用，环梁由于扭转产生的扭转角将会减小，因此，由变形与内力关系可知环梁内扭矩将进一步减小。对环梁传递弯矩机理更为简单的简化是：将框架梁的梁端弯矩分解为对环梁上部和下部的一对拉力和压力。拉力由环梁上部环筋、箍筋与楼板共同承担，压力由环梁下部的混凝土承担并传递扩散至钢管混凝土柱上。

2）梁端剪力传递

框架梁梁端剪力传递到钢管混凝土柱，主要通过三个途径：其一为环梁混凝土与抗剪环之间的局部承压作用力，将剪力由环梁传递到抗剪环上，并通过抗剪环与钢管间的焊缝将剪力传递到钢管上，由于抗剪环筋直径一般很小，由剪力引起的对钢管壁的局部弯矩也非常小；其二为环梁混凝土与钢管间的粘

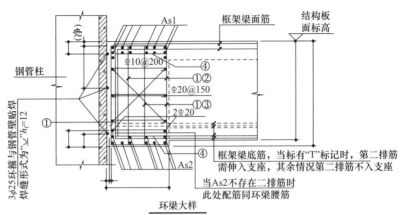

说明: 1.箍筋及拉筋间距均为外侧间距。
2.箍筋尺寸标注均为钢筋净距。
3.箍筋外肢距φ25抗剪环净距20。
4.As1、As2为焊接环筋,焊接长度为
10d(单面焊)或5d(双面焊)。
5.环梁配筋详"环梁配筋表"。

图 39 通用环梁大样图

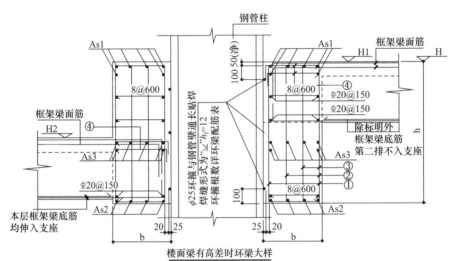

说明: 1、图示环箍根数仅为示意,具体根数详环梁配筋表
2、除标明外,环梁面标高同与之相交的梁的梁面标高。
当与之相交的各梁梁面标高不同时,环梁的梁面标高同其中的较高者。
3、当环箍数量大于两根时,最上部的最下部的环箍定位详本图,
其他环箍均匀分布在最上部和最下部环箍之间。

图 40 楼面高低差大样

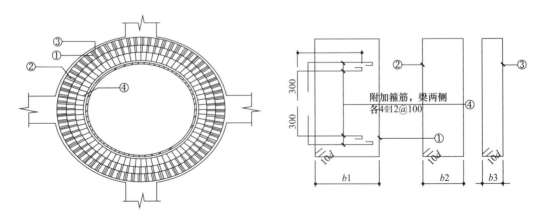

图 41 环梁箍筋平面位置示意图

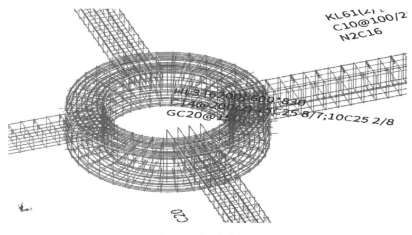

图 42　环梁节点模型

结作用；其三为梁端弯矩引起环梁上（或下）部挤压钢管混凝土柱而提供的静摩擦力。一般情况下，途径三产生的静摩擦力很大，框架梁在满足一定剪跨比的条件下，环梁与钢管壁甚至可实现自锁，静摩擦力可单独满足抗剪要求；途径二的粘结力虽然也很大，但在往复的地震作用力下难以保证，一般不予考虑，作为安全储备；途径一的作用力可以保证：设计时可以对该力进行验算。

3. 环梁施工工艺（图 43）

4. 施工工艺要点

1）深化设计

（1）环梁节点深化

环梁节点深化设计要求掌握环梁的框架梁与环梁连接精准定位、框架梁与环梁标高及水平相对位置关系、环梁侧面曲率、环梁与所在楼层钢管混凝土柱的标高相对位置关系等关键内容。

（2）环梁钢筋深化

① 环梁节点钢筋骨架深化设计要求在考虑环梁内侧及环梁节点处钢管混凝土柱外围的环筋尺寸、保护层厚度及环梁外侧的保护层厚度、环梁底部保护层厚度、顶部框架梁第一排纵筋的尺寸及顶部保护层厚度的前提下形成纵筋、主筋加工完成后的精确尺寸，为形成钢筋料单提供准确依据；同时，考虑环梁吊装完成后相关框架梁安装的可行性、安装操作的简易性，并为环梁节点优化提供可行性的参考意见。

② 环梁、框梁连接优化。

环梁与框梁连接节点优化前，框架梁面筋深入环梁的设计要求是：a. 框梁上部钢筋深入环梁支座按下述要求进行：第一排钢筋深入环梁支座最内侧纵筋内，且弯锚至环梁底筋上侧，第二排框梁钢筋由环梁上部钢筋第一排、第二排钢筋间锚入环梁，且弯锚至环梁底筋上侧，框梁第三排钢筋以此类推；b. 框梁下部钢筋深入环梁支座按下述要求进行：第一排钢筋深入环梁制作最内侧纵筋内，且弯锚至环梁上部筋下侧，第二排框梁钢筋由环梁下部钢筋第一排、第二排钢筋间锚入环梁，且弯锚至环梁上部筋下侧，框梁第三排钢筋以此类推。优化前，环梁钢筋骨架安装后，框梁钢筋无法进行安装，因此要针对环梁—框梁节点进行优化（图 44）。

环梁—框梁节点优化后：a. 框梁上部钢筋深入环梁支座，弯锚入环梁 $0.4l_{abE}$，第二排、第三排等上部钢筋锚入环梁满足 $0.4l_{abE}$，可不进行弯锚；b. 框梁下部钢筋第一排深入环梁支座满足 $0.4l_{abE}$，可不进行弯锚，第二排、第三排等纵筋不带 T 标记可不深入环梁支座。优化后环梁吊装完成后，框梁安装极为简便（图 45）。

③ 环梁模板深化。

环梁模板深化要求在考虑环梁高度、楼板尺寸、环梁圆周相关半径等尺寸的情况下对模板拼接排布进行深化，同时对模板料单提供参考。模板定制尺寸以模板内皮（环梁外皮）尺寸为控制点，为模板下单提供准确参考（图 46）。

表 2

环梁配筋表

环梁编号	环梁截面 (b×h)	箍筋尺寸			纵筋			箍筋			梁面标高	备注
		b1	b2	b3	As1	As2	As3	①	②	③		
HL1	400×1050	290	200	100	11Φ28 4/4/3	8Φ28 4/4		Φ14@150	Φ14@150	Φ14@150	−0.10	
HL2	600×1550	490	330	170	8Φ28 6/2	10Φ28 3/7	15Φ28 5/5/5	Φ12@150	Φ12@150	Φ12@150	−0.10,−0.60	中间增加2道φ25环箍
HL3	500×2050	390	270	130	13Φ28 6/5/2	8Φ28	10Φ28 6/4	Φ12@150	Φ12@150	Φ12@150	−0.10,−0.60	中间增加1道φ25环箍
HL4	600×1550	490	330	170	8Φ28 6/2	14Φ28 7/7		Φ12@150	Φ12@150	Φ12@150	−0.10	中间增加1道φ25环箍
HL5	650×1250	540	360	190	10Φ28 7/3	10Φ28 3/7		Φ12@150	Φ12@150	Φ12@150	−0.10	中间增加1道φ25环箍
HL6	500×1550	390	270	130	10Φ28 5/5	12Φ28 6/6		Φ14@150	Φ14@150	Φ14@150	−0.10	中间增加1道φ25环箍
HL7	600×1550	490	330	170	8Φ28 6/2	12Φ28 5/7		Φ14@150	Φ14@150	Φ14@150	−0.10	中间增加1道φ25环箍
HL8	500×1550	390	270	130	10Φ28 5/5	6Φ28		Φ12@150	Φ12@150	Φ12@150	−0.10	中间增加1道φ25环箍
HL9	500×1550	390	270	130	10Φ28 5/5	8Φ28 2/6		Φ12@150	Φ12@150	Φ12@150	−0.10	中间增加1道φ25环箍
HL10	600×2050	490	330	170	11Φ28 6/5	8Φ28 2/6		Φ12@150	Φ12@150	Φ12@150	−0.10	中间增加1道φ25环箍
HL11	700×2350	590	360	190	16Φ28 8/8	13Φ28 4/9	18Φ28 8/8/2	Φ14@150	Φ14@150	Φ14@150	−0.10,−1.10	中间增加2道φ25环箍
HL12	700×2350	590	360	190	16Φ28 8/8	14Φ28 5/9	21Φ28 8/8/5	Φ14@150	Φ14@150	Φ14@150	−0.10,−1.10	中间增加2道φ25环箍
HL13	600×2050	490	330	170	9Φ28 6/3	9Φ28 2/7	13Φ28 6/5/2	Φ12@150	Φ12@150	Φ12@150	−0.10,−1.10	中间增加1道φ25环箍
HL14	600×2050	490	330	170	11Φ28 6/5	14Φ28 7/7		Φ14@150	Φ14@150	Φ14@150	−0.10	中间增加2道φ25环箍

· 1 ·

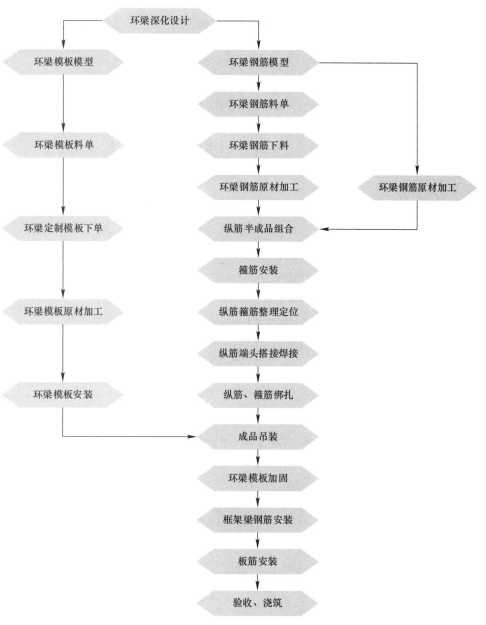

图 43 环梁施工流程图

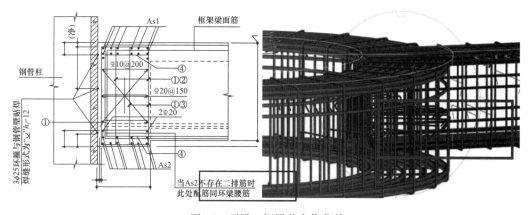

图 44 环梁—框梁节点优化前

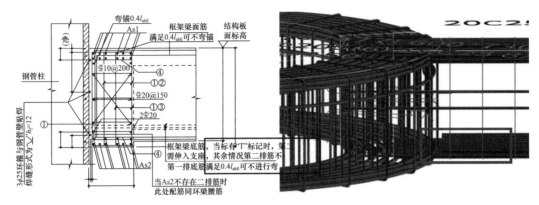

图 45　环梁—框梁节点优化后

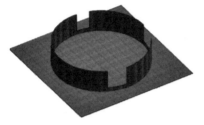

图 46　环梁模板深化模型

2）环梁钢筋工程工艺流程要点（表 3）

3）环梁模板工程工艺流程要点（表 4）

4）环梁钢筋骨架吊装及模板加固（表 5）

5　社会和经济效益

5.1　社会效益

（1）项目自开工以来多次组织观摩活动，项目前后多次受到了深圳电视台、广东电视台、新华网、人民网等 15 家各级媒体的专题报道，强化了八局标杆品牌宣传（图 47、图 48）。

环梁钢筋工程工艺流程要点　　　　　　　　　　表 3

工序	工作内容	示例图片
1. 环梁下料模型细化	1）环梁纵筋下料模型细化 下料模型以环形纵筋外皮尺寸控制，同时下料考虑纵筋搭接 $10d$（d 为纵筋直径）单面焊。环梁纵筋下料模型如右图所示	HL3 [6200] 600*830 C14@200(2) 15C25 8/7;10C25 2/8 GC20@150
	2）环梁箍筋下料模型细化 控制箍筋弯钩尺寸及形式，避免下料完成后安装不便。环梁箍筋下料模型如右图所示	HL3 [6200] 600*830 C14@200(2) 15C25 8/7;10C25 2/8 GC20@150

续表

工序	工作内容	示例图片
1. 环梁下料模型细化	3）环梁拉钩下料模型细化 控制拉钩弯钩尺寸及形式，避免下料完成后安装不便。拉钩下料模型如右图所示	
2. 形成环梁钢筋料单	环梁钢筋料单需经过项目专职钢筋翻样师及项目总工共同审核后方能由劳务钢筋班组下料。环梁钢筋料单如右图所示	
3. 验收	环梁钢筋下料过程中由项目钢筋翻样师随时抽检，并且下料完成后全数验收。验收如右图所示	
4. 环梁纵筋加工	环梁钢筋加工重点是环形纵筋的加工，纵筋加工采用专用弯曲机，弯曲机需要通过计算环形纵筋内外皮的半径来设置专用三个滚轮的中心间距 l1、l2 的相对数量关系，且根据计算出的 l1、l2 的理论数值设置完成滚轮 1～3 的位置后，对 3 个滚轮的相对位置关系即中心间距进行复核，复核要求误差不能超过 2mm。如右图所示	

工序	工作内容	示例图片
5. 环梁纵筋半成品组合	环梁纵筋半成品加工完成后，需要根据环梁纵筋细化模型在专门搭设的环梁制作架体上进行依次叠放组合，叠放顺序需严格按照模型排布，否则套入箍筋后返工量极大。如右图所示	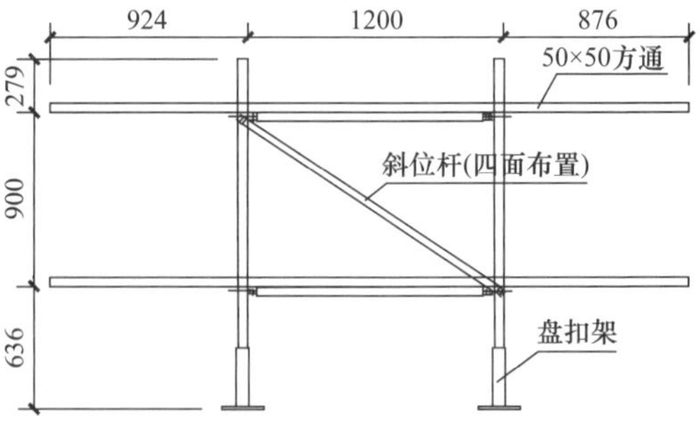 
6. 环梁箍筋安装	环梁箍筋在纵筋按模型要求组合叠放完成后进行安装，并按设计及规范要求将箍筋间距大致调整到位，环梁纵筋、箍筋整理定位。如右图所示	
7. 环梁纵筋端头搭接焊接，环梁纵筋、箍筋绑扎	环梁纵筋、箍筋整理、定位完成后，对纵筋端头进行搭接单面焊，要求搭接焊长度为 $10d$（d 为纵筋直径）。如右图所示	
8. 环梁成型	环梁钢筋骨架制作完成后，由业主、监理、总包三方共同验收后方可进行下一步吊装就位工作。成型后的环梁如右图所示	

环梁模板工程工艺流程要点　　　　　　　　　　　　　　　表 4

工序	工作内容	示例图片
1. 环梁模板下料模型细化	由于环梁模板采用定制木模，需要至少提前 10d 对环梁模板模型进行细化工作，以保证环梁模板安装的及时性及精确性，环梁模板深化以环梁高度及环梁外皮尺寸控制为主。如右图所示	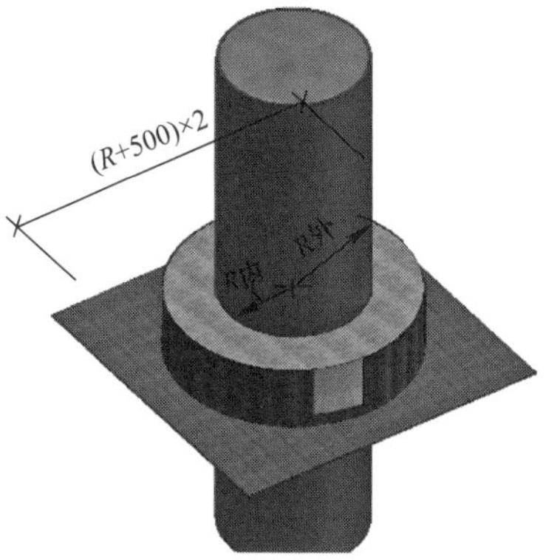
2. 环梁模板加工	环梁模板加工需充分考虑相关框架梁的标高、平面位置，根据要求加工一次验收合格，以免对定制模板造成破坏，同时提高定制模板周转次数。如右图所示	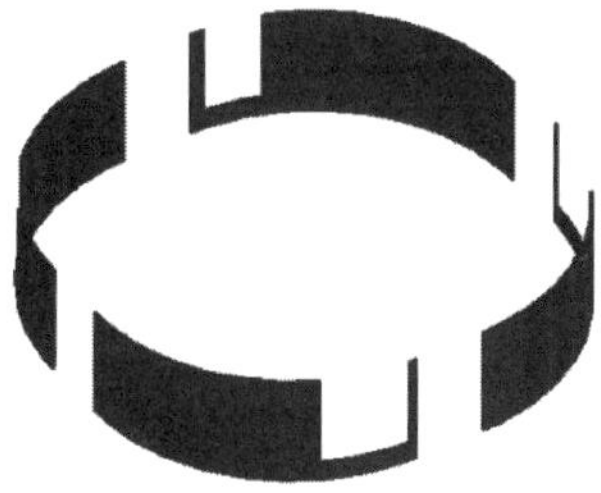
3. 环梁模板安装	环梁模板加工完成后，于环梁底模上进行环梁侧模及相关框架梁放线，放线以环梁外皮进行控制，放线误差不能超过 5mm，环梁侧模与相关框梁开口位置与框架梁模板的安装误差不超过 5mm。如右图所示	
4. 环梁模板支撑体系	单个环梁最大高度达 2m，截面最大宽度 600mm，其支撑体系参数如下：立杆纵横间距 0.6m，步距 1.2m，斜拉杆满跨满步设置。该支撑体系搭设完成、环梁吊装前需单独进行验收。如右图所示	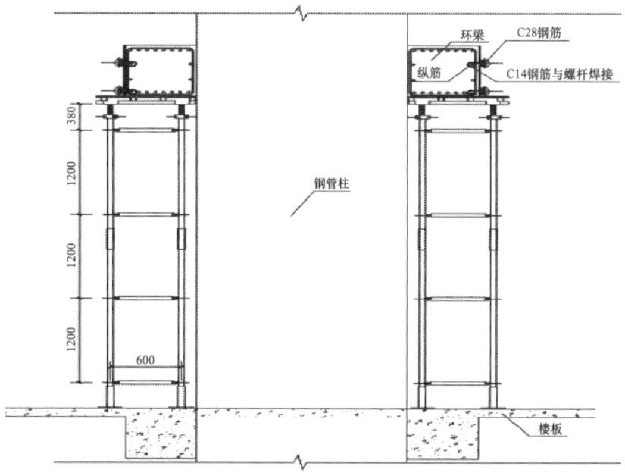

环梁钢筋骨架吊装及模板加固　　　　　　　　　　　　　　表 5

工序	工作内容	示例图片
1. 环梁吊装	单个环梁钢筋骨架最重达 1.8t，环梁吊装时设置 4 个吊点并均匀对称布置，并且就位安装时需要至少 4 人对环梁安装前定位进行调整，以保证环梁一次安装到位。如右图所示	
2. 环梁模板加固	环梁模板加固方案如下：① 环梁加固单道龙骨采用 2 根 ϕ28mm 钢筋，且龙骨间距不超过 0.5m；② 用 ϕ14mm 丝杆同 ϕ14mm 钢筋拉钩进行焊接，制作成环梁专用加固拉钩，环梁安装完成后，用拉钩将环梁最外皮箍筋、纵筋节点钩住并用山形卡固定住 ϕ28mm 钢筋以加固龙骨，安装配套螺母拧紧，每个加固平面至少均匀对称布置 8 个拉钩。如右图所示	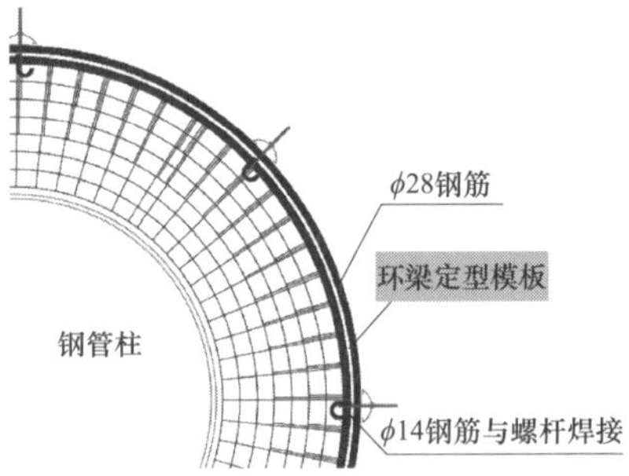 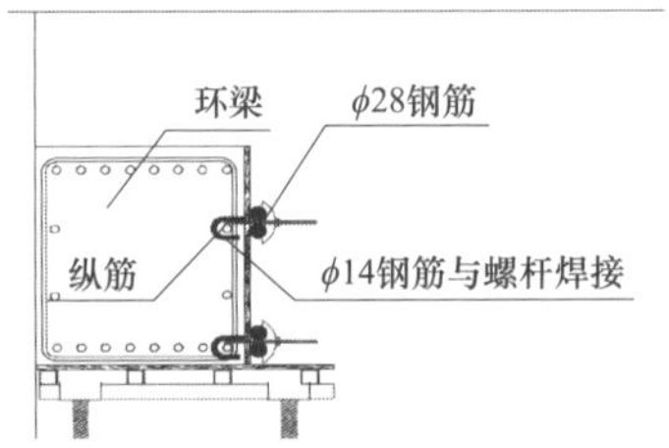
3. 梁板筋安装	环梁安装完成后，后续框架梁钢筋安装、板筋安装、混凝土浇筑等随之进行。如右图所示	

（2）项目自2020年10月开始，先后组织了中国安装协会（图49）、深圳市住建局（图50）、罗湖区住建局、中国土木工程学会（图51）、中建八局质量总监实训营等观摩活动，吸引了诸多业内同行。累计观摩人次3000余人。同时迎接了深圳深港科创（图52）、罗湖控股集团（图53）、山东省住建厅、烟台市住建局、山东机场集团等十余次外部单位的参观学习。

（3）项目自开工以来多次收到业主、住建局等多家单位、机构的表扬信，有效提高了项目的知名度，提升了中建八局的品牌效应（图54、图55）。

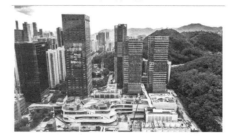

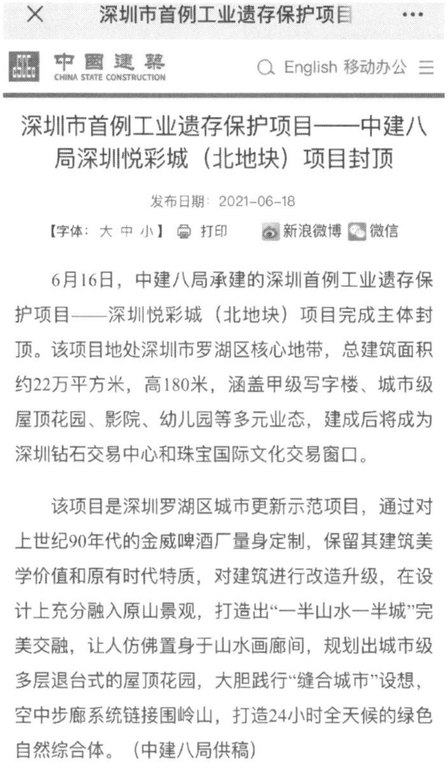
× 深圳市首例工业遗存保护项目 …

中国建筑 CHINA STATE CONSTRUCTION English 移动办公

深圳市首例工业遗存保护项目——中建八局深圳悦彩城（北地块）项目封顶

发布日期：2021-06-18

【字体：大 中 小】 打印 新浪微博 微信

6月16日，中建八局承建的深圳首例工业遗存保护项目——深圳悦彩城（北地块）项目完成主体封顶。该项目地处深圳市罗湖区核心地带，总建筑面积约22万平方米，高180米，涵盖甲级写字楼、城市级屋顶花园、影院、幼儿园等多元业态，建成后将成为深圳钻石交易中心和珠宝国际文化交易窗口。

该项目是深圳罗湖区城市更新示范项目，通过对上世纪90年代的金威啤酒厂量身定制，保留其建筑美学价值和原有时代特质，对建筑进行改造升级，在设计上充分融入原山景观，打造出“一半山水一半城”完美交融，让人仿佛置身于山水画廊间，规划出城市级多层退台式的屋顶花园，大胆践行“缝合城市”设想，空中步廊系统链接围岭山，打造24小时全天候的绿色自然综合体。（中建八局供稿）

图47 中国建筑网报道项目封顶

× 广东建设报-深圳悦彩城北地块 …

中建八局承建

深圳悦彩城北地块项目正式竣工

2022年08月03日

项目实景

广东建设报讯 记者蒋雯菁、通讯员李辉报道：7月28日，深圳悦彩城（北地块）项目正式竣工。该项目位于深圳市罗湖区，由中建八局承建，涵盖甲级写字楼、城市级屋顶花园、幼儿园等多元业态，建成后将成为深圳钻石交易中心和珠宝国际文化交易窗口。

该项目总建筑面积22.1万平方米，其中地上13.2万平方米,地下8.9万平方米，包括1栋37层产业研发用房，建筑高度约173米；1栋4层配套商业楼,建筑高度约24米；另带3层地下室。项目主要功能为产业研发用房和产业配套商业楼。

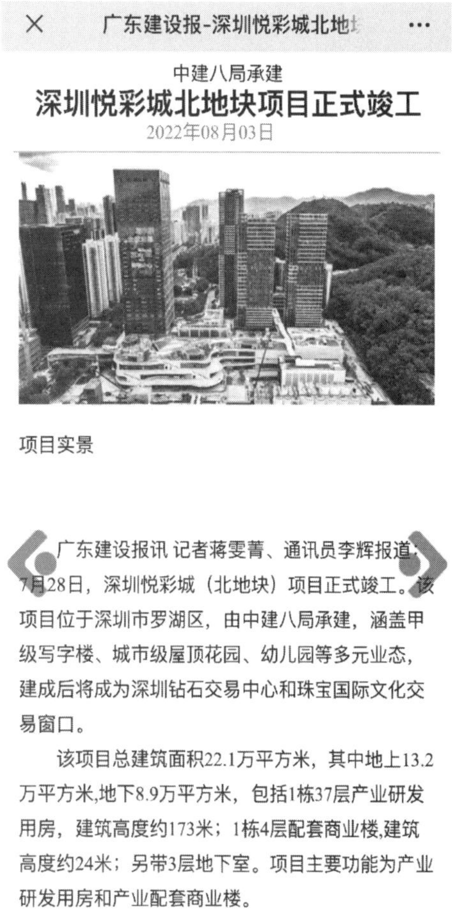

图48 《广东建设报》报道项目竣工

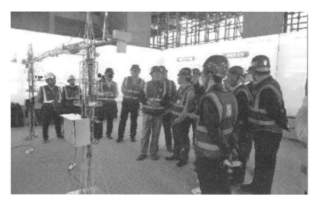

图49 2020年12月1日，项目举办了中国安装协会观摩活动

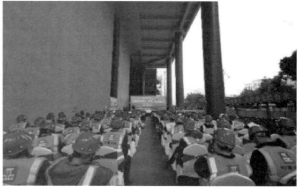

图50 2020年12月14日，项目举办了深圳市罗湖区住建局5G智慧建造观摩活动

图 51　2021 年 3 月 30 日，项目举办了
中国土木工程学会观摩活动

图 52　2020 年 9 月 2 日，深圳深港科
创集团到项目参观交流

图 53　2021 年 1 月 5 日，罗湖控股集团到项目参观交流

深圳市住房和建设局

表 扬 信

广东粤海置地集团有限公司、中国建筑第八工程局有限公司、
深圳市中行建设工程顾问有限公司：

　　悦彩城（北地块）建筑施工总承包工程质量管理体系健全
完备，在新技术新工艺应用，过程质量精细管理、5G+智慧建造、
实体样板等方面亮点突出，被选取为 2021 深圳市房屋建筑及
市政工程"质量月"示范观摩项目。

　　2021 年 9 月 24 至 26 日，举办了为期三天的线上和线下
同步观摩活动，政府、协会、建设、设计、施工、监理等累计
超 1000 人次参与观摩。该项目施工质量管理情况及活动组织情
况得到了各级领导和观摩人员的广泛赞誉和认可。

　　在此，我局对广东粤海置地集团有限公司、中国建筑第八
工程局有限公司、深圳市中行建设工程顾问有限公司为观摩交
流会顺利举办所做的大量工作以及在新技术应用、5G+智慧建造
应用、信息化和精细化管理，积极推进建设工程质量提升等方
面取得的成绩和实效给予肯定和表扬，希望上述单位在今后的
项目建设管理中，再接再厉，再创佳绩！

深圳市住房和建设局
2022 年 1 月 10 日

图 54　深圳市住房和建设局表扬信

粤海置地（深圳）有限公司

表 扬 信

中国建筑第八工程局有限公司：

　　由贵公司承建的深圳悦彩城（北地块）建筑施工总承包项目自确立年
度工期目标与观摩计划以来，以刘春远同志为核心的项目管理团队，面对
项目建设的场地受限、裙楼结构复杂、工期紧张等各种困难，严格执行我
司的项目管理要求，统筹协调安排，在项目建设过程中保持优质高效的管
理理念，精心策划，积极与业主、监理沟通，开展各项准备工作，展示了
"令行禁止、使命必达"的铁军精神，充分展现了央企的典范作用。

　　在此，我司对贵司各级领导及项目管理团队表示由衷的感谢。希望
贵公司一如既往的支持本工程建设，继续发扬八局铁军的优良作风，打造
品质工程，圆满完成后续工程任务。

粤海置地（深圳）有限公司
布心项目管理部
2020 年 11 月 15 日

图 55　建设单位表扬信

5.2　经济效益（表 6）

经济效益表　　　　　　　　　　　　　　　　　　　　　　　　　　表 6

序号	项目名称	技术进步经济效益（万元）	备注
1	基于 5G 技术的智慧工地 AI 平台研究开发与应用技术	143.2	—
2	基于 5G 环境的墙板安装机器人施工技术	25.89	—
3	受限基坑内半逆作法施工预留土方输送技术	44.47	—
	合计	213.56	—

6 工程图片（图 56～图 61）

图 56 工程外立面效果图

图 57 工程室内装饰效果图

图 58 工程室外园林效果图

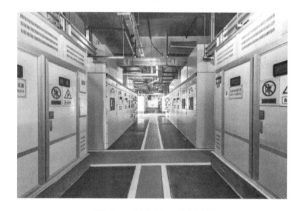

图 59 配电机房效果图

图 60 地下室停车场效果图

图 61 室内商场卫生间效果图

广东省装配式厕所和环保驿站工程

廖奕斌　戚玉亮　赵　倩　郑建财　孙　虎

第一部分　实例基本情况表

工程名称	广东省装配式厕所和环保驿站工程		
工程地点	覆盖广东省内各市		
开工时间	2019 年 6 月 27 日	竣工时间	2021 年 4 月 24 日
工程造价	2.7 亿元		
建筑规模	总建筑面积 3.6 万 m²		
建筑类型	市政工程		
工程建设单位	广州市建筑集团有限公司		
工程设计单位	广州建筑产业开发有限公司		
工程监理单位	广州市房实建设工程管理有限公司、广东粤能工程管理有限公司		
工程施工单位	广州建筑产业开发有限公司		
项目获奖、知识产权情况			

工程类奖：
1. 第 13 届、14 届詹天佑故乡杯；
2. 广州市建筑装饰优质工程奖（2019—2022 年度）；
3. 2021 年主动式建筑大赛（中国区）入围奖；
4. 第三届华夏奖国际空间设计大赛金奖 1 项，银奖 1 项。
科学技术奖：
1. 获 2021 年精瑞人居绿色科技与产品创新奖；
2. 获 2020、2022 年广东省土木建筑学会科学技术奖二等奖，共 2 项；
3. 获 2022 年广东省建筑业协会科学技术奖三等奖。
知识产权（含工法）：
1. 获省级工法 4 项；
2. 获授权发明专利 2 项（另有 5 项处于实审阶段），实用新型专利 10 项，外观专利 14 项。

第二部分　关键创新技术名称

1. 融入环境又独具地方文化特色的建筑设计
2. 基于 DFMA 的模块化设计与 MIC 建造模式
3. MBR 污水生物处理技术
4. 垃圾分类智能化运维管理与人机互动宣传

第三部分　实例介绍

1　工程概况

为全面贯彻习近平总书记关于"厕所革命""垃圾分类"的重要指示和"乡村振兴""双碳"战略，广州建筑产业开发有限公司建设了一批装配式模块化低碳智慧公共厕所和垃圾分类环保驿站，项目范围覆盖广东省内各市，总投资超 2.7 亿元，总建筑面积 3.6 万 m²。

1. 装配式厕所

装配式厕所项目总计 319 座，建设面积为 18133m²，工程总造价约 1.5 亿余元，主体结构形式采用"装配式轻钢结构＋集成墙体"，并配套智能化、标准化厕所设施。每座装配式公共厕所建成仅需 10 余天的时间。

2. 装配式轻钢结构垃圾分类环保驿站

装配式轻钢结构垃圾分类环保驿站总计 28 座，占地总面积为 41293m²，建筑总面积为 17800m²，工程总造价约 1.2 亿余元。环保驿站主体结构采用轻钢结构，并运用墙体内外面板装配化施工技术、铝单板安装定位技术等措施提高施工速度和安装精度。

2　工程重点与难点

（1）项目建筑风格要融入周边环境，并体现地区特色文化。

（2）项目选址多位于居民区，人流量比较大，为了保证周边居民出入的便捷性及安全性，工期较为紧张，对建造速度要求比较高。

（3）现有室外厕所普遍存在无市政排水接点、离市政排水接点距离较远、采用化粪池存储解决排水问题、冲洗用水无法回收利用等问题。

（4）现有的垃圾分析宣传效果没有达到预期。要以此项目为契机，创新垃圾分类宣传的方式和智能化运维管理，提升居民对垃圾分类的积极性和参与程度。

3　技术创新点

3.1　融入环境又独具地方文化特色的建筑设计

（1）秉承着融于环境和为居民服务的设计理念，项目的建设从选址、建筑外形风格的选择及功能等多方面进行实地考察及调研。项目囊括垃圾收集、村民活动与展示宣教功能，设计从地方文化出发，创造了融入环境又独具特色的建筑效果。

岭南地区气候多为高温多雨，所以环保驿站项目的设计大量采用连续转折坡屋顶形式，起到遮阳排水的作用。同时，屋顶与外立面之间留有空隙，可起到采光和通风的作用。室内设计融合现代简约风格和岭南园林特色、洞门景窗、盆景几架、弧形墙体等传统的岭南特色，穿插在长廊之中。

项目中采用了新型竹纤维集成板、装饰石膏板、泡沫陶瓷复合墙板等绿色环保材料，具有良好的保温及隔热效果。新型材料具有防腐耐用、韧性好、强度高等优点，用于室内装修、吊顶等部位。通过选用轻质环保新材料，减轻了墙地板对龙骨的负载，对建筑使用功能具有相应的保证，施工方法的施工速度快、质量可靠、材料消耗少、机械化作业、环境污染小，在新型建筑，特别是装配式建筑的装饰装修工程的墙板和地板施工中应用效果尤佳。

本技术符合国家现行政策和发展方向，推广前景光明，有助于促进本行业技术进步和提高企业技术水平，通过了广东省土木建筑学会组织的科技成果鉴定会的鉴定，鉴定结果为该技术达到国内领先水平。同时，其配套施工技术符合国家装配式装修干法施工和绿色建筑装饰保温一体化的发展需求，技术先进，应用前景广泛（图 1）。采用的新型环保泡沫陶瓷墙板及其干法施工方法形成了发明专利 1 项（专利名称：一种泡沫陶瓷复合墙板及其应用，专利号：202210118462.8，实审阶段）。

图 1　花都区竹洞村生活垃圾分类指导（推广）中心项目

（2）项目使用 Midas 有限元分析软件，创建了有限元模型。经计算分析，结构体系受力明确，稳定性好，安全可靠。结构可抵御 12 级台风和 9 级地震（图 2）。共形成发明专利 2 项（专利名称：具备减震性能的装配式钢结构与预制外挂墙板的连接节点，专利号：202011585083.7；专利名称：应急式建筑预制条形基础，专利号：202010894853.X，实审中），实用新型专利 6 项（专利名称：一种装配式轻钢结构支撑节点，专利号：202120795645.4；专利名称：一种可适应树木生长的钢结构支撑节点，专利号：202120582195.0；专利名称：一种斜撑与竖向龙骨的连接结构，专利号：202021831991.5；专利名称：一种装配式悬挑钢构件的连接结构，专利号：202021870400.3；专利名称：应急式建筑预制条形基础，专利号：202021865017.0；专利名称：一种用于装配式钢结构外挂墙板的双环分阶段屈服阻尼器，专利号：202122941848.2）。

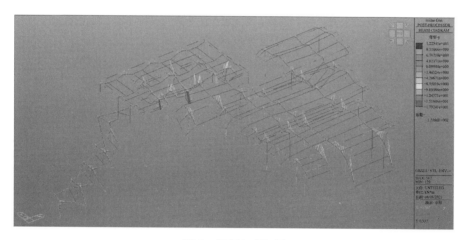

图 2 钢框架弯矩图

（3）项目实施前主要构件防火性能均通过华南理工大学国家重点实验室的耐火测试。其中结构柱共进行了 4 次试验，满足建筑二级耐火要求。钢结构防火隔热涂料的制备与应用形成发明专利 1 项（专利名称：防火隔热涂料及其制备方法和应用，专利号：201911205035.8）。

3.2　基于 DFMA 的模块化设计与 MIC 建造模式

1. 基于 DFMA 的模块化设计

将整体公共厕所按照女卫生间、男卫生间、第三卫生间、管理间等使用功能不同的厕位单元进行标准模数化设计，按照需求进行组合设计。施工时，现场进行基础、化粪池等施工，同时工厂预制并拼装好每个厕位单元模块的墙体、底座、屋架模块构件，将墙体、底座、屋架等模块构件运输至现场后依次拼装各个厕所单元模块。施工中为了方便，还能将厕位单元模块中的墙体、底座、屋架等模块拆分为更小的模块，必要时还能将拆分的模块整合为新模块以方便施工。如可将墙体模块拆分为墙体上部模块及下导轨模块，用马克笔等记号笔在下导轨上标记好墙体上模块拼装插入的位置以便后续施工，将下导轨放置至基础上进行调整安装固定后，将墙体上部模块插入下导轨，利用支撑进行调整，到位后利用自攻钉进行连接。由于下导轨构件轻盈且小巧，方便进行定位调整，简化了施工，减少了施工误差，降低了施工难度。当设计有厕所底座模块时，还能将墙体下导轨与厕所底座模块整合为下导轨—底座模块，其施工方法为先在工厂生产各个模块零件，在工厂或运输至现场后，拼装墙体模块构件，在下导轨上标记墙体上模块安装位置，随后卸下下导轨，将下导轨与底座进行整合安装，安装时注意下导轨与底座的位置，使安装底面水平。墙体下导轨与厕所底座模块可在工厂整合为下导轨—底座模块，将该模块运输至现场安装至基础上，由于该模块在水平面施工，只需调整水平位置，大大降低了施工难度；或者将底座与下导轨运输至现场，在基础上同时安装下导轨与底座模块，下导轨通过底座定位和调整位置，调整到位后利用自攻钉将下导轨与底座进行连接即可（图 3）。

本技术通过了广东省土木建筑学会组织的科技成果鉴定会的鉴定，鉴定结果为该技术达到国内领先水平。厕所的模块化设计形成了实用新型专利 2 项（专利名称：一种装配式公共厕所，专利号：

201822245356.8；专利名称：一种装配式模块化公共厕所，专利号：201822275422.6），外观专利 1 项（专利名称：预制钢结构厕所，专利号：201821567888.7）。

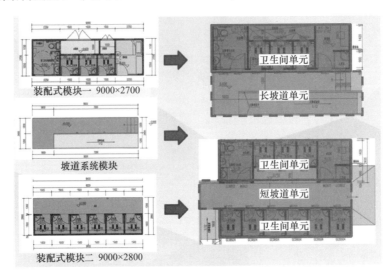

图 3　模块组合示意

2. 标准化与个性化设计

装配式厕所设计方案有乡村、镇区、示范性版本，立面风格有岭南、田园、现代风格，分别采用镇耳墙、木棉花和简洁时尚的符号元素，各版本均有不同面积的户型及不同设备可供选择，适合各类场所及功能要求（图 4、图 5）。

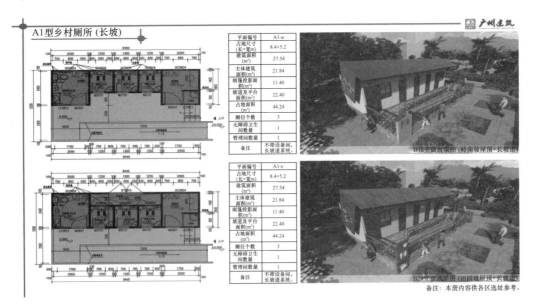

图 4　A1 型乡村厕所（长坡）

装配式厕所的标准化设计共形成外观设计专利 6 项〔专利名称：装配式厕所（A1 型），专利号：201930386353.3；专利名称：装配式厕所（A3 型），专利号：201930386578.9；专利名称：装配式厕所（A4 型），专利号：201930386576.X；专利名称：装配式厕所（A5 型），专利号：201930386565.1；专利名称：装配式厕所（岭南风格 A5 型），专利号：201930386352.9；专利名称：树屋（装配式钢结构），专利号：202130216472.1〕。

此外，装配式低碳智慧公共厕所还支持另行设计的定制示范厕所（图 6、图 7）。装配式厕所的个性化设计共形成外观设计专利 4 项〔专利名称：装配式厕所（定制 I 型），专利号：201930386335.5；专利名称：装配式厕所（定制Ⅱ型），专利号：201930386340.6；专利名称：装配式厕所（定制Ⅲ型），专利号：201930386563.2；专利名称：装配式厕所（岭南风格定制型号），专利号：202030033856.5]。

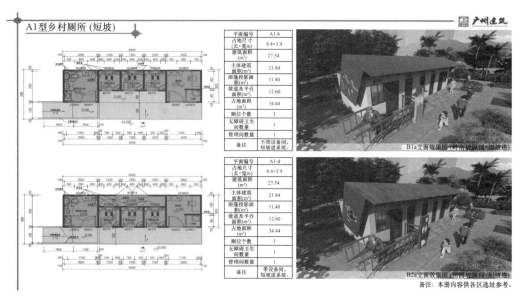

图 5　A1 型乡村厕所（短坡）

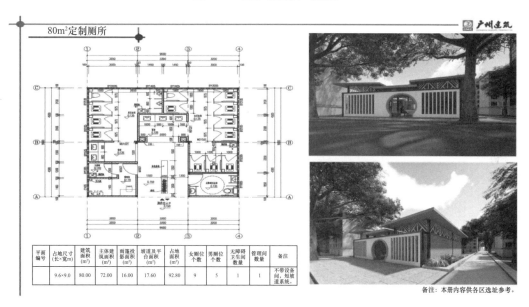

图 6　80m² 定制厕所

图 7　鸣泉居厕所

3. MIC 建造模式

项目采用 MIC 模块化建造模式，主体结构、机电、装修系统均在工厂集成，管线分离，大大提升了运维阶段日常设备检修的便利性。采用 MIC 建造技术，现场只需要简单的装配，即可快速实现装修效果。项目装配率可达 90% 以上。

装配式装修的干法施工工艺具有快速拼装、无污染等优点，已形成发明专利 2 项（专利名称：一种装配式装饰保温一体化墙板及其干法施工方法，专利号：202011427163.X；专利名称：一种干法施工的轻钢楼板和墙板结构及其装配方法，专利号：202210342790.6，2 件皆为实审阶段）。

3.3 MBR 污水生物处理技术

为了解决现有室外厕所普遍存在的无市政排水接点、离市政排水接点距离较远、采用化粪池存储解决排水问题、冲洗用水无法回收利用等问题，本项目采用 MBR 工艺，融合多种污水生物处理技术和膜过滤技术的优势，将生物滤膜技术与 O/A 生物滤池技术相结合，主要污染物去除效率高，并采用生物滤膜作为出水的终端水质处理保证，出水水质高，具有自动运行、运行成本低、启动快、无污泥、无异味等特点。

MBR 一体化污水处理装置安装简单，仅需将地面夯实，直接放置一体化处理装置即可。基于 MBR 的污水处理技术和中水回收利用技术已形成发明专利 1 项（专利名称：一种具有中水处理系统的装配式公共厕所，专利号：201811626585.2，受理阶段），实用新型专利 2 项（专利名称：一种具有中水处理系统的装配式公共厕所，专利号：201822275421.1；专利名称：一种中水处理系统，专利号：201822277877.1）。

3.4 垃圾分类智能化运维管理与人机互动宣传

3.4.1 垃圾分析大数据平台

环保驿站设置大数据分析平台，可显示最近的垃圾分类数据情况：各个种类垃圾的重量、回收的种类、垃圾分类占比以及不同区域的用户参与量等。这个大数据平台具有数据基础服务功能、系统管理运营能力以及系统共享开放能力。

环保驿站中的垃圾分类大数据分析不仅能及时提供垃圾分类情况的最新动态，还为垃圾分类集中投放点建在哪、怎么建、如何管提供了真实有效的数据支撑。大数据系统还添加接口，将数据平台进行共享，使垃圾分类市场化运作透明，让回收种类、数量等信息流动起来，确保全流程可查可控可管，提高垃圾分类回收效率（图 8）。

图 8　大数据平台

3.4.2 垃圾分类设施创新

驿站项目的智能垃圾分类设备建造技术将装配式模块的理念融入到设计、施工、运营等各阶段的生产实践中，打造现代城市新名片。本设备底部安装滑轮，方便对垃圾箱进行整体移动，减少对单个垃圾桶的管理；有自动闭合盖板，对垃圾气味进行有效阻隔，对周边环境影响小；设置洗手台，方便个人清洁，保持良好卫生习惯（图 9）。

本项目中自主研发的垃圾投放箱共形成外观设计专利3项〔专利名称：垃圾投放箱（简约款），专利号：201930569050.5；专利名称：垃圾投放箱（伸缩款），专利号：201930569499.1；专利名称：垃圾投放箱（基本款），专利号：201930569060.9〕。

3.4.3 互动宣传创新

驿站里设有科普区、数据分析区及游戏互动区，通过运用多媒体投影显示、大数据平台、多点触控和大屏幕液晶拼接等技术，结合科普区背景墙上垃圾分类介绍，参观者通过亲身体验生活垃圾从源头分类到末端处理的全过程，同时在互动游戏中了解垃圾种类及如何开展分类，进而充分理解开展生活垃圾分类工作的重要性和必要性，自觉加入到垃圾分类行列中来（图10）。

图9　自动感应垃圾分类投放箱　　　　　　　　　图10　人机互动游戏

4　工程主要关键技术

4.1　融入环境又独具地方文化特色的建筑设计

花都区竹洞村生活垃圾分类指导（推广）中心项目位于花都区赤坭镇竹洞村，本项目整体造型采用了传统建筑文化风格，山墙、景墙、仿古青砖幕墙等，缩龙成寸，以小见大，处处体现出中国传统建筑的情调和神韵，与竹洞村悠久的历史文化与璀璨的建筑文化相得益彰，毫无违和感。外墙装饰方面以融合整体建筑和周边环境为设计原则，主要采用仿古青砖、玻璃幕墙等材料，用材考究，接缝平直，表面平整，滴水线顺直，弧区顺滑，排砖合理，色泽均匀无色差。同时，建筑外墙辅以构建绿化带，使得绿色植物色彩巧妙搭配，凸显建筑品位，烘托建筑外墙装饰艺术，丰富建筑外墙色彩艺术。景墙、山墙等特色建筑风格，使其具有"雕刻"感，提升建筑的立体性。

花都区天贵路垃圾分类体验馆项目位于花都区新华河畔，主体由四个宣教厅组成，设计在外观上用魔方形式展示垃圾分类特色，打造了独特而靓丽的城市风景线，被称为"魅力魔方"，成为当地的"网红打卡点"（图11）。

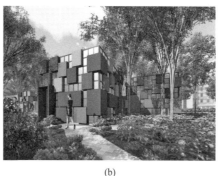

(a)　　　　　　　　　　　　　　　　(b)

图11　花都区天贵路垃圾分类体验馆

海珠区垃圾分类新时尚宣教中心位于海珠区阅江路碧道示范段内，由大小两个展厅组成，设计呼应周边圆形元素，打造了开放、和谐、包容的建筑体验，受到市级领导的高度评价（图12）。

图 12　海珠区垃圾分类新时尚宣教中心

南沙区榄核镇星海公园垃圾分类科普馆位于南沙区星海公园内部，包括科普馆与厕所功能，整体造型采用了现代风格，局部结合了岭南建筑文化风格，铝单板与钢化玻璃等材料的大量运用，简单的线条和完美的内部装饰，处处体现了现代简约风格。弧形展示墙的运用，围合成展厅空间，又体现出中国的岭南情调和神韵，两种建筑风格结合起来相得益彰，毫无违和感。项目用曲线贯穿设计，蕴意着"星海音乐"流动的旋律，成为当地居民的又一活动好去处（图 13）。

(a)

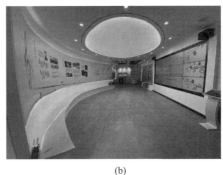

(b)

图 13　南沙区榄核镇星海公园垃圾分类科普馆

荔湾区西村街垃圾分类推进中心位于荔湾区增埗公园入口处，包括生活垃圾分类回收用房和可回收物集中用房两部分，设计融合岭南建筑特点，打造了现代简洁又具民族特色的建筑形象，与增埗公园自然融为一体，大大改观了周边的环境状况（图 14）。

(a)

(b)

图 14　荔湾区西村街垃圾分类推进中心

4.2　基于 DFMA 的模块化设计与 MIC 建造模式

4.2.1　概述

将公共厕所各厕位分为各个厕位单元模块进行标准化设计，使公共厕所使用性提高，施工更加明确、简便。使用模块拆分与整合技术进行施工，减少了施工误差，使安装更加准确，简化了公共厕所围护结构的施工，加快了围护结构施工进度并提高了公共厕所围护结构的施工质量。

4.2.2　关键技术

（1）装配式轻钢龙骨结构体系传统模块拆分及整合施工技术。

（2）装配式轻钢结构体系围护结构施工关键技术。

4.2.2.1　施工总体部署和施工工艺流程（图15）

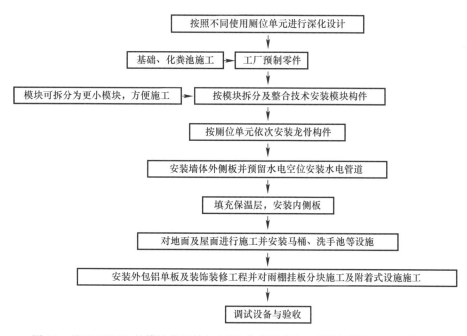

图15　基于DFMA的模块化设计与MIC建造模式施工总体部署和施工工艺流程

4.2.2.2　工艺

1. 深化设计

对于公共厕所结构龙骨设计，其是将公共厕所整体龙骨根据每个厕位划分为各个厕位单元龙骨模块，各个厕位单元龙骨模块再划分为墙体、底座、屋架龙骨模块，考虑到施工方便，还能将厕位单元模块中的墙体、底座、屋架等龙骨模块拆分为更小的模块构件，必要时还能将拆分的模块构件整合为新模块以方便施工。

2. 公共厕所基础、化粪池施工

装配式轻钢结构公共厕所在工厂预制公共厕所结构构件时，现场进行基础、化粪池施工，其是先在现场进行化粪池及基础开挖，然后埋入化粪池，再预留水电管道并回填基础及化粪池，接着绑扎基础钢筋并浇筑完成基础及化粪池施工（图16）。

3. 装配式轻钢结构体系龙骨拆分及整合施工

将整体龙骨根据不同部分划分为单元龙骨模块，各个单元龙骨模块再划分为墙体、底座、屋架龙骨模块，

图16　埋入化粪池

工厂预制并拼装好每个单元龙骨模块的墙体、底座、屋架龙骨模块构件，将墙体、底座、屋架等龙骨模块构件运输至现场后依次拼装各个单元龙骨模块（图17）。

在装配式厕所的建设中，当设计有厕所底座模块时，还能将墙体下导轨与厕所底座模块整合为下导轨—底座模块，在工厂或运输至现场后进行安装，由于该模块在水平面施工，只需调整水平位置，大大降低了施工难度；调整到位后插入墙体上龙骨模块并利用自攻钉将下导轨与底座进行连接，再安装抗拔件即可（图18）。

图 17　厕位单元墙体、底座等龙骨模块

图 18　安装过程

4. 装配式轻钢结构体系围护结构施工

在工厂按墙体模块预制墙体板单元龙骨及雨棚受力龙骨并运输至现场，装饰雨棚等附属结构的轻钢龙骨整合装配在相连的厕位单元龙骨模块上。在轻钢主体安装完毕后，先对每个厕位单元的外墙板进行安装并预留水电管道孔位，然后安装水电管道，接着将保温层安装在轻钢龙骨主体上，随后安装厕位单元模块的室内墙板，在进行完其余构件施工后再进行内外墙模块铝单板的安装及进行门窗的安装并补结构胶与密封胶，最后进行按模块分块的雨棚挂板安装并补结构胶与密封胶，完成装配式轻钢结构体系围护结构安装。

5. 装配式轻钢结构体系配套设施施工

装配式轻钢结构体系除配备必要的马桶、蹲便器、洗手池等使用设施外，还配备有智能化设施。施工时，在主体结构安装完毕后，先对马桶、蹲便器、内嵌式感应装置等内嵌或埋入式设备进行施工，然后外包铝单板并进行装饰装修工程的施工，再对挂篮等附着式设施进行施工。最后对智能化设施灵敏度进行调试，完成装配式轻钢结构体系公共厕所使用设施施工（图 19）。

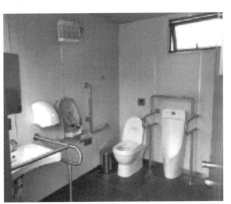

图 19　完成后公共厕所部分使用设施

4.3　装配式轻钢建筑快速精准施工关键技术

4.3.1　概述

装配式轻钢建筑因为其工期短、节能环保而被广泛应用于公共建筑中。在现阶段，装配式轻钢建筑设计的先进性与其施工技术的效率和精度控制性仍不匹配。研究系统的装配式轻钢建筑快速精准施工技术，对于装配式轻钢建筑乃至现代建筑的发展具有重要的意义。

4.3.2　关键技术

（1）围护系统快速安装。

（2）倒坡造型屋面氟碳喷涂铝单板精准安装。

4.3.2.1　施工总体部署和施工工艺流程（图 20）

4.3.2.2　工艺

1. 装配式轻钢建筑围护系统深化设计

装配式轻钢建筑围护体系采用复合墙体，由龙骨、内填保温棉、内饰面板、外面板组成。本工程采用方通钢管作为竖龙骨偏心对齐立柱外边线；横龙骨采用 C 型钢，紧贴竖龙骨安装于内侧；管线通过横竖龙骨空隙并安装于横龙骨上；墙体面板采用氟碳漆饰面一体板，内外面板均在工厂按尺寸加工成条状；内饰面板竖向分条安装，通过连接件外挂于横梁及横龙骨上；外面板横向分条从上到下安装，通过连接件外挂于立柱及竖龙骨上。

墙体龙骨和面板加工前需进行排板深化设计，根据墙体龙骨、各外墙面的形状、窗洞口位置及尺寸进行排板，排板后需得到业主、设计单位认可并交付工厂。

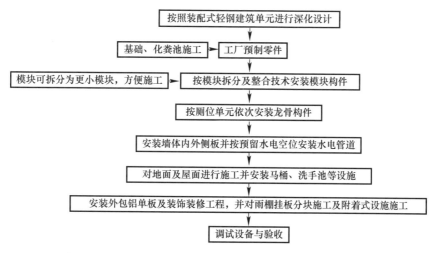

图 20　装配式轻钢建筑快速精准施工总体部署和施工工艺流程

2. 装配式轻钢建筑围护系统构件制作

1）轻钢龙骨构件制作

钢龙骨构件制作采用流水作业，采用半自动切割工艺，拼接前采用冷加工辊压平调直，构件的弯曲变形在加工厂内可采用水压机、油压机、矫直机等设备进行矫正。

2）内饰板、外面板制作

内饰板面层材料为抗倍特板，本工程选用厚度为 4mm。外面层采用保温装饰一体板，由氟碳喷涂铝单板饰面层、保温层、防火背板等构成，其中铝单板框架包括面板、折边和角码，三者由一张铝单板剪切、弯折而成。根据各外墙面的形状、窗洞口位置及尺寸进行排板，排板后需得到业主、设计单位认可并交付工厂。工厂收到排板数据后进行墙面板的生产。

3. 装配式轻钢建筑围护系统定位及安装

1）轻钢龙骨定位

（1）施工前测量主龙骨尺寸

核对现场主体结构实际尺寸与图纸提供理论尺寸是否相符，在不影响造型的前提下，对与图纸不符合的主体结构尺寸进行局部细微的调整。

（2）施工过程中测量墙体龙骨尺寸

安装完墙体龙骨后，对龙骨进行二次复核，根据图纸放线，确保实际焊接完的龙骨与理论尺寸一致。

2）钢龙骨安装

龙骨安装步骤为：

（1）现场测量放样。

（2）墙体横竖龙骨与主龙骨间通过 60mm×60mm×5mm 的镀锌钢龙骨连接件焊接连接，竖龙骨偏心对齐立柱外边线，安装于钢梁及地龙骨间。

（3）横龙骨紧贴竖龙骨安装于内侧，通过竖向 C75×50×0.6 的 C 型钢与钢柱螺钉连接。龙骨安装完毕后检查龙骨分格情况。

（4）现场细部调整后，对纵横向龙骨连接处采用螺钉进行稳固连接，使得龙骨架整体更加稳固。

（5）隐蔽检查：在水电安装、试水、打压完毕后，应对龙骨进行隐蔽检查，合格后方可进入下道工序，并办理完交接手续。

3）内面层条板安装

（1）根据深化图纸和现场实测尺寸，确定安装位置。

（2）根据控制轴线，弹出铝单板安装的基准线（包括纵横轴线和水准线）。

（3）安装固定条板的连接件。

（4）固定条板、安装条板位置要准确，连接要牢固。

4）氟碳漆饰面一体板外面层安装

外面层条板通过龙骨干挂方式进行安装，具体工艺流程如下：

（1）施工准备：对照龙骨设计，复检钢龙骨的质量。

（2）施工放线：通过基准轴线和水准点进行测量，并校正复核。

（3）一体板安装应按板块排板图上板号安置就位，通过四周铝角码（挂耳）与龙骨连接，固定在龙骨上（图21）。

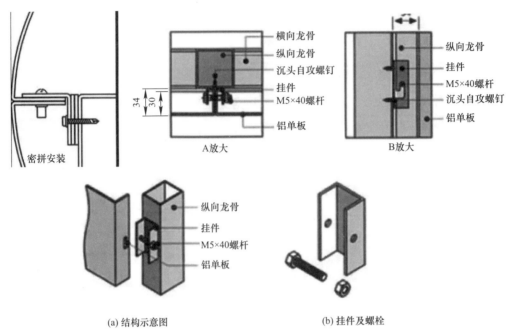

(a) 结构示意图　　　　　　　　　(b) 挂件及螺栓

图 21　氟碳漆饰面一体板外面层安装流程

4．倒坡造型屋面氟碳喷涂铝单板深化设计

本工程三面倒坡造型不规则屋面采用氟碳喷涂铝单板包边。在氟碳喷涂铝单板加工时，每一安装区域内的最后一块铝板及边角板暂不加工，待该区域内的其他铝单板安装完毕后，再次进行现场数据测量，得出准确尺寸再加工。为保证接缝平整、精准，现场采用多用激光投线仪进行精准定位，完成切边收口处理（图22）。

铝单板加工制作流程为：根据排板出具单板加工图→开料（裁剪）→折边、滚弧→焊接→安装加劲板、角码→打磨→抛光→喷涂→成品保护（图23）。

5．倒坡造型屋面氟碳喷涂铝单板定位及安装

1）测量放线

在进行铝单板系统安装之前，必须进行针对原结构的测量以及便于将来使用的放线工作。

2）部分转角和收口位置的特殊定位处理

三面倒坡造型不规则屋面屋檐封边的两块边角板在进行切边收口构造处理时，对接缝平整精准要求非常高。为保证接缝平整精准，现场采用多用激光投线仪进行精准定位，完成切边收口处理。通过合理采用辅助工具，控制精度，施工质量高，保证转角处的位置吻合和胶缝的均匀，满足美观要求。

3）铝板安装

（1）将运至工地的铝板按编号分类，检查尺寸是否准确和有无破损，按施工要求分层次将铝板运至施工面附近，并注意摆放可靠。

（2）先按铝板面基准线仔细安装好高层铝板。

（3）铝板安装时应使用足够的螺钉进行固定，且综合考虑铝板的平整度、拼缝大小及其他各项指标，并控制在误差范围内。

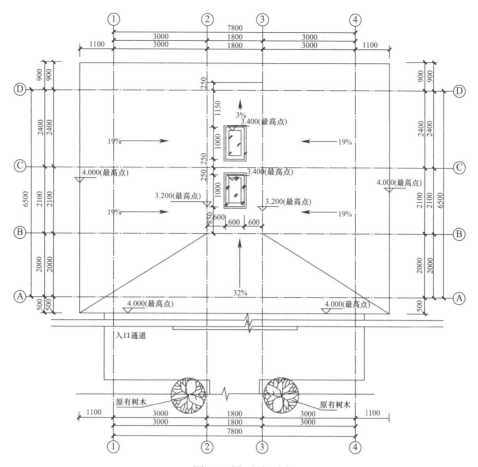

图 22 屋面平面图

图 23 铝板切割、数控操作

4) 嵌缝胶

(1) 铝板固定完成后，在胶缝两侧粘贴胶带纸进行保护，以避免嵌缝胶迹污染铝板表面质量。

(2) 按设计要求选用合格的嵌缝胶。将胶缝部位清理干净后按设计要求进行注胶。用带凸头的刮板填装泡沫棒，保证胶缝最小深度和均匀性，泡沫棒直径应大于缝宽。注胶后使用刮刀刮掉多余的胶，并作适当修整。拆掉保护胶带及清理胶缝四周，胶缝与铝板粘结应牢固、无孔隙，胶缝平整光滑，表面清洁、无污染。

（3）必需由受过训练的工人注胶，注胶应均匀、无流淌，边打胶边用工具勾缝，使嵌缝胶成型后呈微弧形凹面。打胶过程中，注胶应连续饱满，刮胶时应沿同一方向将胶缝刮平，十字交叉处不得有接头，同时应注意密封胶的固化时间。

4.4　MBR 污水生物处理技术

其一，该技术把生物滤膜技术与微生物固定化的 O/A 生物滤池技术相结合，COD、BOD、SS、NH_3-N 等主要污染物去除效率高。固定化生物滤池中采用了纳米改性聚氨酯多孔载体，形成表面好氧、孔内厌氧的 O/A 复合模式，污水在通过 O/A 复合生物滤池时，反复经过好氧—厌氧的处理，获得最大程度的处理效果。

其二，采用生物滤膜作为出水的终端水质处理保证，用生物膜取代传统 MBR 工艺中昂贵的高分子滤膜，不仅降低了设备造价与膜的更换费用，同时强制将污水全部穿过生物膜时，利用生物膜的机械过滤、生物吸附、生物降解作用，将出水中残留的少量有机物等污染物去除，出水水质明显优于各种现行的常规生物处理系统，可确保达到中水回用标准。

MBR 一体化设备中填料系列由聚丙烯材料注塑而成，分内外双层球体，外部为中空鱼网状球体，内部为旋转球体。主要起生物膜载体的作用，同时兼有截留悬浮物的作用，具有生物附着力强、比表面积大、孔隙率高、化学和生物稳定性好、经久耐用、不溶出有害物、不引起二次污染、防紫外线、抗老化、亲水性能强等特点。在使用过程中，微生物易生成、易更换，耐酸碱、抗老化，不受水流影响，使用寿命长，剩余污泥少，安装方便（图 24、图 25）。

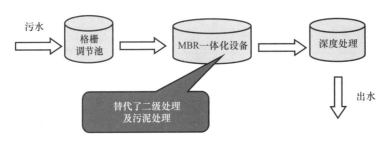

图 24　MBR 工艺处理流程

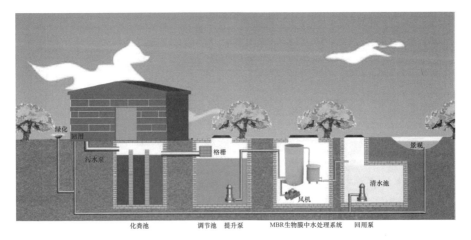

图 25　MBR 污水处理基本结构

4.5　垃圾分类智能化运维管理与人机互动宣传

通过研发垃圾分类箱，在设备底部安装滑轮，方便对垃圾箱整体移动，减少对单个垃圾桶的管理；有自动闭合盖板，对垃圾气味进行有效阻隔，对周边环境影响小；设置洗手台，方便个人清洁，保持良好卫生习惯；有太阳能设施，利用清洁能源提供照明所需的电量。外墙选用槽板（图 26）作为主要材料，安装方便，尺寸可随意裁剪。可外挂多种配件，配合挂钩（图 27）可放置扫把、抹布等洁具。亦可外挂纸巾盒、洗手液瓶等物品，更换便捷。还可外挂花盆，作垂直绿化设计（图 28），大大美化墙体。

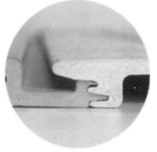

图 26　外墙槽板

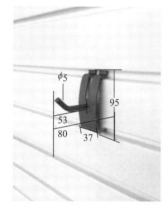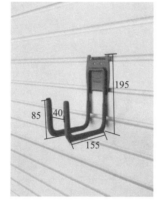

图 27　挂钩

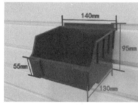

图 28　垂直绿化设计

本设备共有三个款式，分别是标准型、两箱款型和拓展款型。

1. 标准型

该型号产品尺寸为 4.05m×0.9m×2.2m，展开状态时尺寸为 4.05m×1.7m×2.2m（图 29）。设备配置为：四个垃圾投放口、八个标准分类垃圾桶、一个有害垃圾外挂投放盒、一条照明 LED 灯带、四个储物柜、一个大件可回收物储藏区、一个洗手台、一套折叠桌椅、一个洁具储藏区、太阳能光伏板、蓄水箱和酵素处理装置（图 30）。

2. 两箱款型

该型号产品尺寸为 1.55m×0.9m×2.2m（图 31）。设备配置为：两个垃圾投放口、两个标准分类垃圾桶、一个有害垃圾外挂投放盒、一条照明 LED 灯带、两个储物柜、一堵新式槽板外墙（含垂直绿化）、太阳能光伏板、蓄水箱和酵素处理装置（图 32）。

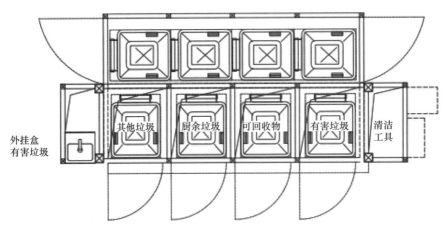

图 29　标准型平面布置图

图 30　标准型效果图

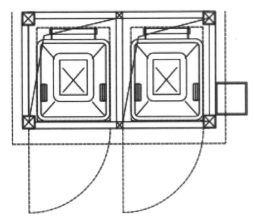

图 31　两箱款型平面布置图

图 32　两箱款型效果图

3. 拓展款型

该型号产品尺寸为 6.5m×2.9m×2.2m（图 33）。设备配置为：四个垃圾投放口、多个标准分类垃圾桶、一个有害垃圾外挂投放盒、一条照明 LED 灯带、四个储物柜、一个大件可回收物储藏区、一个洗手台、一套折叠桌椅、一个洁具储藏区、新式槽板外墙（垂直绿化）、太阳能光伏板、蓄水箱和酵素处理装置（图 34）。

5　社会和经济效益

5.1　社会效益

该项目由于施工质量优良、施工速度快、技术先进、大力响应国家号召、环境污染小等显著优点，获得了政府部门与社区居民的肯定。

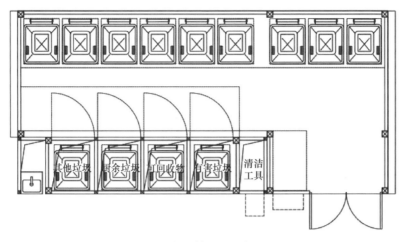

图 33　拓展款型平面布置图

我司受到河源市城市管理和综合执法局委托，在市区华达街打造的河源市首座装配式厕所，从开工到正式建成仅用了 13d 时间，2020 年获当地"河源发布""河源日报"公众号（图 35）、河源电视台等多家主流媒体报道，并登上学习强国平台（图 36）。2021 年，项目总设计师做客广东广播电视台房产频道（图 37）。项目实施以来，多次获得政府部门和居民的肯定（图 38），并助力了文化和旅游特色村建设（图 39）。

图 34　拓展款型效果图

图 35　河源日报报道

装配式厕所建成后能极大地推动我国厕所革命，补齐影响群众生活品质的短板，现已形成全国的装配式低碳智慧公共厕所品牌；环保驿站通过配套服务和宣传引导，提高生活垃圾分类处理水平，建设美丽乡村，不断增强人民幸福感、获得感，全面提升公共服务水平和城市经济发展质量进程，具有显著的经济社会效益。

装配式低碳智慧公共厕所和环保驿站建设项目，充分践行了模块化、标准化、个性化、人性化的设计理念，装配化的施工方法，生态化、智能化、信息化和低碳节能的运维管理模式，对推动我国厕所革命和垃圾分类，打造装配式轻钢小品品牌，促进轻钢模块化建筑先进技术应用和科技进步，具有重要意义。

5.2　经济效益

通过设计优化、结构选型、方案择优等一系列技术手段，很大程度地提高了安装效率，节约了工期，共节约 1258 万元。

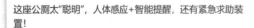

图 36　登上学习强国平台

广州市南沙区横沥镇政务服务中心

感谢信

广州市建筑集团有限公司：

为方便群众更便捷找到公共厕所，我中心拟在横沥镇政府综合楼西侧起建一座装配式便民公厕，由贵公司承建，项目实施前，由于场地限制难以开展，贵公司克服困难，科学制定设计方案完美解决场地问题。项目实施以来，多次到实地了解情况并与我中心保持良好沟通，针对现场情况提出整改措施，有力助推我中心便民公厕功能更全面、设置更合理。特对贵公司的大力支持表示感谢，建议贵公司对项目郜伦光明等同志进行表彰。

横沥镇政务服务中心
2021 年 8 月 21 日

图 37　广东房产频道报道

图 38　感谢信

图 39　获评省文化和旅游特色村

6 工程图片（图 40～图 44）

图 40 天河公园装配式厕所

图 41 海珠广场装配式厕所

图 42 星海公园装配式厕所

图 43 西村街垃圾分类示范点

图 44 花都区竹洞村生活垃圾分类指导（推广）中心

广州周大福金融中心（酒店客房精装修工程）

陈　舟　方宏强　江幸莲　方　为　王志勤

第一部分　实例基本情况表

工程名称	广州周大福金融中心（酒店客房精装修工程）		
工程地点	广东省广州市天河区珠江新城珠江东路6号		
开工时间	2015年8月12日	竣工时间	2019年6月20日
工程造价	3452.77万元		
建筑规模	总占地面积6.3万 m^2，总建筑面积507681m^2，建筑高度530m，111层		
建筑类型	酒店、综合体、办公、住宅、商业、超高层		
工程建设单位	广州市新御房地产开发有限公司		
工程设计单位	广州市设计院		
工程监理单位	广州珠江工程建设监理有限公司		

工程施工单位	广州珠江装修工程有限公司
项目获奖、知识产权情况	

工程类奖：
1. 2020 年中国建筑装饰奖；
2. 2020 年广东省优秀建筑工程装饰奖；
3. 2020 年广州市优质建筑工程装饰奖。
科学技术奖：
1. 2020 年建筑装饰行业科学技术奖；
2. 2020 年建筑装饰行业科学技术奖；
3. 2018 年广东省高新技术产品。
知识产权（含工法）：
实用新型专利：
一种快速装配的吊顶结构。
计算机软件著作权：
室内装修 3D 场景模拟系统。

第二部分　关键创新技术名称

1. 一种快速装配的吊顶结构
2. 建筑装修工程激光扫描 3D 模型设计与高精度施工技术

第三部分　实　例　介　绍

1　工程概况

广州周大福金融中心是集办公、酒店、商业为一体的综合性超高层建筑，作为广州第一高建筑，是广州国际化地标群中的重要组成部分。项目位于广东省广州市天河区珠江新城珠江东路 6 号，项目总投资超 100 亿元，总占地面积 6.3 万 m²，总建筑面积约 51 万 m²，其中地上建筑面积约 40 万 m²，建筑高度为 530m，层数 111 层，结构形式为巨型框架—核心筒结构体系。建筑外形节节攀升形成层级退让的立体感，与周边建筑群相互呼应，形成广州核心中轴线（图 1、图 2）。

图 1　建筑外立图

图 2　建筑鸟瞰图

本工程位于广州周大福金融中心 96～99 层瑰丽酒店区。瑰丽酒店作为高端时髦的艺术酒店，共有 286 间客房，采用中国传统与现代化艺术相结合的新潮设计，其用料高档，设计风格独特，整体简约奢华，空间宁静且舒适（图 3、图 4）。

图 3　艺术酒店客房

图 4　艺术酒店客房客厅

2　工程重点与难点

2.1　装修面积大，工期紧迫

项目装修面积大，施工内容和数量多，参建专业单位多，相互交叉、干扰多，项目进度控制的影响因素多且持续整个项目施工过程。

2.2　超高层运力与加工场地紧张

首先，本项目为超高层建筑的高楼层室内精装修工程，工期紧时材料集中且运输量较大，参建单位多、互相抢占电梯使用，且超高层项目自身垂直运输能力有限，导致材料运输压力较大；其次，装修专业现场加工需求量大，超高层建筑可利用施工场地少，各专业交叉作业挤占加工场地，导致加工场地紧张。

2.3　高奢酒店装修质量要求高，管理难度大

本项目属奢华酒店精装修，工程档次高端、工种多，高效施工管理是本项目的重点。其中，项目顶棚、地面、墙身的平整度、质量要求高，控制难度大，业主要求项目按照国家规定的验收标准一次性验收合格。项目实施过程中金属制品等用量较大，需严格管理供应商制作周期及制作质量。

2.4　装修绿色建筑水平要求高

本项目的装修绿色建筑水平需达 LEED 金级标准。LEED 评价体系对施工的可持续发展建筑场地、节水、节能、材料与资源、室内环境质量、因地制宜方面有严格要求。为实现 LEED 金级标准，本项目制订施工废弃物的贮存、运输等管理方案，保证填埋或回收总的比例达 75%；采用大量再生材料，确保含再生材的材料价值占总的材料价值的比例达 10%；采用本地化建材不低于总量的 25%；对施工过程中的空气、水、废弃物进行严格监控，确保满足相关要求。

2.5　装配式装修技术应用

为解决上述工期、运输、场地、质量、环保等问题，本项目广泛采用装配式装修技术，如客房的弧形"锅盖"顶棚、木饰面墙板及走廊的弧形墙板等。本技术的应用重点是提高现场测量精度、完成构件精确设计、提升现场安装技术，实现标准化设计、工厂化生产、装配化施工；项目利用激光扫描和 BIM 建模技术，进行现场精准定位和构件尺寸精确测量；以三维模型为辅助，对安装节点、材料、运输与安装步骤进行深化设计；采用新型快速装配安装技术，完成吊顶、墙体的高质量安装。

3　技术创新点

3.1　一种快速装配的吊顶技术

工艺原理：顶棚是室内装饰工程的一个重要组成部分，具有保温、隔热、隔声和吸声的作用，也是安装照明、暖卫、通风空调、通信和防火、报警管线设备的隐蔽层。单元式组合顶棚与各种造型的顶棚已经开始广泛应用于大型高档酒店、大型商品展厅等建筑物，其强度大、造型新颖、可塑性高等特点受到建设方的广泛欢迎。虽然顶棚的施工技术十分成熟，但对于大面积单元式组合顶棚与造型顶棚来说，往往由于单块重量较大，造型独特、楼层高、组合固定困难等原因造成资源投入过大、工期延误等情况出现。因此，本项目对高档酒店大面积顶棚快速装配技术进行研究，能够大大节约措施费的投入，缩短施工工期。

项目研究关键技术点：

（1）计算机三维建模技术与全站仪测量技术。根据不同的测量环境及系统内的各项参数，以降低外界环境的变化对测量数据的影响，结合工程设计图纸提供的特征点坐标和利用 CAD 软件对建筑物特征点进行电脑放样的数据，运用极坐标法等测量方法和已知的导线点或建筑物特征点，实现对顶棚安装的精确定位测量。

（2）单元式组合顶棚安装工艺技术：主要是对单元式组合顶棚进行组装与造型顶棚进行安装的施工技术，将多块单件顶棚及轻钢龙骨拼接，大大节约了施工措施费用及施工工期，同时保证了顶棚的质量，避免了单块顶棚安装时出现的接缝弯曲、高低差偏大等质量通病，其拼装及整体吊装技术具有一定的先进性，技术水平达到国内领先。

项目立项技术创新点：

（1）利用计算机三维建模技术和全站仪测量技术相结合，确保顶棚安装的轴线位置、标高的准确度。

（2）单元式组合顶棚采用 4 个吊点，利用两台卷扬机同步、平衡台式起重机，能够有效地保证单元式组合顶棚不变形。

（3）采用计算机建立大面积顶棚的空间模型，分析顶棚安装的轴线位置，多块单件的顶棚及龙骨在地面利用专用胎架进行拼装，形成若干个成品单元体，将成品单元体多吊平衡上吊并与预埋螺栓焊接牢固。

技术优点：本技术以装配式顶棚安装工艺技术为主，将弧形顶棚拆分为多块单件顶棚及轻钢龙骨，在工厂制作、运至现场安装，避免单块顶棚安装时出现接缝弯曲、高低差偏大等质量通病，提升施工速度；安装时辅以计算机三维建模技术与全站仪测量技术，对实际施工环境进行扫描并结合三维建模软件进行数字化三维模板放样，实现顶棚的精确定位与安装。

本技术所采用的装配式、单元式安装顶棚适用于大面积的顶棚；成品单元体起吊安装，可在最大限度保证顶棚施工质量的情况下，同步保证施工安全可靠性高，并缩短施工工期，实现项目的提速保质；同时，本技术实现部件安装定制化、模块化，吊顶、取暖、换气、照明可根据实际需求调整电器安装位置或电器使用数量，整体排布效果规整统一，实现电器部分强弱电分离，确保使用安全和产品使用寿命，解决传统施工方法排布凌乱、施工质量粗糙导致的装饰效果问题及电路排布杂乱导致的电子部件老化、短路等安全问题。

该项技术除运用在广州周大福金融中心（广州东塔）瑰丽酒店项目外，还在中国大酒店 J 座维修翻新项目、合肥栢景朗廷酒店项目和西安万众国际 W 酒店项目的装饰装修设计与施工中开展了应用，形成施工组织设计、竣工图纸、竣工验收资料等。

鉴定情况及专利情况：该技术目前已授权一项实用新型专利，一种快速装配的吊顶结构（专利号：ZL201721902710.90）。该技术已完成国内查新，查新点未见其他相关技术特点的文献，并获得中国建筑装饰协会颁发的 2020 年中国建筑装饰行业科学技术奖。

3.2 建筑装修工程激光扫描 3D 模型设计与高精度施工技术

工艺原理：三维激光扫描技术是一门新兴的测绘技术，该技术可以真正做到直接从实物中进行快速的逆向三维数据采集及模型重构，无须进行任何实物表面处理，快速获得完整的原始测绘数据并高精度地重建扫描实物，为获取空间信息提供了一种全新的技术手段。它是一种先进的全自动高精度立体扫描技术，又称为"实景复制技术"，是继 GPS 空间定位技术后的又一项测绘技术革新。目前，该技术主要运用于文物保护、工程设计、体形监测、建筑改建、电力设施测量、大型工业设备的安装监测、溶洞调查、数字城市地形可视化测量、城乡规划测量等方面的测绘工作，具有较好的技术发展空间。

三维激光扫描技术是发展迅速的一种技术，它已成为空间数据获取的一种重要技术手段。三维地面激光扫描仪可用于城市三维重建和局部区域空间信息获取，目前正引起广泛的关注。同传统的测量手段相比，三维激光扫描技术具有独特的优势：

（1）数据获取速度快，实时性强；

（2）数据量大，精度较高；

（3）主动性强，能全天候工作；

（4）全数字特征，信息传输、加工、表达容易。

精细 3D 建模需要准确表达物体的几何形态。点云的扫描分辨率是决定模型精细程度的关键因素，而模型的准确度主要受扫描误差的影响。因此，应根据扫描仪指标参数及建筑物实际情况选择合适的扫描仪，并规划最佳扫描路线，初步确定设站位置、设站次数。由于建筑物形状比较规则，那么在考虑设站时不要求采集到建筑物的各个角落，只需保证获取目标物体轮廓及特征线即可。此外，应根据研究或生产需求，确定是否要将模型统一到大地坐标系。若需要，扫描前还应测定三个以上控制点的大地坐标，以便后期成果转换。

技术优点：本技术通过 3D 激光扫描技术，将建筑结构分模块进行模型设计，包括轮廓模型、结构模型、模型优化、数据消冗等，同时为提高建筑物模型的视觉效果，在模型构建完成之后，利用渲染软件进行可视化渲染，调整纹理映射及灯光补偿效果；同时，对于装修工程的三维模型设计施工方案，通过三维模型深化构造节点、建立三维样板，提前明确施工工艺，实现精细化施工工艺控制，对基层施工、墙面、抹灰、天地面等结构的装修过程进行优化设计。

本项目采用的 3D 激光扫描建模技术，可实现真三维、真尺寸、真纹理的数字化模型。三维激光扫描技术具有高分辨率、高频处理优势，模型设计效率高，将三维数据转换到同一坐标系下，通过对点云进行处理，生成三维网格，建立数字化模型。相对于传统的工程设计，具有效率高、分析快、精度好的特点，在工程设计领域具有创新性。

本项目采用精细化施工技术，对建筑装修工程进行优化设计，克服传统施工技术没有统一标准，施工过程含糊、混乱，严重影响施工效率，或操作不当导致主体结构内部保存较大的应力，受到外界环境温度、湿度影响容易产生裂纹、变形、干缩等情况，在施工质量控制上具有明显优势。

项目研究关键技术点：

（1）建筑装修工程 3D 激光扫描建模技术。

3D 激光扫描技术是利用激光测距的原理，通过记录被测物体表面大量密集点的三维坐标、反射率和纹理等信息，快速复建出被测目标的三维模型及线、面、体等各种图件数据。由于三维激光扫描系统可以密集地大量获取目标对象的数据点，因此相对于传统的单点测量，三维激光扫描技术也被称为从单点测量进化到面测量的革命性技术突破。

（2）复杂建筑装修精细化施工技术。

精细化装修施工管理，提高了施工图与装修设计的技术对接深度，进一步深化和修正了施工图设计的重要环节，对特殊、关键施工技术要点进行独立设计、独立施工管理，严格执行质量验收规范以及相关的管理规定，设计材料进场验收，对工程施工工序质量进行动态控制，保证工序质量，防止因材料、工序、环境、人员等因素引发的质量问题，克服传统施工现场管理的陋习，以精细化装修施工促进建筑工程行业质量控制标准化，推动行业技术革新。

项目立项技术创新点：

（1）本项目研究的复杂建筑装修工程的 3D 激光扫描建模技术，可实现真三维、真尺寸、真纹理的数字化模型。三维激光扫描技术具有高分辨率、高频处理优势，模型设计效率高，将三维数据转换到同一坐标系下，通过对点云进行处理，生成三维网格，建立数字化模型。相对于传统的工程设计，具有效率高、分析快、精度好的特点，在工程设计领域具有创新性。

（2）采用精细化施工控制标准，对建筑装修工程进行优化设计，克服传统施工技术没有统一标准，施工过程含糊、混乱，严重影响施工效率，或操作不当导致主体结构内部保存较大的应力，受到外界环境温度、湿度影响容易产生裂纹、变形、干缩等情况，在施工质量控制上具有明显优势。

（3）本项目对复杂建筑装修工程设计进行研究创新，设计要求及质量控制，符合《住宅装饰装修工程施工规范》GB 50327—2001、《建设工程施工现场环境与卫生标准》JGJ 146—2013 等国家标准，在工程方案与施工工艺方面充分考虑工程实际，提高建筑整体质量及过程管理的精细化水平，在行业中具有先进性。

鉴定情况及专利情况：该技术目前已申请一项软著专利，室内装修 3D 场景模拟系统 V1.0（登记号：2018SR240944）。该技术取得一项广东省高新技术产品认证，名称：高档酒店室内精细化工程设计及其施工技术服务，批准文号：粤高企协〔2018〕19 号。该技术已完成国内查新，查新点未见其他相关技术特点的文献，并获得中国建筑装饰协会颁发的 2020 年中国建筑装饰行业科学技术奖。

4　工程主要关键技术

4.1　装配式装修技术

4.1.1　概述

本工程采用的装配式装修技术主要应用于顶棚、墙体的设计、生产与施工。本技术利用三维建模及激光扫描技术对顶棚及墙板进行精确定位模块化设计，发至工厂统一预制生产单元模块构件，最后运至现场进行组装施工。该技术通过装配式构件设计生产安装一体化运作，可解决本项目运输、质量、环保方面的问题；工厂预制可减少材料运输种类与数量及现场加工作业需求；干法施工可减少建筑垃圾，提高空气质量，改善施工环境；同时，工厂预制构件相比于现场加工具有质量稳定、可控性强的优势，可以改善传统加工水平参差不齐、做工粗糙的缺点，满足本项目特殊装饰造型和高质量装修效果的要求。

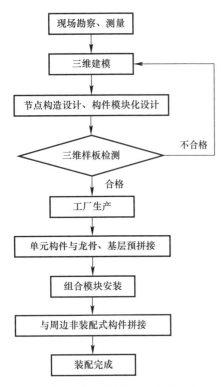

图 5　装配式顶棚施工流程图

4.1.2　关键技术

4.1.2.1　装配式装修设计生产施工一体化流程

装配式装修技术主要流程为：装修现场激光扫描测量，创建三维模型，以模型为工具进行节点与单元模块化设计，构件工厂生产，现场安装；基本施工工艺流程如图5所示。

4.1.2.2　BIM技术与全站仪测量技术应用方案

本项目采用计算机三维建模技术与全站仪测量技术，根据不同的测量环境微调系统内的各项参数，降低外界环境的变化对测量数据的影响，结合土建及装修施工图纸提供的特征点坐标和BIM软件对建筑物特征点进行电脑放样的数据，运用极坐标法等测量方法和已知的导线点或建筑物特征点，完成对顶棚、墙面安装节点的精确定位测量（图6、图7）。

4.1.2.3　装配式材料创新应用

装配式装修面材不同于传统装饰材料，为满足工厂标准化生产、整体运输、现场装配式安装需求，应具有轻量化、可塑性强、稳定性高的特点；同时，为满足装修环保、安全与维护的需求，装配式装修面材需具备较高的防火、隔声、抗震性能和良好的环保性能。为满足上述材料性能要求，并实现本项目中大量异形装饰造型与五星级酒店高品质装修需求，我司创新性地将以下材料用于本次装配式装修。

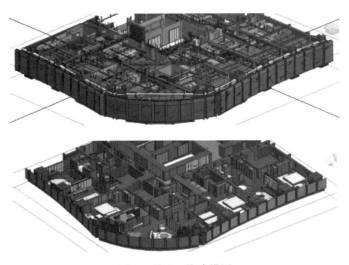

图 6　项目三维建模图

图 7　项目全站仪测量图

本项目客房弧形"锅盖"吊顶及走道弧形墙壁大量采用了 GRC 板材。GRC 材料在装配式装修中具有一些独特的优势：GRC 材料得益于其高强度与轻量化特性，相较于传统石膏板，更加便于运输、安装和拆卸，可减轻运输成本和安装难度，缩短施工工期，并且不容易发生变形与开裂，可提高施工品质与稳定性。GRC 材料具有较强的可塑性，可制成各种形状和尺寸的构件，满足工厂预制和异形装饰造型需求。同时，GRC 材料作为可再生材料，还具有 A1 级的防火性能、极高的防水性能与隔声性能，可满足装配式装修环保、安全、维护各方面需求。从整体效果来看，GRC 材料在装配式装修中的应用优势十分突出，能为其提供轻量化、高强度、安全环保的材料，并满足装修领域艺术设计的需求（图 8）。

图 8　项目 GRC 板材吊顶、墙面应用图

本项目在走道装配式顶棚基层、装配式木地板基层采用大量玻镁板材。该材料具有轻质高强、防水防潮、防火性能好、环保健康、耐腐蚀性强、握钉力强等优势。其质量轻、强度高、易装配的特性与装配式装修运输、安装、拆卸需求匹配；其 70N/mm 的握钉力可达到木质胶合板的 80%，使装饰顶棚造型摆脱现场加工木质胶合板制作基层的做法，从而实现装配式施工，并大幅提升装饰顶棚的防火等级、防潮防腐性能（图 9）。

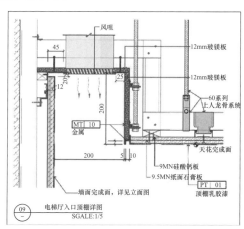

图 9　项目玻镁板材吊顶、地面基层应用图

此外，本项目在客房木饰面板、卫生间墙体应用了装配式墙面体系。其中，卫生间隔墙体系采用了铝蜂窝复合板，该材料具有重量轻、强度高、刚性好、可附合多种面材、美观大方、安装简易的特点，可实现工厂下单，现场快速安装（图10）。

图10　项目卫生间铝蜂窝复合板应用图

4.1.2.4　装配式可拆卸连接节点设计

本项目为实现装配式构件后期运维快速拆卸更换维修的需求，对单元构件连接节点进行了深化设计。其中，弧形顶棚与普通石膏顶棚交接位置设置了卡槽式连接，增大连接位置接触面积，消除因顶棚重量与不同材质交接导致的开裂与变形问题。装配式墙面与基层采用卡扣式连接，实现搭积木式整体安装，代替传统现场加工，加快施工速度，解决现场加工噪声和空气污染问题。同时，此类积木式安装节点可以即安即用，随时随地拆卸更换，便于检修、更换风格；避免传统大拆大建式更新，节能减排，绿色环保（图11、图12）。

4.1.2.5　装配式顶棚设计生产施工方案

本项目客房弧形"锅盖"顶棚采用装配式吊顶方案，将弧形"锅盖"顶棚拆分为多个单元模块，在工厂制作后运至现场安装。技术将计算机三维建模技术和全站仪测量技术相结合，确保顶棚安装的轴线位置、标高的准确度，并采用计算机建立大面积顶棚的空间模型，分析顶棚安装的轴线位置，多块单件的顶棚及龙骨在地面利用专用胎架进行拼装，形成若干个成品单元体，将成品单元体多点平衡上吊并与预埋螺栓焊接牢固。吊装过程中，单元式组合顶棚采用4个吊点，利用两台卷扬机同步、平衡台式起重机，有效地保证单元式组合顶棚不变形。

装配式组合顶棚安装工艺技术，主要是对单元式组合顶棚进行组装与造型顶棚进行安装的施工技术，将多块单件顶棚及轻钢龙骨进行拼接，极大地节约了施工措施费用及施工工期，同时保证了顶棚的质量，避免了单块顶棚安装时出现的接缝弯曲、高低差偏大等质量通病，其拼装及整体吊装技术具有一定的先进性，技术水平达到国内领先（图13～图15）。

4.1.2.6　装配式墙面生产施工方案

本项目客房木饰面板及硬包墙布全部采用装配式工艺生产施工，提高施工效率，减少现场施工垃圾。

（1）深化设计：根据现场实际尺寸，结合固定/活动家具摆放位置，将墙身饰面合理划分成多个单元。为配合装配式挂板安装工艺，在墙面与顶棚交界处留20mm高工艺缝（图16）。

（2）现场墙身基础施工：墙面满铺12mm厚玻镁板（该板材具有防潮、无有机挥发物、不易变形、握钉力好等优点），然后从上至下均匀水平安装5条铝合金挂条，其中最上与最下两条挂条分别距离上下边100mm（图17）。

（3）饰面加工：在工厂按下单尺寸生产成品木饰面板及硬包墙布挂板（硬包墙布挂板依旧使用12mm厚玻镁板），运至施工现场后，按照第（2）步墙身挂条的安装间距，在挂板背后安装对扣式铝合金挂码（图18、图19）。每个挂码长度150mm，水平净间距约300mm。

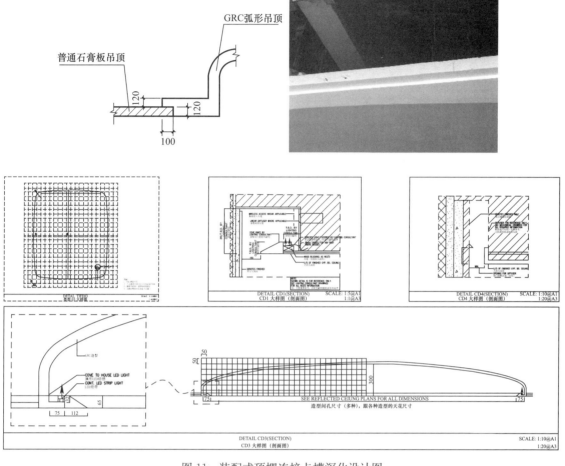

图 11　装配式顶棚连接卡槽深化设计图

图 12　装配式墙板挂装卡扣安装图

图 13　现场装配式顶棚吊装图

图 14　现场装配式顶棚构件安装图

图 15　装配式顶棚完工实景图

（4）饰面挂装：按照图纸顺序依次挂装。在一面墙挂装完成后，调整竖缝大小，使其均匀美观（图 20）。

4.2　建筑装修工程激光扫描 3D 模型设计与高精度施工技术

4.2.1　概述

本技术通过 3D 激光扫描技术，将建筑结构分模块进行模型设计，包括轮廓模型、结构模型、模型优化、数据消冗等；同时，为提高建筑物模型的视觉效果，在模型构建完成之后，进行纹理映射及灯光补偿设计；同时，对于装修工程的三维模型设计施工方案，通过精细化施工工艺控制，对基层施工、墙面、抹灰、天地面等结构的装修过程进行优化设计，提高过程管理的标准化、尺寸控制的精密化、细节设计的严谨化，提高工程质量，缩短项目施工周期，为现代化建筑装修工程的新型设计理念和施工方案提供依据。

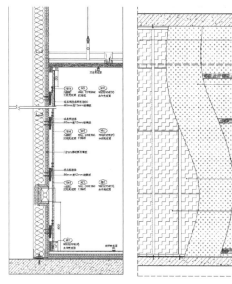
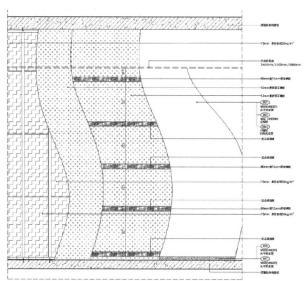

图 16　图纸深化设计

4.2.2　关键技术

4.2.2.1　施工工艺流程

本技术采用复杂建筑装修工程的 3D 激光扫描建模技术，基本流程主要包括方案拟订、数据采集和内业处理三部分。基本工艺流程如图 21 所示。

1. 扫描方案拟订

精细建模需要准确表达物体的几何形态。点云的扫描分辨率是决定模型精细程度的关键因素，而模型的准确度主要受扫描误差的影响。

2. 外业数据采集

外业数据采集包括点云数据获取及纹理图片采

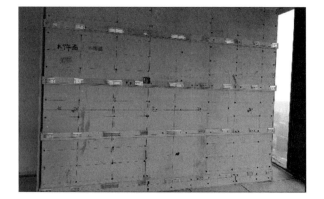

图 17　装配式连接件安装

集。点云数据用以构建建筑物几何模型，准确表达建筑物方位。纹理影像则用于物体表面图像映射，使几何模型更加逼真。

3. 点云处理及模型构建

点云预处理主要包括点云拼接、数据消冗、手动降噪等操作过程。

通过 3D 激光扫描及前期勘察，科学合理地对装修工程进行优化设计（图 22），关键流程包括：

图 18 工厂生产

图 19 装配式饰面板安装

图 20 装配式墙面生产安装图—客房装配式背景墙完成面

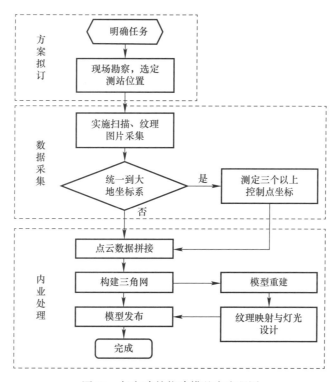

图 21 复杂建筑物建模基本流程图

（1）强化原施工图与装修设计的技术对接，进一步深化和修正施工图设计。

（2）协调主体施工技术与装修施工过程的技术相容性，必须详细做好整个工程的施工技术配合及计划。

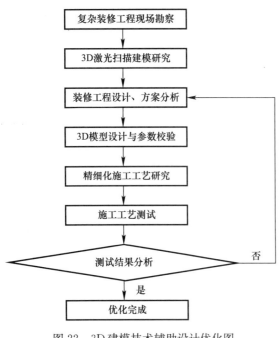

图 22　3D 建模技术辅助设计优化图

（3）明确主体施工单位与装修施工单位的工作范围和责任分工。在施工中，如果施工工序交接不清楚，就会出现推诿扯皮的现象，施工质量就无法得到保证。

（4）提高施工验收标准、促进规范操作，加强工程施工的质量控制，严格装修工程质量验收标准。

（5）实施建材标准化有助于提高住宅精装修质量。工程质量出现问题一般是材料使用不当等造成的，所以应在材料的性能、应用体系和使用功能方面制定和推行标准化制度，这也符合住宅产业化发展的大方向。

4.2.2.2　建筑装修工程 3D 激光扫描建模技术

3D 激光扫描技术是利用激光测距的原理，通过记录被测物体表面大量密集点的三维坐标、反射率和纹理等信息，快速复建出被测目标的三维模型及线、面、体等各种图件数据。由于三维激光扫描系统可以密集地大量获取目标对象的数据点，因此相对于传统的单点测量，三维激光扫描技术也被称为从单点测量进化到面测量的革命性技术突破，其基本参数设计如表 1 所示。

3D 激光扫描技术参数设计　　　　　　　　　　　　　　　　表 1

项目	扫描方式	扫描速度	扫描范围	扫描视场	测量精度
参数	相位式	97.6 万点/s	0.6～120m	360×305°	10m 和 25m 时为±2mm

4.2.2.3　复杂建筑装修精细化施工技术

精细化装修施工管理，提高了施工图与装修设计的技术对接深度，进一步深化和修正了施工图设计的重要环节，对特殊、关键施工技术要点进行独立设计、独立施工管理，严格执行质量验收规范以及相关的管理规定，设计材料进场验收，对工程施工工序质量进行动态控制，保证工序质量，防止因材料、工序、环境、人员等因素引发的质量问题，克服传统施工现场管理的陋习，以精细化装修施工促进建筑工程行业质量控制标准化，推动行业技术革新。

5　社会和经济效益

5.1　社会效益

被称为"广州第一高楼"的广州周大福金融中心（东塔）以 530m 的高度淡定地屹立于珠江新城 CBD，和广州西塔、广州塔成三足鼎立之势，构建广州天际线。530m 的高度，让东塔成为广州 CBD 最显眼的地标性建筑。其中，东塔于 2022 年荣获 LEED 金级认证（图 23）；瑰丽酒店于 2021 年荣获亚洲酒店体验与设计大奖，于 2020 年荣获外滩设计酒店大奖——最佳地标酒店大奖。

快速装配吊顶、3D 建模等技术获多项技术专利，实现了质量、环保、速度等各方面的提升，深受业主好评。装配式吊顶施工技术施工快捷，可操作性强，实施效果好，质量有保证，施工效率显著提升，较之传统施工方法节约人工成本；不使用满堂脚手架，不占用地面工程作业面，可有效控制工期；减小工人向下施工操作的深度，避免高空坠落的风险，保证工人人身安全。3D 激光扫描技术施工快捷，实施效果好，质量有保证，施工效率显著提升，较之传统施工方法节约人工成本、时间成本，有效控制工期。

5.2 经济效益

广州周大福金融中心吊顶工程采用快速装配式吊顶技术，本技术省去了满堂脚手架搭设工序，不占用地面工程施工的作业面，保证工期目标的控制，同时本技术也减少了吊顶施工人员向下作业的深度，施工效率高。传统吊顶工艺中，采用搭设脚手架方式进行吊顶施工，或者主龙骨在副龙骨下面，副龙骨安装难度较大，人工成本较高。本技术为反向吊顶施工，省去了满堂脚手架搭设过程，同时副龙骨安装在主龙骨上面，操作便捷；半圆球吊顶连接件使副龙骨与吊顶材料安装更方便，施工效率快。经核算，在经济效益上，经过对比分析，较传统工艺每平方米成本可降低 4.12 元。具体经济效益分析见表 2。

图 23　LEED 认证新闻图

快速装配吊顶经济效益分析　　　　　　表 2

序号	传统吊顶做法				快速装配吊顶做法				反向吊顶做法			
	项目	单位	工程量	单价	项目	单位	工程量	单价	项目	单位	工程量	单价
1	满堂脚手架清包费用	m³	7	45 元/m³	安全网铺设	m²	1	17.1 元/m²	安全网铺设	m²	1	17.1 元/m²
2	吊顶工程辅材费用	m²	1	9.5 元/m²	吊顶工程辅材费用	m²	1	9.5 元/m²	吊顶工程辅材费用	m²	1	13.4 元/m²
3	吊顶工程人工费用	工日	0.05	300 元/工日	吊顶工程人工费用	工日	0.1	300 元/工日	吊顶工程人工费用	工日	0.025	300 元/工日
4	合计	元		339.5	合计	元		56.6	合计	元		38

6　工程图片（图 24～图 29）

图 24　酒店走廊完工图

图 25　酒店客房 B 完工图

图 26　酒店客房 A 玄关完工图

图 27　酒店客房 A 书房完工图

图 28　酒店客房 A 会客厅完工图

图 29　酒店客房 A 完工图

星河佐坑美丽乡村建设项目加固工程

吴如军　唐　军　刘文汉　何　茂　张军宇

第一部分　实例基本情况表

工程名称	星河佐坑美丽乡村建设项目加固工程		
工程地点	广东省惠州市惠东县宝口镇佐坑村		
开工时间	2020 年 8 月 25 日	竣工时间	2021 年 1 月 4 日
工程造价	15127229.38 元		
建筑规模	约 5000m²		
建筑类型	框架结构		
工程建设单位	惠州市南乾实业有限公司		
工程设计单位	深圳市立方建筑设计顾问有限公司		
工程监理单位	深圳市罗湖项目管理有限公司		
工程施工单位	广州市胜特建筑科技开发有限公司		
项目获奖、知识产权情况			

知识产权（含工法）：
实用新型专利：
稳定的群锚静压桩结构。
发明专利：
建筑物厚板基础结构竖直桩托换加固封桩孔方法。

第二部分　关键创新技术名称

1. 群锚配重静压桩处理技术
2. 建筑物厚板基础结构竖直桩托换加固封桩孔施工技术
3. 梁板包钢加固综合施工技术
4. 防碳化涂层处理施工技术
5. 混凝土柱身及梁加大截面采用粗粒级高强无收缩灌浆料灌浆技术

第三部分　实 例 介 绍

1　工程概况

本工程位于大山深处偏僻的一个小村庄里——惠东县佐坑村，此地有全国最大的石头、最小的寺庙的美称，是一座新建的寺庙仿古建筑群。本项目总投资 2.5 亿元，共 11 栋，建筑层数 1～3 层不等。该房屋主体工程刚完成，经检测发现混凝土强度过低，原设计图纸要求混凝土强度为 C30，现场实测大部分梁、柱、板等构件混凝土强度均在 C15 左右，需重新复核原结构承载力，对结构构件进行专业加固施工处理，以满足该建筑后期使用功能及空间需要。房屋后续作为寺庙使用，同时考虑有香火烟熏使用环境及后续空间使用要求，须消除安全隐患，保证楼宇的安全使用。我司承接了该项目的全部加固工程，总造价约 1500 万元。图 1 所示是加固施工前现状图，分为 3 个大殿及 8 个小殿，分别是大雄宝殿、千手观音殿、东方三圣殿、西方三圣殿、方丈院、天王殿、钟楼、鼓楼、观音伽蓝殿、地藏祖师殿、土地财神殿共 11 栋建筑，均为钢筋混凝土框架结构，建筑面积共约 5000m²。根据加固施工图纸进行专业加固施工处理，保证主体结构满足相关规范及安全使用要求，针对不满足要求的基础、柱、梁、板的混凝土采用加大截面加固、粘钢加固、包钢加固、钢管桩及叠合板加固、构件表面防碳化处理和钢板表面防护施工措施。

图 1　现状图

2　工程重点与难点

2.1　支撑体系

本项目为既有建筑，施工安全管理是重点，由于梁柱混凝土强度较低，结构加固前楼面梁板结构须设置临时支撑，并做好安全防护措施后方可施工。临时支撑须满足支承力和变形的要求，确保施工安全，减少结构变形，保证结构在加固中加固后不开裂不破坏。

2.2 仿古建筑加固

寺庙仿古建筑与其他普通建筑有很大的特殊性要求，为了体现建筑物的宏伟壮观，要求其梁大跨度，柱高大，造型独特，异形梁柱较多，屋脊翘角飞檐，大跨度悬挑梁板，多层飞檐挑板造型，加固施工难度较大。

2.3 人员调动困难，通信网络差

大山深处几乎对外封闭，工人出入不便，工作环境相对枯燥，工人流动性较大，人员组织较难，但在我司的精心组织管理下，保证日达 80～120 人开工作业，高峰期多达 150 人。项目上移动手机信号极差，而且项目拉设的网络办公专线，也因道路施工经常断网，办公网络几乎靠个别手机热点提供。

2.4 原材料质量控制

严控原材料采购，进场后与我司采购员经过现场采点发现，本地 50km 范围内，原材料质量差。我司对周边紫金县、海丰县、惠东县各砂石厂的砂、石、水泥进行层层筛选，经送检合格后再使用，从而由原材料入手控制质量。

2.5 交通运输是难点

该项目位置偏僻，道路狭窄、弯多，材料运输较为不便，场区内没有环形道路，车辆须在回车场掉头，大车错车较难，需提前策划运输通道。

2.6 项目靠近山体对施工造成不利

针对因自然因素形成的暴雨、山洪等易造成泥石流、山体滑坡等情况，对现场材料堆放、基础开挖、土方堆放等施工细节应处理周全。

2.7 项目施工难度大、时间紧、工种多

本项目部分建筑单层高度较高，且屋面不在同一标高，造成搭设脚手架工艺烦琐、立杆穿屋面板后防止渗水的施工工艺复杂，因此各专业人员是否充足、作业人员是否培训到位、现场监督是否真正落实，是完成工程的关键。施工合理交叉、穿插对工程进度的保证有着不可忽视的影响，各施工工序的完成及下阶段工序的衔接，应保证在满足规范要求的情况下进行，在充分保证质量、安全的前提下提前插入下道施工工序，例如抹灰工程等。

2.8 地基基础

加固地基基础采用加宽、加深、加固等措施，土方开挖及支护边开挖边加固边回填施工作业，防水浸泡基础是重点。

2.9 梁、板、柱加固施工的把控

梁柱加大截面施工进度慢、效率低，特别是植筋工程，要求工人技术熟练，责任心到位才能出好效果，为此我司组织专项施工小组进行此部分内容的施工，小组成员选用专项施工的熟练技工，人员数量上充足，以达到满足施工进度的要求。同时，为了保证混凝土强度满足设计要求，根据现场施工条件，基础混凝土采用现场搅拌法，水泥采用 42.5 级的普通硅酸盐水泥，碎石采用当地供应的 2～4 级配碎石，砂则采用从异地运来的优质中河砂，经有资质的检测站设计混凝土配合比。我司根据检测站配制的混凝土配合比，提前做六组混凝土试件试压（两组按配合比，两组按提高一级，两组加增强添加剂），要求 7d 强度达到 70％以上，28d 强度达到 100％以上。必要时把强度再提高一级或是采用加入添加剂的方案，保证混凝土强度达到设计要求的强度等级。

本项目梁板粘钢、包钢工艺较多，特别是屋面板粘钢、包钢要求对穿 $\phi 12mm$ 螺杆，螺杆直接穿透屋面混凝土板，因此保证孔内植筋胶饱满，防止屋面渗水的施工技术难度较大。我司拟采用双人组合的方法，先由一人在板底用一块小木板堵住孔洞，另一人从上面注满孔洞植筋胶，然后把螺杆从下面旋转穿上，有效解决此一难题，再在板面用小刮刀把孔洞周围的植筋胶抹平或压进孔内，避免孔洞出现胶未满的现象。对梁粘钢箍板上的穿屋面 $\phi 14mm$ 螺杆，如采用先贴后焊的办法，则破坏了原胶粘剂的结构

特性。我司采用先焊后贴法，有效解决此一难题。先焊螺杆一端在箍板末端，然后在屋面开 $\phi 20mm$ 的孔洞，把孔清干净。粘钢时，可按正常施工粘贴箍板，只是把露出的螺杆一端穿过孔洞，固定好箍板后，用粘钢胶把孔洞下口封闭，从上面灌注环氧胶即可达到固结与防水的目的。

3　技术创新点

3.1　群锚配重静压桩处理技术

工艺原理：该技术提供了稳定的群锚静压桩结构，包括设置于地面上的若干压桩孔和用于压桩的压桩装置，压桩孔周侧设置有纵梁，纵梁上方设置有横梁，横梁和纵梁交错形成网格，压桩孔位于网格中，压桩装置设置于横梁中，横梁设置有可沿横梁移动的配重车，配重车和/或横梁具有锁止结构，锁止结构可将配重车锁定在横梁的指定位置。

技术优点：本工程要求在室内地板下加压钢管桩施工，但原地面较薄且原混凝土质量较低，几乎无自重，无法借助反力，大型户外压桩设备又无法进入室内，所以我司采用了专利技术：群锚＋配重压桩。

鉴定情况及专利情况：实用新型专利技术：稳定的群锚静压桩结构，专利号：ZL202020242794.3。

3.2　建筑物厚板基础结构竖直桩托换加固封桩孔施工技术

工艺原理：该技术工艺原理步骤如下：①在该厚板基础上用机具钻凿竖直桩孔，在该竖直桩孔下方成桩；②在该厚板基础下、桩顶的两侧各清理出空隙；③在竖直桩孔内下置桩顶横向抗冲切钢筋网片，并将该桩顶横向抗冲切钢筋网片的两端分别置入桩顶两侧预先清理的空隙中；④封桩头。

技术优点：本工程采用本技术：一种在建筑物厚板基础（箱基、筏基底板）上凿竖直桩孔（压入桩或灌桩孔）时采用的封填孔方法，使用本技术可确保桩基与厚板基础整体共同工作，不会产生冲切破坏，使封孔无效、桩基上浮等严重后果，从而避免传统的人工凿锥状桩孔的繁重体力工作。

鉴定情况及专利情况：发明专利：建筑物厚板基础结构竖直桩托换加固封桩孔方法，专利号 ZL200910235342.0。

4　工程主要关键技术

4.1　群锚配重静压桩处理技术

4.1.1　概述

本技术是一种群锚静压桩结构，在地面上打凿有压桩孔，在压桩孔周围架设纵向型钢梁，并在纵向型钢梁上架设横向型钢梁，该纵向型钢梁与横向型钢梁之间采用可拆卸的螺栓进行连接；在该纵向型钢梁以及横向型钢梁两侧的地面上种植数个膨胀螺栓，膨胀螺栓与地面之间注胶强化固定；在该膨胀螺栓的头部用螺母固定连接耳片，该连接耳片将纵向型钢梁以及横向型钢梁压合在地面上；在横向型钢梁上架设压桩架，压桩架上的千斤顶与该压桩孔内的桩相抵接。本技术可以提供足够的反力给压桩架，顺利进行压桩工作。

4.1.2　关键技术

4.1.2.1　施工工艺流程

原板面开孔—叠合板施工—预留钻孔（锚杆）—钢梁架构体系—配重静压。

4.1.2.2　工艺或方案

本工程要求在室内地板下加压钢管桩施工，但原地板较薄且混凝土质量较低，几乎无自重，无法借助反力，大型户外压桩设备又无法进入室内，而锚杆静压桩又必须通过锚杆和压桩架相结合，通过结构自重作为压桩反力。本工程地板反力无法满足压桩力 1.5 倍的施压条件，若不采用群锚压桩结构专利技术，只能通过堆载反压来实现锚杆静压桩的压桩反力。但堆载反压反复运输造成人工费用大量增加，且因堆载可能会造成建筑物产生附加沉降，不宜使用。故此，采用我司研发的"稳定的群锚静压桩结构"专利技术。该技术安全可靠，不会产生附加下沉，数据明确可控。其具体方法是：①通过在结构筏板上设置临时钢骨架压桩体系，利用该体系和筏板结构组成刚度较强的较大面积筏板体系，从而提供满足压桩要求的自重反力，使锚杆静压桩得以顺利实施。②通过隔行跳压方式，结合二次反压与多次反压，形成带有临时抗拔性质的桩体来完成静压桩的实施。所以我司采用了专利技术：群锚＋配重压桩（图2）。

图2　群锚钢梁架构体系及叠合板预埋锚杆工艺图

4.2　建筑物厚板基础结构竖直桩托换加固封桩孔施工技术

4.2.1　概述

目前建筑工程中，常因各种复杂因素，导致建（构）筑物过量下沉甚至倾斜，引起建（构）筑物裂损破坏，严重时可导致整栋建（构）筑物拆除重建，造成巨大的经济损失。此外，还有一些建筑物因增层、改造等需其对基础进行加固处理。

为解决建（构）筑物上述问题，常在其基础底板上人工（或机具）凿孔，以便通过该孔向软弱地基中压入预制桩或施工灌注桩。当板很厚时（大于1～2m），开凿厚板上的锥状斜孔，将耗费巨大的人力物力，效率很低，耗工费时。

如能采用机具钻直孔，虽然可提高效力（减少工人蹲伏凿孔的艰苦劳动），但凿直孔后封桩孔难度大，且采用直孔防止桩上浮的抗冲切能力低，易导致严重后果。

80cm以上的厚板上凿（压、灌）桩孔，在建筑物基础加固工程中，长期以来一直被视为畏途，常因凿锥形孔劳动强度大，工人过于辛苦，在工程中常常偷工减料，没有按设计要求凿成真正的锥形孔，只是比直孔略微扩大，不能确保封桩质量，隐藏桩对厚板的冲切破坏是危险的隐患。

4.2.2　关键技术

4.2.2.1　施工工艺流程

机具钻凿竖直桩孔→竖直桩孔下方成桩→桩顶的两侧清理出空隙→设横向抗冲切钢筋网片→封桩头。

4.2.2.2　工艺或方案

该技术工艺包括以下步骤：①在该厚板基础上用机具钻凿竖直桩孔，在该竖直桩孔下方成桩；②在该厚板基础下、桩顶的两侧各清理出空隙；③在竖直桩孔内下置桩顶横向抗冲切钢筋网片，并将该桩顶横向抗冲切钢筋网片的两端分别置入桩顶两侧预先清理的空隙中；④封桩头。

步骤③又包括：首先，手持钢筋握柄，将桩顶横向抗冲切钢筋网片置入该竖直桩孔中，该网片一端低垂，另一端翘起；然后，将该网片低垂的一端置入一侧空隙中；再拖动该钢筋握柄，将网片的另一端置入另一侧空隙中，并使得该网片平置于桩顶上预制的钢垫板上。

4.3　梁板包钢加固综合施工技术

4.3.1　概述

本技术采用钢板及对拉螺栓结合后灌胶工艺做法，与原混凝土结构形成钢与混凝土结合的整体受力构件。适用于需要大幅度提高梁板构件承载能力，且在不增加原构件截面或者拆除重建的情形下进行。

4.3.2　关键技术

4.3.2.1　施工工艺流程

原界面处理→钢板加工制作→对拉螺栓安装→钢板边封闭→螺母缝隙封闭→压力灌注结构胶→表面防护。

4.3.2.2　工艺或方案

1. 原界面处理

清除构件表面的装饰批荡层，对有油污的构件表面，用洗涤剂和硬毛刷涂刷干净，按构件粘贴钢板里层位置打磨出合适凹槽，并将混凝土表面打磨平整，保证平整度，杜绝凹凸不平。然后用压缩空气吹除粉粒，对不平整的混凝土缺陷用胶泥补平。

2. 钢板加工制作

按照设计要求进行钢板下料，用台钻按照设计要求在钢板上钻固定孔洞。用角磨机将钢板表面钻孔突起的钢渣磨平，并对钢板进行除锈打磨，打磨出金属光泽；同时，用角磨机在钢板表面作粗糙处理，打磨纹路与钢板受力方向垂直，运输过程中不得弯曲钢板。

3. 对拉螺栓安装

包钢要求对穿直径 12mm 螺杆，螺杆直接穿透屋面混凝土板，因此保证孔内植筋胶饱满，防止屋面渗水的施工技术难度较大。我司采用双人组合的方法，先由一人在板底用一块小木板堵住孔洞，另一人从上面注满孔洞植筋胶，然后把螺杆从下面旋转穿上，可有效解决此一难题。再在板面用小刮刀把孔洞周围的植筋胶抹平或压进孔内，避免孔洞出现胶未满的现象。对梁粘钢箍板上的穿屋面直径 14mm 螺杆，如采用先贴后焊的办法，易破坏原胶粘剂的结构特性。我司采用先焊后贴法，有效解决此一难题。先焊螺杆一端在箍板末端，然后在屋面开直径 20mm 的孔洞，将孔清理干净；种植螺栓，已加工好的钢板临时固定在对应粘贴位置，做好螺栓孔位标记后取下钢板，采用冲击钻成孔，并清理干净灰尘后种植螺栓。

4. 钢板边封闭

用建筑结构胶沿钢板边缘封闭严实，结合现场实际情况确定灌浆管埋设位置及间距，注浆管间距不大于 500mm。

5. 螺母缝隙封闭

对穿螺杆防护处理：对穿螺杆固定并收紧前，用注射型植筋胶填充对穿孔洞后拧紧螺杆，构件两面螺杆凸出处用聚合物水泥浆（聚合物占比 10%）完全包裹封闭。若螺杆留置长度较长，须用切割机切除多余杆件，保留两齿即可。

6. 压力灌注结构胶

严格按照结构灌注胶配比配置胶液，胶液搅拌均匀后方可使用，每次配置的胶液应在 30min 内用完；用压力灌浆机进行注胶，注胶时竖向按从下而上的顺序，水平方向按同一方向的顺序；注胶时待下一注浆管溢出胶液为止，依次注胶，直到所有的注浆管均注完，最后一个注胶管作为排气孔，可不注胶，注胶结束后清理干净残留胶液；注胶完成后用小锤轻轻敲击钢板表面，从音效判别注胶效果，如有个别空洞声，表明注胶不密实，须再次用高压注胶方法补充密实。

7. 表面防护

对型钢表面进行打磨，除去钢件表面的锈蚀、污物等，使钢件表面无可见的油脂、污垢、氧化皮等附着物，表面涂聚合物水泥浆（聚合物占比 5%），外粉 25mm 厚 1：2 聚合物水泥砂浆（聚合物占比 8%）（图 3）。

4.4　防碳化涂层处理施工技术

4.4.1　概述

本技术适用于混凝土构件防碳化。采用防碳化处理后，不粉化、不起泡、不龟裂、不剥落，持久、有效提高混凝土结构构件耐久性；具有良好的抗有害气体，如二氧化碳、氧气、盐雾等的渗透性能，防止混凝土中性化，又耐轻度化学腐蚀，阻止氯离子及酸、碱、盐物质渗入混凝土内部，防止钢筋锈蚀。

4.4.2　工艺原理

采用防碳化处理工艺减缓构件烟熏、碳化作用，持久、高效提高混凝土结构构件耐久性。

4.4.3　关键技术

4.4.3.1　施工工艺流程

原界面处理→原混凝土表面受损修复→基面清理→涂刷防碳化涂层→养护。

4.4.3.2　工艺或方案

1. 原界面处理

清除构件表面的装饰批荡层，对有油污、浮尘、浮浆的构件表面，用洗涤剂和硬毛刷涂刷干净，并

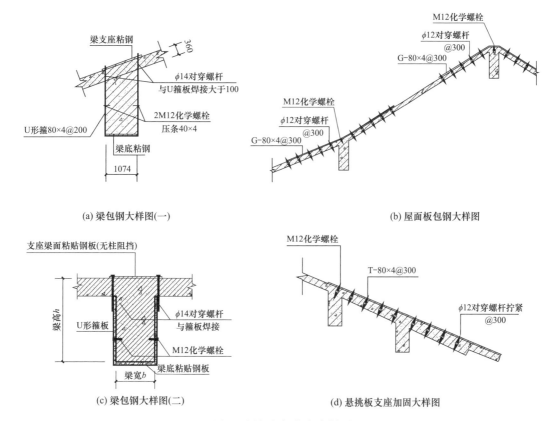

图 3　梁板包钢节点大样图

将混凝土表面打磨平整，保证表面平整度，杜绝凹凸不平。

2. 原混凝土表面受损修复

构件疏松、空鼓部位应予凿除，有较大缺陷的构件表面应进行修复处理。

3. 基面清理

采用硬质毛刷对混凝土基面粉尘、颗粒作清扫处理，并采用压缩空气吹净。涂刷防碳化涂层之前，混凝土基面应预先进行喷水清洗和湿润处理，稍晾一段时间后无潮湿感时再施刷涂料。

4. 涂刷防碳化涂层

涂层应分层多道涂刷，基面未批刮腻子层时，涂料应涂刷 4～5 道，使之形成 1～1.2mm 厚度的涂层。最后一道涂层施工完 12h 内不宜淋雨。若涂层要接触流水，则需自然干燥养护 7d 以上才可。密闭潮湿环境施工时，应加强通风排湿。施工中发现涂层有脱开、裂缝、针孔、气泡或接槎不严密等缺陷时，应及时采取补救措施。

5. 养护

防碳化涂层施工应在适宜的温度和湿度下进行，避免出现干燥不良或结皮现象；施工后应进行充分的干燥和固化，避免过早使用和受潮。

4.5　混凝土柱身及梁加大截面采用粗粒级高强无收缩灌浆料灌浆技术

4.5.1　概述

在本项目对混凝土柱身及梁加大截面，采用粗粒级高强无收缩灌浆料，强度得到保证，但灌浆料浇捣要求的坍落度较大，且它的骨料较小，因此在凝结时它的收缩应力很大，如厂家给予的膨胀剂不足予补偿收缩应力，极易造成新旧交界面出现微小裂缝，从而使新旧材料不能结合在一起受力的现象。因此，我司在施工前一天，提前用水淋透需浇构件界面，浇混凝土前一小时，再用水浇施工面，保证原混凝土界面含水量饱和，从而使混凝土凝结时不出现干缩现象。同时，在施工时，严格控制水灰比，尽量减少用水量。在混凝土浇捣后，待混凝土终凝立即洒水养护，在柱、梁的强度达到拆模不损坏棱角的情况下，立即拆模（不含梁底模），日夜加强洒水喷水养护。通过努力，该案例没有出现混凝土表面开裂现象。

4.5.2　关键技术

4.5.2.1　施工工艺流程

打凿新旧混凝土连接面饰面层→凿毛及界面处理→植筋→钢筋制安→基面清理→支设模板→浇混凝土→养护→拆模。

4.5.2.2　工艺或方案

1. 打凿新旧混凝土连接面饰面层

凿除新旧混凝土连接面旧混凝土的装饰装修面层，凿去风化疏松层、碳化锈裂层及严重油污层，直至完全露出坚实基层。

2. 凿毛及界面处理

（1）在基层上进行凿毛处理，凿毛深度约 4～6mm。

（2）用钢丝刷等工具清除原构件混凝土表面松动的骨料、砂砾、浮渣和粉尘，并用清洁的压力水冲洗干净。

（3）原构件混凝土的界面，将水泥和水按 0.5 的水灰比混合搅拌均匀涂布 1～2 遍，或涂刷结构界面剂。

3. 植筋

（1）根据图纸要求划线定位，然后用冲击钻成植筋孔，用硬毛刷或硬质尼龙刷清刷孔壁，并用压缩空气将孔内灰尘吹出，植筋孔比钢筋直径大 4～6mm。

（2）用植筋胶注入植筋孔内，注胶量为孔深的 2/3，并以插入钢筋后有少许溢出为宜。

（3）植筋前将钢筋的插入部分用钢丝刷刷干净，然后慢慢插入孔内，保持静止至植筋胶固化为止。

（4）保护：插入钢筋位置校准后，应有专人保护，防止人员、机械等碰撞钢筋，影响植筋拉力效果。

4. 钢筋制安

钢筋工程采用机械制作，人工绑扎的施工方法。

（1）钢筋开料应综合考虑植筋锚固深度、接驳方式、接驳范围、接头长度。

（2）钢筋的锚固与连接必须按规范、图集、设计要求的规定执行。

（3）箍筋尽可能与原结构箍筋焊接连接，只有当构造条件受限时，才可允许采用植筋连接的方式进行间接的连接。

（4）梁的新增纵向受力钢筋，两端应可靠锚固；柱的新增纵向受力钢筋，下端应伸入基础并满足锚固要求，上端应穿过楼板与上层柱脚连接或封顶锚固。

（5）原结构混凝土表面除凿毛及界面处理外，尚应种植抗剪筋，以保证力的可靠传递、新旧混凝土共同工作。

5. 基面清理

采用硬质毛刷对混凝土基面粉尘、颗粒作清扫处理，并采用压缩空气吹净或高压水冲洗干净。

6. 支模板及支顶

模板采用木模，用铁钉、斜方木支撑固定，支顶采用钢支撑。

（1）加大截面模板内空间小，侧压力大，因此模板支顶加固要比常规模板工程更加密集。同时，还应在原结构内种植螺杆拉结固定模板。

（2）模板拼缝应严密，且用密封胶和胶带封闭，特别是采用高强灌浆料时，模板体系不能有缝隙，以免灌注过程中漏浆。

（3）模板安装前应复核构件新旧尺寸，特别是原结构偏差较大的，在新截面尺寸上应调整至设计需求，满足垂直度、平整度等外观要求。

7. 混凝土施工

对混凝土柱身及梁加大截面，采用粗粒级高强无收缩灌浆料，强度容易得到保证。采用超灌法浇筑，插入式振动器振捣，一次连续浇筑，边捣边用小锤轻轻敲打模板表面。若声音异常则为空鼓，需采用振动棒加强振捣，同时在模板外侧用镐尖带铁板的小电镐振击的辅助法，保证混凝土的密实。浇筑完的混凝土进行淋水养护 7d。

（1）浇捣前 12h，提前浇水淋透原结构界面，浇混凝土前保持原结构基面湿润，保证原结构混凝土基面含水量饱和，从而使混凝土凝结时不出现干缩现象，浇水以界面不积水为宜。

（2）对竖向构件，浇筑前先在根部浇灌 30～50mm 厚、与混凝土成分相同的水泥砂浆，以免混凝土离析造成烂根现象；对于浇筑高度超过 3m 的，应采取溜槽或模板中间开孔等措施。

（3）混凝土应分层浇筑、限时接槎，上下层间隔时间不超过 2h，混凝土振捣采用振动棒结合模板外侧电锤振动相结合的方法。

（4）混凝土选用高强灌浆料，对于浇筑难度大、工效低的，应加适量缓凝剂。

（5）施工缝留置：柱应留在主梁下面，梁板留在次梁跨度 1/3 范围内，单向板施工缝应平行于板的短边。

（6）高强灌浆料养护：在浇筑完毕后 12h 内开始浇水养护，养护时间不少于 7d，灌浆料养护时间不少于 14d，浇水应始终处于湿润状态，对高强灌浆料或掺加早强剂的混凝土，前三天应加大浇水频率。强度达到 1.2MPa 前，不得在其上踩踏或安装模板及支架（图 4）。

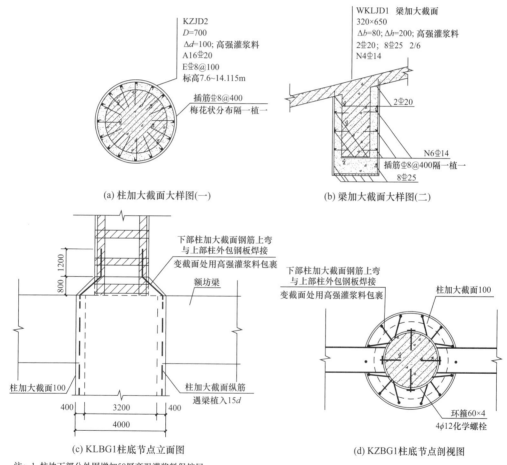

图 4　梁加大截面节点大样图

5　社会和经济效益

5.1　社会效益

该项目为新建项目，主体完工后，经检测混凝土强度过低，不满足设计要求。如拆除重建，会产生大量的建筑垃圾，造成环境污染，同时重建施工周期也会较长。我司采用创新的绿色、环保加固技术，有效解决了大拆大建问题，通过专业技术为建设美丽乡村贡献了一份力量。

5.2　经济效益

广州市胜特建筑科技开发有限公司本次加固工程的实施，针对体量大的构件不满足安全使用要求的应用与研究提出采用自主研发的发明专利"建筑物厚板基础结构竖直桩托换加固封桩孔方法"、实用新型专利技术"稳定的群锚静压桩结构"，避免了业主方拆除重建，同时为业主降低了工程成本，节省了时间成本，切实为业主排忧解难，获得了业主的高度认可和一致好评，在行业内具有引领示范作用，提高了经济效益，具有深远的社会意义和经济效益。

6　工程图片（图5～图9）

图 5　临时支撑体系及凿毛施工

图 6　梁板包钢图

图 7　柱加大截面钢筋制安

图 8　高强灌浆料浇筑后养护

图 9　项目开工集体合照